全国高职高专化学课程"十三五"规划教材

U0641932

无 机 化 学

（第二版）

主　编　李业梅　傅佃亮　江英志

副主编　任晓棠　孙琪娟　朱圣平　吴　云

　　　　孙　坤　钟桂云　郝喜才　张　斌

参　编　朱明发　李　何　李红利　李双妹

　　　　李照山　刘艳玲　王世存　郑　伟

华中科技大学出版社

中国·武汉

内 容 提 要

本书为全国高职高专化学课程"十三五"规划教材。

全书内容分为三个模块:模块一为知识储备,包括无机化学简介和化学基础知识;模块二为无机化学基本原理,包括化学反应速率和化学平衡、电解质溶液和离子平衡、氧化还原反应与原电池、原子结构与元素周期律、化学键理论与分子结构、配位化合物;模块三为重要元素及其化合物,包括主族金属元素、非金属元素、副族金属元素。

制作有与本书配套的教师授课用电子课件和习题解答,供选用本教材的教师使用。

本书可作为高职高专院校化学类,生化与药品大类,环保、气象与安全大类等专业的无机化学课程教材。

图书在版编目(CIP)数据

无机化学/李业梅,傅佃亮,江英志主编.—2 版.—武汉:华中科技大学出版社,2017.7(2022.8 重印)
全国高职高专化学课程"十三五"规划教材
ISBN 978-7-5680-2843-1

Ⅰ.①无…　Ⅱ.①李…　②傅…　③江…　Ⅲ.①无机化学-高等职业教育-教材　Ⅳ.①O61

中国版本图书馆 CIP 数据核字(2017)第 108288 号

无机化学(第二版)　　　　　　　　　　　　　李业梅　傅佃亮　江英志　主编
Wuji Huaxue

策划编辑:王新华
责任编辑:王新华
封面设计:刘　卉
责任校对:李　琴
责任监印:周治超
出版发行:华中科技大学出版社(中国·武汉)　　　电话:(027)81321913
　　　　　武汉市东湖新技术开发区华工科技园　　　邮编:430223
录　　排:华中科技大学惠友文印中心
印　　刷:武汉市籍缘印刷厂
开　　本:787mm×1092mm　1/16
印　　张:24.25
字　　数:571 千字
版　　次:2022 年 8 月第 2 版第 5 次印刷
定　　价:49.80 元

第二版前言

本书是根据国家高等职业教育人才培养要求的精神编写的，适合作为高职高专院校化学类，生化与药品大类，环保、气象与安全大类等专业的无机化学课程教材。全书体现了以下特点：

（1）在内容安排方面，适合高等职业院校的教学需要。无机化学是高等职业院校相关专业的基础课之一，为使学生能较好地掌握无机化学的基本理论、基本技能，培养学生分析问题、解决问题的能力，并为学习后继课程及今后工作奠定基础，我们在编写过程中复现了中学化学中的一些重要基本概念，这样既能体现知识的延续性，又能起到温故知新的作用；本着"够用、实用、适用"的原则，精选内容；注重使学生掌握基本概念、基本原理和基本方法及其实际意义，把重点放在概念、原理、方法和结论的实际应用上，中间推导过程省去或力求简洁。

无机化学课程是高职高专院校化学类，生化与药品大类，环保、气象与安全大类等专业的通用基础课程，本教材内容留有余地，有一定的覆盖面，满足大类专业对理论、技能及其基本素质的要求；选学内容，给学生一定的学习空间，以满足学有余力的学生深入学习的需要。

（2）在形式和文字等方面，适合高职教育教学的需要。针对高职学生学习的特点，文字叙述力求深入浅出、循序渐进、通俗易懂。突出表现形式上的直观性和多样性，做到图文并茂，尽量多用图表表达信息，多用有实际应用价值的案例，促进对概念、方法的理解，以激发学生的学习兴趣。

（3）教材具有前瞻性。以介绍成熟稳定的、在实践中广泛应用的技术和国家标准为主，同时介绍新知识、新技术、新材料，并适当介绍科技发展的趋势，使学生能够适应未来技术进步的形势。

（4）运用现代化手段打造立体化教材体系。配备教师授课用电子课件和习题解答等。借助这种全新的整体教学资源，激发学生的学习兴趣，提高单位时间的利用率，扩大课堂的信息量，提高教学的效率。

（5）严把编写质量关。注重教材内容的正确性、规范性、适应性与实用性,兼顾教材结构的合理性与使用的灵活性。

本书由李业梅、傅佃亮和江英志担任主编。参加本书编写的有汉江师范学院李业梅、朱圣平,山东铝业职业学院傅佃亮、吴云,揭阳职业技术学院江英志,辽宁科技学院任晓棠,陕西工业职业技术学院孙琪娟,安庆医药高等专科学校孙坤,江门职业技术学院钟桂云,开封大学郝喜才,长沙环境保护职业技术学院张斌,德州职业技术学院朱明发,信阳职业技术学院李何、李照山、王世存,漯河职业技术学院李红利,濮阳职业技术学院李双妹,吕梁学院刘艳玲,济源职业技术学院郑伟。全书由李业梅统一整理、补充、修改和定稿。

由于编者的水平、经验有限,书中难免存在不足之处,热切希望广大同行和读者批评指正,使本教材不断得到完善。

编　者

目 录

模块一

知识储备

项目 0

无机化学简介

任务 0.1　化学研究的对象

0.1.1　化学是研究物质变化的科学

一切自然科学都是以客观存在的物质世界作为考察和研究的对象。目前,把客观存在的物质划分为实物和场(如电磁场、引力场等)两种基本形态,化学研究的对象是实物。就物质的构造情况来说,大至天体,小到基本粒子,其间可分为若干个层次。例如,包括地球在内的天体为一个层次,组成天体的单质和化合物为下一个层次,组成单质和化合物的原子、分子和离子为再下一个层次,组成原子、分子和离子的电子、质子、中子以及其他许多基本粒子还可构成一个层次。化学研究的对象只限于原子、分子和离子这一层次上的实物,也常称为物质。

物质处于永恒的运动之中。物质的运动形式包括物理运动、化学运动和生命运动等。化学研究的内容主要是化学运动即化学变化。在化学变化过程中,分子、原子或离子因核外电子运动状态的改变而发生分解或化合,同时伴有物理变化,如光、热、电、颜色、物态等。由于物质的化学变化与其化学性质有关,而物质的化学性质又与物质的组成和结构密切相关,所以物质的组成、结构和性质必然成为化学研究的内容。又由于化学变化与外界条件有关,所以研究化学变化的同时还要研究变化发生的外界条件。

综上所述,化学是一门在原子、分子和离子层次上研究物质的组成、结构、性质、变化规律及其应用的自然科学。

化学变化的三个特征:①化学变化是质变,有新物质生成,但各元素原子核不变;②化学变化是定量变化,服从质量守恒定律;③化学变化过程伴随着能量变化,服从能量守恒定律。

0.1.2 化学在人类社会发展中的作用

化学历史悠久,自从有了人类,化学便与人类结下了不解之缘。可以说,当人类学会使用火,就开始了最早的化学实践活动。我们的祖先钻木取火,利用火烘烤食物、寒夜取暖、驱赶猛兽,充分利用燃烧时的发光发热现象,当时这只是一种经验的积累。后来开始烧制陶器、冶炼青铜器和铁器等,这些化学技术的应用,极大地促进了当时社会生产力的发展,推动历史的前进。

化学在人类的生产、生活和科技领域中起着十分重要的作用。天然能源的有效利用、新能源的开发、新材料的研制、肥料、农药、环境保护、人口的控制、资源的合理开采与利用、人们的衣食住行医药等都离不开化学。

化学作为一门核心、实用、创造性科学,已经为人类认识物质世界和人类的文明进步作出了巨大的贡献。面对生命科学、材料科学、信息科学等其他学科迅猛发展的挑战和人类对认识和改造自然提出的新要求,化学在不断开拓新的研究领域和思路的同时,不断地创造出新的物质以满足人民的物质文化生活需要,造福人类。当前,资源的有效开发利用、环境保护与治理、社会和经济的可持续发展、能源问题、生命科学、人口与健康和人类安全、高新材料的开发和应用等向化学工作者提出一系列重大的挑战性难题,迫切需要化学家在更深更高层次上进行化学的基础和应用研究,以适应 21 世纪科学发展的需求。

随着工业生产的发展,工业"三废"(废气、废液、废渣)越来越多。令人关注的三大环境问题——全球气候变暖、臭氧层的破坏和酸雨,也正在危及人类的生存和发展。因此,"三废"的治理和利用,寻找净化环境的方法和对污染情况的监测,都是当今化学工作者的重要任务。绿色化学的主体思想是采用无毒、无害的原料和溶剂,通过反应合成选择性高、环境友好且经济合理的产品。绿色化学是与生态环境协调发展的更高境界的化学,它要求化学家重新考虑化学问题,从源头上消除污染。

0.1.3 化学的二级学科

在自然科学中,数学、物理学、化学、生物学等被称为一级学科。化学研究的范围极其广阔,按研究对象、方法或目的不同,将化学划分为无机化学、有机化学、分析化学、物理化学和高分子化学等五个二级学科。

1. 无机化学

无机化学是研究除碳氢化合物及其衍生物之外的所有元素的单质和化合物的组成、结构、性质、变化规律及应用的化学分支。在众多的学科分支中,无机化学是化学科学中最早形成的学科,也是最基础的学科。这一分支的形成是以 19 世纪 60 年代元素周期律的发现为标志的。化学在 18 世纪中叶至 19 世纪中叶奠定了理论基础,其发展的主要里程碑有:1748 年罗蒙诺索夫提出质量守恒定律,1808 年道尔顿提出"原子论",1811 年阿伏伽德罗提出"分子论",1840 年盖斯提出盖斯定律,1869 年门捷列夫创立元素周期律。元素周期律的发现,奠定了现代无机化学的基础。目前,已经发现了 118 号元素,填满了第七周期。从元素周期律来发现和合成新化合物仍是化学科学的重要工作。

2. 有机化学

有机化学是研究碳氢化合物及其衍生物的化学分支,也可以说,有机化学就是碳的化学。含碳化合物除 CO、CO_2、碳酸盐外都是有机物。1806 年贝采利乌斯首次提出"有机化学",当时是作为"无机化学"的对立物而命名的。19 世纪初,许多化学家相信,在生物体内由于存在所谓"生命力",才能产生有机物,而在实验室是不能合成的。1828 年维勒用加热的方法使氰酸铵(NH_4OCN)转化为尿素。人工合成尿素是第一次人工合成有机物,也是人类第一次认识到有机物可以由无机物制得。

目前人类发现和合成的有机物超过 4000 万种,而且每年新合成的化合物中,90% 以上是有机物。因此,有机化学是化学研究中最庞大的领域,它与医药、农药、染料、日用化工等方面的关系特别密切。

3. 分析化学

分析化学是研究获取物质化学组成和结构信息的分析方法及相关理论的科学,是化学的一个重要分支。其主要任务是研究下列问题:①物质由哪些元素、离子、官能团或化合物组成(定性分析);②每种成分的数量或物质纯度如何(定量分析);③物质中原子彼此如何连接成分子和在空间如何排列(结构和立体分析)。研究对象从单质到复杂的混合物和大分子化合物,从无机物到有机物,从低相对分子质量到高相对分子质量,样品可以是气态、液态和固态。

现代分析化学广泛应用于生产中原料和成品的分析检测、生产过程监控、商品检验、兴奋剂检测、物质代谢、基因工程、临床化验、环境保护、考古分析、地质普查、矿产勘探、法医刑侦鉴定等许多领域。

4. 物理化学

物理化学是借助物理学的原理和方法来探究化学变化基本规律的一门学科,是化学学科的基础理论部分,大致内容包括化学热力学、化学动力学和结构化学。化学热力学研究化学反应的方向、限度和能量变化,化学动力学研究化学反应的速率、机理和过程的控制,结构化学研究物质(原子、分子、晶体)的结构及其与物质性能之间的关系。随着科学的迅速发展和各门学科之间的相互渗透,物理化学与物理学、无机化学、有机化学在内容界限上难以准确划分,从而不断地产生新的分支学科,如物理有机化学、生物物理化学、化学物理等。

5. 高分子化学

高分子化学是研究高分子化合物(简称高分子)的合成、化学反应、物理变化、物理加工成型、应用等方面的一门新兴的综合性学科。人类实际上从一开始出现就与高分子有密切关系,自然界的动植物包括人体本身,就是以高分子为主要成分构成的,人类也利用高分子原料来制造生产工具和生活资料。人类的主要食物如淀粉、蛋白质等,也都是高分子。只是到了工业上大量合成高分子并得到重要应用以后,这些人工合成的化合物才取得"高分子化合物"这个名称。合成高分子的历史不过 110 年。高分子化学真正成为一门科学,也不过 80 多年,其发展非常迅速。目前,它的内容已超出了化学范围,因此,现在常用"高分子科学"这一名词(或简称为高分子学)来更合逻辑地称呼这门学科。狭义的高分子化学,则是指高分子合成和高分子化学反应。

化学在其发展的过程中还与其他学科交叉结合而形成了各种边缘学科,如生物化学、配位化学、地球化学、环境化学、宇宙化学以及药物化学等。

任务 0.2 无机化学的发展趋势

20 世纪 40 年代末,由于原子能工业,半导体材料、电子工业,宇航、激光等新兴工业的兴起,对具有特殊电、磁、光、热或力学性能的新型无机材料的需求日益增加,从而建立了大规模的无机新材料体系;另一方面,随着无机结构(化学键)理论的发展、现代物理方法的引入和无机化学与其他学科的相互渗透,产生了一系列新的边缘学科,无机化学进入蓬勃发展的复兴阶段。从 20 世纪 70 年代以来,随着能源、催化及生化等研究的发展,无机化学无论在实践还是在理论方面都取得了新的突破。当今在无机化学中最活跃的领域有生物无机化学、无机材料化学、金属有机化学。

0.2.1 生物无机化学

生物无机化学是无机化学与生物化学互相渗透产生的边缘学科,是一门年轻而又活跃的学科,它应用无机化学(特别是配位化学)的理论和方法,研究生物体内的元素特别是金属元素及其化合物与生物体系及其模拟体系的互相作用,以及结构与生物活性的关系。当前生物无机化学研究的重要领域包括金属蛋白质、金属酶、离子载体、金属配合物与核酸的作用,以及利用生物材料(特别是生物矿物材料)、生物的成矿功能或仿生技术制备新型的功能材料等。

0.2.2 无机材料化学

无机材料化学是一门新兴的应用学科,它是无机化学、固体物理和材料科学的交叉学科,是在原子水平上了解无机材料的组成、结构和性能的关系基础上发展起来的。其研究的主要内容是固相反应、晶体的生长和组成、固体的结构、固体表面化学以及无机固体物质作为材料应用的可能性。无机材料在当今人类所用的材料中占有重要地位,高新技术领域所用的材料 80% 以上为无机材料,如半导体、电子陶瓷、磁性材料、激光光源材料、光纤材料、超导材料和纳米材料等。

0.2.3 金属有机化学

通常把含有碳-金属键的化合物称为金属有机化合物,把研究金属有机化合物的化学称为金属有机化学,它是无机化学和有机化学互相渗透产生的一门边缘学科,它打破了传统的无机化学和有机化学的界限。自 20 世纪 60 年代以来,金属有机化学有了蓬勃的发展,目前又与理论化学、合成化学、结构化学、生物无机化学、高分子科学等交织在一起,成为近代化学前沿领域之一。过渡金属有机催化剂或试剂提供了众多的具有高活性和高选择性的有机合成方法,使有机合成技术提高到崭新的水平。当前金属有机化学研究的重要领域包括精细有机合成催化剂的研制、特种功能材料的合成、固态金属有机化学及其在诊断、医药和农药方面的应用等。

任务 0.3   学习无机化学的方法

0.3.1   兴趣产生动力

美国著名的心理学家布鲁纳认为,学习的最好动机乃是对学习知识本身产生兴趣。我国古代教育学家孔子曾经说过:"知之者不如好之者,好之者不如乐之者。"可见学习兴趣的重要性。

那么如何培养学习兴趣呢? 这里有两点建议:

(1)正确对待学习的内容。正如道路有直有弯一样,学习的内容也有易有难。遇到容易的题的时候,不要骄傲;遇到难题的时候,也不要气馁。

(2)营造一个自我突出的环境。如果周围同学能做到的事自己也能做到,那么自己的自信心就能很好地保持下去;如果自己能做的事其他的同学不一定能做到,那么自己的自信心就会更加强烈了。

0.3.2   实践出真知

化学既是理论科学,又是实验科学。化学理论产生于化学实验和生产实践活动,又接受实践的检验。学习化学必须重视化学实验,认真做好化学实验,掌握其基本技能。通过实验,既可获得、验证、巩固、深化化学理论知识,也可培养观察、分析、解决化学问题的能力,还可培养实事求是、一丝不苟、严谨细致的科学态度和作风。

0.3.3   理论指导实践

我们重视化学实验,同时也重视化学理论对化学实验、生产实践的指导作用。理论可以加深对感性认识的理解。理论来源于实践,又反过来指导实践。无机化学原理部分主要是四大平衡、化学热力学、化学动力学和物质结构理论,在学完原理后,就可以用这些理论知识特别是物质结构知识来指导元素及其化合物的学习。最后把无机化学原理和元素及其化合物连成一个完整的无机化学体系,并用这些理论知识作为指导,来分析、解决日常生活中所遇到的化学问题。

0.3.4　抓好各个学习环节

要学好无机化学,就要抓好以下几个环节:

(1) 课前必须自学(力求看懂一半内容),标出不懂的知识点,明确上课时要关注的重点内容。大一新生需要尽快适应大学的教和学的方法,需要着重培养自主学习能力。在课前一定要先行自学,对于教材中哪些是自己已经看懂掌握了的,哪些是在中学知识基础上加深的,哪些是完全陌生的新内容,都要做到心中有数。这样带着问题进课堂,听课效率一定会高。

(2) 课堂上必须集中精力认真听讲,将自学时没有弄懂的疑难问题逐一解决。课堂上要紧跟老师的思路,开动脑筋、积极思考,对老师的讲解要敢于质疑。特别要把注意力集中在新的和拓展的知识点上面,要适时做些笔记,记下重难点和自己还不太懂的内容,有利于课后复习、消化和掌握,也有利于在课堂上集中注意力。

(3) 课后必须及时复习、整理、归纳、总结。课后的复习、整理是消化和掌握所学新知识的重要过程,这一步很重要,因为大学老师一次课讲的内容很多,有些内容听懂了,有些似懂非懂,还有些没懂。这就要求学生通过多种途径使问题得以解决:①反复看书或其他版本的教材,深入思考,自行解决;②组织学习小组讨论,共同解决;③查看精品课程、中国大学 MOOC("慕课")、微课等,通过网络解决;④询问老师。

课后的归纳、总结也很重要。一个任务完成时要归纳、总结,该任务涉及哪几个知识点;一个项目结束时要归纳、总结,该项目介绍了哪些基本概念、基本原理(定律)或基本计算方法;若干项目(无机化学原理或元素)结束时,要进行一个大的归纳、总结。这样的话,这门课程结束后,就会在我们的大脑里形成一个系统的、印象深刻的、层次分明的知识网络图。不同阶段的归纳、总结,使我们的知识由点到线,由线到面,最后组成整个学科知识框架。

(4) 课后必须独立、认真完成作业。课后在复习、整理、归纳、总结的基础上,独立、认真完成一些作业。通过做习题,可以锻炼思维能力,巩固所学的理论知识,检验学习效果,培养独立思考问题、分析问题和解决问题的能力。

项目 1

化学基础知识

任务 1.1　化学基本概念

1.1.1　分子、原子

分子是指在保持物质化学性质的前提下，物质分割的极限。或者说，分子是保持物质化学性质的最小微粒。

不同物质的性质不同，就是因为它们是由不同种的分子构成的。例如，氧气是由氧分子构成的，水是由水分子构成的。同种物质的分子性质相同，不同物质的分子性质不同。

分子的质量很小，体积也很小。无论分子以何种状态聚集，分子总是在不断地运动着的。分子间有间隔，间隔的大小决定了物质的状态。气态物质分子间隔大，在一般情况下，分子间隔约为分子直径的 10 倍，而液态、固态物质分子间隔要小得多。

分子还可以分割为原子，化学反应是分子可以再分的有力证据。例如，电解水可以得到 H_2 和 O_2，说明水分子是由更小的微粒构成的，构成分子的更小微粒是原子。在电解水的过程中，只是发生了 H 原子和 O 原子间的不同组合过程，而原子本身没有发生变化，原子是物质进行化学反应的基本微粒。原子是构成物质的另一种微粒，原子在化学反应中不能再分。原子的质量很小，体积也很小。原子也是不断运动着的。原子间也有间隔。

分子和原子都是构成物质的微粒（多数物质是由分子构成的，也有一些物质是由原子直接构成的），但是它们有着本质的区别：分子能独立存在，它保持原物质的化学性质，在化学反应中一种分子能变成另外一种或几种分子；原子则一般不能独立存在，不一定保持原物质的化学性质，在化学反应中一种原子不会变成另外的原子。分子和原子是构成物质的不同层次。

1.1.2 元素、核素及同位素

根据现代化学的概念,元素是原子核内质子数(即核电荷数)相同的一类原子的总称。元素就是以核电荷数为标准对原子进行分类的,也就是说,原子的核电荷是决定元素内在联系的关键。例如,氢有氕、氘、氚三种原子,但它们的核电荷数相同,属同一种元素;氯原子和氯离子性质不同,但它们同属氯元素。截至 2014 年,人们已发现 118 种化学元素,它们组成了成千上万种物质,宇宙万物就是由这些元素构成的。

由同种元素组成的物质称为单质,如氧气、铁、金刚石等。由不同种元素组成的物质称为化合物,如氯化钠、硫酸、氢氧化钙等。单质是元素的游离态形式,化合物是元素的化合态形式。

应该注意,不要把元素、单质、原子这几个概念相互混淆。它们既有区别,又有联系。①原子是一个微观的概念,元素和单质都是宏观的概念。单质只是元素的一种存在形式,相当于同一元素表现为实物的存在形式。有些元素可以形成几种单质,如氧、臭氧是由氧元素组成的两种不同的单质,称为同素异形体。②元素只能存在于具体的物质(单质和化合物)中,离开具体物质,抽象的元素是不存在的。③元素是原子核内核电荷数相同的一类原子的总称。元素符号表示一种元素,也表示该元素的一个原子。④在讨论物质的构造时,原子有量的含义,既可以论个数,也可以论质量,但元素没有这种含义,元素只能以种类描述。例如,水是由氢、氧两种元素组成的,一个 H_2O 分子是由两个 H 原子和一个 O 原子构成的,而不能说一个水分子是由两个氢元素和一个氧元素构成的。

除氢原子核只由 1 个质子构成外,其他原子的原子核都是由质子和中子构成的。质子数与中子数之和称为质量数,用 A 表示,质子数用 Z 表示,则中子数 $N=A-Z$。把具有一定数目质子和一定数目中子的原子称为一种核素,通常用元素符号左上、左下角分别注明质量数和质子数来表示核素符号,如 $^{16}_{8}O$。

已知的核素品种超过 2000 种。有两类核素:一类是稳定核素,其原子核是稳定的;另一类是放射性核素,其原子核是不稳定的,会自发释放出某些亚原子微粒而转变为另一种核素。自然界中,有的元素具有几种稳定核素,称为多核素元素,如氢、氧分别有三种核素:^1_1H(H 氕)、^2_1H(D 氘)、^3_1H(T 氚)、$^{16}_8O$、$^{17}_8O$、$^{18}_8O$。有的元素只有一种稳定核素,称为单核素元素,如钠元素只有一种质子数为 11、中子数为 12 的核素。大多数天然元素都是多核素元素。

具有相同质子数(核电荷数)、不同中子数的核素属于同一元素,在元素周期表里占据同一个位置,互称同位素。简言之,质子数相同而中子数不同的同一种元素的不同原子,互称同位素。大多数同位素的符号借用核素符号,也可省略核素符号左下角的质子数,如氧有三种稳定同位素,即 ^{16}O、^{17}O、^{18}O。由于历史的原因,氢的三种同位素有时不用 ^1H、^2H、^3H,而用 H、D、T 表示,中文名为氕、氘、氚。

1.1.3 物质的量及其单位、摩尔质量

物质的量是表示物质中含组成物质的基本单元数的物理量,基本单元可以是组成物

质的原子、分子、原子团、电子、光子及其他粒子,或这些粒子的特定组合。但基本单元非常小,如以水分子为基本单元,一滴水(约 0.05 mL)中约含 1.7×10^{21} 个水分子,直接用基本单元数来表示物质的量很不方便,因此,规定物质的量的单位为摩尔(mol)。

摩尔(mol)是物质的量的单位,每摩尔物质所含的基本单元数与 0.012 kg ^{12}C 的原子数目(该数目为阿伏伽德罗常数 N_A,约为 6.02×10^{23} mol^{-1})相等。某物质中所含有的基本单元数是阿伏伽德罗常数的多少倍,则该物质中"物质的量"就是多少摩尔。同一系统中物质的量的多少与基本单元的选择有关。如 18 g 的纯水含有 6.02×10^{23} 个水分子,则 $n(H_2O) = 1$ mol, $n(\frac{1}{2}H_2O) = 2$ mol。

摩尔质量是指单位物质的量(1 mol)的物质所具有的质量,用符号 M 表示,单位是 kg·mol^{-1},但常用 g·mol^{-1}。物质的摩尔质量显然也与指定的基本单元有关。任何原子、分子或离子的摩尔质量,在数值上等于其相对原子质量、相对分子质量或相对离子质量。

物质的量、质量、摩尔质量三者的关系为

$$n_i = m_i / M_i \tag{1-1}$$

式中:m 为质量,g;M 为摩尔质量,g·mol^{-1};n 为物质的量,mol;i 为组成物质的基本单元。

1.1.4 相对原子质量 A_r 和相对分子质量 M_r

因为原子的绝对质量很小,例如,^{1}H 原子的实际质量为 1.67×10^{-27} kg,^{12}C 原子的实际质量为 1.99×10^{-26} kg 等,如果用千克(kg)作为原子的质量单位很不方便。国际原子量委员会已给原子的质量选择了一个适宜的衡量标准,即以 ^{12}C 核素的一个原子质量的 1/12(约 1.66×10^{-27} kg)作标准,其他元素一个原子的质量跟它比较所得的值,就是这种核素的相对原子质量,用符号 $A_r(E)$ 表示,A 代表原子质量,r 代表相对,E 代表某元素的核素。由此可知:①相对原子质量是一个纯数;②单核素元素的相对原子质量等于该元素的相对原子质量;③多核素元素的相对原子质量等于该元素的天然同位素相对原子质量的加权平均值。

例如:^{1}H 的相对原子质量为

$$A_r(^1H) = \frac{1.67 \times 10^{-27}}{\frac{1}{12} \times 1.99 \times 10^{-26}} = 1.008$$

$^{35}_{17}$Cl 核素的相对原子质量为 34.969,丰度为 75.77%,$^{37}_{17}$Cl 核素的相对原子质量为 36.966,丰度为 24.23%,则氯元素的相对原子质量为

$$A_r(Cl) = 34.969 \times 75.77\% + 36.966 \times 24.23\% = 35.453$$

相对分子质量是构成该分子的各原子的相对原子质量的总和,用符号 $M_r(B)$ 表示,M 代表分子质量,r 代表相对,B 代表物质的分子式。例如,CO_2 的相对分子质量为

$$M_r(CO_2) = A_r(C) + 2A_r(O)$$
$$= 12.01 + 2 \times 16.00$$
$$= 44.01$$

严格地讲,相对分子质量只应用于由分子组成的物质,一些物质如 NaCl、SiO_2 晶体等,没有分子式,只有表示它们组成比例的化学式,与其对应的是相对化学式质量。

任务 1.2　物质的聚集状态

我们日常接触的物质不是单个的原子和分子,而是它们的聚集体。常温下物质的聚集状态主要为气体(gas)、液体(liquid)和固体(solid),它们都是由大量分子(原子、离子)聚集而成的。在一定温度和压力下,物质的三种聚集状态可以相互转化。这里主要讨论气体、液体和固体的性质及变化规律。

1.2.1　气体

气体的基本特征是具有扩散性和可压缩性。气体分子能量大,分子之间作用力小,分子作无规则的运动,能自动扩散并充满所在的整个容器。不同组分的气体总是能以任意比例混合。气体的存在状态主要取决于四个因素,即体积、压力、温度和物质的量。四个物理量之间有确定的关系,该关系的表达式称为气体状态方程。

1. 理想气体状态方程

理想气体是一种假设、想象的气体,这种气体分子之间完全没有作用力,气体分子本身只是一个几何点,只具有位置而不占有体积。

理想气体状态方程的表达式为

$$pV = nRT \tag{1-2}$$

式中:p 为压力,Pa;V 为体积,m^3;n 为物质的量,mol;T 为热力学温度,K;R 为摩尔气体常数(也叫普适气体恒量),又称气体常数,其值可由实验测得。已知 1.000 mol 理想气体在标准状况(273.15 K,101.325 kPa)下的体积为 $22.414 \times 10^{-3} m^3$,代入式(1-2),得

$$R = \frac{pV}{nT} = \frac{101.325 \times 10^3 \times 22.414 \times 10^{-3}}{1.000 \times 273.15} J \cdot mol^{-1} \cdot K^{-1} = 8.314 J \cdot mol^{-1} \cdot K^{-1}$$

式(1-2)中 n 和 T 的单位固定不变,R 的数值及单位随 p 和 V 单位的不同而改变(见表1-1),计算时一定要注意。

表 1-1　R 的数值及单位

p 的单位	V 的单位	R 的数值及单位
Pa	m^3	$8.314 Pa \cdot m^3 \cdot mol^{-1} \cdot K^{-1} = 8.314 J \cdot mol^{-1} \cdot K^{-1}$
kPa	L	$8.314 kPa \cdot L \cdot mol^{-1} \cdot K^{-1}$
Pa	L	$8314 Pa \cdot L \cdot mol^{-1} \cdot K^{-1}$

理想气体在自然界是不存在的,但是许多实际气体,特别是那些不易液化的气体,如 He、H_2、O_2、N_2 等,在压力不太高(<101.3 kPa)和温度不太低(>0 ℃)的情况下,其状态

接近于理想气体,用理想气体状态方程计算,不会引起显著的误差。

　　2. 理想气体分压定律与分体积定律

　　生活中接触到的气体(如空气)和工业生产中所涉及的气体(如合成氨原料气),大多数是混合气体。如果组成混合气体的各组分之间不发生化学反应,则在温度不太低、压力不太高的条件下,可将其看作理想气体混合物,称为混合理想气体。如无特别说明,下列混合气体均指混合理想气体。混合气体中,每一种组分气体都均匀地充满整个容器,像单独存在的气体一样,对容器壁产生压力,不受其他组分气体存在的影响。混合气体中某一种组分气体所产生的压力称为该组分气体的分压力。某一组分气体的分压力 p_i 等于该组分气体在相同温度下,单独占据与混合气体相同体积时所产生的压力。

　　1801 年英国科学家道尔顿(Dalton)做了大量的实验,得出了组分气体的分压与混合气体的总压之间的关系,即:混合气体的总压($p_总$)等于各组分气体的分压之和。这个关系称为道尔顿分压定律,其数学表达式为

$$p_总 = \sum p_i = p_1 + p_2 + \cdots \tag{1-3}$$

在一定温度下,图 1-1(d)容器中的混合气体是由图 1-1(a)、(b)、(c)三个容器中的 H_2、He、Ne 三种气体混合而成的,$p(H_2)$、$p(He)$、$p(Ne)$ 分别为三种气体的分压,$p_总$ 为混合气体的总压,则

$$p_总 = p(H_2) + p(He) + p(Ne)$$

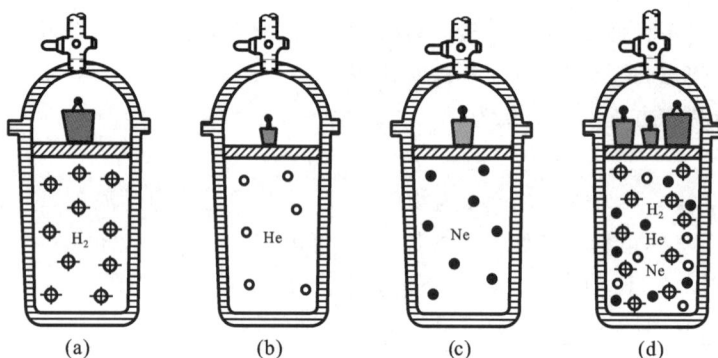

图 1-1　分压定律示意图

　　同理,当组分气体的温度和压力与混合气体相同时,组分气体单独存在时所占有的体积称为该组分气体的分体积,以 V_i 表示 i 组分的分体积。混合气体总体积($V_总$)等于各组分气体分体积(V_i)之和,这个结论称为分体积定律。其数学表达式为

$$V_总 = \sum V_i = V_1 + V_2 + \cdots \tag{1-4}$$

　　图 1-2(a)、(b)、(c)三个容器中分别是 H_2、He、Ne 三种组分气体的分体积($V(H_2)$、$V(He)$、$V(Ne)$),图 1-2(d)为混合气体的总体积($V_总$)。

　　它们之间的关系为

$$V_总 = V(H_2) + V(He) + V(Ne)$$

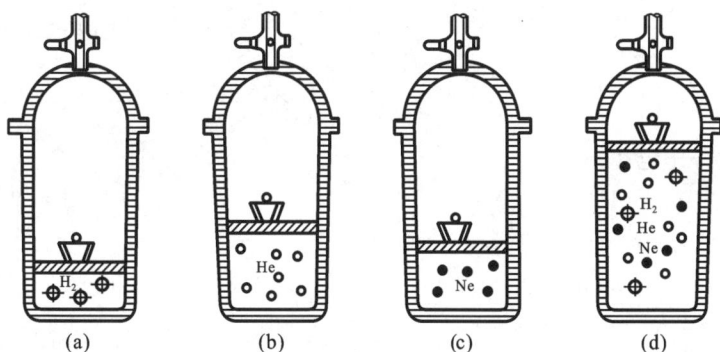

图 1-2 分体积定律示意图

组分气体 i 的体积分数 (φ_i) 是该组分气体的分体积 (V_i) 与总体积 $(V_总)$ 之比。即

$$\varphi_i = \frac{V_i}{V_总}$$

理想气体状态方程同样适用于气体混合物,即

$$p_总 V_总 = n_总 RT$$

据分压力的定义,混合气体中组分气体 i 的状态方程为

$$p_i V_总 = n_i RT$$

将该式除以 $p_总 V_总 = n_总 RT$,得

$$p_i/p_总 = n_i/n_总$$

或

$$p_i = p_总(n_i/n_总) = p_总 x_i$$

其中,$p_i/p_总$ 为组分气体 i 的压力分数,$n_i/n_总$ 为组分气体 i 的摩尔分数(常用 x_i 表示),二者数值相等。分压定律也可描述为:混合气体中组分气体 i 的分压力等于总压与其摩尔分数的乘积。

同理,据分体积的定义,混合气体中组分气体 i 的状态方程为

$$p_总 V_i = n_i RT$$

将该式除以 $p_总 V_总 = n_总 RT$,则得

$$V_i/V_总 = n_i/n_总$$

或

$$V_i = V_总(n_i/n_总) = V_总 x_i$$

说明混合气体中某一组分的体积分数 (φ_i) 等于其摩尔分数 (x_i)。分体积定律还可描述为:混合气体中组分气体 i 的分体积等于总体积与其摩尔分数的乘积。

混合气体中组分气体 i 的体积分数、压力分数和摩尔分数相等,即

$$\varphi_i = \frac{V_i}{V_总} = x_i = \frac{n_i}{n_总} = \frac{p_i}{p_总} \tag{1-5}$$

【例 1-1】 在 $0.0100 \ m^3$ 容器中含有 $2.50 \times 10^{-3} \ mol \ H_2$、$1.00 \times 10^{-3} \ mol \ He$ 和 $3.00 \times 10^{-4} \ mol \ Ne$,在 35 ℃时,各气体分压是多少?总压为多少?

解 方法一:由 $p_i V_总 = n_i RT$ 可计算各组分气体的分压:

$$p(H_2) = \frac{n(H_2)RT}{V_总} = \frac{2.50 \times 10^{-3} \times 8.314 \times (35+273.15)}{0.0100} \ Pa = 640.49 \ Pa$$

$$p(\text{He}) = \frac{n(\text{He})RT}{V_{\text{总}}} = \frac{1.00 \times 10^{-3} \times 8.314 \times (35 + 273.15)}{0.0100} \text{ Pa} = 256.20 \text{ Pa}$$

$$p(\text{Ne}) = \frac{n(\text{Ne})RT}{V_{\text{总}}} = \frac{3.00 \times 10^{-4} \times 8.314 \times (35 + 273.15)}{0.0100} \text{ Pa} = 76.86 \text{ Pa}$$

由道尔顿分压定律知

$$p_{\text{总}} = p(\text{H}_2) + p(\text{He}) + p(\text{Ne}) = (640.49 + 256.20 + 76.86) \text{ Pa} = 973.55 \text{ Pa}$$

方法二：

$$n_{\text{总}} = n(\text{H}_2) + n(\text{He}) + n(\text{Ne})$$
$$= (2.50 \times 10^{-3} + 1.00 \times 10^{-3} + 3.00 \times 10^{-4}) \text{ mol} = 3.80 \times 10^{-3} \text{ mol}$$

$$p_{\text{总}} = \frac{n_{\text{总}}RT}{V_{\text{总}}} = \frac{3.80 \times 10^{-3} \times 8.314 \times (35 + 273.15)}{0.0100} \text{ Pa} = 973.55 \text{ Pa}$$

$$p(\text{H}_2) = p_{\text{总}}x(\text{H}_2) = 973.55 \times \frac{2.50 \times 10^{-3}}{3.80 \times 10^{-3}} \text{ Pa} = 640.49 \text{ Pa}$$

$$p(\text{He}) = p_{\text{总}}x(\text{He}) = 973.55 \times \frac{1.00 \times 10^{-3}}{3.80 \times 10^{-3}} \text{ Pa} = 256.20 \text{ Pa}$$

$$p(\text{Ne}) = p_{\text{总}}x(\text{Ne}) = 973.55 \times \frac{3.00 \times 10^{-4}}{3.80 \times 10^{-3}} \text{ Pa} = 76.86 \text{ Pa}$$

【例 1-2】 在 25 ℃时,将压力为 60.0 kPa 的 N_2 250.0 mL 和压力为 40.0 kPa 的 O_2 350.0 mL 移入 300.0 mL 的真空容器中,问:混合气体中各组分的分压力、分体积和总压力分别为多少?

解 根据题意:

$$p(\text{N}_2) = 60.0 \times \frac{250.0}{300.0} \text{ kPa} = 50.0 \text{ kPa}$$

$$p(\text{O}_2) = 40.0 \times \frac{350.0}{300.0} \text{ kPa} = 46.7 \text{ kPa}$$

$$p_{\text{总}} = (50.0 + 46.7) \text{ kPa} = 96.7 \text{ kPa}$$

根据 $\varphi_i = \dfrac{V_i}{V_{\text{总}}} = x_i = \dfrac{n_i}{n_{\text{总}}} = \dfrac{p_i}{p_{\text{总}}}$,有

$$V(\text{N}_2) = 300.0 \times \frac{50.0}{96.7} \text{ mL} = 155.1 \text{ mL}$$

$$V(\text{O}_2) = 300.0 \times \frac{46.7}{96.7} \text{ mL} = 144.9 \text{ mL}$$

1.2.2 液体

液体内部分子之间的距离比气体小得多,分子之间的作用力较强。液体具有流动性,有一定的体积而无一定形状。

1. 液体的蒸气压

在一定温度下,将某液体置于密闭容器中,首先液面上那些能量较大的分子克服液体分子间的引力从表面逸出,成为蒸气分子,形成气相,这一过程称为蒸发。另一方面,气相中的分子不断地向各个方向运动,其中一部分可能撞到液体表面并被吸引重返液相,这个与液体蒸发相反的过程称为凝聚。起初,蒸发过程占优势,随着蒸气密度的增大,凝聚速

率增大。当蒸气的凝聚速率等于液体的蒸发速率时,即在单位时间内,脱离液面变成气态的分子数等于返回液面变成液态的分子数,就达到了蒸发与凝聚的动态平衡。

$$液体 \underset{凝聚}{\overset{蒸发}{\rightleftharpoons}} 蒸气$$

此时,在液面上方的气体分子数不再改变,蒸气的压力也不再改变。在恒定温度下,与液体平衡的蒸气称为饱和蒸气,饱和蒸气的压力就是该温度下的饱和蒸气压,简称蒸气压。

在一定温度下,各种液体都具有恒定的蒸气压(见表 1-2)。液体的蒸气压是物质的一种特性,常用来表示某液体在一定温度下挥发性的大小,蒸气压大的物质为易挥发物质,蒸气压小的物质为难挥发物质。

表 1-2 一些液体的蒸气压(293.15 K)

液　　体	水	乙醇	苯	乙醚	汞
蒸气压/ kPa	2.34	5.85	9.96	57.74	1.6×10^{-4}

液体的蒸气压只是温度的函数,且随温度的升高而增大。只要某物质处于气液共存状态,其蒸气压的大小与液体量的多少和容器的容积无关。

2. 液体的沸点

液体的蒸气压随温度的升高而增大,当温度升到使液体蒸气压与外界大气压相等时,液体内部会有大量气泡不断产生并逸出,这种现象称为沸腾,此时的温度称为该液体的沸点。液体的沸点与外界压力有关,并随外界压力的增大而升高。当外界压力大于101.325 kPa 时,水的沸点高于 100 ℃;当外界压力小于 101.325 kPa 时,水的沸点低于100 ℃。我国西藏的珠穆朗玛峰,大气压力约为 32 kPa,水在 71 ℃就沸腾了。因此,提及液体的沸点,必须同时指明外界压力。习惯上将外界压力为 101.325 kPa 时液体的沸点称为正常沸点。

在化工行业中常采用减压蒸馏的方法分离和提纯高沸点化合物或在正常沸点下易分解的化合物。使用高压锅,可使液面上的蒸气压大于外界正常大气压,使液体沸点升高,从而升高锅内的温度,使食物更易煮熟。

1.2.3 固体

固体是物质常见的一种聚集状态,具有一定形状、一定体积以及一定程度的刚性。在固体物质中,构成它的粒子(原子、离子或分子)间距一般很小,引力(化学键或分子间力)一般很强,粒子间的相对位置不变,各粒子只能在一定的平衡位置上振动。

固体可分为晶体和非晶体(无定形体)两大类。所谓晶体,是指由原子、分子、离子等粒子在空间有规则地排列而成的固体。自然界中绝大多数的固体物质是晶体。由于微观粒子在空间排列具有规律性,晶体有许多特征不同于非晶体。

1. 有一定的几何外形

晶体具有规则的几何外形,这是由微观质点在空间有规律的排列所决定的。例如,食盐($NaCl$)晶体为立方体形(见图 1-3(a)),明矾(硫酸铝钾 $KAl(SO_4)_2 \cdot 12H_2O$)晶体为八面体形(见图 1-3(b)),石英(SiO_2)晶体为六角柱体形(见图 1-3(c))等。

(a) 食盐   (b) 明矾   (c) 石英

图 1-3　几种晶体的形状

2. 有固定的熔点

在一定压力下,加热某种晶体到一定温度时,晶体就开始熔化,且直到完全熔化变为液体时,温度才会上升,此温度就是该晶体的熔点。如 101.325 kPa 时,冰的熔点是 0 ℃。晶体熔化过程中所吸收的热量称为熔解热。而非晶体如玻璃,在受热熔化过程中,温度一直在升高,直到全部熔化,因此非晶体没有固定的熔点。

3. 各向异性

晶体的某些性质具有方向性,像导电性、传热性、光学性质、力学性质等,在晶体的不同方向表现出明显的差别。例如,石墨晶体是层状结构,在平行各层的方向上其导电、传热性好,易滑动。又如,云母沿着某一平面的方向很容易裂成薄片。

晶体和非晶体可以相互转化,如玻璃在适当条件下可以转化为晶态玻璃。

1.2.4　等离子体(阅读材料)

等离子体是物质的另一种存在形式。当气态物质接受足够高的能量(如强热、辐射、放电等)时,气体分子将分解成原子,原子进一步电离成自由电子和正离子,当电离所产生的带电粒子的密度达到一定数值时,气体的性质就会发生根本性的变化,这时的气体已处于等离子态,成为等离子体了。等离子体是由带电离子、电子和中性粒子组成的流体。在等离子体中,带正电荷的粒子与带负电荷的粒子所带的电荷总数相等,而且粒子的密度也基本相同。从宏观意义上讲,等离子体是电中性的。

在地球表面通常不具备产生等离子体的条件,但在宇宙空间,等离子体则是物质存在的普遍形式,太阳就是一个灼热的等离子体火球。地球大气层的上部,由于受强烈的辐射作用,也以等离子体存在,它能反射无线电波,可用来进行远距离通讯。等离子体也存在于我们的周围,霓虹灯管、荧光灯管和电弧中都存在等离子体。

20 世纪 50 年代以来,等离子体的研究迅速发展,它是一门涉及物理学、气体动力学、电磁学、化学等学科的新兴交叉学科。等离子体在各个领域中的应用,必将越来越受到人们的重视。

任务 1.3 溶液

物质以分子、原子或离子状态分散于另一种物质中所形成的均匀而稳定的分散体系都称为溶液。溶液包括气态、液态和固态溶液。各种气体混合物如空气是气态溶液。黄铜、钢等合金及掺杂的半导体材料是固态溶液。通常所说的溶液一般指液态溶液,在液态溶液中,水是最常见的溶剂,水溶液也简称溶液。乙醇、苯等也可作为溶剂,所得溶液称为非水溶液。

溶液由溶剂和溶质组成。溶剂是能够溶解其他物质的液体。溶质是溶解于溶剂中的物质,它可以是气体、液体和固体物质。对于液-液互溶组成的溶液,溶剂和溶质的划分是以量的相对多少而定的,量多的为溶剂,量少的为溶质。

1.3.1 溶液浓度的表示法

溶液的性质除与溶质和溶剂的本性有关外,还与溶液的浓度有很大关系。溶液的浓度是指一定量的溶液或溶剂中所含溶质的量。溶液浓度表示法主要有以下几种。

1. 质量分数(w_B)

溶质 B 的质量分数是指溶液中溶质 B 的质量与溶液的质量之比,以 w_B 表示:

$$w_B = m_B/m(溶液) \tag{1-6}$$

式中:m(溶液)为溶液的质量,g;m_B 为溶质 B 的质量,g。

2. 摩尔分数或物质的量分数

溶液中溶质(或溶剂)的物质的量与溶液的物质的量之比称为溶质(或溶剂)的摩尔分数或物质的量分数,用 x 表示,其量纲为 1。

若以 n_B 和 n_A 分别表示溶质和溶剂的物质的量,则其摩尔分数分别为 $x_B = n_B/(n_B + n_A)$,$x_A = n_A/(n_B + n_A)$,且 $x_B + x_A = 1$。

3. 物质的量浓度(c_B)

溶质 B 的物质的量浓度是指溶液中所含溶质 B 的物质的量与溶液的体积之比,即 1 L(1 dm³)溶液中所含溶质的物质的量,用 c_B 表示:

$$c_B = n_B/V \tag{1-7}$$

式中:c_B 为溶质 B 的物质的量浓度,mol·L^{-1};V 为溶液的体积,L;n_B 为溶质 B 的物质的量,mol。

物质的量浓度和质量分数的换算:

$$c_B = \frac{1000 \times \rho \times w_B}{M_B \times 1} \tag{1-8}$$

式中:ρ 为溶液的密度,g·cm^{-3};M_B 为溶质 B 的摩尔质量,g·mol^{-1}。

4. 质量摩尔浓度(m_B)

溶质 B 的质量摩尔浓度是指溶液中溶质 B 的物质的量除以溶剂的质量,即 1 kg 溶剂

中所溶解的溶质 B 的物质的量,用 m_B(或 b_B)表示:

$$m_B = n_B / m(溶剂) \tag{1-9}$$

式中:m_B 为溶质 B 的质量摩尔浓度,$mol \cdot kg^{-1}$;$m(溶剂)$ 为溶剂的质量,kg;n_B 为溶质 B 的物质的量,mol。

对于同一稀的水溶液来说,在一般条件下物质的量浓度与质量摩尔浓度的数值很接近,质量摩尔浓度的优点是其值不随温度变化,缺点是称量液体的质量不如量取液体的体积方便。

5. 溶质 B 的质量浓度(ρ_B)

溶质 B 的质量浓度是指溶质 B 的质量 m_B 除以混合物的体积 V,用 ρ_B 表示:

$$\rho_B = m_B / V \tag{1-10}$$

ρ_B 的单位常用 $mg \cdot mL^{-1}$ 或 $g \cdot L^{-1}$。

1.3.2　稀溶液的依数性

生活中我们会发现这样的现象:在 1 个大气压下,纯水在 0 ℃时结冰,100 ℃时沸腾,而海水、糖水却要高于 100 ℃才沸腾,低于 0 ℃时才结冰;生活在海水里的鱼类不能在淡水中生存等。大量实验结果表明,各类溶液都具有共同的性质:蒸气压降低、沸点升高、凝固点降低和产生渗透压。这些性质都只与溶入溶剂中溶质的粒子数(浓度)有关,而与溶质本性无关,故将这一类性质称为溶液的依数性。这种依数性对于难挥发、非电解质稀溶液表现出明显的规律性,遵循一定的定量关系——依数性定律,而对于电解质溶液或浓溶液则与依数性定律存在较大偏差。这里只讨论难挥发、非电解质稀溶液(简称稀溶液)的依数性。

1. 溶液的蒸气压降低

在一定温度下,水的蒸气压是一个定值。如果在水中加入一种难挥发、非电解质溶质,溶液的蒸气压将会发生什么变化呢?

将等体积的纯水和糖水各一杯放在密闭的钟罩里(见图 1-4),经过一段时间以后,发现水的体积减小了,糖水的体积增大了,水自动地转移到糖水里去了。这是由于纯水和糖水的蒸气压不同而引起的。

当水中加入蔗糖后,糖水的表面被蔗糖分子占据了一部分,减小了单位表面积上水的分子数。因此,同一温度下,单位时间里糖水表面上逸出的水分子数比纯水少。在达到平衡时糖水的蒸气压就必然低于相同温度下水的蒸气压。图 1-5 表示纯水和糖水在密闭容器内的气液平衡情况。

实验表明:在一定温度下,当溶液达到气液平衡状态时,溶液液面上单位体积内溶剂分子的数目比纯溶剂少,溶液的蒸气压比纯溶剂的蒸气压就低。这里所说的溶液的蒸气压实际是指溶液中溶剂的蒸气压。溶液中溶入的溶质愈多,溶液的蒸气压下降得就愈多。图 1-6 中水溶液的蒸气压曲线 bb' 低于纯水的蒸气压曲线 aa'。

1887 年,拉乌尔根据实验得出下列定律:在一定温度下,稀溶液中溶剂的蒸气压 p_A 等于相同温度下纯溶剂的蒸气压 p_A^* 乘以溶剂的摩尔分数 x_A:

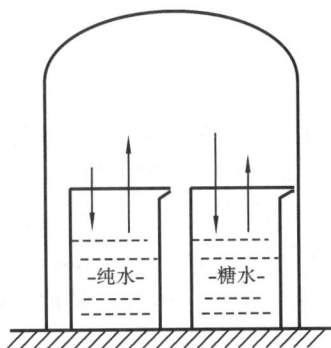

图 1-4　水的转移示意图

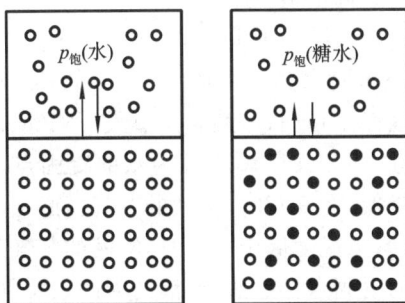

(a) 纯水的气液平衡　(b) 糖水的气液平衡

图 1-5　纯水和糖水的气液平衡示意图

○—水分子；●—蔗糖分子

$$p_A = p_A^* x_A$$

若溶质的摩尔分数为 x_B，则 $x_A = 1 - x_B$，代入上式，得

$$p_A = p_A^* (1 - x_B)$$

$$\Delta p = p_A^* - p_A = p_A^* x_B \quad (1\text{-}11)$$

式中，Δp 就是溶液的蒸气压降低的值。

因此，拉乌尔定律也可表述为：一定温度下，非电解质稀溶液的蒸气压降低与溶质的摩尔分数成正比。

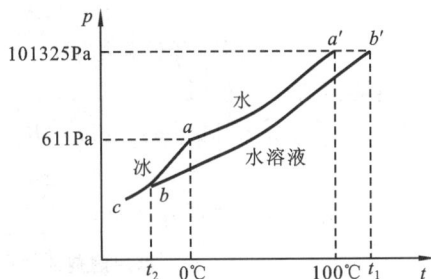

图 1-6　水溶液的沸点升高和凝固点降低

对稀溶液来说，溶剂的物质的量远大于溶质的物质的量，即 $n_A + n_B \approx n_A$。则

$$x_B = \frac{n_B}{n_A + n_B} \approx \frac{n_B}{n_A} = \frac{n_B}{m_A/M_A} = M_A m_B$$

$$\Delta p = p_A^* \frac{n_B}{n_A} = p_A^* M_A m_B = K m_B \quad (1\text{-}12)$$

式(1-12)表明，温度一定时，稀溶液的蒸气压降低与溶液的质量摩尔浓度 m_B 成正比，而与溶质的本性无关。一定温度下 K 是一个常数，它取决于溶剂的本性 p_A^* 和 M_A。

2. 溶液的沸点升高

液体的沸点是液体的蒸气压与外界压力相等时的温度。

由于溶液的蒸气压降低，100 ℃时，水溶液的蒸气压低于 1.01×10^5 Pa，因而水溶液不能沸腾，只有继续加热升高温度，使溶液的蒸气压达到 1.01×10^5 Pa，此时水溶液开始沸腾，温度为 $t_1 (t_1 > 100 ℃)$。

溶液沸点升高的根本原因是溶液的蒸气压降低，而蒸气压降低的程度仅与溶液的浓度有关，因此，溶液沸点升高的程度也只与溶液的浓度有关。

难挥发非电解质稀溶液的沸点升高和溶液的质量摩尔浓度成正比，而与溶质的本性无关。其数学表达式为

$$\Delta T_b = K_b m_B \quad (1\text{-}13)$$

式中：K_b 为溶剂的沸点升高常数，K·kg·mol^{-1}；m_B 为质量摩尔浓度，mol·kg^{-1}；ΔT_b 为

溶液沸点升高的值,K。

当 $m_B = 1 \text{ mol} \cdot \text{kg}^{-1}$ 时,$\Delta T_b = K_b$,K_b 值只与溶剂的性质有关。

3. 溶液的凝固点降低

凝固点是指固、液两相的蒸气压相等、两相共存时的温度。例如,0 ℃ 时,水和冰的蒸气压相等,两相共存,0 ℃ 即为水的凝固点。如果在水中加入难挥发的溶质,引起溶液的蒸气压降低,在 0 ℃ 时,溶液的蒸气压必然低于冰的蒸气压,溶液中的水则不能凝固;继续降低温度,当温度低于 0 ℃ 时,溶液的蒸气压等于冰的蒸气压,溶液中开始有冰析出,t_2 即为溶液的凝固点。显然,溶液的凝固点总是比纯溶剂的低。溶液的凝固点降低的程度也只取决于溶液的浓度。

难挥发非电解质稀溶液的凝固点降低和溶液的质量摩尔浓度成正比,而与溶质的本性无关。其数学表达式为

$$\Delta T_f = K_f m_B \tag{1-14}$$

式中:K_f 为溶剂的凝固点降低常数,$K \cdot kg \cdot mol^{-1}$;$m_B$ 为质量摩尔浓度,$mol \cdot kg^{-1}$;ΔT_f 为溶液凝固点降低的值,K。

当 $m_B = 1 \text{ mol} \cdot \text{kg}^{-1}$ 时,$\Delta T_f = K_f$,K_f 值只与溶剂的性质有关,而与溶质的性质无关。

一些常用溶剂的沸点升高常数 K_b 和凝固点降低常数 K_f 见表 1-3。

表 1-3　一些常用溶剂的沸点升高常数 K_b 和凝固点降低常数 K_f

溶　　剂	沸点/K	K_b/(K·kg·mol^{-1})	凝固点/K	K_f/(K·kg·mol^{-1})
水	373.15	0.515	273.15	1.86
苯	353.25	2.53	278.68	5.12
醋酸(乙酸)	391.05	2.530	289.75	3.90
乙醇	351.44	1.160		
氯仿	334.302	3.62		
CCl$_4$	349.9	4.48		
萘			353.44	6.94
苯酚			314.05	7.40

根据沸点升高和凝固点降低与浓度的关系可以测定溶质的相对分子质量。由于凝固点降低常数比沸点升高常数大,实验误差比较小,而且在达到凝固点时,溶液中有晶体析出的外部特征容易观察,因此凝固点降低常用来测定溶质的相对分子质量。

【例 1-3】　溶解 2.76 g 甘油于 200 g 水中,测得凝固点为 -0.279 ℃,已知水的 $K_f = 1.86 \text{ K} \cdot \text{kg} \cdot \text{mol}^{-1}$,求甘油的相对分子质量。

解　设甘油的摩尔质量为 M,根据已知条件,甘油的质量摩尔浓度为

$$m(\text{甘油}) = \frac{\dfrac{2.76}{M}}{\dfrac{200}{1000}} = \frac{13.8}{M}$$

由　　　　　　　　　　　　　　$$\Delta T_f = K_f m_B$$

代入数据,有

$$\Delta T_f = 1.86 \times \frac{13.8}{M} = 0.279$$

$$M = \frac{1.86 \times 13.8}{0.279} \text{ g} \cdot \text{mol}^{-1} = 92.0 \text{ g} \cdot \text{mol}^{-1}$$

因此甘油的相对分子质量为 92.0。

溶液的凝固点降低具有广泛的应用。例如,在严寒的冬天,在汽车散热水箱加入甘油或乙二醇等物质,可防止水结冰。食盐和冰的混合物可以作为冷冻剂,这是因为食盐在冰面上溶解成溶液,溶液的蒸气压低于冰的蒸气压,从而使冰表面的蒸气压降低,使冰融化,冰在融化过程中吸收大量的热,导致环境温度降低。水和食盐以 10∶3 混合,制成的冷冻剂最低温度可达 −22.4 ℃。

4. 溶液的渗透压

在等温等压下,用一种仅让溶剂分子通过而不让溶质分子通过的半透膜,把一种溶液和它的纯溶剂分隔开,经过一段时间后,发现纯溶剂通过半透膜扩散到溶液中,溶液的液面将沿着容器上的细管上升,直到某一高度为止;如果改变溶液浓度,则液柱上升高度也随之改变。这种溶剂透过半透膜渗透到溶液一边,使溶液一侧的液面升高的现象称为渗透现象。如果要使两侧液面相等,就需要在溶液一侧外加一压力 Π,这时两液面可持久保持同一高度,即达到渗透平衡,Π 称为溶液的渗透压(见图 1-7)。实际上,溶剂是同时沿着两个方向通过半透膜的,由于纯溶剂的蒸气压比溶液的蒸气压大,所以纯溶剂向溶液的渗透速率要比向相反方向的渗透速率大。

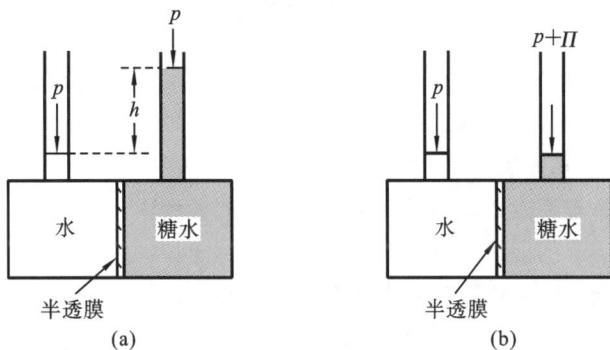

图 1-7 溶液渗透装置示意图

实验表明:温度一定时,难挥发非电解质稀溶液的渗透压与溶液的物质的量浓度和绝对温度成正比,而与溶质的本性无关。其数学表达式为

$$\Pi = \frac{n_B RT}{V} = c_B RT \tag{1-15}$$

式中:Π 为渗透压,Pa;R 为摩尔气体常数($R = 8.314$ J $\cdot$ mol^{-1} $\cdot$ K^{-1});c_B 为溶液的物质的量浓度,mol $\cdot$ m^{-3};T 为绝对温度,K。

渗透现象不仅可以在纯溶剂与溶液之间进行,也可以在两种不同浓度的溶液之间进行。在半透膜一侧放入浓溶液,另一侧放入稀溶液,这时水分子就会从稀溶液渗透到浓溶液中。总之,渗透现象的发生必须具备两个条件:一是有半透膜存在;二是半透膜隔开的两溶液必须是不同浓度(包括一方是纯溶剂)的。半透膜两边溶液(包括一方是纯溶剂)浓度相差越大,渗透作用越强。

值得注意的是,从形式上看,溶液的渗透压与混合理想气体中组分气体的分压十分相似,但两种压力(Π和p)产生的原因和测定方法完全不同。渗透压(Π)只有在半透膜两侧分别存在溶液和溶剂(或两种浓度不同的溶液)时才能表现出来,而气体由于它的分子碰撞器壁而产生压力(p)。在概念上应把两种压力分清,不可混淆。

渗透现象在生物的生命过程中起着非常重要的作用。细胞膜就是一种半透膜。给病人输液应使用渗透压与人的体液的渗透压基本相等的生理盐水(0.90%)或5%的葡萄糖溶液。植物吸收土壤中的水分和养分就是一种渗透现象。再如,海水鱼和淡水鱼不能交换生活环境,就是因为海水和淡水的渗透压不同,会引起鱼体细胞膨胀或萎缩。人在淡水中游泳时,眼睛会红胀,并有疼痛感觉,而在海水中游泳就不会感到这种不适,这都是由渗透现象所引起的。

【例1-4】 某溶质的水溶液$m_B = 0.001 \text{ mol} \cdot \text{kg}^{-1}$,求此溶液的蒸气压降低$\Delta p$、凝固点降低$\Delta T_f$、沸点升高$\Delta T_b$及渗透压的值。已知:25 ℃水的蒸气压为3168 Pa,$K_f = 1.86 \text{ K} \cdot \text{kg} \cdot \text{mol}^{-1}$,$K_b = 0.52 \text{ K} \cdot \text{kg} \cdot \text{mol}^{-1}$。

解 由 $x_B = \dfrac{n_B}{n_A + n_B} \approx \dfrac{n_B}{n_A} = \dfrac{n_B}{m_A} M_A$ 知

$$x_B = \frac{0.001}{1} \times 18.016 \times 10^{-3} = 1.8 \times 10^{-5}$$

已知$c_B \approx 0.001 \text{ mol} \cdot \text{L}^{-1} = 1 \text{ mol} \cdot \text{m}^{-3}$,则

$$\Delta p = p_A^* x_B = 3168 \times 1.8 \times 10^{-5} \text{ Pa} = 0.057 \text{ Pa}$$
$$\Delta T_f = K_f m_B = 1.86 \times 0.001 \text{ K} = 1.86 \times 10^{-3} \text{ K}$$
$$\Delta T_b = K_b m_B = 0.52 \times 0.001 \text{ K} = 5.2 \times 10^{-4} \text{ K}$$
$$\Pi = c_B RT = 1.00 \times 8.314 \times 298.15 \text{ Pa} = 2479 \text{ Pa}$$

计算结果表明,难挥发非电解质稀溶液的几个依数性中渗透压是最显著的。

综上所述,稀溶液的上述通性称为稀溶液依数性定律:难挥发非电解质稀溶液的性质(溶液的蒸气压降低、沸点升高、凝固点降低和渗透压)与溶液的质量摩尔浓度成正比,而与溶质的本性无关。

稀溶液定律不适用于浓溶液和电解质溶液。因为在浓溶液中,溶质浓度很大,使溶质粒子间的相互影响以及溶质与溶剂间的相互影响大为增强,因此浓溶液中情况比较复杂,简单的依数性的定量关系不适用。在电解质溶液中,由于溶质发生解离,此时稀溶液的依数性应取决于溶质离子的总浓度,稀溶液定律指出的定量关系也不再适用,必须加以校正。

任务 1.4 化学反应中的能量关系

经过长期的科学实践得知:化学反应不仅遵守质量守恒定律,也遵守能量守恒定律。化学反应的实质是化学键的重组,旧键的断裂需要吸收能量,新键的生成又会放出能量,

从而导致物系在发生了化学变化后,能量也发生了变化。这里主要讨论化学反应中的能量是如何变化的,其变化遵循什么规律,如何进行定量计算和表示。

1.4.1 基本概念和术语

1. 体系和环境

在热力学中,为了明确讨论的对象,人为地把要研究的那部分物质和空间与其余的物质和空间分开。被划分出来作为研究对象的那部分物质和空间称为体系(系统),而把体系以外与体系密切相关、影响(物质交换和能量交换)所及的其他物质或空间称为环境。体系和环境之间有一个实际的或想象的界面存在。体系和环境是共存的,缺一不可,当考虑体系时,切莫忘记环境的存在。例如,研究在烧杯中进行盐酸和 NaOH 溶液的中和反应时,盐酸和 NaOH 溶液就是体系,则与盐酸和 NaOH 溶液有密切联系的其他部分(烧杯、与溶液接触到的空气等)都是环境。根据体系与环境之间通过界面是否有物质交换和(或)能量交换,把热力学体系分为以下三种。

(1) 敞开体系:体系与环境之间既有物质交换,又有能量交换。

(2) 封闭体系:体系与环境之间没有物质交换,只有能量交换。

(3) 孤立体系:体系与环境之间既没有物质交换,又没有能量交换。

例如,热水置于敞口瓶中,以热水为体系,为一敞开体系,加盖则为封闭体系,热水置于保温瓶中加盖,若水的温度始终保持不变,则为一孤立体系。实际上,自然界的一切事物都是相互联系的,体系是不可能完全与环境隔离的,孤立体系只是一个理想化的体系,客观上并不存在。

2. 状态和状态函数

热力学状态是指体系的热力学平衡态(所谓热力学平衡态,是指体系的宏观性质如温度、密度、化学组成等是确定的,且不随时间而改变),它是体系物理、化学性质的综合表现。例如,气体的状态可用宏观性质 p、V、T 和 n 来描述。用来描述和确定状态性质的物理量称为状态函数,如 p、V、T、n、ρ、U(热力学能或内能)、H(焓)、S(熵)、G(吉布斯自由能)等。

状态函数的特征:①状态一定,状态函数的值一定;②殊途同归,值变相等,即体系的状态发生了变化,状态函数的改变值 ΔZ 只与它在始态和终态的数值有关,$\Delta Z = Z_2 - Z_1$,与系统在这两个状态间的变化细节无关;③周而复始变化零。一个物理量,若同时具备以上三个特征,它就是状态函数;否则,就不是状态函数。

体系的性质根据它与体系中物质的数量有无关系,可分为两类。

(1) 广度性质(亦称容量性质):广度性质的数值与体系中物质的数量成正比,在一定条件下具有加和性,即整个体系中某种广度性质是各部分该性质的总和。如 V、m、n、U、H、S、G 等。

(2) 强度性质:强度性质的数值不随体系中物质的数量的变化而变化,它仅由体系中物质本身的特性所决定,也就没有加和性。如 T、p、ρ、μ(黏度)、κ(电导率)等。

体系的两个广度性质相除,往往得到体系的一个强度性质。如质量 m 和体积 V 是广度性质,而密度 $\rho(\rho=m/V)$ 则是强度性质。

3. 过程与途径

体系状态从一个平衡态(始态)经由一系列中间过程变为另一个平衡态(终态),称为发生了一个热力学过程,简称过程。根据体系状态变化的条件不同,可分为不同的过程,如恒温、恒压、恒容条件下发生变化,则分别称为恒温、恒压、恒容过程。若状态发生变化时,体系与环境之间没有热量交换,则称为绝热过程。还有可逆过程、不可逆过程、循环过程等。

一个热力学过程的实现,可通过许多不同的方式来完成,我们把完成一个过程的具体步骤称为途径。

1.4.2 反应热效应、焓变

化学反应的热效应是化学反应体系最普遍、最重要的能量变化,与反应过程有关。化学反应的实质是化学键的重组,旧键的断裂需要吸收能量,而新键的形成又会放出能量。若旧键断裂所吸收的能量小于(大于)新键形成所放出的能量,在反应过程中就会有能量放出(吸收)。

在不做其他功(有用功)且恒容或恒压条件下,一个化学反应的产物的温度和反应物的温度相同时,反应体系所吸收或放出的热量,称为该反应的热效应,也称反应热。

恒容条件下的热效应称为恒容热效应 Q_V,它与体系的状态函数热力学能 U 的关系为

$$Q_V = U_2 - U_1 = \Delta U \tag{1-16}$$

式(1-16)的物理意义是:在等温、恒容、不做其他功的条件下,封闭体系所吸收的热全部用来增加体系的热力学能。

恒压条件下的热效应称为恒压热效应 Q_p,它与体系的状态函数焓 H 的关系为

$$Q_p = H_2 - H_1 = \Delta H \tag{1-17}$$

式(1-17)的物理意义是:在等温、等压、不做其他功的条件下,封闭体系所吸收的热全部用来增加体系的焓。或者说,等压热效应与反应的焓变数值相等。

若 $\Delta H < 0$,该反应为放热反应;反之,若 $\Delta H > 0$,该反应为吸热反应。

恒容条件下进行化学反应是不方便甚至是困难的,因为许多化学反应过程中压力变化很大,反应容器需要耐压。化学反应通常是在敞开容器内即恒压(大气压)条件下进行的,所以恒压热效应 Q_p 更为重要。

1.4.3 热化学方程式

表示化学反应与其热效应关系的方程式称为热化学方程式。它的写法一般是在配平的化学反应方程式的右边加上反应的热效应。例如:

$$H_2(g) + \frac{1}{2}O_2(g) = H_2O(g); \quad \Delta_r H_m^{\ominus}(298.15\ K) = -241.8\ kJ \cdot mol^{-1}$$

$$HgO(s) \rightleftharpoons Hg(l) + \frac{1}{2}O_2(g); \quad \Delta_r H_m^{\ominus}(298.15\ K) = 90.7\ kJ \cdot mol^{-1}$$

$\Delta_r H_m^{\ominus}(298.15\ K)$ 读作温度在 298.15 K 时的标准摩尔反应焓变。其中"$\ominus$"读作标准，表示反应体系中各物质都处于标准状态(简称标准态)。某气体物质的标准态是指其具有理想气体的性质，其压力为标准压力 $p^{\ominus}$，即 100 kPa；液体或固体的标准态是指在 $p^{\ominus}$ 下的纯液体或纯固体；溶液的标准态是指当溶液表现为理想溶液时，溶液的浓度为标准质量摩尔浓度 $m^{\ominus}$，即 1 mol·kg^{-1}，在浓度不很大时，也可用标准物质的量浓度 $c^{\ominus}$，即 1 mol·L^{-1}。请注意标准态并未对温度作出规定。其中"m"读作每摩尔，表示该反应的反应进度 ξ 为 1 mol，"r"读作反应，即 reaction 的词头。紧跟在反应方程式之后书写时，也可简化成 $\Delta H^{\ominus}$。

书写热化学方程式时应该注意以下几点：

(1) 注明物质的聚集状态和晶型。参与反应的物质为气体、液体和固体时分别用 g、l和 s 表示。固体有几种晶型也应注明，如 C(石墨)、C(金刚石)、S(斜方)、S(单斜)等。如参与反应的物质是溶液，用 aq 表示水溶液，用 aq,∞ 表示无限稀水溶液。

(2) 计量方程式的写法不同，热效应不同。若反应式中系数改变，意味着反应的基本单元特定组合有了变化，热效应也随之而变。例如，在 298.15 K，下列反应的 $\Delta_r H_m^{\ominus}(298.15\ K)$ 与反应(1)不同。

$$2H_2(g) + O_2(g) \rightleftharpoons 2H_2O(g); \quad \Delta_r H_m^{\ominus}(298.15\ K) = -483.6\ kJ \cdot mol^{-1}$$

表示反应进度为 1 mol 时，消耗了 2 mol H_2、1 mol O_2，生成了 2 mol $H_2O(g)$。

(3) 注明反应温度。反应热效应或焓变不仅因物质的状态及物质的量不同而不同，而且与反应的温度有关。例如：

$$H_2(g) + \frac{1}{2}O_2(g) \rightleftharpoons H_2O(g); \quad \begin{array}{l} \Delta_r H_m^{\ominus}(298.15\ K) = -241.8\ kJ \cdot mol^{-1} \\ \Delta_r H_m^{\ominus}(373.15\ K) = -242.3\ kJ \cdot mol^{-1} \end{array}$$

通常在温度改变不大时，焓变值也变化不大，故一般认为 $\Delta_r H_m^{\ominus} \approx \Delta_r H_m^{\ominus}(298.15\ K)$。

(4) 逆反应的热效应与正反应的热效应数值相同而符号相反。例如：

$$H_2O(g) \rightleftharpoons H_2(g) + \frac{1}{2}O_2(g); \quad \Delta_r H_m^{\ominus}(298.15\ K) = 241.8\ kJ \cdot mol^{-1}$$

(5) ΔH 的单位是 kJ·mol^{-1}，此处 mol 的"基本单元"是指"方程式所表示出来的质点的特定组合"。因此，离开热化学方程式，只写 ΔH 值，毫无意义。

1.4.4 热化学定律——盖斯定律

1840 年盖斯根据大量实验事实总结出一条规律：一个化学反应无论是一步完成还是分几步完成，反应的热效应是相等的，即总过程的热效应等于各分步过程热效应的代数和。换言之，化学反应的热效应只与反应的始态和终态有关，而与反应的途径无关(见图 1-8)。即

$$\Delta_r H_m^{\ominus} = \Delta_{r1} H_m^{\ominus} + \Delta_{r2} H_m^{\ominus} = \Delta_{r3} H_m^{\ominus} + \Delta_{r4} H_m^{\ominus} + \Delta_{r5} H_m^{\ominus}$$

例如：

$$Sn(s) + Cl_2(g) \rightleftharpoons SnCl_2(s); \quad \Delta_{r1} H_m^{\ominus} = -349.8\ kJ \cdot mol^{-1} \tag{1}$$

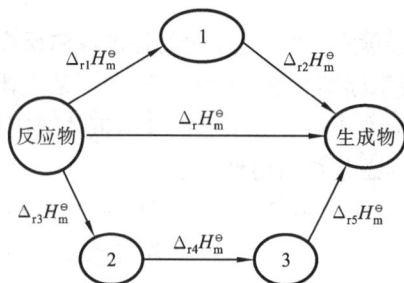

图 1-8 盖斯定律的图示

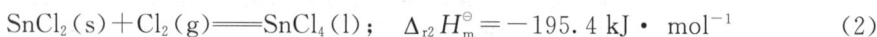

$$SnCl_2(s) + Cl_2(g) = SnCl_4(l)；\quad \Delta_{r2}H_m^\ominus = -195.4 \text{ kJ} \cdot \text{mol}^{-1} \quad (2)$$

反应式(1)和(2)两式相加,得到由单质 $Sn(s)$ 生成 $SnCl_4(l)$ 的方程式(3)：

$$Sn(s) + 2Cl_2(g) = SnCl_4(l)；\quad \Delta_{r3}H_m^\ominus = -545.2 \text{ kJ} \cdot \text{mol}^{-1} \quad (3)$$

图示见图 1-9。

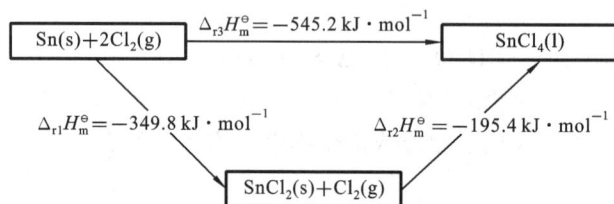

图 1-9 $Sn(s)$ 生成 $SnCl_4(l)$ 图示

运用盖斯定律,可以通过间接计算求得一些无法直接测定的反应热效应。例如,反应 $C(s) + \frac{1}{2}O_2(g) = CO(g)$ 的热效应是冶金工业中很有用的数据。但碳燃烧时不可能完全变成 CO,故该反应的热效应不能直接测定,只能通过间接计算得到。

【例 1-5】 已知 298.15 K 时,有下列反应

$$C(s) + O_2(g) = CO_2(g)；\quad \Delta_{r1}H_m^\ominus = -393.51 \text{ kJ} \cdot \text{mol}^{-1} \quad (1)$$

$$CO(g) + \frac{1}{2}O_2(g) = CO_2(g)；\quad \Delta_{r2}H_m^\ominus = -282.99 \text{ kJ} \cdot \text{mol}^{-1} \quad (2)$$

求反应 $C(s) + \frac{1}{2}O_2(g) = CO(g)$ (3)的热效应 $\Delta_{r3}H_m^\ominus$。

解 因为 $(1) - (2) = (3)$

所以
$$\Delta_{r3}H_m^\ominus = \Delta_{r1}H_m^\ominus - \Delta_{r2}H_m^\ominus$$
$$= [-393.51 - (-282.99)] \text{ kJ} \cdot \text{mol}^{-1}$$
$$= -110.52 \text{ kJ} \cdot \text{mol}^{-1}$$

图示见图 1-10。

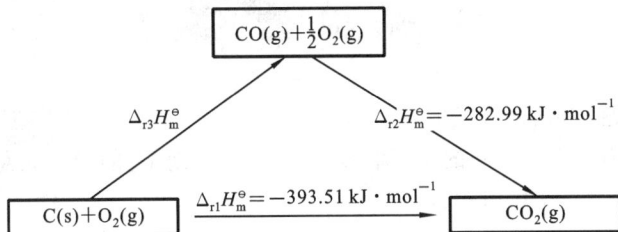

图 1-10 C(s)生成 CO₂(g)图示

1.4.5 生成焓

1. 生成焓

在热力学标准状态及指定温度下,由指定单质生成 1 mol 某物质的过程的焓变,称为该物质的标准(摩尔)生成焓(热),用符号 $\Delta_f H_m^{\ominus}(T)$ 表示,下标"f"表示生成反应,单位为 kJ·mol^{-1}。焓的绝对值无法测定,故规定指定单质的 $\Delta_f H_m^{\ominus}(T)=0$。

由于许多元素的单质有多种同素异形体,一般选在 298.15 K 时最稳定的一种作为指定单质。但也有例外,如 $\Delta_f H_m^{\ominus}(P,白色)=0$,$\Delta_f H_m^{\ominus}(P,红色)=-17.6$ kJ·mol^{-1},红磷比白磷更稳定,而白磷是指定单质。

从附录中可以查到单质和化合物的标准摩尔生成焓,用于反应热效应的计算十分方便。大量计算结果表明:化学反应的热效应,等于产物生成焓的总和减去反应物生成焓的总和。对于一般反应

$$a\text{A} + b\text{B} = y\text{Y} + z\text{Z}$$

$$\Delta_r H_m^{\ominus} = y\,\Delta_f H_m^{\ominus}(\text{Y}) + z\,\Delta_f H_m^{\ominus}(\text{Z}) - a\,\Delta_f H_m^{\ominus}(\text{A}) - b\,\Delta_f H_m^{\ominus}(\text{B}) \qquad (1\text{-}18)$$

2. 化学反应焓变的计算

(1) 由已知反应的反应焓变求未知反应的反应焓变,见【例 1-5】。

(2) 由物质的标准摩尔生成焓求反应标准焓变。

【例 1-6】 已知 $\Delta_f H_m^{\ominus}(\text{SiO}_2,s)=-910.9$ kJ·mol^{-1},$\Delta_f H_m^{\ominus}(\text{HF},g)=-271.1$ kJ·mol^{-1},$\Delta_f H_m^{\ominus}(\text{SiF}_4,g)=-1614.9$ kJ·mol^{-1},$\Delta_f H_m^{\ominus}(\text{H}_2\text{O},l)=-285.8$ kJ·mol^{-1}。计算下述反应在 298.15 K 时的 $\Delta_r H_m^{\ominus}$ 值。

$$\text{SiO}_2(s) + 4\text{HF}(g) = \text{SiF}_4(g) + 2\text{H}_2\text{O}(l)$$

解

$$\begin{aligned}
\Delta_r H_m^{\ominus} &= \Delta_f H_m^{\ominus}(\text{SiF}_4,g) + 2\,\Delta_f H_m^{\ominus}(\text{H}_2\text{O},l) - \Delta_f H_m^{\ominus}(\text{SiO}_2,s) - 4\,\Delta_f H_m^{\ominus}(\text{HF},g) \\
&= [(-1614.9) + 2\times(-285.8) - (-910.9) - 4\times(-271.1)] \text{ kJ·mol}^{-1} \\
&= -191.2 \text{ kJ·mol}^{-1}
\end{aligned}$$

目标检测题 1

一、单项选择题（将正确答案的标号填入括号内）

1.1 某容器内含 2.016 g 的 H_2 和 16.00 g 的 O_2，则 H_2 的分压是总压的（   ）。

A. 1/8   B. 1/16   C. 1/4   D. 2/3

1.2 标准状况（273.15 K 及 101.325 kPa）下，1.7 kg 的 $NH_3(g)$ 的体积是（   ）。

A. 2.24 m^3 B. 22.4 m^3 C. 1.12 m^3 D. 11.2 m^3

1.3 在 300 K 和 101 kPa 条件下，已知丁烷（C_4H_{10}）中含 1.00%（质量分数）的硫化氢，则硫化氢的分压为（   ）。

A. 99.3 kPa   B. 1.71 kPa   C. 0.293 kPa   D. 17.0 kPa

1.4 石墨燃烧反应的 $\Delta_r H_m^\ominus = -393.51$ kJ·mol^{-1}，金刚石燃烧反应的 $\Delta_r H_m^\ominus = -395.90$ kJ·mol^{-1}，则反应 C(石墨)$\longrightarrow$C(金刚石) 的 $\Delta_r H_m^\ominus$ 值为（   ）kJ·mol^{-1}。

A. -2.39 B. 2.39

C. 0   D. -393.51

1.5 已知反应 $2HgO(s) = 2Hg(l) + O_2(g)$；$\Delta_r H_m^\ominus(298.15 \text{ K}) = 181.4$ kJ·mol^{-1}，则 $\Delta_f H_m^\ominus(HgO, s)$ 为（   ）kJ·mol^{-1}。

A. 181.4   B. -181.4

C. 90.7   D. -90.7

1.6 下列反应的 $\Delta_r H_m^\ominus$ 和 $\Delta_f H_m^\ominus$（产物）一致的是（   ）。

A. $N_2(g) + 3H_2(g) = 2NH_3(g)$ B. $Ag(s) + \frac{1}{2}Cl_2(g) = AgCl(s)$

C. $\frac{1}{2}H_2(g) + \frac{1}{2}Br_2(g) = HBr(g)$ D. $\frac{1}{2}P_4(红磷) + \frac{5}{2}O_2(g) = P_2O_5(s)$

1.7 2.016 g 氢气中所含氢原子的数目与（   ）g 水中所含水分子数目相等。

A. 18   B. 36   C. 72   D. 108

1.8 若要得到过热水，可以采用下列（   ）方法。

A. 往水中加入某种难挥发的物质   B. 往水中加入某种易挥发的物质

C. 减小系统压力   D. 都不行

1.9 土壤中 NaCl 含量高时植物难以生存，下列稀溶液的性质中与此有关的是（   ）。

A. 蒸气压下降   B. 沸点升高   C. 凝固点降低   D. 渗透压

1.10 下列理想气体状态方程式中错误的是（   ）。

A. $p_i V_总 = n_i RT$ B. $p_总 V_i = n_i RT$

C. $p_总 V_总 = n_总 RT$ D. $p_i V_i = n_i RT$

二、是非题（对的在括号内填"√"，错的在括号内填"×"）

1.11 所有单质的标准摩尔生成焓都为零。 （   ）

1.12 化学反应在任何条件下的热效应都是指反应的焓变。 （   ）

1.13　$\dfrac{1}{2}H_2(g)+\dfrac{1}{2}Br_2(g)\Longrightarrow HBr(g)$ 和 $\dfrac{1}{2}H_2(g)+\dfrac{1}{2}Br_2(l)\Longrightarrow HBr(g)$ 的反应焓变值相同,并都为溴化氢的生成焓。　　　　　　　　　　　　　（　　）

1.14　$Al_2O_3(s)$ 在 25 ℃和标准压力下的生成焓为 $-1676\ kJ\cdot mol^{-1}$,与之对应的热化学方程式为 $2Al(s)+\dfrac{3}{2}O_2(g)\Longrightarrow Al_2O_3(s);\Delta_rH_m^{\ominus}(Al_2O_3)=-1676\ kJ\cdot mol^{-1}$。

　　　　　　　　　　　　　　　　　　　　　　　　　　　（　　）

1.15　若渗透现象停止了,意味着半透膜两边溶液的浓度相等了。　　　（　　）

1.16　加有甘油的水可做汽车水箱的防冻液。　　　　　　　　　　　（　　）

1.17　分子是构成物质的最小微粒。　　　　　　　　　　　　　　　（　　）

1.18　自然界中存在的所有元素都是多核素元素。　　　　　　　　　（　　）

三、填空题

1.19　一容器中有 4.4 g CO_2、14 g N_2 和 12.8 g O_2,气体总压为 2.026×10^5 Pa,则 $p(CO_2)=$ _____ , $p(O_2)=$ _____ 。

1.20　在 273 K 时,将相同初压的 4.0 L N_2 和 1.0 L O_2 压缩到一个容积为 2.0 L 的真空容器中,混合气体的总压为 3.26×10^5 Pa,则两种气体的初压 $p(N_2)=$ _____ , $p(O_2)=$ _____ 。混合气体中各组分气体的分压 $p(N_2)=$ _____ , $p(O_2)=$ _____ 。各气体的物质的量 $n(N_2)=$ _____ , $n(O_2)=$ _____ 。

1.21　在 298.15 K、100 kPa 时,每消耗 1 mol N_2(g)和 2 mol O_2(g),生成 2 mol NO_2(g),吸收能量 67.7 kJ,热化学方程式为 _____ 。

1.22　计算下列几种常用试剂的物质的量浓度:

(1) 浓盐酸,HCl 的质量分数为 37%,密度为 1.19 g·cm^{-3},$c(HCl)=$ _____ ;

(2) 浓硫酸,H_2SO_4 的质量分数为 98%,密度为 1.84 g·cm^{-3},$c(H_2SO_4)=$ _____ ;

(3) 浓硝酸,HNO_3 的质量分数为 70%,密度为 1.42 g·cm^{-3},$c(HNO_3)=$ _____ ;

(4) 浓氨水,NH_3 的质量分数为 28%,密度为 0.90 g·cm^{-3},$c(NH_3\cdot H_2O)=$ _____ 。

1.23　10.00 cm^3 NaCl 饱和溶液的质量为 12.003 g,将其蒸干后得 NaCl 3.173 g,则

(1) NaCl 的溶解度为 _____ ;　　(2) 溶质的质量分数为 _____ ;

(3) 溶液的物质的量浓度为 _____ ;　　(4) 溶液的质量摩尔浓度为 _____ ;

(5) 溶液中盐的摩尔分数为 _____ ;　　(6) 水的摩尔分数为 _____ 。

四、名词解释

1.24　理想气体、分压力、分体积、分压定律、摩尔分数、体积分数、压力分数、饱和蒸气压、标准摩尔反应焓变、标准摩尔生成焓、热力学定律、稀溶液依数性定律。

五、计算题

1.25　在 26.6 g 氯仿($CHCl_3$)中溶解 0.402 g 萘($C_{10}H_8$),其沸点比氯仿的沸点高 0.455 K,求氯仿的沸点升高常数。

1.26 302 K 时在 3.0 L 的真空容器中装入 N_2 和一定量的水,测得初压为 1.01×10^5 Pa。用电解法将容器中的水完全转变为 H_2 和 O_2 后,测得最终压力为 1.88×10^5 Pa。求容器中水的质量。已知 302 K 时水的蒸气压是 4.04×10^3 Pa。

1.27 某化合物的苯溶液,溶质和溶剂的质量比是 15∶100。在 293 K、1.013×10^5 Pa 下将 4.0 L 空气缓慢地通过该溶液时,测知损失 1.185 g 苯。假设忽略失去苯后溶液的浓度变化。求:(1)溶质的相对分子质量;(2)该溶液的凝固点和沸点。(293 K 时,苯的蒸气压为 1×10^4 Pa;1.013×10^5 Pa 时,$K_b = 2.53$ K·kg·mol^{-1},$K_f = 4.9$ K·kg·mol^{-1};苯的沸点为 353.1 K,凝固点为 278.4 K。)

1.28 惰性气体氙能与氟形成多种氟化氙(XeF_x)。实验测得在 353 K、1.56×10^4 Pa 时,某气态氟化氙的密度为 0.899 g·L^{-1}。试确定这种氟化氙的分子式。

模块二

无机化学基本原理

项目 2

化学反应速率和化学平衡

任务 2.1 化学反应速率

不同的化学反应,进行的快慢程度差别很大。有的反应进行得很快,几乎瞬间即可完成,如爆炸反应、底片的曝光反应、酸碱中和反应等;而有些反应进行得很慢,如一些有机合成反应、金属的腐蚀、橡胶塑料制品的老化、煤炭石油的形成、岩石的风化、钟乳石的形成等,它们有的需要几小时、几天、几个月、几年甚至几十万年或更长的时间才能完成。在实际化工生产过程中为提高产品的产量,需要设法使一些反应进行得更快;而对一些有害的反应,如金属的腐蚀、塑料制品的老化、食物的腐败等则需要想方设法使其反应进行得更慢,以减少损失。

2.1.1 化学反应速率的定义

化学反应速率是衡量化学反应进行快慢的物理量,是指在一定条件下,化学反应中反应物转变为生成物的速率。通常以单位时间内反应物浓度的减少值或生成物浓度的增加值来表示。化学反应速率用符号 r 表示,浓度的单位通常用 $mol \cdot L^{-1}$,时间的单位据反应快慢采用s(秒)、min(分)、h(时)、d(天)或 a(年)等。反应速率的常用定义式:

$$反应速率 \ r = 浓度变化/变化所需时间$$

r 的 SI 单位为 $mol \cdot dm^{-3} \cdot s^{-1}$ 或 $mol \cdot L^{-1} \cdot s^{-1}$。

2.1.2 化学反应速率的表示方法

对任意反应:$aA + bB \Longrightarrow yY + zZ$,随着反应的进行,反应物 A 和 B 的浓度不断减小,而生成物 Y 和 Z 的浓度不断增大。化学反应速率通常以单位时间内反应物或生成物浓度变化的正值来表示。若用 Δt 表示一段时间间隔,$\Delta c(A)$ 表示在 Δt 时间间隔内反应物 A 的浓度变化,则用反应物 A 表示的化学反应速率为 $r(A) = -\dfrac{\Delta c(A)}{\Delta t}$。因 $\Delta c(A)$ 为

负值,为保证反应速率为正值,在其前面加负号。若以生成物 Y 表示该反应的反应速率,

则为 $r(Y) = \dfrac{\Delta c(Y)}{\Delta t}$。由于反应方程式中 A、B、Y、Z 的计量系数不同,用不同物质表示的

反应速率肯定不同,它们之间的关系可表示为 $\dfrac{1}{a}r(A) = \dfrac{1}{b}r(B) = \dfrac{1}{y}r(Y) = \dfrac{1}{z}r(Z)$。

实际上,以上所表示的反应速率为反应时间段 Δt
内的平均反应速率。对大多数反应来说,平均反应速率
并不是其真正的反应速率。因为反应刚开始时,反应物
的浓度较高,反应速率较大,随着反应的进行,反应物浓
度逐渐降低,反应速率也越来越小,即化学反应速率是
随时间变化的,如图 2-1 所示。反应时间间隔越短,则
平均反应速率越接近于真正反应速率,反应时间间隔趋
于无限小(dt)时的反应速率称为化学反应的瞬时速率。
根据反应速率的定义,若要测定某反应在某一时刻的反
应速率(即瞬时速率),必须测定出各反应物(或生成物)

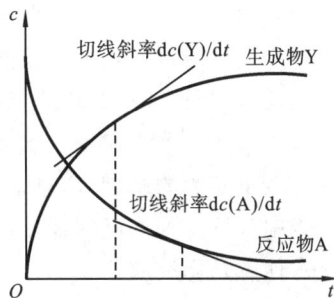

图 2-1　反应物或生成物
浓度-时间曲线

在不同时刻的浓度,并绘成如图 2-1 所示的浓度-时间曲线,从曲线上找到某一时刻 t 时的

对应点,并过该点作曲线的切线,据此切线的斜率 $\dfrac{dc}{dt}$ 的数值即可求得该时刻 t 时的瞬时速

率。用反应物 A 表示的瞬时速率为

$$r(A) = \lim_{\Delta t \to 0}\left[-\frac{\Delta c(A)}{\Delta t}\right] = -\frac{dc(A)}{dt} \tag{2-1}$$

由此可以得到以下结论:

(1) 化学反应速率有平均速率和瞬时速率之分,以后提到的化学反应速率均指瞬时
速率;

(2) 同一反应在同一时刻的反应速率,用不同的反应物或生成物表示时有所不同,其
比值等于反应方程式中对应物质的计量系数之比。

任务 2.2　影响反应速率的因素

化学反应进行得快慢,首先取决于反应物的本性,因此不同化学反应的反应速率千差
万别。但对于同一化学反应,由于受到浓度、温度、催化剂等外界因素的影响,也会引起化
学反应速率的改变。

2.2.1　浓度或分压对反应速率的影响

1. 基元反应和非基元反应

实验表明,绝大多数的化学反应并不像化学反应计量方程式所表示的那样是一步完
成的,而是往往经历若干中间步骤才能完成。例如,高温下 NO 与 H_2 的反应就不是一步

完成的：

$$2NO(g) + 2H_2(g) \Longrightarrow N_2(g) + 2H_2O(g)$$

该反应实际上是分两步进行的：

(1) $\qquad 2NO(g) + H_2(g) \Longrightarrow N_2(g) + H_2O_2(g)$

(2) $\qquad H_2O_2(g) + H_2(g) \Longrightarrow 2H_2O(g)$

把化学反应过程中一步就能完成，即由反应物一步直接生成产物的反应称为基元反应或元反应，而那些分几步才能完成的反应称为非基元反应或非元反应。

2. 基元反应的质量作用定律

在大量实验的基础上，总结出了基元反应的质量作用定律：基元反应的反应速率与基元反应中各反应物浓度的计量系数次方的乘积成正比。

对任意基元反应： $\qquad aA + bB \Longrightarrow yY + zZ$

其反应速率可表示为 $\qquad r(A) = -\dfrac{dc(A)}{dt} = k[c(A)]^a[c(B)]^b \qquad (2-2)$

此式称为速率方程，其中 k 称为速率常数，$c(A)$、$c(B)$ 为反应物 A，B 的浓度，各反应物浓度项指数之和 $n(n = a + b)$ 称为反应级数。对于给定的反应，k 值与温度、催化剂有关，而与浓度无关。

应当指出：①质量作用定律只适用于基元反应，非基元反应的速率方程由实验确定；②对有纯固体、纯液体参加的化学反应，若它们不溶于反应介质中，可将其浓度视为常数，并入速率常数中，在速率方程中不列出；③在稀溶液中，溶剂参与反应时，因溶剂的量很大，反应中消耗的量很小，可将溶剂浓度看作常数，在速率方程中不列出；④对于气体反应，当体积恒定时，各组分气体的分压与浓度成正比，故速率方程也可表示为

$$r(A) = k_p[p(A)]^a[p(B)]^b \qquad (2-3)$$

对于非基元反应，其反应速率与浓度的关系（即速率方程）必须通过实验来建立，即通过实验确定参与反应的各物质浓度在速率方程中的指数，而不能由反应方程式中的计量系数直接写出，此时的速率方程称为经验速率方程。对任意非基元反应 $aA + bB \Longrightarrow yY + zZ$，其经验速率方程常写作

$$r(A) = -\dfrac{dc(A)}{dt} = k[c(A)]^\alpha[c(B)]^\beta \qquad (2-4)$$

式中的 α、β 不一定等于 a、b。

3. 反应级数与反应分子数

在任意化学反应速率方程表达式 $r(A) = k[c(A)]^\alpha[c(B)]^\beta$ 中，α 和 β 分别称为反应物 A 和 B 的反应级数，其和 $n = \alpha + \beta$ 称为化学反应的总级数。反应级数是反应速率方程中反应物浓度项的幂指数，它的大小直接表示了反应物浓度对反应速率的影响程度，级数越高，表明浓度变化对反应速率影响越强烈。对基元反应，根据质量作用定律，其反应级数与方程式中反应物浓度的计量系数相等，可直接根据化学反应计量方程式写出。但对于非基元反应，其反应级数需通过动力学实验确定，而不能由化学反应计量方程式直接写出。反应级数可以是正数或负数、整数或分数，也可以是零。有时反应速率还与生成物浓度有关。

根据反应级数的大小,可以把反应分为零级反应、一级反应、二级反应等。对于不同反应级数的化学反应,其速率常数 k 的单位不同,由速率方程表达式可得 $k = \dfrac{r(A)}{[c(A)]^{\alpha}[c(B)]^{\beta}}$,所以 k 的单位可表示为 $[k] = [浓度]^{1-n}[时间]^{-1}$。

基元反应中实际参加反应的反应物分子数目称为反应分子数,在数值上等于基元反应计量方程式中反应物的计量系数。按反应分子数,可以把基元反应分为单分子反应、双分子反应、三分子反应等。

反应分子数与反应级数是两个不同的概念。对基元反应来说,反应分子数等于反应级数,等于化学计量系数。但对于非基元反应,没有反应分子数的概念,只有反应级数的概念,并且其反应级数与计量方程式中反应物的计量系数没有必然联系。

2.2.2 温度对反应速率的影响

温度是影响反应速率的重要因素之一。在浓度一定时,各种化学反应的速率和温度的关系比较复杂,大量事实表明,对绝大多数反应来说,不管是放热反应还是吸热反应,温度升高都会加速反应的进行,而温度降低都会减慢反应的进行。例如:夏天食物腐败变质比冬天快得多;用高压锅煮饭比普通锅快;常温常压下,混合 H_2 与 O_2 几乎不反应,但当温度升至 600 ℃ 以上时会剧烈反应甚至发生爆炸。

1884 年,荷兰物理化学家范特霍夫(van't Hoff)根据很多实验事实总结出一条经验规则:温度每升高 10 ℃,化学反应速率或反应速率常数一般增大为原来的 2～4 倍,即 $\dfrac{r_{T+10\,K}}{r_T} = \dfrac{k_{T+10\,K}}{k_T} = 2\sim4$。这就是范特霍夫经验规则。

温度对反应速率的影响,主要表现为对反应速率常数的影响。阿仑尼乌斯根据大量实验和理论验证,提出反应速率常数与温度的定量关系式:

$$k = Ae^{-E_a/(RT)} \tag{2-5a}$$

若以对数关系表示,则为

$$\ln k = -\frac{E_a}{RT} + \ln A \tag{2-5b}$$

$$\ln \frac{k_2}{k_1} = -\frac{E_a}{R}\left(\frac{1}{T_2} - \frac{1}{T_1}\right) = \frac{E_a}{R}\frac{T_2 - T_1}{T_1 T_2} \tag{2-5c}$$

式中:A 为指前因子,与速率常数 k 有相同的量纲;E_a 叫做反应的活化能(也称阿仑尼乌斯活化能),常用单位为 $kJ \cdot mol^{-1}$。A 与 E_a 都是反应的特性常数,基本与温度无关,均由实验求得。阿仑尼乌斯公式的应用有以下两方面:

(1) 求 E_a:至今仍是动力学中求 E_a 的主要方法。

(2) 计算给定 T 时的 k。

注意:并非所有的反应都符合阿仑尼乌斯公式;对于相同类型的反应,在浓度或分压相同的情况下,k 值越大,反应速率越大。

2.2.3 催化剂与反应速率

催化剂又称触媒,是指在化学反应系统中能够改变化学反应速率而本身的质量、组成和化学性质在反应前后都保持不变的一类物质。催化剂改变化学反应速率的作用称为催化作用。凡是能加快化学反应速率的催化剂称为正催化剂。凡是能减慢化学反应速率的催化剂称为负催化剂或阻化剂。如合成氨中的铁催化剂、接触法硫酸生产中的 V_2O_5 催化剂、能促进生物体化学反应的各种酶等均是正催化剂,而减缓金属腐蚀的缓蚀剂,防止橡胶、塑料老化的防老剂,食品添加剂中的防腐剂等均是负催化剂。通常所说的催化剂一般是指正催化剂。据统计,现代化工生产中80%以上的化学反应都采用了催化剂。

催化剂有均相催化剂、多相催化剂和生物催化剂三种类型。均相催化剂和它们催化的反应物处于同一聚集状态;多相催化剂和它们催化的反应物处于不同的聚集状态;酶是生物催化剂,活的生物体利用它们来加速体内的化学反应,如果没有酶,生物体内的许多化学反应就会进行得很慢,难以维持生命。

催化剂具有以下基本性质:

(1)催化剂可显著地改变化学反应速率,但不改变反应的可能性。例如,接触法生产硫酸的关键步骤(SO_2 转化为 SO_3)中,使用催化剂 V_2O_5 可使化学反应速率增大1.6亿倍。研究表明,催化剂之所以有催化作用,主要是其参与了化学反应,改变了反应机理,大大降低了反应的活化能,从而使反应速率迅猛地加快。对于热力学计算不能发生(即 $\Delta G > 0$)的化学反应,在其他条件不变的情况下并不能通过使用催化剂使其变为可能,也就是说催化剂不能改变化学反应进行的方向。

(2)在反应速率方程中,催化剂对反应速率的影响体现在对反应速率常数 k 的影响方面。

(3)对同一可逆反应,催化剂等值地增加了正、逆反应的速率,缩短了达到平衡的时间。

(4)催化剂具有特殊的选择性(又称专属性)。催化剂的选择性不仅表现在不同的反应采用不同的催化剂,如合成氨的铁催化剂无助于硫酸生产中 SO_2 的转化,而且对于相同反应物,如果选择不同的催化剂可以得到不同的产物。例如,乙烯与氧可同时发生以下三种反应:

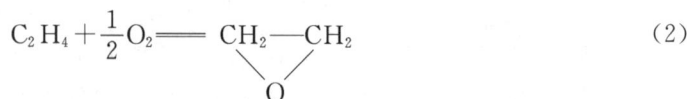

$$C_2H_4 + 3O_2 =\!=\!= 2CO_2 + 2H_2O \tag{1}$$

$$C_2H_4 + \frac{1}{2}O_2 =\!=\!= \underset{\diagdown \quad \diagup}{\overset{CH_2 —\!\!\!— CH_2}{}} \tag{2}$$
$$O$$

$$C_2H_4 + \frac{1}{2}O_2 =\!=\!= CH_3CHO(乙醛) \tag{3}$$

环氧乙烷和乙醛是重要的化工原料,我们希望反应(1)尽量减少。研究证明,若在 $200 \sim 300\ ℃$ 用银作催化剂,主要反应为(2);若用 $PdCl_2\text{-}CuCl_2$ 的盐酸溶液作催化剂,则主要反应是(3)。

人体内有许多种酶,它们不但选择性高,而且能在常温、常压和近于中性的条件下加速某些反应的进行。而工业生产中不少催化剂往往需要在高温、高压等比较苛刻的条件下发挥催化作用。因此,模拟酶的催化作用已成为当今重要的研究课题。我国科技工作者在化学模拟生物固氮酶的研究方面已处于世界前列。

(5) 对某些杂质特别敏感。在采用催化剂的反应中,少量杂质往往使催化剂的催化活性大为降低,这种现象称为催化剂中毒。如 CO 可使合成氨铁催化剂中毒,因此,在使用催化剂的反应中,必须保持原料的纯净。

2.2.4 影响反应速率的其他因素

以上提到的影响化学反应速率的主要因素,是对均相反应系统(所有反应物处于同一相)而言的。对于多相反应系统(所有反应物并不处于同一相,反应物之间存在相界面),如固体与气体或液体之间、液体与气体之间发生的反应,多在相界面上进行,除了上述影响因素外,还与反应物之间接触面的大小、接触机会的多少、反应物的流动、反应面积的"更新"速度等因素有关。如鼓风可以使炉火更旺,"沸腾"的煤粉比大煤块燃烧得更快,搅拌可加快反应等。扩大反应物之间的接触面积,加快反应物的流动或"更新"反应面积等,都是常用的加快反应速率的手段。此外,超声波、激光、紫外光、高能射线等,也可能影响某些反应的速率。

任务 2.3 活化能

为阐明以上由实验基础总结出来的化学反应速率的宏观规律,历史上先后提出了两种典型的化学反应速率理论:碰撞理论和过渡状态理论。下面分别作简单介绍。

2.3.1 碰撞理论、活化能

1. 有效碰撞

1918 年,路易斯(Lewis)根据分子运动论的成果,提出了反应速率的碰撞理论。该理论认为,反应物分子间的相互碰撞是反应进行的必要条件,反应物分子碰撞频率越高,反应速率越快。但并不是每次碰撞都能引起反应,能引起反应的碰撞只是少数,这种能引起化学反应发生的碰撞称为有效碰撞。分子间有效碰撞的发生必须满足以下两个条件:

(1) 互相碰撞的反应物分子有合适的碰撞取向,使相应的原子能互相接触并形成产物;

(2) 互相碰撞的分子具有足够的能量,在碰撞时原子的外层电子相互穿透,成键电子重排,旧键断裂,新键生成,即生成产物。

2. 活化分子和活化能

碰撞理论把具有足够能量、能够发生有效碰撞的分子称为活化分子,通常它只是分子总数中的一小部分,大部分是非活化分子。非活化分子吸收足够的能量即转化为活化分子。对一指定反应,在一定温度下反应物中活化分子的百分数是一定的。因此,单位体积内的活化分子数目与反应物分子总数成正比:对于溶液,活化分子数与物质的量浓度成正比;对于气体,活化分子数则与该气体的分压成正比。所以增大反应物的浓度或气体的分压,就能使反应速率加快。

温度升高时,分子运动加快,分子间碰撞频率增加,反应速率随之增大。根据气体分子运动论计算,温度每升高 10 ℃,碰撞次数增加并不多(小于 10%),但实际上反应速率增加了 100%~300%。可见,简单地用分子碰撞次数的增加来解释温度升高加速反应这一事实,不能令人满意。实际是由于温度的升高,有较多的分子获得了能量而成为活化分子,致使单位体积内的活化分子百分数增加了,有效碰撞次数增加很多,从而大大加快了反应速率。

在反应系统中加入催化剂,会改变反应历程,降低反应的活化能,同样大大增加了活化分子的百分数,致使反应加速进行。

活化分子的平均能量与反应物分子的平均能量的差值称为活化能,用 E_a 表示,单位为 kJ·mol^{-1}。活化能可以理解为:使单位物质的量的具有平均能量的分子变成活化分子需吸收的最低能量。显然,反应的活化能 E_a 越大,活化分子的百分数就越小,反应进行得越慢;反之,反应的活化能 E_a 越小,反应进行得越快。化学反应活化能的大小取决于反应本身的性质,它是影响化学反应速率的重要因素。

化学反应的活化能一般在 40~400 kJ·mol^{-1},对于 $E_a<40$ kJ·mol^{-1} 的反应,活化分子比例大,有效碰撞次数多,反应速率大,可瞬间完成,用一般方法难以测定,如酸碱中和反应、爆炸反应等。而对于 $E_a>400$ kJ·mol^{-1} 的反应,其反应速率极慢,通常条件下难以观察到。大多数化学反应的活化能在 60~240 kJ·mol^{-1}。

碰撞理论比较直观,用于简单的双分子反应时,理论计算与实验结果比较吻合,但对于较复杂的反应,理论计算与实验结果相差较大。这是因为碰撞理论把分子看作没有内部结构和内部运动的刚性球体,反应物分子发生碰撞时,要么一碰撞立即反应,要么碰撞后立即分开,而未考虑分子的内部结构和运动规律。

2.3.2 过渡状态理论

过渡状态理论又称活化配合物理论,是由艾林(Eyring)和佩尔采(Pelzer)于 20 世纪 30 年代,在碰撞理论的基础上,将量子力学应用于化学动力学提出来的。过渡状态理论主要包括以下内容:

(1) 在反应物变为生成物的过程中,需经过一个中间状态的化合物——活化配合物(又称过渡状态);

(2) 活化配合物是一种具有高能量的不稳定的反应物原子组合体,它一方面能很快与反应物建立热力学平衡,另一方面又能分解为新的能量较低、较稳定的生成物;

(3) 活化配合物分解生成产物的趋势大于重新变为反应物的趋势;

(4) 在过渡状态理论中,活化配合物分子平均能量与反应物分子平均能量的差值称

为正反应的活化能 $E_{a,正}$,活化配合物分子平均能量与生成物分子平均能量的差值称为逆反应的活化能 $E_{a,逆}$。

下面以任意反应:$AB+C \longrightarrow A+BC$ 为例说明。

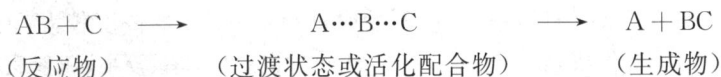

$$AB+C \longrightarrow \quad A\cdots B\cdots C \quad \longrightarrow \quad A+BC$$

$$\text{(反应物)} \qquad \text{(过渡状态或活化配合物)} \qquad \text{(生成物)}$$

也可用能量高低变化示意图来表示上述反应进程,如图 2-2 所示。

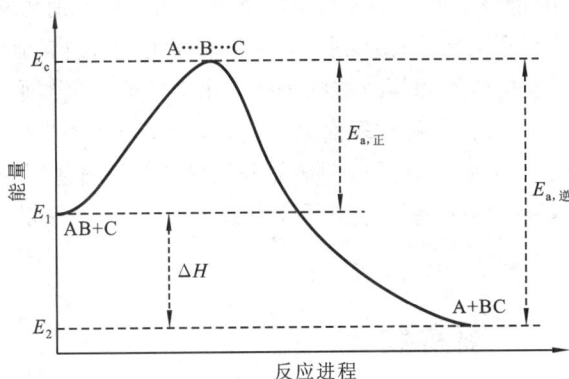

图 2-2　过渡状态理论能量变化示意图

图 2-2 中,E_1、E_2 和 E_c 分别表示反应物($AB+C$)、生成物($A+BC$)和活化配合物($A\cdots B\cdots C$)分子的平均能量,ΔH 表示化学反应的热效应。它们与活化能之间的关系为:$E_{a,正}=E_c-E_1$,$E_{a,逆}=E_c-E_2$,$\Delta H=E_2-E_1=E_{a,正}-E_{a,逆}$。当 $\Delta H>0$ 时,正反应为吸热反应;当 $\Delta H<0$ 时,正反应为放热反应。由图可知,活化配合物分子具有比反应物和生成物分子更高的能量,只有反应物分子吸收足够能量时,才能"爬过"这个能垒,反应才能进行。反应的活化能越大,能垒越高,能爬过能垒的反应物分子越少,反应越慢。在催化反应中,由于改变了反应历程,降低了反应的活化能,因而大大加快了化学反应速率。

过渡状态理论较好地揭示了活化能的本质,比碰撞理论前进了一步。但活化配合物极不稳定,不易分离,无法通过实验证实,致使这一理论的应用受到一定限制。

任务 2.4　化学平衡

2.4.1　可逆反应与化学平衡

对于多数化学反应来说,在一定条件下反应既能按反应方程式从左向右进行(正反应),也能从右向左进行(逆反应),这种同时能向正、逆两个方向进行的反应,称为可逆反应。绝大多数的化学反应都有一定的可逆性,但是有的反应可逆倾向比较弱,从整体上看反应实际上是朝着一个方向进行的,如氯化银的沉淀反应。还有些反应在进行时,逆反应发生的条件尚未具备,反应物即已耗尽,如 MnO_2 作为催化剂时 $KClO_3$ 的受热分解反应,这些反应习惯上称为不可逆反应。

可逆反应在进行到一定程度时,便会建立起平衡。例如,一定条件下,将一定量的 CO 和 H_2O 加入一个密闭容器中,反应开始时,CO 和 H_2O 的浓度较大,正反应速率较大。一旦有 CO_2 和 H_2 生成,就产生逆反应。开始时逆反应速率较小,随着反应的进行,反应物的浓度逐渐减小,生成物的浓度逐渐增大。当正、逆反应速率相等时,单位时间内因正反应使反应物减小的量等于因逆反应使反应物增加的量。此时宏观上,各种物质的浓度或分压不再改变,达到平衡状态;微观上,反应并未停止,正、逆反应仍在进行,只是二者速率相等而已。正、逆反应速率相等时的状态称为化学平衡。化学平衡有以下两个特征:

(1) 化学平衡是一种动态平衡。表面上看,反应似乎已停止,实际上正、逆反应仍在进行,只是单位时间内,反应物因正反应消耗的分子数恰等于由逆反应生成的分子数。

(2) 化学平衡是有条件的平衡。当外界条件改变时,原有的平衡即被破坏,直到在新的条件下建立新的平衡。

2.4.2 平衡常数

平衡常数是反映可逆反应进行程度的重要参数,分为实验平衡常数和标准平衡常数。

1. 实验平衡常数

在恒温下,某一反应的可逆程度总是遵循一种内在的定量规律:可逆反应无论从正反应开始,或是从逆反应开始,最后达到平衡时,体系中各物质的平衡浓度或分压相对稳定,不随时间而变,且生成物浓度的计量系数次方的乘积与反应物浓度的计量系数次方的乘积之比是一个常数。这一常数称为实验平衡常数,即通过实验测量平衡状态时各组分的浓度或分压而求得的平衡常数为实验平衡常数。

对于任一可逆反应

$$aA(g) + bB(g) \rightleftharpoons dD(g) + eE(g)$$

在一定温度下达到平衡时,各物质平衡浓度间存在如下定量关系:

$$\frac{[c(D)]^d [c(E)]^e}{[c(A)]^a [c(B)]^b} = K_c \tag{2-6}$$

式中:K_c 为浓度平衡常数。

也可用分压来代替各物质的浓度:

$$\frac{[p(D)]^d [p(E)]^e}{[p(A)]^a [p(B)]^b} = K_p \tag{2-7}$$

式中:K_p 为压力平衡常数。

对于同一反应,K_c 与 K_p 有何关系呢?

据 $pV=nRT$,$p=cRT$,可导出一定温度下二者的关系为

$$K_p = \frac{[c(D)RT]^d [c(E)RT]^e}{[c(A)RT]^a [c(B)RT]^b}$$

$$= \frac{[c(D)]^d [c(E)]^e}{[c(A)]^a [c(B)]^b} (RT)^{(d+e)-(a+b)}$$

$$= K_c(RT)^{\Delta\nu} \tag{2-8}$$

式中：$\Delta\nu$ 为气态生成物的总计量系数与气态反应物总计量系数之差。

在 SI 单位制中，分压以 kPa 为单位，浓度以 $mol \cdot L^{-1}$ 为单位，R 为 $8.314\ kPa \cdot L \cdot mol^{-1} \cdot K^{-1}$。显然，当 $\Delta\nu = 0$ 时，$K_p = K_c$，且均无单位；当 $\Delta\nu \neq 0$ 时，$K_p \neq K_c$，且 K_c 与 K_p 都是有单位的，分别为 $(mol \cdot L^{-1})^{\Delta\nu}$ 与 $(kPa)^{\Delta\nu}$。

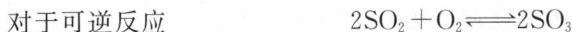

对于可逆反应 $\qquad 2SO_2 + O_2 \Longrightarrow 2SO_3$

平衡时，各组分的浓度不再改变，但反应物的初始组成不同，平衡时各组分的浓度也不相同，但 $\dfrac{[c(SO_3)]^2}{[c(SO_2)]^2 c(O_2)}$ 或 $\dfrac{[p(SO_3)]^2}{[p(SO_2)]^2 [p(O_2)]}$ 的值是不变的（见表 2-1）。

表 2-1　$2SO_2(g) + O_2(g) \Longrightarrow 2SO_3(g)$ 平衡系统实验数据（723 ℃）

编号	最初物质的量之比			平衡时分压 p/kPa			$\dfrac{[p(SO_3)]^2}{[p(SO_2)]^2 [p(O_2)]}/(kPa)^{-1}$
	$n(SO_2)$	$n(O_2)$	$n(N_2)$	SO_3	SO_2	O_2	
1	1.24	1	0	34.25	31.31	35.77	0.0335
2	2.28	1	0	36.88	46.31	18.24	0.0347
3	2.44	1	0	36.17	49.04	16.72	0.0325
4	3.36	1	0	33.54	56.64	10.23	0.0343
5	3.62	1	3.74	12.97	25.13	8.11	0.0329

2. 标准平衡常数

许多化学反应由于反应速率太慢，难以达到平衡，或由于副反应的干扰，难以测定平衡时的分压或浓度，因此难以求得实验平衡常数。实验平衡常数具有多值性（除 K_c、K_p 外，还有 K_x），一般具有单位，与热力学数据无法关联。另外，实验平衡常数对理想气体或理想溶液是精确的，但对实际气体或溶液会产生一定的偏差，因此引进标准平衡常数 $K^{\ominus}$。

用平衡相对浓度 $c'(B)$（平衡浓度除以标准浓度，即 $c(B)/c^{\ominus}$）代替平衡浓度，或以平衡相对分压（平衡分压除以标准压力，即 $p(B)/p^{\ominus}$）代替平衡分压，求得的平衡常数称为标准平衡常数 $K^{\ominus}$ 或相对平衡常数 K_r。其分子和分母中的各因式（相对浓度或相对分压）量纲均为 1，故 $K^{\ominus}$ 的量纲也为 1。

对于液相反应，因为 $c^{\ominus} = 1\ mol \cdot L^{-1}$，故 $K^{\ominus}$ 与 K_c 在数值上相等，但一般 K_c 是有量纲的量；而对于气相反应，$p^{\ominus} = 100\ kPa$，故 $K^{\ominus}$ 与 K_p 一般不相等，二者关系为 $K^{\ominus} = K_p(p^{\ominus})^{-\Delta\nu}$，只有当 $\Delta\nu = 0$，即气态生成物的总计量系数与气态反应物的总计量系数相等时，$K^{\ominus} = K_p$。

对于既有固相 A，又有 B 和 D 的水溶液，以及气体 E 和 H_2O 参与的一般反应，其通式为

$$a A(s) + b B(aq) \Longrightarrow d D(aq) + e E(g) + f H_2O(l)$$

系统达平衡时，其标准平衡常数表达式为

$$K^{\ominus} = \frac{[c(D)/c^{\ominus}]^d\, [p(E)/p^{\ominus}]^e}{[c(B)/c^{\ominus}]^b}$$

即以配平后的化学计量系数为指数的生成物的 $c/c^{\ominus}$（或 $p/p^{\ominus}$）的乘积除以以化学计量数为指数的反应物的 $c/c^{\ominus}$（或 $p/p^{\ominus}$）的乘积所得的商（对于溶液的溶质取 $c/c^{\ominus}$，对于气体取 $p/p^{\ominus}$）。

标准平衡常数 $K^{\ominus}$ 无压力平衡常数和浓度平衡常数之分。

3. 书写和应用平衡常数时的注意事项

（1）平衡常数表达式中各物质的浓度或分压，必须是在系统达到平衡状态时相应的值。生成物为分子项，反应物为分母项，式中各物质浓度或分压的指数，就是反应方程式中相应的化学计量系数。气体只可用分压表示，而不能用浓度表示，这与气体规定的标准状态有关。

（2）反应式中若有纯固态、纯液态，它们的浓度在平衡常数表达式中不必列出，因它们的量在反应前后基本不变。例如：

$$CaCO_3(s) \Longleftrightarrow CaO(s) + CO_2(g)$$
$$K^{\ominus} = p(CO_2)/p^{\ominus}$$
$$Fe_3O_4(s) + 4H_2(g) \Longleftrightarrow 3Fe(s) + 4H_2O(g)$$
$$K^{\ominus} = \frac{[p(H_2O)/p^{\ominus}]^4}{[p(H_2)/p^{\ominus}]^4}$$

（3）在稀溶液中进行的反应，如水参与了反应，由于反应掉的水分子数与总的水分子数相比微不足道，故水的浓度可视为常数，合并入平衡常数，不必出现在平衡常数表达式中。例如：

$$Cr_2O_7^{2-} + H_2O \Longleftrightarrow 2CrO_4^{2-} + 2H^+$$
$$K^{\ominus} = \frac{[c(CrO_4^{2-})/c^{\ominus}]^2 \ [c(H^+)/c^{\ominus}]^2}{c(Cr_2O_7^{2-})/c^{\ominus}}$$

若反应不在水溶液中进行，而水又为生成物，则水的浓度必须列入平衡常数表达式中。

（4）平衡常数表达式必须与计量方程式相对应，同一化学反应以不同计量方程式表示时，平衡常数表达式不同，其数值也不同。例如：

① $N_2(g) + 3H_2(g) \Longleftrightarrow 2NH_3(g)$； $K_1^{\ominus} = \dfrac{[p(NH_3)/p^{\ominus}]^2}{[p(N_2)/p^{\ominus}][p(H_2)/p^{\ominus}]^3}$

② $\dfrac{1}{2}N_2(g) + \dfrac{3}{2}H_2(g) \Longleftrightarrow NH_3(g)$； $K_2^{\ominus} = \dfrac{p(NH_3)/p^{\ominus}}{[p(N_2)/p^{\ominus}]^{\frac{1}{2}}[p(H_2)/p^{\ominus}]^{\frac{3}{2}}}$

③ $2NH_3(g) \Longleftrightarrow N_2(g) + 3H_2(g)$； $K_3^{\ominus} = \dfrac{[p(N_2)/p^{\ominus}][p(H_2)/p^{\ominus}]^3}{[p(NH_3)/p^{\ominus}]^2}$

显然 $K_1^{\ominus} = (K_2^{\ominus})^2$ 或 $K_2^{\ominus} = \sqrt{K_1^{\ominus}}$

$$K_1^{\ominus} = \frac{1}{K_3^{\ominus}} \quad 或 \quad K_1^{\ominus}K_3^{\ominus} = 1$$

化学反应方程式的系数扩大 n 倍时，其平衡常数将变为 $(K^{\ominus})^n$，逆反应的平衡常数与正反应的平衡常数互为倒数。

（5）多重平衡规则：在相同条件下，如由两个反应方程式相加（或相减）得到第三个反应方程式，则第三个反应方程式的平衡常数为前两个反应方程式平衡常数之积（或商）。

例如：

④ $SO_2(g) + \dfrac{1}{2} O_2(g) \Longleftrightarrow SO_3(g)$；　$K_4^{\ominus} = \dfrac{[p(SO_3)/p^{\ominus}]}{[p(SO_2)/p^{\ominus}][p(O_2)/p^{\ominus}]^{\frac{1}{2}}}$

⑤ $NO_2(g) \Longleftrightarrow NO(g) + \dfrac{1}{2} O_2(g)$；　$K_5^{\ominus} = \dfrac{[p(NO)/p^{\ominus}][p(O_2)/p^{\ominus}]^{\frac{1}{2}}}{[p(NO_2)/p^{\ominus}]}$

⑥ $SO_2(g) + NO_2(g) \Longleftrightarrow SO_3(g) + NO(g)$；　$K_6^{\ominus} = \dfrac{[p(SO_3)/p^{\ominus}][p(NO)/p^{\ominus}]}{[p(SO_2)/p^{\ominus}][p(NO_2)/p^{\ominus}]}$

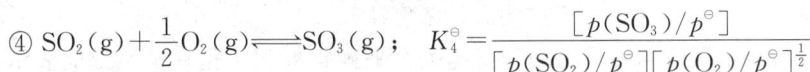

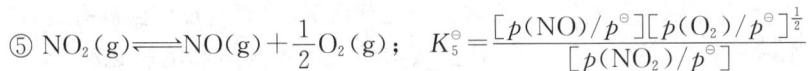

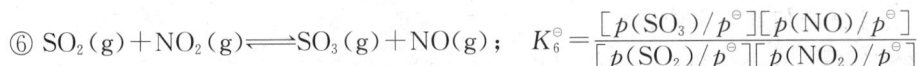

因为反应⑥＝④＋⑤，所以 $K_6^{\ominus} = K_4^{\ominus} K_5^{\ominus}$。多重平衡规则在各种平衡系统的计算中颇为有用。

4. 平衡常数的应用

（1）判断可逆反应正向进行程度的大小。平衡常数是可逆反应的特征常数，是一定条件下可逆反应进行程度的标度。对同类反应而言，$K^{\ominus}$ 值越大，反应正向进行的程度越大，反应进行得越完全。

（2）判断可逆反应是否处于平衡状态，若处于非平衡状态，反应进行的方向如何。

为了回答这一问题，引入反应商 Q 的概念：在一定温度下，对于一可逆反应，在任意态时（包括平衡状态和非平衡状态），生成物相对浓度（分压）的计量系数次方的乘积与反应物相对浓度（分压）的计量系数次方的乘积之比，称为反应商 Q。

若在一容器中置入任意量的 A、B、D、E 四种物质，在一定温度下进行下列可逆反应：

$$aA + bB \Longleftrightarrow dD + eE$$

对溶液中的反应

$$Q = \dfrac{[c(D)/c^{\ominus}]^d [c(E)/c^{\ominus}]^e}{[c(A)/c^{\ominus}]^a [c(B)/c^{\ominus}]^b} \tag{2-9}$$

对气体反应

$$Q = \dfrac{[p(D)/p^{\ominus}]^d [p(E)/p^{\ominus}]^e}{[p(A)/p^{\ominus}]^a [p(B)/p^{\ominus}]^b} \tag{2-10}$$

当 $Q < K^{\ominus}$ 时，说明生成物的浓度（或分压）小于平衡浓度（或分压），反应处于不平衡状态，反应将正向进行。反之，当 $Q > K^{\ominus}$ 时，系统也处于不平衡状态，但这时生成物将转化为反应物，即反应逆向进行。只有当 $Q = K^{\ominus}$ 时，系统才处于平衡状态，这就是化学反应进行方向的反应商判据。

利用 K_p 和 K_c 与相应的分压商 Q_p 和浓度商 Q_c 相比较，也可以判断反应方向，但必须注意 K 与 Q 的一致性。

2.4.3 平衡常数与平衡转化率

平衡转化率是指达到化学平衡时，已转化为生成物的反应物占该反应物起始总量的百分比。平衡转化率有时也简称为转化率，以 α 来表示。

$$\alpha = \dfrac{\text{反应物已转化的量}}{\text{反应物转化前的总量}} \times 100\%$$

若反应前后体积不变，反应物的量又可用浓度表示：

$$\alpha = \frac{反应物起始浓度 - 反应物平衡浓度}{反应物起始浓度} \times 100\%$$

转化率越大,表示反应向右进行的程度越大。平衡常数和转化率虽然都能表示反应进行的程度,但二者有差别,平衡常数与系统的起始状态无关,只与反应温度有关,转化率除与温度有关外还与系统起始状态有关,且必须指明是哪种反应物的转化率,反应物不同,转化率的数值往往不同。

【例 2-1】 在某温度下,反应 $CO(g) + H_2O(g) \rightleftharpoons H_2(g) + CO_2(g)$,$K_c = 9$,若 CO 和 H_2O 的起始浓度皆为 $0.02 \ mol \cdot L^{-1}$,求平衡时 CO 的转化率。

解 设反应达到平衡时体系中 H_2 和 CO_2 的浓度均为 $x \ mol \cdot L^{-1}$。

	$CO(g)$	$+$	$H_2O(g)$	$\rightleftharpoons$	$H_2(g)$	$+$	$CO_2(g)$
起始浓度/$(mol \cdot L^{-1})$	0.02		0.02		0		0
平衡浓度/$(mol \cdot L^{-1})$	$0.02-x$		$0.02-x$		x		x

$$K_c = \frac{[c(H_2)][c(CO_2)]}{[c(CO)][c(H_2O)]} = \frac{x^2}{(0.02-x)^2} = 9$$

解得 $x = 0.015$,即平衡时 $c(H_2) = c(CO_2) = 0.015 \ mol \cdot L^{-1}$。

根据化学反应方程式可知,平衡时转化掉的 $c(CO) = 0.015 \ mol \cdot L^{-1}$,所以 CO 的转化率为

$$\alpha = \frac{0.015}{0.020} \times 100\% = 75\%$$

任务 2.5　化学平衡的移动

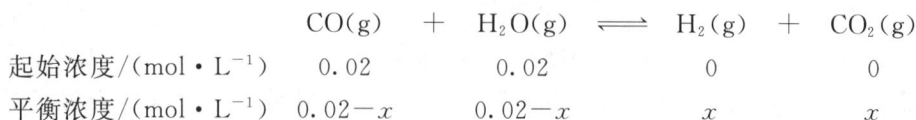

化学平衡状态是在一定条件下的一种暂时稳定状态,当外界条件(如温度、压力、浓度等)变化时,平衡状态遭到破坏,从平衡状态变为不平衡状态。在改变了的条件下,可逆反应重新建立平衡。这种外界条件改变,可逆反应从一种平衡状态转变到另一种平衡状态的过程称为化学平衡的移动。在新建立的平衡状态下,反应体系中各物质的浓度与原平衡状态下各物质的浓度不相等。

导致平衡移动的原因,可以从反应商的改变和平衡常数的改变两个方面去考虑。

2.5.1　浓度或分压对化学平衡的影响

浓度或分压对化学平衡的影响是改变 Q 而导致平衡移动。某化学反应处于平衡状态时,$Q = K^\ominus$,在恒温下增大反应物的浓度(或分压)或减小生成物的浓度(或分压),会使 $Q < K^\ominus$,平衡向正反应方向移动;相反,减小反应物浓度(或分压)或增大生成物浓度(或分压),会使 $Q > K^\ominus$,平衡向逆反应方向移动。即

$Q = K^\ominus$(或 $Q_c = K_c$,$Q_p = K_p$),系统处于平衡状态;

$Q < K^\ominus$(或 $Q_c < K_c$,$Q_p < K_p$),平衡向右移动;

$Q > K^\ominus$(或 $Q_c > K_c$,$Q_p > K_p$),平衡向左移动。

【例 2-2】 反应 $CO(g) + H_2O(g) \Longleftrightarrow CO_2(g) + H_2(g)$ 在某温度下达到平衡时,$c(CO) = c(H_2O) = 0.005 \text{ mol} \cdot L^{-1}$,$c(CO_2) = c(H_2) = 0.015 \text{ mol} \cdot L^{-1}$。向平衡体系中加 $H_2O(g)$,使 $c(H_2O) = 1 \text{ mol} \cdot L^{-1}$。试判断平衡移动的方向,并求重新平衡时 CO 的转化率。

解
$$K_c = \frac{c(CO_2)c(H_2)}{c(CO)c(H_2O)} = \frac{0.015^2}{0.005^2} = 9$$

平衡因 $H_2O(g)$ 浓度的改变而被破坏时,浓度商为

$$Q_c = \frac{c(CO_2)c(H_2)}{c(CO)c(H_2O)} = \frac{0.015^2}{0.005 \times 1} = 0.045 < K_c$$

故平衡将向右移动。

设重新达到平衡时转化掉的 $c(CO) = x \text{ mol} \cdot L^{-1}$。

$$CO(g) \quad + H_2O(g) \Longleftrightarrow CO_2(g) + \quad H_2(g)$$

起始浓度/$(\text{mol} \cdot L^{-1})$ 0.005   1   0.015   0.015

平衡浓度/$(\text{mol} \cdot L^{-1})$ $0.005 - x$ $1 - x$ $0.015 + x$ $0.015 + x$

$$K_c = \frac{c(CO_2)c(H_2)}{c(CO)c(H_2O)} = \frac{(0.015 + x)^2}{(0.005 - x)(1 - x)} = 9$$

解得
$$x = 0.00495$$

$$\alpha = \frac{0.00495}{0.005} \times 100\% = 99\%$$

在化工生产中,为了充分利用某一反应物,提高其转化率,常常让另一反应物适当过量。若从平衡系统中不断移出产物,也能使平衡向右移动,提高反应物的转化率。

2.5.2 压力对化学平衡的影响

压力变化对没有气体参加的固相或液相化学反应的平衡没有影响。对于反应前后计量系数之和相等的气相反应,如

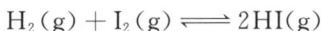

$$H_2(g) + I_2(g) \Longleftrightarrow 2HI(g)$$

压力变化对其化学平衡也没影响,因为压力变化对反应物和生成物的分压产生相同的影响,分压商不变,化学平衡不移动。

对于有气体参加且反应前后气体的计量系数有变化的反应,压力变化时将对化学平衡产生影响。

例如,反应 $N_2(g) + 3H_2(g) \Longleftrightarrow 2NH_3(g)$ 达到平衡时

$$K_p = \frac{[p(NH_3)]^2}{[p(H_2)]^3[p(N_2)]}$$

如果平衡体系的总压力增加到原来的两倍(将体积压缩至原来的一半),这时,各组分的分压也增加两倍,分别为 $2p(H_2)$、$2p(N_2)$、$2p(NH_3)$,故

$$Q_p = \frac{[2p(NH_3)]^2}{[2p(H_2)]^3[2p(N_2)]} = \frac{1}{4} \frac{[p(NH_3)]^2}{[p(H_2)]^3[p(N_2)]} = \frac{1}{4} K_p$$

即 $Q_p < K_p$,此时体系已经不再处于平衡状态,化学平衡向右移动,反应朝着生成氨气(即气体分子数减少)的正反应方向进行。随着反应的进行,$p(N_2)$ 和 $p(H_2)$ 不断下降,$p(NH_3)$ 不断增高,最后使 $Q_p = K_p$,体系在新的条件下达到新的平衡。

在恒温下,增大总压力,平衡向气体分子数减少的方向移动;减小总压力,平衡向气体分子数增加的方向移动。

对于有气体参加的反应体系,在处理具体问题时,经常将体积的变化归结为浓度或压力的变化来讨论。体积增大相当于浓度减小或压力减小,而体积减小相当于浓度或压力增大。

【例 2-3】 在 1000 ℃及总压力为 3000 kPa 下,反应 $CO_2(g) + C(s) \rightleftharpoons 2CO(g)$ 达到平衡时 CO_2 的摩尔分数为 0.17。当总压减至 2000 kPa 时,CO_2 的摩尔分数为多少? 由此可得出什么结论?

解 设达到新的平衡时,CO_2 的摩尔分数为 x,CO 的摩尔分数为 $1-x$,则

$$p(CO_2) = p_总 x(CO_2) = 2000x$$
$$p(CO) = p_总 x(CO) = 2000(1-x)$$

将以上各值代入平衡常数表达式:

$$K^\ominus = \frac{[p(CO)/p^\ominus]^2}{p(CO_2)/p^\ominus} = \frac{[2000(1-x) \div 100]^2}{2000x \div 100}$$

若已知 $K^\ominus$,即可求得 x。因系统温度不变,降低压力时 $K^\ominus$ 值不变,故 $K^\ominus$ 可由原来的平衡系统求得。

原来平衡系统中:

$$p(CO) = 3000 \times (1-0.17) \text{ kPa} = 2490 \text{ kPa}$$
$$p(CO_2) = 3000 \times 0.17 \text{ kPa} = 510 \text{ kPa}$$
$$K^\ominus = \frac{[p(CO)/p^\ominus]^2}{p(CO_2)/p^\ominus} = \frac{(2490 \div 100)^2}{510 \div 100} = 122$$

将 $K^\ominus$ 值代入平衡常数表达式:

$$\frac{[2000(1-x) \div 100]^2}{2000x \div 100} = 122$$
$$x = 0.126 \approx 0.13$$

与原来相比,CO_2 的摩尔分数减少了,说明平衡向右移动。此例又一次证实了当气体总压降低时,平衡将向气体分子数增多的方向移动。

需要指出,在恒温条件下,向一平衡系统加入不参与反应的其他气态物质(称"惰性气体",如稀有气体、N_2),则有以下结论:①若体积不变,但系统的总压增加,这种情况下无论 $\Delta\nu > 0$、$\Delta\nu = 0$ 或 $\Delta\nu < 0$,平衡都不移动。因为平衡系统的总压虽然增加,但各物质的分压($p_i = n_i RT/V$)并无改变,Q 和 $K^\ominus$ 仍相等,平衡状态不变。②若总压维持不变,则系统体积增大(相当于系统原来的压力减小),此时若 $\Delta\nu \neq 0$,$Q \neq K^\ominus$,平衡将向气体分子数增加的方向移动。"惰性气体"的存在与降低总压的效果是等同的。

2.5.3 温度对化学平衡的影响

温度和压力对化学平衡的影响,是通过改系统的组成,使反应商 Q 改变而使化学平

衡发生移动。标准平衡常数和温度之间存在下列定量关系:

$$\ln \frac{K_2^{\ominus}}{K_1^{\ominus}} = \frac{\Delta_r H_m}{R} \frac{T_2 - T_1}{T_1 T_2} \tag{2-11}$$

式中: $K_1^{\ominus}$、$K_2^{\ominus}$ 分别为 T_1、T_2 时的标准平衡常数, $\Delta_r H_m$ 代表可逆反应的热效应。

从式(2-11)可清楚地看出,温度对 $K^{\ominus}$ 的影响与 $\Delta_r H_m$ 有关。对于吸热反应, $\Delta_r H^{\ominus} > 0$。当 $T_2 > T_1$ 时, $K_2^{\ominus} > K_1^{\ominus}$, 即标准平衡常数随温度升高而增大,升高温度,平衡向正反应方向移动;反之,当 $T_2 < T_1$ 时, $K_2^{\ominus} < K_1^{\ominus}$, 即降低温度,平衡向逆反应方向移动。

对于放热反应, $\Delta_r H^{\ominus} < 0$。当 $T_2 > T_1$ 时, $K_2^{\ominus} < K_1^{\ominus}$, 即标准平衡常数随温度的升高而减小,升高温度,平衡向逆反应方向移动;反之,当 $T_2 < T_1$ 时, $K_2^{\ominus} > K_1^{\ominus}$, 即降低温度,平衡向正反应方向移动。

温度对化学平衡的影响可以归纳为:升高温度,平衡向吸热反应方向移动;降低温度,平衡向放热反应方向移动。

2.5.4 催化剂与化学平衡

催化剂能降低反应的活化能,加快反应速率,缩短达到平衡的时间。由于它以同样倍数加快正、逆反应速率,平衡常数 $K^{\ominus}$ 并不改变,因此不会使平衡发生移动。

2.5.5 平衡移动的原理——吕·查德里原理

影响化学平衡的因素是浓度、压力和温度,综合以上关于化学平衡移动的各种结论,可以用 1817 年法国化学家吕·查德里(Le Châtelier)提出的平衡移动原理来判断:假如改变平衡系统的条件之一,如温度、压力或浓度,平衡就向着减弱这个改变的方向移动。

当增加反应物浓度时,平衡就向着能减少反应物浓度的方向(即正反应方向)移动。同理,当减少生成物的浓度时,平衡就向着能增加生成物浓度的方向移动。

当温度升高时,平衡就向着能降低温度(即吸热反应)的方向移动。当降低温度时,平衡就向着能升高温度(即放热反应)的方向移动。

当增加压力时,平衡就向着能减小压力(即气体分子数目减少)的方向移动。当减小压力时,平衡就向着能增大压力(即气体分子数目增加)的方向移动。

吕·查德里原理是一条普遍的规律,它对所有的动态平衡都是适用的,但必须注意,它只适用于已经达到平衡的体系,而不适用于未达到平衡的体系。

任务 2.6 反应速率与化学平衡的综合应用

化学反应速率和化学平衡是化工生产中两个非常重要并且彼此密切相关的问题。在实际工作中,需要充分利用原料,提高产量,缩短生产周期,降低成本,以达到最高的经济效益和社会效益,下列几项原则可在选择合理生产条件时作为参考:

(1) 在化工生产中,为了尽可能充分利用某一种物料,往往使用过量的另一种物料

(一般是价廉易得的)和它作用,使平衡向正反应方向移动,以提高前者的转化率。例如:在合成氨生产中,为使 CO 充分转化为 CO_2,通常加入过量的水蒸气;在硫酸工业的转化工序(SO_2 氧化成 SO_3)中,让 O_2 过量,使 SO_2 充分转化。但必须指出,一种原料的过量应适可而止,如过量太多,则会使另一种原料的浓度变得太小,影响反应速率和产量。此外,对于气相反应,要注意原料气的性质,防止它们的配比进入爆炸范围,引起安全事故。

使产物的浓度降低,同样可以使化学平衡向正反应方向移动。在生产中经常采取不断取走某种反应产物的方法,使化学反应持续进行,以保证原料的充分利用和生产过程的连续化。例如,移去生成物中的气体或难溶沉淀物等,平衡将不断向生成物方向移动,直到某一反应物基本上被完全消耗,这样便可以使可逆反应进行得比较完全。例如,煅烧石灰石制造生石灰的反应:

$$CaCO_3(s) \rightleftharpoons CaO(s) + CO_2(g)$$

由于生成的 CO_2 不断从窑炉中排出,提高了 $CaCO_3$ 的转化率,实际上 $CaCO_3$ 能完全分解。

(2)对于气相反应,加大压力会使反应速率加快,对气体分子数减少的反应还能提高转化率。例如,在合成氨工业中,在 100 MPa 下,不用催化剂就可以合成氨,且转化率很高,不过氢在这样的高压下,能穿透用特种钢制作的反应器的器壁。考虑到设备的耐压能力,我国合成氨工业反应体系的压力一般采用 60~70 MPa。所以在增加反应速率,提高转化率的同时,必须考虑设备承受能力和安全防护等。

(3)升高温度能增大反应速率,对于吸热反应,还能提高转化率,但要避免反应物或产物的过热分解,也要注意燃料的合理消耗;对于放热反应,会使转化率降低,这涉及最佳反应温度的选择问题。

(4)选用催化剂时,需注意催化剂的活化温度,防止催化剂中毒,相同的反应物,若同时可以发生几种反应,而其中只有一个反应是需要的,则首先必须选择合适的催化剂以保证主反应的进行和抑制副反应的发生,然后再考虑其他条件。

目标检测题 2

一、单项选择题(将正确答案的标号填入括号内)

2.1 已知 $N_2(g)+3H_2(g) \rightleftharpoons 2NH_3(g)$,$\frac{1}{2}N_2(g)+\frac{3}{2}H_2(g) \rightleftharpoons NH_3(g)$ 和 $\frac{1}{3}N_2(g)+H_2(g) \rightleftharpoons \frac{2}{3}NH_3(g)$ 的标准平衡常数分别为 $K_1^\ominus$、$K_2^\ominus$ 和 $K_3^\ominus$,则其关系是(　　)。

A. $K_1^\ominus = K_2^\ominus = K_3^\ominus$ 　　　　B. $K_1^\ominus = (K_2^\ominus)^2 = (K_3^\ominus)^3$

C. $K_1^\ominus = \frac{1}{2}K_2^\ominus = \frac{1}{3}K_3^\ominus$ 　　　　D. $K_1^\ominus = (K_2^\ominus)^{1/2} = (K_3^\ominus)^{1/3}$

2.2 已知 $H_2(g)+S(s) \rightleftharpoons H_2S(g)$ 的标准平衡常数为 $K_1^\ominus$,$S(s)+O_2(g) \rightleftharpoons SO_2(g)$ 的标准平衡常数为 $K_2^\ominus$,则反应 $H_2(g)+SO_2(g) \rightleftharpoons O_2(g)+H_2S(g)$ 的标准平衡常数是(　　)。

A. $K_1^\ominus + K_2^\ominus$ B. $K_1^\ominus - K_2^\ominus$ C. $K_1^\ominus K_2^\ominus$ D. $K_1^\ominus / K_2^\ominus$

2.3 反应 A+B $\Longleftrightarrow$ C 为放热反应,若温度升高 10 ℃,其结果是( )。

A. 对反应没有影响   B. 标准平衡常数增大一倍

C. 不改变反应速率   D. 标准平衡常数减小

2.4 可使任何反应达到平衡时产率增加的措施是( )。

A. 升温   B. 加压   C. 增加反应物浓度   D. 加催化剂

2.5 下列反应达平衡时,$2SO_2(g) + O_2(g) \Longleftrightarrow 2SO_3(g)$,保持体积、温度不变,加入惰性气体 He,使总压力增加一倍,则( )。

A. 平衡向左移动   B. 平衡向右移动

C. 平衡不发生移动   D. 条件不充足,不能判断

2.6 合成氨反应 $3H_2(g) + N_2(g) \Longleftrightarrow 2NH_3(g)$ 在恒压下进行时,当体系中引入氩气后,氨气的产率将( )。

A. 减小   B. 增加   C. 不变   D. 无法判断

2.7 当一个化学反应处于平衡态时,则( )。

A. 平衡混合物中各种物质的浓度都相等

B. 正反应和逆反应速率都是零

C. 反应混合物的组成不随时间而改变

D. 反应的焓变是零

2.8 $N_2(g) + 3H_2(g) \Longleftrightarrow 2NH_3(g)$,反应达到平衡后,把 H_2、NH_3 的分压各提高到原来的 2 倍,N_2 的分压不变,则平衡将会( )。

A. 向正反应方向移动   B. 向逆反应方向移动

C. 状态不变   D. 无法确定

2.9 下列反应均在恒压下进行,若压缩体积,增加其总压力,平衡正向移动的是( )。

A. $CaCO_3(s) \Longleftrightarrow CaO(s) + CO_2(g)$ B. $H_2(g) + Cl_2(g) \Longleftrightarrow 2HCl(g)$

C. $2NO(g) + O_2(g) \Longleftrightarrow 2NO_2(g)$ D. $COCl_2(g) \Longleftrightarrow CO(g) + Cl_2(g)$

2.10 在一容器中,反应 $2SO_2(g) + O_2(g) \Longleftrightarrow 2SO_3(g)$ 达到平衡,加一定量 N_2 保持总压力不变,平衡将会( )。

A. 向右移动   B. 向左移动   C. 无明显变化   D. 不能判断

2.11 在 200 ℃、体积为 V 的容器里,吸热反应 $NH_4HS(s) \Longleftrightarrow NH_3(g) + H_2S(g)$ 达到平衡,下列措施中使 NH_3 的分压减小的是( )。

A. 增加氨气   B. 增加硫化氢气体

C. 升高温度   D. 加入氩气使体系的总压增加

2.12 某一反应在一定条件下的平衡转化率为 45 %,当加入催化剂时,其平衡转化率( )。

A. >45 %   B. 不变   C. <45 %   D. 接近 100 %

2.13 对于一个给定条件下的反应,随着反应的进行( )。

A. 速率常数 k 变小   B. 标准平衡常数 $K^\ominus$ 变大

C. 正反应速率减慢 D. 逆反应速率减慢

2.14 反应速率随着温度升高而加快的主要理由是(　　)。

A. 高温下分子碰撞更加频繁 B. 温度升高可使平衡右移

C. 活化能随温度升高而减小 D. 活化分子数随温度升高而增加

2.15 当反应 $A_2 + B_2 \longrightarrow 2AB$ 的速率方程为 $r = kc(A_2)c(B_2)$ 时,此反应(　　)。

A. 一定是基元反应 B. 一定是非基元反应

C. 无法肯定是否为基元反应 D. 对 A 来说是零级反应

二、填空题

2.16 一定温度下,反应 $PCl_5(g) \rightleftharpoons PCl_3(g) + Cl_2(g)$ 达到平衡后,维持温度和体积不变,向容器中加入一定量的惰性气体,反应将_____移动。

2.17 $A(g) + B(g) \rightleftharpoons C(g)$ 为放热反应,达平衡后,则

(1) 能使 A 的转化率增大,B 的转化率减小的措施是_____;

(2) 能使 A 和 B 的转化率均增大的措施是_____;

(3) 从逆反应角度看,C 转化率增大,而 A 和 B 浓度降低的措施是_____。

2.18 合成氨反应 $\frac{1}{2}N_2 + \frac{3}{2}H_2 \rightleftharpoons NH_3(\Delta_r H_m^\ominus = -46 \text{ kJ} \cdot \text{mol}^{-1})$ 处于平衡时,采取下列措施,N_2 的转化率将发生什么变化?

(1) 压缩混合气体_____;(2) 升温_____;(3) 引入 H_2_____;(4) 恒压下引入惰性气体_____;(5) 恒容下引入惰性气体_____。

2.19 基元反应 $2NO + Cl_2 \rightleftharpoons 2NOCl$ 是_____分子反应,是_____级反应,其速率方程为_____。

2.20 活化能与反应速率的关系是_____。

三、简答题

2.21 工业上用乙烷裂解制乙烯的反应 $C_2H_6(g) \rightleftharpoons C_2H_4(g) + H_2(g)$,通常在高温、常压下,加入过量水蒸气(不参与反应)来提高乙烯的产率,试解释。

2.22 反应 $C(s) + H_2O(g) \rightleftharpoons CO(g) + H_2(g)$,$\Delta H > 0$,判断下列说法是否正确,说明理由。

(1) 由于反应物和生成物的总分子数相等,故体积缩小,平衡不会移动;

(2) 达到平衡时,各反应物和生成物的分压一定相等;

(3) 升高温度,平衡向右移动;

(4) 加入催化剂,正反应速率增加,平衡向右移动。

四、计算题

2.23 18.4 g NO_2 在容器中发生聚合反应 $2NO_2(g) \rightleftharpoons N_2O_4(g)$,在 27 ℃、100 kPa 下测得总体积为 6.0 L。

(1) 求 27 ℃时此反应的 $K^\ominus$;

(2) 又知在 111 ℃时此反应的 $K^\ominus = 0.039$,则此反应是吸热反应还是放热反应,为什么?

2.24 在 1000 K 的恒容容器中,发生反应 $2NO(g) + O_2(g) \rightleftharpoons 2NO_2(g)$。反应发

生前 $p(NO)=100$ kPa，$p(O_2)=300$ kPa，$p(NO_2)=0$；反应达到平衡时，$p(NO_2)=12$ kPa。计算平衡时 NO 和 O_2 的分压及标准平衡常数 $K^{\ominus}$。

2.25　对于反应 $NH_3(g)+HCl(g)\rightleftharpoons NH_4Cl(s)$，已知 300 K 时的标准平衡常数为 17.8。在该温度下将 NH_3 和 HCl 气体导入一真空容器，假如两组物质起始压力如下，那么是否有 NH_4Cl 固体生成？

(1) $p(NH_3)=101.3$ kPa，$p(HCl)=121.6$ kPa；

(2) $p(NH_3)=3.05$ kPa，$p(HCl)=4.04$ kPa。

2.26　476 ℃时，在一密闭容器中，反应 $CO(g)+H_2O(g)\rightleftharpoons CO_2(g)+H_2(g)$ 的标准平衡常数 $K^{\ominus}=2.6$。试求：

(1) 当 CO 和 H_2O 的物质的量之比为 1∶1 时，CO 的转化率是多少？

(2) 当 CO 和 H_2O 的物质的量之比为 1∶3 时，CO 的转化率是多少？

(3) 根据计算的结果，能得到什么结论？

2.27　已知反应 $NH_4Cl(s)\rightleftharpoons NH_3(g)+HCl(g)$ 在 275 ℃时的标准平衡常数为 0.0104。将 0.980 g 固体 NH_4Cl 样品放入 1.00 L 密闭容器中，加热到 275 ℃，计算达平衡时：

(1) NH_3 和 HCl 的分压各是多少？

(2) 在容器中固体 NH_4Cl 的质量是多少？

项目 3

电解质溶液和解离平衡

任务 3.1　水的解离和溶液的 pH

3.1.1　水的解离平衡

水是一种很弱的电解质(纯水也有微弱的导电性),只发生极少量的解离,绝大部分仍以 H_2O 分子形式存在:

$$H_2O \rightleftharpoons H^+ + OH^-$$

按照化学平衡原理,其标准平衡常数为

$$K^\ominus = \frac{[c(H^+)/c^\ominus][c(OH^-)/c^\ominus]}{[c(H_2O)/c^\ominus]} = \frac{c'(H^+)c'(OH^-)}{c'(H_2O)}$$

式中:$c'(B)$ 为系统中物质 B 的浓度 $c(B)$ 与标准浓度 $c^\ominus$ 的比值,即 $c'(B) = c(B) / c^\ominus$,由于 $c^\ominus = 1 \ mol \cdot L^{-1}$,故 $c(B)$ 和 $c'(B)$ 数值相等,量纲不同,$c(B)$ 的单位为 $mol \cdot L^{-1}$,$c'(B)$ 的量纲为 1,$c'(B)$ 只是个数值,因此 $K^\ominus$ 的量纲也为 1。以后关于其他标准平衡常数的表示将经常使用这类表示方法。

由于绝大部分水仍以 H_2O 形式存在,$c(H_2O) = \frac{1000}{18.0} \ mol \cdot L^{-1} = 55.6 \ mol \cdot L^{-1}$。因此可将 $c'(H_2O)$ 合并入 $K^\ominus$ 项,得到

$$c'(H^+)c'(OH^-) = K^\ominus c'(H_2O) = K_w^\ominus \tag{3-1}$$

式(3-1)表示,在一定温度下,水中 $c'(H^+)$ 和 $c'(OH^-)$ 的乘积为一个常数,称为水的离子积,用 $K_w^\ominus$ 表示。25 ℃时,由实验测得 1 L 纯水仅有 $1.00 \times 10^{-7} \ mol$ 的水发生了解离,H^+ 和 OH^- 浓度均为 $10^{-7} \ mol \cdot L^{-1}$,$K_w^\ominus = 1.00 \times 10^{-14}$。

水的解离是吸热反应,从表 3-1 看出,水的离子积随温度升高而增大。在室温下进行一般计算时,可不考虑温度的影响。

表 3-1　不同温度时水的离子积

T/K	273	283	298	323	373
$K_w^\ominus$	1.39×10^{-15}	2.290×10^{-15}	1.008×10^{-14}	5.474×10^{-14}	5.50×10^{-13}

水的离子积不仅适用于纯水,对于电解质的稀溶液同样适用。若向水中加入少量盐酸,H^+ 浓度增加,水的解离平衡向左移动,OH^- 浓度则随之减少。达到新的平衡时,溶液中 $c(H^+)>c(OH^-)$,但 $c'(H^+)c'(OH^-)=K_w^\ominus$ 这一关系仍然存在。并且 $c(H^+)$ 越大,$c(OH^-)$ 越小,但 $c(OH^-)$ 不会等于零。反之,若向水中加入少量 NaOH,OH^- 浓度增加,平衡也向左移动,此时 $c(H^+)<c(OH^-)$,仍满足 $c'(H^+)c'(OH^-)=K_w^\ominus$。同样,$c(OH^-)$ 越大,$c(H^+)$ 越小,但 $c(H^+)$ 也不会等于零。水的离子积是计算水溶液中 $c(H^+)$ 和 $c(OH^-)$ 的重要依据。室温下,用式(3-1)可以计算任何水溶液中的 $c(H^+)$ 或 $c(OH^-)$。若已知溶液中 $c(H^+)$,可计算出溶液中 $c(OH^-)$,反之亦然。

3.1.2　溶液的酸碱性和 pH

1. 溶液的酸碱性

溶液中 H^+、OH^- 浓度的相对大小决定溶液的酸碱性。若 $c(H^+)>c(OH^-)$,为酸性溶液;若 $c(H^+)=c(OH^-)$,为中性溶液;若 $c(H^+)<c(OH^-)$,为碱性溶液。由于室温下 $K_w^\ominus=1.0\times10^{-14}$,溶液的酸碱性与 $c(H^+)$ 和 $c(OH^-)$ 关系可表示为

中性溶液　　　　　　$c(H^+)=c(OH^-)=10^{-7}\ mol\cdot L^{-1}$

酸性溶液　　　　　　$c(H^+)>10^{-7}\ mol\cdot L^{-1}$

碱性溶液　　　　　　$c(H^+)<10^{-7}\ mol\cdot L^{-1}$

溶液中 $c(H^+)$ 越大,其 $c(OH^-)$ 越小,酸性越强,碱性越弱;$c(H^+)$ 越小,其 $c(OH^-)$ 越大,酸性越弱,碱性越强。对于任何水溶液,H^+ 与 OH^- 总是同时存在,只是浓度大小不同而已。不能把 $c(H^+)=c(OH^-)=10^{-7}\ mol\cdot L^{-1}$ 认为是溶液中性的标志,因为非常温时中性溶液中 $c(H^+)=c(OH^-)$,但不等于 $10^{-7}\ mol\cdot L^{-1}$。

2. 溶液的 pH

在稀溶液中,$c(H^+)$ 或 $c(OH^-)$ 数值较小,直接使用很不便。1909 年,丹麦生理学家索仑生提出用 pH 来表示水溶液的酸碱性。这里 p 代表一种运算,表示对一物质相对浓度 $c'(B)$ 或标准平衡常数取对数,再取其相反数,即作为负对数"$-lg$"的符号。

pH 是 $c'(H^+)$ 的负对数,pOH 是 $c'(OH^-)$ 的负对数,$pK_w^\ominus$ 是 $K_w^\ominus$ 的负对数,即
$$pH=-lg\,c'(H^+),\quad pOH=-lg\,c'(OH^-),\quad pK_w^\ominus=-lg\,K_w^\ominus$$

常温时,$K_w^\ominus=c'(H^+)c'(OH^-)=1.0\times10^{-14}$,所以
$$pH+pOH=-lg[c'(H^+)c'(OH^-)]=-lg[1.0\times10^{-14}]=14.00=pK_w^\ominus$$

【例 3-1】　求 $0.050\ mol\cdot L^{-1}$ 盐酸的 pH 和 pOH。

解　盐酸为强酸,在溶液中完全解离:
$$HCl = H^+ + Cl^-$$

则
$$c(H^+)=0.050 \text{ mol} \cdot L^{-1}$$
$$pH=-\lg c'(H^+)=-\lg 0.050=1.30$$
$$pOH=pK_w^\ominus-pH=14.00-1.30=12.70$$

常温时,溶液的酸碱性和 pH 关系如下:

中性溶液　　　　　$c'(H^+)=10^{-7}$;　pH=7.00

酸性溶液　　　　　$c'(H^+)>10^{-7}$;　pH<7.00

碱性溶液　　　　　$c'(H^+)<10^{-7}$;　pH>7.00

pH 的范围一般在 0～14。pH 越小,溶液的酸性越强,碱性越弱;pH 越大,溶液的酸性越弱,碱性越强。对于 pH<0 的强酸性溶液或 pH>14 的强碱性溶液,用 pH 表示其酸碱性就不太方便,一般直接用 $c(H^+)$ 或 $c(OH^-)$ 来表示。

必须注意,溶液的 pH 相差一个单位,$c(H^+)$ 相差 10 倍。如 pH=3 和 pH=5 的两种溶液,$c(H^+)$ 相差 100 倍。

水溶液的 pH 不仅在化学上非常重要,而且在日常生活及人的生理活动中有其特殊的意义。例如,某些食品超其应有的 pH 范围,就意味着已变质;人的血液或尿液若超过其正常的 pH 范围,就意味着人体中毒,严重时会破坏人体正常生理活动,甚至危及生命。表 3-2 列出了一些常见水溶液的 pH。

表 3-2　常见水溶液的 pH

溶　液	pH	溶　液	pH	溶　液	pH
柠檬汁	2.2～2.4	番茄汁	3.5	人的血液	7.35～7.45
葡萄酒	2.8～3.8	牛奶	6.3～6.6	人的唾液	6.5～7.5
食醋	3.0	乳酪	4.8～6.4	人尿液	4.8～8.4
啤酒	4.0～5.0	海水	8.3	小肠液	7.6
咖啡	5.0	饮用水	6.5～8.5		

3.1.3　酸碱指示剂

酸碱指示剂是一些结构比较复杂的有机弱酸或弱碱,其结构随溶液 pH 不同而不同,并呈现不同的颜色。酸碱指示剂的变色与溶液的酸度有关,且有一定的 pH 范围。指示剂发生颜色变化的 pH 范围称为指示剂的变色范围。酸碱指示剂的颜色随溶液 pH 的变化而变化。但是并不是溶液的 pH 稍有变化或任意改变,都能引起指示剂的颜色改变。

指示剂的变色范围一般是越窄越好,这样在化学计量点时,pH 稍有改变,指示剂立即由一种颜色变成另一种颜色。表 3-3 列出了常见酸碱指示剂的变色范围及颜色。

表 3-3　常见酸碱指示剂的变色范围及颜色

指　示　剂	变色范围	变色点	颜　色		
	pH	pK_{HIn}	酸色	中间色	碱色
百里酚蓝	1.2～2.8	1.7	红色	橙色	黄色

续表

指 示 剂	变色范围	变色点	颜　　色		
	pH	pK_{HIn}	酸色	中间色	碱色
甲基黄	2.9～4.0	3.3	红色		黄色
甲基橙	3.1～4.4	3.4	红色	橙色	黄色
溴酚蓝	3.0～4.6	4.1	黄色		紫色
溴甲酚绿	3.8～5.4	4.9	黄色		蓝色
甲基红	4.4～6.2	5.2	红色	橙色	黄色
石蕊	5.0～8.0	6.5	红色	紫色	蓝色
溴百里酚蓝	6.2～7.6	7.3	黄色	绿色	蓝色
中性红	6.8～8.0	7.4	红色		黄橙色
酚酞	8.0～10.0	9.1	无色	粉红色	玫瑰红色
百里酚酞	9.4～10.6	10.0	无色		蓝色

可见每一种指示剂都有一定的变色范围。如果采用复合指示剂（两种或多种指示剂），指示的 pH 范围可以更窄，更精确。

pH 试纸是利用复合指示剂制成的，由多种酸碱指示剂的混合溶液浸透后晾干制成。它对不同 pH 的溶液能显示不同的颜色（称色阶），据此可以迅速地判断溶液的酸碱性。常用的 pH 试纸有广范 pH 试纸和精密 pH 试纸。前者的 pH 范围为 1～14 或 0～10，可以识别的 pH 差值约为 1；后者的 pH 范围较窄，可以判别 0.2 或 0.3 的 pH 差值。此外，还有用于酸性、中性或碱性溶液的专用 pH 试纸。

溶液 pH 的粗略测定，可用广范或精密 pH 试纸，精确测定可用 pH 计。pH 计是通过电学系统用数码管直接显示溶液 pH 的电子仪器，由于其快速、准确，已广泛用于科研、教学和生产中。

任务 3.2　弱酸、弱碱的解离平衡

3.2.1　一元弱酸、弱碱的解离平衡

1. 解离常数

在水溶液中或熔融状态下能导电的化合物称为电解质。根据电解质在水溶液中解离程度不同，可将其分为强电解质和弱电解质两种。强酸、强碱和绝大多数的盐都是强电解质，强电解质在溶液中完全解离为正、负离子；弱酸、弱碱和极少数的盐是弱电解质，弱电解质在水溶液中只有一小部分解离成正、负离子，大部分以分子状态存在。

弱电解质的解离是一个可逆过程。在一定条件下，当弱电解质分子解离的速率与正、

负离子重新结合成弱电解质分子的速率相等时,溶液中分子、各离子的浓度不再发生改变,这种状态称为弱电解质的解离平衡。

为讨论问题方便,用 HA 表示一元弱酸,其解离平衡式及其标准解离常数为

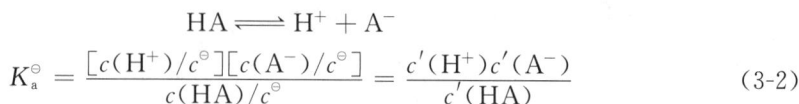

$$HA \Longrightarrow H^+ + A^-$$

$$K_a^\ominus = \frac{[c(H^+)/c^\ominus][c(A^-)/c^\ominus]}{c(HA)/c^\ominus} = \frac{c'(H^+)c'(A^-)}{c'(HA)} \tag{3-2}$$

若以 BOH 表示一元弱碱,则

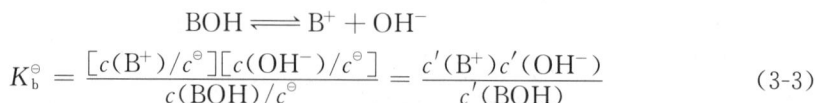

$$BOH \Longrightarrow B^+ + OH^-$$

$$K_b^\ominus = \frac{[c(B^+)/c^\ominus][c(OH^-)/c^\ominus]}{c(BOH)/c^\ominus} = \frac{c'(B^+)c'(OH^-)}{c'(BOH)} \tag{3-3}$$

其中,$K_a^\ominus$、$K_b^\ominus$ 分别表示弱酸、弱碱的标准解离常数。标准解离常数的大小表示弱电解质的解离程度,$K^\ominus$ 值越大,解离程度越大,该弱电解质酸性或碱性就相对较强。如 25 ℃时,$K_a^\ominus(HAc)$ 为 1.75×10^{-5},$K_a^\ominus(HCN)$ 为 6.2×10^{-10},可见在相同浓度下,醋酸的酸性较氢氰酸强。通常把 $K^\ominus$ 在 $10^{-3} \sim 10^{-2}$ 的称为中强电解质,$K^\ominus < 10^{-4}$ 的称为弱电解质,$K^\ominus < 10^{-7}$ 的称为极弱电解质。表 3-4 列出了一些常见弱酸和弱碱的标准解离常数。

表 3-4　一些常见弱酸和弱碱的标准解离常数(298.15 K)

名　　称	$K_i^\ominus$	$pK_i^\ominus$	名　　称	$K_i^\ominus$	$pK_i^\ominus$
醋酸(HAc)	1.75×10^{-5}	4.76	甲酸(HCOOH)	1.77×10^{-4}	3.75
氢氰酸(HCN)	6.2×10^{-10}	9.31	磷酸(H_3PO_4)	$7.1 \times 10^{-3}(K_{a1})$	2.15
碳酸(H_2CO_3)	$4.4 \times 10^{-7}(K_{a1})$	6.36		$6.3 \times 10^{-8}(K_{a2})$	7.20
	$4.7 \times 10^{-11}(K_{a2})$	10.33		$4.8 \times 10^{-13}(K_{a3})$	12.32
草酸($H_2C_2O_4$)	$5.90 \times 10^{-2}(K_{a1})$	1.23	氨(NH_3)	1.77×10^{-5}	4.75
	$6.40 \times 10^{-5}(K_{a2})$	4.19	苯胺($C_6H_5NH_2$)	4.67×10^{-10}	9.33

标准解离常数与弱电解质的本性及温度有关,而与其浓度无关。一般情况下,温度越高,解离常数越大。但温度对解离常数的影响不太大,在室温下可不予考虑。同一温度下,不论弱电解质的浓度如何变化,其解离常数总是个定值。

2. 解离度

对于弱电解质来说,除了用解离常数表示电解质的强弱外,还用解离度(α)来表示其解离的程度。在一定温度下,一定浓度的弱电解质溶液达到解离平衡时,已解离的弱电解质分子数占解离前弱电解质分子总数的百分比,称为该弱电解质的解离度(α)。

$$\alpha = \frac{\text{已解离的弱电解质分子数}}{\text{解离前弱电解质分子总数}} \times 100\%$$

或

$$\alpha = \frac{\text{已解离的弱电解质浓度}}{\text{弱电解质的起始浓度}} \times 100\%$$

弱酸的解离度

$$\alpha = \frac{c(H^+)}{c_0} \times 100\%$$

弱碱的解离度

$$\alpha = \frac{c(OH^-)}{c_0} \times 100\%$$

式中:c_0 为弱酸或弱碱的起始浓度。

例如,25 ℃时,0.1 $mol \cdot L^{-1}$ 的 HAc 的 $\alpha = 1.34\%$,表示该溶液中每 10000 个 HAc 分子中仅有 134 个 HAc 分子发生了解离,其余均以分子形式存在。

解离度与解离常数相似,也可表示弱电解质解离程度的大小,但更直观。解离度越大,该弱电解质的解离程度就越大。解离度的大小除与弱电解质的本性有关外,还与温度及溶液的浓度有关。解离是吸热过程,温度越高,解离度越大;浓度越小,各离子结合成分子的机会越少,解离度越大。解离度的大小不能说明酸或碱的强度。几种不同浓度 HAc 溶液的解离度见表 3-5。

表 3-5 不同浓度 HAc 溶液的解离度(298.15 K)

$c/(mol \cdot L^{-1})$	2.184×10^{-4}	5.912×10^{-3}	0.02	0.10
α	0.2477	0.05400	0.02988	0.01350

解离度、解离常数和浓度之间有一定的关系,以一元弱酸 HA 为例,推导如下:

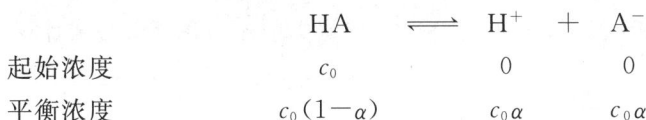

$$HA \quad \rightleftharpoons \quad H^+ \quad + \quad A^-$$

起始浓度 $\qquad c_0 \qquad\qquad 0 \qquad\qquad 0$

平衡浓度 $\qquad c_0(1-\alpha) \qquad c_0\alpha \qquad c_0\alpha$

$$K_a^\ominus = \frac{c'(H^+)c'(A^-)}{c'(HA)}$$

$$= \frac{c'_0\alpha \cdot c'_0\alpha}{c'_0(1-\alpha)} = \frac{c'_0\alpha^2}{1-\alpha}$$

整理得

$$c'_0\alpha^2 + K_a^\ominus\alpha - K_a^\ominus = 0$$

$$\alpha = \frac{-K_a^\ominus + \sqrt{(K_a^\ominus)^2 + 4c'_0 K_a^\ominus}}{2c'_0} \tag{3-4a}$$

则

$$c(H^+) = c_0\alpha = c_0 \frac{-K_a^\ominus + \sqrt{(K_a^\ominus)^2 + 4c'_0 K_a^\ominus}}{2c'_0}$$

$$= \frac{-K_a^\ominus + \sqrt{(K_a^\ominus)^2 + 4c'_0 K_a^\ominus}}{2}c^\ominus \tag{3-4b}$$

当 $1-\alpha \approx 1$ 或 $c'_0/K_a^\ominus > 500$ 时,$K_a^\ominus \approx c'_0\alpha^2$,则近似地有

$$\alpha = \sqrt{K_a^\ominus/c'_0} \tag{3-5a}$$

$$c'(H^+) = \sqrt{K_a^\ominus c'_0} \tag{3-5b}$$

同理,对于一元弱碱的解离,当 $c'_0/K_b^\ominus > 500$ 时,$K_b^\ominus \approx c'_0\alpha^2$ 时,将得到相同形式的近似公式:

$$\alpha = \sqrt{K_b^\ominus/c'_0} \tag{3-6a}$$

$$c'(OH^-) = \sqrt{K_b^\ominus c'_0} \tag{3-6b}$$

式(3-5a)和式(3-6a)称为稀释定律:解离度 α 与初始相对浓度的平方根成反比,浓度越稀,解离度越大。

3. 一元弱酸、弱碱溶液中离子浓度及 pH 的计算

【例 3-2】 (1)已知 25 ℃时,$K_a^\ominus(HAc) = 1.75 \times 10^{-5}$。计算该温度下 0.10 $mol \cdot L^{-1}$

HAc 溶液中 H^+、Ac^- 的浓度以及溶液的 pH,并计算该浓度下 HAc 的解离度;(2)若将此溶液稀释至 0.0010 $mol \cdot L^{-1}$,求此时溶液的 H^+ 浓度、pH 及解离度。

解 (1)醋酸的解离平衡式如下,并设达平衡时已解离的醋酸浓度为 x $mol \cdot L^{-1}$。

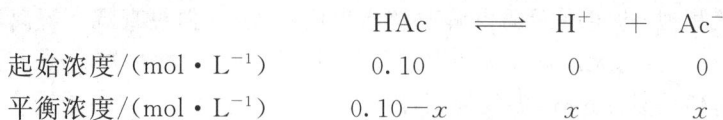

	HAc $\rightleftharpoons$	H^+	$+$	Ac^-
起始浓度/$(mol \cdot L^{-1})$	0.10	0		0
平衡浓度/$(mol \cdot L^{-1})$	$0.10-x$	x		x

$$K_a^{\ominus} = \frac{c'(H^+)c'(Ac^-)}{c'(HAc)} = \frac{x^2}{0.10-x}$$

因为 $c_0'/K_a^{\ominus} = 0.10 \div (1.75 \times 10^{-5}) > 500$,所以可用近似公式

$$x = c'(H^+) = \sqrt{K_a^{\ominus} c_0'} = \sqrt{1.75 \times 10^{-5} \times 0.10} = 1.3 \times 10^{-3}$$

$$c(Ac^-) = c(H^+) = 1.3 \times 10^{-3} \ mol \cdot L^{-1}$$

$$pH = -lg c'(H^+) = -lg(1.3 \times 10^{-3}) = 2.89$$

$$\alpha = (1.3 \times 10^{-3}/0.10) \times 100\% = 1.3\%$$

(2) 由于 $c_0'/K_a^{\ominus} = 0.0010 \div (1.75 \times 10^{-5}) = 57.1 < 500$,故不可用近似公式计算,将 c_0' 和 $K_a^{\ominus}$ 代入式(3-4b),有

$$c(H^+) = \frac{-K_a^{\ominus} + \sqrt{(K_a^{\ominus})^2 + 4 c_0' K_a^{\ominus}}}{2} c^{\ominus}$$

$$= \frac{-1.75 \times 10^{-5} + \sqrt{(1.75 \times 10^{-5})^2 + 4 \times 0.0010 \times 1.75 \times 10^{-5}}}{2} \times 1.0 \ mol \cdot L^{-1}$$

$$= 1.2 \times 10^{-4} \ mol \cdot L^{-1}$$

$$pH = -lg c'(H^+) = -lg(1.2 \times 10^{-4}) = 3.92$$

$$\alpha = (1.2 \times 10^{-4}/0.0010) \times 100\% = 12\%$$

从此例可看出,当弱酸溶液被稀释时,其解离度增大,H^+ 浓度减小。所以不能错误地认为随着解离度的增大,溶液的 H^+ 浓度必然增大。酸度与起始浓度有关(见表 3-6)。

表 3-6 不同浓度时 HAc 的 α 与 $c(H^+)$ (25 ℃)

$c(HAc)/(mol \cdot L^{-1})$	0.20	0.10	0.01	0.005	0.001
$\alpha/(\%)$	0.93	1.3	4.2	5.8	12
$c(H^+)/(mol \cdot L^{-1})$	1.86×10^{-3}	1.3×10^{-3}	4.2×10^{-4}	2.9×10^{-4}	1.2×10^{-4}

【例 3-3】 25 ℃时,实验测得 0.020 $mol \cdot L^{-1}$ 氨水的 pH 为 10.78,求它的解离常数和解离度。

解 $$pH = 10.78, \quad pOH = 14.00 - 10.78 = 3.22$$

$$c(OH^-) = 6.0 \times 10^{-4} \ mol \cdot L^{-1}$$

氨水的解离平衡式为

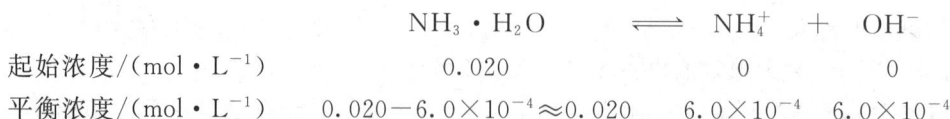

	$NH_3 \cdot H_2O$ $\rightleftharpoons$	NH_4^+	$+$	OH^-
起始浓度/$(mol \cdot L^{-1})$	0.020	0		0
平衡浓度/$(mol \cdot L^{-1})$	$0.020 - 6.0 \times 10^{-4} \approx 0.020$	6.0×10^{-4}		6.0×10^{-4}

$$K_b^{\ominus}(NH_3) = \frac{c'(NH_4^+)c'(OH^-)}{c'(NH_3 \cdot H_2O)} \approx \frac{(6.0 \times 10^{-4})^2}{0.020} = 1.8 \times 10^{-5}$$

$$\alpha = \frac{c'(OH^-)}{c_0'(NH_3 \cdot H_2O)} \times 100\% = \frac{6.0 \times 10^{-4}}{0.020} \times 100\% = 3.0\%$$

3.2.2 多元弱酸的解离平衡

根据每分子酸能解离出 H^+ 的个数,把酸分为一元酸、二元酸和三元酸。如 HAc、HCN 等是一元酸,H_2CO_3、H_2S、H_2SO_3 等是二元酸,H_3PO_4、H_3AsO_4 等是三元酸。

不能根据酸分子中含有几个 H 就认为是几元酸。如硼酸 H_3BO_3、亚磷酸 H_3PO_3 分子中都有 3 个 H,可它们分别是一元酸和二元酸。

多元弱酸在水中的解离是分步进行的。下面以碳酸和磷酸为例介绍。

(1) 碳酸是二元弱酸,分两步解离。

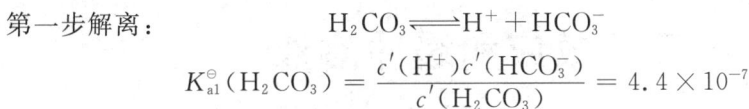

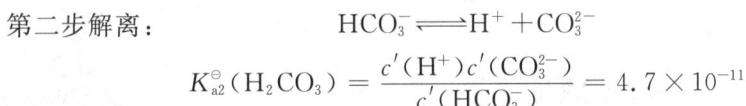

第一步解离: $\qquad H_2CO_3 \rightleftharpoons H^+ + HCO_3^-$

$$K_{a1}^{\ominus}(H_2CO_3) = \frac{c'(H^+)c'(HCO_3^-)}{c'(H_2CO_3)} = 4.4 \times 10^{-7}$$

第二步解离: $\qquad HCO_3^- \rightleftharpoons H^+ + CO_3^{2-}$

$$K_{a2}^{\ominus}(H_2CO_3) = \frac{c'(H^+)c'(CO_3^{2-})}{c'(HCO_3^-)} = 4.7 \times 10^{-11}$$

(2) 磷酸是三元弱酸,分三步解离。

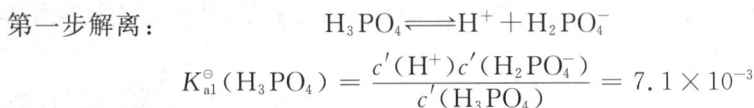

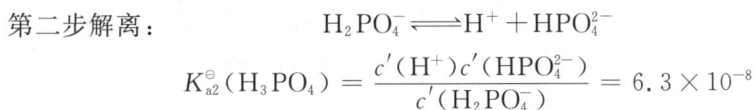

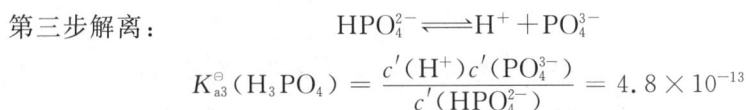

第一步解离: $\qquad H_3PO_4 \rightleftharpoons H^+ + H_2PO_4^-$

$$K_{a1}^{\ominus}(H_3PO_4) = \frac{c'(H^+)c'(H_2PO_4^-)}{c'(H_3PO_4)} = 7.1 \times 10^{-3}$$

第二步解离: $\qquad H_2PO_4^- \rightleftharpoons H^+ + HPO_4^{2-}$

$$K_{a2}^{\ominus}(H_3PO_4) = \frac{c'(H^+)c'(HPO_4^{2-})}{c'(H_2PO_4^-)} = 6.3 \times 10^{-8}$$

第三步解离: $\qquad HPO_4^{2-} \rightleftharpoons H^+ + PO_4^{3-}$

$$K_{a3}^{\ominus}(H_3PO_4) = \frac{c'(H^+)c'(PO_4^{3-})}{c'(HPO_4^{2-})} = 4.8 \times 10^{-13}$$

多元弱酸的解离常数都是 $K_{a1}^{\ominus} \gg K_{a2}^{\ominus} \gg K_{a3}^{\ominus}$,一般相差 $10^4 \sim 10^5$。这是由于第二步解离需从带有一个负电荷的离子中再解离出一个 H^+,这当然比从中性分子解离出一个 H^+ 困难得多;此外,第一步解离出的 H^+ 将抑制第二步的解离。同理第三步解离比第二步解离更困难。因此从数量上看,由第二、第三步解离出的 H^+ 与第一步解离出的 H^+ 相比是微不足道的,故在计算多元弱酸溶液中 H^+ 浓度时,只需考虑第一步解离,可当作一元弱酸来处理。当对多元弱酸或弱碱的相对强弱进行比较时,只需比较其一级解离常数即可。

【例 3-4】 室温时,碳酸饱和溶液的浓度为 $0.040 \text{ mol} \cdot L^{-1}$,求此溶液中的 H^+、HCO_3^- 和 CO_3^{2-} 浓度。已知 $K_{a1}^{\ominus} = 4.4 \times 10^{-7}$,$K_{a2}^{\ominus} = 4.7 \times 10^{-11}$。

解 先求 $c(H^+)$。因为 H_2CO_3 的 $K_{a1}^{\ominus} \gg K_{a2}^{\ominus}$,所以可按一元酸求 $c(H^+)$,设达到平衡时 $c(H^+)$ 为 $x \text{ mol} \cdot L^{-1}$。

$$\text{H}_2\text{CO}_3 \Longrightarrow \text{H}^+ + \text{HCO}_3^-$$

平衡浓度$/(\text{mol} \cdot \text{L}^{-1})$ $0.040-x$ x x

因为$c_0'/K_{a1}^{\ominus}=0.040 \div (4.4 \times 10^{-7}) > 500$，故可用近似公式计算，即

$$c'(\text{H}^+) = c'(\text{HCO}_3^-) = x = \sqrt{K_a^{\ominus} c_0'}$$

$$= \sqrt{4.4 \times 10^{-7} \times 0.040} = 1.3 \times 10^{-4}$$

再求$c(\text{CO}_3^{2-})$浓度： $\text{HCO}_3^- \Longrightarrow \text{H}^+ + \text{CO}_3^{2-}$

$$K_{a2}^{\ominus}(\text{H}_2\text{CO}_3) = \frac{c'(\text{H}^+)c'(\text{CO}_3^{2-})}{c'(\text{HCO}_3^-)} = c'(\text{CO}_3^{2-}) = 4.7 \times 10^{-11}$$

$$c(\text{CO}_3^{2-}) = 4.7 \times 10^{-11} \text{ mol} \cdot \text{L}^{-1}$$

由此例可得结论：①二元弱酸溶液中$c'(\text{H}^+)$由一级解离决定；②负一价酸根（酸式酸根）浓度($c'(\text{HCO}_3^-)$)等于$c'(\text{H}^+)$；③负二价酸根浓度($c'(\text{CO}_3^{2-})$)等于$K_{a2}^{\ominus}$。

任务 3.3　同离子效应和缓冲溶液

3.3.1　同离子效应

在弱电解质溶液中，加入与其含有相同离子的易溶强电解质，使弱电解质解离度降低的现象称为同离子效应。

例如，在$0.1 \text{ mol} \cdot \text{L}^{-1}$ HAc 溶液中加入少量的 NaAc 固体，NaAc 为强电解质，在溶液中全部解离，溶液中的$c(\text{Ac}^-)$增大，使 HAc 的解离平衡向生成 HAc 分子的方向移动，达到新的解离平衡状态时，HAc 的解离度降低，同时$c(\text{H}^+)$也减小。

$$\text{HAc} \Longrightarrow \text{H}^+ + \text{Ac}^-$$
$$\text{NaAc} \Longrightarrow \text{Na}^+ + \text{Ac}^-$$

同样，在$0.1 \text{ mol} \cdot \text{L}^{-1}$ $\text{NH}_3 \cdot \text{H}_2\text{O}$ 溶液中加入少量强电解质 NH_4Cl 时，也会使$\text{NH}_3 \cdot \text{H}_2\text{O}$ 的解离度降低，溶液中的$c(\text{OH}^-)$减小。

$$\text{NH}_3 + \text{H}_2\text{O} \Longrightarrow \text{NH}_4^+ + \text{OH}^-$$
$$\text{NH}_4\text{Cl} \Longrightarrow \text{NH}_4^+ + \text{Cl}^-$$

【例 3-5】　向 1.0 L 0.10 $\text{mol} \cdot \text{L}^{-1}$ HAc 溶液中加入 0.10 mol NaAc 固体（假设溶液体积不变），计算此时溶液中$c(\text{H}^+)$和 HAc 的解离度。并将结果与【例 3-2】(1)作比较。

解　NaAc 在水溶液中全部解离，其提供的 Ac^- 浓度为 0.10 $\text{mol} \cdot \text{L}^{-1}$。设达平衡时 H^+ 浓度为 x $\text{mol} \cdot \text{L}^{-1}$，则

$$\text{HAc} \Longrightarrow \text{H}^+ + \text{Ac}^-$$

平衡浓度$/(\text{mol} \cdot \text{L}^{-1})$ $0.10-x$ x $0.10+x$

$$K_a^{\ominus} = \frac{c'(\text{H}^+)c'(\text{Ac}^-)}{c'(\text{HAc})} = \frac{x(0.10+x)}{0.10-x}$$

由于 HAc 的 $K_a^{\ominus}$ 较小，加上同离子效应，使得 HAc 解离出来的 H^+ 和 Ac^- 的浓度很小，可以忽略不计，因此

$$c'(HAc) = 0.10 - x \approx 0.10, \quad c'(Ac^-) = 0.10 + x \approx 0.10$$

代入上式，得

$$x = 1.75 \times 10^{-5}$$

故

$$c(H^+) = 1.75 \times 10^{-5} \text{ mol} \cdot L^{-1}$$

$$\alpha = (1.75 \times 10^{-5}/0.10) \times 100\% = 0.0175\%$$

与【例 3-2】(1)无同离子效应，HAc 的解离度为 1.3% 相比，解离度降低了 98.7%。

3.3.2 缓冲溶液

许多化学反应尤其是生化反应，必须在一定的 pH 条件下才能进行。对有 H^+ 或 OH^- 生成或消耗的反应，溶液的 pH 会随反应的进行而发生变化，从而影响反应的正常进行。在这种情况下，就要借助缓冲溶液来稳定溶液的 pH，以维持反应的正常进行。

1. 缓冲溶液

由表 3-7 实例说明缓冲溶液对少量强酸、强碱的抵抗能力。

表 3-7 缓冲溶液对少量强酸、强碱的抵抗能力

编号	纯水或缓冲溶液	加入 1.0 mL 1.0 mol·L^{-1} 盐酸	加入 1.0 mL 1.0 mol·L^{-1} NaOH 溶液
1	1.0 L 纯水	pH：7.0 → 3.0 ΔpH=4.0	pH：7.0 → 11.0 ΔpH=4.0
2	1.0 L 含有 0.1 mol HAc 和 0.1 mol NaAc 的溶液	pH：4.76→4.75 ΔpH=0.01	pH：4.76 → 4.77 ΔpH=0.01
3	1.0 L 含有 0.1 mol NH_3 和 0.1 mol NH_4Cl 的溶液	pH：9.26→9.25 ΔpH=0.01	pH：9.26→9.27 ΔpH=0.01

表中数据说明，向纯水中加入少量的强酸或强碱，其 pH 发生显著的变化；当分别向由 HAc 和 NaAc、NH_3 和 NH_4Cl 组成的混合溶液中，加入少量的强酸或强碱时，其 pH 改变很小。实验还证明，分别向 2 号、3 号混合溶液中加入少量的水，其 pH 不发生改变。像这种能够抵抗外加少量强酸或强碱或稍加稀释，其 pH 基本不变的溶液称为缓冲溶液。缓冲溶液对 pH 的稳定作用称为缓冲作用。

2. 缓冲溶液的组成和类型

缓冲溶液的组成为共轭酸碱对。

缓冲溶液通常含有两种成分：一种是能与酸作用的碱性物质，称为抗酸成分；另一种是能与碱作用的酸性物质，称为抗碱成分。这两种成分之间存在化学平衡，通常将这两种成分合称为缓冲对或缓冲系。显然一个缓冲对实际上就是一个共轭酸碱对，其中共轭酸为抗碱成分，共轭碱为抗酸成分。

可把共轭酸碱对分为两种类型。

（1）弱酸及其对应的共轭碱。

抗碱成分（弱酸）		抗酸成分（共轭碱）
HAc	——	Ac^-
H_2CO_3	——	HCO_3^-
$NaHCO_3$	——	CO_3^{2-}
H_3PO_4	——	$H_2PO_4^-$
NaH_2PO_4	——	HPO_4^{2-}

（2）弱碱及其对应的共轭酸。

抗酸成分（弱碱）		抗碱成分（共轭酸）
$NH_3 \cdot H_2O$	——	NH_4^+
$C_6H_5NH_2$（苯胺）	——	$C_6H_5NH_2 \cdot HCl$（苯胺盐酸盐）

3. 缓冲作用原理

缓冲溶液是一个共轭酸碱体系（HA-A$^-$），而且溶液中有较高浓度的弱酸 HA 及共轭碱 A$^-$。弱酸的解离度本来就小，又因共轭碱 A$^-$ 引起的同离子效应，使 HA 几乎不发生解离，绝大多数以分子的状态存在于溶液中。体系达到平衡状态时，溶液中 $c(A^-)$ 和 $c(HA)$ 都较大，而 $c(H^+)$ 很小。共轭酸碱对 HA-A$^-$ 在溶液中存在如下平衡：

$$HA \Longleftrightarrow H^+ + A^-$$

当向该体系中加入少量的强酸时，溶液中的 A$^-$ 与 H$^+$ 结合，生成难解离的 HA 分子，溶液中 H$^+$ 的含量略微增加，溶液的 pH 略微下降。共轭碱（A$^-$）在此起了抗酸作用。

当向该体系中加入少量的强碱时，溶液中的 H$^+$ 与 OH$^-$ 结合生成 H$_2$O，HA 解离平衡向右移动，以补充减少的 H$^+$，溶液中 H$^+$ 的含量略微减少，溶液的 pH 略微上升。弱酸（HA）在此起了抗碱作用。

当把溶液稍加稀释时，$c(A^-)$ 和 $c(H^+)$ 同时降低，解离平衡向右移动，同离子效应减弱，HA 的解离度增大，产生的 H$^+$ 补偿了稀释造成的 $c(H^+)$ 的降低，结果溶液的 pH 不变。

4. 缓冲溶液 pH 计算

缓冲溶液的 pH 是由共轭酸碱对的性质及其浓度决定的。现以一元弱酸 HA 和相应的盐 MA 组成的缓冲溶液为例，来推导其 pH 的计算公式。

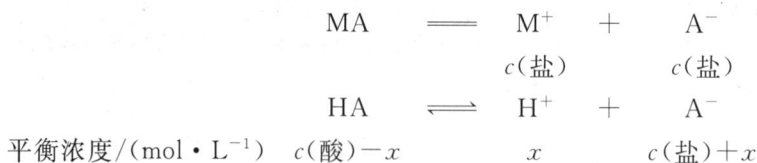

$$MA \Longrightarrow M^+ + A^-$$
$$c(盐) \quad c(盐)$$
$$HA \Longleftrightarrow H^+ + A^-$$

平衡浓度/（mol·L^{-1}）　$c(酸)-x$　　x　　$c(盐)+x$

由于 $K_a^\ominus$ 很小以及存在同离子效应，x 很小，所以

$$c(酸)-x \approx c(酸); \quad c(盐)+x \approx c(盐)$$

$$K_a^\ominus = \frac{c'(H^+)c'(盐)}{c'(酸)}$$

$$c'(H^+) = K_a^\ominus \frac{c'(酸)}{c'(盐)} \tag{3-7a}$$

$$pH = -\lg c'(H^+) = -\lg K_a^{\ominus} - \lg \frac{c'(酸)}{c'(盐)}$$

$$= pK_a^{\ominus} - \lg \frac{c'(酸)}{c'(盐)} \tag{3-7b}$$

实际上，$c'(酸)/c'(盐) = n(酸)/n(盐)$，所以上式又可写成

$$pH = pK_a^{\ominus} - \lg \frac{n(酸)}{n(盐)} \tag{3-7c}$$

按照类似的方法，可以推导出一元弱碱与其盐组成的缓冲溶液 $c'(OH)$、pOH、pH 的计算公式：

$$c'(OH) = K_b^{\ominus} \frac{c'(碱)}{c'(盐)}$$

$$pOH = pK_b^{\ominus} - \lg \frac{c'(碱)}{c'(盐)} \tag{3-8a}$$

$$pH = pK_w - pOH = 14.00 - pK_b^{\ominus} + \lg \frac{c'(碱)}{c'(盐)} \tag{3-8b}$$

【例 3-6】 0.10 L 0.10 mol·L^{-1} HAc 溶液中含有 0.010 mol NaAc，求该溶液的 pH。（$K_a^{\ominus} = 1.75 \times 10^{-5}$ 或 $pK_a^{\ominus} = 4.76$）

解 先计算此溶液中 NaAc 的浓度：$(0.010/0.10)$ mol·L^{-1} = 0.10 mol·L^{-1}。这些 NaAc 完全解离，生成的 Ac$^-$ 抑制了 HAc 的解离，所以 HAc 和 Ac$^-$ 浓度都近似等于 0.10 mol·L^{-1}，即

$$c'(酸) = c'(盐)$$

所以

$$pH = pK_a^{\ominus} - \lg \frac{c'(酸)}{c'(盐)} = 4.76 - \lg(0.10/0.10) = 4.76$$

【例 3-7】 (1) 在 1.0 L 0.10 mol·L^{-1} NH$_3$·H$_2$O 溶液中加入 0.050 mol (NH$_4$)$_2$SO$_4$ 固体，求该溶液的 pH。(2) 将该溶液平均分成两份，分别加入 1.0 mL 1.0 mol·L^{-1} HCl 和 NaOH 溶液，则 pH 又各为多少？（$K_b^{\ominus} = 1.8 \times 10^{-5}$）

解 这是一个弱碱 NH$_3$ 与其盐 (NH$_4$)$_2$SO$_4$ 组成的缓冲溶液。

(1) $$c(碱) = c(NH_3) = 0.10 \text{ mol·L}^{-1}$$

$$c(盐) = c(NH_4^+) = (2 \times 0.050/1.0) \text{ mol·L}^{-1} = 0.10 \text{ mol·L}^{-1}$$

$$pOH = pK_b^{\ominus} - \lg[c'(NH_3)/c'(NH_4^+)]$$

$$= 4.74 - \lg 1 = 4.74$$

$$pH = 14.00 - 4.74 = 9.26$$

(2) 一份加入 1.0 mL 1.0 mol·L^{-1} 盐酸后，氨水浓度降低，NH$_4^+$ 浓度增加。

$$NH_3 + H^+ \Longrightarrow NH_4^+$$

$$c(NH_3) = (0.10 \times 0.50 - 0.001 \times 1.0)/0.501 \text{ mol·L}^{-1} = 0.098 \text{ mol·L}^{-1}$$

$$c(NH_4^+) = (0.10 \times 0.50 + 0.001 \times 1.0)/0.501 \text{ mol·L}^{-1} = 0.10 \text{ mol·L}^{-1}$$

$$pOH = pK_b^{\ominus} - \lg[c'(NH_3)/c'(NH_4^+)]$$

$$= 4.74 - \lg(0.098/0.10) = 4.75$$

$$pH = 14.00 - 4.75 = 9.25$$

另一份加入 $1.0\ mL\ 1.0\ mol \cdot L^{-1}$ NaOH 溶液后，NH_4^+ 浓度降低，NH_3 浓度增加。

$$NH_4^+ + OH^- \rightleftharpoons NH_3 + H_2O$$

$$c(NH_3) = (0.10 \times 0.50 + 0.001 \times 1.0)/0.501\ mol \cdot L^{-1} = 0.10\ mol \cdot L^{-1}$$

$$c(NH_4^+) = (0.10 \times 0.50 - 0.001 \times 1.0)/0.501\ mol \cdot L^{-1} = 0.098\ mol \cdot L^{-1}$$

$$pOH = pK_b^\ominus - lg[c'(NH_3)/c'(NH_4^+)]$$
$$= 4.74 - lg(0.10/0.098) = 4.73$$
$$pH = 14.00 - 4.73 = 9.27$$

由缓冲溶液 pH 的计算可知以下几点：

(1) 缓冲溶液的 pH 主要取决于共轭酸碱对中弱酸(或弱碱)的本性，即 $pK_a^\ominus$ (或 $pK_b^\ominus$)，其次取决于共轭酸碱对的浓度比。必须根据 pH 的要求来选择共轭酸碱对，使 $pK_a^\ominus$ (或 $pK_b^\ominus$)尽量接近所需 pH(或 pOH)。

(2) 加少量水稀释缓冲溶液，缓冲比不变，pH 也不变。

5. 缓冲容量

任何缓冲溶液的缓冲能力都是有限的。若加入过多的强酸或强碱，或者过分稀释，缓冲溶液因抗酸成分和抗碱成分的过度消耗，其缓冲能力就会逐渐减弱，直至失去缓冲作用。缓冲能力的大小用缓冲容量衡量。

缓冲容量(β)是指单位体积缓冲溶液的 pH 改变一个单位，所需外加一元强酸或一元强碱的物质的量，其单位为 mol/(L·pH)或 mol/(mL·pH)。

$$\beta = n/(V|\Delta pH|)$$

使缓冲溶液的 pH 改变一个单位，所需外加强酸或强碱的量越少，缓冲能力越小，缓冲容量也越小；相反，所需外加强酸或强碱的量越多，缓冲能力越大，缓冲容量也越大。

缓冲溶液的缓冲容量主要取决于缓冲溶液中抗酸成分和抗碱成分的总浓度及缓冲比。表 3-8 列出了 HAc-NaAc 缓冲溶液在不同总浓度和缓冲比下的缓冲容量。

表 3-8　缓冲容量与缓冲比及总浓度的关系

HAc-NaAc 缓冲溶液编号	1	2	3	4	5	6	7
缓冲比 $c(Ac^-)/c(HAc)$	1/9	2/8	3/7	5/5	7/3	8/2	9/1
$\beta_1(c_{总} = 0.10\ mol \cdot L^{-1})$	0.020	0.036	0.048	0.059	0.050	0.037	0.022
$\beta_2(c_{总} = 0.20\ mol \cdot L^{-1})$	0.040	0.071	0.100	0.115	0.100	0.077	0.042

由表可知以下几点：

(1) 缓冲溶液的总浓度一定，缓冲容量随缓冲比的改变而变化。当 $c(盐) = c(酸)$，缓冲比为 1，缓冲溶液的 $pH = pK_a^\ominus$ 时，缓冲容量最大，此时缓冲溶液具有对酸、碱同等的最大缓冲能力；当 $c(盐) \neq c(酸)$，缓冲比不为 1 时，$c(盐)$ 与 $c(酸)$ 相差越大，缓冲容量越小。

(2) 当缓冲比一定时，缓冲容量随缓冲溶液的总浓度的增大而增大。

实验证明，当缓冲比在 1:10 到 10:1，即缓冲溶液的 pH 在 $pK_a^\ominus - 1$ 到 $pK_a^\ominus + 1$ 时，缓冲溶液具有较大的缓冲能力；当缓冲容量小到一定程度，缓冲溶液就失去了缓冲能力。化学上将缓冲溶液能有效地发挥其缓冲作用的 pH 范围，即 $pK_a^\ominus - 1 < pH < pK_a^\ominus + 1$ 称为

缓冲溶液的缓冲范围。表 3-9 列出了几种常用缓冲溶液的 $pK_a^\ominus$ 及缓冲范围。

表 3-9　常用缓冲溶液的 $pK_a^\ominus$ 及缓冲范围

缓 冲 溶 液	共轭酸碱对形式	$pK_a^\ominus$	缓 冲 范 围
HCOOH-HCOONa	$HCOOH-HCOO^-$	3.75	2.75～4.75
HAc-NaAc	$HAc-Ac^-$	4.75	3.75～5.75
$KH_2PO_4-Na_2HPO_4$	$H_2PO_4^- -HPO_4^{2-}$	7.21	6.21～8.21
$Na_2B_4O_7-HCl$	$H_3BO_3-B(OH)_4^-$	9.14	8.14～10.14
$NH_3 \cdot H_2O-NH_4Cl$	$NH_4^+ -NH_3$	9.26	8.26～10.26
$NaHCO_3-Na_2CO_3$	$HCO_3^- -CO_3^{2-}$	10.33	9.33～11.33
Na_2HPO_4-NaOH	$HPO_4^{2-} -PO_4^{3-}$	12.32	11.32～13.32

6.缓冲溶液的配制

缓冲溶液的配制原则和步骤如下。

(1) 选择适当的共轭酸碱对:使弱酸的 $pK_a^\ominus$ 尽可能接近实际要求的 pH,使所配缓冲溶液的缓冲比接近 1:1,具有较大的缓冲容量。例如:要配制 pH=5.00 的缓冲溶液,可以选择 HAc-NaAc 共轭酸碱对;若配制 pH=10.00 的缓冲溶液,可以选择 $NaHCO_3-Na_2CO_3$ 共轭酸碱对。

另外,选择药用共轭酸碱对时,不能与主药发生配伍禁忌,共轭酸碱对无毒且在储存期内要保持稳定;选择检验共轭酸碱对时,不能对检验分析过程有干扰。

(2) 要有适当的总浓度:缓冲溶液的总浓度越大,抗酸成分和抗碱成分就越多,其缓冲容量也越大。但总浓度也不宜过大,否则可能产生副作用,同时造成不必要的浪费。一般控制在 $0.01～0.1 \ mol \cdot L^{-1}$。

(3) 用式(3-7b)计算酸、盐的用量:通常情况下,用等浓度的共轭酸、碱溶液来配制缓冲溶液,缓冲比就等于共轭酸、碱溶液的体积比,$V(酸)/V(盐)=0.1～10$。由式(3-7b)得

$$pH = pK_a^\ominus - \lg \frac{V(酸)}{V(盐)}$$

其中:$V(酸)$、$V(盐)$ 为混合前共轭酸、碱溶液的体积。

若用等体积的共轭酸、碱溶液来配制缓冲溶液,则缓冲比等于共轭酸、碱溶液的浓度比,也等于其物质的量之比。$c(酸)/c(盐)=n(酸)/n(盐)=0.1～10$。由式(3-7b)得

$$pH = pK_a^\ominus - \lg \frac{c'(酸)}{c'(盐)}$$

(4) 配制:根据计算,量取一定浓度的共轭酸、碱溶液,混合,即得到所需 pH 的缓冲溶液。必要时还需用 pH 计测定其 pH,以确保与要求的 pH 一致。

【例 3-8】　如何配制 pH=10.0 的缓冲溶液 300 mL?

解　(1) 选择共轭酸碱对。由于 HCO_3^- 的 $pK_a=10.33$,故选用 $NaHCO_3-Na_2CO_3$ 共轭酸碱对。

(2) 选择浓度。为使配制的缓冲溶液有一定的缓冲容量,故选择浓度均为 $0.10 \ mol \cdot L^{-1}$ 的 $NaHCO_3$ 溶液与 Na_2CO_3 溶液配制。

(3) 计算。设 $V(盐)=V(Na_2CO_3)$,单位为 mL。

65

则
$$V(酸) = V(NaHCO_3) = 300 - V(Na_2CO_3)$$
$$pH = pK_a^\ominus - \lg \frac{V(酸)}{V(盐)} = pK_a^\ominus - \lg \frac{300 - V(Na_2CO_3)}{V(Na_2CO_3)}$$
$$10.0 = 10.33 - \lg \frac{300 - V(Na_2CO_3)}{V(Na_2CO_3)}$$

解得
$$V(Na_2CO_3) = 100 \text{ mL}, \quad V(NaHCO_3) = 200 \text{ mL}$$

（4）配制。分别量取 200 mL 0.10 mol·L^{-1} 的 $NaHCO_3$ 溶液和 100 mL 0.10 mol·L^{-1} 的 Na_2CO_3 溶液，混合后即得到所需的缓冲溶液。

【例 3-9】 在 50 mL 0.10 mol·L^{-1} HAc 溶液中需加入多少 0.10 mol·L^{-1} NaOH 溶液，才能配成 pH = 5.00 的缓冲溶液？已知 $pK_a^\ominus = 4.76$。

解
$$HAc + NaOH = NaAc + H_2O$$

设需加入 0.10 mol·L^{-1} NaOH 溶液的体积为 V L，则 NaOH 的物质的量为 0.10 V mol，生成的 NaAc 的物质的量也是 0.10 V mol，剩余 HAc 的物质的量为 (0.10 × 0.050 − 0.10 V) mol。

将 $pK_a^\ominus = 4.76$，pH = 5.00 代入公式：
$$pH = pK_a^\ominus - \lg \frac{c'(酸)}{c'(盐)} = pK_a^\ominus - \lg \frac{n(酸)}{n(盐)}$$

有
$$5.00 = 4.76 - \lg \frac{0.10 \times 0.050 - 0.10 \, V}{0.10 \, V}$$

解得
$$V = 0.032$$

所以，在 50 mL 0.10 mol·L^{-1} HAc 溶液中加入 0.032 L（即 32 mL）0.10 mol·L^{-1} NaOH 溶液，即可配成 pH = 5.00 的缓冲溶液。

任务 3.4 盐的水解

用 pH 试纸分别测定相同浓度的 $NaCl$、$NaAc$、$(NH_4)_2SO_4$ 溶液的 pH，结果显示：$NaCl$ 溶液的 pH = 7，显中性；$NaAc$ 溶液的 pH > 7，显碱性；$(NH_4)_2SO_4$ 溶液的 pH < 7，显酸性。$NaAc$ 和 $(NH_4)_2SO_4$ 本身并不能解离出 OH^-、H^+，但其水溶液分别显示出碱性、酸性。盐溶液具有酸碱性是由于盐的负离子或（和）正离子和水解离出的 H^+ 或（和）OH^- 结合生成弱电解质——弱酸或（和）弱碱，使水的解离平衡发生移动，导致溶液中 H^+ 和 OH^- 的浓度不相等，表现出酸碱性，这种作用称为盐的水解作用。表 3-10 列出某些盐类水溶液的酸碱性。

表 3-10 某些盐类水溶液（0.1 mol·L^{-1}）的酸碱性

盐 的 类 型	强酸强碱盐	弱酸强碱盐	强酸弱碱盐	弱酸弱碱盐	
分子式	NaCl	NaAc	$(NH_4)_2SO_4$	NH_4Ac	$HCOONH_4$
pH	7.0	8.9	5.0	7.0	6.5

3.4.1 盐的水解、水解常数及水解度

强酸强碱盐在水中解离产生的正、负离子不和水解离出的 OH^-、H^+ 结合生成弱电解质分子，水的解离平衡不受影响，溶液中 H^+ 和 OH^- 浓度不变，故强酸强碱盐不水解，其水溶液呈中性。

1. 弱酸强碱盐的水解

$NaAc$、Na_2CO_3、KCN、$NaClO$ 等属于弱酸强碱盐。现以 $NaAc$ 为例，讨论这类盐的水解。

$NaAc$ 在水中全部解离成 Na^+ 和 Ac^-，Ac^- 和水解离出的 H^+ 结合成弱酸 HAc，致使水的解离平衡向右移动，当同时建立起 H_2O 和 HAc 的解离平衡时，溶液中 $c(OH^-)$ $>c(H^+)$，溶液显碱性。

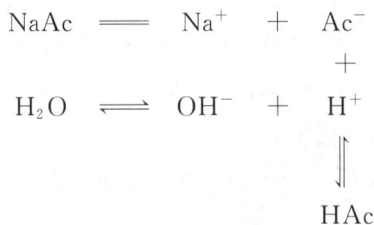

Ac^- 的水解方程式为

$$Ac^- + H_2O \rightleftharpoons HAc + OH^-$$

弱酸强碱盐的水解，实质上是酸根离子发生水解。水解平衡的标准平衡常数称为水解常数 $K_h^\ominus$，其数学表达式为

$$K_h^\ominus = \frac{c'(HAc)c'(OH^-)}{c'(Ac^-)}$$

上述水解反应，实际是下列两个反应的加和：

(1)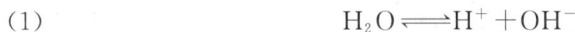
$$H_2O \rightleftharpoons H^+ + OH^-$$
$$K_1^\ominus = c'(H^+)c'(OH^-) = K_w^\ominus$$

(2)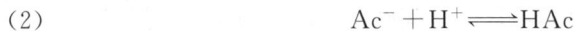
$$Ac^- + H^+ \rightleftharpoons HAc$$
$$K_2^\ominus = c'(HAc)/[c'(Ac^-)c'(H^+)] = 1/K_a^\ominus$$

由反应 (1)+(2) 得 Ac^- 的水解方程式：

$$Ac^- + H_2O \rightleftharpoons HAc + OH^-$$

$K_h^\ominus$ 可由多重平衡规则求得：

$$K_h^\ominus = K_1^\ominus K_2^\ominus = K_w^\ominus / K_a^\ominus \qquad (3\text{-}9a)$$

可见，弱酸强碱盐的水解常数 $K_h^\ominus$ 等于水的离子积 $K_w^\ominus$ 与弱酸的标准解离常数 $K_a^\ominus$ 的比值。组成盐的酸越弱（$K_a^\ominus$ 越小），水解常数越大，相应盐的水解程度也越大。盐的水解程度可用水解度 h 表示：

$$h = \frac{\text{已水解盐的浓度}}{\text{盐的起始浓度}} \times 100\%$$

水解度 h、水解常数 $K_h^\ominus$ 和盐起始浓度 c_0 之间的关系：

$$Ac^- \quad + \quad H_2O \quad \rightleftharpoons \quad HAc \quad + \quad OH^-$$

起始浓度 $\quad c_0 \qquad\qquad\qquad\qquad 0 \qquad\quad 0$

平衡浓度 $\quad c_0(1-h) \qquad\qquad\qquad c_0h \qquad c_0h$

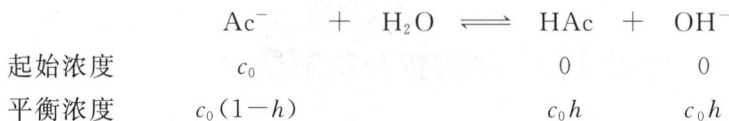

$$K_h^{\ominus} = \frac{c'(HAc)c'(OH^-)}{c'(Ac^-)} = \frac{c_0'h \cdot c_0'h}{c_0'(1-h)}$$

当 $K_h^{\ominus}$ 较小时，$1-h \approx 1$，则近似地有 $K_h^{\ominus} = c_0'h^2$，即

$$h = \sqrt{K_h^{\ominus}/c_0'} = \sqrt{K_w^{\ominus}/(K_a^{\ominus}c_0')} \tag{3-9b}$$

由此可见，水解度 h 除了与生成盐的弱酸强弱（$K_a^{\ominus}$）有关外，还与盐的起始浓度 c_0 有关。c_0 越小，其水解度越大。

当 $c_0'/K_h^{\ominus} > 500$ 时，有

$$c'(OH^-) = \sqrt{K_h^{\ominus}c_0'} = \sqrt{K_w^{\ominus}c_0'/K_a^{\ominus}}$$

2. 强酸弱碱盐的水解

NH_4Cl 是强酸弱碱盐的一种，它在溶液中全部解离成 NH_4^+ 和 Cl^-，NH_4^+ 和水解离出的 OH^- 结合成弱碱氨水（$NH_3 \cdot H_2O$），致使水的解离平衡向右移动，当溶液中水和氨水的两个解离平衡同时建立时，溶液中 $c(H^+) > c(OH^-)$，即 pH < 7，溶液呈酸性。

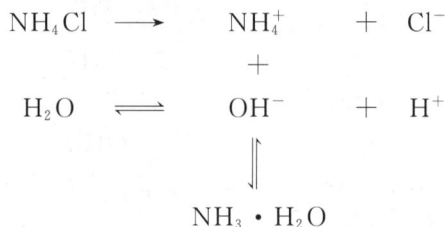

$$NH_4Cl \longrightarrow \quad NH_4^+ \quad + \quad Cl^-$$
$$+$$
$$H_2O \rightleftharpoons \quad OH^- \quad + \quad H^+$$
$$\Vert$$
$$NH_3 \cdot H_2O$$

NH_4^+ 的水解方程式为

$$NH_4^+ + H_2O \rightleftharpoons NH_3 \cdot H_2O + H^+$$

$$K_h^{\ominus} = \frac{c'(NH_3 \cdot H_2O)c'(H^+)}{c'(NH_4^+)} = \frac{K_w^{\ominus}}{K_b^{\ominus}}$$

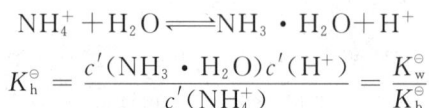

强酸弱碱盐的水解实质上是其正离子发生水解。按照与弱酸强碱盐同样的处理方法，可求得水解度 h、水解常数 $K_h^{\ominus}$ 和盐浓度 c_0 之间的关系。

$$K_h^{\ominus} = K_w^{\ominus}/K_b^{\ominus} \tag{3-10a}$$

$$h = \sqrt{K_h^{\ominus}/c_0'} = \sqrt{K_w^{\ominus}/(K_b^{\ominus}c_0')} \tag{3-10b}$$

当 $c_0'/K_h^{\ominus} > 500$ 时，有 $\qquad c'(H^+) = \sqrt{K_h^{\ominus}c_0'} = \sqrt{K_w^{\ominus}c_0'/K_b^{\ominus}}$

属于此类盐的还有 $Al_2(SO_4)_3$、NH_4NO_3、$FeCl_3$ 等。由式(3-10b)可知，组成盐的碱越弱，该盐的水解常数 $K_h^{\ominus}$、水解度 h 越大，水解程度就越大。虽然在化学手册中查不到水解常数 $K_h^{\ominus}$，但根据式(3-9a)和式(3-10a)可由 $K_a^{\ominus}$、$K_b^{\ominus}$ 很方便地计算出 $K_h^{\ominus}$。

3. 弱酸弱碱盐的水解

弱酸弱碱盐在水中能全部解离成正、负离子，它们都发生水解，也称双水解。以 NH_4Ac 为例，其解离出的 NH_4^+ 和 Ac^- 分别与水解离出的 OH^- 和 H^+ 结合为弱碱 $NH_3 \cdot H_2O$ 和弱酸 HAc，由于 H^+ 和 OH^- 都减少，水的解离平衡右移倾向更大，可见弱酸弱碱

盐的水解程度较弱酸强碱盐和强酸弱碱盐的都要大。

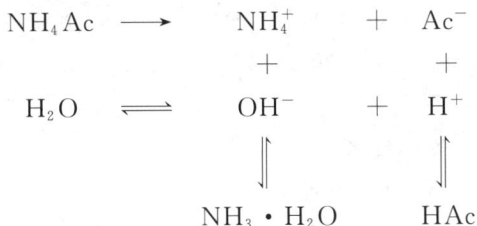

NH_4Ac 的水解方程式为

$$NH_4^+ + Ac^- + H_2O \Longrightarrow NH_3 \cdot H_2O + HAc$$

$$K_h^{\ominus} = \frac{c'(NH_3 \cdot H_2O)c'(HAc)}{c'(NH_4^+)c'(Ac^-)}$$

$$= \frac{c'(NH_3 \cdot H_2O)c'(HAc)c'(OH^-)c'(H^+)}{c'(NH_4^+)c'(OH^-)c'(H^+)c'(Ac^-)} = \frac{K_w^{\ominus}}{K_a^{\ominus}K_b^{\ominus}} \tag{3-11}$$

弱酸弱碱盐正、负离子的水解能相互促进,使水解进行得更彻底,其水溶液的酸碱性取决于生成的弱酸和弱碱的相对强弱。由于 HAc 和 $NH_3 \cdot H_2O$ 的酸、碱性相当($K_a^{\ominus} = K_b^{\ominus}$),所以 NH_4Ac 溶液显中性,pH=7;对于 $HCOONH_4$ 来说,由于 $K_a^{\ominus} > K_b^{\ominus}$,其水溶液显酸性;对于 NH_4CN 而言,由于 $K_a^{\ominus} < K_b^{\ominus}$,其水溶液显碱性。

4. 多元弱酸盐或多元弱碱盐的水解

多元弱酸盐分步水解,以 Na_2CO_3 为例。

第一步: $$CO_3^{2-} + H_2O \Longrightarrow HCO_3^- + OH^-$$
$$K_{h1}^{\ominus} = K_w^{\ominus}/K_{a2}^{\ominus}$$

第二步: $$HCO_3^- + H_2O \Longrightarrow H_2CO_3 + OH^-$$
$$K_{h2}^{\ominus} = K_w^{\ominus}/K_{a1}^{\ominus}$$

第二步水解程度很小,故其水解程度和溶液的 pH 取决于第一步水解。Na_2CO_3 溶液中的 H_2CO_3 浓度很小,不会放出 CO_2。

除了碱金属及部分碱土金属外,几乎所有金属正离子组成的多元弱碱盐都会发生不同程度的水解,其水解也是分步进行的。以 $FeCl_3$ 为例。

第一步: $$Fe^{3+} + H_2O \Longrightarrow [Fe(OH)]^{2+} + H^+$$

第二步: $$[Fe(OH)]^{2+} + H_2O \Longrightarrow [Fe(OH)_2]^+ + H^+$$

第三步: $$[Fe(OH)_2]^+ + H_2O \Longrightarrow Fe(OH)_3 \downarrow + H^+$$

并非所有多价金属离子的盐都需水解到最后一步才会析出沉淀,有时一级或二级水解即析出沉淀。三价铁的水解实际上是一个比较复杂的过程,是一个含水合离子的水解过程。

3.4.2 盐溶液 pH 的简单计算

【例 3-10】 计算 $0.10 \text{ mol} \cdot L^{-1} (NH_4)_2SO_4$ 溶液的 pH。

解 $(NH_4)_2SO_4$ 为强电解质,设平衡时已水解的 $(NH_4)_2SO_4$ 的浓度为 $x \text{ mol} \cdot L^{-1}$。

水解方程式为

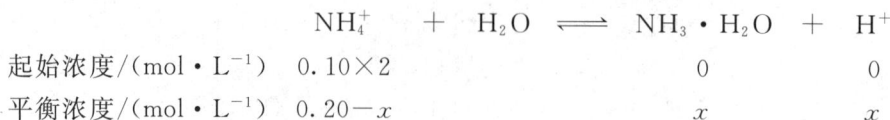

$$NH_4^+ \quad + \quad H_2O \rightleftharpoons NH_3 \cdot H_2O \quad + \quad H^+$$

起始浓度/$(mol \cdot L^{-1})$　0.10×2　　　　　0　　　0

平衡浓度/$(mol \cdot L^{-1})$　$0.20 - x$　　　　　x　　　x

先由式(3-10a)计算水解常数 $K_h^\ominus$：

$$K_h^\ominus = K_w^\ominus / K_b^\ominus(NH_3)$$
$$= 1.0 \times 10^{-14} / (1.8 \times 10^{-5}) = 5.6 \times 10^{-10}$$

由于　　　$K_h^\ominus = \dfrac{c'(NH_3 \cdot H_2O)c'(H^+)}{c'(NH_4^+)} = x^2 / (0.20 - x) \approx x^2 / 0.20$

故　　　　$c'(H^+) = x \approx \sqrt{K_h^\ominus c'_0} = \sqrt{5.6 \times 10^{-10} \times 0.20} = 1.1 \times 10^{-5}$

$$pH = -\lg c'(H^+) = -\lg(1.1 \times 10^{-5}) = 4.96$$

【例 3-11】 比较 $0.10\ mol \cdot L^{-1}$ NaAc 与 $0.10\ mol \cdot L^{-1}$ NaCN 溶液的 pH 和水解度。

解　（1）设平衡时已水解的 NaAc 的浓度为 $x\ mol \cdot L^{-1}$。NaAc 的水解方程式为

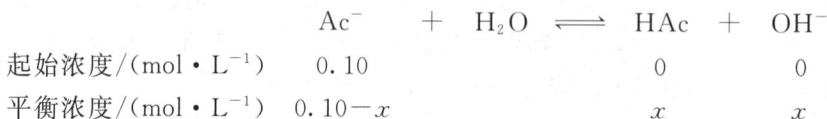

$$Ac^- \quad + \quad H_2O \rightleftharpoons HAc \quad + \quad OH^-$$

起始浓度/$(mol \cdot L^{-1})$　0.10　　　　　0　　　0

平衡浓度/$(mol \cdot L^{-1})$　$0.10 - x$　　　　　x　　　x

$$K_h^\ominus = K_w^\ominus / K_a^\ominus(HAc) = 1.0 \times 10^{-14} / (1.75 \times 10^{-5}) = 5.7 \times 10^{-10}$$

$$K_h^\ominus = \frac{c'(HAc)c'(OH^-)}{c'(Ac^-)} = \frac{x^2}{0.10 - x} = 5.7 \times 10^{-10}$$

$K_h^\ominus$ 很小，$c'_0(Ac^-)/K_h^\ominus = 0.10/(5.7 \times 10^{-10}) = 1.76 \times 10^8 > 500$，故可用近似公式计算：

$$c'(OH^-) = \sqrt{K_h^\ominus c'_0} = \sqrt{5.7 \times 10^{-10} \times 0.10} = 7.5 \times 10^{-6}$$

$$pH = 14.00 - pOH = 14.00 + \lg(7.5 \times 10^{-6}) = 14.00 - 5.12 = 8.88$$

$$h = (7.5 \times 10^{-6}/0.10) \times 100\% = 7.5 \times 10^{-3}\%$$

（2）NaCN 的水解方程式为

$$CN^- + H_2O \rightleftharpoons HCN + OH^-$$

由于　　　$K_h^\ominus = K_w^\ominus / K_a^\ominus(HCN) = 1.0 \times 10^{-14} / (6.2 \times 10^{-10}) = 1.6 \times 10^{-5}$

$$c'_0(CN^-)/K_h^\ominus = 0.10 / (1.6 \times 10^{-5}) = 6.3 \times 10^3 > 500$$

所以可用近似公式：

$$c'(OH^-) = \sqrt{K_h^\ominus c'_0} = \sqrt{1.6 \times 10^{-5} \times 0.10} = 1.3 \times 10^{-3}$$

$$pH = 14.00 - pOH = 14.00 + \lg(1.3 \times 10^{-3}) = 14.00 - 2.89 = 11.11$$

$$h = (1.3 \times 10^{-3}/0.10) \times 100\% = 1.3\%$$

由此例可看出，当盐的浓度相同时，组成弱酸强碱盐的酸越弱，水解程度越大。

3.4.3　影响水解平衡的因素

1. 盐的本性

形成盐的酸或碱越弱，其 $K_a^\ominus$ 或 $K_b^\ominus$ 值越小，盐的离子与 H^+ 或 OH^- 结合成弱电解质

分子的能力越强,越易破坏水的解离平衡,盐的水解程度也就越大。

2. 盐溶液的浓度

盐溶液浓度越小,水解程度越大。如 NaAc 溶液:

$$Ac^- + H_2O \Longleftrightarrow HAc + OH^-$$

加水稀释,可促使盐的水解平衡向水解方向(向右)移动,使水解程度增大。但稀释后,由于溶液的体积增大,$c'(H^+)$ 或 $c'(OH^-)$ 还是减小,溶液的酸碱性也相应地随之改变。由水解通式可知

$$h = \sqrt{K_w^\ominus / (K_a^\ominus c_0')}$$

对于同一种盐,$K_w^\ominus$、$K_a^\ominus$ 都是常数,稀释盐溶液(c_0 减小,h 增大),会促进盐的水解。

3. 溶液的酸碱性

以 $FeCl_3$ 的水解反应为例:

$$Fe^{3+} + 3H_2O \Longleftrightarrow Fe(OH)_3 + 3H^+$$

加入盐酸,使平衡向左移动,抑制了 $FeCl_3$ 的水解。因此,在配制 $FeCl_3$、$SnCl_2$、$Hg(NO_3)_2$ 等溶液时,必须先将其溶于较浓的酸中,然后再加水稀释到所需的浓度。

4. 温度

盐的水解是吸热反应,故温度升高,盐的水解程度加大。

3.4.4　盐类水解平衡的移动及其应用

盐的水解在许多方面都有应用。例如,明矾净水是利用它水解产生的 $Al(OH)_3$ 胶体来破坏水溶胶和吸附杂质;临床上治疗胃酸过多、代谢性酸中毒时使用 $NaHCO_3$ 和乳酸钠,是利用它们水解后显弱碱性;治疗碱中毒时使用 NH_4Cl,则是因为它的溶液呈弱酸性。在药剂科,如果某种药物容易水解变质,就应该把它们保存在干燥处。制剂室、实验室在配制易水解的盐溶液时,应注意控制溶液的酸度或温度。

例如,实验室配制 $SnCl_2$ 或 $SbCl_3$ 溶液时,实际上是用一定浓度的盐酸来配制的,否则,因水解析出难溶的水解产物后,即使再加酸,也很难得到清澈的溶液:

$$SnCl_2 + H_2O \Longleftrightarrow Sn(OH)Cl \downarrow + HCl$$

$$SbCl_3 + H_2O \Longleftrightarrow SbOCl \downarrow + 2HCl$$

又如,Fe^{3+}、Al^{3+}、Bi^{3+}、Zn^{2+}、Cu^{2+} 等易水解的盐类,在制备过程中,也需加入一定浓度的相应酸,保证溶液有足够的酸度,避免水解混入杂质。

生产上可利用盐的水解作用来制备有关的化合物。例如,TiO_2 的制备:

$$TiCl_4 + H_2O \Longleftrightarrow TiOCl_2 + 2HCl$$

$$TiOCl_2 + 2H_2O(过量) \Longleftrightarrow TiO_2 \cdot H_2O \downarrow + 2HCl$$

操作时加入大量的水,同时进行蒸发,赶出 HCl,促使水解平衡向右移动,得到水合二氧化钛,再经焙烧得无水 TiO_2。

任务 3.5 强电解质理论

3.5.1 表观解离度

根据近代物质结构理论,强电解质在溶液中是全部解离的,其解离度应该是100%。但是,根据溶液导电性的实验所测得的强电解质在溶液中的解离度都小于100%(见表3-11)。

表 3-11 强电解质的表观解离度(298.15 K,0.10 mol·L^{-1})

电解质	KCl	ZnSO$_4$	HCl	HNO$_3$	H$_2$SO$_4$	NaOH	Ba(OH)$_2$
表观解离度/(%)	86	40	92	92	61	91	81

什么原因造成强电解质溶液解离不完全的假象呢?1923年德拜和休克尔提出了强电解质溶液理论,初步解决了强电解质问题。具体表述如下:

(1)强电解质在水中是全部解离的,不存在分子与离子间的解离平衡,其解离度理论上为100%。

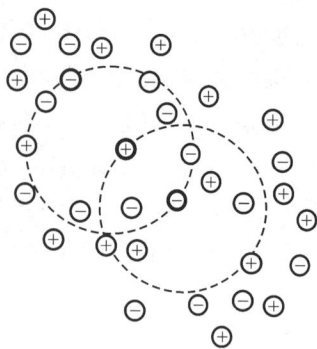

图 3-1 离子氛示意图

(2)由于强电解质溶液中离子浓度较大,正、负离子之间的静电作用比较显著,在正离子周围吸引着较多的负离子;在负离子周围吸引着较多的正离子。这种情况好似正离子周围有负离子氛,在负离子周围有正离子氛(见图3-1)。

(3)由于离子相互作用、离子氛的存在,离子间互相牵制,溶液中的离子并不是完全独立的自由离子,不能完全自由运动,因而不能完全(100%)发挥离子应有的作用。溶液离子浓度愈大,离子电荷数愈高,离子氛效应就愈显著,这种偏差也愈大。

假如让电流通过电解质溶液,这时正离子向阴极移动,但它的离子氛向阳极移动,这样,离子的速度显然就比毫无牵挂的离子慢些。因此,溶液的导电能力就比理论上要低一些,产生一种解离不完全的假象。可见,强电解质解离度的意义和弱电解质不同,仅反映溶液中离子间相互牵制作用的强弱程度,因此,强电解质的解离度称为表观解离度。

3.5.2 活度

为了定量描述强电解质溶液中离子间的牵制作用,引入活度的概念。单位体积电解质溶液中,表观上所含有的离子浓度称为有效浓度,也称活度。活度a与实际浓度c的关

系为

$$a = fc$$

式中：f 称为活度因子或活度系数。f 与溶液中离子间的相互牵制作用有关，牵制作用越大，f 就越小，反之就越大。在浓度很小时，异电荷离子的相互牵制作用很小，f 近似等于 1，这时 a 与 c 基本相等。因此，难溶电解质及稀的弱电解质溶液均可用离子的浓度 c 代替其活度 a。但当外加有其他强电解质时，由于溶液中离子浓度大大增加，离子间的相互牵制作用不能忽略，这时 $f < 1$，$a < c$，应以 a 代替 c 来讨论体系中的有关平衡移动的问题。

3.5.3 离子强度

1921 年，路易斯根据大量实验结果总结出，在稀溶液范围内，影响强电解质离子平均活度系数的决定因素是离子浓度和离子电荷数而不是离子的本性，并且离子电荷数比浓度的影响还要大些。他提出了离子强度（ionic strength）的概念，其定义式为

$$I = 0.5 \sum c_i Z_i^2 \qquad (3\text{-}12)$$

式中：c_i 和 Z_i 分别表示 i 离子的浓度和电荷数。离子强度是溶液中存在的离子所产生的电场强度的量度。它仅与溶液中离子的浓度和电荷数有关，而与离子本身无关。离子的活度系数 f 和离子强度 I 的关系见表 3-12。

表 3-12　离子的活度系数 f 和离子强度 I 的关系

离子强度 I	活度系数 f			
	离子电荷 $Z=1$	$Z=2$	$Z=3$	$Z=4$
1×10^{-4}	0.99	0.95	0.90	0.83
2×10^{-4}	0.98	0.94	0.87	0.77
5×10^{-4}	0.97	0.90	0.80	0.67
1×10^{-3}	0.96	0.86	0.73	0.56
2×10^{-3}	0.95	0.81	0.64	0.45
5×10^{-3}	0.92	0.72	0.51	0.30
1×10^{-2}	0.89	0.63	0.39	0.19
2×10^{-2}	0.87	0.57	0.28	0.12
5×10^{-2}	0.81	0.44	0.15	0.04
0.1	0.78	0.33	0.08	0.01
0.2	0.70	0.24	0.04	0.003

从表中数据可以看出：离子的 Z 一定，溶液的 I 越大，活度系数 f 越小，浓度 c 与活度 a 相差越大；I 越小，f 越大，当 $I < 1 \times 10^{-4}$ 时，f 接近于 1，即 $a \approx c$；I 一定时，Z 越大，f 越

小,特别在 I 较大的情况下更明显。

电解质溶液的浓度与活度之间一般是有差别的,严格地说,都应该用活度来进行计算。但对于稀溶液、弱电解质溶液、难溶强电解质溶液通常就用浓度来进行计算。因为在这些情况下,溶液中的离子浓度均很低,I 很小,f 十分接近于 1。

3.5.4 盐效应

向弱电解质溶液中加入与其无相同离子的强电解质时,弱电解质的解离平衡向解离的方向移动,解离度升高,这种现象称为盐效应。例如,向 HAc 溶液中加入 NaCl,NaCl 完全解离成 Na^+ 和 Cl^-,使溶液中的离子总数骤增,离子之间的静电作用增强。Ac^- 和 H^+ 被众多异号离子(Na^+ 和 Cl^-)包围,使溶液中的 H^+ 和 Ac^- 的浓度(即能自由移动的离子浓度)减小,导致解离平衡 $HAc \Longleftrightarrow H^+ + Ac^-$ 向右移动,使 HAc 的解离度增大。

盐效应有时又称为非共同离子效应,这个术语让人们自然地将它与同离子效应联系在一起。盐效应实质上仍是平衡移动原理在解离平衡体系中的一种反映,在发生同离子效应的同时,必然伴随着盐效应,由于同离子效应的影响常常大于盐效应,因此在一般情况下不考虑盐效应的影响。

在弱电解质溶液中,加入不含相同离子的强电解质,盐效应会使弱电解质的解离度增大。例如,$0.1 \ mol \cdot L^{-1}$ HAc 溶液的解离度是 1.34%,加入 $0.1 \ mol \cdot L^{-1}$ NaCl 溶液,根据近似计算得知,醋酸的解离度增大到 1.76%;若在弱电解质溶液中,加入含相同离子的强电解质,则盐效应与同离子效应同时发生,但盐效应对解离平衡的影响远不如同离子效应。例如,$0.1 \ mol \cdot L^{-1}$ HAc 溶液加入 $0.1 \ mol \cdot L^{-1}$ NaAc 溶液,由于同离子效应,解离度从 1.34% 减小到 0.0176%,数量级发生了变化,而盐效应不会使解离度发生数量级的变化,故两种效应共存时,可忽略盐效应。

任务 3.6　酸碱理论的发展

酸和碱是两类重要的电解质,大量的化学反应都属于酸碱反应的范畴。在研究酸、碱物质的性质、组成及结构的关系方面,化学家们提出了各种不同的观点,从而形成了不同的酸碱理论。比较重要的有酸碱电离理论、酸碱质子理论、酸碱电子理论等。

3.6.1 酸碱电离理论

1887 年瑞典化学家阿仑尼乌斯(Arrhenius)提出了酸碱电离理论。该理论把在水溶液中解离出的正离子全部是 H^+ 的物质称为酸,解离出的负离子全部是 OH^- 的物质称为碱;从组成上揭示了酸碱的本质,指出 H^+ 是酸的特征,OH^- 是碱的特征;酸碱反应的实

质是 H^+ 和 OH^- 相互作用结合成 H_2O 的反应;酸碱的相对强弱可以根据其在水溶液中解离出 H^+ 或 OH^- 程度的大小($K_a^{\ominus}$ 或 $K_b^{\ominus}$)来衡量。

酸碱电离理论在一定程度上提高了人们对酸碱本质的认识,尤其是对初学者来说很容易把握酸碱的特征,对化学的发展起了很大作用。但它把酸、碱限制在以水为溶剂的体系中,且必须含有可解离的 H^+ 或 OH^-,不能解释非水溶剂中的酸碱反应,也不能解释氨水的碱性和一些盐类溶液的酸碱性。对于非水体系和无溶剂体系都不适用,具有明显的局限性。

例如,在液氨中,氨基化钾 KNH_2 使酚酞变红而显碱性,水溶液中 Na_2CO_3、$NH_3 \cdot H_2O$ 显碱性,HSO_4^- 是酸还是碱,如此等等,酸碱电离理论都无法解释。

3.6.2　酸碱质子理论

为了克服酸碱电离理论的局限性,1923 年,丹麦化学家布朗斯特(Brönsted)和英国化学家劳瑞(Lowry)分别提出了酸碱质子理论,它不仅适用于水溶液,而且适用于非水体系和无溶剂体系,酸碱质子理论扩展了酸碱范围以及酸碱反应的范围。

1. 酸碱定义

酸碱质子理论认为:凡是能给出质子(H^+)的分子或离子都是酸,凡是能接受质子的分子或离子都是碱。简而言之,酸是质子给予体,碱是质子接受体。

按照酸碱质子理论,酸和碱不是孤立存在的,酸给出质子后余下的部分就是碱,碱接受质子后就成为酸。酸和碱的这种相互依存关系称为共轭关系。以反应式表示,可以写成

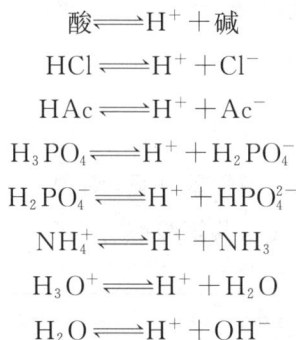

$$酸 \Longrightarrow H^+ + 碱$$
$$HCl \Longrightarrow H^+ + Cl^-$$
$$HAc \Longrightarrow H^+ + Ac^-$$
$$H_3PO_4 \Longrightarrow H^+ + H_2PO_4^-$$
$$H_2PO_4^- \Longrightarrow H^+ + HPO_4^{2-}$$
$$NH_4^+ \Longrightarrow H^+ + NH_3$$
$$H_3O^+ \Longrightarrow H^+ + H_2O$$
$$H_2O \Longrightarrow H^+ + OH^-$$

上述关系式称为酸碱半反应式。一种酸给出一个质子后就成为其共轭碱,一种碱接受一个质子后就成为其共轭酸,我们把仅相差一个质子的一对酸碱称为共轭酸碱对。

在酸碱质子理论中,没有盐的概念,如 Na_2CO_3,酸碱质子理论认为:CO_3^{2-} 是碱,而 Na^+ 既不给出质子,又不接受质子,是非酸非碱物质。既可以给出质子,又可接受质子的物质称为两性物质,如 $H_2PO_4^-$、HCO_3^-、H_2O、NH_3 等。

2. 酸碱反应

酸碱半反应式仅仅是酸碱共轭关系的表达形式,并不能单独存在。因为酸不能自动给出质子,质子也不能独立存在,碱也不能自动接受质子,酸和碱必须同时存在。例如:

$$\text{HAc} + \text{H}_2\text{O} \rightleftharpoons \text{H}_3\text{O}^+ + \text{Ac}^-$$

酸1　　　碱2　　　　酸2　　　碱1

$$\text{H}_3\text{O}^+ + \text{OH}^- \rightleftharpoons \text{H}_2\text{O} + \text{H}_2\text{O}$$

酸1　　　碱2　　　　酸2　　　碱1

$$\text{H}_2\text{O} + \text{Ac}^- \rightleftharpoons \text{HAc} + \text{OH}^-$$

酸1　　　碱2　　　　酸2　　　碱1

$$\text{NH}_4^+ + 2\text{H}_2\text{O} \rightleftharpoons \text{NH}_3 \cdot \text{H}_2\text{O} + \text{H}_3\text{O}^+$$

酸1　　　碱2　　　　碱1　　　　　酸2

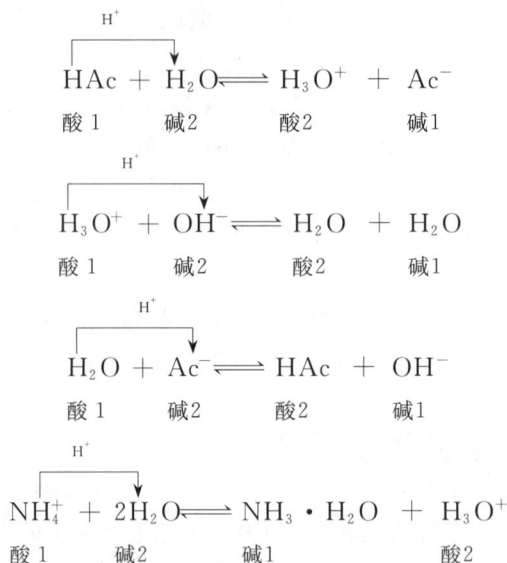

从以上反应可以看出,一种酸和一种碱反应,总是导致一种新酸和一种新碱的生成,并且酸1和碱1、碱2和酸2分别组成共轭酸碱对,这说明酸碱反应的实质是两个共轭酸碱对之间的质子传递,一切酸碱反应都是质子传递反应。根据酸碱质子理论,酸碱电离理论中弱酸、弱碱的解离反应,酸碱中和反应和盐的水解反应,都可以归结为酸碱质子传递反应。

在酸碱反应中,存在着争夺质子的过程。其结果必然是强碱夺取强酸的质子,转变成它的共轭酸——弱酸;强酸给出质子,转变成它的共轭碱——弱碱。也就是说,酸碱反应总是由较强的酸与较强的碱作用,向着生成较弱的酸和较弱的碱的方向进行,相互作用的酸、碱越强,反应进行得越完全。

3. 酸碱强度

酸碱的强度是以给出或结合质子的能力来度量的。酸越容易给出质子,其酸性就越强,$K_a^\ominus$ 越大;碱越容易结合质子,其碱性就越强,$K_b^\ominus$ 越大。对于一个共轭酸碱对来说,$K_a^\ominus$ 和 $K_b^\ominus$ 之间存在着定量的关系。现以共轭酸碱对 HA-A$^-$ 为例进行讨论,HA-A$^-$ 在水溶液中存在以下质子传递反应:

$$\text{HA} + \text{H}_2\text{O} \rightleftharpoons \text{H}_3\text{O}^+ + \text{A}^-$$

$$\text{H}_2\text{O} + \text{A}^- \rightleftharpoons \text{HA} + \text{OH}^-$$

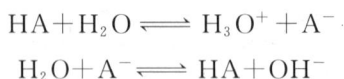

达到平衡时,有下列关系:

$$K_a^\ominus = c'(\text{H}_3\text{O}^+)c'(\text{A}^-)/c'(\text{HA}) \tag{1}$$

$$K_b^\ominus = c'(\text{HA})c'(\text{OH}^-)/c'(\text{A}^-) \tag{2}$$

(1)×(2),得

$$K_a^\ominus K_b^\ominus = c'(\text{H}_3\text{O}^+)c'(\text{OH}^-) = K_w^\ominus \tag{3-13}$$

由式(3-13)可知,$K_a^\ominus K_b^\ominus$ 为常数。$K_a^\ominus$ 越大,酸性越强,酸给出质子的能力就越强,其对应共轭碱的 $K_b^\ominus$ 越小,碱性越弱,结合质子的能力也就越弱。相反,酸性越弱,对应的共轭碱的碱性越强。例如,HCl 在水中是强酸,其共轭碱 Cl⁻ 就是弱碱;HAc 在水中是弱酸,其共轭碱 Ac⁻ 就是较强的碱。此外,只要知道酸的 $K_a^{\ominus}$,就可以利用式(3-13)求出其共轭碱的 $K_b^{\ominus}$,反之亦然。

【例 3-12】 已知 HAc 的 $K_a^{\ominus}$ 为 1.75×10^{-5},计算 Ac⁻ 的 $K_b^{\ominus}$。

解　Ac⁻ 是 HAc 的共轭碱,由式(3-13)得

$$K_b^{\ominus}=K_w^{\ominus}/K_a^{\ominus}=1.0\times10^{-14}/(1.75\times10^{-5})=5.71\times10^{-10}$$

即 Ac⁻ 的 $K_b^{\ominus}$ 为 5.71×10^{-10}。

酸碱强度不仅取决于自身给出质子和接受质子的能力,同时与溶剂接受和给出质子的能力有关。同一种酸在不同溶剂中,酸性强弱不同。例如:HAc 在水中是弱酸,在液氨中表现为强酸;HNO_3 在水中为强酸,在冰醋酸中其酸的强度大大降低,为弱酸,而在纯 H_2SO_4 中则表现为碱。

酸碱质子理论扩大了酸碱范围,不局限于水溶液体系,把酸碱电离理论中弱酸弱碱的解离、酸碱中和、盐的水解统一为"质子传递反应",但局限于有 H 的体系,无 H 体系不适用,如 BF_3、$[AlF_6]^{3-}$、$[Fe(CN)_6]^{3-}$、$Ni(CO)_4$ 等。

3.6.3　酸碱电子理论

1923 年美国化学家路易斯(Lewis)提出了酸碱电子理论。该理论认为:凡是可以接受电子对的物质称为酸;凡是可以给出电子对的物质称为碱。因此,酸是电子对的接受体,碱是电子对的给予体。凡"缺电子"的离子或分子都是酸,如 Mn^{2+}、Fe^{2+}、Cu^{2+}、H^+、BF_3 等;凡可给出电子对的离子或分子都是碱,如 Cl^-、CN^-、NH_3、H_2O 等。酸碱反应的实质是形成配位键,生成酸碱配合物的过程。这种酸碱的定义涉及物质的微观结构,使酸碱理论与物质结构产生了有机的联系。

在酸碱电子理论中,一种物质究竟属于酸、碱,还是酸碱配合物,应该在具体的反应中确定。在反应中接受电子对的物质是酸,给出电子对的物质是碱,不能脱离反应环境去判断物质的酸碱归属。

根据酸碱电子理论,几乎所有的正离子都能起酸的作用,负离子都能起碱的作用,绝大多数的物质都能归为酸、碱或酸碱配合物。而且大多数反应都可以归为酸碱之间的反应或酸、碱与酸碱配合物之间的反应,可见这一理论较别的理论更为全面和广泛。也正是由于这一理论包罗万象,所以显得太笼统,酸碱的特征不明显。在确定酸碱的相对强弱方面,也没有统一的标度,因此,对酸碱的反应方向难以判断。1963 年美国化学家皮尔逊以路易斯酸碱为基础,把路易斯酸碱分为软、硬两大类。皮尔逊的软硬酸碱理论弥补了这种理论的缺陷。

三种酸碱理论各有长短,侧重的应用范围不同:酸碱电离理论应用于无机化学,尤其是水溶液体系的酸碱问题;酸碱质子理论应用于无机化学、分析化学中的水溶液体系和非水溶液体系;酸碱电子理论应用于配位化学、有机化学方面。

任务 3.7 沉淀-溶解平衡

在水中绝对不溶解的物质是没有的。不同的固体物质在水中的溶解度不同,按照溶解度的大小可把电解质划分成易溶电解质、微溶电解质和难溶电解质几大类(见表3-13)。

表 3-13 电解质的分类

电 解 质	溶解度 $s/[g \cdot (100\ g(H_2O))^{-1}]$
易溶电解质	$s \geqslant 0.1$
微溶电解质	$0.01 \leqslant s < 0.1$
难溶电解质	$s < 0.01$

难溶强电解质在水中的溶解度虽然很小,但溶解的部分是完全解离的,溶液中不存在未解离的强电解质分子。这里以化学平衡原理为基础,讨论难溶强电解质在水溶液中的沉淀-溶解平衡及其应用。

3.7.1 沉淀-溶解平衡、溶度积

难溶电解质固体放入水中后,在水分子的作用下,会有一定程度的溶解,溶解的部分完全解离,经过一段时间后溶液中的离子和固体间建立起平衡——沉淀-溶解平衡。如 AgCl 在水中存在以下平衡:

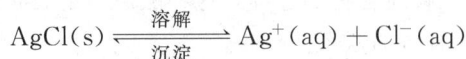

$$AgCl(s) \underset{沉淀}{\overset{溶解}{\rightleftharpoons}} Ag^+(aq) + Cl^-(aq)$$

平衡常数表达式为

$$K_{sp}^{\ominus}(AgCl) = [c(Ag^+)/c^{\ominus}][c(Cl^-)/c^{\ominus}] = c'(Ag^+)c'(Cl^-)$$

式中:$K_{sp}^{\ominus}$ 称为溶度积常数,简称溶度积,它反映了物质的溶解能力。

对于组成为 A_mB_n 的难溶强电解质,在水中的沉淀-溶解平衡为

$$A_mB_n(s) \rightleftharpoons mA^{n+}(aq) + nB^{m-}(aq)$$

其溶度积表达式为

$$
\begin{aligned}
K_{sp}^{\ominus}(A_mB_n) &= [c(A^{n+})/c^{\ominus}]^m[c(B^{m-})/c^{\ominus}]^n \\
&= [c'(A^{n+})]^m[c'(B^{m-})]^n
\end{aligned}
\tag{3-14}
$$

例如:

$$BaSO_4(s) \rightleftharpoons Ba^{2+}(aq) + SO_4^{2-}(aq); \quad K_{sp}^{\ominus}(BaSO_4) = c'(Ba^{2+})c'(SO_4^{2-})$$

$$Ag_2CrO_4(s) \rightleftharpoons 2Ag^+(aq) + CrO_4^{2-}(aq); \quad K_{sp}^{\ominus}(Ag_2CrO_4) = [c'(Ag^+)]^2c'(CrO_4^{2-})$$

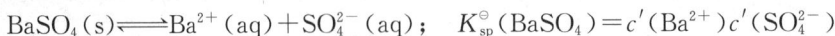

溶度积可用实验方法测定。由于受温度的影响不大,通常用常温下测得的数据。一些常见难溶化合物的溶度积见本书附录 F。

溶度积 $K_{sp}^{\ominus}$ 具有以下几点意义:

（1）难溶强电解质的溶度积 $K_{sp}^{\ominus}$ 等于其饱和溶液中各离子相对浓度（严格地说是活度）幂的乘积。显然，难溶强电解质的溶解度越大，溶液中的水合离子的浓度越大，$K_{sp}^{\ominus}$ 的数值越大。

（2）溶度积是反映难溶电解质在水中溶解能力大小的特征常数，是温度的函数。温度一定，$K_{sp}^{\ominus}$ 一定，且不随溶液中离子浓度的改变而变化。

（3）当以饱和溶液中难溶电解质物质的量浓度代表其溶解度时，$K_{sp}^{\ominus}$ 反映了同类型难溶电解质溶解度的大小，$K_{sp}^{\ominus}$ 越大，溶解度也越大，反之亦然。但对于不同类型的难溶电解质（如 Ag_2CrO_4 与 $AgCl$），由于其 $K_{sp}^{\ominus}$ 表达式中离子浓度的幂指数不同，不能直接用 $K_{sp}^{\ominus}$ 值比较其溶解度的大小，只能求出溶解度再进行比较。

3.7.2 溶解度与溶度积的相互换算

难溶电解质的溶度积和溶解度都能反映该难溶电解质的溶解能力。根据溶度积表达式，可以将溶度积和溶解度进行相互换算。假设难溶强电解质为 A_mB_n，在一定温度下其溶解度为 s，根据沉淀-溶解平衡：

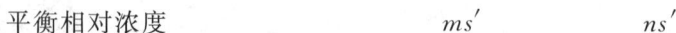

$$A_mB_n(s) \rightleftharpoons mA^{n+}(aq) + nB^{m-}(aq)$$

平衡相对浓度 $\qquad\qquad\qquad ms' \qquad\qquad ns'$

则
$$K_{sp}^{\ominus}(A_mB_n) = [c'(A^{n+})]^m [c'(B^{m-})]^n = (ms')^m(ns')^n = m^m n^n (s')^{m+n} \qquad (3-15)$$

$$s' = \sqrt[m+n]{K_{sp}^{\ominus}(A_mB_n)/(m^m n^n)} \qquad (3-16)$$

应注意的是：溶度积表达式中溶解度所采用的单位为 $mol \cdot L^{-1}$，而从手册上查到的溶解度常以 $g \cdot (100\ g(H_2O))^{-1}$ 表示，所以首先要将其换算为以 $mol \cdot L^{-1}$ 为单位。计算时考虑到难溶电解质饱和溶液中溶质的量很少，溶液很稀，溶液的密度近似等于纯水的密度（$1\ g \cdot cm^{-3}$），这样可使计算简化。

【例 3-13】 已知 25 ℃时，AgBr 的溶解度为 $1.33 \times 10^{-4}\ g \cdot L^{-1}$，求其 $K_{sp}^{\ominus}$。

解 $M(AgBr) = 187.77\ g \cdot mol^{-1}$，将其溶解度换算为物质的量浓度：

$$s = 1.33 \times 10^{-4}/187.77\ mol \cdot L^{-1} = 7.1 \times 10^{-7}\ mol \cdot L^{-1}$$

$$AgBr(s) \rightleftharpoons Ag^+(aq) + Br^-(aq)$$

平衡相对浓度 $\qquad\qquad\qquad s' \qquad\qquad s'$

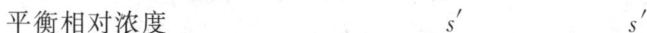

$$K_{sp}^{\ominus} = c'(Ag^+)c'(Br^-) = (s')^2 = (7.1 \times 10^{-7})^2 = 5.0 \times 10^{-13}$$

【例 3-14】 已知室温下，$Ag_2C_2O_4$ 的溶度积为 3.4×10^{-11}，求其溶解度。

解 设其溶解度为 $s\ mol \cdot L^{-1}$，则

$$Ag_2C_2O_4(s) \rightleftharpoons 2Ag^+(aq) + C_2O_4^{2-}(aq)$$

平衡相对浓度 $\qquad\qquad\qquad 2s' \qquad\qquad s'$

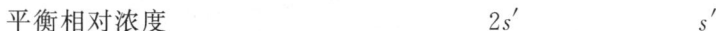

$$K_{sp}^{\ominus} = [c'(Ag^+)]^2 c'(C_2O_4^{2-}) = (2s')^2 s' = 4s'^3 = 3.4 \times 10^{-11}$$

$$s' = (K_{sp}^{\ominus}/4)^{1/3} = (3.4 \times 10^{-11}/4)^{1/3} = 2.04 \times 10^{-4}$$

故草酸银的溶解度为 $2.04 \times 10^{-4}\ mol \cdot L^{-1}$。

【例 3-15】 已知室温下，$Cu(OH)_2$ 的溶解度为 $1.77 \times 10^{-7}\ mol \cdot L^{-1}$，求其溶度积。

解
$$Cu(OH)_2(s) \Longrightarrow Cu^{2+}(aq) + 2OH^-(aq)$$
$$c(Cu^{2+}) = s = 1.77 \times 10^{-7} \ mol \cdot L^{-1}$$
$$c(OH^-) = 2s = 2 \times 1.77 \times 10^{-7} \ mol \cdot L^{-1}$$
$$K_{sp}^\ominus = c'(Cu^{2+})[c'(OH^-)]^2 = s'(2s')^2$$
$$= 1.77 \times 10^{-7} \times (2 \times 1.77 \times 10^{-7})^2 = 2.2 \times 10^{-20}$$

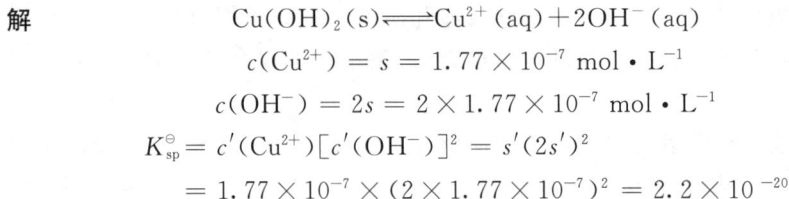

故氢氧化铜的溶度积为 2.2×10^{-20}。

将 AgCl、AgBr、$Ag_2C_2O_4$、$Cu(OH)_2$、CaF_2 的溶解度和溶度积列于表 3-14。其中，AgCl、AgBr 中正、负离子的个数比为 1:1，称为 AB 型难溶电解质。$Ag_2C_2O_4$ 和 $Cu(OH)_2$、CaF_2 中正、负离子个数比分别为 2:1 和 1:2，称为 A_2B 型和 AB_2 型难溶电解质，它们属于相同类型。

表 3-14　不同类型难溶电解质的溶解度与溶度积(298.15 K)

电解质类型	难溶物	溶解度 $s/(mol \cdot L^{-1})$		溶度积 $K_{sp}^\ominus$	
AB	AgCl	$s' = \sqrt{K_{sp}^\ominus}$	1.3×10^{-5}	$K_{sp}^\ominus = s'^2$	1.8×10^{-10}
	AgBr		7.1×10^{-7}		5.0×10^{-13}
A_2B	$Ag_2C_2O_4$		2.04×10^{-4}		3.4×10^{-11}
AB_2	$Cu(OH)_2$	$s' = \sqrt[3]{K_{sp}^\ominus/4}$	1.77×10^{-7}	$K_{sp}^\ominus = 4s'^3$	2.2×10^{-20}
	CaF_2		1.9×10^{-4}		2.7×10^{-11}

从表中数据看出，对于相同类型的难溶电解质，溶度积大的溶解度也大，因此，通过溶度积可以直接比较溶解度的大小；对于不同类型的电解质如 AgCl 与 $Ag_2C_2O_4$，前者溶度积大而溶解度反而小，因此不能通过溶度积直接比较其溶解度的大小。

值得注意的是，上述溶解度与溶度积之间的关系是有前提的，即所讨论的难溶电解质应符合以下两个条件：

(1) 难溶电解质溶于水的部分全部以简单的水合离子存在，在水中不存在未解离的分子或离子对，也不存在未解离完全的中间离子状态；

(2) 离子在水中不会发生任何化学反应，如水解、聚合、配位等反应。

实际上大多数难溶电解质并不完全符合这两个条件，有的溶于水的部分不是完全解离，如 $HgCl_2$ 在水中既存在水合 Hg^{2+} 和 Cl^-，也有未解离的 $HgCl_2$ 分子和未解离完全的 $[HgCl]^+$ 存在。有些离子如 Fe^{3+}、Cu^{2+}、CO_3^{2-}、PO_4^{3-}、S^{2-} 等，在水中易发生水解。这些都会使溶解度与溶度积的关系变得很复杂，甚至完全不适用。

为了简便起见，在一般情况下计算时对上述影响可不必考虑。

3.7.3　溶度积规则

存在于溶液中的正、负离子能否生成沉淀？沉淀在什么条件下又会发生溶解？可以根据难溶电解质沉淀-溶解平衡移动原理来判断。在难溶电解质 A_mB_n 溶液中，任何情况下离子浓度幂的乘积称为离子积,用符号 Q 表示。

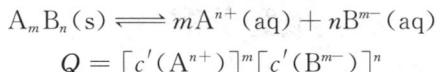

$$A_mB_n(s) \rightleftharpoons mA^{n+}(aq) + nB^{m-}(aq)$$

$$Q = [c'(A^{n+})]^m [c'(B^{m-})]^n$$

离子积 Q 的表达式和溶度积 $K_{sp}^{\ominus}$ 的表达式相同,但二者的概念是有区别的。$K_{sp}^{\ominus}$ 是难溶电解质达到沉淀-溶解平衡时,饱和溶液中离子浓度幂的乘积,对某一难溶电解质,在一定温度下,$K_{sp}^{\ominus}$ 为一常数;Q 表示任何情况下离子浓度幂的乘积,其数值不定。$K_{sp}^{\ominus}$ 是 Q 的一个特例。将 Q 和 $K_{sp}^{\ominus}$ 相比较有以下三种情况:

(1) $Q = K_{sp}^{\ominus}$,溶液为饱和状态,沉淀和溶解达到动态平衡。

(2) $Q > K_{sp}^{\ominus}$,溶液呈不稳定的过饱和状态,有沉淀生成,随着沉淀的生成,溶液中离子浓度下降,直到 $Q = K_{sp}^{\ominus}$,溶液呈饱和状态。

(3) $Q < K_{sp}^{\ominus}$,溶液处于不饱和状态,无沉淀析出,若溶液中有沉淀存在,则沉淀溶解,随着沉淀的溶解,溶液中离子浓度增大,直到 $Q = K_{sp}^{\ominus}$,溶液呈饱和状态;若溶液中无沉淀存在,两种离子可长期共存,其浓度可在一定范围内任意变化。

上述判断沉淀生成和溶解的原则称为溶度积规则。现以 $CaCO_3$ 的生成和溶解为例加以说明。在一定温度下,将一定量的 $CaCO_3$ 固体放入纯水中,经过一段时间达到沉淀-溶解平衡:

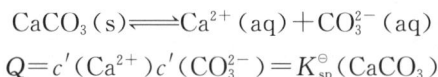

$$CaCO_3(s) \rightleftharpoons Ca^{2+}(aq) + CO_3^{2-}(aq)$$

$$Q = c'(Ca^{2+})c'(CO_3^{2-}) = K_{sp}^{\ominus}(CaCO_3)$$

在此 $CaCO_3$ 的饱和溶液中,$c(Ca^{2+}) = c(CO_3^{2-})$。若在此饱和溶液中加入 Ca^{2+} 或 CO_3^{2-},则 $Q = c'(Ca^{2+})c'(CO_3^{2-}) > K_{sp}^{\ominus}(CaCO_3)$,沉淀-溶解平衡向生成 $CaCO_3$ 的方向移动,故有 $CaCO_3$ 析出。与此同时,溶液中 Ca^{2+} 或 CO_3^{2-} 浓度不断减小,直至 $Q = c'(Ca^{2+})c'(CO_3^{2-}) = K_{sp}^{\ominus}(CaCO_3)$,沉淀不再析出,在新的条件下重新建立起平衡(注意此时 $c(Ca^{2+}) \neq c(CO_3^{2-})$):

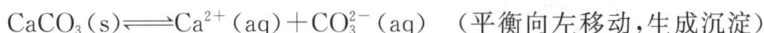

$$CaCO_3(s) \rightleftharpoons Ca^{2+}(aq) + CO_3^{2-}(aq) \quad (平衡向左移动,生成沉淀)$$

若在上述平衡系统中,设法降低 Ca^{2+} 或 CO_3^{2-} 的浓度,使 $Q = c'(Ca^{2+})c'(CO_3^{2-}) < K_{sp}^{\ominus}(CaCO_3)$,平衡将向 $CaCO_3$ 溶解的方向移动。若向平衡系统中加入稀盐酸,则

$$CO_3^{2-} + H^+ \rightleftharpoons HCO_3^-$$

$$HCO_3^- + H^+ \rightleftharpoons H_2CO_3 \rightleftharpoons CO_2 \uparrow + H_2O$$

从而降低了 CO_3^{2-} 的浓度,致使 $CaCO_3$ 溶解:

$$CaCO_3(s) \rightleftharpoons Ca^{2+}(aq) + CO_3^{2-}(aq) \quad (平衡向右移动,沉淀溶解)$$

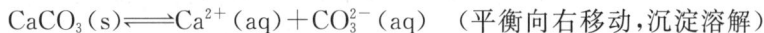

若加入的盐酸较少,沉淀仅部分溶解,直至 $Q = K_{sp}^{\ominus}$ 时,沉淀的溶解停止,并重新建立起平衡(此时 $c(Ca^{2+}) \neq c(CO_3^{2-})$);若加入的盐酸量足够多,沉淀可全部溶解。

必须注意,有时根据计算结果 $Q > K_{sp}^{\ominus}$,应有沉淀析出,但往往有过饱和现象,使沉淀难以生成或沉淀极少,肉眼观察不到沉淀。另外,有时加入过量的沉淀剂,由于生成配合物而不能生成沉淀。例如:

$$CuSO_4 + 4NH_3 \cdot H_2O = [Cu(NH_3)_4]SO_4 + 4H_2O$$

3.7.4 沉淀的生成和溶解

1. 沉淀的生成

根据溶度积规则,在难溶电解质溶液中生成沉淀的充要条件是:$Q > K_{sp}^{\ominus}$。

【例 3-16】 将等体积的浓度均为 $0.020\ mol \cdot L^{-1}$ 的 $CaCl_2$ 溶液与 Na_2CO_3 溶液混合后,是否有 $CaCO_3$ 沉淀生成?($K_{sp}^{\ominus}(CaCO_3) = 6.7 \times 10^{-9}$)

解 两种溶液刚混合时,体积增大一倍,各离子浓度减至原来的一半:

$$c(Ca^{2+}) = 0.020/2\ mol \cdot L^{-1} = 0.010\ mol \cdot L^{-1}$$
$$c(CO_3^{2-}) = 0.020/2\ mol \cdot L^{-1} = 0.010\ mol \cdot L^{-1}$$

则

$$Q = c'(Ca^{2+})c'(CO_3^{2-}) = 0.010^2 = 1.0 \times 10^{-4} > K_{sp}^{\ominus} = 6.7 \times 10^{-9}$$

故有 $CaCO_3$ 沉淀生成。

【例 3-17】 向 $0.50\ L\ 0.10\ mol \cdot L^{-1}$ 的氨水中加入等体积的 $0.50\ mol \cdot L^{-1}$ 的 $MgCl_2$ 溶液,问:(1)是否有 $Mg(OH)_2$ 沉淀生成?(2)欲使溶液中的 Mg^{2+} 不被沉淀,应至少加入多少固体 NH_4Cl(设加入固体 NH_4Cl 后溶液体积不变)?($K_{sp}^{\ominus}[Mg(OH)_2] = 1.8 \times 10^{-11}$,$K_b^{\ominus}(NH_3 \cdot H_2O) = 1.8 \times 10^{-5}$)

解 (1)刚混合时,有

$$c(Mg^{2+}) = 0.50/2\ mol \cdot L^{-1} = 0.25\ mol \cdot L^{-1}$$
$$c(NH_3 \cdot H_2O) = 0.10/2\ mol \cdot L^{-1} = 0.050\ mol \cdot L^{-1}$$

溶液中 OH^- 由 $NH_3 \cdot H_2O$ 解离产生:

$$c'(OH^-) = [K_b^{\ominus}(NH_3 \cdot H_2O) \cdot c_0'(NH_3 \cdot H_2O)]^{1/2}$$
$$= (1.8 \times 10^{-5} \times 0.050)^{1/2} = 9.5 \times 10^{-4}$$

$Mg(OH)_2$ 的沉淀-溶解平衡为

$$Mg(OH)_2(s) \rightleftharpoons Mg^{2+}(aq) + 2OH^-(aq)$$
$$Q = c'(Mg^{2+})[c'(OH^-)]^2$$
$$= 0.25 \times (9.5 \times 10^{-4})^2 = 2.3 \times 10^{-7}$$

$Q > K_{sp}^{\ominus}[Mg(OH)_2]$,所以有 $Mg(OH)_2$ 沉淀生成。

(2)在溶液中有两个平衡同时存在:

$$NH_3 \cdot H_2O(aq) \rightleftharpoons NH_4^+(aq) + OH^-(aq)$$
$$K_b^{\ominus}(NH_3 \cdot H_2O) = c'(NH_4^+)c'(OH^-)/c'(NH_3 \cdot H_2O) \tag{1}$$

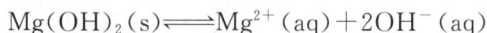

$$Mg(OH)_2(s) \rightleftharpoons Mg^{2+}(aq) + 2OH^-(aq)$$
$$K_{sp}^{\ominus}[Mg(OH)_2] = c'(Mg^{2+})[c'(OH^-)]^2 \tag{2}$$

若在溶液中加入 NH_4Cl,同离子效应使氨水解离度降低,从而降低 OH^- 的浓度,这样才有可能使 Mg^{2+} 不被沉淀,由式(2)知

$$c'(OH^-) \leqslant \sqrt{K_{sp}^{\ominus}[Mg(OH)_2]/c'(Mg^{2+})} = \sqrt{1.8 \times 10^{-11}/0.25} = 8.5 \times 10^{-6}$$

即

$$c(OH^-) \leqslant 8.5 \times 10^{-6}\ mol \cdot L^{-1}$$

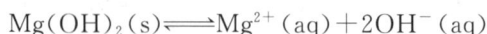

由式(1)得

$$c'(NH_4^+) = K_b^\ominus(NH_3 \cdot H_2O)c'(NH_3 \cdot H_2O)/c'(OH^-)$$
$$= 1.8 \times 10^{-5} \times 0.050/(8.5 \times 10^{-6}) = 0.11$$
$$c(NH_4^+) = 0.11 \text{ mol} \cdot L^{-1}$$

所以至少加入 NH_4Cl 的质量为

$$m = c(NH_4^+)VM(NH_4Cl) = 0.11 \times 1.0 \times 53.5 \text{ g} = 5.9 \text{ g}$$

要想不生成 $Mg(OH)_2$ 沉淀,至少需加入 5.9 g 固体 NH_4Cl。

2. 沉淀的完全程度

当用沉淀反应制备产品或分离杂质时,沉淀完全与否是人们最关心的问题。这里所谓的完全,并不是要使溶液中某种离子的浓度降至零。按照化学平衡观点,这实际上是达不到的。由于溶液中存在沉淀-溶解平衡,在一定温度下,$K_{sp}^\ominus$ 为一常数,故没有一种沉淀反应是绝对完全的,溶液中也就没有一种离子的浓度等于零。通常按定性要求,当残留离子浓度小于 1.0×10^{-5} mol $\cdot$ L^{-1} 时,即可认为该离子已沉淀完全。若按定量要求,离子的浓度必须小于 1.0×10^{-6} mol $\cdot$ L^{-1} 才算沉淀完全。

3. 同离子效应

当向难溶电解质溶液中加入与其具有相同离子的易溶强电解质时,平衡向生成沉淀的方向移动,导致难溶电解质溶解度降低的现象,称为沉淀-溶解平衡中的同离子效应。

【例 3-18】 向溶液中加入 Cl^- 作沉淀剂可除去 Ag^+,问:下列情况能否将 Ag^+ 完全除去? 已知 $K_{sp}^\ominus(AgCl) = 1.8 \times 10^{-10}$。

(1) 0.10 L 0.020 mol $\cdot$ L^{-1} $AgNO_3$ + 0.10 L 0.020 mol $\cdot$ L^{-1} $NaCl$;

(2) 0.10 L 0.020 mol $\cdot$ L^{-1} $AgNO_3$ + 0.10 L 0.040 mol $\cdot$ L^{-1} $NaCl$。

解 (1) 由于所加的两种离子的物质的量相等,混合后生成等物质的量的 AgCl 沉淀,溶液中 Ag^+ 浓度等于 AgCl 处于沉淀-溶解平衡时的浓度:

$$AgCl(s) \Longleftrightarrow Ag^+(aq) + Cl^-(aq)$$
$$K_{sp}^\ominus(AgCl) = c'(Ag^+)c'(Cl^-) = 1.8 \times 10^{-10}$$
$$c'(Ag^+) = [K_{sp}^\ominus(AgCl)]^{1/2} = (1.8 \times 10^{-10})^{1/2} = 1.3 \times 10^{-5}$$

因为 $c(Ag^+) = 1.3 \times 10^{-5}$ mol $\cdot$ $L^{-1} > 1.0 \times 10^{-5}$ mol $\cdot$ L^{-1},还没有沉淀完全。

(2) 因为 Cl^- 过量,计算反应后剩余的 Cl^- 浓度:

$$c(Cl^-) = (0.10 \times 0.040 - 0.10 \times 0.020)/0.20 \text{ mol} \cdot L^{-1} = 0.010 \text{ mol} \cdot L^{-1}$$

$$AgCl(s) \quad \Longleftrightarrow \quad Ag^+(aq) \quad + \quad Cl^-(aq)$$

平衡浓度/(mol $\cdot$ L^{-1}) $\qquad\qquad\qquad\qquad x \qquad\qquad 0.010+x$

由于 $\qquad\qquad\qquad\qquad\qquad 0.010+x \approx 0.010$

所以 $\qquad\qquad c'(Ag^+) = K_{sp}^\ominus/c'(Cl^-) = 1.8 \times 10^{-10}/0.010 = 1.8 \times 10^{-8}$

$$c(Ag^+) = 1.8 \times 10^{-8} \text{ mol} \cdot L^{-1} < 1.0 \times 10^{-5} \text{ mol} \cdot L^{-1}$$

所以可认为 Ag^+ 已沉淀完全。

同离子效应使难溶电解质的溶解度大为降低,当应用沉淀反应来分离混合溶液中的离子时,为了使某种离子沉淀完全,往往加入适当过量(一般过量 20%~50%)的沉淀剂。沉淀剂的量并非越多越好,有时若沉淀剂过量太多,生成的沉淀又会溶解掉,有的转化为可溶性的配离子,有的因盐效应使溶解度增大。

从溶液中分离出的沉淀物常常夹带各种杂质,要得到纯净的沉淀,必须对沉淀进行洗涤。若用蒸馏水洗涤,必定溶解损失掉一些,给测定结果造成较大误差。因此,常用与沉淀具有共同离子的电解质稀溶液洗涤沉淀。如洗涤 $BaSO_4$ 沉淀时可用很稀的 $(NH_4)_2SO_4$ 或很稀的 H_2SO_4 溶液,沉淀中残留的 $(NH_4)_2SO_4$ 或 H_2SO_4 经灼烧挥发除去。

4. 盐效应

在难溶电解质溶液中加入与其不具有相同离子的易溶强电解质时,使难溶电解质的溶解度增大的现象,称为盐效应。如在 AgCl 溶液中加入 $NaNO_3$ 后,AgCl 的溶解度比在纯水中的要大,并且随 $NaNO_3$ 浓度增大而增大。这是由于加入易溶强电解质后,溶液中的总离子浓度增大了,增强了离子间的静电作用,使得维持沉淀-溶解平衡的有效浓度降低,平衡向沉淀溶解的方向移动。当建立新的平衡时,难溶电解质的溶解度增大了。

盐效应和同离子效应对难溶电解质的沉淀-溶解平衡的影响恰好相反。在难溶电解质溶液中加入与其具有相同离子的易溶强电解质,在产生同离子效应的同时,也产生盐效应,一般来说,同离子效应的影响比盐效应大。但盐效应较明显时也须注意。如 $PbSO_4$ 在不同浓度 Na_2SO_4 溶液中的溶解度见表 3-15。

表 3-15　$PbSO_4$ 在不同浓度 Na_2SO_4 溶液中的溶解度

$c(Na_2SO_4)/(mol \cdot L^{-1})$	0.00	0.001	0.01	0.02	0.04	0.100	0.200
$s(PbSO_4)/(mmol \cdot L^{-1})$	0.15	0.024	0.016	0.014	0.013	0.016	0.023

由表可见,当 Na_2SO_4 的浓度小于 $0.04\ mol \cdot L^{-1}$ 时,同离子效应起主导作用;当 Na_2SO_4 的浓度大于 $0.04\ mol \cdot L^{-1}$ 时,盐效应起主导作用。一般来说,若难溶电解质的 $K_{sp}^{\ominus}$ 很小,盐效应的影响很小,可忽略不计;若难溶电解质的 $K_{sp}^{\ominus}$ 较大,溶液中各种离子的总浓度也较大,就要考虑盐效应的影响。

5. 沉淀的溶解

根据溶度积规则,沉淀溶解的必要条件是 $Q < K_{sp}^{\ominus}$。因此,创造一定的条件,降低难溶电解质饱和溶液中的有关离子的浓度,就可以使沉淀溶解。对于不同类型的沉淀,可以采用不同的方法来降低离子的浓度,常用的方法有以下几种。

(1) 转化成弱电解质或气体。加入适当的试剂,该试剂能与难溶电解质溶液中的某种离子结合生成水、弱酸、弱碱或气体,使体系中相应离子的浓度降低,从而使沉淀溶解。

例如,$Mg(OH)_2$ 能溶于盐酸及铵盐,反应如下:

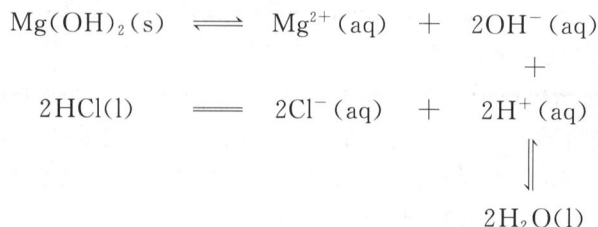

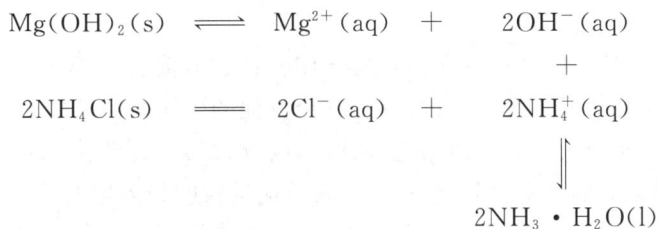

$$Mg(OH)_2(s) \rightleftharpoons Mg^{2+}(aq) + 2OH^-(aq)$$

$$+$$

$$2NH_4Cl(s) \rightleftharpoons 2Cl^-(aq) + 2NH_4^+(aq)$$

$$\Downarrow$$

$$2NH_3 \cdot H_2O(l)$$

由于 H^+、NH_4^+ 和 OH^- 结合生成弱电解质 H_2O 和 $NH_3 \cdot H_2O$，使得溶液中 $c(OH^-)$ 减小，因而 $c'(Mg^{2+})[c'(OH^-)]^2 < K_{sp}^{\ominus}[Mg(OH)_2]$，平衡向 $Mg(OH)_2$ 溶解的方向移动；若加入的酸或铵盐足够多，则沉淀将不断溶解，直到完全溶解为止。

同理，难溶的弱酸盐可溶解于较强的酸。例如，加入盐酸能使碳酸钙溶解，反应如下：

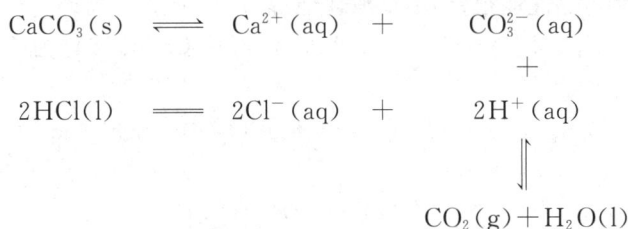

$$CaCO_3(s) \rightleftharpoons Ca^{2+}(aq) + CO_3^{2-}(aq)$$

$$+$$

$$2HCl(l) \rightleftharpoons 2Cl^-(aq) + 2H^+(aq)$$

$$\Downarrow$$

$$CO_2(g) + H_2O(l)$$

难溶电解质的 $K_{sp}^{\ominus}$ 越大，生成的弱电解质的 $K_a^{\ominus}$ 或 $K_b^{\ominus}$ 越小，则沉淀越容易溶解。$Fe(OH)_3$、$Al(OH)_3$ 不溶于铵盐但溶解于酸。因为加酸生成水，加铵盐生成氨水，水是比氨水更弱的电解质。CuS、FeS 都是弱酸盐，$K_{sp}^{\ominus}(CuS) < K_{sp}^{\ominus}(FeS)$，$FeS$ 溶于盐酸，而 CuS 不溶于盐酸。

（2）发生氧化还原反应。许多金属硫化物，如 ZnS、FeS 等都能溶于稀盐酸，因为释放出 H_2S，减小了 S^{2-} 浓度而溶解。但 $K_{sp}^{\ominus}$ 特别小的难溶电解质，如 CuS、Ag_2S 等，饱和溶液中的 S^{2-} 浓度特别小，即使浓盐酸也不能和微量的 S^{2-} 作用生成 H_2S 而使沉淀溶解，但可以加入氧化剂氧化微量的 S^{2-} 使之溶解。

$$3CuS(s) + 2NO_3^-(aq) + 8H^+(aq) = 3Cu^{2+}(aq) + 3S(s) + 2NO(g) + 4H_2O(l)$$

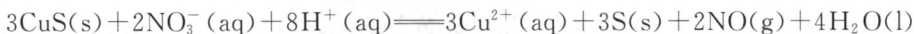

（3）生成难解离的配离子。当简单离子生成配离子后，由于配离子具有一定的稳定性，解离出来的简单离子的浓度远低于原来的浓度，从而达到 $Q < K_{sp}^{\ominus}$ 的目的。例如，$AgBr$ 不溶于水，也不溶于强酸和强碱，但能溶于 $Na_2S_2O_3$ 溶液，就是由于 Ag^+ 与 $S_2O_3^{2-}$ 结合，生成了稳定的 $[Ag(S_2O_3)_2]^{3-}$ 配离子，从而大大降低了 Ag^+ 的浓度，使 $c'(Ag^+)c'(Br^-) < K_{sp}^{\ominus}(AgBr)$，$AgBr$ 沉淀溶解。其反应如下：

$$AgBr(s) + 2S_2O_3^{2-}(aq) \rightleftharpoons [Ag(S_2O_3)_2]^{3-}(aq) + Br^-(aq)$$

该反应广泛应用于照相技术中。

对于银的难溶盐和配合物，根据其溶度积和稳定常数的不同，存在以下转化顺序：

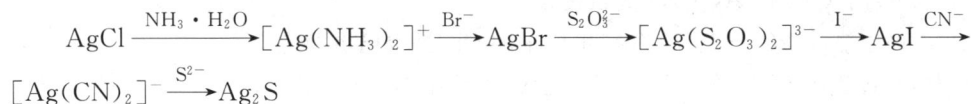

$$AgCl \xrightarrow{NH_3 \cdot H_2O} [Ag(NH_3)_2]^+ \xrightarrow{Br^-} AgBr \xrightarrow{S_2O_3^{2-}} [Ag(S_2O_3)_2]^{3-} \xrightarrow{I^-} AgI \xrightarrow{CN^-}$$

$$[Ag(CN)_2]^- \xrightarrow{S^{2-}} Ag_2S$$

3.7.5 沉淀的转化

向盛有白色 $PbSO_4$ 沉淀的溶液中加入 K_2CrO_4 溶液并搅拌，白色的 $PbSO_4$ 沉淀将转

化为黄色的 $PbCrO_4$ 沉淀:

$$PbSO_4(s,白色) + CrO_4^{2-}(aq) \Longrightarrow PbCrO_4(s,黄色) + SO_4^{2-}(aq)$$

这种由一种沉淀转化为另一种沉淀的过程,称为沉淀的转化。沉淀转化的程度取决于这两种沉淀溶解度的相对大小。一般来说,从溶解度较大的沉淀转化为溶解度较小的沉淀较容易进行,两种沉淀的溶解度相差越大,转化反应进行的趋势越大;反之,将溶解度较小的沉淀转化为溶解度较大的沉淀并非不可能,但要困难得多。两种沉淀的溶解度相差越大,转化反应进行的趋势越小;当两种沉淀的溶解度相差不大时,两种沉淀可以相互转化,转化反应能否进行完全,与所用转化溶液的浓度有关。

有的地区水质永久硬度较高,锅炉中会形成主要成分是 $CaSO_4$ 的水垢,此水垢不溶于酸,不易除去。水垢传热性能很差,不仅消耗能源,还可能造成局部过热,引起锅炉爆炸,因此必须及时清除水垢。用 Na_2CO_3 溶液处理后,可使 $CaSO_4$ 转化为疏松的可溶于酸的 $CaCO_3$,就易于除去水垢了。

$$CaSO_4(s) + CO_3^{2-}(aq) \Longrightarrow CaCO_3(s) + SO_4^{2-}(aq)$$

反应的平衡常数为

$$K^{\ominus} = \frac{c'(SO_4^{2-})}{c'(CO_3^{2-})} = \frac{K_{sp}^{\ominus}(CaSO_4)}{K_{sp}^{\ominus}(CaCO_3)}$$

该转化反应的平衡常数较大,反应容易进行。

3.7.6 分步沉淀

溶液中常常有几种离子存在,当向溶液中加入某种沉淀剂时,几种离子都可能生成沉淀。这些沉淀可能先后生成,也可能同时生成。例如,向含有浓度相同的 Cl^- 和 I^- 的溶液中逐滴加入 $AgNO_3$ 溶液时,由于 $K_{sp}^{\ominus}(AgI) < K_{sp}^{\ominus}(AgCl)$,根据溶度积规则,加入的 Ag^+ 将首先满足生成 AgI 沉淀的条件,先生成黄色的 AgI 沉淀。随着 AgI 沉淀的生成,溶液中 $c(I^-)$ 不断下降,而 $c(Ag^+)$ 逐渐增大,最后 $c(Ag^+)$ 达到生成 $AgCl$ 沉淀的条件,开始生成白色的 $AgCl$ 沉淀。这种将沉淀剂逐滴加入含有多种离子的溶液中,不同沉淀先后生成的现象称为分步沉淀。

【例 3-19】 工业上常用莫尔法分析水中的 Cl^- 含量。此法是用 $AgNO_3$ 溶液作滴定剂,用 K_2CrO_4 溶液作指示剂。当在水样中逐滴加入 $AgNO_3$ 溶液时,有白色 $AgCl$ 沉淀生成。继续滴加 $AgNO_3$ 溶液,当开始出现砖红色的 Ag_2CrO_4 沉淀时,即为滴定的终点。假定开始时水样中,$c(Cl^-) = 7.1 \times 10^{-3}$ mol·L^{-1},$c(CrO_4^{2-}) = 5.0 \times 10^{-3}$ mol·L^{-1}。

(1) 试解释:$AgCl$ 比 Ag_2CrO_4 先沉淀。

(2) 计算当 Ag_2CrO_4 开始沉淀时,水样中的 Cl^- 是否已沉淀完全。

解 (1) 欲使 $AgCl$ 或 Ag_2CrO_4 沉淀生成,溶液中 $Q > K_{sp}^{\ominus}$,由 $AgCl$ 或 Ag_2CrO_4 沉淀-溶解平衡可算出生成两种沉淀所需要 Ag^+ 的最低浓度。设其最低浓度分别为 $c_1'(Ag^+)$ 和 $c_2'(Ag^+)$。

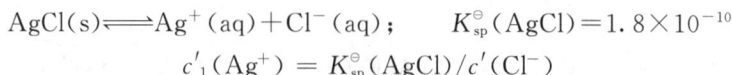

$$AgCl(s) \Longrightarrow Ag^+(aq) + Cl^-(aq); \qquad K_{sp}^{\ominus}(AgCl) = 1.8 \times 10^{-10}$$

$$c_1'(Ag^+) = K_{sp}^{\ominus}(AgCl)/c'(Cl^-)$$

$$= 1.8 \times 10^{-10} / (7.1 \times 10^{-3})$$
$$= 2.5 \times 10^{-8}$$
$$c_1(Ag^+) = 2.5 \times 10^{-8} \text{ mol} \cdot L^{-1}$$
$$Ag_2CrO_4(s) \rightleftharpoons 2Ag^+(aq) + CrO_4^{2-}(aq); \qquad K_{sp}^{\ominus}(Ag_2CrO_4) = 1.1 \times 10^{-12}$$
$$c'_2(Ag^+) = [K_{sp}^{\ominus}(Ag_2CrO_4)/c'(CrO_4^{2-})]^{1/2}$$
$$= [1.1 \times 10^{-12} / (5.0 \times 10^{-3})]^{1/2}$$
$$= 1.5 \times 10^{-5}$$
$$c_2(Ag^+) = 1.5 \times 10^{-5} \text{ mol} \cdot L^{-1}$$

由计算可知，$c_1(Ag^+) < c_2(Ag^+)$，即开始生成 AgCl 沉淀所需要的 $c_1(Ag^+)$ 小于开始生成 Ag_2CrO_4 沉淀所需要的 $c_2(Ag^+)$，故 AgCl 比 Ag_2CrO_4 先沉淀。

（2）当 Ag_2CrO_4 刚开始出现沉淀时，Cl^- 浓度为
$$c'(Cl^-) = K_{sp}^{\ominus}(AgCl)/c'(Ag^+)$$
$$= 1.8 \times 10^{-10} / (1.5 \times 10^{-5}) = 1.2 \times 10^{-5}$$

此时 Cl^- 浓度已接近 10^{-5} mol $\cdot L^{-1}$，可近似认为已沉淀完全。

【例 3-20】　已知某溶液中含有 0.10 mol $\cdot L^{-1}$ 的 Ni^{2+} 和 0.10 mol $\cdot L^{-1}$ 的 Fe^{3+}，试问：能否通过控制 pH 的方法达到分离二者的目的？（$K_{sp}^{\ominus}[Ni(OH)_2] = 2.0 \times 10^{-15}$，$K_{sp}^{\ominus}[Fe(OH)_3] = 4.0 \times 10^{-38}$）

解　先求生成 $Ni(OH)_2$ 沉淀所需的最低 OH^- 浓度和溶液的 pH：
$$c'_1(OH^-) = [K_{sp}^{\ominus}(Ni(OH)_2)/c'(Ni^{2+})]^{1/2}$$
$$= (2.0 \times 10^{-15}/0.10)^{1/2} = 1.4 \times 10^{-7}$$
$$pH = 14.00 - [-\lg(1.4 \times 10^{-7})]$$
$$= 14.00 - 6.85 = 7.15$$

再求生成 $Fe(OH)_3$ 沉淀所需的最低 OH^- 浓度和溶液的 pH：
$$c'_2(OH^-) = [K_{sp}^{\ominus}(Fe(OH)_3)/c'(Fe^{3+})]^{1/3}$$
$$= (4.0 \times 10^{-38}/0.10)^{1/3} = 7.4 \times 10^{-13}$$
$$pH = 14.00 - [-\lg(7.4 \times 10^{-13})]$$
$$= 14.00 - 12.13 = 1.87$$

因为生成 $Fe(OH)_3$ 所需要的 OH^- 浓度低，所以 $Fe(OH)_3$ 先沉淀。当 Fe^{3+} 沉淀完全时的 OH^- 浓度和溶液的 pH：
$$c'_3(OH^-) = [K_{sp}^{\ominus}(Fe(OH)_3)/c'(Fe^{3+})]^{1/3}$$
$$= [4.0 \times 10^{-38} / (1.0 \times 10^{-5})]^{1/3}$$
$$= 1.6 \times 10^{-11}$$
$$pH = 14.00 - [-\lg(1.6 \times 10^{-11})]$$
$$= 14.00 - 10.80 = 3.20$$

从中可以看出：当 pH > 1.87 时，Fe^{3+} 开始生成 $Fe(OH)_3$ 沉淀，当 pH = 3.20 时，Ni^{2+} 还没有开始沉淀，Fe^{3+} 已经沉淀完全了。只要控制 pH 在 1.87～3.20 就能使二者分离。

目标检测题 3

一、单项选择题(将正确答案的标号填入括号内)

3.1 某弱碱的 $K_b^\ominus = 1.0 \times 10^{-9}$，则其 0.1 mol·L^{-1} 水溶液的 pH 为（　　）。

A. 3.0 　　　　 B. 5.0 　　　　 C. 9.0 　　　　 D. 11.0

3.2 往 0.1 mol·L^{-1}HAc 溶液中，加入一些 NaAc 晶体，会使 HAc 的（　　）。

A. $K_a^\ominus$(解离常数)增大 　　　　 B. $K_a^\ominus$ 减小

C. α(解离度)增大 　　　　 D. α 减小

3.3 某缓冲溶液含有等浓度的 HA 和 A$^-$，若 A$^-$ 的 $K_b^\ominus = 1.0 \times 10^{-10}$，则该缓冲溶液的 pH 为（　　）。

A. 10.0 　　　　 B. 4.0 　　　　 C. 7.0 　　　　 D. 14.0

3.4 已知 Mg(OH)$_2$ 的 $K_{sp}^\ominus = 5.6 \times 10^{-12}$，则其饱和溶液的 pH 为（　　）。

A. 3.65 　　　　 B. 3.95 　　　　 C. 10.05 　　　　 D. 10.35

3.5 下列物质中是弱电解质的是（　　）。

A. NaAc 　　　　 B. NH$_4$Cl 　　　　 C. HNO$_3$ 　　　　 D. H$_2$S

3.6 下列物质的水溶液不呈中性的是（　　）。

A. NaCl 　　　　 B. NaNO$_3$ 　　　　 C. NaAc 　　　　 D. NH$_4$Ac

3.7 下列反应的离子方程式可以用 H$^+$ + OH$^-$ ⟶ H$_2$O 表示的是（　　）。

A. NaOH 和 HAc 　　　　 B. KOH 和 HNO$_3$

C. Ba(OH)$_2$ 和 H$_2$SO$_4$ 　　　　 D. NH$_3$·H$_2$O 和 HAc

3.8 在 0.1 mol·L^{-1}NH$_3$·H$_2$O 溶液中加入等体积的 0.1 mol·L^{-1} 下列溶液后，pH 最大的是（　　）。

A. H$_2$SO$_4$ 　　　　 B. HCl 　　　　 C. HNO$_3$ 　　　　 D. HAc

3.9 在 H$_2$CO$_3$ ⟶ H$^+$ + HCO$_3^-$ 平衡体系中，能使解离平衡向左移动的条件是（　　）。

A. 加 NaOH 　　　　 B. 加盐酸 　　　　 C. 加水 　　　　 D. 升高温度

3.10 FeCl$_3$ + 3H$_2$O ⟶ Fe(OH)$_3$ + 3HCl(吸热)，为了抑制氯化铁水解，可采取的措施是（　　）。

A. 升高温度 　　　 B. 大量加水 　　　 C. 加少量 NaOH 　　 D. 加少量盐酸

3.11 已知 Ca$_3$(PO$_4$)$_2$ 饱和溶液中，$c'(Ca^{2+}) = 2.0 \times 10^{-6}$，$c'(PO_4^{3-}) = 1.58 \times 10^{-6}$，则其 $K_{sp}^\ominus$ 为（　　）。

A. 2.0×10^{-29} 　 B. 3.2×10^{-12} 　 C. 6.3×10^{-18} 　 D. 5.1×10^{-27}

3.12 已知 $K_b^\ominus(NH_3·H_2O) = 1.8 \times 10^{-5}$，则其共轭酸 NH$_4^+$ 的 $K_a^\ominus$ 为（　　）。

A. 1.8×10^{-9} 　 B. 1.8×10^{-10} 　 C. 5.6×10^{-10} 　 D. 5.6×10^{-5}

3.13 某二元弱酸 H$_2$A 的 $K_{a1}^\ominus = 6 \times 10^{-8}$，$K_{a2}^\ominus = 8 \times 10^{-14}$，若其浓度为 0.05 mol·L^{-1}，则溶液中 A^{2-} 的浓度约为（　　）mol·L^{-1}。

A. 6×10^{-8} 　　 B. 8×10^{-14} 　　 C. 3×10^{-8} 　　 D. 4×10^{-14}

3.14 AgCl 和 Ag$_2$CrO$_4$ 的溶度积 $K_{sp}^{\ominus}$ 分别为 1.8×10^{-10} 和 1.1×10^{-12}，下列叙述正确的是(　　)。

A. AgCl 和 Ag$_2$CrO$_4$ 的溶解度相等

B. AgCl 的溶解度大于 Ag$_2$CrO$_4$ 的溶解度

C. AgCl 的溶解度小于 Ag$_2$CrO$_4$ 的溶解度

D. 无法比较

3.15 Mg(OH)$_2$ 沉淀在 0.10 mol·L^{-1} 的下列溶液中溶解度最大是(　　)。

A. NaCl 　　　　 B. HAc 　　　　　　 C. NH$_3$·H$_2$O 　　 D. MgCl$_2$

二、多项选择题（将正确答案标号填入括号内）

3.16 下列物质中是强电解质的是(　　)。

A. NaAc 　　 B. NH$_4$Cl 　　 C. KNO$_3$ 　　 D. H$_2$S 　　 E. NaOH

3.17 据酸碱质子理论，下列物质中是两性物质的是(　　)。

A. HPO$_4^{2-}$ 　　 B. NH$_3$ 　　 C. H$_2$O 　　 D. HS$^-$ 　　 E. NH$_4^+$

3.18 将 0.1 mol·L^{-1} 的下列溶液加水稀释一倍，pH 变化大的是(　　)。

A. NH$_3$·H$_2$O 　 B. NaOH 　 C. NaHCO$_3$ 　 D. HAc 　 E. HCl

3.19 CaCO$_3$ 在相同浓度的下列溶液中溶解增大的是(　　)。

A. KNO$_3$ 　　 B. Na$_2$CO$_3$ 　　 C. NaCl 　　 D. CaCl$_2$ 　　 E. NH$_4$Cl

3.20 下列属于共轭酸碱对的是(　　)。

A. NH$_3$-NH$_2^-$ 　 B. H$_2$S-HS$^-$ 　 C. H$_2$S-S^{2-} 　 D. H$_2$O-OH$^-$ 　 E. NH$_4^+$-NH$_3$

三、是非题（对的在括号内填"√"，错的在括号内填"×"）

3.21 在含有几种离子的溶液中，加入一种沉淀剂时，通常是溶度积小的先沉淀。

(　　)

3.22 对于难溶电解质，溶度积小的其溶解度一定也较小。 (　　)

3.23 沉淀是否完全的标志是被沉淀离子是否达到规定的某种限度，并不是被沉淀离子在溶液中就不存在。 (　　)

3.24 pH＝2 与 pH＝4 的两种电解质溶液等体积混合后，其 pH＝3。 (　　)

3.25 H$_2$S 溶液中 $c(H^+) = 2c(S^{2-})$。 (　　)

3.26 弱酸的解离常数越大，则酸越强，其水溶液的 $c(H^+)$ 也就越大。 (　　)

3.27 在一定温度下，改变溶液的 pH，水的离子积不变。 (　　)

3.28 将氨水的浓度用蒸馏水稀释一倍，则溶液中 $c(OH^-)$ 减少到原来的一半。

(　　)

3.29 AgCl 在 1.0 mol·L^{-1} NaCl 溶液中的溶解度比在纯水中要略大些。 (　　)

3.30 同离子效应可使难溶强电解质的溶解度大大降低。 (　　)

四、按要求完成以下各题

3.31 （1）写出下列质子酸的共轭碱：

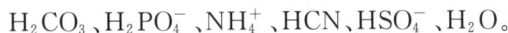

$$H_2CO_3、H_2PO_4^-、NH_4^+、HCN、HSO_4^-、H_2O。$$

（2）写出下列质子碱的共轭酸：

$$Ac^-、HPO_4^{2-}、S^{2-}、OH^-、Cl^-、H_2O。$$

3.32 写出难溶电解质 $PbCl_2$、$AgBr$、$Ba_3(PO_4)_2$、Ag_2S 的溶度积表达式。

3.33 试述在含 $AgCl$ 固体的饱和溶液中,分别加入下列物质,对 $AgCl$ 的溶解度有什么影响,并解释之。

(1) 盐酸；(2) $AgNO_3$；(3) KNO_3；(4) 氨水。

五、计算题

3.34 某一元弱碱 MOH 的相对分子质量为 125,在 298.15 K 时取 0.500 g 溶于 50.0 mL 水中,测得溶液的 pH＝11.30,试计算 MOH 的 $K_b^{\ominus}$ 值。

3.35 计算下列混合溶液的 pH。

(1) 20 mL 0.10 $mol \cdot L^{-1}$ 盐酸加 20 mL 0.10 $mol \cdot L^{-1} NH_3 \cdot H_2O$ 溶液；

(2) 20 mL 0.10 $mol \cdot L^{-1} HAc$ 溶液加 20 mL 0.10 $mol \cdot L^{-1} NaOH$ 溶液；

(3) 250 mL 0.200 $mol \cdot L^{-1} NH_4Cl$ 溶液加 500 mL 0.200 $mol \cdot L^{-1} NaOH$ 溶液；

(4) 500 mL 0.200 $mol \cdot L^{-1} NH_4Cl$ 溶液加 500 mL 0.200 $mol \cdot L^{-1} NaOH$ 溶液；

(5) 500 mL 0.200 $mol \cdot L^{-1} NH_4Cl$ 溶液加 250 mL 0.200 $mol \cdot L^{-1} NaOH$ 溶液。

3.36 配制 pH＝5.00 的缓冲溶液,需称取多少克结晶醋酸钠($NaAc \cdot 3H_2O$,摩尔质量为 136 $g \cdot mol^{-1}$)溶于 300 mL 0.50 $mol \cdot L^{-1} HAc$ 中(忽略体积变化)?

3.37 维持人体血液、细胞液 pH 的稳定,$H_2PO_4^- - HPO_4^{2-}$ 缓冲体系起了重要作用。(1)为什么该缓冲体系能起到缓冲作用?(2)溶液的缓冲范围是多少?(3)当 $c(H_2PO_4^-)$＝0.050 $mol \cdot L^{-1}$,$c(HPO_4^{2-})$＝0.15 $mol \cdot L^{-1}$ 时,缓冲溶液的 pH 是多少?

3.38 通过计算说明下列情况有无沉淀生成。

(1) 2 mL 0.010 $mol \cdot L^{-1} SrCl_2$ 溶液和 3 mL 0.10 $mol \cdot L^{-1} K_2SO_4$ 溶液混合；

(2) 0.05 mL 0.001 $mol \cdot L^{-1} AgNO_3$ 溶液与 0.1 mL 0.0006 $mol \cdot L^{-1} K_2CrO_4$ 溶液混合。

3.39 在 Cl^- 和 CrO_4^{2-} 浓度都是 0.100 $mol \cdot L^{-1}$ 的混合溶液中逐滴加入 $AgNO_3$ 溶液(忽略体积改变)时,$AgCl$ 和 Ag_2CrO_4 哪一种先沉淀? 当 Ag_2CrO_4 开始沉淀时,溶液中 Cl^- 浓度是多少?

3.40 某溶液中含有 0.10 $mol \cdot L^{-1} Ba^{2+}$ 和 0.10 $mol \cdot L^{-1} Ag^+$,在滴加 Na_2SO_4 溶液(忽略体积变化)时,哪种离子首先沉淀出来? 当第二种沉淀析出时,第一种沉淀的离子是否沉淀完全? 两种离子有无可能用沉淀法分离?

项目 4

氧化还原反应与原电池

氧化还原反应是一类极其重要的化学反应。实验室制取氧气的反应,工业上生产硝酸过程中涉及的几个反应,燃烧煤炭、石油、天然气获取能量的反应,许多有机物的合成等都属于氧化还原反应。可以说,凡是涉及化学的工矿企业,人们衣食住行所需各种物质资料的生产,生物有机体的产生、发展和消亡,大多与氧化还原反应有关。

任务 4.1　氧化还原反应的基本概念

4.1.1　氧化数

1. 中学化合价知识回顾

一种元素一定数目的原子跟其他元素一定数目的原子化合的性质,称为这种元素的化合价。化合价有正、负之分。在离子化合物中,元素化合价的数值就是这种元素的一个原子得失电子的数目。失去电子的原子带正电,这种元素的化合价为正;得到电子的原子带负电,这种元素的化合价为负。对于共价化合物,元素化合价的数值就是这种元素的一个原子跟其他元素的原子形成的共用电子对的数目。化合价的正负由电子对的偏移来决定。电子对偏向哪种原子,哪种元素的化合价就为负;电子对偏离哪种原子,哪种元素的化合价就为正。

不论离子化合物还是共价化合物,正、负化合价的代数和等于零。元素的化合价是元素的原子在形成化合物时所表现出来的一种性质,因此在单质分子中,元素的化合价为零。

2. 氧化数

(1)氧化数的概念与确定规则。

氧化数又称氧化值,它是以化合价学说和元素电负性概念为基础发展起来的一个化学概念,在一定程度上标志着元素在化合物中的化合状态。

1970 年,IUPAC 对氧化数的定义为:氧化数是某元素一个原子的电荷数,该电荷数由假设把每个键中的电子指定给(所连接的两原子中)电负性较大的一个原子而求得。可见,氧化数是一个有一定人为性、经验性的概念,它是按一定规则指定了的数字,用来表征元素在化合状态时的形式电荷数。

确定元素氧化数有以下一些规则:

① 单质中,元素的氧化数为零。

② 在简单(单原子)离子中,元素的氧化数等于该离子所带的电荷数。

③ 中性分子中,各元素氧化数的代数和为零。

④ 在复杂(多原子)离子中,各元素氧化数的代数和等于离子的总电荷数。

⑤ 对几种常见元素氧化数有如下规定。

a. 氢在化合物中的氧化数一般为 $+1$,只有在活泼金属氢化物(如 NaH、CaH_2)中,氢的氧化数为 -1。

b. 氧在化合物中的氧化数一般为 -2,例外的有:在过氧化物(H_2O_2、Na_2O_2)中氧的氧化数是 -1,在超氧化物(KO_2)中氧的氧化数为 $-1/2$,在臭氧化物(KO_3)中氧的氧化数是 $-1/3$,在氟化氧如 O_2F_2、OF_2 中,氧的氧化数分别是 $+1$、$+2$。

c. 氟在其所有化合物中氧化数都为 -1;其他卤素,除了与电负性更大的卤素结合(ClF、ICl_3)时或与氧结合时具有正的氧化数外,氧化数都为 -1。

d. 碱金属在其所有化合物中氧化数都为 $+1$,碱土金属在其所有化合物中氧化数都为 $+2$。

(2) 氧化数和化合价的区别与联系。

① 氧化数是某元素一个原子的电荷数,该电荷数由假设把每一个化学键中的电子指定给电负性更大的原子而求得;化合价是一种元素一定数目的原子跟其他元素一定数目的原子化合的性质,也就是不同元素形成化合物时,原子数目间的比例关系。

② 氧化数是按一定规则指定的形式电荷数或者表观电荷数,所以可以是正数、负数、零,也可以是分数或小数,如 Fe_3O_4 中 Fe 的氧化数为 $+8/3$,$Na_2S_4O_6$ 中 S 的平均氧化数为 $+2.5$。而化合价是指元素在化合态时原子的个数比,只能是整数。

③ 在共价化合物中,氧化数和化合价二者常不一致。如在 CH_4、CH_3Cl、$CHCl_3$ 和 CCl_4 中,碳的化合价(共价数)为 4,而氧化数分别为 -4、-2、$+2$ 和 $+4$。

④ 一般来说,元素的最高化合价等于其所在的族数,而元素的氧化数可以高于其所在族数。

对于某种化合物或单质,只要按照上述规则就可确定其中元素的氧化数,不必考虑分子的结构和键的类型。对于氧化还原反应,用氧化数比用化合价方便得多。现在氧化数已成为化学中的一个基本概念,用来定义与氧化还原反应有关的概念和配平氧化还原反应方程式。我国现行中学化学课本中所定义的化合价实际上指的是氧化数。

3. 氧化还原反应、自氧化还原反应及歧化反应

根据元素的氧化数在反应前后是否发生改变,可以将化学反应分为两大类:一类是在反应前后所有元素的氧化数都不发生改变,如复分解反应、酸碱反应、沉淀反应、配位反应等,称为非氧化还原反应;另一类是在反应前后有的元素氧化数发生了改变,或者说,凡是有元素氧化数升降的化学反应,称为氧化还原反应。

根据氧化还原反应的定义,在氧化还原反应中,所含元素氧化数升高的物质被氧化,是还原剂;所含元素氧化数降低的物质被还原,是氧化剂。可见,在一个氧化还原反应中,如果有元素的氧化数升高(被氧化),则必定有元素的氧化数降低(被还原)。如果氧化数的升高和降低发生在同一化合物不同元素上,这种氧化还原反应称为自氧化还原反应,如:

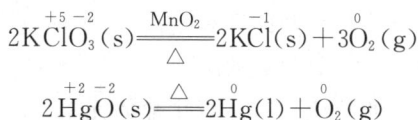

$$2K\overset{+5}{Cl}\overset{-2}{O_3}(s)\xrightarrow[\triangle]{MnO_2}2K\overset{-1}{Cl}(s)+3\overset{0}{O_2}(g)$$

$$2\overset{+2}{Hg}\overset{-2}{O}(s)\xrightarrow{\triangle}2\overset{0}{Hg}(l)+\overset{0}{O_2}(g)$$

同一物质既是氧化剂,又是还原剂,但氧化、还原发生在不同元素的原子上。

如果氧化数的升高和降低发生在同一物质同一元素的不同原子上,这种氧化还原反应称为歧化反应,如:

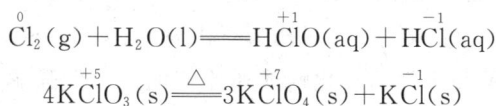

$$\overset{0}{Cl_2}(g)+H_2O(l)=\!=\!=H\overset{+1}{Cl}O(aq)+H\overset{-1}{Cl}(aq)$$

$$4K\overset{+5}{Cl}O_3(s)\xrightarrow{\triangle}3K\overset{+7}{Cl}O_4(s)+K\overset{-1}{Cl}(s)$$

同一物质同一元素的原子,有的氧化数升高被氧化,有的氧化数降低被还原。歧化反应是自氧化还原反应的一种特殊类型,其逆反应称为逆歧化反应或归中反应。

4.1.2 氧化还原电对

任何一个氧化还原反应可拆分为两部分,即氧化反应和还原反应,这两部分为两个半反应。如:$2Fe^{3+}+Sn^{2+}=\!=\!=2Fe^{2+}+Sn^{4+}$ 可拆分为两个半反应:

$$Sn^{2+}-2e^-=\!=\!=Sn^{4+}, \quad 2Fe^{3+}+2e^-=\!=\!=2Fe^{2+}$$

半反应中包含同一种元素两种不同氧化态(指某元素以一定氧化数存在的形式)的物质,氧化数较大的为氧化型物质,氧化数较小的为还原型物质。

半反应通式为 氧化型$+ne^-\Longrightarrow$还原型

或 $Ox+ne^-\Longrightarrow Red$

半反应中同一种元素两种不同氧化态的物质可构成一个氧化还原电对,简称电对,用"氧化型/还原型"或"Ox/Red"表示。

常见的氧化还原电对有以下几种。

(1)金属及其离子:Cu^{2+}/Cu、Zn^{2+}/Zn 等。

(2)同种金属两种不同价态的离子:Fe^{3+}/Fe^{2+}、Sn^{4+}/Sn^{2+}、MnO_4^-/Mn^{2+} 等。

(3)非金属及其离子:Cl_2/Cl^-、H^+/H_2 等。

(4)不同价态非金属形成的离子:NO_3^-/NO_2^- 等。

由于氧化半反应与还原半反应相加即为氧化还原反应,因此氧化还原反应一般可写成

氧化型(Ⅰ)+还原型(Ⅱ)=\!=\!=还原型(Ⅰ)+氧化型(Ⅱ)

式中的Ⅰ和Ⅱ分别表示其所对应的两种物质构成的不同电对,氧化反应和还原反应总是同时发生,相辅相成。

4.1.3 常见的氧化剂和还原剂

氧化还原反应的本质是电子的得失(或电子对偏移),元素氧化数的变化是电子得失(或电子对偏移)的结果。失去电子的物质为还原剂,还原剂具有还原性,它在反应中因失去电子而被氧化,必然伴有元素氧化数的升高;得到电子的物质为氧化剂,它在反应中因获得电子而被还原,必然伴有元素氧化数的降低。

一般来说,作为氧化剂的物质应含有高氧化数的元素,如 $KMnO_4$ 中的 Mn 的氧化数为 $+7$,处于 Mn 元素最高氧化数;作为还原剂的物质应含有低氧化数的元素,如 H_2S 中 S 的氧化数为 -2,处于 S 元素最低氧化数。含有处于中间氧化数元素的物质,视反应条件不同,可能作为氧化剂,也可能作为还原剂,如在 H_2O_2 中 O 元素的氧化数为 -1,处于 O 元素的中间氧化数,H_2O_2 与 Fe^{2+} 反应时作为氧化剂,但与 $KMnO_4$ 反应时作为还原剂。

需要指出的是,一种氧化剂的氧化性或还原剂的还原性强弱,主要取决于物质的本性,元素的氧化数只是必要条件,但不是决定因素。如 H_3PO_4 中 P 的氧化数为 $+5$,为该元素最高氧化数,但 H_3PO_4 不具有氧化性。F^- 处于 F 元素最低氧化数,但它并不是还原剂。常见氧化剂、还原剂及其在酸性介质中的产物见表 4-1。

表 4-1 常见氧化剂、还原剂及其在酸性介质中的产物

氧化剂	产物	还原剂	产物
(1)活泼非金属单质		(1)活泼金属单质和 H_2	
X_2^*	X^-	M^{**}	M^{z+}
O_2	H_2O	H_2	H^+
(2)元素具有高氧化数的物质		(2)元素具有低氧化数的物质	
XO_n^- ($n=1,2,3,4$)	X^-	I^-	I_2
MnO_4^- ***	Mn^{2+}		
$Cr_2O_7^{2-}$	Cr^{3+}		
$S_2O_8^{2-}$	SO_4^{2-}	S^{2-}	S,SO_4^{2-}
$NaBiO_3$	Bi^{3+}		
PbO_2	Pb^{2+}	Sn^{2+}	Sn^{4+}
MnO_2	Mn^{2+}		
Fe^{3+}	Fe^{2+}	Fe^{2+}	Fe^{3+}
(3)元素具有中间氧化数的物质		(3)元素具有中间氧化数的物质	
H_2O_2	H_2O	H_2O_2	O_2
H_2SO_3	S	H_2SO_3	SO_4^{2-}
HNO_2	NO	HNO_2	NO_3^-
		$H_2C_2O_4$	CO_2

续表

氧化剂	产物	还原剂	产物
(4)氧化性酸		(4)还原性酸	
浓 H_2SO_4	SO_2 、S、H_2S	H_2S	S、SO_4^{2-}
浓 HNO_3	NO_2、NO	HX	X_2
稀 HNO_3	NO、N_2O、NH_4^+		
王水	NO		

* $X=Cl,Br,I$，下同。

** M 为"金属电位序"在 H_2 以前的活泼金属。

*** MnO_4^-(紫红色)在酸性介质中被还原成 Mn^{2+}(浅粉红色)，在近中性介质中被还原成 MnO_2(棕色)，在强碱性介质中被还原成 MnO_4^{2-}(绿色)。

4.1.4 氧化还原反应方程式的配平

氧化还原反应方程式一般比较复杂，除氧化剂和还原剂，常有酸或碱作为介质参加反应(介质在反应中氧化数不发生变化)。此外，反应物和生成物的计量系数有时较大，用直接法往往不易配平，需按一定的方法配平。最常用的配平方法有氧化数法和离子-电子法。

1. 氧化数法

氧化数法是配平氧化还原反应方程式普遍适用的方法，它不仅适用于水溶液中的氧化还原反应，也适用于非水溶液中的、高温下进行的氧化还原反应，以及有非离子(有机化合物)参与的氧化还原反应。其配平原则是：①氧化剂中元素氧化数降低的总数等于还原剂中元素氧化数升高的总数；②反应式两边各种元素的原子总数相等。具体步骤如下：

(1) 确定反应产物及反应条件，写出反应物和生成物的化学式。

(2) 标出氧化数有变化的元素的氧化数，并求出反应前后氧化数升降的数值。

(3) 找出氧化数升高与降低数值的最小公倍数，根据氧化剂中氧化数降低的数值与还原剂中氧化数升高的数值相等的原则，在相应的化学式前乘以适当的系数。

(4) 核对反应式两边氢、氧及其他元素的原子数。根据实际反应条件是酸性或碱性，用 H^+ 或 OH^- 与 H_2O 配平。

【例 4-1】 配平 $KMnO_4$ 与 K_2SO_3 在稀硫酸溶液中的反应方程式。

解 (1) $KMnO_4 + K_2SO_3 + H_2SO_4(稀) \longrightarrow MnSO_4 + K_2SO_4 + H_2O$

(2)

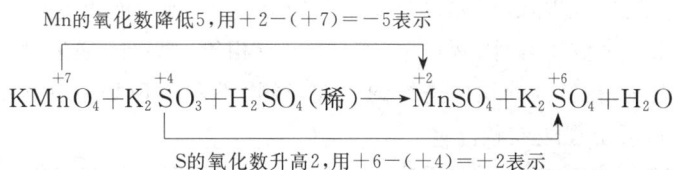

Mn 的氧化数降低5，用 $+2-(+7)=-5$ 表示

$$\overset{+7}{K}\!Mn\!O_4 + K_2\overset{+4}{S}O_3 + H_2SO_4(稀) \longrightarrow \overset{+2}{Mn}SO_4 + K_2\overset{+6}{S}O_4 + H_2O$$

S 的氧化数升高2，用 $+6-(+4)=+2$ 表示

（3）

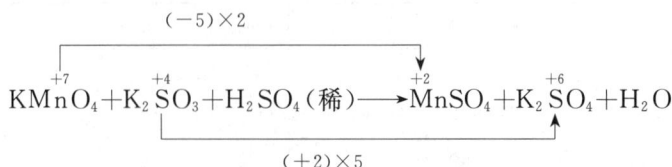

$$2KMnO_4 + 5K_2SO_3 + H_2SO_4（稀）\longrightarrow 2MnSO_4 + 5K_2SO_4 + H_2O$$

（4）　$2KMnO_4 + 5K_2SO_3 + 3H_2SO_4（稀）=\!\!=\!\!= 2MnSO_4 + 6K_2SO_4 + 3H_2O$

【例 4-2】 配平 $KMnO_4$ 和 K_2SO_3 在碱性溶液中生成 K_2MnO_4 和 K_2SO_4 的反应方程式。

解

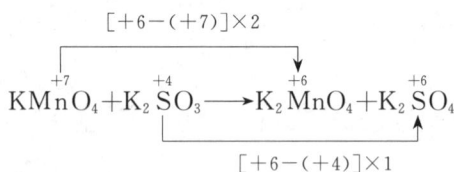

$$2KMnO_4 + K_2SO_3 \longrightarrow 2K_2MnO_4 + K_2SO_4$$

$$2KMnO_4 + K_2SO_3 + 2KOH =\!\!=\!\!= 2K_2MnO_4 + K_2SO_4 + H_2O$$

【例 4-3】 配平 $KMnO_4$ 与 K_2SO_3 在中性溶液中生成 MnO_2 和 K_2SO_4 的反应方程式。

解

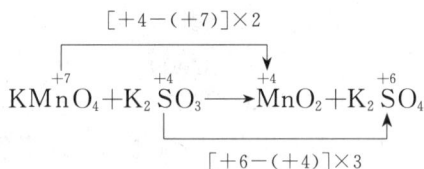

$$2KMnO_4 + 3K_2SO_3 \longrightarrow 2MnO_2 + 3K_2SO_4$$

$$2KMnO_4 + 3K_2SO_3 + H_2O =\!\!=\!\!= 2MnO_2 + 3K_2SO_4 + 2KOH$$

【例 4-4】 配平歧化反应方程式：$I_2 + OH^- \longrightarrow I^- + IO_3^-$

解

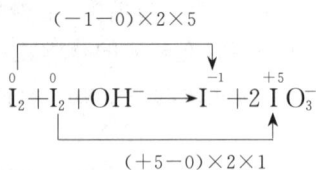

$$5I_2 + I_2 + 12OH^- \longrightarrow 10I^- + 2IO_3^- + 6H_2O$$

$$3I_2 + 6OH^- =\!\!=\!\!= 5I^- + IO_3^- + 3H_2O$$

必须指出，在配平方程式时，如果是化学反应方程式，则不能出现离子；如果是离子方程式，除两边各原子个数相等外，两边电荷总数也应相等。另外，在酸性介质中进行的反应，产物不能出现碱；在碱性介质中进行的反应，产物不能出现酸；在中性介质中，反应物应是 H_2O，而产物可出现酸或碱。

对于含氧酸盐参加的氧化还原反应，在配平两边元素氧化数有变化的原子后，如果左

边出现剩余 O^{2-},则应加酸(酸性介质)或 H_2O(中性介质):

$$O^{2-} + 2H^+ \longrightarrow H_2O \quad (酸性介质)$$

$$O^{2-} + H_2O \longrightarrow 2OH^- \quad (中性介质)$$

如果左边缺少 O^{2-},则应加碱(碱性介质)或 H_2O(中性介质):

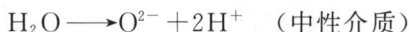

$$2OH^- \longrightarrow O^{2-} + H_2O \quad (碱性介质)$$

$$H_2O \longrightarrow O^{2-} + 2H^+ \quad (中性介质)$$

2. 离子-电子法

有些较复杂的氧化还原反应,特别是有有机物参加的氧化还原反应,如

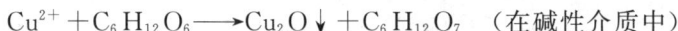

$$Cu^{2+} + C_6H_{12}O_6 \longrightarrow Cu_2O \downarrow + C_6H_{12}O_7 \quad (在碱性介质中)$$

其中有些元素的氧化数较难确定,用氧化数法配平就有困难,这时可采用离子-电子法配平。

离子-电子法仅适用于水溶液中的氧化还原反应,其配平原则如下:

(1) 反应过程中氧化剂得到电子的总数与还原剂失去电子的总数相等;

(2) 根据质量守恒定律,方程式两边各元素的原子数相等;

(3) 方程式两边的离子电荷总数相等。

具体步骤如下。

(1) 将主要反应物和生成物以离子形式列出。

(2) 将离子反应式拆分成两个半反应:一个是氧化剂的还原反应,另一个是还原剂的氧化反应。

(3) 分别配平两个半反应,使两边的原子数和电荷数都相等。

(4) 根据氧化剂和还原剂得失电子数相等的原则,求出两个半反应中得失电子的最小公倍数,将两个半反应式各自乘以相应的系数,然后相加消去电子就可得到配平的离子方程式。

(5) 在离子反应式中添上不参加反应的反应物和生成物的正、负离子,并写出相应的分子式,就得到配平的化学反应(分子)方程式。(注意:在选用何种酸时,应以不引入其他杂质和引进的酸根离子不参加氧化还原反应为原则。)

【例 4-5】 用离子-电子法配平【例 4-1】$KMnO_4$ 与 K_2SO_3 在稀硫酸溶液中的反应方程式。

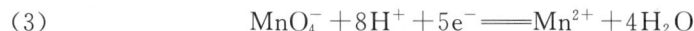

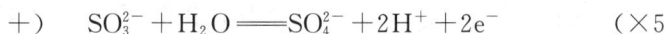

解 (1) $\quad MnO_4^- + SO_3^{2-} \longrightarrow Mn^{2+} + SO_4^{2-}$

(2) 还原半反应: $\quad MnO_4^- \longrightarrow Mn^{2+}$

氧化半反应: $\quad SO_3^{2-} \longrightarrow SO_4^{2-}$

(3) $\quad MnO_4^- + 8H^+ + 5e^- =\!=\!= Mn^{2+} + 4H_2O$

$\quad SO_3^{2-} + H_2O =\!=\!= SO_4^{2-} + 2H^+ + 2e^-$

(4) $\quad MnO_4^- + 8H^+ + 5e^- =\!=\!= Mn^{2+} + 4H_2O \quad (\times 2)$

$+) \quad SO_3^{2-} + H_2O =\!=\!= SO_4^{2-} + 2H^+ + 2e^- \quad (\times 5)$

$\overline{\qquad\qquad 2MnO_4^- + 5SO_3^{2-} + 6H^+ =\!=\!= 2Mn^{2+} + 5SO_4^{2-} + 3H_2O \qquad}$

(5) $\quad 2KMnO_4 + 5K_2SO_3 + 3H_2SO_4 =\!=\!= 2MnSO_4 + 6K_2SO_4 + 3H_2O$

【例 4-6】 用离子-电子法配平反应方程式:

$$CrO_2^- + ClO^- \longrightarrow CrO_4^{2-} + Cl^- \quad （碱性溶液）$$

解 氧化半反应： $CrO_2^- \longrightarrow CrO_4^{2-}$

还原半反应： $ClO^- \longrightarrow Cl^-$

$$CrO_2^- + 4OH^- == CrO_4^{2-} + 2H_2O + 3e^- \quad （\times 2$$

$$+) \quad ClO^- + H_2O + 2e^- == Cl^- + 2OH^- \quad （\times 3$$

$$\overline{2CrO_2^- + 3ClO^- + 2OH^- == 2CrO_4^{2-} + 3Cl^- + H_2O}$$

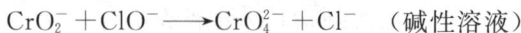

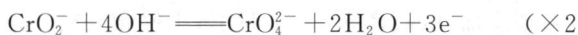

【例 4-7】 用离子-电子法配平在碱性介质中 MnO_4^{2-} 的歧化反应方程式。

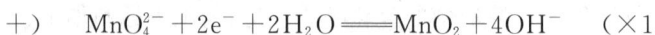

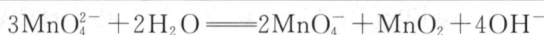

解 $MnO_4^{2-} \longrightarrow MnO_4^- + MnO_2$

氧化反应： $MnO_4^{2-} \longrightarrow MnO_4^-$

还原反应： $MnO_4^{2-} \longrightarrow MnO_2$

$$MnO_4^{2-} == MnO_4^- + e^- \quad （\times 2$$

$$+) \quad MnO_4^{2-} + 2e^- + 2H_2O == MnO_2 + 4OH^- \quad （\times 1$$

$$\overline{3MnO_4^{2-} + 2H_2O == 2MnO_4^- + MnO_2 + 4OH^-}$$

【例 4-8】 配平： $Cu^{2+} + C_6H_{12}O_6 \longrightarrow Cu_2O \downarrow + C_6H_{12}O_7$ （在碱性介质中）

解 $C_6H_{12}O_6 + 2OH^- == C_6H_{12}O_7 + H_2O + 2e^-$

$$+) \quad 2Cu^{2+} + 2OH^- + 2e^- == Cu_2O \downarrow + H_2O$$

$$\overline{2Cu^{2+} + C_6H_{12}O_6 + 4OH^- == Cu_2O \downarrow + C_6H_{12}O_7 + 2H_2O}$$

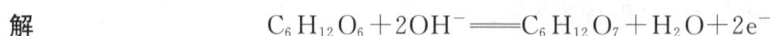

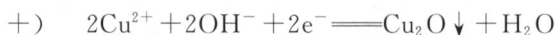

任务 4.2　氧化还原反应与原电池

4.2.1　原电池、电池符号

1. 原电池

将一块锌片放入 $CuSO_4$ 溶液中,立即会发生以下反应：

$$Zn + Cu^{2+} == Zn^{2+} + Cu$$

在该反应中,Zn 失去电子,为还原剂; Cu^{2+} 得到电子,为氧化剂。Zn 将电子直接传递给 Cu^{2+},电子转移是通过微粒的热运动而发生有效碰撞的结果。由于微粒的热运动没有一定的方向,不会形成电子的定向运动——电流,因此化学能只能以热能的形式表现出来,反应过程中溶液的温度会有所升高。

如果设计一种装置,使还原剂失去的电子通过导体间接地传递给氧化剂,那么在外电路中就可以观察到电流的产生,如图 4-1 所示。锌片插在 $ZnSO_4$ 溶液中,铜片插在 $CuSO_4$ 溶液中,烧杯间用盐桥连接。当检流计与锌片及铜片连接时,可以看到其指针发生了偏转,据指针偏转的方向得知电子从锌片流向铜片。同时可观察到锌片逐渐溶解,铜片上有铜沉积。这种将氧化还原反应的化学能转化为电能的装置,称为原电池。

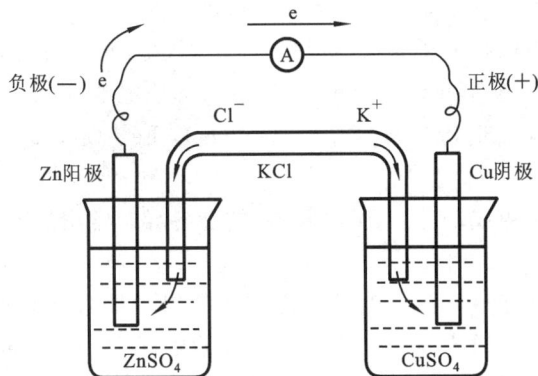

图 4-1　铜锌原电池

2. 原电池的组成

原电池由两个半电池和盐桥组成。如铜锌原电池，也称丹尼尔电池，Zn-$ZnSO_4$ 溶液组成锌半电池，是原电池的负极（电子流出）；Cu-$CuSO_4$ 溶液组成铜半电池，是原电池的正极（电子流入），电流是从正极流向负极。原电池负极发生氧化反应，正极发生还原反应。

锌电极（负极）：　　$Zn = Zn^{2+} + 2e^-$　　（氧化反应，氧化数升高）

铜电极（正极）：　　$Cu^{2+} + 2e^- = Cu$　　（还原反应，氧化数降低）

在锌半电池中，锌极上的 Zn 释放电子变为 Zn^{2+} 进入 $ZnSO_4$ 溶液中，锌片上有富余电子，沿导线流向铜片。$CuSO_4$ 溶液中的 Cu^{2+} 从铜片上获得电子变成 Cu 沉积在铜片上。随着反应的进行，盐桥中的负离子就会向 $ZnSO_4$ 溶液移动，中和由于 Zn^{2+} 进入溶液而过剩的正电荷以保持溶液的电中性；正离子便向 $CuSO_4$ 溶液移动，中和由于 Cu 沉积在铜片上而过剩的负电荷。

盐桥为一个倒置的 U 形管，其中盛有电解质溶液（一般用饱和的 KCl 溶液和琼脂做成胶冻状黏稠体，电解液不会流出，而离子又可以在其中自由流动）。其作用如下：由于 K^+ 和 Cl^- 的定向移动，两池中过剩的正、负电荷得到平衡，恢复电中性。于是两个半电池反应乃至电池反应得以继续，电流得以维持。这就是原电池产生电流的机理。

原电池的每个半电池包含一个氧化还原电对，铜锌原电池的两电对分别为 Zn^{2+}/Zn 和 Cu^{2+}/Cu。半电池中作为导体的固态物质称为电极。有些电极既起导电作用，又参与电极反应，如铜锌原电池中的锌片和铜片。另一些电极只起导电作用，而不参与电极反应，称为惰性电极，常用的有石墨和金属铂。对于同种金属两种不同价态的离子及气体与其离子组成的电对，如 Fe^{3+}/Fe^{2+}、Cl_2/Cl^- 等可采用惰性电极。

半电池所发生的反应称为半电池反应或电极反应。将两电极反应相加，就得到原电池中发生的氧化还原反应，称为电池反应，如铜锌原电池的电池反应：

$$Zn + Cu^{2+} = Zn^{2+} + Cu$$

3. 原电池的表示方法——电池符号

原电池装置可简单地用电池符号来表示，如铜锌原电池可表示为

（−）　$Zn|ZnSO_4(c_1)\|CuSO_4(c_2)|Cu$　（＋）

习惯上把负极写在左边，正极写在右边。其中，"$|$"表示半电池中两相之间的界面，"$\|$"表

示盐桥，c_1、c_2 分别表示 $ZnSO_4$ 和 $CuSO_4$ 溶液的浓度。对于有气体参加的反应，需注明气体的分压。若溶液中有两种离子参与电极反应，可用逗号将其分开。使用惰性电极也须标明。例如，由 H^+/H_2 电对和 Fe^{3+}/Fe^{2+} 电对组成的原电池，电池符号为

$$(-) \quad Pt|H_2(p)|H^+(c_1) \| Fe^{3+}(c_2), Fe^{2+}(c_3)|Pt \quad (+)$$

4. 常用电极的类型

电极是电池的基本组成部分，其类型较多，构造各异。常用的电极可以分为以下四种类型。

（1）金属-金属离子电极。这类电极是把金属片（棒）插入含有该金属离子的溶液中所构成的电极。电极符号通式为：$M|M^{n+}$，电极反应通式为：$M^{n+}+ne^- \rightleftharpoons M$。

比较活泼的金属（如钠、钾等）不能在空气及水中稳定存在，可以把金属溶于汞中制成汞齐，再与该金属离子构成电极。

（2）气体-离子电极。这类电极是气体与其离子成平衡的电极，由惰性电极（吸附气体）插入含有该离子的溶液中而构成。常用的有氢电极、氧电极和氯电极。

（3）金属-金属难溶盐（或氧化物）-负离子电极。这类电极由金属表面涂覆该金属的难溶盐（或氧化物），浸入含有该难溶物负离子的溶液中而构成。其优点是电极电势比较稳定，又容易制备，常用作参比电极。常见的有氯化银电极、甘汞电极，以及氧化银、氧化汞电极。

（4）氧化还原电极。这类电极由惰性电极插入含有同一元素两种不同氧化态的离子的混合溶液中而构成。

常见电极的类型及举例见表 4-2。

表 4-2　常用电极的类型及举例

电极类型	举　例	电极符号	电极反应
金属-金属离子电极	通式	$M|M^{n+}$	$M^{n+}+ne^- \rightleftharpoons M$
	锌电极	$Zn|Zn^{2+}$	$Zn^{2+}+2e^- \rightleftharpoons Zn$
	银电极	$Ag|Ag^+$	$Ag^++e^- \rightleftharpoons Ag$
气体-离子电极	氢电极	$Pt|H_2|H^+$	$2H^++2e^- \rightleftharpoons H_2$
		$Pt|H_2|OH^-$	$2H_2O+2e^- \rightleftharpoons H_2+2OH^-$
	氧电极	$Pt|O_2|H_2O, H^+$	$O_2+4H^++4e^- \rightleftharpoons 2H_2O$
		$Pt|O_2|OH^-$	$O_2+2H_2O+4e^- \rightleftharpoons 4OH^-$
	氯电极	$Pt|Cl_2|Cl^-$	$Cl_2+2e^- \rightleftharpoons 2Cl^-$
金属-金属难溶盐（或氧化物）-负离子电极	氯化银电极	$Ag|AgCl|Cl^-$	$AgCl+e^- \rightleftharpoons Ag+Cl^-$
	甘汞电极	$Pt|Hg|Hg_2Cl_2|Cl^-$	$Hg_2Cl_2+2e^- \rightleftharpoons 2Hg+2Cl^-$
	氧化银电极	$Ag|Ag_2O|OH^-$	$Ag_2O+H_2O+2e^- \rightleftharpoons 2Ag+2OH^-$
	氧化汞电极	$Pt|Hg|HgO|OH^-$	$HgO+H_2O+2e^- \rightleftharpoons Hg+2OH^-$
氧化还原电极	Fe^{3+}/Fe^{2+} 电极	$Pt|Fe^{3+}, Fe^{2+}$	$Fe^{3+}+e^- \rightleftharpoons Fe^{2+}$
	$Cr_2O_7^{2-}/Cr^{3+}$ 电极	$Pt|Cr_2O_7^{2-}, Cr^{3+}, H^+$	$Cr_2O_7^{2-}+14H^++6e^- \rightleftharpoons 2Cr^{3+}+7H_2O$

4.2.2 电极电势和电动势

1. 电极电势

在铜锌原电池中,为什么电子从锌片流向铜片?为什么 Cu 为正极,Zn 为负极?或者说,为什么铜片的电势比锌片的高?

在中学阶段,通常依据金属活动顺序表判断原电池的正、负极。但原电池和电极是多种多样的,我们必须学习一些新的知识,以掌握一些新的方法。

早在 1889 年,德国化学家能斯特(H. W. Nernst)就提出了双电层理论。该理论认为,当将金属放入它的盐溶液中时,一方面,金属晶体中的金属离子由于本身的热运动以及受极性溶剂分子的吸引,有离开金属进入溶液的趋势:

$$M \longrightarrow M^{n+} + ne^-$$

金属越活泼,溶液越稀,这种倾向就越大。另一方面,溶液中的 M^{n+} 由于受到金属表面电子的吸引,有从溶液向金属表面沉积的趋势:

$$M^{n+} + ne^- \longrightarrow M$$

金属越不活泼,溶液越浓,这种倾向越大。当这两种倾向的速率相等时,即建立了动态平衡:

$$M \rightleftharpoons M^{n+} + ne^-$$

若 M 失去电子的倾向大于 M^{n+} 获得电子的倾向,达到平衡时将形成金属板上带负电,靠近金属板附近溶液带正电的双电层,如图 4-2(a)所示,金属与溶液间产生了电势差。相反,若 M^{n+} 获得电子的倾向大于 M 失去电子的倾向,则形成金属板上带正电而金属板附近溶液带负电的双电层,如图 4-2(b)所示,同样产生电势差。这种由于双电层的作用在金属和它的盐溶液之间产生的电位差,就称为金属的电极电势,用 $\varphi(M^{n+}/M)$ 表示,

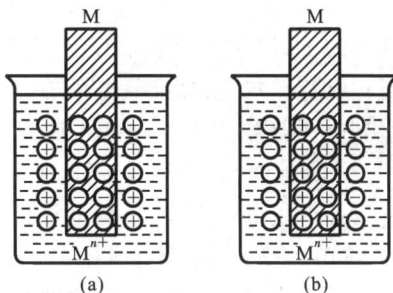

图 4-2 金属电极电势的产生

单位为伏(V)。如锌电极、铜电极的电极电势分别表示为 $\varphi(Zn^{2+}/Zn)$、$\varphi(Cu^{2+}/Cu)$。

显然,金属电极电势的大小取决于金属的活泼性及溶液中金属离子的浓度,还与温度、介质有关。当外界条件一定时,电极电势的大小只取决于电极的本性。

2. 原电池的电动势

电极电势 φ 表示电极中极板与溶液之间的电势差。当用盐桥将两个电极的溶液连通时,若认为两溶液之间的电势差被消除,则两电极的电极电势之差(即两极板之间的电势差)就是原电池的电动势,用 E 表示。

原电池中电极电势大的电极为正极,电极电势小的电极为负极,两极一经导线连通,电流便从正极流向负极。原电池的电动势是在外电路电流趋于零的情况下,由正极的电极电势减去负极的电极电势求得,即

$$E = \varphi_+ - \varphi_-$$

若 $E > 0$，说明氧化还原反应可以以原电池方式完成。电池电动势可以通过精密电位计测得。

4.2.3　标准电极电势及其测定

1. 标准电极电势

标准状态下的电极电势就是标准电极电势，用 $\varphi^\ominus$ 表示，单位为伏（V）。

所谓标准状态，对气体物质来说是指其分压为标准压力 $p^\ominus$（100 kPa）；液体、固体物质的标准状态是指在标准压力下的纯净物；对于溶液，是指在标准压力下溶质的浓度为 1 mol·L^{-1}（严格地讲，应是活度 $a = 1$ mol·L^{-1}）；温度为反应温度，通常用 298.15 K。

单个电极的电极电势的绝对值，迄今为止尚无法由实验测定或理论计算获得，而只能测得由两个电极组成电池的电动势。如果选择某种电极作为基准，规定它的电极电势为零，其他电极与之比较，就可测得电极电势的相对值。通常所说的某电极的电极电势就是相对电极电势。1953 年，IUPAC 建议采用标准氢电极作为标准电极。

（1）标准氢电极（SHE）。

标准氢电极的构造如图 4-3 所示，它是将表面镀有一层海绵状铂黑的铂片，插入 $c(\text{H}^+) = 1.0$ mol·L^{-1} 的硫酸溶液中，在 298.15 K 时，通入压力为 100 kPa 的纯氢气，使铂黑吸附 H_2 至饱和。H_2 与溶液中的 H^+ 达到平衡：$2\text{H}^+ + 2e^- \rightleftharpoons \text{H}_2$，这时产生在用标准压力的 H_2 饱和了的铂片与 $c(\text{H}^+) = 1.0$ mol·L^{-1} 的硫酸溶液间的电势差称为氢的标准电极电势。规定：标准氢电极的电极电势为零，即 $\varphi^\ominus(\text{H}^+/\text{H}_2) = 0.0000$ V。

其电极符号：$\text{Pt} \mid \text{H}_2(\text{g}, 10^5 \text{ Pa}) \mid \text{H}^+ (1 \text{ mol·L}^{-1})$。

（2）其他参比电极和指示电极。

以标准氢电极作为标准电极测其他电极的电极电势时，可以达到很高的精确度（±0.000001 V）。标准氢电极是一种理想的标准电极，但制备和使用十分不便，需要随时准备好一个纯净的氢气源，并准确控制通入 H_2 的压力为 100 kPa，酸溶液的纯度要求很高，若含少量杂质 As、S、Hg 等，铂黑铂电极会中毒失效。因此在实际工作中，一般不直接采用标准氢电极作基准参比电极，而是采用一些易于制备、使用方便且电极电势较稳定的甘汞电极作为二级标准的参比电极来测定指示电极的电极电势。

① 甘汞电极。

甘汞电极如图 4-4 所示，由两个玻璃套管组成。内管上部为汞，用 Pt 丝连接电极引线。在汞的下方充填甘汞（Hg_2Cl_2）和汞的糊状物。内管的下端用石棉或脱脂棉塞紧。外管上端有一个侧口，用以加入 KCl 饱和溶液，不用时侧口用橡皮塞塞紧。外管下端有一支管，支管口用多孔的素烧瓷塞紧，外边套以橡皮帽。使用时摘掉橡皮帽，使其与外部溶液相通。其电极反应式为

$$\text{Hg}_2\text{Cl}_2(\text{s}) + 2e^- \rightleftharpoons 2\text{Hg}(\text{l}) + 2\text{Cl}^-$$

甘汞电极的电势不随溶液的 pH 变化而变化，在一定的温度和浓度下是一定值，表 4-3 列出了两种甘汞电极的电极电势值。

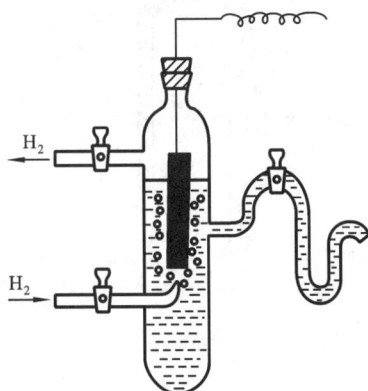

图 4-3 标准氢电极

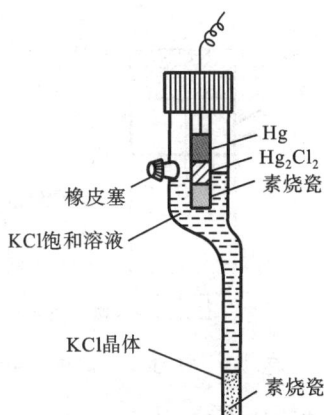

图 4-4 甘汞电极的构造

表 4-3 298.15 K 时两种甘汞电极的电极电势

甘汞电极类型	$c(KCl)/(mol \cdot L^{-1})$	电极电势/V
饱和甘汞电极(SCE)	KCl 饱和溶液	0.242
标准甘汞电极	1.00	0.286

② 银-氯化银电极。

银-氯化银电极也是一种广泛应用的参比电极,它是在 Ag 丝上镀上一层纯 Ag 后,再镀上一薄层 AgCl,然后插入一定浓度的 KCl 溶液中而构成。银-氯化银电极结构如图 4-5 所示。其电极反应式为

$$AgCl + e^- \Longrightarrow Ag + Cl^-$$

③ 玻璃电极。

玻璃电极是常用的 H^+ 浓度指示电极,其构造如图 4-6 所示。它是在一支玻璃管的下端焊接一个特殊质料的极薄(厚度为 $50 \sim 100~\mu m$)的玻璃球泡,球泡内盛有一定 pH 的缓冲溶液或 $0.1~mol \cdot L^{-1}$ 盐酸,称为内参比溶液。在内参比溶液中插入一根银-氯化银电极(称为内参比电极)。玻璃电极和待测溶液组成的电极为

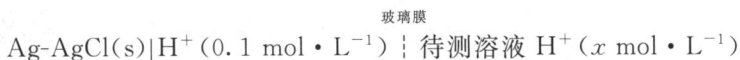

$$\overset{\text{玻璃膜}}{Ag\text{-}AgCl(s)|H^+(0.1~mol \cdot L^{-1}) \vdots 待测溶液~H^+(x~mol \cdot L^{-1})}$$

玻璃球泡对 H^+ 有敏感作用,当它浸入待测溶液内时,待测溶液的 H^+ 与电极玻璃球泡表面水化层进行离子交换,玻璃球泡内层也同样产生电极电势。由于内层 H^+ 浓度不变,而外层 H^+ 浓度在变化,因此,内、外层的电势差也在变化,所以该电极的电极电势随待测溶液的 pH 不同而改变:

$$\varphi_G = \varphi_G^\ominus + 0.0592 \lg \frac{c(H^+)}{c^\ominus} = \varphi_G^\ominus - 0.0592~pH \tag{4-1}$$

pH 计简介:pH 计又称酸度计,主要由参比电极(饱和甘汞电极)、指示电极(玻璃电极)和精密电位计三部分组成(见图 4-7)。它除用于测量溶液的酸度外,还可以用于测量

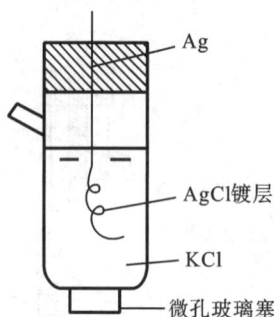

图 4-5　银-氯化银电极结构

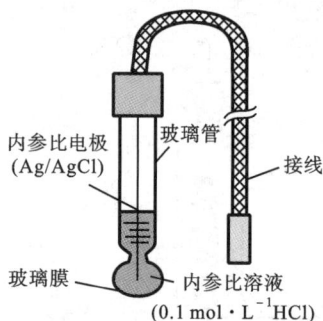

图 4-6　玻璃电极的构造

电池电动势(mV)。其测 pH 的方法是电位测定法。

测量时将玻璃电极和饱和甘汞电极一起浸在被测溶液中组成原电池,并连接精密电位计。从测得的电动势值求出溶液的 pH。此时,构成如下原电池:

$$(-)玻璃电极|待测 pH 溶液 \parallel SCE(+)$$

即$(-)Ag\text{-}AgCl(s) \mid H^+(0.1\ mol \cdot L^{-1}) \vdots H^+(x\ mol \cdot L^{-1}) \parallel KCl(饱和) \mid Hg_2Cl_2(s) \mid Hg(l) \mid Pt(+)$

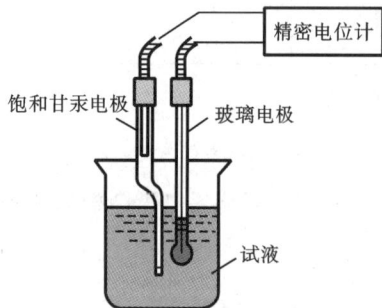

图 4-7　pH 计的构造

$$E = \varphi_+ - \varphi_- = \varphi_{SCE} - \varphi_G$$
$$= \varphi_{SCE} - \varphi_G^\ominus + 2.303RT/F pH$$

在 25 ℃时 $E = 0.242 - \varphi_G^\ominus + 0.0592\ pH$

整理得 $pH = (E + \varphi_G^\ominus - 0.242)/0.0592$ (4-2)

原电池的电动势与溶液的 pH 之间呈直线关系,斜率为 2.303RT/F,在 25 ℃时,其值为 0.0592 V。即溶液 pH 变化一个单位时,电池电动势将改变 59.2 mV(25 ℃),这就是电位法测定 pH 的依据。

由于 $\varphi_G^\ominus$ 通常是未知的,所以实际测定中通常用与待测溶液 pH 相近的 pH 已知的标准缓冲溶液定位,然后再对未知溶液进行测量。

2. 标准电极电势的测定

欲测定某电极的标准电极电势,则将标准状态下的该电极与标准氢电极组成原电池,测定该原电池的电动势,由电流方向判断出正、负极,再根据原电池的标准电动势 $E^\ominus = \varphi_+^\ominus - \varphi_-^\ominus$,求出待测电极的标准电极电势。

例如,欲测定铜电极的标准电极电势,可组成下列原电池:

$$(-)Pt|H_2(100\ kPa)|H^+(1\ mol \cdot L^{-1}) \parallel Cu^{2+}(1\ mol \cdot L^{-1})|Cu\ (+)$$

实验测得该电池的标准电动势 $E^\ominus$ 为 0.337 V,代入

$$E^\ominus = \varphi_+^\ominus - \varphi_-^\ominus = \varphi^\ominus(Cu^{2+}/Cu) - \varphi^\ominus(H^+/H_2)$$

得 $0.337\ V = \varphi^\ominus(Cu^{2+}/Cu) - 0\ V$

故 $\varphi^\ominus(Cu^{2+}/Cu) = 0.337\ V$

当标准锌电极与标准氢电极组成原电池时,则为

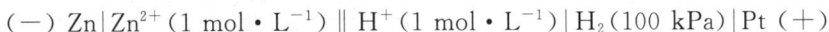

$$(-)\ Zn\,|\,Zn^{2+}(1\ mol \cdot L^{-1})\,\|\,H^+(1\ mol \cdot L^{-1})\,|\,H_2(100\ kPa)\,|\,Pt\ (+)$$

实测标准电动势为 0.763 V,代入

$$E^{\ominus} = \varphi^{\ominus}(H^+/H_2) - \varphi^{\ominus}(Zn^{2+}/Zn)$$

得 $$0.763\ V = 0\ V - \varphi^{\ominus}(Zn^{2+}/Zn)$$

锌电极的标准电极电势为 $$\varphi^{\ominus}(Zn^{2+}/Zn) = -0.763\ V$$

锌电极的 $\varphi^{\ominus}(Zn^{2+}/Zn)$ 为 -0.763 V,负号表明锌失去电子的倾向大于 H_2,Zn^{2+} 获得电子变成金属锌的倾向小于 H^+。

实验测得的电池电动势都是正值,而电极电势则可正、可负,其正、负是相对于 $\varphi^{\ominus}(H^+/H_2) = 0$ 而言的。若被测电极在原电池中为发生还原反应的正极,则其 $\varphi^{\ominus} > 0$,如 $\varphi^{\ominus}(Cu^{2+}/Cu)$;若被测电极在原电池中为发生氧化反应的负极,则其 $\varphi^{\ominus} < 0$,如 $\varphi^{\ominus}(Zn^{2+}/Zn)$。

由此可见,通过标准氢电极可以测定一系列其他电极的标准电极电势。对某些与水剧烈反应而不能直接测定的电极,如 Na^+/Na、F_2/F^- 等电极,以及有些不能直接组成能测出其电动势的原电池的电极,其标准电极电势需要通过热力学数据用间接的方法求出,或利用已知的电极电势计算未知的电极电势。

在实际测定电极电势的工作中,由于标准氢电极是气体电极,使用起来很不方便,常采用甘汞电极作为参比电极。

3. 标准电极电势表

将各种电极的标准电极电势连同电极反应,按代数值从小到大的顺序排列成表,即组成了标准电极电势表。表 4-4 列出了部分电对在酸性溶液中的标准电极电势 $\varphi^{\ominus}_A$,表 4-5 列出了部分电对在碱性溶液中的标准电极电势 $\varphi^{\ominus}_B$。

标准电极电势表的使用说明:

(1) 按照国际惯例,表中半反应均为还原反应,即:氧化型$+ne^- \Longrightarrow$还原型,因此所列电极电势为还原电势。电极电势的数符(正、负号)与半反应的方向无关。例如,无论发生 $Zn^{2+} + 2e^- \longrightarrow Zn$ 还是发生 $Zn \longrightarrow Zn^{2+} + 2e^-$,标准电极电势 $\varphi^{\ominus}(Zn^{2+}/Zn)$ 都是 -0.763 V,因为电极电势值的正、负是该电极相对于标准氢电极而确定的。

(2) 表中 $\varphi^{\ominus}$ 值的大小反映电对中氧化型和还原型物质的氧化还原能力的相对强弱。$\varphi^{\ominus}$ 值越大,表示氧化型物质得电子的趋势越大,其氧化性越强,还原型物质的还原性越弱。与此相反,$\varphi^{\ominus}$ 值越小,表示电对中还原型物质失电子的趋势越大,其还原性越强,氧化型物质的氧化性越弱。如 Cu^{2+} 的氧化能力比 Zn^{2+} 强,而 Zn 的还原能力比 Cu 强。

(3) $\varphi^{\ominus}$ 值的大小是衡量氧化剂氧化能力或还原剂还原能力强弱的标度,是体系的强度性质,取决于物质的本性,与物质的量的多少无关,所以半反应的计量系数不会改变 $\varphi^{\ominus}$ 值,如

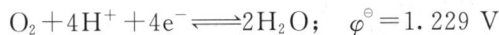

$$O_2 + 4H^+ + 4e^- \Longrightarrow 2H_2O; \quad \varphi^{\ominus} = 1.229\ V$$

$$\frac{1}{2}O_2 + 2H^+ + 2e^- \Longrightarrow H_2O; \quad \varphi^{\ominus} = 1.229\ V$$

表 4-4　部分电对在酸性溶液中的标准电极电势(298.15 K,pH=0)

氧化型+ne^-⇌还原型			$\varphi_A^\ominus$/V
氧化型物质的氧化能力增强	$Li^+ + e^- \rightleftharpoons Li$	还原型物质的还原能力增强	−3.045
	$Na^+ + e^- \rightleftharpoons Na$		−2.714
	$Mg^{2+} + 2e^- \rightleftharpoons Mg$		−2.356
	$Zn^{2+} + 2e^- \rightleftharpoons Zn$		−0.763
	$Fe^{2+} + 2e^- \rightleftharpoons Fe$		−0.44
	$Sn^{2+} + 2e^- \rightleftharpoons Sn$		−0.136
	$Pb^{2+} + 2e^- \rightleftharpoons Pb$		−0.126
	$2H^+ + 2e^- \rightleftharpoons H_2$		0.00
	$Cu^{2+} + 2e^- \rightleftharpoons Cu$		0.337
	$I_2 + 2e^- \rightleftharpoons 2I^-$		0.535
	$Ag^+ + e^- \rightleftharpoons Ag$		0.799
	$Br_2 + 2e^- \rightleftharpoons 2Br^-$		1.065
	$Cl_2 + 2e^- \rightleftharpoons 2Cl^-$		1.36
	$MnO_4^- + 8H^+ + 5e^- \rightleftharpoons Mn^{2+} + 4H_2O$		1.51
	$F_2 + 2e^- \rightleftharpoons 2F^-$		2.87

表 4-5　部分电对在碱性溶液中的标准电极电势(298.15 K,pH=14)

氧化型+ne^-⇌还原型			$\varphi_B^\ominus$/V
氧化型物质的氧化能力增强	$Ca(OH)_2 + 2e^- \rightleftharpoons Ca + 2OH^-$	还原型物质的还原能力增强	−3.02
	$Mg(OH)_2 + 2e^- \rightleftharpoons Mg + 2OH^-$		−2.68
	$SO_3^{2-} + 3H_2O + 4e^- \rightleftharpoons S + 6OH^-$		−1.73
	$ZnO_2^{2-} + 2H_2O + 2e^- \rightleftharpoons Zn + 4OH^-$		−1.261
	$2H_2O + 2e^- \rightleftharpoons H_2 + 2OH^-$		−0.828
	$SO_3^{2-} + 3H_2O + 6e^- \rightleftharpoons S^{2-} + 6OH^-$		−0.61
	$Fe(OH)_3 + e^- \rightleftharpoons Fe(OH)_2 + OH^-$		−0.56
	$Cu(OH)_2 + 2e^- \rightleftharpoons Cu + 2OH^-$		−0.224
	$CrO_4^{2-} + 4H_2O + 3e^- \rightleftharpoons Cr(OH)_3 + 5OH^-$		−0.12
	$NO_3^- + H_2O + 2e^- \rightleftharpoons NO_2^- + 2OH^-$		0.01
	$ClO_4^- + H_2O + 2e^- \rightleftharpoons ClO_3^- + 2OH^-$		0.17
	$Ag_2O + H_2O + 2e^- \rightleftharpoons 2Ag + 2OH^-$		0.344
	$O_2 + 2H_2O + 4e^- \rightleftharpoons 4OH^-$		0.401
	$MnO_4^{2-} + 2H_2O + 2e^- \rightleftharpoons MnO_2 + 4OH^-$		0.58
	$ClO^- + H_2O + 2e^- \rightleftharpoons Cl^- + 2OH^-$		0.90

（4）何时查酸表，何时查碱表，遵循以下原则。

① 在电极反应中，有 H^+ 出现时查酸表，有 OH^- 出现时查碱表。

② 电极反应中，没有 H^+ 或 OH^- 时，可从物质存在的状态考虑，如 $Fe^{3+} + e^- \rightleftharpoons Fe^{2+}$，查酸表，因为 Fe^{3+}、Fe^{2+} 只能存在于酸性介质中。金属与其正离子电对查酸表，非金属与其负离子电对查酸表，但 S/S^{2-} 电对查碱表。

（5）该表只适用于热力学标准状态和常温（298.15 K）时的反应，非标准状态时，电极电势将发生改变。

（6）标准电极电势数据是在水溶液体系中测定的，因此仅适用于水溶液体系，对非水溶剂（如液氨）中的反应、固相反应及高温反应均不适用。

（7）同一物质在不同的电对中，可以是氧化型，也可以是还原型。如 Fe^{2+} 在电对 Fe^{3+}/Fe^{2+} 中是还原型，而在 Fe^{2+}/Fe 中是氧化型。判断 MnO_4^- 在标准状态下能否氧化 Fe^{2+} 时，应查 $\varphi^\ominus(Fe^{3+}/Fe^{2+})$，而不能查 $\varphi^\ominus(Fe^{2+}/Fe)$。

（8）若把一系列金属的 $\varphi^\ominus$ 按由小到大的顺序排列，可得金属活性顺序表如下：

$$K > Ba > Ca > Na > Mg > Al > Mn > Zn > Fe > Ni > Sn > Pb > Cu > Hg > Ag > Pt > Au$$

标准电极电势是热力学数据，与反应速率无关，不能保证动力学性质与热力学性质不发生矛盾。如 $\varphi^\ominus(Ca^{2+}/Ca) < \varphi^\ominus(Na^+/Na)$，但 Na 与 H_2O 反应比 Ca 与 H_2O 反应更激烈，后者是动力学的反应活性，与 $\varphi^\ominus$ 大小无关。

4.2.4 原电池的热力学（选学内容）

1. 电池反应的 $\Delta_r G_m$ 与电动势 E 的关系

原电池中发生的电池反应属于恒温、恒压、有非体积功——电功 W' 的过程。显然，原电池内部所进行的化学反应及对环境所做的电功，都要服从热力学的基本原理。

一个电动势为 E 的原电池，其中进行的任意一个电池反应——氧化还原反应可表示为

$$a\mathrm{Ox}_1 + b\mathrm{Red}_2 \rightleftharpoons c\mathrm{Ox}_2 + d\mathrm{Red}_1$$

式中：Ox 为氧化型；Red 为还原型。

上述反应由电对 $\mathrm{Ox}_1/\mathrm{Red}_1$ 和 $\mathrm{Ox}_2/\mathrm{Red}_2$ 所组成。

如果在 1 mol 的反应过程中有 n mol 的电子（即 nF 库仑的电量）通过电路，则电池反应的摩尔吉布斯函数变 $\Delta_r G_m$ 与电池电动势 E 之间存在以下关系：

$$\Delta_r G_m = W' = -nFE$$

如果原电池在标准状态下工作，则

$$\Delta_r G_m^\ominus = -nFE^\ominus$$

其中，$E^\ominus$ 是原电池在标准状态下的电动势，称为标准电动势。

电池反应的 $\Delta_r G_m$ 可按热力学等温方程式求得：

$$\Delta_r G_m = \Delta_r G_m^\ominus + RT\ln \frac{[c(\mathrm{Ox}_2)/c^\ominus]^c\,[c(\mathrm{Red}_1)/c^\ominus]^d}{[c(\mathrm{Ox}_1)/c^\ominus]^a\,[c(\mathrm{Red}_2)/c^\ominus]^b}$$

由此可得

$$E = E^{\ominus} - \frac{RT}{nF}\ln \frac{[c(\mathrm{Ox_2})/c^{\ominus}]^c\ [c(\mathrm{Red_1})/c^{\ominus}]^d}{[c(\mathrm{Ox_1})/c^{\ominus}]^a\ [c(\mathrm{Red_2})/c^{\ominus}]^b} \quad (4\text{-}3)$$

若 $T = 298.15\ \mathrm{K}$，将自然对数换为常用对数、$F = 96500\ \mathrm{C} \cdot \mathrm{mol^{-1}}$、$R = 8.314$ $\mathrm{J} \cdot \mathrm{mol^{-1}} \cdot \mathrm{K^{-1}}$代入上式，则为

$$E = E^{\ominus} - \frac{0.0592}{n}\lg \frac{[c(\mathrm{Ox_2})/c^{\ominus}]^c\ [c(\mathrm{Red_1})/c^{\ominus}]^d}{[c(\mathrm{Ox_1})/c^{\ominus}]^a\ [c(\mathrm{Red_2})/c^{\ominus}]^b} \quad (4\text{-}4)$$

式(4-3)、式(4-4)称为电动势或电池反应的能斯特(Nernst)方程，表达了电池反应中各物质的相对浓度(对于气态物质，用相对分压 $p/p^{\ominus}$)、温度与原电池电动势 E 的关系。

将 $E = \varphi_{正} - \varphi_{负}$ 和 $E^{\ominus} = \varphi_{正}^{\ominus} - \varphi_{负}^{\ominus}$ 代入式(4-3)，则可得到

$$\varphi_{正} - \varphi_{负} = \varphi_{正}^{\ominus} - \varphi_{负}^{\ominus} - \frac{RT}{nF}\ln \frac{[c(\mathrm{Ox_2})/c^{\ominus}]^c\ [c(\mathrm{Red_1})/c^{\ominus}]^d}{[c(\mathrm{Ox_1})/c^{\ominus}]^a\ [c(\mathrm{Red_2})/c^{\ominus}]^b}$$

$$= \left(\varphi_{正}^{\ominus} + \frac{RT}{nF}\ln \frac{[c(\mathrm{Ox_1})/c^{\ominus}]^a}{[c(\mathrm{Red_1})/c^{\ominus}]^d}\right) - \left(\varphi_{负}^{\ominus} + \frac{RT}{nF}\ln \frac{[c(\mathrm{Ox_2})/c^{\ominus}]^c}{[c(\mathrm{Red_2})/c^{\ominus}]^b}\right)$$

由于 φ 的大小在温度一定时只与参加电极反应的物质本性和浓度有关，故上式可分解为两个独立的部分：

$$\varphi_{正} = \varphi_{正}^{\ominus} + \frac{RT}{nF}\ln \frac{[c(\mathrm{Ox_1})/c^{\ominus}]^a}{[c(\mathrm{Red_1})/c^{\ominus}]^d}$$

$$\varphi_{负} = \varphi_{负}^{\ominus} + \frac{RT}{nF}\ln \frac{[c(\mathrm{Ox_2})/c^{\ominus}]^c}{[c(\mathrm{Red_2})/c^{\ominus}]^b}$$

对于一般电极反应：

$$a\mathrm{Ox} + ne^- \rightleftharpoons b\mathrm{Red}$$

$$\varphi = \varphi^{\ominus} + \frac{RT}{nF}\ln \frac{[c(\mathrm{Ox})/c^{\ominus}]^a}{[c(\mathrm{Red})/c^{\ominus}]^b} = \varphi^{\ominus} + \frac{0.0592}{n}\lg \frac{[c(\mathrm{Ox})/c^{\ominus}]^a}{[c(\mathrm{Red})/c^{\ominus}]^b} \quad (4\text{-}5)$$

式(4-5)即为电极电势或电极反应的 Nernst 方程。式中：φ 为电对(电极反应)在任意状态时的电极电势；$\varphi^{\ominus}$ 为电对的标准电极电势；$[c(\mathrm{Ox})/c^{\ominus}]^a$、$[c(\mathrm{Red})/c^{\ominus}]^b$ 分别为电极反应在氧化型、还原型一侧各物质相对浓度或相对分压(对于气体)幂的乘积；n 为电极反应式中转移的电子数。

2. 电池反应的标准平衡常数 $K^{\ominus}$ 与标准电动势 $E^{\ominus}$ 的关系

由热力学已知，化学反应的标准平衡常数 $K^{\ominus}$ 与标准摩尔吉布斯函数变 $\Delta_r G_m^{\ominus}$ 有以下关系：

$$\Delta_r G_m^{\ominus} = -RT\ln K^{\ominus}$$

而 $\Delta_r G_m^{\ominus} = -nFE^{\ominus}$，所以

$$\ln K^{\ominus} = nFE^{\ominus}/RT$$

$T = 298.15\ \mathrm{K}$ 时，有

$$\lg K^{\ominus} = nE^{\ominus}/0.0592 \quad (4\text{-}6)$$

可见，只要测得原电池的标准电动势 $E^{\ominus}$，就可求出温度 T 时电池反应的标准平衡常数 $K^{\ominus}$。

4.2.5　影响电极电势的因素

从电极反应的 Nernst 方程式(4-5)可以看出，电极电势的大小首先取决于电对的本

性。如活泼金属的电极电势一般很小,而活泼非金属的电极电势则较大。此外,电对的电极电势还与温度和浓度有关。

若电对的氧化型物质浓度增大,则 φ 增大,比 $\varphi^{\ominus}$ 要大;若电对的还原型物质浓度增大,则 φ 减小,比 $\varphi^{\ominus}$ 要小。因此,凡是影响氧化型、还原型物质浓度的因素,都将影响电极电势的大小。

1. 氧化型物质或还原型物质本身浓度的改变对电极电势的影响

【例 4-9】 已知 $Sn^{4+}+2e^-\Longrightarrow Sn^{2+}$,$\varphi^{\ominus}=0.151$ V。试求当 Sn^{4+}、Sn^{2+} 浓度分别为下表所列值时的电极电势 φ。

组 号	1	2	3	4	5	6	7
$c(Sn^{4+})/c^{\ominus}$	10^{-3}	10^{-2}	10^{-1}	1	1	1	1
$c(Sn^{2+})/c^{\ominus}$	1	1	1	1	10^{-1}	10^{-2}	10^{-3}

解 将第 6 组数据代入 Nernst 方程:

$$\varphi=\varphi^{\ominus}+\frac{0.0592}{2}\lg\frac{c(Sn^{4+})/c^{\ominus}}{c(Sn^{2+})/c^{\ominus}}=\left(0.151+\frac{0.0592}{2}\lg\frac{1}{10^{-2}}\right)\text{V}=0.21\text{ V}$$

将计算结果填入下表:

组 号	1	2	3	4	5	6	7
$c(Sn^{4+})/c^{\ominus}$	10^{-3}	10^{-2}	10^{-1}	1	1	1	1
$c(Sn^{2+})/c^{\ominus}$	1	1	1	1	10^{-1}	10^{-2}	10^{-3}
φ/V	0.062	0.092	0.121	0.151	0.181	0.21	0.24

由计算结果可见,降低氧化型物质的浓度,φ 值减小;降低还原型物质的浓度,φ 值增大。

2. 酸度对电极电势的影响

如果电极反应中包含 H^+ 或 OH^-,酸度就会对电极电势产生影响,否则无影响。

【例 4-10】 计算 MnO_4^-/Mn^{2+} 电对在 298.15 K 时,当 $c(H^+)=1$ mol·L^{-1} 和 $c(H^+)=0.001$ mol·L^{-1} 时的电极电势。设 $c(MnO_4^-)=c(Mn^{2+})=1$ mol·L^{-1}。

解 电极反应 $MnO_4^-+8H^++5e^-\Longrightarrow Mn^{2+}+4H_2O$

$$\varphi(MnO_4^-/Mn^{2+})=\varphi^{\ominus}(MnO_4^-/Mn^{2+})+\frac{0.0592}{5}\lg\left[\frac{c(H^+)}{c^{\ominus}}\right]^8$$

当 $c(H^+)=1$ mol·L^{-1} 时,有

$$\varphi(MnO_4^-/Mn^{2+})=\left(1.51+\frac{0.0592}{5}\lg 1\right)\text{V}=1.51\text{ V}$$

当 $c(H^+)=0.001$ mol·L^{-1} 时,有

$$\varphi(MnO_4^-/Mn^{2+})=\left(1.51+\frac{0.0592}{5}\lg 0.001^8\right)\text{V}=1.23\text{ V}$$

此例说明,MnO_4^- 的氧化性随着溶液酸度的降低而减弱。因此,在使用含氧酸及其盐或氧化物作氧化剂时,为了增强其氧化能力,常常加大溶液的酸度。

3. 沉淀生成对电极电势的影响

向已建立平衡的电极反应中加入沉淀剂,与氧化型物质或还原型物质生成沉淀,从而

使其浓度降低,将导致电极电势减小或增大。

【例 4-11】 在含有 Ag^+/Ag 电对的体系中,已知电极反应

$$Ag^+ + e^- \rightleftharpoons Ag; \quad \varphi^\ominus(Ag^+/Ag) = 0.799 \text{ V}$$

如果向该体系中加入 KCl 产生 AgCl 沉淀,当达到平衡时,$c(Cl^-) = 1.00 \text{ mol} \cdot L^{-1}$,求 $\varphi^\ominus(Ag^+/Ag)$ 和 $\varphi^\ominus(AgCl/Ag)$ 的值。已知 $K_{sp}^\ominus(AgCl) = 1.80 \times 10^{-10}$。

解 当 Ag^+ 与 Cl^- 生成 AgCl 沉淀并达到平衡时,有

$$c'(Ag^+) = K_{sp}^\ominus(AgCl)/c'(Cl^-) = 1.80 \times 10^{-10}/1.00 = 1.80 \times 10^{-10}$$

代入电极反应 $Ag^+ + e^- \rightleftharpoons Ag$ 的 Nernst 方程,得

$$\begin{aligned}
\varphi^\ominus(Ag^+/Ag) &= \varphi^\ominus(Ag^+/Ag) + 0.0592 \lg[c(Ag^+)/c^\ominus] \\
&= [0.799 + 0.0592 \lg(1.80 \times 10^{-10})] \text{ V} \\
&= 0.222 \text{ V}
\end{aligned}$$

可见由于 AgCl 沉淀的生成,Ag^+ 浓度大大减小,Ag^+/Ag 电对的电极电势下降了 0.577 V,使 Ag^+ 的氧化能力大大降低。

由于此时的条件是电极反应 $AgCl + e^- \rightleftharpoons Ag + Cl^-$ 的标准状态,所以

$$\varphi^\ominus(AgCl/Ag) = \varphi(Ag^+/Ag) = 0.222 \text{ V}$$

用同样的方法可以算出 $\varphi^\ominus(AgBr/Ag)$ 和 $\varphi^\ominus(AgI/Ag)$,列表比较如下:

AgX	$K_{sp}^\ominus(AgX)$	$c(Ag^+)/c^\ominus$	电极反应	$\varphi^\ominus(AgX/Ag)/V$
AgI	8.52×10^{-17}	8.52×10^{-17}	$AgI + e^- \rightleftharpoons Ag + I^-$	-0.152
AgBr	5.35×10^{-13}	5.35×10^{-13}	$AgBr + e^- \rightleftharpoons Ag + Br^-$	0.071
AgCl	1.80×10^{-10}	1.80×10^{-10}	$AgCl + e^- \rightleftharpoons Ag + Cl^-$	0.222

可见随着 $K_{sp}^\ominus(AgX)$ 的减小,$\varphi^\ominus(AgX/Ag)$ 也减小。

4. 配合物的生成对电极电势的影响

配合物的生成对电极电势的影响与沉淀的生成对电极电势的影响一样。向已建立平衡的电极反应中加入配位剂,与氧化型物质或还原型物质生成配合物,从而使其浓度降低,将导致电极电势减小或增大。

任务 4.3　电极电势的应用

电极电势是电化学中很重要的数据,除了用于计算原电池的 E 和电池反应的 $\Delta_r G_m$ 外,还可以用于比较氧化剂和还原剂的相对强弱、判断氧化还原反应进行的方向和程度等。

4.3.1　判断氧化剂和还原剂的相对强弱

电极电势代数值的大小反映了电对中氧化型物质的氧化能力和还原型物质的还原能

力的相对强弱。某电极电势代数值越大,则该电极上越容易发生还原反应,该电对的氧化型物质越容易得到电子,是较强的氧化剂,而还原型物质越难失去电子,是较弱的还原剂;某电极电势代数值越小,则该电极上越容易发生氧化反应,该电对的还原型物质越容易失去电子,是较强的还原剂,而氧化型物质越难得到电子,是较弱的氧化剂。

在标准电极电势表中,由于电极电势的代数值由上至下逐渐增大,因此电对中氧化型物质的氧化能力和还原型物质的还原能力也由上至下发生有规律的变化。标准状态下物质在酸性溶液中氧化还原能力的递变规律见表 4-6。

表 4-6 标准状态下物质在酸性溶液中氧化还原能力的递变

电　对	氧化还原能力递变规律	$\varphi_A^{\ominus}/V$
Li^+/Li ⋮ Mg^{2+}/Mg ⋮ H^+/H_2 ⋮ Cu^{2+}/Cu ⋮ $F_2(g)/F^-$	Li 为还原能力最强的还原型物质 氧化型物质的氧化能力增强　　还原型物质的还原能力增强 $F_2(g)$ 为氧化能力最强的氧化型物质	代数值增大

【例 4-12】 比较 Sn^{2+}/Sn、Cl_2/Cl^-、I_2/I^- 电对中氧化型物质的氧化性及还原型物质的还原性的相对强弱。

解 查附录得:

电　对	电极反应	$\varphi^{\ominus}/V$
Sn^{2+}/Sn	$Sn^{2+}+2e^- \rightleftharpoons Sn$	-0.14
I_2/I^-	$I_2+2e^- \rightleftharpoons 2I^-$	0.535
Cl_2/Cl^-	$Cl_2+2e^- \rightleftharpoons 2Cl^-$	1.36

因此氧化型物质氧化性:$Sn^{2+}<I_2<Cl_2$;还原型物质还原性:$Sn>I^->Cl^-$。

由此例可见,在标准状态下,Cl_2 是最强的氧化剂,它可以氧化 I^- 和金属 Sn,而其对应的 Cl^- 是最弱的还原剂,它不能还原 I_2 和 Sn^{2+};金属 Sn 是最强的还原剂,它可以还原 I_2 和 Cl_2,而其对应的 Sn^{2+} 是最弱的氧化剂,它不能氧化 I^- 和 Cl^-。

当电极处于非标准状态下时,不能用 $\varphi^{\ominus}$ 进行判断,而应由 Nernst 方程算出非标准状态下的 φ 值,再进行判断。不过简单的电极反应,离子浓度的变化对 φ 值的影响不大,可以直接用 $\varphi^{\ominus}$ 来进行判断。

【例 4-13】 分析化学中,从含有 Cl^-、Br^-、I^- 的混合溶液中进行 I^- 的定性鉴定时,常用 $Fe_2(SO_4)_3$ 将 I^- 氧化为 I_2,再用 CCl_4 将 I_2 萃取出来呈紫红色,说明其原理。

解 查附录得:

电　　对	电　极　反　应	$\varphi^{\ominus}/V$
Fe^{3+}/Fe^{2+}	$Fe^{3+}+e^-\Longrightarrow Fe^{2+}$	0.771
Cl_2/Cl^-	$Cl_2+2e^-\Longrightarrow 2Cl^-$	1.36
Br_2/Br^-	$Br_2+2e^-\Longrightarrow 2Br^-$	1.065
I_2/I^-	$I_2+2e^-\Longrightarrow 2I^-$	0.535

因为 $\varphi^{\ominus}(Fe^{3+}/Fe^{2+})$ 大于 $\varphi^{\ominus}(I_2/I^-)$，而小于 $\varphi^{\ominus}(Br_2/Br^-)$ 和 $\varphi^{\ominus}(Cl_2/Cl^-)$，所以 Fe^{3+} 可将 I^- 氧化成 I_2，而不能将 Br^- 和 Cl^- 氧化，Br^- 和 Cl^- 仍留在溶液中。其反应为

$$2Fe^{3+}+2I^-\Longrightarrow 2Fe^{2+}+I_2$$

4.3.2　判断氧化还原反应进行的方向

我们已经知道，在等温等压、不做非体积功的封闭体系中，化学反应向吉布斯自由能减小的方向进行，即

$\Delta G<0$，正反应自发进行；$\Delta G=0$，反应达到平衡；$\Delta G>0$，逆反应自发进行。

因为 $\Delta_r G_m=W'=-nFE$，$\Delta_r G_m^{\ominus}=-nFE^{\ominus}$，所以

任意状态	标准状态	氧化还原反应进行的方向
$E>0$	$E^{\ominus}>0$	正反应自发进行
$E=0$	$E^{\ominus}=0$	反应达到平衡
$E<0$	$E^{\ominus}<0$	逆反应自发进行

因为 $E=\varphi_+-\varphi_-$，$E^{\ominus}=\varphi_+^{\ominus}-\varphi_-^{\ominus}$，所以只有电极电势较大电对的氧化型物质与电极电势较小电对的还原型物质才能发生氧化还原反应。

【例 4-14】　在标准状态下，$FeCl_3$ 溶液为什么可以溶解铜板？

解　查附录知 $\varphi^{\ominus}(Fe^{3+}/Fe^{2+})=0.771\ V$，　$\varphi^{\ominus}(Cu^{2+}/Cu)=0.337\ V$

因为 $\varphi^{\ominus}(Fe^{3+}/Fe^{2+})>\varphi^{\ominus}(Cu^{2+}/Cu)$，所以标准状态下反应

$$2Fe^{3+}+Cu\Longrightarrow 2Fe^{2+}+Cu^{2+}$$

能自发向右进行，$FeCl_3$ 溶液可以溶解铜板。

在印刷电路版的制造中，就是用 $FeCl_3$ 溶液作铜板的腐蚀剂，把铜板上需要去掉的部分与 $FeCl_3$ 作用，使铜变成 $CuCl_2$ 而溶解。

上例是用标准电极电势来判断氧化还原反应进行的方向。但实际中的化学反应往往在非标准状态下进行，此时，须按 Nernst 方程计算出正极和负极的电极电势，然后再判断反应进行的方向。当对反应作粗略判断时，也可直接用 $\varphi^{\ominus}$ 数据。因为在一般情况下，标准电动势 $E^{\ominus}>0.5\ V$ 时，不会因浓度变化而使电动势 E 改变符号；当标准电动势 $E^{\ominus}<0.2\ V$ 时，离子浓度（或气体分压）的改变可能改变氧化还原反应的方向。

【例 4-15】　试判断反应：

$$Pb^{2+}+Sn\Longrightarrow Pb+Sn^{2+}$$

（1）在标准状态下；（2）$c(Sn^{2+})=1.0\ mol\cdot L^{-1}$，$c(Pb^{2+})=0.1\ mol\cdot L^{-1}$ 时，能否自发

向右进行。

解 查附录知 $\varphi^{\ominus}(Pb^{2+}/Pb) = -0.126\ V$，$\varphi^{\ominus}(Sn^{2+}/Sn) = -0.136\ V$

(1) 在标准状态下，有

$$E^{\ominus} = \varphi^{\ominus}(Pb^{2+}/Pb) - \varphi^{\ominus}(Sn^{2+}/Sn)$$
$$= [-0.126 - (-0.136)]\ V = 0.01\ V > 0$$

反应能自发向右进行。

(2) $c(Sn^{2+}) = 1.0\ mol \cdot L^{-1}$，$c(Pb^{2+}) = 0.1\ mol \cdot L^{-1}$ 时，有

$$\varphi(Pb^{2+}/Pb) = \varphi^{\ominus}(Pb^{2+}/Pb) + \frac{0.0592}{2}\lg\frac{c(Pb^{2+})}{c^{\ominus}}$$
$$= \left(-0.126 + \frac{0.0592}{2}\lg\frac{0.1}{1}\right)\ V = -0.156\ V$$

$$E = \varphi(Pb^{2+}/Pb) - \varphi^{\ominus}(Sn^{2+}/Sn) = [-0.156 - (-0.136)]\ V = -0.02\ V < 0$$

所以正反应不能自发进行，而逆反应可自发进行。

4.3.3 判断氧化还原反应进行的程度

一个化学反应进行的程度可以用该反应的平衡常数的大小来衡量。前面已经讨论过，电池反应的标准平衡常数 $K^{\ominus}$ 与原电池的标准电动势 $E^{\ominus}$ 之间的关系为

$$\ln K^{\ominus} = nFE^{\ominus}/RT$$

$T = 298.15\ K$ 时，$\lg K^{\ominus} = nE^{\ominus}/0.0592$，即

$$\lg K^{\ominus} = \frac{nE^{\ominus}}{0.0592} = \frac{n(\varphi_+^{\ominus} - \varphi_-^{\ominus})}{0.0592}$$

可见，氧化还原反应的平衡常数 $K^{\ominus}$ 只与原电池的标准电动势 $E^{\ominus}$ 和温度 T 有关，而与物质的浓度无关。$E^{\ominus}$ 越大，$K^{\ominus}$ 越大。只要测得或计算出原电池的标准电动势 $E^{\ominus}$，就可求出温度 T 时电池反应的标准平衡常数 $K^{\ominus}$。氧化还原反应的平衡常数可以通过两个电对的标准电极电势求得。

一般地，当 $K^{\ominus} > 6 \times 10^6$ 时，说明反应已进行完全；当 $K^{\ominus} < 2 \times 10^{-7}$ 时，说明反应不能正向进行或进行的趋势很小。

【例 4-16】 试判断反应 $Zn + Cu^{2+} \rightleftharpoons Zn^{2+} + Cu$ 在 298.15 K 时进行的程度。

解 查附录得 $\varphi^{\ominus}(Cu^{2+}/Cu) = 0.337\ V$，$\varphi^{\ominus}(Zn^{2+}/Zn) = -0.763\ V$

于是有

$$\lg K^{\ominus} = \frac{2E^{\ominus}}{0.0592} = \frac{2 \times [0.337 - (-0.763)]}{0.0592} = 37.2$$
$$K^{\ominus} = 1.58 \times 10^{37}$$

$K^{\ominus}$ 值很大，说明反应进行得很彻底。

4.3.4 元素标准电极电势图及其应用

利用标准电极电势表，可以直观地看出各种氧化剂、还原剂的相对强弱以及氧化还原反应可能的方向和产物。但是，对于了解同一元素的不同氧化态的氧化还原性仍不够方

便。为此,提出了元素标准电极电势图。

许多元素具有多种氧化态,各种氧化态物质又可以组成多种氧化还原电对。将元素各种氧化态按氧化数由高到低的顺序排列成一行,在两种物质间用线连接组成一个电对,并在线上标明此电对的标准电极电势值,就构成了该元素标准电极电势图。

例如,Cu 具有 0、+1、+2 三种氧化数,其标准电极电势图为

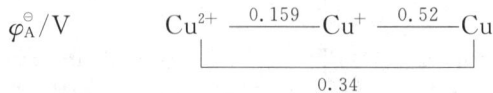

$$\varphi_A^{\ominus}/V \qquad Cu^{2+} \underline{\quad 0.159 \quad} Cu^+ \underline{\quad 0.52 \quad} Cu$$
$$\underline{\qquad\qquad 0.34 \qquad\qquad}$$

元素标准电极电势图与标准电极电势表相比,具有简单明了、全面综合、形象直观的特点,在化学中具有重要应用,可以了解元素各种氧化态的氧化还原性能、稳定性及可能发生的氧化还原反应。

1. 判断歧化反应能否发生

同一元素的某一中间氧化态同时向较高和较低氧化态转化的氧化还原反应称为歧化反应;相反,由同一元素的较高氧化态和较低氧化态相互作用生成其中间氧化态的反应,是歧化反应的逆反应,称为逆歧化反应。

同一元素不同氧化数的任何三种物质组成的两个电对按氧化数由高到低排列如下:

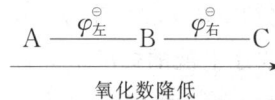

$$A \underline{\quad \varphi_左^{\ominus} \quad} B \underline{\quad \varphi_右^{\ominus} \quad} C$$
$$\underrightarrow{\qquad\qquad\qquad\qquad}$$
$$氧化数降低$$

若 B 能发生歧化反应,生成氧化数较低的物质 C 和氧化数较高的物质 A。B 转化为 C 时,B 发生还原反应,该电对作为原电池的正极;B 转化为 A 时,B 发生氧化反应,该电对作为原电池的负极。只有 $E^{\ominus} = \varphi_+^{\ominus} - \varphi_-^{\ominus} = \varphi_右^{\ominus} - \varphi_左^{\ominus} > 0$ 时,B 才能发生歧化反应;反之,A 和 C 能发生逆歧化反应生成 B。

例如,铜元素标准电极电势图如下:

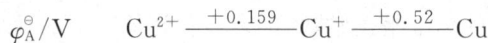

$$\varphi_A^{\ominus}/V \qquad Cu^{2+} \underline{\quad +0.159 \quad} Cu^+ \underline{\quad +0.52 \quad} Cu$$

因 $\varphi_右^{\ominus} > \varphi_左^{\ominus}$,所以在酸性溶液中 Cu^+ 不稳定,发生以下歧化反应:

$$2Cu^+ =\!=\!= Cu + Cu^{2+}$$

又如铁元素标准电极电势图:

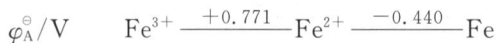

$$\varphi_A^{\ominus}/V \qquad Fe^{3+} \underline{\quad +0.771 \quad} Fe^{2+} \underline{\quad -0.440 \quad} Fe$$

因为 $\varphi_右^{\ominus} < \varphi_左^{\ominus}$,所以 Fe^{2+} 不能发生歧化反应。但 Fe^{3+} 可氧化 Fe 生成 Fe^{2+},发生以下逆歧化反应:

$$2Fe^{3+} + Fe =\!=\!= 3Fe^{2+}$$

2. 判断元素各氧化态的氧化还原性能

因为元素标准电极电势图将分散在标准电极电势表中不同氧化态的标准电极电势集中表示在同一图中,使用起来更加方便。以氯元素在酸性介质和碱性介质中的标准电极电势图为例:

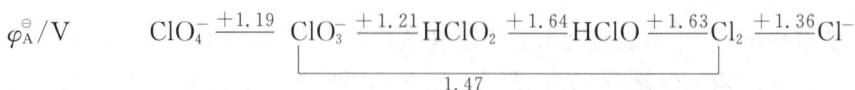

$$\varphi_A^{\ominus}/V \qquad ClO_4^- \underline{\quad +1.19 \quad} ClO_3^- \underline{\quad +1.21 \quad} HClO_2 \underline{\quad +1.64 \quad} HClO \underline{\quad +1.63 \quad} Cl_2 \underline{\quad +1.36 \quad} Cl^-$$
$$\underline{\qquad\qquad\qquad 1.47 \qquad\qquad\qquad}$$

$$\varphi_B^\ominus / V \qquad ClO_4^- \xrightarrow{+0.36} ClO_3^- \xrightarrow{+0.33} ClO_2^- \xrightarrow{+0.66} ClO^- \xrightarrow{+0.42} Cl_2 \xrightarrow{+1.36} Cl^-$$
$$\underset{+0.48}{\underbrace{\qquad\qquad\qquad\qquad\qquad}}$$

由上图可得出以下结论：

（1）除 $\varphi^\ominus(Cl_2/Cl^-) = +1.36$ V 不受介质影响外，其余各电对的 $\varphi^\ominus$ 值均受介质影响，并且影响较大，$\varphi_A \gg \varphi_B$。氯元素所有电对的 $\varphi^\ominus$ 值（无论酸碱介质）均大于 0.33 V，所以氧化性是氯及其化合物的主要性质，氯的含氧酸及其盐都具有较强的氧化性，但一般使用较稳定的盐。在选用氯的含氧酸盐作为氧化剂时，反应最好在酸性介质中进行。但欲使低氧化态氯氧化，即从低氧化态物质制备高氧化态物质，则反应应在碱性介质中进行。

（2）酸性介质中 $HClO_2$、碱性介质中 ClO_2^- 都是 $\varphi_右 > \varphi_左$，都会发生歧化反应，在溶液中很难存在。Cl_2 在碱性介质中是 $\varphi_右 > \varphi_左$，会发生歧化反应。所以实验室 Cl_2 尾气，以及工厂含氯量较低废气的处理都是将其通入碱性溶液。

（3）$HClO_4$、ClO_4^- 中氯的氧化数处于最高值 +7，但其相关电对的 $\varphi^\ominus$ 值并不是最大，特别是在碱性介质中，可见物质氧化性的强弱与元素氧化数的高低没有直接关系。

3. 求未知电对的标准电极电势

已知两个相邻电对的标准电极电势，可求另一电对标准电极电势。

$$A \xrightarrow{n_1 \varphi_1^\ominus} B \xrightarrow{n_2 \varphi_2^\ominus} C$$
$$\underset{n\varphi}{\underbrace{\qquad\qquad\qquad}}$$

$$\varphi^\ominus = \frac{n_1 \varphi_1^\ominus + n_2 \varphi_2^\ominus}{n} = \frac{n_1 \varphi_1^\ominus + n_2 \varphi_2^\ominus}{n_1 + n_2}$$

任务 4.4 化学电源与电解

4.4.1 化学电源

化学电源又称化学电池，是将化学能转变为电能的装置。化学电池的主要部分是电解质溶液和浸在溶液中的正极和负极，使用时将两极用导线接通，就有电流产生，因而获得电能。化学电池放电到一定程度，电能减弱，有的经充电复原又可使用，这样的电池称为蓄电池，如铅蓄电池、银锌蓄电池等；有的不能充电复原，称为原电池，如干电池、燃料电池等。

下面简要介绍几类常用化学电池。

1. 干电池

干电池是普通锌锰干电池的简称，是最常用的化学电池，分为盐类电解液电池和碱性电解液电池两种。由于锌锰电池中的电解液不能流动，故俗称锌锰干电池。其构造如图 4-8 所示，用锌皮制成的锌筒作为负极兼做容器，用 MnO_2 和石墨碳棒插在圆筒中央作为正极，用 $ZnCl_2$、NH_4Cl 和淀粉混合成糊状物作为电解液。

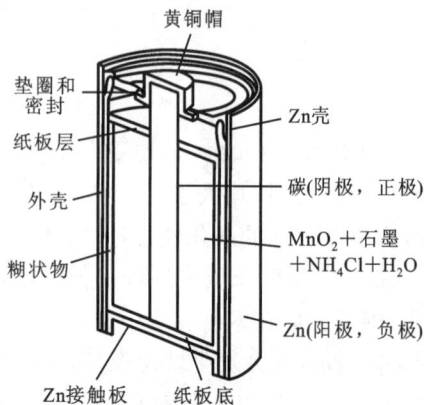

图 4-8　锌锰干电池结构示意图

电极反应如下。

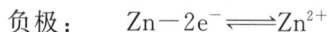

负极：　　　　$Zn - 2e^- \rightleftharpoons Zn^{2+}$

正极：　$2NH_4^+ + 2e^- \rightleftharpoons 2NH_3 + H_2$

产生的 H_2 与 MnO_2 反应：

$$H_2 + 2MnO_2 \rightleftharpoons Mn_2O_3 + H_2O$$

产生的 NH_3 和 $ZnCl_2$ 作用：

$$Zn^{2+} + 2NH_3 \rightleftharpoons [Zn(NH_3)_2]^{2+}$$

锌锰干电池的总反应式：

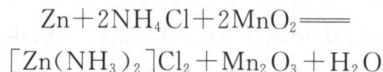

$$Zn + 2NH_4Cl + 2MnO_2 \rightleftharpoons$$
$$[Zn(NH_3)_2]Cl_2 + Mn_2O_3 + H_2O$$

正极生成的氨被电解质溶液吸收,生成的氢气被二氧化锰氧化成水。锌锰干电池的电压为 $1.5 \sim 1.6\ V$。在使用中,锌皮腐蚀,电压逐渐下降,不能重新充电复原,因而不宜长时间连续使用。这种电池的电量小,在放电过程中容易发生气胀或漏液。

现在体积小、性能好的碱性锌锰干电池的电解液由原来的中性变为离子导电性能更好的碱性,负极也由锌片改为锌粉,反应面积成倍增加,使放电电流大幅度提高。碱性干电池的容量和放电时间比普通干电池增加几倍,适用于电动玩具、剃须刀和照相机等新型较大功率电器具。

2. 蓄电池

(1) 铅蓄电池。它是一种充电时起电解作用、放电时起原电池作用的可储存能量的装置,其构造如图 4-9 所示,电极都是由两组含锑 $5\% \sim 8\%$ 的铅锑合金板组成的,在正极格板上附着一层 PbO_2,负极格板上附着海绵状金属铅,两极均浸在一定浓度的 H_2SO_4 溶液(密度为 $1.25 \sim 1.28\ g \cdot cm^{-3}$)中,且两极间用微孔橡胶或微孔塑料隔开。

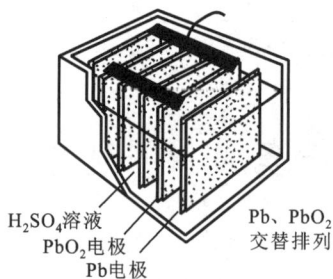

图 4-9　铅蓄电池装置

铅蓄电池可用下式表示：

$$(-)\ Pb \mid H_2SO_4 \mid PbO_2\ (+)$$

电池放电时的电极反应如下。

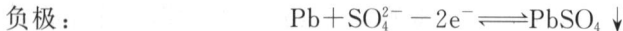

负极：　　　　　$Pb + SO_4^{2-} - 2e^- \rightleftharpoons PbSO_4 \downarrow$

正极：　　$PbO_2 + 4H^+ + SO_4^{2-} + 2e^- \rightleftharpoons PbSO_4 \downarrow + 2H_2O$

铅蓄电池的电压正常情况下保持在 $2.0\ V$,当电压下降到 $1.85\ V$ 时,即当放电进行到 H_2SO_4 溶液浓度降低,溶液密度达 $1.18\ g \cdot cm^{-3}$ 时即停止放电,而需要将铅蓄电池进行充电。电极反应如下。

阳极：　　　　$PbSO_4 + 2H_2O - 2e^- \rightleftharpoons PbO_2 + 4H^+ + SO_4^{2-}$

阴极：　　　　　　$PbSO_4 + 2e^- \rightleftharpoons Pb + SO_4^{2-}$

当密度增加至 $1.28\ g \cdot cm^{-3}$ 时,应停止充电。

铅蓄电池放电和充电的总反应式：

$$\text{PbO}_2 + \text{Pb} + 2\text{H}_2\text{SO}_4 \underset{\text{充电}}{\overset{\text{放电}}{\rightleftharpoons}} 2\text{PbSO}_4 \downarrow + 2\text{H}_2\text{O}$$

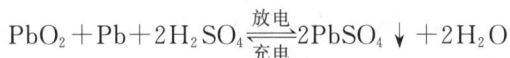

目前汽车上使用的电池中,有很多是铅蓄电池。由于它的电压稳定,使用方便、安全、可靠,又可以循环使用,因此广泛应用于国防、科研、交通、生产和生活中。

(2) 银锌蓄电池。它是一种高能电池,质量轻、体积小,它是人造卫星、宇宙火箭、空间电视转播站等的电源。目前,有一种类似于干电池的充电电池,它实际上是一种银锌蓄电池,电解液为 KOH 溶液。

常见的纽扣电池也是银锌蓄电池,它用不锈钢制成一个由正极壳和负极盖组成的小圆盒,盒内靠正极壳一端充有 Ag_2O 和少量石墨组成的正极活性材料,靠负极盖一端填充锌汞合金作为负极活性材料,电解质溶液为 KOH 浓溶液,溶液两边用羧甲基纤维素作隔膜,将电极与电解质溶液隔开。

银锌蓄电池的电池表示式如下。

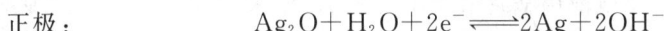

$$\text{Zn(s)},\text{ZnO(s)} \mid \text{KOH(饱和)} \mid \text{Ag}_2\text{O(s)},\text{Ag(s)}$$

负极:$\qquad\qquad \text{Zn} + 2\text{OH}^- - 2e^- \rightleftharpoons \text{Zn(OH)}_2$

正极:$\qquad\qquad \text{Ag}_2\text{O} + \text{H}_2\text{O} + 2e^- \rightleftharpoons 2\text{Ag} + 2\text{OH}^-$

银锌蓄电池跟铅蓄电池一样,在使用(放电)一段时间后就要充电,充电过程表示如下。

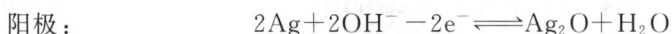

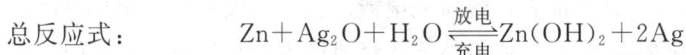

阳极:$\qquad\qquad 2\text{Ag} + 2\text{OH}^- - 2e^- \rightleftharpoons \text{Ag}_2\text{O} + \text{H}_2\text{O}$

阴极:$\qquad\qquad \text{Zn(OH)}_2 + 2e^- \rightleftharpoons \text{Zn} + 2\text{OH}^-$

总反应式:$\qquad \text{Zn} + \text{Ag}_2\text{O} + \text{H}_2\text{O} \underset{\text{充电}}{\overset{\text{放电}}{\rightleftharpoons}} \text{Zn(OH)}_2 + 2\text{Ag}$

一粒纽扣电池的电压达 1.59 V,安装在电子表里一般可使用两年之久。

3. 燃料电池

燃料电池又称连续电池。它与一般电池不同,它不是把还原剂、氧化剂物质全部储存在电池内,而是在工作时,不断地从外界输入,同时把电极反应产物不断排出,是连续性的发电装置,其结构如图4-10所示。因此,燃料电池是把能源中燃料燃烧反应的化学能直接转化为电能的能量转换器。燃料电池的正极和负极都用多孔炭和多孔镍、铂、铁等制成。从负极连续通入氢气、煤气、发生炉煤气、水煤气、甲烷等气体,从正极连续通入氧气或空气。电解液(如氢氧化钠或氢氧化钾溶液)把两个电极隔开。化学反应的最终产物和燃烧时的产物相同。燃料电池的特点是能量利用率高,设备轻便,减轻污染,能量转换率可达 70% 以上。

燃料电池按使用的原料不同,可分为氢-氧燃料电池、甲烷-氧燃料电池等;按采用的电解质的不同,可分为碱性燃料电池、磷酸型燃料电池等。

(1) 氢-氧燃料电池。"阿波罗"号宇宙飞船用的就是

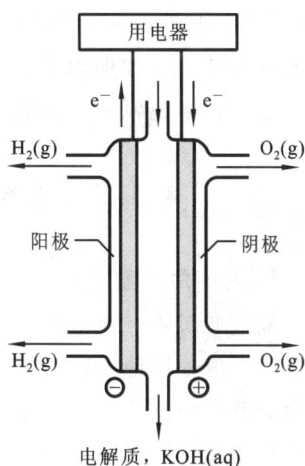

图 4-10 燃料电池结构示意

氢-氧燃料电池,其负极是多孔镍电极,在负极通入 H_2,正极为覆盖氧化镍的镍电极,正极通入 O_2。

① 用 KOH 溶液作为电解质溶液。电极反应如下。

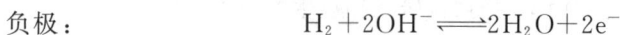

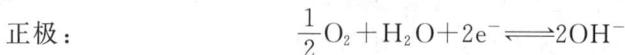

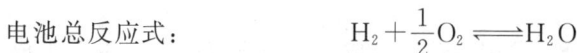

负极:
$$H_2 + 2OH^- \Longrightarrow 2H_2O + 2e^-$$

正极:
$$\frac{1}{2}O_2 + H_2O + 2e^- \Longrightarrow 2OH^-$$

电池总反应式:
$$H_2 + \frac{1}{2}O_2 \Longrightarrow H_2O$$

② 用 H_3PO_4 溶液作为电解质溶液,电极反应如下。

负极:
$$H_2 \Longrightarrow 2H^+ + 2e^-$$

正极:
$$\frac{1}{2}O_2 + 2H^+ + 2e^- \Longrightarrow H_2O$$

电池总反应式:
$$H_2 + \frac{1}{2}O_2 \Longrightarrow H_2O$$

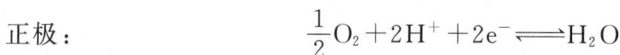

(2) 甲烷-氧燃料电池。该电池用金属铂片插入 KOH 溶液中作为电极,又在两极上分别通入甲烷和氧气。电极反应如下。

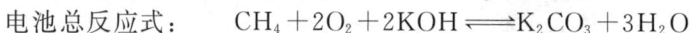

负极:
$$CH_4 + 10OH^- - 8e^- \Longrightarrow CO_3^{2-} + 7H_2O$$

正极:
$$O_2 + 2H_2O + 4e^- \Longrightarrow 4OH^-$$

电池总反应式:
$$CH_4 + 2O_2 + 2KOH \Longrightarrow K_2CO_3 + 3H_2O$$

燃料电池的重要意义是把化学能直接转换成电能。如今绝大部分电能是由汽轮发电机产生的,而汽轮发电机则是靠煤、石油或天然气燃烧所产生的热量进行运转的。在这里化学能转换成电能是间接的:化学能首先转换成热,然后热又用于产生蒸汽。这种间接过程比电池进行反应的直接过程效率低,电厂最多也只能将燃料燃烧热的 $30\%\sim40\%$ 转换成电能,剩余部分消耗在空气和水体中,从而导致热污染。而燃料电池由于直接发生电流,则可以不受热机效率的限制,理论效率可达 100%,实用的燃料电池效率现已达 75%。故燃料电池是一种理想的、高效率的能源装置,同时极大地减少了由电力生产带来的热污染。氢燃料电池就是一种成功的、无污染的新能源。

4.4.2　电解

1. 电解的原理

电流通过熔融电解质或电解质溶液导致其发生分解的过程称为电解,它通过电解池完成。不像原电池是将自发氧化还原反应的化学能转化为电能,电解池是利用外部电源提供的电能引发非自发氧化还原反应。电解池中与电源负极相连的电极称为阴极,和电源正极相连的电极称为阳极。其实质是在电流的作用下,使电解质溶液发生氧化还原反应的过程。通电时,一方面电子从电源的负极沿导线流入电解池的阴极;另一方面电子从电解池的阳极离开,沿导线回到电源的正极。这样在阴极上电子过剩,在阳极上缺少电子,因此,电解质溶液中的正离子移向阴极,在阴极上得到电子,发生还原反应;电解质溶液中负离子移向阳极,在阳极上给出电子,发生氧化反应。

如果没有电解反应,现代工业就不能正常运转。例如,铝和镁这两种重要的金属都只能通过电解法生产,同样重要的铜和镍也经由电解法精炼。

2. 电解的应用

(1) 电化学工业。用电解方法制取化工产品的工业称为电化学工业。如电解饱和食盐水制取氯气和烧碱。

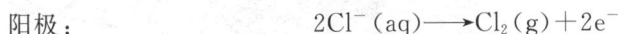

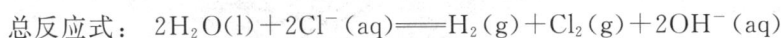

阴极:　　　　　　　　$2H_2O(l) + 2e^- \longrightarrow H_2(g) + 2OH^-(aq)$

阳极:　　　　　　　　$2Cl^-(aq) \longrightarrow Cl_2(g) + 2e^-$

总反应式:　$2H_2O(l) + 2Cl^-(aq) =\!\!=\!\!= H_2(g) + Cl_2(g) + 2OH^-(aq)$

(2) 电冶金工业。电解位于金属活动顺序表中 Al 以前(含 Al)的金属盐溶液时,阴极上总是产生 H_2,而得不到相应的金属。因此,一般制取此类活泼金属单质时,只能采取电解熔盐的方法。如电解熔融 NaCl,可使其分解为它的组成元素的单质 Na 和 Cl_2。电解装置如图 4-11 所示。

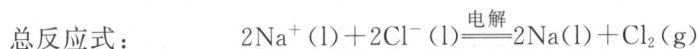

阴极:　　　　　　　　$2Na^+(l) + 2e^- \longrightarrow 2Na(l)$

阳极:　　　　　　　　$2Cl^-(l) - 2e^- \longrightarrow Cl_2(g)$

总反应式:　　　$2Na^+(l) + 2Cl^-(l) \xrightarrow{\text{电解}} 2Na(l) + Cl_2(g)$

(3) 电镀。电镀是应用电解原理在某些金属表面镀上一薄层其他金属或合金的过程。电镀的目的主要是使金属增强抗腐蚀能力、增加美观度和表面硬度。电镀时,一般是用含有镀层金属离子的电解质配成电镀液;把待镀金属制品浸入电镀液中与直流电源的负极相连,作为阴极;用镀层金属作为阳极,与直流电源正极相连。通入低压直流电,阳极金属溶解在溶液中成为正离子,移向阴极,这些离子在阴极获得电子被还原成金属,覆盖在需要电镀的金属制品上。

电镀液的浓度、pH、温度以及电流等条件都会影响电镀的质量。因此,电镀时必须严格控制条件,以达到均匀、光滑、牢固的目的。

(4) 金属的电解精炼。金属的电解精炼是利用电镀的原理,从含杂质的金属中精炼金属。如精炼铜,电解装置如图 4-12 所示。用粗铜板作阳极,纯铜板作阴极,用 $CuSO_4$ 溶液作为电镀液。通电时,含有杂质的粗铜在阳极不断溶解,粗铜中往往含有锌、铁、镍、银、金等多种杂质,当含杂质的铜在阳极不断溶解时,位于金属活动性顺序铜以前的金属杂质如锌、铁、镍等,也会同时失去电子,但是它们的正离子比铜离子难以还原,所以它们并不在阴极获得电子析出,而只是留在电解液里。而位于金属活动性顺序铜之后的银、金等杂质,因为给出电子的能力比铜弱,难以在阳极失去电子变成正离子溶解下来,当阳极上的铜失去电子变成离子溶解之后,它们以金属单质的形式沉积在电解槽底,形成阳极泥(阳极泥可作为提炼金、银等贵重金属的原料)。用电解精炼法所得到的铜称为电解铜,它的纯度可达到 $99.95\% \sim 99.98\%$。

这种电解过程提供了一条制备高纯金属的途径,许多重要的金属如铜、锌、钴、镍在工业上都是通过这种方法提纯的。

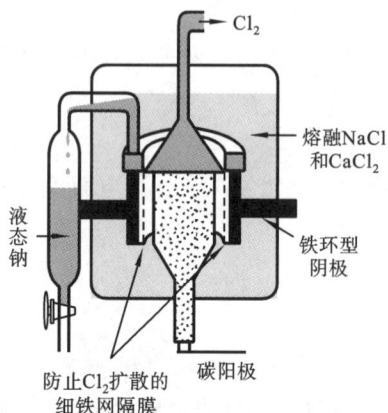

图 4-11　电解熔融 NaCl 装置

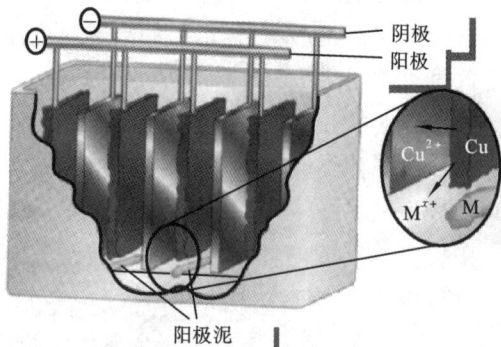

图 4-12　精炼铜装置示意

任务 4.5　金属的腐蚀与防护

金属和周围介质接触时,由于发生化学和电化学作用而引起的破坏称为金属的腐蚀。从热力学观点看,除少数贵金属(如 Au、Pt)外,各种金属都有转变成离子的趋势。就是说,金属腐蚀是自发的、普遍存在的现象。金属被腐蚀后,在外形、色泽以及机械性能等方面都将发生变化,造成设备破坏、管道泄漏、产品污染、资源和能源的严重浪费,酿成燃烧或爆炸等恶性事故,使国民经济受到巨大的损失。因此,研究腐蚀机理,采取防护措施,对经济建设有着十分重大的意义。

4.5.1　金属的腐蚀

由于金属接触的介质不同,发生腐蚀的情况有所不同,一般可分为化学腐蚀和电化学腐蚀。

1. 化学腐蚀

金属直接与周围介质发生氧化还原反应而引起的腐蚀称为化学腐蚀。金属与某些非金属或非金属氧化物直接接触,在金属表面形成相应的化合物薄膜,膜的性质对金属的进一步腐蚀有很大的影响。如铝表面的氧化膜致密坚实,保护了内层铝不再进一步腐蚀;铁的氧化膜疏松易脱落,就没有保护作用。随着温度的升高,化学腐蚀的速率会加快。常温下钢材在干燥的空气中不易腐蚀,但在高温下,钢材易被空气中的氧所氧化。

此外,金属与非金属溶液接触时,也会发生化学腐蚀。如原油中含有多种形式的有机硫化物,对金属输油管及容器都会产生化学腐蚀。

2. 电化学腐蚀

当金属和电解液溶液接触时,由于电化学反应而引起的腐蚀称为电化学腐蚀。其实质是原电池作用。

常温下钢铁制品在干燥的空气中不易腐蚀,但在潮湿的空气中易于腐蚀。在潮湿的空气中,钢铁表面吸附水蒸气,形成极薄的水膜。水膜中有水解离出的少量 H^+ 和 OH^-,同时大气中的 CO_2 等气体溶解在水中,使水膜中 H^+ 浓度增加。因此,水膜实际上是弱酸性的电解质溶液。

钢铁中除铁外,还有 C、Si、P、S、Mn 等杂质。这些杂质能导电,不易失去电子。由于杂质颗粒小,分散在钢铁中,在金属表面就形成无数微小原电池,在这些微电池中,铁是负极,杂质是正极。

负极: $$Fe - 2e^- \longrightarrow Fe^{2+}$$
正极: $$2H^+ + 2e^- \longrightarrow H_2$$

随着反应的不断进行,负极上的 Fe^{2+} 浓度不断增大,正极上的 H_2 不断析出,使正极附近的 H^+ 浓度不断减小,因此水的解离平衡向右移动,使得水膜中 OH^- 浓度增大。于是,Fe^{2+} 与 OH^- 形成 $Fe(OH)_2$,铁就遭到了腐蚀。$Fe(OH)_2$ 可被空气进一步氧化成 $Fe(OH)_3$。

由于在腐蚀过程中有氢气产生,通常称为析氢腐蚀。析氢腐蚀实际上是在酸性较强的情况下进行的。

在一般情况下,钢铁表面吸附的水膜酸性很弱或是中性,此时正极主要是溶解在水膜中的 O_2 得到电子而被还原:

负极: $$Fe - 2e^- \longrightarrow Fe^{2+}$$
正极: $$2H_2O + O_2 + 4e^- \longrightarrow 4OH^-$$

Fe^{2+} 与 OH^- 形成 $Fe(OH)_2$,$Fe(OH)_2$ 可被空气进一步氧化成 $Fe(OH)_3$,再脱水成为铁锈。空气中的 O_2 溶解在水膜中,促使了钢铁的腐蚀,这种腐蚀称为吸氧腐蚀。金属的腐蚀主要是吸氧腐蚀。

电化学腐蚀和化学腐蚀的实质都是金属失去电子而被氧化,但是电化学腐蚀是通过微电池反应发生的。这两种腐蚀往往同时存在,只是电化学腐蚀要比化学腐蚀普遍,腐蚀的速度更快。

4.5.2 金属的防护

1. 制成耐腐蚀合金

根据不同的用途选择不同的材料组成耐腐蚀合金,或在金属中添加合金元素,提高其耐蚀性,可以防止或减缓金属的腐蚀。例如,在普通钢中加入镍、铬等制成不锈钢,就大大增强了其抗腐蚀能力。

2. 在金属表面覆盖保护层

在金属表面覆盖各种保护层,把被保护金属与腐蚀性介质隔开,是防止金属腐蚀的有效方法。工业上普遍使用的保护层有非金属保护层和金属保护层两大类。它们是用化学方法、物理方法和电化学方法实现的。

(1) 金属的磷化处理。钢铁制品去油、除锈后,放入特定组成的磷酸盐溶液中浸泡,

即可在金属表面形成一层不溶于水的磷酸盐薄膜,这种过程称为磷化处理。

磷化膜呈暗灰色至黑灰色,厚度一般为 $5 \sim 20~\mu m$,在大气中有较好的耐蚀性。膜是微孔结构,对油漆等的吸附能力强,如用作油漆底层,耐腐蚀性可进一步提高。

(2)金属的氧化处理。将钢铁制品加到 NaOH 和 Na_nO_2 的混合溶液中,加热处理,其表面即可形成一层厚度为 $0.5 \sim 1.5~\mu m$ 的蓝色氧化膜(主要成分为 Fe_3O_4),以达到钢铁防腐蚀的目的,此过程称为发蓝处理,简称发蓝。这种氧化膜具有较大的弹性和润滑性,不影响零件的精度。故精密仪器和光学仪器的部件、弹簧钢、薄钢片、细钢丝等常用发蓝处理。

(3)非金属涂层。用非金属物质如油漆、塑料、搪瓷、矿物性油脂等涂覆在金属表面上形成保护层,称为非金属涂层,通过它也可达到防腐蚀的目的。例如,船身、车厢、水桶等常涂油漆,汽车外壳常喷漆,枪炮、机器常涂矿物性油脂等。用塑料(如聚乙烯、聚氯乙烯、聚氨酯等)喷涂金属表面,比喷漆效果更佳。塑料覆盖层致密光洁、色泽艳丽,兼具防蚀与装饰双重功能。

搪瓷是含 SiO_2 量较高的玻璃瓷釉,有极好的耐腐蚀性能,因此作为耐腐蚀非金属涂层,广泛用于石油化工、医药、仪器等工业部门和日常生活用品中。

(4)金属保护层。它是以一种金属镀在被保护的另一种金属制品表面上所形成的保护镀层。前一种金属常称为镀层金属。金属镀层的形成,除电镀、化学镀外,还有热浸镀、热喷镀、渗镀、真空镀等方法。

热浸镀是将金属制件浸入熔融的金属中以获得金属涂层的方法,作为浸涂层的金属是低熔点金属,如 Zn、Sn、Pb 和 Al 等。热镀锌主要用于钢管、钢板、钢带和钢丝,应用最广;热镀锡用于薄钢板和食品加工等的储存容器;热镀铅主要用于化工防蚀和包覆电缆;热镀铝则主要用于钢铁零件的抗高温氧化等。

3. 电化学保护法

电化学保护法是根据电化学原理在金属设备上采取措施,使之成为腐蚀电池中的阴极,从而防止或减轻金属腐蚀的方法。

(1)牺牲阳极保护法。此法是用电极电势比被保护金属更低的金属或合金作为阳极,固定在被保护金属上,形成腐蚀电池,被保护金属作为阴极而得到保护。牺牲阳极常用的材料有铝、锌及其合金。此法常用于保护海轮外壳,海水中的各种金属设备、构件和防止巨型设备(如储油罐)以及石油管路的腐蚀。

(2)外加电流法。将被保护金属与另一附加电极作为电解池的两个极,使被保护金属作为阴极,在外加直流电的作用下使阴极得到保护。此法主要用于防止土壤、海水及河水中金属设备的腐蚀。

4. 改善腐蚀环境

改善环境对减少和防止腐蚀有重要意义。例如,减少腐蚀介质的浓度,除去介质中的氧,控制环境温度、湿度等都可以减少和防止金属腐蚀,也可以采用在腐蚀介质中添加能降低腐蚀速率的物质(称缓蚀剂)来减少和防止金属腐蚀。

金属的腐蚀虽然对生产带来很大危害,但也可以利用腐蚀的原理为生产服务,发展为腐蚀加工技术。例如,在电子工业上,广泛采用印刷电路。其制作方法是用照相复印的方法将线路印在铜箔上,然后将图形以外不受感光胶保护的铜用三氯化铁溶液腐蚀,就可以得到线条清晰的印刷电路板。三氯化铁腐蚀铜的反应如下:

$$2FeCl_3 + Cu = 2FeCl_2 + CuCl_2$$

此外,还有电化学刻蚀、等离子体刻蚀新技术,比用三氯化铁腐蚀铜的湿化学刻蚀的方法更好,分辨率更高。

目标检测题 4

一、单项选择题(将正确答案的标号填入括号内)

4.1 标准状态下,反应 $Cr_2O_7^{2-} + 6Fe^{2+} + 14H^+ = 2Cr^{3+} + 6Fe^{3+} + 7H_2O$ 正向进行,则最强的氧化剂及还原剂分别为( )。

A. Fe^{3+}、Cr^{3+}　　　B. $Cr_2O_7^{2-}$、Fe^{2+}　　　C. Fe^{3+}、Fe^{2+}　　　D. $Cr_2O_7^{2-}$、Cr^{3+}

4.2 已知 $\varphi^{\ominus}(A/B) > \varphi^{\ominus}(C/D)$,在标准状态下自发进行的反应为( )。

A. $A + B \longrightarrow C + D$　　　　　　B. $A + D \longrightarrow B + C$

C. $B + C \longrightarrow A + D$　　　　　　D. $B + D \longrightarrow A + C$

4.3 根据 $\varphi^{\ominus}(Ag^+/Ag) = 0.799$ V,$\varphi^{\ominus}(Cu^{2+}/Cu) = 0.337$ V,在标准状态下,能还原 Ag^+ 但不能还原 Cu^{2+} 的还原剂,与其对应氧化态组成电极的 $\varphi^{\ominus}$ 值所在范围为( )。

A. $\varphi^{\ominus} > 0.799$ V,$\varphi^{\ominus} < 0.337$ V　　　　B. $\varphi^{\ominus} > 0.799$ V

C. $\varphi^{\ominus} < 0.337$ V　　　　　　　D. 0.799 V $> \varphi^{\ominus} > 0.337$ V

4.4 将反应 $Zn + 2Ag^+ = 2Ag + Zn^{2+}$ 组成原电池,在标准状态下,该电池的电动势为( )。

A. $E^{\ominus} = 2\varphi^{\ominus}(Ag^+/Ag) - \varphi^{\ominus}(Zn^{2+}/Zn)$　　B. $E^{\ominus} = \varphi^{\ominus}(Ag^+/Ag) - 2\varphi^{\ominus}(Zn^{2+}/Zn)$

C. $E^{\ominus} = \varphi^{\ominus}(Ag^+/Ag) - \varphi^{\ominus}(Zn^{2+}/Zn)$　　D. $E^{\ominus} = \varphi^{\ominus}(Zn^{2+}/Zn) - \varphi^{\ominus}(Ag^+/Ag)$

4.5 下列物质中,硫具有最高氧化数的是( )。

A. S^{2-}　　　B. $S_2O_3^{2-}$　　　C. SCl_4　　　D. H_2SO_4

4.6 已知 $\varphi^{\ominus}(Cl_2/Cl^-) = +1.36$ V,在下列电极反应中标准电极电势为 $+1.36$ V 的电极反应是( )。

A. $Cl_2 + 2e^- \Longrightarrow 2Cl^-$　　　　　　B. $2Cl^- - 2e^- \Longrightarrow Cl_2$

C. $\frac{1}{2}Cl_2 + e^- \Longrightarrow Cl^-$　　　　　　D. 都是

4.7 下列都是常见的氧化剂,其中氧化能力与溶液 pH 的大小无关的是( )。

A. $K_2Cr_2O_7$　　　B. PbO_2　　　C. O_2　　　D. $FeCl_3$

4.8 为防止配制的 $SnCl_2$ 溶液中 Sn^{2+} 被完全氧化,最好的方法是( )。

A. 加入 Sn 粒　　　B. 加 Fe 屑　　　C. 通入 H_2　　　D. 均可

4.9 对于电对 Zn^{2+}/Zn,增大 Zn^{2+} 的浓度,其标准电极电势( )。

A. 增大　　　B. 减小　　　C. 不变　　　D. 无法判定

4.10 以电对 MnO_4^-/Mn^{2+} 和 Fe^{3+}/Fe^{2+} 组成原电池,已知 $\varphi^{\ominus}(MnO_4^-/Mn^{2+}) >$

$\varphi^{\ominus}(Fe^{3+}/Fe^{2+})$,则反应产物为(　　)。

A. MnO_4^- 和 Fe^{2+}　　B. MnO_4^- 和 Fe^{3+}　　C. Mn^{2+} 和 Fe^{3+}　　D. Mn^{2+} 和 Fe^{2+}

4.11　电对 MnO_4^-/Mn^{2+} 和 Fe^{3+}/Fe^{2+} 组成的原电池中,增大溶液酸度,原电池的电动势将(　　)。

A. 增大　　　　　　B. 减小　　　　　　C. 不变　　　　　　D. 无法判定

4.12　已知电极反应 $Fe^{3+}+e^- \rightleftharpoons Fe^{2+}$ 的 $\varphi^{\ominus}=0.771$ V,则电极反应 $2Fe^{3+}+2e^- \rightleftharpoons 2Fe^{2+}$ 的 $\varphi^{\ominus}=$(　　)。

A. 0.771 V　　　　B. 0.385 V　　　　C. 1.542 V　　　　D. 0.593 V

4.13　在反应 $4P+3KOH+3H_2O \rightleftharpoons 3KH_2PO_2+PH_3$ 中(　　)。

A. 磷仅被还原　　　　　　　　　　B. 磷仅被氧化

C. 磷既未被还原,也未被氧化　　　　D. 磷被歧化

4.14　$K_2Cr_2O_7+HCl \longrightarrow KCl+CrCl_3+Cl_2+H_2O$ 在完全配平的反应方程式中 Cl_2 的系数是(　　)。

A. 1　　　　　　　B. 2　　　　　　　C. 3　　　　　　　D. 4

4.15　在 $MgCl_2$ 与 $CuCl_2$ 的混合溶液中放入一颗铁钉,将生成(　　)。

A. Mg、Fe^{2+} 和 H_2　　B. Fe^{2+} 和 Cu　　C. Fe^{2+}、Cl_2 和 Mg　　D. Mg 和 H_2

二、多项选择题(将正确答案的标号填入括号内)

4.16　将下列电极反应中有关离子浓度增加一倍,电极电势增大的是(　　)。

A. $Fe^{3+}+e^- \rightleftharpoons Fe^{2+}$　　　　　　B. $Cu^{2+}+2e^- \rightleftharpoons Cu$

C. $I_2+2e^- \rightleftharpoons 2I^-$　　　　　　　　D. $2H^++2e^- \rightleftharpoons H_2$

4.17　下列各半反应中,发生还原过程的是(　　)。

A. $Fe^{3+} \longrightarrow Fe^{2+}$　　　　　　　B. $H_2O_2 \longrightarrow O_2$

C. $NO \longrightarrow NO_3^-$　　　　　　　　D. $Cl_2 \longrightarrow Cl^-$

4.18　对于由反应 $Zn+2Ag^+ \rightleftharpoons Zn^{2+}+2Ag$ 构成的原电池,欲使其电动势增加,可采取的措施是(　　)。

A. 增大 $c(Zn^{2+})$　　B. 增大 $c(Ag^+)$　　C. 降低 $c(Zn^{2+})$　　D. 降低 $c(Ag^+)$

4.19　下列电对中,电极电势与溶液的 pH 无关的是(　　)。

A. H_2O_2/H_2O　　　B. Cl_2/Cl^-　　　C. MnO_2/Mn^{2+}　　D. MnO_4^-/MnO_4^{2-}

4.20　已知金在酸性溶液中的标准电极电势图(V)为:$Au^{3+} \xrightarrow{1.29} Au^{2+} \xrightarrow{1.53} Au^+ \xrightarrow{1.69} Au$。判断在酸性溶液中能稳定存在的物质是(　　)。

A. Au^{3+}　　　　　B. Au^{2+}　　　　　C. Au^+　　　　　　D. Au

三、是非题(对的在括号内填"√",错的在括号内填"×")

4.21　在判断原电池正、负极时,电极电势代数值大的电对作为原电池正极,电极电势代数值小的电对作为原电池的负极。　　　　　　　　　　　　　　　　　　　　　　　　(　　)

4.22　已知电极反应 $O_2+2H_2O+4e^- \rightleftharpoons 4OH^-$,$\varphi^{\ominus}(O_2/OH^-)=0.4$ V,则 $\frac{1}{2}O_2+H_2O+2e^- \rightleftharpoons 2OH^-$,$\varphi^{\ominus}(O_2/OH^-)=0.2$ V。　　　　　　　　　　　　　　　　(　　)

4.23 氧化还原电对的标准电极电势越高,表示该电对氧化态的氧化能力越强。

（　　）

4.24 大多数电极的电极电势代数值都是以参比电极 $Pt|Hg|Hg_2Cl_2(s)|Cl^-$（1.0 $mol \cdot L^{-1}$）为基准确定的。 （　　）

4.25 由于甘汞电极是参比电极,所以其标准电极电势为零。 （　　）

4.26 电极电势代数值大的电对,其氧化型物质和还原型物质分别是强的氧化剂和强的还原剂。 （　　）

4.27 有一溶液中存在几种氧化剂,它们都能与某一还原剂反应,一般来说,电极电势代数值大的氧化剂与还原剂反应的可能性大些。 （　　）

4.28 因为 $\varphi^{\ominus}(Br_2/Br^-)>\varphi^{\ominus}(Ag^+/Ag)$,所以 Br_2 是比 Ag^+ 更强的氧化剂。 （　　）

4.29 金属铁可以置换 Cu^{2+},所以 $FeCl_3$ 溶液不能与金属铜反应。 （　　）

4.30 钢铁在海水中发生的腐蚀是典型的析氢腐蚀。 （　　）

四、填空题

4.31 把电能转化为化学能的装置称为_____,它是由_____、_____和_____组成的。

4.32 组成标准氢电极的条件是_____,电极反应式_____。

4.33 氧化还原反应中,氧化剂是电极电势值_____的_____物质;还原剂是电极电势值_____的_____物质。

4.34 在原电池中,采用盐桥的目的是_____。

4.35 判断氧化剂、还原剂相对强弱的依据是_____,判断氧化还原反应进行方向的原则是_____,判断氧化还原反应进行的程度的关系式是_____。

4.36 将反应 $Zn+Cu^{2+}$══$Zn^{2+}+Cu$ 组成原电池,标准电动势为 1.10 V,则反应 $2Zn+2Cu^{2+}$══$2Zn^{2+}+2Cu$ 的标准电动势为_____ V。

4.37 25 ℃时,反应 $2Br^-+2Fe^{3+}$══Br_2+2Fe^{2+},当各种离子的浓度均为 0.1 $mol \cdot L^{-1}$时,反应向_____方向自发进行。（$\varphi^{\ominus}(Fe^{3+}/Fe^{2+})$＝0.771 V,$\varphi^{\ominus}(Br_2/Br^-)$＝1.065 V）

4.38 原电池（－）$Pt|Sn^{2+}(c_1),Sn^{4+}(c_2)\|Sn^{2+}(c_3),Sn^{4+}(c_4)\|Pt$（＋）负极反应式为_____,正极反应式为_____。

4.39 镀锡铁（马口铁）的镀层破裂后,在大气中受腐蚀的金属是_____,负极反应式为_____;镀锌铁（白铁）的镀层破裂后,在大气中受腐蚀的金属是_____,负极反应式为_____。

4.40 目前实用的化学电池有_____、_____、_____三种类型。

五、配平下列反应方程式（必要时可自加反应物或生成物）

4.41 $CrO_3+HCl\longrightarrow CrCl_3+Cl_2\uparrow$

4.42 $KClO_3+KI+H_2SO_4\longrightarrow I_2+KCl+K_2SO_4+H_2O$

4.43 $S+H_2SO_4(浓)\longrightarrow SO_2\uparrow+H_2O$

4.44 $KMnO_4+H_2O_2+H_2SO_4\longrightarrow K_2SO_4+MnSO_4+O_2\uparrow+H_2O$

4.45 $Fe+HNO_3\longrightarrow Fe(NO_3)_3+N_2\uparrow+H_2O$

4.46 $CuS + HNO_3 \longrightarrow NO\uparrow + S$

4.47 $Cl_2 + NaOH(浓) \longrightarrow NaCl + NaClO_3 + H_2O$

4.48 $FeS_2 + O_2 \longrightarrow Fe_2O_3 + SO_2$

4.49 $K_2Cr_2O_7 + KI + H_2SO_4 \longrightarrow I_2 + Cr_2(SO_4)_3$

4.50 $KMnO_4 + H_2SO_4 + H_2C_2O_4 \longrightarrow CO_2\uparrow + MnSO_4 + K_2SO_4 + H_2O$

六、计算题

4.51 若下列反应在原电池中进行:

$$SnCl_2 + 2FeCl_3 =\!=\!= 2FeCl_2 + SnCl_4$$

(1)试写出电池符号;(2)计算电池的电动势。

4.52 将 Cl_2 通入浓度为 $12\ mol \cdot L^{-1}$ 的盐酸中,计算此时氯电极的电极电势。

4.53 已知:$Cu^{2+} + 2e^- =\!=\!= Cu$,$\varphi^\ominus = 0.337\ V$;$Cr^{3+} + e^- =\!=\!= Cr^{2+}$,$\varphi^\ominus = -0.41\ V$。在标准状态下,$Cu^{2+}$ 与 Cr^{2+} 混合时能否发生氧化还原反应? 若能反应,写出反应式。

4.54 试计算下列反应的标准平衡常数:

$$Cd + Pb^{2+} =\!=\!= Cd^{2+} + Pb。$$

4.55 如果下列原电池的电动势是 $0.200\ V$:

$$(-)\ Cd\,|\,Cd^{2+}(x\ mol \cdot L^{-1})\ \|\ Ni^{2+}(2\ mol \cdot L^{-1})\,|\,Ni(+)$$

则 Cd^{2+} 浓度应该是多少?

项目 5

原子结构与元素周期律

  世界由物质组成,大多数物质由分子组成,而分子又由原子组成。不同的物质性质千差万别,物质的性质取决于物质的内部结构。因此要了解和掌握物质的性质,尤其是化学性质及其变化规律,就必须了解物质的内部结构,特别是原子结构、原子的电子结构以及核外电子的运动状态。

  中学阶段我们已经了解原子是由居于原子中心的带正电荷的原子核和核外带负电荷的电子所组成的;原子核由带正电荷的质子与不带电的中子组成;元素的原子序数等于核电荷数(即质子数),也等于原子的核外电子数;化学反应不涉及原子核的变化,而只是改变了核外电子的数目或运动状态。

  人们对原子等微观粒子的认识经历了从经典力学到旧量子论,再到量子力学的过程。经典力学描述宏观物体的运动,它以牛顿定律为中心内容。量子力学描述微观粒子的运动,它是建立在微观粒子运动的不连续性和统计性这两个基本特征的基础上的,其依据是微观粒子具有波粒二象性。以波尔学说为代表的旧量子论,包含经典力学和量子力学的某些观点,是半经典、半量子化的。尽管随着科学的发展,波尔的原子结构理论被原子的量子力学理论所代替,但波尔学说对人类认识原子的电子结构以及量子力学的建立和发展具有重要意义。

任务 5.1　原子核外电子的运动状态

5.1.1　微观粒子的基本属性

1. 电子等微观粒子的波粒二象性

  波粒二象性是指某物质既有波动性,又有粒子性。20 世纪初,根据光的衍射、干涉和光电效应等实验事实认识到光具有波粒二象性,并且光的频率 ν、波长 λ、能量 E 和动量 P 之间存在以下关系:

$$E = h\nu, \quad P = h/\lambda$$

代表粒子性的 E、P 和代表波动性的 ν、λ 通过普朗克常量 h 定量地联系起来了。

1924 年法国物理学家德布罗意(de Broglie)在光的波粒二象性的启发下,大胆地提出了所有微观粒子(电子、质子、中子、原子、分子等静止质量不为零的实物微粒)的运动也具有波粒二象性的假说。他将反映光的波粒二象性的公式应用到微粒上,提出了"物质波"公式或称为德布罗意关系式,即

$$\lambda = \frac{h}{P} = \frac{h}{mv} \tag{5-1}$$

式中:P 代表微粒的动量;m 代表微粒的质量;v 代表微粒的运动速度;λ 代表微粒波的波长。

德布罗意关系式的正确性三年后被电子衍射实验所证实。1927 年戴维森(Davisson)和革末(Germer)用电子束代替 X 射线通过一薄层镍的晶体(作为衍射光栅),投射到照相底片上,得到了完全类似单色光通过小圆孔那样的衍射图像,如图 5-1 和图 5-2所示。同年汤姆孙(Thomson)将电子束通过金箔也得到电子衍射图。通过电子衍射等实验,证实了电子运动时确实具有波动性。

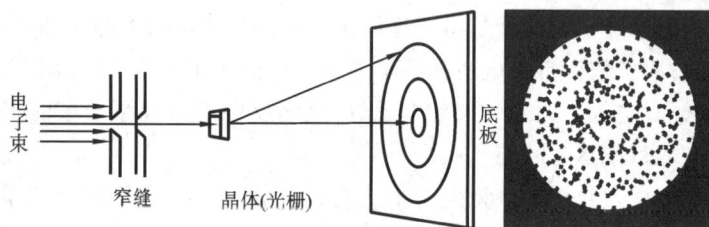

图 5-1　电子衍射实验示意图

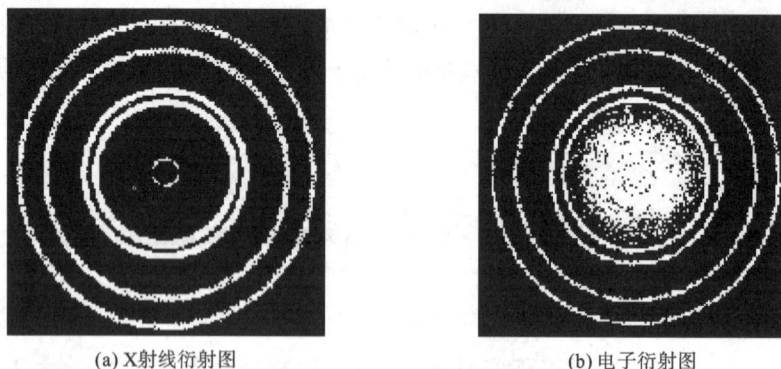

(a) X射线衍射图　　　　　　　　　　(b)电子衍射图

图 5-2　X 射线和电子的衍射图

粒子性和波动性是一切物质的属性,只是对不同的物质,显示的主要方面不同。通过一系列实验得出:物体质量、速度愈大,其波长愈短,以致其波动性难以察觉,仅表现出粒子性;微观粒子质量小时,显现出明显的波动性。

2. 不确定原理

宏观物体的位置和运动速度(或动量)可以同时确定,但是微观粒子具有波动性,有着完全不同的运动特点。1927 年德国科学家海森堡(Heisenberg)提出了著名的不确定原理,该原理指出:要同时准确地测定微观粒子的动量(或速度)和坐标(或位置)是不可能的。它的位置测得越准确,动量(或速度)就越不准确;反之,它的动量(或速度)测得越准确,位置就越不准确。其数学表达式为

$$\Delta x \cdot \Delta P_x \geqslant \frac{h}{4\pi} \tag{5-2}$$

式中:Δx、ΔP_x 分别为微观粒子在 x 方向位置和动量的不准确值;h 为普朗克常量。显然,电子等微观粒子运动的位置越准确,Δx 越小,则动量越不准确,ΔP_x 越大;反之亦然。

不确定原理是微观粒子波动性的必然结果。微观粒子的运动不存在确定的轨迹,不遵守经典力学规律。不确定原理对一切实物都是适用的,只是宏观物体的波动性不明显,其运动的坐标和动量的不准确值在测定误差范围内,不确定原理对宏观物体实际不起作用。

5.1.2 波函数与原子轨道

1. 波函数的基本概念

1926 年奥地利物理学家薛定谔(Schrödinger)提出了描述微观粒子运动状态的波动方程——薛定谔方程,它是一个二阶偏微分方程。其基本形式是

$$\frac{\partial^2 \Psi}{\partial x^2} + \frac{\partial^2 \Psi}{\partial y^2} + \frac{\partial^2 \Psi}{\partial z^2} = -\frac{8\pi^2 m}{h^2}(E-V)\Psi \tag{5-3}$$

式中:x、y、z 为粒子在空间的直角坐标;m 为微粒质量;E 为总能量,即粒子的动能和势能之和;V 是势能;Ψ 为方程的解——波函数。假设该微粒子是电子,则波函数就是描述核外电子空间运动状态的数学表达式,它实际上表示电子波振幅与坐标的函数。量子力学最基本的假设就是任何微观粒子系统的运动状态都可以用一个波函数来描述。核外电子的运动没有具体的轨道,通常所说的原子轨道,其真正的含义是指单电子波函数。波函数不是机械波或电磁波,而是具有统计意义的概率波。因为电子在原子空间绕核运动,所以波函数应是空间坐标的函数,即 $\Psi(x,y,z)$。像电磁波的波幅一样,在空间某些区域 Ψ 为正值,而另一些区域 Ψ 为负值。

2. 原子轨道

宏观物体的运动,如奔驰的火车、发射出的导弹和飞行的天体等,都具有确定的运动轨迹。而微观粒子(如电子)有着和宏观物体不同的特点,通过用量子力学的方法,研究电子在核外空间运动的概率分布来描述电子运动的规律性。借用经典力学中"轨道"一词,把电子的可能空间运动状态称为原子轨道。原子轨道的空间图像可以形象地理解为电子运动的空间范围,简称原子轨道的形状。常见原子轨道(s、p、d 轨道)的形状如图 5-3 所示。其中,"+"、"−"是函数值符号,反映了电子的波动性,不代表电荷的正、负。原子轨道的形状与正、负号在化学键的形成中有着特殊的意义,原子轨道不是电子运动的轨迹,

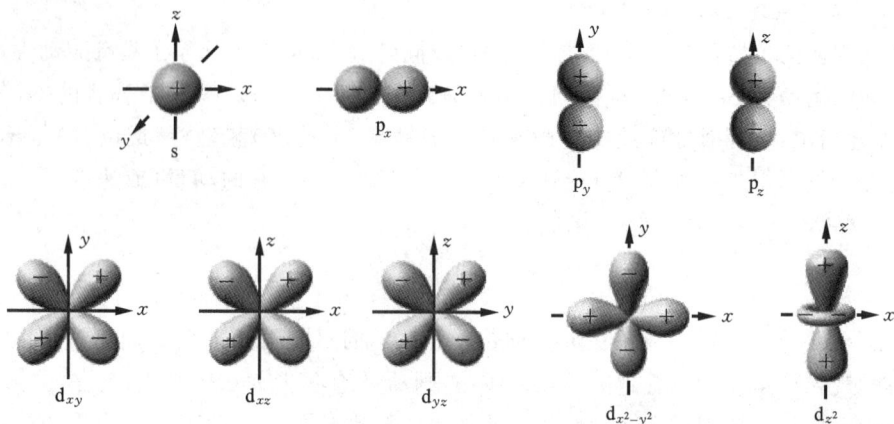

图 5-3 s、p、d 原子轨道角度分布图

仅仅是代表电子的一种运动状态或运动范围。

5.1.3 概率密度与电子云

波函数本身的物理意义并不明确，但波函数绝对值的平方 $|\Psi|^2$ 有着明确的物理意义，它表示在原子核外空间电子出现的概率密度，即单位体积中电子出现的概率。量子力学认为，原子中个别电子运动的轨迹是无法确定的，即没有确定的轨道，但原子中电子在原子核外的分布还是有规律的；在核外空间某些区域电子出现的概率较大，而在另一些区域电子出现的概率较小。电子在原子核外空间某处单位体积内出现的概率称为概率密度。

原子中的电子总是在核外某一空间区域内随机出现，因此电子波实质是"概率波"。波的强度反映出电子出现概率密度的大小。氢原子核外有一个电子，为了在某一瞬间找到电子在氢原子核外的确定位置，假想有一架特殊的照相机，可以用它来给氢原子照相。先给氢原子拍照 5 次，得到了如图 5-4 所示的 5 张照片。

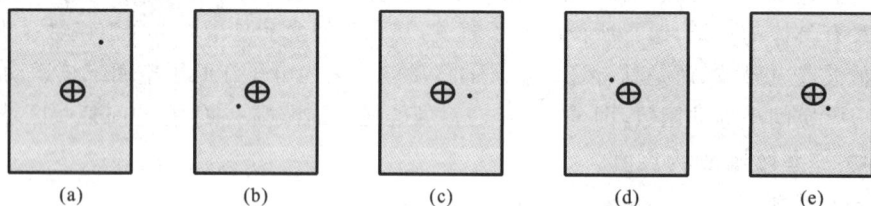

| (a) | (b) | (c) | (d) | (e) |

图 5-4 氢原子 5 次瞬间拍照示意图

图中 ⊕ 表示原子核，小黑点表示电子。然后继续给氢原子拍照，拍近万张照片，并将这些照片对比研究，我们获得一个印象，电子在氢原子核外做毫无规律的运动。如果将这些照片叠印，就会看到如图 5-5 所示的图像。

上面图像说明，氢原子的照片叠印张数越多，就越能使人形成一团电子的云雾笼罩着原子核的印象。质量很小、带负荷的电子在原子核外很小的空间范围（约 10^{-10} m）内高速（约为 10^6 m·s^{-1}）运动着，电子在每一瞬间出现的位置是偶然的，而将所有出现的位置

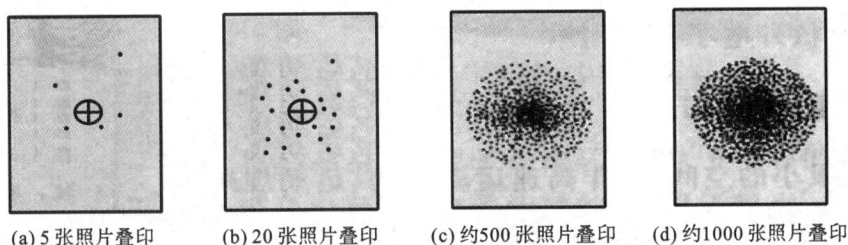

(a) 5 张照片叠印　　(b) 20 张照片叠印　　(c) 约500张照片叠印　　(d) 约1000张照片叠印

图 5-5　氢原子瞬间照片叠印结果示意图

重叠在一起,就好像在原子核的周围笼罩着一团带负电荷的云雾,把这种带负电荷的电子在核外空间出现的概率密度分布的形象化描述称为电子云,如图 5-6 所示。

由图 5-6 可知,氢原子核外的电子云呈球形对称,在离核越近处密度越大,在离核越远处密度越小。电子处于常见运动状态(习惯上称为处于常见原子轨道,即 s、p、d 轨道)时,其电子云形状如图 5-7 所示。

将图 5-3 与图 5-7 作比较,可以看出:原子轨道与对应的电子云形状基本相似,但有两点区别:①原子轨道分布图有"+"、"-"之分,而电子云分布图均为正值,通常不标出;②原子轨道分布图"胖"一些,而电子云分布图"瘦"一些。

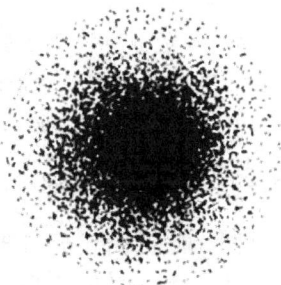

图 5-6　氢原子电子云示意图

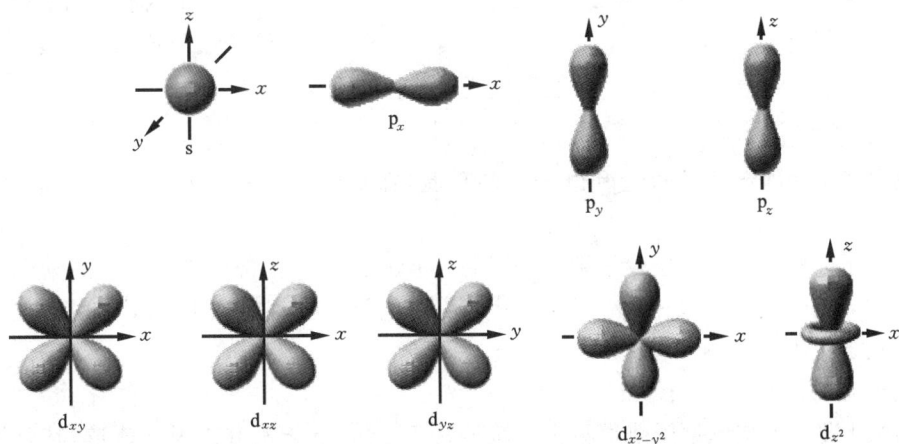

图 5-7　s、p、d 轨道电子云的角度分布图

5.1.4　四个量子数

由于电子在原子核外运动的特殊性,它只能处在一定的运动状态。根据量子力学原理,要描述电子的运动状态,必须引进三个参数 n、l、m。它们分别表示核外电子距原子核的远近、运动状态(或轨道)的形状和方位等。实验和理论的进一步研究还发现,电子除了绕核运动之外,其自身还有自旋运动,需要引入另一个参数 m_s 来描述。这四种参数称为量子数。量子数是描述核外电子运动状态的数字(参数),有一定的特殊意义。它们的取值如下。

主量子数:$n=1,2,\cdots$。

角量子数:$l=0,1,2,\cdots,n-1$。

磁量子数:$m=0,\pm1,\pm2,\cdots,\pm l$。

自旋量子数:$m_s=+\dfrac{1}{2}$ 或 $-\dfrac{1}{2}$。

1. 主量子数 n

主量子数 n 决定电子离核的远近,即原子中电子出现概率最大的区域离核的平均距离,或者说 n 决定原子轨道的大小,也称为电子层,n 是决定电子运动时能量高低的主要因素,对于 H 原子则是唯一因素。H 原子核外只有一个电子,能量只由主量子数 n 决定,即 $E=-\dfrac{1312}{n^2}$ kJ·mol^{-1},n 相同的原子轨道具有相同的能量。n 越小,电子离核的平均距离越小,能量越低,$n=1$ 时能量最低;反之,电子离核越远,能量越高。

主量子数 n 的取值为从 1 开始的正整数,即 $n=1,2,\cdots$。目前已知的最复杂的原子,电子层数不超过七层。其中每一个 n 值代表一个电子层,不同的电子层用不同的代表符号表示,它们之间的对应关系如下。

主量子数 n:	1	2	3	4	5	6	7
电子层:	第一层	第二层	第三层	第四层	第五层	第六层	第七层
电子层符号:	K	L	M	N	O	P	Q

$\longleftarrow$ 离核越近,能量越低

2. 角量子数 l

角量子数 l 确定原子轨道和电子云的形状,在多电子原子中和 n 一起决定电子的能量。

角量子数的取值受到主量子数 n 的限制。n 确定后,l 可取 0 到 $(n-1)$ 的 n 个整数,即 $l=0,1,2,\cdots,n-1$。其中每一个 l 值代表一个电子亚层,它们之间的对应关系如下。

角量子数 l: 0 1 2 3 4 $\cdots$ $n-1$

电子亚层符号: s p d f g $\cdots$

习惯上把 s 亚层的原子轨道称为 s 轨道,p 亚层的原子轨道称为 p 轨道,其余类推。角量子数不同的电子,原子轨道和电子云的形状均不相同。例如,$l=0$ 的 s 轨道为球形,$l=1$ 的 p 轨道为哑铃形,$l=2$ 的 d 轨道为花瓣形,见图 5-3、图 5-7。

角量子数 l 还是决定电子能量的次要因素,故又称副量子数。同一电子层中 l 值越大,该电子亚层的能量越高,即 n 相同的电子亚层的能量顺序为

$$E_{ns}<E_{np}<E_{nd}<E_{nf}$$

每一个电子层中有几种形状的原子轨道与 n 有关,n 是几,该电子层中就有几种形状的原子轨道。对于多电子原子,l 和 n 共同决定电子的能量。n 和 l 都相同的电子具有相

同的能量,构成一个亚层(又称能级),而且 n 等于几,该层就有几个亚层。

3. 磁量子数 m

磁量子数 m 决定原子轨道和电子云在空间的取向,即某种形状的原子轨道在空间的伸展方向。磁量子数 m 的取值受到角量子数 l 的限制。l 确定后,m 可取 $2l+1$ 个从 $-l$ 到 $+l$(包括零)的整数,即 $m=0,\pm1,\pm2,\cdots\pm l$。

每一个 m 值代表一个具有某种空间取向的原子轨道。例如,$l=0$ 时,$m=0$,只有一个取值,表示 s 轨道只有一种空间伸展方向,即每一个电子层中,只有一个 s 轨道;$l=1$ 时,$m=0,\pm1$,有三个取值,表示 p 轨道有三种空间伸展方向(如图 5-3 所示,它们分别沿 x、y、z 轴伸展),$n>1$,每一个电子层中,都有三个 p 轨道,分别用 p_x、p_y、p_z 表示,它们的能量完全相同,故称为等价轨道(或简并轨道);当 $l=2$ 时,m 可取 $0,\pm1,\pm2$ 五个值,d 轨道有五种空间伸展方向,d 亚层有五个等价轨道;同理,f 亚层有七个等价轨道。

用一组三个量子数 (n,l,m) 可以描述原子核外的一个原子轨道。例如,量子数 $(1,0,0)$ 表示 K 电子层只有一个能级,也只有一个轨道,该轨道可表示为 $\Psi_{1,0,0}$ 或 Ψ_{1s}。$\Psi_{1,0,0}$ 或 Ψ_{1s} 也称为 1s 轨道。表 5-1 列出了三个量子数与原子轨道之间的对应关系。

表 5-1 n、l、m 与原子轨道数

n	l	m	亚层轨道	轨道空间取向	轨道数	
					亚层	电子层 n^2
1	0	0	1s	1	1	1
2	0	0	2s	1	1	4
	1	$+1,0,-1$	2p	3	3	
3	0	0	3s	1	1	9
	1	$+1,0,-1$	3p	3	3	
	2	$+2,+1,0,-1,-2$	3d	5	5	
4	0	0	4s	1	1	16
	1	$+1,0,-1$	4p	3	3	
	2	$+2,+1,0,-1,-2$	4d	5	5	
	3	$+3,+2,+1,0,-1,-2,-3$	4f	7	7	

4. 自旋量子数 m_s

n、l、m 三个量子数由氢原子波动方程解出,与实验相符合,但用高分辨率光谱仪得到的氢原子光谱大多数谱线其实是由靠得很近的两条谱线组成的,这一现象用前三个量子数是不能解释的。所以引入了第四个量子数——自旋量子数 m_s,自旋量子数 m_s 决定电子在空间的自旋运动状态。自旋量子数只能取 $+\dfrac{1}{2}$ 或 $-\dfrac{1}{2}$ 两个数值,即电子只有两种自旋状态。每一个数值表示电子的一种自旋状态,常用向上的箭头 "↑" 和向下的箭头 "↓"

形象地表示,习惯上说成顺时针或逆时针方向自旋。

一组四个量子数(n,l,m,m_s)描述原子核外电子的一种运动状态。例如,量子数$(3,2,0,-\frac{1}{2})$表示一个 3d 轨道上、逆时针方向自旋的电子;原子核外第四电子层上 s 亚层的 4s 轨道内,以顺时针方向自旋为特征的电子的运动状态,可用量子数$(4,0,0,+\frac{1}{2})$来描述。

【例 5-1】 对于某一多电子原子,试讨论在其第三电子层中:

(1) 亚层数是多少?并用符号表示各亚层;

(2) 各亚层上的轨道数是多少?该电子层上的轨道数是多少?

(3) 哪些是等价轨道?

解 第三电子层,即主量子数$n=3$。

(1) 亚层数是由主量子数n或角量子数l的个数确定的。$n=3$,l的取值有 0、1、2。所以第三电子层中有三个亚层,它们分别是 3s、3p、3d。

(2) 各亚层上的轨道数是由磁量子数m的取值确定的。各亚层中可能有的轨道数有如下几种情况。

当$n=3$、$l=0$时,$m=0$,即只有一个 3s 轨道。

当$n=3$、$l=1$时,$m=0$、-1、$+1$,即可有三个 3p 轨道:$3p_x$、$3p_y$、$3p_z$。

当$n=3$、$l=2$时,$m=0$、±1、±2,即可有五个 3d 轨道:$3d_{xy}$、$3d_{xz}$、$3d_{yz}$、$3d_{x^2-y^2}$、$3d_{z^2}$。

由上可知,第三电子层中总共有九个轨道。

(3) n、l相同的轨道具有相同的能量,为等价轨道。故三个 3p 轨道和五个 3d 轨道分别为等价轨道。

5.1.5 多电子原子轨道的能级

1. 屏蔽作用

在多电子原子中,由于核外电子不止一个,它们之间彼此存在相互排斥作用,而这种排斥作用的存在会削弱核(带正电荷)对电子的吸引力。由于其他电子对某一电子的排斥作用而抵消了一部分核电荷,从而引起有效核电荷的降低,削弱了核电荷对该电子的吸引,这种作用称为屏蔽作用或屏蔽效应。把被其他电子屏蔽后的核电荷称为有效核电荷,用符号Z^*表示,于是有

$$Z^* = Z - \sigma$$

式中:Z为未屏蔽时的核电荷数(即原子序数);σ称为屏蔽常数。σ值越大,表示目标电子受到的屏蔽作用就越大。

实际情况是:密集在原子核附近的内层电子对外层电子有较大的屏蔽作用,而外层电子对内层电子的屏蔽作用小,原子轨道伸展得越远,越易被电子云密集的电子所屏蔽。

屏蔽常数σ可用 Slater 经验规则计算出来。Slater 经验规则如下。

（1）将原子中的轨道按以下顺序分组：

(1s)，(2s,2p)，(3s,3p)，(3d)，(4s,4p)，(4d)，(4f)，(5s,5p)，……。

（2）右边组的电子对左边组电子的屏蔽常数 $\sigma=0$。

（3）1s 轨道上两个电子之间的 $\sigma=0.30$，而其他各组同组内电子之间的 $\sigma=0.35$。

（4）主量子数为 $n-1$ 的各电子对 ns、np 电子的 $\sigma=0.85$。

（5）左边各组电子对 nd、nf 电子的 $\sigma=1$。

（6）主量子数小于或等于 $n-2$ 的各电子对 n 电子的 $\sigma=1$。

原子中某个电子总的屏蔽常数等于该电子受到的所有 σ 之和。

2. 钻穿作用

在多电子原子中，每个电子既屏蔽其他电子，也被其他电子所屏蔽（忽略外层电子对内层电子的屏蔽），决定二者大小的主要因素是电子在空间的概率分布。电子在核附近出现的概率大，则其势能低，原子轨道能量低。电子云径向分布函数图中出现不同的峰和节面，表明原子轨道是可以相互钻穿的。通常把外层电子向内穿过内层电子靠近原子核的现象称为原子轨道的钻穿作用或钻穿效应。

图 5-8 为 4s、4p、4d、4f 轨道电子云径向分布图，由图可见：4d 轨道的第一个峰比 4f 轨道的峰离核近，4p 轨道的第一个峰比 4d 轨道的第一个峰离核近，4s 轨道的第一个峰又比 4p 轨道的第一个峰离核近，表明原子轨道的钻穿作用 4s＞4p＞4d＞4f。

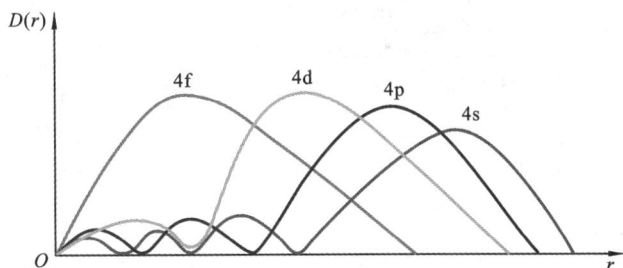

图 5-8　4s、4p、4d、4f 轨道电子云径向分布图

钻穿作用的大小对轨道的能量有明显的影响。电子钻得越深，受其他电子的屏蔽作用就越小，而受核的吸引力就越大，因而能量也就越低。因此，钻穿作用越大的电子能量越低。能级分裂结果：$E_{4s}<E_{4p}<E_{4d}<E_{4f}$。

钻穿作用的存在，会使得一些能量相近的能级发生交错现象。例如，3d 轨道的能量高于 4s，如图 5-9 所示。4s 的主峰虽比 3d 离核远得多，但它有小峰钻到核的附近，更好地回避其他电子的屏蔽，致使 4s 的能量低于 3d。

同理：$E_{5s}<E_{4d}$，$E_{6s}<E_{4f}$。概括一下，出现的能级交错现象有：

$$E_{ns}<E_{(n-1)d}，n\geqslant 4；\quad E_{ns}<E_{(n-2)f}，n\geqslant 6$$

3. 鲍林原子轨道近似能级图

1939 年美国科学家鲍林根据光谱实验结果，总结出多电子原子中原子轨道能量相对高低的一般情况，并绘制成图，称为鲍林原子轨道近似能级图，如图 5-10 所示。图中，每

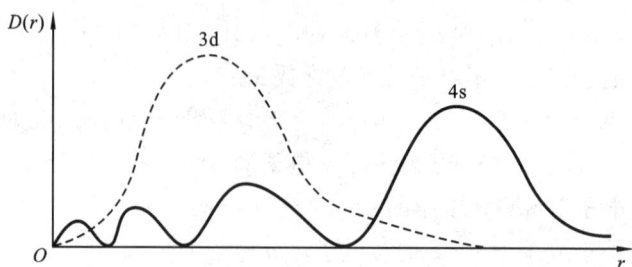

图 5-9 3d 和 4s 轨道电子云径向分布图

一个小圆圈表示一个原子轨道,其位置的高低按能量由低向高的顺序排列。显然,原子轨道能量是不连续的,像阶梯一样逐级变化,轨道的这种不同能量状态称为能级。虚线方框内各原子轨道能量较接近,划为一个能级组,这种能级组的划分与元素周期表中元素划分为七个周期相一致。

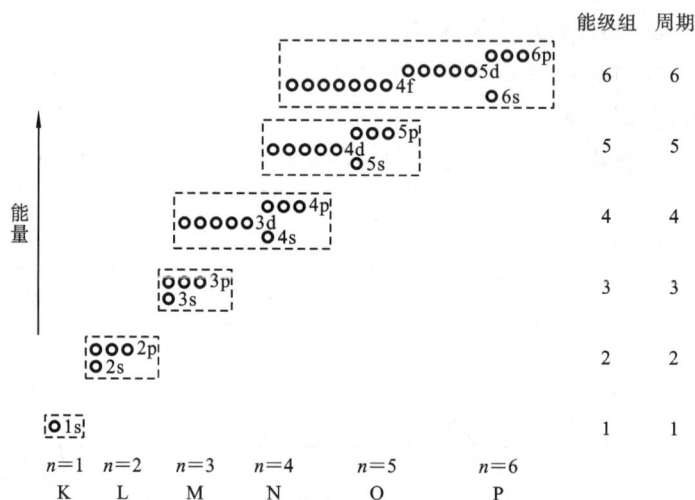

图 5-10 鲍林原子轨道近似能级图

由图 5-10 可知,电子层能级的相对高低为:K<L<M<N…;同一电子层中电子亚层能级的相对高低为:$E_{ns}<E_{np}<E_{nd}<E_{nf}$;同一亚层内,等价轨道能级相同。这与前面的讨论相吻合。但同一原子内,不同类型亚层之间,出现外层轨道能量反而比内层轨道能量低的现象,如 $E_{4s}<E_{3d}<E_{4p}$,$E_{6s}<E_{4f}<E_{5d}<E_{6p}$,这种现象称为能级交错。

用鲍林原子轨道近似能级图,按照能量最低原理,将原子轨道按原子核外电子填入的先后顺序排列,可以得到如图 5-11 所示的电子填充原子轨道顺序图。

电子层数为 n,该层就有 n 个能级,而该层内原子轨道总数为 n^2,每一个原子轨道最多可容纳两个电子,所以 n 层中最多可容纳的电子数即总的电子运动状态数为 $2n^2$。所以 K 层的状态数为 2,L 层为 8,M 层为 18,N 层为 32,以此类推。表 5-2 为电子层、能级、原子轨道、运动状态与量子数之间的关系。

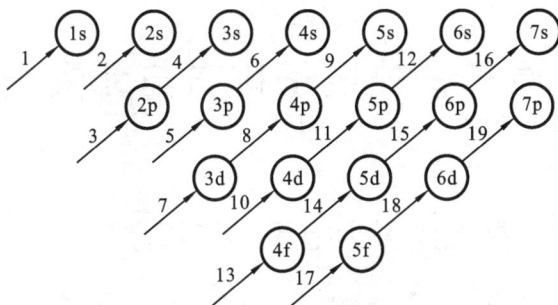

图 5-11 电子填充原子轨道顺序图

表 5-2 电子层、能级、原子轨道、运动状态与量子数之间的关系

电子层	量子数 n	1	2	3	n
	符号	K	L	M	…
能级（亚层）	量子数 n	1	2	3	n
	量子数 l	0	0,1	0,1,2	$0,1,2,\cdots,n-1$
	能级数	1	2	3	n
	符号	1s	2s,2p	3s,3p,3d	$ns,np,nd,\cdots$
原子轨道（波函数）	量子数 n	1	2	3	n
	量子数 l	0	0,1	0,1,2	$0,1,2,\cdots,n-1$
	量子数 m	0	$0;0,\pm1$	$0;0,\pm1;0,\pm1,\pm2$	$0,\pm1,\pm2,\cdots,\pm l$
	每层轨道数	1	4	9	n^2
	符号	1s	2s；$2\mathrm{p}_x,2\mathrm{p}_y,2\mathrm{p}_z$	3s；$3\mathrm{p}_x,3\mathrm{p}_y,3\mathrm{p}_z$；$3\mathrm{d}_{xy},3\mathrm{d}_{yz},3\mathrm{d}_{xz},3\mathrm{d}_{z^2},3\mathrm{d}_{x^2-y^2}$	…
运动状态	量子数 n	1	2	3	n
	量子数 l	0	0,1	0,1,2	$0,1,2,\cdots,n-1$
	量子数 m	0	$0;0,\pm1$	$0;0,\pm1;0,\pm1,\pm2$	$0,\pm1,\pm2,\cdots,\pm l$
	量子数 m_s	$\pm\frac{1}{2}$	$\pm\frac{1}{2}；\pm\frac{1}{2}$	$\pm\frac{1}{2}；\pm\frac{1}{2}；\pm\frac{1}{2}$	$\pm\frac{1}{2}$
	每层状态数	2	8	18	$2n^2$
	符号*	$1\mathrm{s}^2$	$2\mathrm{s}^2,2\mathrm{p}^6$	$3\mathrm{s}^2,3\mathrm{p}^6,3\mathrm{d}^{10}$	…

* 各符号右上角的数字代表各原子轨道中不同运动状态的数目。

任务 5.2 原子核外电子排布与元素周期律

5.2.1 基态原子中电子的排布原理

在多电子原子中,电子是如何分布在可能存在的原子轨道中的呢? 根据光谱实验结果和对元素周期律的分析,总结出核外电子排布遵循的三个基本原理。

1. 泡利不相容原理

1925 年,美籍奥地利科学家泡利(E. Pauli)提出:同一原子中,不可能存在四个量子数完全相同的两个电子,即每一个原子轨道中最多只能容纳两个自旋方向相反的电子。如果原子中两个电子的 n、l、m 相同,则 m_s 一定不同。

根据泡利不相容原理,由表 5-1 可知:s、p、d 和 f 各能级中的原子轨道数(即伸展方向数)分别为 1、3、5、7。由该原理可以推出:亚层最多容纳的电子数分别为 2、6、10、14;每个电子层的轨道数为 n^2,最多容纳的电子数为 $2n^2$,即 K 电子层最多容纳 2 个电子、L 电子层 8 个、M 电子层 18 个,其余类推。K、L、M、N 层中电子的最大容量见表 5-3。

2. 能量最低原理

自然界任何体系总是能量越低,所处状态越稳定,这称为能量最低原理。原子核外电子的排布也遵循这个原理。在不违背泡利不相容原理的前提下,核外电子总是尽可能排布到能量最低的轨道上,依次进入能量较高的轨道(依鲍林原子轨道近似能级图逐级填入),以保证原子体系能量最低、处于最稳定的状态。

表 5-3 K、L、M、N 层中电子的最大容量

电子层	电子亚层	轨道数	最多容纳电子数	电子层最大容量
K	1s	1	2	2
L	2s	1	2	8
	2p	3	6	
M	3s	1	2	18
	3p	3	6	
	3d	5	10	

续表

电子层	电子亚层	轨道数	最多容纳电子数	电子层最大容量
N	4s	1	2	32
	4p	3	6	
	4d	5	10	
	4f	7	14	

根据能量最低原理,从图 5-10 可以得知,电子应首先填充在 1s 轨道中,然后按顺序依次填充在其他轨道中,根据图中每一个小圆圈代表一个原子轨道,可见各原子轨道能量由低到高的次序为 1s,2s,2p,3s,3p,4s,3d,4p,5s,4d,5p,6s,4f,5d,6p,7s,5f,6d,7p,…, 这也正是核外电子依次填充的顺序。

如 $_{26}$Fe 的核外电子排布顺序为 $1s^2 2s^2 2p^6 3s^2 3p^6 4s^2 3d^6$,但电子排布式写为 $1s^2 2s^2 2p^6 3s^2 3p^6 3d^6 4s^2$。

需要指出,无论是实验结果还是理论推导都证明:原子失去电子时的顺序与填充时的顺序并不对应。例如,Fe 的最高能级组电子填充的顺序为先填 4s 轨道上的 2 个电子,再填 3d 轨道上的 6 个电子,而在失去电子时,是先失去 2 个 4s 电子成为 Fe^{2+},再失去 1 个 3d 电子成为 Fe^{3+}。

3. 洪特规则

德国物理学家洪特(F. Hund)根据大量光谱数据于 1925 年总结出一个普遍规则:电子在进入同一个亚层的等价轨道时,总是尽可能分占不同的轨道,并且自旋方向相同。

由于电子之间存在静电斥力,同一个轨道中的电子成对时,必须克服它们之间的相互排斥作用,体系能量就会升高。因此,电子分占不同的等价轨道,有利于体系能量降低。量子力学的严格计算也证明了这种排列方式可使体系的能量最低、最稳定。作为洪特规则的特例,当等价轨道上的电子处于全充满(p^6、d^{10}、f^{14})、半充满(p^3、d^5、f^7)或全空(p^0、d^0、f^0)状态时,原子结构比较稳定。

$$\text{相对稳定的状态} \begin{cases} \text{全空}:p^0,d^0,f^0 \\ \text{半充满}:p^3,d^5,f^7 \\ \text{全充满}:p^6,d^{10},f^{14} \end{cases}$$

例如,铬和铜原子核外电子的排布式:

$_{24}$Cr 是 $1s^2 2s^2 2p^6 3s^2 3p^6 3d^5 4s^1$,而不是 $1s^2 2s^2 2p^6 3s^2 3p^6 3d^4 4s^2$。

$_{29}$Cu 是 $1s^2 2s^2 2p^6 3s^2 3p^6 3d^{10} 4s^1$,而不是 $1s^2 2s^2 2p^6 3s^2 3p^6 3d^9 4s^2$。

为了书写方便,以上两例的电子排布式可简写成

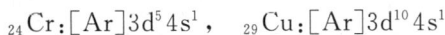

$$_{24}\text{Cr}:[Ar]3d^5 4s^1, \quad _{29}\text{Cu}:[Ar]3d^{10} 4s^1$$

方括号中所列稀有气体表示该原子内层的电子结构与此稀有气体原子的电子结构一样,[Ar]、[Kr]、[Xe]等称为原子芯或原子实。

5.2.2 基态原子中的电子排布

1. 电子排布式

表示原子核外电子构型的形式称为电子排布式,也叫电子结构式,它是将电子亚层按能量由低到高依次排列,用轨道符号表示,在亚层符号前用数字注明电子层数,在其右上角标上数字,代表能级上的电子数。例如:

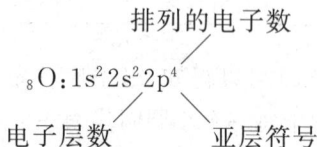

$$_8O: 1s^2 2s^2 2p^4$$

其中上方标注"排列的电子数",下方左侧标注"电子层数",下方右侧标注"亚层符号"。

同理可知,Mg($Z=12$)的电子排布式为 $1s^2 2s^2 2p^6 3s^2$。

2. 价(层)电子结构式

由于元素的化学性质主要与其最高能级组的电子密切相关,化学上将最高能级组的原子轨道,称为价电子层,其电子排布式称为价(层)电子结构式或价(层)电子构型。所谓价电子层,对主族元素是指最外层的 ns 和 np 能级,对于副族是指最外层的 ns 和次外层的 $(n-1)d$ 能级。如 P($Z=15$)的价电子构型为 $3s^2 3p^3$,Ni($Z=28$)的价电子构型为 $3d^8 4s^2$。

3. 轨道表示式

在分析原子之间相互结合形成化学键的过程时,为了直观、形象地表示原子的电子构型,常常使用另一种表示方式——轨道表示式:用方框或圆圈代表原子轨道,用向上和向下箭头代表电子的自旋状态,在轨道的上方或下方注明轨道的符号。核电荷数为 $1 \sim 8$ 的元素原子的核外电子排布见表 5-4。

在正常状态下,原子核外电子遵循核外电子排布的三大原理,分布在离核较近、能量较低的轨道上,体系处于相对稳定的状态,原子的这种状态称为基态;从光谱实验得到的周期表中各元素基态原子的电子构型(见表 5-5),与按照排布规则得出的电子构型大多相一致,只有少数不符,如铂(Pt)的价电子构型为 $5d^9 6s^1$,铌(Nb)的价电子构型为 $4d^4 5s^1$。在这种情况下,应该以实验事实为准。当外界因素的影响使基态原子中的电子获得能量,跃迁到能量较高的空轨道时,原子处于激发态。一些原子在与其他原子结合成键的过程中,受其他原子的影响而处于激发态。

表 5-4   核电荷数为 $1 \sim 8$ 的元素原子的核外电子排布

原子序数	元素符号	电子排布式	电子轨道表示式
1	H	$1s^1$	1s ↑
2	He	$1s^2$	1s ↑↓

原子序数	元素符号	电子排布式	电子轨道表示式
3	Li	$1s^2 2s^1$	
4	Be	$1s^2 2s^2$	
5	B	$1s^2 2s^2 2p^1$	
6	C	$1s^2 2s^2 2p^2$	
7	N	$1s^2 2s^2 2p^3$	
8	O	$1s^2 2s^2 2p^4$	

表 5-5 基态原子的电子构型

周期	原子序数	元素符号	电子层																	
			K	L		M			N				O				P			Q
			1s	2s	2p	3s	3p	3d	4s	4p	4d	4f	5s	5p	5d	5f	6s	6p	6d	7s
1	1	H	1																	
	2	He	2																	
2	3	Li	2	1																
	4	Be	2	2																
	5	B	2	2	1															
	6	C	2	2	2															
	7	N	2	2	3															
	8	O	2	2	4															
	9	F	2	2	5															
	10	Ne	2	2	6															
3	11	Na	2	2	6	1														
	12	Mg	2	2	6	2														
	13	Al	2	2	6	2	1													
	14	Si	2	2	6	2	2													
	15	P	2	2	6	2	3													
	16	S	2	2	6	2	4													
	17	Cl	2	2	6	2	5													
	18	Ar	2	2	6	2	6													

周期	原子序数	元素符号	电子层																		
---	---	---	K	L		M			N				O				P			Q
			1s	2s	2p	3s	3p	3d	4s	4p	4d	4f	5s	5p	5d	5f	6s	6p	6d	7s
4	19	K	2	2	6	2	6		1											
	20	Ca	2	2	6	2	6		2											
	21	Sc	2	2	6	2	6	1	2											
	22	Ti	2	2	6	2	6	2	2											
	23	V	2	2	6	2	6	3	2											
	24*	Cr	2	2	6	2	6	5	1											
	25	Mn	2	2	6	2	6	5	2											
	26	Fe	2	2	6	2	6	6	2											
	27	Co	2	2	6	2	6	7	2											
	28	Ni	2	2	6	2	6	8	2											
	29*	Cu	2	2	6	2	6	10	1											
	30	Zn	2	2	6	2	6	10	2											
	31	Ga	2	2	6	2	6	10	2	1										
	32	Ge	2	2	6	2	6	10	2	2										
	33	As	2	2	6	2	6	10	2	3										
	34	Se	2	2	6	2	6	10	2	4										
	35	Br	2	2	6	2	6	10	2	5										
	36	Kr	2	2	6	2	6	10	2	6										
5	37	Rb	2	2	6	2	6	10	2	6			1							
	38	Sr	2	2	6	2	6	10	2	6			2							
	39	Y	2	2	6	2	6	10	2	6	1		2							
	40	Zr	2	2	6	2	6	10	2	6	2		2							
	41*	Nb	2	2	6	2	6	10	2	6	4		1							
	42*	Mo	2	2	6	2	6	10	2	6	5		1							
	43	Tc	2	2	6	2	6	10	2	6	5		2							
	44*	Ru	2	2	6	2	6	10	2	6	7		1							
	45*	Rh	2	2	6	2	6	10	2	6	8		1							
	46*	Pd	2	2	6	2	6	10	2	6	10									
	47*	Ag	2	2	6	2	6	10	2	6	10		1							
	48	Cd	2	2	6	2	6	10	2	6	10		2							
	49	In	2	2	6	2	6	10	2	6	10		2	1						
	50	Sn	2	2	6	2	6	10	2	6	10		2	2						
	51	Sb	2	2	6	2	6	10	2	6	10		2	3						
	52	Te	2	2	6	2	6	10	2	6	10		2	4						
	53	I	2	2	6	2	6	10	2	6	10		2	5						
	54	Xe	2	2	6	2	6	10	2	6	10		2	6						

周期	原子序数	元素符号	K	L		M			N				O				P			Q
			1s	2s	2p	3s	3p	3d	4s	4p	4d	4f	5s	5p	5d	5f	6s	6p	6d	7s
	55	Cs	2	2	6	2	6	10	2	6	10		2	6			1			
	56	Ba	2	2	6	2	6	10	2	6	10		2	6			2			
	57*	La	2	2	6	2	6	10	2	6	10		2	6	1		2			
	58*	Ce	2	2	6	2	6	10	2	6	10	1	2	6	1		2			
	59	Pr	2	2	6	2	6	10	2	6	10	3	2	6			2			
	60	Nd	2	2	6	2	6	10	2	6	10	4	2	6			2			
	61	Pm	2	2	6	2	6	10	2	6	10	5	2	6			2			
	62	Sm	2	2	6	2	6	10	2	6	10	6	2	6			2			
	63	Eu	2	2	6	2	6	10	2	6	10	7	2	6			2			
6	64*	Gd	2	2	6	2	6	10	2	6	10	7	2	6	1		2			
	65	Tb	2	2	6	2	6	10	2	6	10	9	2	6			2			
	66	Dy	2	2	6	2	6	10	2	6	10	10	2	6			2			
	67	Ho	2	2	6	2	6	10	2	6	10	11	2	6			2			
	68	Er	2	2	6	2	6	10	2	6	10	12	2	6			2			
	69	Tm	2	2	6	2	6	10	2	6	10	13	2	6			2			
	70	Yb	2	2	6	2	6	10	2	6	10	14	2	6			2			
	71	Lu	2	2	6	2	6	10	2	6	10	14	2	6	1		2			
	72	Hf	2	2	6	2	6	10	2	6	10	14	2	6	2		2			
	73	Ta	2	2	6	2	6	10	2	6	10	14	2	6	3		2			
	74	W	2	2	6	2	6	10	2	6	10	14	2	6	4		2			
	75	Re	2	2	6	2	6	10	2	6	10	14	2	6	5		2			
	76	Os	2	2	6	2	6	10	2	6	10	14	2	6	6		2			
	77	Ir	2	2	6	2	6	10	2	6	10	14	2	6	7		2			
	78*	Pt	2	2	6	2	6	10	2	6	10	14	2	6	9		1			
	79*	Au	2	2	6	2	6	10	2	6	10	14	2	6	10		1			
	80	Hg	2	2	6	2	6	10	2	6	10	14	2	6	10		2			
	81	Tl	2	2	6	2	6	10	2	6	10	14	2	6	10		2	1		
	82	Pb	2	2	6	2	6	10	2	6	10	14	2	6	10		2	2		
	83	Bi	2	2	6	2	6	10	2	6	10	14	2	6	10		2	3		
	84	Po	2	2	6	2	6	10	2	6	10	14	2	6	10		2	4		
	85	At	2	2	6	2	6	10	2	6	10	14	2	6	10		2	5		
	86	Rn	2	2	6	2	6	10	2	6	10	14	2	6	10		2	6		

周期	原子序数	元素符号	K	L		M			N				O				P			Q
			1s	2s	2p	3s	3p	3d	4s	4p	4d	4f	5s	5p	5d	5f	6s	6p	6d	7s
	87	Fr	2	2	6	2	6	10	2	6	10	14	2	6	10		2	6		1
	88	Ra	2	2	6	2	6	10	2	6	10	14	2	6	10		2	6		2
	89*	Ac	2	2	6	2	6	10	2	6	10	14	2	6	10		2	6	1	2
	90*	Th	2	2	6	2	6	10	2	6	10	14	2	6	10		2	6	2	2
	91*	Pa	2	2	6	2	6	10	2	6	10	14	2	6	10	2	2	6	1	2
	92*	U	2	2	6	2	6	10	2	6	10	14	2	6	10	3	2	6	1	2
	93*	Np	2	2	6	2	6	10	2	6	10	14	2	6	10	4	2	6	1	2
	94	Pu	2	2	6	2	6	10	2	6	10	14	2	6	10	6	2	6		2
	95	Am	2	2	6	2	6	10	2	6	10	14	2	6	10	7	2	6		2
	96	Cm	2	2	6	2	6	10	2	6	10	14	2	6	10	7	2	6	1	2
	97	Bk	2	2	6	2	6	10	2	6	10	14	2	6	10	9	2	6		2
7	98	Cf	2	2	6	2	6	10	2	6	10	14	2	6	10	10	2	6		2
	99	Es	2	2	6	2	6	10	2	6	10	14	2	6	10	11	2	6		2
	100	Fm	2	2	6	2	6	10	2	6	10	14	2	6	10	12	2	6		2
	101	Md	2	2	6	2	6	10	2	6	10	14	2	6	10	13	2	6		2
	102	No	2	2	6	2	6	10	2	6	10	14	2	6	10	14	2	6		2
	103	Lr	2	2	6	2	6	10	2	6	10	14	2	6	10	14	2	6	1	2
	104	Rf	2	2	6	2	6	10	2	6	10	14	2	6	10	14	2	6	2	2
	105	Db	2	2	6	2	6	10	2	6	10	14	2	6	10	14	2	6	3	2
	106	Sg	2	2	6	2	6	10	2	6	10	14	2	6	10	14	2	6	4	2
	107	Bh	2	2	6	2	6	10	2	6	10	14	2	6	10	14	2	6	5	2
	108	Hs	2	2	6	2	6	10	2	6	10	14	2	6	10	14	2	6	6	2
	109	Mt	2	2	6	2	6	10	2	6	10	14	2	6	10	14	2	6	7	2

注：单框内的元素为 d 过渡元素，双框内的元素为 f 过渡元素；

＊元素电子排布不遵循简单排布规则。

5.2.3 元素周期表

俄罗斯化学家门捷列夫在总结前人经验的基础上，经过长期的探索研究，于 1869 年发现了一个非常重要而有趣的自然规律：元素的性质随着元素相对原子质量的增加而呈现周期性的变化。这一规律称为元素周期律。随着对原子结构研究的深入，人们认识到：决定元素性质变化的主要因素不是相对原子质量，而是原子序数（等于原子核所带的电荷数——核电荷数）。

把目前已知的 118 种元素电子层数相同的各种元素，按原子序数递增的顺序从左到右排成行，再把不同行中最外电子层电子数相同的元素，按电子层数递增的顺序由上而下排成列,这样得到的一个表,称为元素周期表。

1. 元素周期表与原子电子构型

根据元素原子电子层结构的不同,把元素周期表中的元素所在位置分成 5 个区、7 个周期、16 个族(见表 5-6)。

表 5-6 周期表中元素位置与分区

族 / 周期	ⅠA															0
1		ⅡA									ⅢA	ⅣA	ⅤA	ⅥA	ⅦA	
2			ⅢB	ⅣB	ⅤB	ⅥB	ⅦB	Ⅷ		ⅠB	ⅡB					
3	s 区				d 区					ds 区		p 区				
4																
5																
6																
7																

镧系	f 区
锕系	

(1)区。根据原子中最后填入电子的亚层的不同,将周期表中的元素分为 s、p、d、ds、f 5 个区,每个区元素原子价电子构型相似。各区元素原子的价电子构型见表 5-7。

表 5-7 区与元素原子价电子构型

区	最后填入电子的亚层	价电子构型	元素所属
s	s	$ns^{1\sim2}$	ⅠA 和 ⅡA
p	p	$ns^2np^{1\sim6}$	ⅢA～ⅦA 和 0 族
d	d	$(n-1)d^{1\sim10}ns^{0\sim2}$	ⅢB～ⅦB 和 Ⅷ族
ds	ds	$(n-1)d^{10}ns^{1\sim2}$	ⅠB 和 ⅡB
f	f	$(n-2)f^{0\sim14}(n-1)d^{0\sim2}ns^2$	镧系和锕系

显然,s 区元素容易失去 1 个或 2 个价电子形成 +1 或 +2 价离子,表现出典型的金属性,它们都是比较活泼的金属元素(除氢外),在化合物中无可变氧化数。p 区右上方元素(0 族除外)容易得到电子,表现出非金属性,是非金属元素。d 区和 ds 区元素合称为过渡元素,其电子层结构的差别主要在次外层的 d 轨道上,性质比较相似,都是金属元素,故又称过渡金属元数。绝大多数元素有可变氧化数。f 区元素包括镧系元素和锕系元素,称为内过渡元素,又称稀土元素,有多种氧化数。

(2)周期。元素的价电子构型每重复一次从 ns^1 到 ns^2np^6 的变化(第一周期除外),称为一个周期。周期表中,同一周期的元素具有相同的电子层数;从左到右,最外层电子的填充从 ns^1 开始到 np^6 结束。元素所在的周期序数等于元素原子核外电子层数,并与原子外层电子所处的最高能级组序数相一致。例如,23 号元素 V 的价电子构型为 $3d^3 4s^2$,有四个电子层,为第 4 周期的元素;35 号元素 Br 的价电子构型为 $4s^2 4p^5$,亦为第 4 周期的元素。从电子的排布可看出各电子层的填充过程实际是按能级组的顺序来进行的,所以周期实际上是按原子中能级组数目不同对元素进行分类的。那么,最高能级组数为几,就是第几周期。因此有

周期数=最高能级组数=最外层电子的主量子数(或核外电子层数)

其中周期与原子结构中最高能级组的关系见表 5-8。

表 5-8　周期与最高能级组的关系

周期序数	能级组序数	能　级　组	最多填充电子数	元素种数	周　　期	起止原子序数
1	一	1s	2	2	特短周期	1～2
2	二	2s,2p	8	8	短周期	3～10
3	三	3s,3p	8	8		11～18
4	四	4s,3d,4p	18	18	长周期	19～36
5	五	5s,4d,5p	18	18		37～54
6	六	6s,4f,5d,6p	32	32	特长周期	55～86
7	七	7s,5f,6d,7p	32	32	特长周期	87～118

由表 5-8 可知,各周期包含元素的数目等于相应能级组中轨道所能容纳的电子总数。第 1～7 周期包含的元素数目依次为 2、8、8、18、18、32、32;第 7 周期的元素现已完全发现,该周期包含 32 种元素,最末一种为 118 号稀有气体元素。

每周期元素的原子最外层电子数最多不超过 8 个,次外层最多不超过 18 个。为什么有这样的结果? 这是多电子原子中轨道能级交错的必然结果。每层填充的电子数如要超过 8 个,除填 s、p 轨道外,应填 d 轨道。而主量子数 $n \geqslant 3$ 时,因为 $E_{ns} < E_{(n-1)d}$,根据能量最低原理,填 d 轨道前,必须先填充能量低的更外层的 ns 轨道。若填了更外层的 s 轨道,则增加了一个新电子层,这时 d 轨道就变成了次外层。因此,最外层电子数最多不超过 8 个。

与上述道理相似,次外层电子数要超过 18,必须填充 f 轨道。但是由于多电子原子中 $E_{ns} < E_{(n-2)f}$,在填充次外层的 f 轨道前,必须先填充比次外层还多两层的能量低的 s 轨道。这样,就又增加了一个新的电子层,原来的次外层变成了倒数第三层。因此,任何原子的次外电子层上最多不超过 18 个电子。

(3) 族。从周期表中处在同一列的元素的原子结构看出,性质类似的元素归为一族(列),用罗马数字表示,同族元素的价电子构型是相同或相似的,所以族的实质是根据价

电子构型的不同而对元素进行分类的。周期表中,18 个纵行的元素构成 16 个族,包括 7 个主族(ⅠA~ⅦA、7 个副族(ⅠB~ⅦB)、1 个 0 族和 1 个Ⅷ族。

元素原子的电子最后填充在 s 轨道或 p 轨道上的元素称为主族(A 族)元素,副族(B 族)元素则是指元素原子的电子最后填充在 d 轨道或 f 轨道上的元素。主族元素、副族元素族序数与元素原子价电子数的关系见表 5-9。

表 5-9 族与元素原子电子层结构的关系

	族	区	价电子构型	族 序 数
主族	ⅠA~ⅡA	s	$ns^{1\sim2}$	等于最外层电子数
	ⅢA~ⅧA	p	$ns^2np^{1\sim6}$	
副族	ⅠB~ⅡB	ds	$(n-1)d^{10}ns^{1\sim2}$	等于最外层电子数
	ⅢB~ⅦB、Ⅷ	d	$(n-1)d^{1\sim10}ns^{0\sim2}$	等于最外电子数加上次外层的 d 电子数
	镧系、锕系	f	$(n-2)f^{0\sim14}(n-1)d^{0\sim2}ns^2$	都属于ⅢB族

根据表 5-9 可推测出:Ca 为ⅡA 族元素,Br 为ⅦA 族元素,V 则为ⅤB 族元素。镧系元素(从 57 号元素镧 La 到 71 号元素镥 Lu)和锕系元素(从 89 号元素锕 Ac 到 103 号元素铹 Lr)在周期表中各仅占据ⅢB 族中的一个位置,均属于ⅢB 族的元素。

综上所述,元素在周期表中的位置与其基态原子的电子层结构有着密切的关系,元素周期表实质上是各元素原子电子层结构周期性变化的反映。

【例 5-2】 已知某元素的原子序数为 80,按电子填充顺序写出该元素的核外电子排布式,并指出该元素所在的周期、族和区。

解 核外电子总数为 80,按电子填充顺序可得以下电子排布式:
$$1s^2 2s^2 2p^6 3s^2 3p^6 3d^{10} 4s^2 4p^6 4d^{10} 4f^{14} 5s^2 5p^6 5d^{10} 6s^2$$

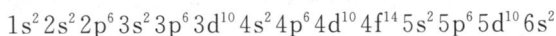

最高电子层数为 6,所以该元素在第 6 周期;又因为 5d 为全充满状态,所以它应该在 ds 区;最外层有 2 个电子,所以它应在ⅡB 族。

2. 元素周期表的应用

元素周期表是元素周期律的具体体现,反映了元素在结构与性质上的相互联系,具有极其丰富的内涵,是学习和研究化学及其相关学科的重要工具,对工农业生产有着重要的意义。

(1)获取元素的相关信息。元素周期表提供了每一种元素的原子序数、元素符号、元素名称、价电子构型、相对原子质量等多种参数,如图 5-12(a)所示。为查阅和使用元素周期表提供了方便,一些周期表中还给出了元素的氧化态,见图 5-12(b)。

(2)判断元素性质。周期表中,元素的性质呈现出周期性的变化规律。例如,同一周期元素,从左到右,电负性逐渐增大;同一族元素,从上而下,电负性逐渐减小;但是,由于副族元素原子电子结构比较复杂,电负性的递变过程出现许多例外。同一周期元素,从左到右,金属性逐渐减弱,非金属性逐渐增强;同一主族元素从上到下,金属性逐渐增强,非金属性逐渐减弱。

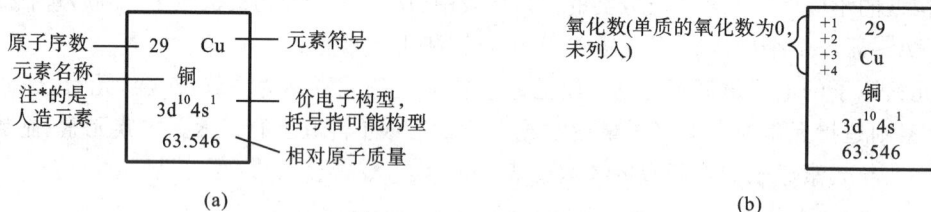

图 5-12　周期表中元素各参数的位置

元素性质周期性变化的实质,即元素周期表的实质是各元素原子电子层结构的周期性变化。因此,从原子的电子构型,可以确定元素在周期表中的位置及其主要性质;反之,根据元素在周期表中的位置,可以推测原子的电子构型及主要性质。

(3) 在生产中的应用。由于周期表中元素的性质呈现周期性的递变,位置靠近的元素性质相似并具有类似的用途。周期表中位于右上方的非金属元素,如氟 F、氯 Cl、硫 S、磷 P 等,是制备农药的常用元素;半导体材料元素为周期表中位于金属和非金属接界处的元素,如硅 Si、镓 Ga、锗 Ge、锡 Se 等。这可以启发人们通过对周期表中一定区域元素的研究,寻找新材料和新物质。例如,ⅢB 族到ⅥB 族的过渡元素,如钛 Ti、钽 Ta、铬 Cr、钼 Mo、钨 W 等,具有耐高温、耐腐蚀等特点,是制作特种合金的优良材料。过渡元素对许多化学反应有良好的催化性能,用于制备优良的催化剂。

【例 5-3】　已知某元素的原子序数为 24。写出该元素原子的电子排布式、价电子构型,并指出它在周期表中的位置,是什么元素。

解　该元素的原子序数为 24,其原子核外有 24 个电子,电子排布式为 $1s^2 2s^2 2p^6 3s^2 3p^6 3d^5 4s^1$。价电子构型为 $3d^5 4s^1$。

由价电子构型可知:该元素位于周期表中第 4 周期、第ⅥB 族、d 区,是金属铬 Cr。

【例 5-4】　某元素位于周期表第 4 周期ⅦA 族,请写出该元素的电子排布式和原子序数,并指出它是什么元素。

解　根据元素在周期表中的位置推知:该元素为 p 区元素,原子核外有 4 个电子层,最外层有 7 个电子,价电子构型为 $4s^2 4p^5$。它的内层处于全充满状态,电子排布式为 $1s^2 2s^2 2p^6 3s^2 3p^6 3d^{10} 4s^2 4p^5$。

由电子构型可知:该元素的原子核外有 35 个电子,原子序数为 35,是非金属元素溴 Br。

任务 5.3　元素基本性质的周期性变化规律

原子的电子层结构随着核电荷数的递增呈现周期性变化,与电子层结构有关的元素的基本性质,如有效核电荷(Z^*)、原子半径(r)、电离能(I)、电子亲和能(E)、电负性(χ)和氧化数等,随着原子序数的递增,也呈现周期性的变化。

5.3.1 有效核电荷

对于多电子原子,核外任一电子不仅受到原子核的吸引,而且受到其他电子的排斥。内层电子和同层电子对某一电子的排斥作用,势必削弱原子核对该电子的吸引,使该电子实际上受到核电荷的引力比原子序数(Z)所表示的核电荷的引力要小,吸引电子的净正电荷称为有效核电荷(Z^*)。有效核电荷(Z^*)等于原子序数(Z)减去屏蔽常数σ,即$Z^* = Z-\sigma$。随着原子序数的递增,有效核电荷呈周期性变化,如图 5-13 所示。

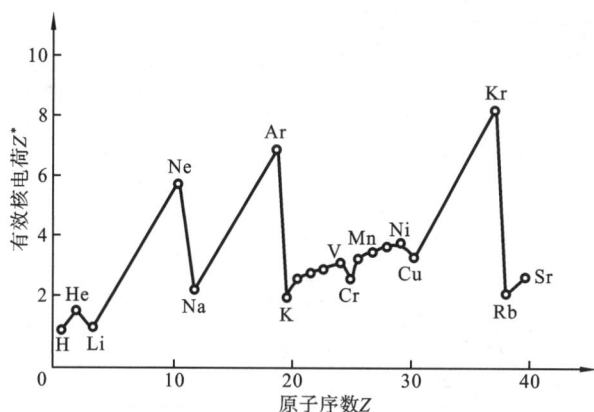

图 5-13 有效核电荷的周期性变化

由该图可以看出:①有效核电荷随原子序数的增加而增加,并呈周期性的变化;②同一周期的主族元素,从左到右随着原子序数的增加,Z^* 有明显的增加,而副族元素 Z^* 增加不明显;③同族元素从上到下,虽然核电荷增加得较多,但上、下相邻两元素的原子依次增加一个电子内层,使屏蔽作用增大,结果使有效核电荷增加不明显。

5.3.2 原子半径

电子在核外一定的空间范围内运动,是按概率分布的,这种分布没有明确的界面,所以原子的准确半径是无法测定的。通常所说的原子半径(r),是根据原子不同的存在形式来定义的,常用的有以下三种。

(1)金属半径。把金属晶体看成由球状的金属原子紧密堆积而成,相邻两个原子彼此互相接触,其核间距离的一半称为该金属原子的金属半径(见图 5-14)。

(2)共价半径。同种元素的两个原子以共价单键结合时,其原子核间距离的一半,称为该元素原子的共价单键半径,简称共价半径,如图 5-15 所示。周期表中各元素原子的共价半径见表 5-10。

(a) 金属原子的紧密堆积　　　　(b) 金属半径(d/2)

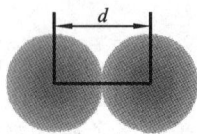

图 5-14　金属半径示意图　　　　图 5-15　M₂分子的共价半径(d/2)

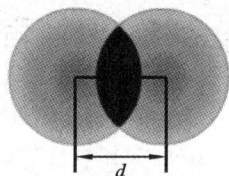

表 5-10　元素原子的共价半径　　　　（单位：pm）

H 32																	He 93
Li 123	Be 89											B 82	C 77	N 70	O 66	F 64	Ne 112
Na 154	Mg 136											Al 118	Si 117	P 110	S 104	Cl 99	Ar 154
K 203	Ca 174	Sc 144	Ti 132	V 122	Cr 118	Mn 117	Fe 117	Co 116	Ni 115	Cu 117	Zn 125	Ga 126	Ge 122	As 121	Se 117	Br 114	Kr 169
Rb 216	Sr 191	Y 162	Zr 145	Nb 134	Mo 130	Tc 127	Ru 125	Rh 125	Pd 128	Ag 134	Cd 148	In 144	Sn 140	Sb 141	Te 137	I 133	Xe 190
Cs 235	Ba 198	Lu 158	Hf 144	Ta 134	W 130	Re 128	Os 126	Ir 127	Pt 130	Au 134	Hg 144	Tl 148	Pb 147	Bi 146	Po 146	At 145	Rn 220

La 169	Ce 165	Pr 164	Nd 164	Pm 163	Sm 162	Eu 185	Gd 162	Tb 161	Dy 160	Ho 158	Er 158	Tm 158	Yb 170

如果形成双键或三键,则共价半径会不同。一些非金属元素的共价半径如表 5-11 所示。

表 5-11　非金属元素原子的共价半径 $r_{共}$　　　　（单位：pm）

原　子	单　键	双　键	三　键	原　子	单　键	双　键
B	82	76	68	Se	117	107
C	77	67	60	Te	137	127
N	70	60	55	F	64	
P	110	100	93	Cl	99	
As	121	111		Br	114.2	
O	66	55		I	133.3	
S	104	94				

（3）范德华半径。在分子晶体中,分子间以范德华(van der Waals)力相结合,这时相

邻分子间两个非键结合的同种原子，其核间距离的一半，称为该原子的范德华半径（见图5-16）。同一元素原子的范德华半径（$r_{范}$）大于共价半径。例如，氯原子的共价半径为99 pm，其范德华半径则为180 pm。

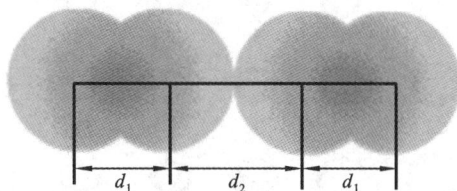

图 5-16　$r_{范}$、$r_{共}$ **示意图**

$r_{共} = d_1/2$；$r_{范} = d_2/2$

原子半径的大小主要取决于核外电子层数和有效核电荷。在讨论原子半径的变化规律时，采用的是原子的共价半径，稀有气体只能用范德华半径。

（1）原子半径在同周期中的变化。由表5-10可见，同一周期的主族元素其电子层数相同，而有效核电荷 Z^* 从左到右依次明显增加，对核外电子引力逐渐增强，使原子半径有变小的趋势；同时新增电子增大了电子间的排斥作用，使原子半径有变大的趋势，在外层电子未达到8电子结构之前，有效核电荷的增加占主导地位。故同一周期从左到右原子半径逐渐减小，相邻元素原子半径减小的幅度平均是10 pm左右；过渡元素原子中新增电子填充在次外层的 $(n-1)$d 亚层，对外层电子屏蔽作用较大，增加的核电荷被增加的电子中和掉的成分多，Z^* 增加缓慢，原子半径减小也较缓慢，相邻元素原子半径减小的幅度平均是4 pm左右。从ⅠB族元素起，由于次外层的 $(n-1)$d^{10} 轨道已充满，对核电荷屏蔽作用较强，较为显著地抵消核电荷对外层 ns 电子的引力，因此原子半径反而有所增大。

（2）镧系收缩。镧系元素因新增电子填入 $(n-2)$f 亚层，而使有效核电荷 Z^* 增加得更为缓慢，故镧系元素的原子半径自左而右递减更趋缓慢，从镧到镥半径总共减小11 pm。镧系元素原子半径的这种缓慢递减的现象称为镧系收缩。尽管相邻镧系元素的原子半径减小幅度很小，但14种镧系元素半径减小的累计值还是可观的，使镧系后面各元素原子半径都相应缩小，致使第6周期过渡元素的原子半径未因电子层的增加而大于第5周期过渡元素的原子半径，使第5、6周期过渡元素的原子半径十分接近，突出表现在Zr和Hf，Nb和Ta，Mo和W等的半径、性质十分相近，在自然界中往往共生，分离比较困难，此即镧系收缩效应。

（3）原子半径在同族中的变化。在同一主族中，从上到下虽然核电荷的增加有使原子半径减小的作用，但电子层的增加、电子数的增加是主要因素，致使从上到下原子半径逐渐增大。副族元素的情况与主族不同，第5周期过渡元素比第4周期过渡元素多一电子层，原子半径增加；但由于镧系收缩的影响，第6周期过渡元素原子半径与第5周期过渡元素的十分接近。主族元素原子半径周期性变化如图5-17所示。

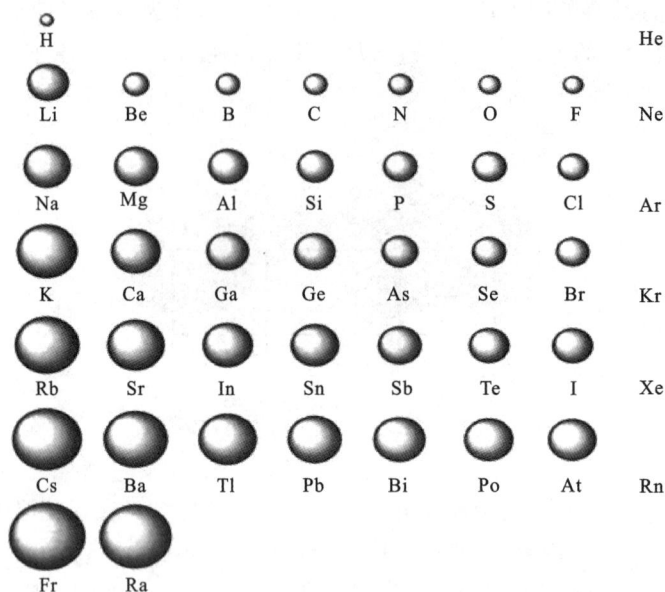

图 5-17　主族元素原子半径呈现周期性的变化

5.3.3　电离能

基态的气态原子失去电子形成气态正离子所需要的能量,称为电离能(I)。单位物质的量的基态气态原子失去第一个电子成为气态一价正离子所需要的能量称为该元素的第一电离能,以 I_1 表示,其 SI 单位为 $kJ \cdot mol^{-1}$。从气态 +1 价正离子再失去一个电子成为气态 +2 价正离子所需要的能量,称为第二电离能,以 I_2 表示,其余类推。从正离子中电离出电子远比中性分子困难,同一元素原子的各级电离能的大小顺序为:$I_1 < I_2 < I_3 < I_4 \cdots$。例如:

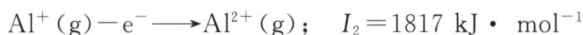

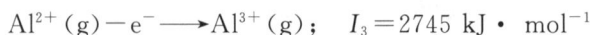

$$Al(g) - e^- \longrightarrow Al^+(g); \quad I_1 = 577.6 \ kJ \cdot mol^{-1}$$

$$Al^+(g) - e^- \longrightarrow Al^{2+}(g); \quad I_2 = 1817 \ kJ \cdot mol^{-1}$$

$$Al^{2+}(g) - e^- \longrightarrow Al^{3+}(g); \quad I_3 = 2745 \ kJ \cdot mol^{-1}$$

电离能的大小反映了原子失去电子的难易程度。电离能越大,原子失去电子时需要吸收的能量越大,失去电子也就越困难;反之,电离能越小,原子就越容易失去电子。通常用第一电离能 I_1(见表 5-12)来衡量原子失去电子的能力,其周期性变化如图 5-18 所示。

同一周期的主族元素,从左到右,随着有效核电荷 Z^* 依次增加,原子半径逐渐减小,失电子逐渐变难,第一电离能逐渐增大,增大的幅度随周期数的增大而减小;同一周期的副族元素,从左到右电离能增大的幅度不大,且变化没有规律;由于价电子构型处于全充满、半充满状态时原子比较稳定,其电离能比左右元素都高。例如,s 轨道全充满的 Be、Mg 的电离能比 B、Al 的高;p 轨道半充满的 N、P 的电离能高于 O、S。所以电离能的周期性递增过程中稍有起伏。

表 5-12　元素的第一电离能 I_1　　　　　　　（单位:kJ · mol^{-1}）

H																	He
1312																	2372
Li	Be											B	C	N	O	F	Ne
520	899											801	1086	1402	1314	1631	2081
Na	Mg											Al	Si	P	S	Cl	Ar
496	738											578	786	1012	1000	1251	1521
K	Ca	Sc	Ti	V	Cr	Mn	Fe	Co	Ni	Cu	Zn	Ga	Ge	As	Se	Br	Kr
419	590	631	658	650	623	717	759	758	737	745	906	579	762	947	941	1140	1351
Rb	Sr	Y	Zr	Nb	Mo	Tc	Ru	Rh	Pd	Ag	Cd	In	Sn	Sb	Te	I	Xe
403	550	616	660	664	685	702	711	720	805	804	868	558	709	834	869	1008	1170
Cs	Ba	Lu	Hf	Ta	W	Re	Os	Ir	Pt	Au	Hg	Tl	Pb	Bi	Po	At	Rn
376	503	523	675	761	770	760	839	878	868	890	1007	589	716	703	812	912	1041
Fr	Ra																
381	509																

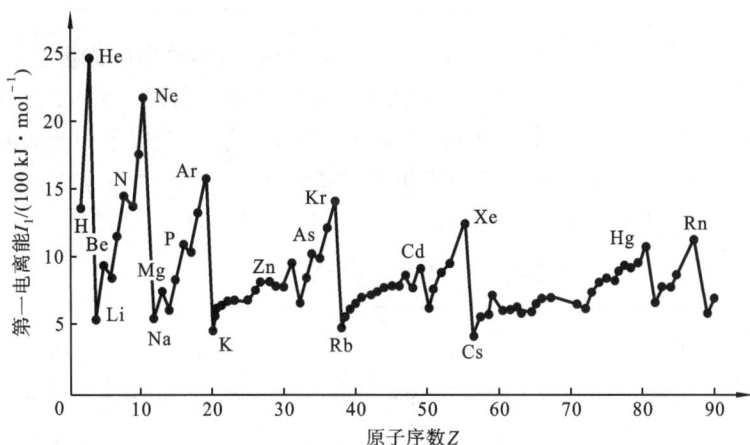

图 5-18　第一电离能的周期性变化

同一主族元素,从上到下随着原子半径增大电离能依次减小,所以元素的金属性依次增加;副族元素,从上到下电离能变化幅度小,且不规则,但总体上有逐渐增加趋势。

值得注意的是,电离能的大小只能衡量气态原子失去电子变为气态离子的难易程度,至于金属在溶液中发生化学反应形成正离子的倾向,是根据金属的电极电势来判断的。

5.3.4　电子亲和能

某元素的一个基态气态原子得到一个电子形成气态负离子时所放出的能量,称为该元素的电子亲和能,用符号 E 表示,其 SI 单位为 kJ · mol^{-1}。上述电子亲和能的定义实际上是元素的第一电子亲和能 E_1，与电离能类似，电子亲和能也有 $E_1,E_2,\cdots$ 之分。例如，按热力学表示：

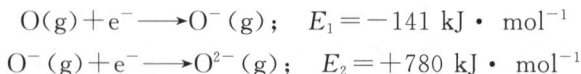

$$O(g)+e^- \longrightarrow O^-(g); \quad E_1 = -141 \text{ kJ} \cdot \text{mol}^{-1}$$

$$O^-(g)+e^- \longrightarrow O^{2-}(g); \quad E_2 = +780 \text{ kJ} \cdot \text{mol}^{-1}$$

通常说的电子亲和能，是指第一电子亲和能。各元素原子的 E_1 一般为负值，这是由于基态原子获得第一个电子时系统能量降低，要放出能量。已带负电的负离子要再结合一个电子，则需要克服负离子电荷的排斥力，必须吸收能量。应该注意手册上的电子亲和能的数据符号相反，即放热为正，吸热为负。因此，在使用电子亲和能时，要弄清所使用的表示方法，本书采用热力学表示。

电子亲和能的大小与有效核电荷、原子半径和电子层结构有关，故也呈周期性变化。同一周期主族元素，从左到右第一电子亲和能的绝对值依次增大，即各元素的原子结合电子时放出的能量依次增大(稀有气体除外)，表明原子越来越容易结合电子形成负离子。但是也表现出了与电离能相似的波浪形变化(见表 5-13)。

表 5-13　第 3 周期元素第一电子亲和能 E_1

原　　子	Na	Mg	Al	Si	P	S	Cl
$E_1/(\text{kJ} \cdot \text{mol}^{-1})$	−52.7	−230	−44	−133.6	−71.7	−200.4	−348.8

同一主族，从上到下第一电子亲和能总体上逐渐减小，即放出的能量减小。但反常现象是第 2 周期非金属元素 F 和 O 的 E_1 反而小于相应的第 3 周期元素 Cl 和 S。原因是 F 和 O 的原子半径特别小，电子云密度较大，以致当原子结合一个电子形成负离子时，电子间排斥作用较强，使放出的能量减少；Cl 和 S 原子半径较大，接受电子时，电子间的排斥力较小，故其电子亲和能是同族中最大的(见表 5-14、表 5-15)。

表 5-14　ⅦA 族元素第一电子亲和能 E_1

原　　子	F	Cl	Br	I
$E_1/(\text{kJ} \cdot \text{mol}^{-1})$	−327.9	−348.8	−324.6	−295.3

表 5-15　ⅥA 族元素第一、二电子亲和能 E_1、E_2

原　　子	O	S	Se	Te
$E_1/(\text{kJ} \cdot \text{mol}^{-1})$	−141	−200.4	−195	−190.1
$E_2/(\text{kJ} \cdot \text{mol}^{-1})$	780	590	420	

电子亲和能的大小反映原子获得电子的难易。电子亲和能越负，原子获得电子的能力越强，变成负离子的可能性越大。

由于电子亲和能的测定比较困难，所以目前测得的数据较少，尤其是副族元素尚无完整数据，准确性也较差，有些数据还只是计算值。

无论是在周期还是在族中，主族元素电子亲和能的代数值一般是随着原子半径的减小而减小的。因为半径减小，核电荷对电子的引力增大。故电子亲和能在周期中从左向右是逐渐减小的,主族元素从上往下是逐渐增大的。

值得注意的是:电子亲和能、电离能只能表征孤立气态原子或离子得、失电子的能力。

5.3.5 电负性

1. 电负性概念

电离能和电子亲和能都是从一个侧面反映元素原子失去或得到电子能力的大小。某原子难失去电子,不一定就容易得到电子;反之,某原子难得到电子,也不一定就容易失去电子。为了全面衡量不同元素原子在分子中对成键电子的吸引能力,1932 年鲍林提出了电负性概念:元素电负性(χ)是指在分子中原子吸引成键电子的能力。他指定最活泼的非金属元素氟的电负性为 4.0,然后通过计算得出其他元素电负性的相对值。元素电负性越大,表示该元素原子在分子中吸引成键电子的能力越强;反之,则越弱。表 5-16 列出了鲍林的元素电负性数值。

表 5-16　周期表中元素的电负性

H 2.1																	He
Li 1.0	Be 1.5											B 2.0	C 2.5	N 3.0	O 3.5	F 4.0	Ne
Na 0.9	Mg 1.2											Al 1.5	Si 1.8	P 2.1	S 2.5	Cl 3.0	Ar
K 0.8	Ca 1.0	Sc 1.3	Ti 1.5	V 1.6	Cr 1.6	Mn 1.5	Fe 1.8	Co 1.9	Ni 1.9	Cu 1.9	Zn 1.6	Ga 1.6	Ge 1.8	As 2.0	Se 2.4	Br 2.8	Kr
Rb 0.8	Sr 1.0	Y 1.2	Zr 1.4	Nb 1.6	Mo 1.8	Tc 1.9	Ru 2.2	Rh 2.2	Pd 2.2	Ag 1.9	Cd 1.7	In 1.7	Sn 1.8	Sb 1.9	Te 2.1	I 2.5	Xe
Cs 0.7	Ba 0.9	Lu 1.2	Hf 1.3	Ta 1.5	W 1.7	Re 1.9	Os 2.2	Ir 2.2	Pt 2.2	Au 2.4	Hg 1.9	Tl 1.8	Pb 1.9	Bi 1.9	Po 2.0	At 2.2	Rn

由表 5-16 可见,同一周期主族元素的电负性从左到右依次增大,是由于原子的有效核电荷逐渐增大,半径依次减小,原子在分子中吸引成键电子的能力逐渐增强。在同一主族中,从上到下电负性逐渐减小,说明原子在分子中吸引成键电子的能力逐渐减弱。过渡元素电负性的变化没有明显的规律。

2. 电负性的应用

(1)判断元素的金属性和非金属性。元素的金属性是指原子失去电子成为正离子的能力,元素的非金属性是指原子得到电子成为负离子的能力,元素的电负性综合反映了原子得失电子的能力,故可根据元素电负性的大小判断元素的金属性和非金属性。一般来说,$\chi < 2.0$ 为金属元素,$\chi > 2.0$ 为非金属元素。

(2)判断化学键的类型。根据分子中元素电负性差值 $\Delta\chi$ 判断化学键的类型。一般来说，$\Delta\chi > 1.7$ 为离子键，$\Delta\chi < 1.7$ 为极性共价键，$\Delta\chi = 0$ 为非极性共价键。

5.3.6 元素的氧化数

元素的氧化数与原子的价电子构型有关。由于元素价电子构型是周期性重复的，所以元素的最高氧化数也是周期性重复的。元素参加化学反应时，可达到的最高氧化数等于价电子总数，也等于所属族数(见表5-17)。

但需指出，0、Ⅷ族元素中，至今只有少数元素(如 Xe、Kr 和 Ru、Os 等)有氧化数为 +8的化合物。ⅠB族元素最高氧化数不等于族数，如 Cu 为 +2，Ag 为 +3，Au 为 +3。

表 5-17 元素的最高氧化数和价电子构型

主族	IA	IIA	IIIA	IVA	VA	VIA	VIIA	0
价电子构型	ns^1	ns^2	ns^2np^1	ns^2np^2	ns^2np^3	ns^2np^4	ns^2np^5	ns^2np^6
价电子数	1	2	3	4	5	6	7	8
最高氧化数	+1	+2	+3	+4	+5	+6	+7	+8 (部分元素)
副族	IB	IIB	IIIB	IVB	VB	VIB	VIIB	Ⅷ
价电子构型	$(n-1)d^{10}$ ns^1	$(n-1)d^{10}$ ns^2	$(n-1)d^1$ ns^2	$(n-1)d^2$ ns^2	$(n-1)d^3$ ns^2	$(n-1)d^{4\sim5}$ $ns^{1\sim2}$	$(n-1)d^5$ ns^2	$(n-1)d^{6\sim10}$ $ns^{0\sim2}$
价电子数			3	4	5	6	7	8
最高氧化数	+3 (部分元素)	+2	+3	+4	+5	+6	+7	+8 (部分元素)

【例 5-5】 写出下列各原子的价电子构型，并指出它们所处的周期和族、最高氧化数。

(1) Cr($Z=24$)；(2) Co($Z=27$)；(3) Br($Z=35$)；(4) Cd($Z=48$)。

解 将结果列表如下：

编号	原子序数	元素符号	电子排布式	价电子构型	价电子数	周期	族	最高氧化数
(1)	24	Cr	$[Ar]3d^54s^1$	$3d^54s^1$	6	4	VIB	+6
(2)	27	Co	$[Ar]3d^74s^2$	$3d^74s^2$	9	4	Ⅷ	+4
(3)	35	Br	$[Ar]3d^{10}4s^24p^5$	$4s^24p^5$	7	4	VIIA	+7
(4)	48	Cd	$[Kr]4d^{10}5s^2$	$4d^{10}5s^2$	12	5	IIB	+2

目 标 检 测 题 5

一、单项选择题（将正确答案的标号填入括号内）

5.1 某核外电子有下列量子数(n,l,m,m_s)，其中不可能存在的是（　　）。

A. $3,2,2,1/2$

B. $3,1,-1,1/2$

C. $1,0,0,-1/2$

D. $2,-1,0,1/2$

5.2 对 p 轨道电子云形状，下列叙述正确的是（　　）。

A. 球形对称

B. 对顶双球

C. 极大值在 x、y、z 轴上的双梨形

D. 互相垂直的梅花瓣形

5.3 下列说法中，正确的是（　　）。

A. 主量子数为 1 时，有自旋相反的两个轨道

B. 主量子数为 3 时，有 3s、3p、3d 共三个轨道

C. 在除氢以外的原子中，2p 能级总是比 2s 能级高

D. 电子云图形中的小黑点代表电子

5.4 下列基态 Fe 原子价电子轨道表示式正确的是（　　）。

5.5 在多电子原子中，决定电子能量的量子数为（　　）。

A. n

B. n 和 l

C. n，l 和 m

D. n，l，m 和 m_s

5.6 基态 K 原子最外层电子的四个量子数是（　　）。

A. $4,1,0,1/2$

B. $4,1,1,1/2$

C. $3,0,0,1/2$

D. $4,0,0,1/2$

5.7 量子力学中说的原子轨道是指（　　）。

A. $\psi_{n,l,m}$

B. ψ_{n,l,m,m_s}

C. 电子出现的概率

D. 电子出现的概率密度

5.8 下列多电子原子能级（填电子时）能量最高的是（　　）。

A. $n=1,l=0$

B. $n=2,l=0$

C. $n=4,l=0$

D. $n=3,l=2$

5.9 元素的性质随着原子序数的递增呈现周期性变化的主要原因是（　　）。

A. 元素原子的核外电子排布呈周期性变化

B. 元素原子的半径呈周期性变化

C. 元素的化合价呈周期性变化

D. 元素的相对原子质量呈周期性变化

5.10 下列基态原子的电子排布,具有最大第一电离能的是(　　　)。

A. $[Ne]3s^2 3p^2$　　　B. $[Ne]3s^2 3p^3$　　　C. $[Ne]3s^2 3p^4$　　　D. $[Ar]3d^{10} 4s^2 4p^3$

5.11 下列元素中,原子半径最接近的一组是(　　　)。

A. Ne、Ar、Kr、Xe　　　　　　　　B. Mg、Ca、Sr、Ba

C. B、C、N、O　　　　　　　　　　D. Cr、Mn、Fe、Co

5.12 第4周期元素原子中未成对电子数最多可达(　　　)。

A. 4个　　　　　　B. 5个　　　　　　C. 6个　　　　　　D. 7个

5.13 关于原子轨道的下述观点,正确的是(　　　)。

A. 原子轨道是电子运动的轨道

B. 某一原子轨道是电子的一种空间运动状态

C. 原子轨道表示电子在空间各点出现的概率

D. 原子轨道表示电子在空间各点出现的概率密度

5.14 下列元素中第一电子亲和能最大的是(　　　)。

A. O　　　　　　　B. F　　　　　　　C. S　　　　　　　D. Cl

5.15 某元素基态原子失去3个电子后,$l=2$ 的轨道半充满,其原子序数为(　　　)。

A. 24　　　　　　B. 25　　　　　　C. 26　　　　　　D. 27

二、多项选择题(将正确答案的标号填入括号内)

5.16 n、l、m 确定后,就可以确定该量子数组合所描述的原子轨道的(　　　)。

A. 数目　　　　B. 形状　　　　C. 能量　　　　D. 所填充的电子数目

5.17 下列离子电子排布式为 $[Ar]3d^6 4s^0$ 的是(　　　)。

A. Fe^{2+}　　　　　　B. Fe^{3+}　　　　　　C. Co^{3+}　　　　　　D. Ni^{2+}

5.18 下列说法中,正确的是(　　　)。

A. 由于屏蔽作用,所有元素原子核外电子的 $Z^* < Z$

B. 电子的钻穿作用越强,其能量越低

C. n 值相同,l 越小,则钻穿作用越强

D. 屏蔽作用和钻穿作用的结果引起能级交错

5.19 影响多电子原子原子轨道能量的因素是(　　　)。

A. 屏蔽作用　　　B. 钻穿作用　　　C. 主量子数 n　　　D. 磁量子数 m

5.20 镧系收缩致使下列元素性质相似的是(　　　)。

A. Mo 和 W　　　B. Ru 和 Rh　　　C. Nb 和 Ta　　　D. Zr 和 Hf

三、是非题(对的在括号内填"√",错的在括号内填"×")

5.21 氢原子核外的电子云呈球形对称,离核越近则密度越大,离核越远则密度越小。　　　　　　　　　　　　　　　　　　　　　　　　　　　　　　(　　　)

5.22 原子序数为34的原子,各电子层的电子数为2、8、18、6。　　　　(　　　)

5.23 氢原子的1s电子激发到3s轨道要比激发到3p轨道所需的能量少。　　(　　　)

5.24 非金属元素的电负性均大于2。　　　　　　　　　　　　　　　　(　　　)

5.25 最外层电子组态为 ns^1 或 ns^2 的元素,都在s区。　　　　　　　(　　　)

5.26 s电子在球面轨道上运动,p电子在双球面轨道上运动。 （　　）

5.27 原子核外电子的能量完全由电子层数n决定。 （　　）

5.28 4s上的电子能量比3d上的电子能量高。 （　　）

5.29 某元素R的最外层电子数是次外层电子数的2倍,由此可以判断R一定是第2周期元素。 （　　）

5.30 p区和d区元素多有可变的氧化数,s区元素(H除外)没有。 （　　）

四、填空题

5.31 写出具有下列指定量子数的原子轨道符号:

(1) $n=4,l=1$＿＿＿＿＿＿；(2) $n=5,l=2$＿＿＿＿＿＿。

5.32 屏蔽作用使电子的能量＿＿＿＿＿＿,钻穿作用使电子的能量＿＿＿＿＿＿。

5.33 试填写符合下列条件的各元素的名称(以元素符号表示):

(1) 含有半满p亚层的最轻原子＿＿＿＿＿＿；

(2) 某元素最外层有2个电子的量子数为$n=4,l=0$和8个电子的量子数为$n=3,l=2$＿＿＿＿＿＿。

5.34 $n=3,l=1$的原子轨道属于＿＿＿＿＿＿能级,该能级有＿＿＿＿＿＿个简并轨道,半充满时,若用4个量子数的组合分别表示这些电子的状态,应该将它们写成＿＿＿＿＿＿。具有这样电子组态的原子核电荷数为＿＿＿＿＿＿,其元素符号是＿＿＿＿＿＿。

5.35 基态原子中3d能级半充满的元素是＿＿＿＿＿＿和＿＿＿＿＿＿。1～36号元素中,基态原子核外电子中未成对电子最多的元素是＿＿＿＿＿＿。

5.36 价电子构型$5s^2 5p^4$的元素处在元素周期表的＿＿＿＿＿＿区第＿＿＿＿＿＿周期＿＿＿＿＿＿族,原子序数为＿＿＿＿＿＿。

5.37 已知下列元素在周期表中的位置,写出它们的价电子构型和元素符号:

(1) 第4周期第ⅣB族＿＿＿＿＿＿；

(2) 第5周期第ⅦA族＿＿＿＿＿＿。

5.38 能说明电子具有波动性的是＿＿＿＿＿＿实验和＿＿＿＿＿＿原理。描述核外电子运动状态的数学函数式称为＿＿＿＿＿＿,它是＿＿＿＿＿＿方程的解。描述一个核外电子的运动状态需要的4个量子数是＿＿＿＿＿＿。

5.39 周期系中4个特殊规律是:① ＿＿＿＿＿＿；② ＿＿＿＿＿＿；③ ＿＿＿＿＿＿；④＿＿＿＿＿＿。

5.40 A、B、C为周期表中相邻的三种元素,其中A和B同周期,A和C同主族,三种元素原子的价电子数之和为19,质子数总数为41,则元素A为＿＿＿＿＿＿,B为＿＿＿＿＿＿,C为＿＿＿＿＿＿。

5.41 A、B、C、D均为短周期元素,原子半径B＜A＜C＜D,A和B处于同一周期,A和C处于同一主族,C原子核外电子数等于A和B原子核外电子数之和,C原子的价电子数是D原子价电子数的2倍,则元素A为＿＿＿＿＿＿,B为＿＿＿＿＿＿,C为＿＿＿＿＿＿,D为＿＿＿＿＿＿。(有两组答案)

5.42 填写下表:(基态)

原子序数	电子层结构	价电子构型	区	周期	族	最高氧化数
	$[Ne]3s^2 3p^5$					
19						
		$3d^5 4s^1$				
				4	ⅠB	

五、简答题

5.43 什么叫做屏蔽作用? 为什么在多电子原子中 $E_{3s} < E_{3p} < E_{3d}$?

5.44 元素的最高氧化数和原子的电子层结构有何联系? 在常见元素中,哪些元素的氧化数是不变的? 哪些元素的氧化数是可变的?

5.45 某元素的原子序数为24,试写出:

(1) 基态原子的电子排布式和价电子构型;

(2) 该原子核外有多少电子层? 多少亚层? 多少成单电子?

(3) 该元素所处的区、周期和族。

5.46 写出下列元素基态原子的电子排布式:

(1) 电子亲和能最大的元素;

(2) 电负性最大的元素;

(3) 第3周期含有两个成单电子的元素。

项目 6

化学键理论与分子结构

　　分子是保持物质化学性质的最小微粒,是参加化学反应的基本单元。分子的性质取决于组成分子的原子种类、数目,原子间的相互作用力和原子的空间排布方式。化学上把分子或晶体中相邻原子(或离子)之间强烈的相互吸引作用称为化学键。通常根据相邻原子(或离子)之间强烈相互吸引作用的方式不同,将化学键划分成三种类型,即离子键、共价键和金属键。原子在空间的排布方式就是分子形状。要了解物质的性质及化学反应的规律,就必须研究分子结构。这里主要讨论分子的形成、分子的几何构型及分子间的相互作用。

任务 6.1　共价键理论

6.1.1　经典路易斯学说

　　在自然界中,除稀有气体是以单原子分子稳定存在外,其他元素的原子是通过一定的化学键结合形成分子或晶体而存在的。1916 年美国化学家路易斯(Lewis)提出了共价键的概念,他认为那些电负性相差较小或相同原子之间是通过共用电子对而结合在一起的,如 H_2、O_2、Cl_2、NH_3 等分子,成键原子通过形成共用电子对以后,每一个原子都达到相应稀有气体原子的 2 或 8 电子稳定构型,即最外层电子符合 $1s^2$ 或 ns^2np^6 的电子构型。如两个 Cl 原子结合形成 Cl_2 分子时,每个 Cl 原子提供一个单电子,形成一个共用电子对。这样,对于每一个 Cl 原子来讲,都使外层达到 8 电子稳定构型。其形成表示如下:

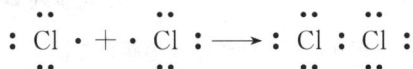

$$:\overset{..}{\underset{..}{Cl}}\cdot\ +\ \cdot\overset{..}{\underset{..}{Cl}}:\ \longrightarrow\ :\overset{..}{\underset{..}{Cl}}:\overset{..}{\underset{..}{Cl}}:$$

若以"—"代表共用电子对,Cl_2 分子可以表示为 Cl—Cl。HCl 分子的形成同样如此,H 原子和 Cl 原子各拿出外层的一个单电子,形成一个共用电子对,H 和 Cl 原子的外层分别达到稀有气体 2 和 8 电子稳定构型。化学上把这种原子间通过共用电子对而形成的化学键称为共价键。

路易斯关于共用电子对构成八隅体而形成共价键的学说,对一些简单共价型分子是适用的,但存在很大的局限性:①"八隅体规则"例外很多,许多共价型分子中心原子价电子数多于 8 个(如 PCl_5、SF_6)或少于 8 个(如 BCl_3、$BeCl_2$),分子依然能稳定存在;②没有从本质上解释共价键的成因,不能对两个带负电荷的电子之间不相互排斥反而相互配对进行解释,也不能解释共价键具有方向性;③不能说明分子的几何构型和某些性质。

6.1.2 价键理论

1. 共价键的形成和本质

1927 年海特勒(Heitler)和伦敦(London)应用量子力学原理处理 H_2 分子,得到 H_2 分子形成过程的能量与核间距的关系曲线,如图6-1所示。该图表明,两个 H 原子形成 H_2 分子过程出现基态(E_B)和排斥态(E_A)两种情况。基态:两个 H 原子的单电子自旋方向相反,随着两个 H 原子的相互靠近,每个 H 原子核除吸引自身的 1s 电子外,还吸引另一个 H 原子的 1s 电子,使得两个 1s 轨道发生重叠,在两核间电子的概率密度增大,形成了高电子概率密度的区域(见图 6-2(a)),从而增强了核对其的吸引,同时部分抵消了两核间的斥力,此时系统能量降低。在曲线上的能量最低点处,吸引和排斥达到平衡状态,从而形成了稳定的化学键。如果两个 H 原子继续靠近,两原子核间的斥力增大,体系能量迅速升高。排斥态:

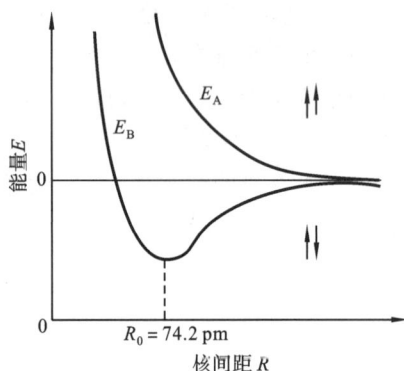

图 6-1 H_2分子形成过程能量与核间距的关系

E_A—排斥态的能量曲线;E_B—基态的能量曲线

两个 H 原子的单电子自旋方向相同,当它们相互靠近时,两个 1s 轨道波函数值相互抵消,两原子核间的电子概率密度几乎为零(见图 6-2(b)),两原子核的正电荷互斥,使体系的能量升高,处于不稳定状态,不能形成化学键,而是趋向分离,保持为单个 H 原子,这种状态称为 H_2 分子的排斥态。

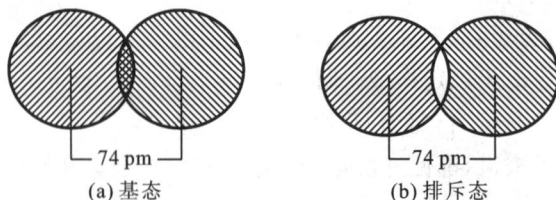

(a) 基态 (b) 排斥态

图 6-2 H_2分子的基态和排斥态

2. 价键理论的基本要点

1930 年鲍林等人把海特勒和伦敦应用量子力学原理处理 H_2 分子形成的成果推广应用到其他分子的形成,并加以发展,提出了现代价键理论,其基本要点如下:

（1）电子配对原理。两键合原子接近时,各提供一个自旋方向相反的未成对价电子配对,形成稳定的共价键。一般来说,若原子的价层没有单电子,不能形成共价键。例如,稀有气体元素的原子通常不形成双原子分子。

（2）最大重叠原理。两原子成键电子的原子轨道重叠越多,两原子核间电子的概率密度越大,所形成的共价键越牢固。

3. 共价键的特征

根据价键理论的基本要点,可以推知共价键具有饱和性和方向性。

（1）饱和性。当两原子接近时,只有自旋方向相反的未成对（单个）价电子才能配对形成稳定的共价键。一个成键原子的价层电子中含有几个单电子,这个原子最多只能和相同数目自旋方向相反的单电子配对形成共价键,即原子所能形成共价键的数目是由其单电子数决定的,共价键的这种特性称为共价键的饱和性。如 H 原子只有 1 个电子,它只能和其他原子的一个自旋方向相反的单电子形成一个共价键,如 H—H、H—Cl；N 原子的 2p 轨道上有 3 个单电子,它只能和其他原子自旋方向相反的 3 个单电子形成三个共价键,如 $N\equiv N$、NH_3。

（2）方向性。根据原子轨道最大重叠原理,形成共价键时,原子间总是尽可能沿着原子轨道最大重叠的方向成键,原子轨道重叠越多,两核间电子概率密度越大,形成的键越牢固。原子轨道中,除 s 轨道是球形对称没有方向性外,其他 p、d、f 等价轨道在空间都有一定的伸展方向。因此,在形成共价键时,除 s 轨道能在任何方向最大重叠外,其他 p、d、f 轨道只能沿一定方向才能最大重叠成键。因此,当一个 A 原子与其他一个或几个 B 原子形成共价分子时,B 原子在 A 原子周围的成键方位是一定的,这就是共价键的方向性。共价键的方向性决定了共价分子具有一定的空间构型。如 H 原子和 Cl 原子结合形成 HCl 分子时,H 原子的 1s 单电子与 Cl 原子的 $3p_x$ 轨道上一个自旋方向相反的单电子形成共价键,H 原子的 s 电子只有沿着 Cl 原子的 $3p_x$ 轨道对称轴方向进入,才能发生最大程度重叠,如图 6-3（a）所示,两原子核间电子云密度最大,形成稳定的共价键,而图 6-3（b）和图 6-3（c）则说明两原子轨道重叠程度很小或没有发生重叠。

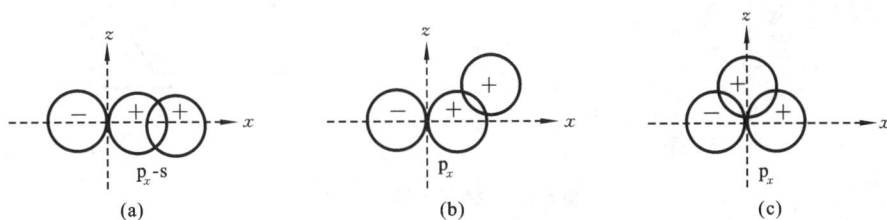

图 6-3 HCl 分子共价键方向示意图

4. 共价键的类型

（1）根据两原子形成共价键时,原子轨道重叠方式不同,共价键可以分为 σ 键和 π 键。

① σ 键。两原子相互靠近时,原子轨道沿着两原子核的连线（键轴）方向,以"头碰头"方式重叠,重叠部分通过键轴并沿键轴呈圆柱形对称,并集中于两原子核之间,原子以这种轨道重叠形式结合而成的共价键称为 σ 键。如图 6-4 所示的 H_2 分子中的 s-s 键、HCl 分子中的 p_x-s 键和 Cl_2 分子中的 p_x-p_x 键均为 σ 键。

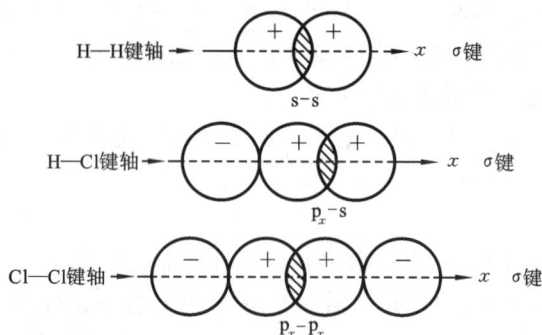

图 6-4　σ 键示意图

② π 键。两原子相互靠近时，原子轨道以"头碰头"方式进行重叠形成 σ 键后，成键的两原子中仍有单电子，其原子轨道垂直于两原子核的连线，即两个相互平行的 p 轨道又可以"肩并肩"方式重叠，轨道重叠部分在键轴的两侧并垂直于键轴的平面。原子轨道以这种"肩并肩"重叠方式形成的共价键称为 π 键，如图 6-5 所示。

当两原子之间形成双键或三键时，既有 σ 键，又有 π 键。例如，在 N_2 分子的成键过程中，两个 N 原子之间就形成了一个且只能形成一个 σ 键和两个 π 键。N 原子的价电子构型是 $2s^2 2p^3$，每个 N 原子有 3 个未成对的 2p 电子，分别分布在三个相互垂直的 $2p_x$、$2p_y$、$2p_z$ 原子轨道上。当两个 N 原子沿着 x 轴相互靠近时，两个 N 原子的 $2p_x$ 轨道以"头碰头"的方式重叠形成一个 σ 键；同时两个 N 原子垂直于 σ 键键轴的 $2p_y$ 和 $2p_z$ 轨道，则只能以"肩并肩"的方式分别重叠成键，形成两个 π 键。N_2 分子的成键如图 6-6 所示。σ 键和 π 键的区别如表 6-1 所示。

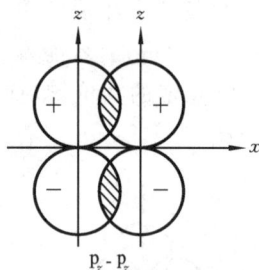

图 6-5　π 键示意图

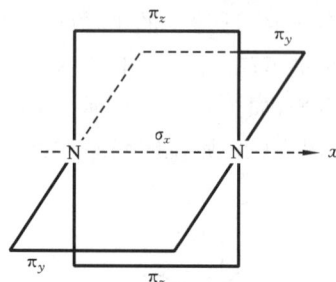

图 6-6　N_2 分子中 σ 键和 π 键示意图

表 6-1　σ 键和 π 键的区别

	σ 键	π 键
成键轨道	由 s-s、s-p、p-p 等原子轨道组成	由 p-p、p-d 等原子轨道组成
重叠方式	原子轨道以"头碰头"方式重叠	原子轨道以"肩并肩"方式重叠
重叠程度	沿键轴呈圆柱形对称，重叠程度较大	垂直于键轴呈镜面对称，重叠程度较小
电子云密度分布	集中于两核之间	分散在节面的上、下
存在形式	两原子间形成单键时存在	两原子间形成双键或三键时存在
键的性质	键能较大，稳定性较高	键能较小，稳定性较差

（2）根据两原子形成共价键时，提供共用电子对方式的不同，共价键又可分为一般共价键和特殊共价键——配位键。共用电子对是由成键两原子各自提供自旋方向相反的单电子形成的共价键称为一般共价键，如 H_2、N_2、HF、NH_3 等分子中的共价键。若共价键中的共用电子对是由成键原子中一方单独提供，进入另一方原子的空轨道，双方共享所形成的共价键，称为配位键，通常用"→"表示，以区别于一般共价键，箭头指向电子对接受体，箭尾指向电子对给予体。例如，在 CO 分子中，O 原子的价电子构型是 $2s^2 2p^4$，C 原子的价电子构型是 $2s^2 2p^2$，2p 轨道上各有 2 个单电子，两原子相互靠近以"头碰头"形成一个 σ 键、"肩并肩"形成一个 π 键外，O 原子还单独提供一个 2p 电子对（也称孤电子对）进入 C 原子的一个 2p 空轨道，两原子共用这对电子形成配位键。

$$\overset{\cdot\cdot}{\underset{\cdot\cdot}{:O}}\cdot + \cdot\overset{\cdot\cdot}{C:} = :O \Longrightarrow C:$$

形成配位键的充要条件：成键原子一方能提供价层孤对电子，另一方具有接受孤对电子的价层空轨道。

5. 键参数

表征化学键基本性质的物理量称为键参数。共价键的键参数主要有键能、键长、键角及键的极性等。

（1）键能。键能是衡量共价键强度（键牢固程度）的物理量。其定义是：在一定温度和标准压力下，断裂气态分子的单位物质的量的化学键，使它变成气态原子或原子团时所需要的能量，称为键能，用符号 E 表示，其 SI 单位为 $kJ \cdot mol^{-1}$。对于双原子分子，键能在数值上等于键解离能（D）；对于 A_mB 或 AB_n 类的多原子分子来说，键能在数值上等于 m 个或 n 个等价键的解离能的平均值。表 6-2 列出了一些化学键的平均键能。一般来说，键能越大，化学键越牢固，形成的分子越稳定。

（2）键长。分子中两成键原子核间的平均距离称为键长或键距，用符号 L 表示，单位为 pm。键长通常是采用电子衍射、X 射线衍射、光谱等实验方法精确地测定的。表 6-2 列出了一些共价键的键长。

表 6-2　常见共价键的键长和键能

共价键	键长 L/pm	键能 E/($kJ \cdot mol^{-1}$)	共价键	键长 L/pm	键能 E/($kJ \cdot mol^{-1}$)
H—H	74	436	C=O	121	736
C—C	154	345	F—F	141	159
C=C	134	611	I—I	267	151
C≡C	120	835	H—F	92	570
N—N	145	167	H—Cl	127	432
N=N	125	418	H—Br	141	366
N≡N	110	942	H—I	161	298
O—O	148	142	C—H	109	414

共价键	键长 L/pm	键能 E/(kJ·mol^{-1})	共价键	键长 L/pm	键能 E/(kJ·mol^{-1})
Cl—Cl	199	243	O—H	96	464
Br—Br	228	193	N—H	109	391
C—O	143	360			

根据上述表中数据可以得出,同一族元素的单质或同一类型的化合物的双原子分子,键长随原子序数的增加而增大;两个相同原子之间形成的不同化学键,其键数越多,则键长越短,键能就越大,键就越牢固。

(3)键角。分子中同一原子形成的相邻两个化学键之间的夹角称为键角。键角是反映分子空间构型的主要参数。对于双原子分子,两原子排成直线形。但对于多原子分子,知道了分子内全部化学键的键长和键角,分子的空间几何构型也就确定了。如 CO_2 分子中的键角是 $180°$,表明 CO_2 分子中三个原子在一条直线上,CO_2 分子为直线形。H_2O 分子中,O—H 键之间的夹角是 $104.5°$,表明 H_2O 分子是 V 形结构。

(4)键的极性。在共价键中,根据键的极性,可将共价键分为非极性共价键和极性共价键。键的极性是由成键原子的电负性不同而引起的。对于同核双原子分子和多原子分子,如 H_2、O_2、P_4、S_8 等,由于成键原子的电负性相同,共用电子对不发生偏移,核间的电子云密集区域在两核的中间位置,两原子核正电荷所形成的正电荷重心和成键电子对的负电荷重心恰好重合,这种键称为非极性共价键;对于异核双原子分子和多原子分子,如 HCl、NH_3 等,成键原子的电负性不同,共用电子对发生偏移,核间的电子云密集区域偏向电负性较大的原子一端,使之带部分负电荷,电负性较小的原子一端则带部分正电荷,键的正、负电荷重心不重合,这种键称为极性共价键。成键原子的电负性相差越大,键的极性就越大。当成键原子的电负性差值很大($\geqslant 2.0$)时,可认为成键电子对完全转移到电负性较大的原子上,此时原子变为离子,形成离子键。从键的极性看,离子键是最强的极性键,极性共价键是由离子键到非极性共价键之间的过渡情况(见表 6-3)。

表 6-3　成键原子的电负性差值与键型的关系

物　质	NaCl	HF	HCl	HBr	HI	H_2
电负性差值 $\Delta\chi$	2.1	1.9	0.9	0.7	0.4	0
键型	离子键	极性共价键				非极性共价键

6.1.3　杂化轨道理论

现代价键理论对许多共价分子中共价键的形成进行了合理的解释,但仍存在局限性,无法对部分多原子分子的成键及空间构型进行阐明。例如,CH_4 分子中的 C 原子,其价电子构型是 $2s^2 2p^2$,p 轨道上只有两个单电子,按照价键理论,其最多只能和 2 个 H 原子形成 2 个 C—H σ 键,但实验测定它是和 4 个 H 原子形成 4 个相同的 C—H σ 键构成 CH_4 分子。H_2O 分子中的 O 原子,其价电子构型是 $2s^2 2p^4$,两个单电子分布在两个不同的 p 轨道上,当和两个 H 原子形成 2 个 O—Hσ 键时,两个 O—Hσ 键之间的夹角应是 $90°$,但实验测定其夹角是 $104°45'$。为了解决现代价键理论无法解决的问题,1931 年,鲍林等人在价键理论的基础上提出了杂化轨道理论,进一步丰富和发展了现代价键理论,成功地阐明了现代价键理论无法解释的部分多原子分子的成键性质及分子空间构型。

1. 杂化和杂化轨道

多原子在形成分子时,在成键作用下,原子间相互影响,同一原子中几个能量相近的不同类型的原子轨道(即波函数)进行线性组合,重新分配能量和确定空间方向,形成数目相同、具有确定形状和空间伸展方向的新轨道的过程称为杂化。杂化形成的新原子轨道称为杂化轨道。

2. 杂化轨道理论的基本要点

(1) 孤立的原子,其轨道不发生杂化,只有在形成分子的过程中轨道的杂化才有可能发生。

(2) 原子形成共价键时,可以运用杂化轨道成键。不同的杂化方式导致杂化轨道的空间分布不同,由此决定了分子的空间几何构型不同。

(3) 原子中不同类型的原子轨道只有能量相近的原子轨道之间才能杂化。例如,根据原子轨道能量的高低,主族元素原子最外电子层的 ns、np 轨道之间或 ns、np 和 nd 轨道之间可以杂化;副族元素原子最外电子层的 ns、np 和 nd 轨道或 ns、np 轨道和次外电子层的 $(n-1)d$ 轨道之间可以进行杂化。

(4) 形成的杂化轨道的数目等于参加杂化的原子轨道数目。

(5) 杂化轨道的形状和空间伸展方向与杂化前轨道相比都发生了改变,使电子云更加集中,成键时重叠程度更大,成键能力更强,形成的分子更加稳定。例如,一个 s 轨道和一个 p 轨道进行杂化,杂化后形成 2 个 sp 杂化轨道,两个轨道的形状是一头较大,一头较小,较大的一头有利于轨道重叠成键。其杂化情况如图 6-7 所示。

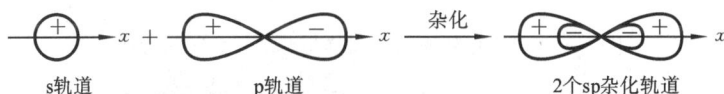

图 6-7　s 轨道和 p 轨道杂化成 sp 杂化轨道示意图

3. 杂化轨道类型与分子空间构型的关系

(1) sp 杂化。原子在形成分子时,其中心原子是用 1 个 ns 轨道和 1 个 np 轨道杂化的,组合成 2 个 sp 杂化轨道的过程称为 sp 杂化,所形成的两个能量相等的轨道称为 sp 杂化轨道。每个 sp 杂化轨道含 $\frac{1}{2}$ s 轨道和 $\frac{1}{2}$ p 轨道成分,为使相互之间排斥作用最小,其间的夹角为 $180°$。当中心原子以 sp 杂化轨道与其他原子进行轨道重叠成键时,所形成分子的空间构型为直线形。例如,图 6-8 表示气态 $BeCl_2$ 分子形成时,Be 原子的轨道杂化情况和所形成的直线形分子。

(2) sp^2 杂化。原子在形成分子时,其中心原子用 1 个 ns 轨道和 2 个 np 轨道杂化组合成 3 个 sp^2 杂化轨道的过程称为 sp^2 杂化,所形成的 3 个能量相等的轨道称为 sp^2 杂化

图 6-8　sp 杂化轨道的空间构型和 $BeCl_2$ 分子的形成

轨道。每个 sp^2 杂化轨道含 $\frac{1}{3}$ s 轨道和 $\frac{2}{3}$ p 轨道成分,为使相互之间排斥作用最小,其间的夹角为 $120°$。当中心原子以 sp^2 杂化轨道与其他 3 个相同的原子进行轨道重叠成键,所形成分子的空间构型为平面三角形。例如,图 6-9 表示 BF_3 分子形成时 B 原子的轨道杂化情况和分子的空间构型。

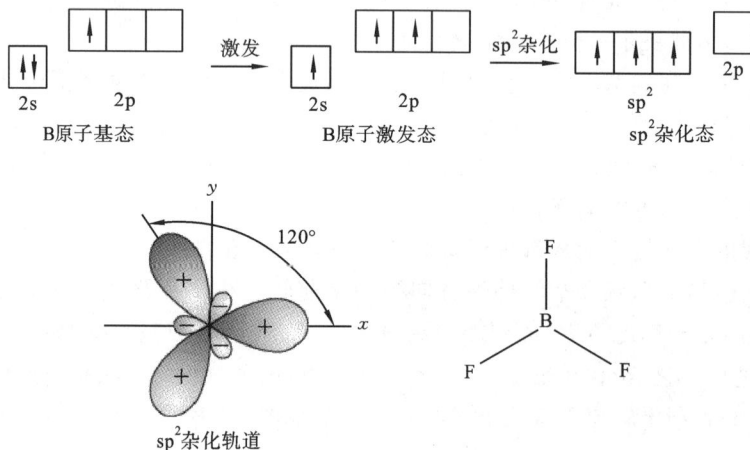

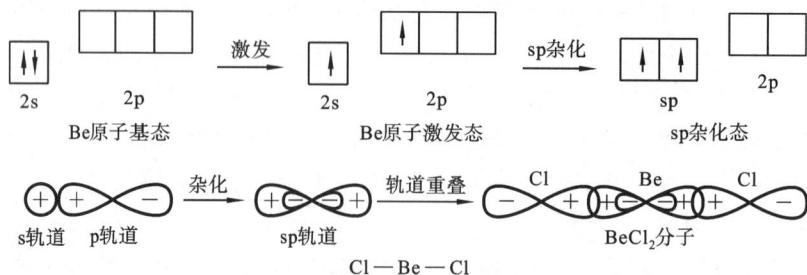

图 6-9　sp^2 杂化轨道的空间构型和 BF_3 分子的形成

　　(3) sp^3 杂化。原子在形成分子时,其中心原子用 1 个 ns 轨道和 3 个 np 轨道杂化组合成 4 个 sp^3 杂化轨道的过程称为 sp^3 杂化,所形成的 4 个能量相等的轨道称为 sp^3 杂化轨道。每个 sp^3 杂化轨道含 $\frac{1}{4}$ s 轨道和 $\frac{3}{4}$ p 轨道成分,为使相互之间排斥作用最小,其间的夹角为 $109°28'$。当中心原子以 sp^3 杂化轨道与其他 4 个相同的原子进行轨道重叠成键,所形成分子的空间构型为正四面体形。例如,图 6-10 表示 CH_4 分子形成时中心 C 原子的轨道杂化情况和分子的空间构型。

　　【例 6-1】　试解释 CCl_4 分子的空间构型。

　　解　实验结果表明,CCl_4 分子的空间构型为正四面体形,其键角均为 $109°28'$。其形成过程为 C 原子的 1 个 2s 轨道和 3 个 2p 轨道杂化形成 4 个等价的 sp^3 杂化轨道,分别与 4 个含有单电子的 Cl 原子 3p 轨道重叠形成 4 个 sp^3-p 的 σ 键,所以 CCl_4 分子的空间构型为正四面体形。

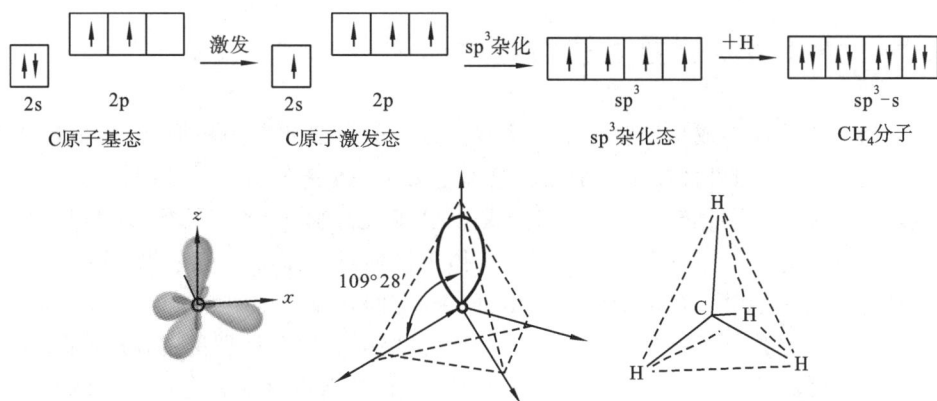

图 6-10 sp³ 杂化轨道的空间构型和 CH₄ 分子的形成

（4）等性杂化和不等性杂化。前面介绍的几种杂化轨道都是中心原子进行轨道杂化后所形成的几个杂化轨道在成分和能量上完全相同的等价轨道，这样的杂化称为等性杂化。若中心原子进行轨道杂化后所形成的几个杂化轨道在成分和能量上不完全相同，这样的杂化称为不等性杂化。例如，在 H_2O 分子中，虽然中心 O 原子也采取 sp³ 杂化，形成 4 个 sp³ 杂化轨道，但有 2 个杂化轨道各含有 1 个成单电子，另外 2 个杂化轨道则各含有 1 对电子，因此，它们在能量和空间分布上有所不同，O 原子的 2 个含成单电子的杂化轨道分别与 2 个 H 原子的 1s 轨道重叠形成 2 个 σ 键。成键电子对受到 O、H 两原子核的共同吸引，而 2 对孤对电子则只受到 O 原子核的吸引，因此，相对于成键电子对来讲，孤对电子更靠近 O 原子核，相互间的排斥力更大，从而使得 2 对孤对电子对 2 对成键电子产生了额外的"挤压"作用，使得 2 个 O—H 键之间的夹角从正四面体中的 109°28′ 减小到 104°45′，H_2O 的空间构型为 V 形。其形成过程如图 6-11 所示。

【例 6-2】 试解释 NH_3 分子的空间构型。

解 实验结果表明，NH_3 分子的空间构型为三角锥形，NH_3 分子中 3 个 N—H 键相互间的夹角为 107°18′。其形成过程可表示为中心 N 原子采取 sp³ 不等性杂化，其中 3 个杂化轨道各含有 1 个成单电子，1 个杂化轨道含有 1 对电子，含成单电子的杂化轨道分别与 3 个 H 原子的 1s 轨道重叠形成 3 个 sp³-s 的 σ 键，所以 NH_3 分子的空间构型为三角锥形（见图 6-12）。

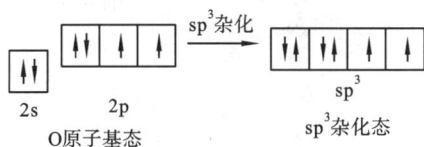

图 6-11 sp³ 不等性杂化和 H_2O 的空间构型

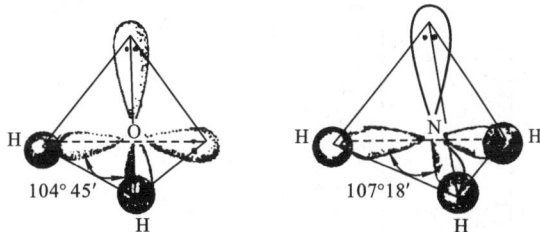

图 6-12 NH_3 分子的空间构型

6.1.4 价层电子对互斥理论

杂化轨道理论虽然成功地解释了一些共价分子的形成和空间构型,但其不足之处是使用起来比较烦琐,如果直接应用杂化轨道理论预测一个未知分子的空间构型,不一定能够得到理想的结果。杂化轨道理论的建立是以事实(已知分子的实际构型)为基础的,是先有事实后有理论。一个分子的中心原子具体采用何种类型的轨道杂化,往往不能进行直接的预测。为了能够直接准确地预测出分子的空间构型,1940 年西奇威克(Sidgwick)在总结大量已知共价分子构型的基础上,提出了价层电子对互斥理论(简称 VSEPR 法);20 世纪 50 年代末,经吉莱斯皮(Gillespie)和尼霍姆(Nyholm)发展为较简单而又能比较准确地判断分子几何构型的近代学说。

1. 价层电子对互斥理论的基本要点

(1) 对于只含有一个中心原子的分子或离子(AB_n),其空间几何构型取决于中心原子价层电子对数。中心原子的价层电子对数包括成键电子对数加上孤电子对数。

(2) 价层电子对之间存在斥力,为减小价层电子对间的排斥力,电子对间应尽量相互远离(见表 6-4),彼此趋向于均匀分布在中心原子周围,使排斥力最小,体系趋于最稳定。

表 6-4 价层电子对数及价层电子对构型和分子构型

分子类型	价层电子对数	成键电子对数	孤电子对数	价层电子对空间构型	分子空间构型	实 例
AB_2	2	2	0	直线形		CO_2、$BeCl_2$ 直线形
AB_3	3	3	0	正三角形		NO_3^-、BF_3 正三角形
AB_2	3	2	1	三角形		SO_2、$SnCl_2$ V 形
AB_4	4	4	0	正四面体		CH_4、SiF_4 正四面体
AB_3	4	3	1	四面体		NH_3、H_3O^+ 三角锥体

分子类型	价层电子对数	成键电子对数	孤电子对数	价层电子对空间构型	分子空间构型	实例
AB_2	4	2	2	四面体		H_2O、H_2S V 形
AB_5	5	5	0	三角双锥		PCl_5 三角双锥体
AB_4	5	4	1	三角双锥		SF_4 变形四面体
AB_3	5	3	2	三角双锥		ClF_3 T 形
AB_2	5	2	3	三角双锥		XeF_2 直线形
AB_6	6	6	0	正八面体		SF_6 正八面体
AB_5	6	5	1	八面体		IF_5 四方锥体
AB_4	6	4	2	八面体		XeF_4 平面正方形

（3）中心原子的价层电子对相互排斥作用的大小取决于电子对间的夹角和成键情况。成键电子对由于受两个原子核的吸引，电子云比较集中在键轴的位置，而孤对电子仅受中心原子核吸引，主要集中在中心原子核边上，显得比较肥大，对相邻电子对的排斥作用较大。不同价层电子对间的排斥力大小顺序为

孤对电子与孤对电子＞孤对电子与成键电子＞成键电子与成键电子

两对电子与中心原子形成的键角为 90°时的排斥力＞120°时的排斥力＞180°时的排斥力。因此在分子或离子的几种可能的几何构型中，以含 90°角孤对电子与孤对电子和孤对电子与成键电子排斥作用数目最少的构型是较稳定的构型。

（4）若 AB_n 分子中存在双键或三键，双键或三键只考虑为单键，提供一个成键电子对，但排斥力大小顺序为

三键＞双键＞单键

2. VSEPR 法判断共价分子或离子空间构型的步骤

（1）确定中心原子的价电子数与价层电子对数。①中心原子提供所有的价电子。如 H_2O 分子中 O 原子提供 6 个价电子。②配位原子（B）提供成单电子，但氧族元素例外，根据经验人为规定其不提供共用电子。如 SF_6 中心原子 S 的价电子数为 12，CO_2 中心原子 C 的价电子数为 4，SO_2 与 SO_3 中心原子 S 的价电子数均为 6。③对于多原子组成的离子，还要考虑其所带电荷数，负离子加上所带电荷数，正离子减去所带电荷数。价层电子对数计算方法如下：

$$价层电子对数 = \frac{A\text{ 的价电子数} + B\text{ 的成键电子数}}{2}$$

当用上式计算价层电子对数出现小数时，看成 1。如 NO_2 分子中 N 原子有 5 个价电子，价层电子对数＝2.5，当作 3 对处理。

（2）根据中心原子的价层电子对数找出其相应的空间排布方式。具体分两种情况：当中心原子的价层电子对全是成键电子对，没有孤电子对时，分子的空间构型与价层电子对的空间构型相同；当中心原子的价层电子对中含有孤电子对时，分子的空间构型与价层电子对的空间构型不同，根据价层电子对互斥理论要点即斥力大小的规律，找出排斥力最小的分子空间构型（见表 6-4）。

【例 6-3】 根据价层电子对互斥理论，判断 PO_4^{3-}、NH_4^+ 的空间构型。

解 PO_4^{3-} 的负电荷数为 3，P 原子的价电子数是 5，O 原子不提供电子，故 P 原子的价层电子对数为 4；NH_4^+ 的正电荷数为 1，N 原子的价电子数是 5，1 个 H 原子提供 1 个电子，N 原子的价层电子对数也为 4。两离子中心原子的配位原子数都是 4，价层电子对中无孤对电子，所以 PO_4^{3-}、NH_4^+ 的空间构型均为正四面体。

6.1.5 分子轨道理论(选学内容)

价键理论的不足之处是把成键的共用电子对局限于成键的两原子间运动，缺乏对分子整体考虑，对 O_2 具有顺磁性、H_2^+ 中的单电子键等难以解释。1932 年，美国化学家密立根(R. S. Mulliken)和德国化学家洪特(F. Hund)提出了分子轨道理论(简称 MO 法)，

用它来解释一些价键理论不能解释的事实。

1. 分子轨道理论的基本要点

（1）当原子形成分子后,分子中电子不再从属于某一个原子,而是在整个分子范围内运动。分子中电子的运动状态用分子轨道(molecular orbital,简称 MO)波函数 Ψ 来描述。

（2）分子轨道是由原子轨道线性组合而成的,原子轨道组合成分子轨道时,遵循对称性匹配、能量相近和轨道最大重叠原则;组合后的分子轨道数等于组合前的原子轨道数。

① 对称性匹配原则:只有对称性匹配的两原子轨道才有可能组合成分子轨道。所谓对称性,是指两原子轨道通过绕键轴旋转或对包含键轴的某一平面进行反映等操作,若操作后原子轨道的空间位置、形状和符号不变,则称为对称;若原子轨道的空间位置、形状不变,而符号相反,则称为反对称。例如,A、B 两原子的 p_z 轨道以包含 x 轴和 y 轴的 xy 平面为反映面或以 x 轴为对称轴,通过反映或旋转后,有如图 6-13(a)和图 6-13(b)所示的两种情况,它们都属于对称性匹配。图 6-13(a)表示两原子轨道可以组合成"成键分子轨道",图 6-13(b)表示两原子轨道可以组合成"反键分子轨道"。图 6-13(c)表示 A 原子的 p_x 轨道与 B 原子的 p_z 轨道,二者以 xy 平面为反映面进行反映操作,A 原子的 p_x 轨道是对称的,B 原子的 p_z 轨道是反对称的,两原子轨道为对称性不匹配,不能组合成分子轨道,称为非键轨道。

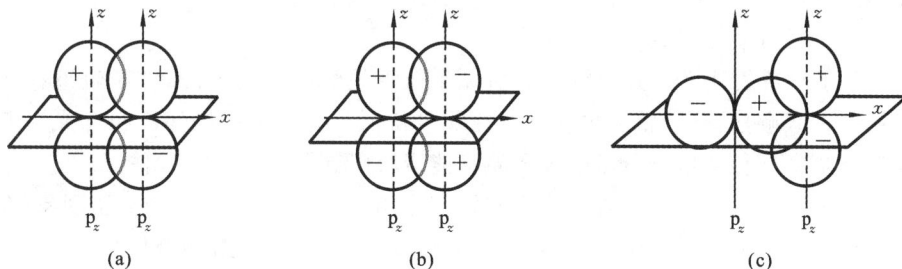

图 6-13 原子轨道对称性匹配和对称性不匹配示意图

实验研究表明,符合对称性匹配原则的原子轨道主要有 s-s、s-p_x、p_x-p_x、p_y-p_y、p_z-p_z 等,对称性不匹配的有 s-p_y、s-p_z、p_x-p_y、p_x-p_z、p_y-p_z 等。

② 能量相近原则:在对称性匹配的基础之上,只有能量相近的原子轨道才能组成有效的分子轨道,而且原子轨道的能量越相近越好。例如$E_{1s}(H)=-1318\ kJ\cdot mol^{-1}$,$E_{3p}(Cl)=-1259\ kJ\cdot mol^{-1}$,$E_{2p}(O)=-1322\ kJ\cdot mol^{-1}$,由此可见,H 原子的 1s 轨道与 O 原子的 2p 轨道、Cl 原子的 3p 轨道能量相近,对称性匹配时可以有效组合成分子轨道。轨道能量的实验数据表明,同核双原子中 1s-1s、2s-2s、$2p_x$-$2p_x$、$2p_y$-$2p_y$、$2p_z$-$2p_z$ 等均可以有效组成分子轨道。

③ 最大重叠原则:在对称性匹配的条件下,原子轨道在可能的范围内重叠程度越大,组合成分子轨道的能量降低越多,成键效应越强,形成的化学键越牢固。

由此可见,在上述三条原则中,对称性匹配原则是主要的,它决定原子轨道能否组合成分子轨道,能量相近原则和最大重叠原则是原子轨道在符合对称性匹配原则的基础上,决定分子轨道的组合效率。

（3）每一个分子轨道都有一定相应的能量。原子轨道线性组合成分子轨道，其中一半分子轨道能量低于原来原子轨道能量，称为成键轨道；另一半分子轨道能量高于原来原子轨道能量，称为反键轨道，通常加"*"表示其区别。

（4）在分子轨道中，电子的排布依然遵从原子轨道电子排布的三原则，即能量最低原理、泡利不相容原理和洪特规则。

（5）在分子轨道理论中，通常用键级（bond order）来衡量键的牢固程度。

$$键级 = \frac{成键电子数 - 反键电子数}{2}$$

键级可以为整数、分数，也可以为零。一般来说，键级越大，键能越大，键越牢固，分子越稳定；键级为零，表示不能形成稳定分子。

2. 分子轨道的类型和能量

（1）分子轨道的类型。根据原子轨道线性组合成分子轨道时的重叠情况不同，分子轨道可分为 σ 分子轨道和 π 分子轨道等类型。

由原子轨道以"头碰头"形式组合成并对键轴呈圆柱形对称的分子轨道，称为 σ 分子轨道，两原子轨道同号叠加相加，形成 σ 成键轨道，两原子轨道异号叠加相减，形成 σ* 反键轨道，如图 6-14（a_1）、图 6-14（a_2）所示；当原子轨道以"肩并肩"形式组合成另一种形式的分子轨道，称为 π 分子轨道，同样两原子轨道同号叠加相加，形成 π 成键轨道，异号叠加相减，形成 π* 反键轨道，如图 6-14（b）所示。

（2）分子轨道的能级。分子轨道是由原子轨道线性组合而成的，原子轨道存在能量从低到高的能级顺序，分子轨道也同样存在能量从低到高的能级顺序。根据光谱实验数据得出第 2 周期同核双原子分子的分子轨道能级图（见图 6-15）的两种情况。

多电子原子中由于电子的屏蔽作用和钻穿作用，原子轨道产生能级交错现象，在分子轨道能级顺序中同样存在能级交错现象。图 6-15（a）F_2 分子轨道能级图中，$\sigma_{2p_x} < \pi_{2p_y} = \pi_{2p_z}$，而图 6-15（b）$N_2$ 分子轨道能级图中，$\pi_{2p_y} = \pi_{2p_z} < \sigma_{2p_x}$，产生能级交错的原因是 O 原子和 F 原子的 2s 和 2p 轨道的能量相差较大（大于 1500 kJ·mol^{-1}），在组合成分子轨道时，相互之间不产生作用，而 N 原子及其左侧的原子中的 2s 和 2p 轨道的能量相差较小（小于 1500 kJ·mol^{-1}），相互之间有影响。

3. 分子轨道理论的应用

（1）推测分子的存在和阐明分子的结构稳定性。用分子轨道理论处理第 1、第 2 周期元素同核双原子分子的结构，按照分子轨道能级顺序，遵从能量最低原理、泡利不相容原理和洪特规则将分子内所有电子依次填入分子轨道中，就可得到该分子的分子轨道表示式，计算出分子的键级，推测分子的存在和分子的结构稳定性。下面以实例进行说明。

① H_2 分子和 H_2^+ 分子离子。两个 H 原子共有 2 个电子，根据分子轨道理论，H_2 分子轨道能级图如图 6-16（a）所示，H_2^+ 分子离子轨道能级图如图 6-16（b）所示，H_2 分子轨道表示式为 $[(\sigma_{1s})^2]$，H_2^+ 分子离子轨道表示式为 $[(\sigma_{1s})^1]$，H_2 分子的键级 = 1，H_2^+ 分子离子的键级 = 0.5。说明在 H_2 中有 1 个双电子 σ 键，H_2^+ 中有 1 个单电子 σ 键，二者的键级都大于零，H_2 分子和 H_2^+ 分子离子都可以稳定存在。

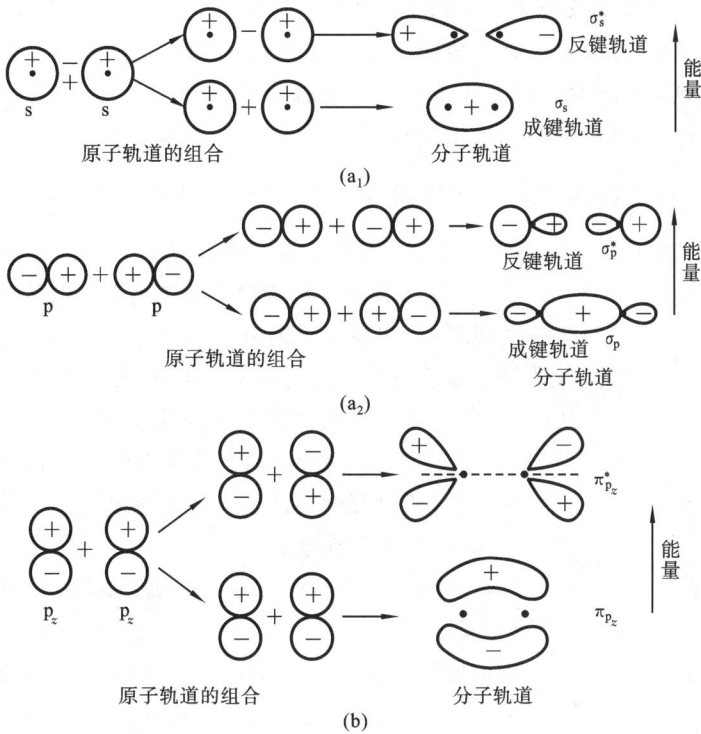

图 6-14 对称性匹配的原子轨道组成 σ 分子轨道和 π 分子轨道示意图

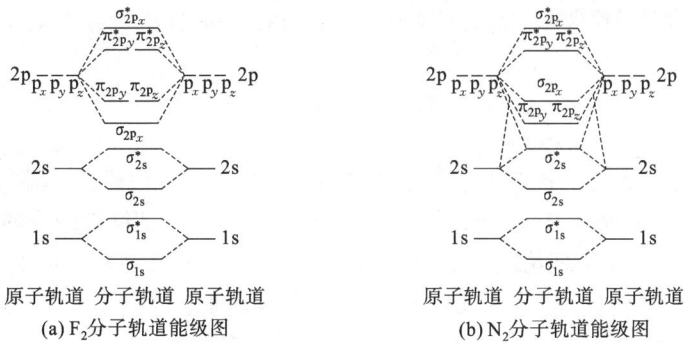

图 6-15 分子轨道能级图

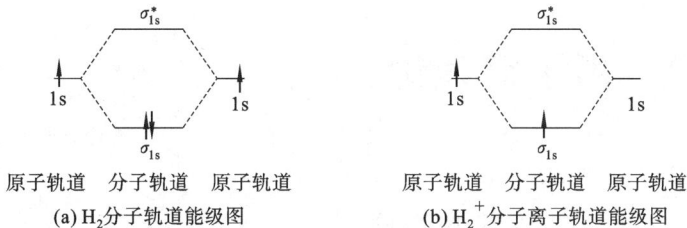

图 6-16 H_2 分子和 H_2^+ 分子离子轨道能级图

② He$_2$分子和 He$_2^+$分子离子。两个 He 原子共有 4 个电子,假如 He$_2$分子能存在,其分子轨道表示式为[$(\sigma_{1s})^2(\sigma_{1s}^*)^2$],成键轨道和反键轨道的电子数相等,成键效应和反键效应相互抵消,所以两个 He 原子不能有效地组合成键,键级=0,即 He$_2$分子不存在。但对于 He$_2^+$分子离子,其分子轨道表示式为[$(\sigma_{1s})^2(\sigma_{1s}^*)^1$],成键轨道上有 2 个电子,而反键轨道上只有 1 个电子,成键效应占优势,形成一个 3 电子 σ 键即[He⫶He]$^+$,键级=$\dfrac{2-1}{2}$=0.5,He$_2^+$分子离子在一定条件下存在已为光谱实验所证实。

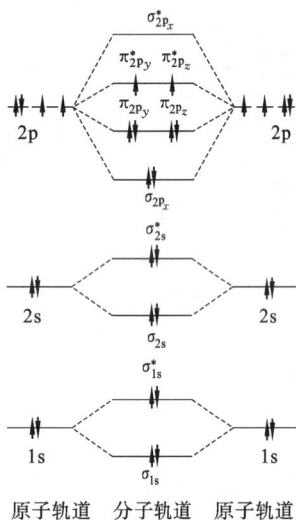

图 6-17　O$_2$分子轨道能级图

(2)预测分子的顺磁性或抗磁性。根据物质的磁性实验可以得出,如果分子内有成单电子,分子会在外加磁场的作用下顺着磁场的方向有序地排列,分子的这种性质称为顺磁性,具有这种特性的物质称为顺磁性物质。相反,如果分子内所有电子完全配对,则不具有上述性质而具有抗磁性。例如,O$_2$分子具有顺磁性。O$_2$分子轨道能级如图 6-17 所示。

O$_2$的分子轨道式为:[$(\sigma_{1s})^2(\sigma_{1s}^*)^2(\sigma_{2s})^2(\sigma_{2s}^*)^2(\sigma_{2p_x})^2$ $(\pi_{2p_y})^2(\pi_{2p_z})^2(\pi_{2p_y}^*)^1(\pi_{2p_z}^*)^1$]或[KK$(\sigma_{2s})^2(\sigma_{2s}^*)^2(\sigma_{2p_x})^2$ $(\pi_{2p_y})^2(\pi_{2p_z})^2(\pi_{2p_y}^*)^1(\pi_{2p_z}^*)^1$]。$\sigma_{2s}$与 σ_{2s}^*的能量相互抵消,对成键没有贡献;σ_{2p_x}形成了 O$_2$中的 1 个 σ 键;π_{2p_y}与 $\pi_{2p_y}^*$、π_{2p_z}与 $\pi_{2p_z}^*$形成了 2 个 3 电子 π 键,由于$(\pi_{2p_y})^2$和$(\pi_{2p_z})^2$的一部分能量被$(\pi_{2p_y}^*)^1$和$(\pi_{2p_z}^*)^1$抵消,因此,2 个 3 电子 π 键只相当于 1 个正常 2 电子 π 键,故 O$_2$分子具有双键的键能,O$_2$的键级=2,O$_2$分子的结构可以表示为

$$:\overset{\cdots}{\underset{\cdots}{O}}\!-\!\overset{\cdots}{O}: \qquad :\overset{\cdots}{O}\!-\!\overset{\cdots}{O}:$$

因 2 个 3 电子 π 键中各有 1 个单电子,所以 O$_2$分子具有顺磁性,是顺磁性物质,而按价键理论,O$_2$分子中没有未成对电子,应是抗磁性物质,这也是价键理论的不足之处。

综上所述,分子轨道理论突出了分子的整体性,克服了价键理论成键电子的定域性,成功地解释了价键理论所不能说明的分子内键的强弱和分子的磁性等。但其不足之处是没有价键理论简便、直观。二者相辅相成,取长补短,在解释共价分子的结构方面各自发挥其优点。

任务 6.2　离子键理论

6.2.1　离子键的形成

1916 年,德国化学家柯塞尔(W. Kossel)研究并解释了 NaCl、CaCl$_2$、CaO 等化合物的

形成,提出了离子键理论。他认为当电负性小的活泼金属(碱金属和碱土金属)原子和电负性大的活泼非金属(卤素和氧族)原子靠近时,前者易失去外层电子变成正离子,后者易得到电子变成负离子,金属原子失去的电子转移到非金属原子上,金属、非金属原子一失一得电子后分别形成具有稀有气体稳定电子结构的正、负离子。正、负离子之间通过静电引力结合在一起,形成离子化合物。通常把这种正、负离子间的静电引力称为离子键。离子键的本质就是正、负离子间的静电吸引作用力。

如 NaCl 的形成,Na、Cl 原子的价电子构型分别为 $3s^1$、$3s^2 3p^5$,当 Na 原子和 Cl 原子相互靠近时,发生电子的转移形成离子:$Na-e \longrightarrow Na^+$,$Cl+e \longrightarrow Cl^-$,使得它们的价电子构型发生改变,分别形成 Ne 和 Ar 原子的电子层结构 $2s^2 2p^6$、$3s^2 3p^6$,即形成稳定的 Na^+ 和 Cl^-。正、负离子靠静电吸引作用而靠近,体系的势能随两原子核间距离发生变化,如图 6-18 所示。

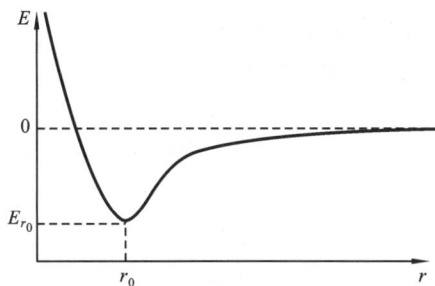

图 6-18 体系势能 E 随核间距 r 的变化图

纵坐标的零点表示 r 无穷大时,两核之间无限远时的势能。由图可见:当 $r > r_0$ 时,随着 r 值的减小,正、负离子靠静电吸引作用而靠近,体系势能 E 减小,体系趋于稳定;当 $r < r_0$ 时,随着 r 值的减小,体系势能 E 急剧增大,因为 Na^+ 和 Cl^- 彼此再接近时,两个离子之间电子云和原子核的斥力急剧增加,导致体系势能 E 急剧增大;只有 $r = r_0$ 时,体系势能 E 才有极小值,此时体系最稳定,表明形成离子键。

实验数据表明,形成离子键的首要条件是成键的两元素原子间电负性相差较大。一般来说,两元素原子间的电负性相差值($\Delta \chi$)大于 1.7 时,相遇就会发生电子的转移,形成正、负离子而形成离子键。ⅠA、ⅡA 族活泼金属,电负性较小,而 ⅥA、ⅦA 族活泼非金属,电负性较大,它们之间相互作用通常形成离子键。但要注意的是,即使是电负性最大的非金属氟与电负性最小的金属铯形成的 CsF,其键也不是百分之百的离子性,仍有部分原子轨道重叠,即仍有部分共价键的性质。

6.2.2 离子键的性质

1. 离子键没有方向性

离子键的本质是正、负离子间的静电作用,无论是一个正离子还是一个负离子,都可以近似地看成一个带电的球体,在周围空间形成均匀分布的电场,因而在其周围空间的任何方位上都能与带相反电荷的离子产生静电引力,因此离子键没有(固定)方向性。

2. 离子键没有饱和性

只要周围的空间条件允许,一个离子可以和无数多个带相反电荷的离子相互吸引,这说明离子键没有饱和性。当然,在实际的离子晶体中,由于空间位阻的作用,每一个离子周围紧邻排列的带相反电荷的离子是有限的。例如,在 NaCl 晶体中,每一个 Na^+ 周围吸引 6 个 Cl^- 紧邻,而每一个 Cl^- 周围又吸引 6 个 Na^+ 紧密排列。因此,以离子键组合的化合物晶体中,没有单个分子存在。

6.2.3 离子键的强度与玻恩-哈伯循环

离子键的强度可用晶格能的大小来衡量。晶格能的定义为:相互远离的气态正离子和气态负离子逐渐靠近并结合形成 1 mol 离子晶体时放出的能量。用符号 U 表示,单位为 $kJ \cdot mol^{-1}$。按照热力学的规定,晶格能应为负值,但通常用其绝对值作为离子晶体的晶格能,即 U 为正值。对任意离子化合物都有

$$aM^{b+}(g) + bX^{a-}(g) \Longrightarrow M_a X_b(s); \quad U = -\Delta_r H_m^{\ominus}$$

晶格能 U 越大,表示离子键强度越大,晶体稳定性越高,其熔沸点越高,硬度越大。通常可以根据离子晶体的晶格能比较其性质。但晶格能 U 本身的数值是难以用实验直接测量的,一般是用热力学的方法通过盖斯定律来计算的。其中以玻恩-哈伯(Born-Haber)循环最为著名。现以 NaCl 为例说明玻恩-哈伯循环的应用。

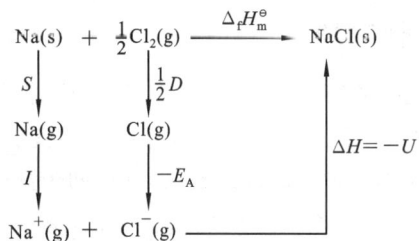

图 6-19 NaCl 形成的玻恩-哈伯循环示意图

如图 6-19 所示,图中 D 代表气态 Cl_2 的解离能($239.6 \ kJ \cdot mol^{-1}$),$S$ 代表金属 Na 的升华热($108.4 \ kJ \cdot mol^{-1}$),$I$ 代表 Na 的电离能($495.8 \ kJ \cdot mol^{-1}$),$E_A$ 代表 Cl 的电子亲和能($348.7 \ kJ \cdot mol^{-1}$),$\Delta_f H_m^{\ominus}$ 代表金属 Na 和气态 Cl_2 反应生成 NaCl 晶体的标准摩尔生成焓($-411.2 \ kJ \cdot mol^{-1}$),$U$ 代表 NaCl 的晶格能。

根据盖斯定律可以得出

$$\Delta_f H_m^{\ominus} = S + \frac{1}{2}D + I + (-E_A) + (-U)$$

$$U = S + \frac{1}{2}D + I - E_A - \Delta_f H_m^{\ominus}$$

$$= \left(108.4 + \frac{239.6}{2} + 495.8 - 348.7 + 411.2\right) kJ \cdot mol^{-1}$$

$$= 786.5 \ kJ \cdot mol^{-1}$$

6.2.4 离子的特征

离子的性质对离子键的强度起着决定性的影响。一般来说,离子的特征主要包括离子的电荷、离子的半径和离子的电子构型等。

1. 离子的电荷

根据离子键的形成过程可以得出，正离子所带的电荷数是相应的原子或原子团失去的电子数；负离子所带的电荷数是相应的原子或原子团得到的电子数。在离子化合物中，离子所带电荷数与其氧化数相等。常见的正离子中所带最高正电荷是 4，如 Ce^{4+}；常见的负离子中所带最高负电荷也是 4，如 $[Fe(CN)_6]^{4-}$。正、负离子所带的电荷数越高，形成离子键的强度越大，离子键越牢固。

2. 离子的半径

离子与原子的情况一样，没有绝对的半径。因为核外电子的运动范围是没有边界的。离子晶体中相邻的是带相反电荷的正、负离子，尽管可以用 X 射线衍射法测量相邻离子的核间距，但只能得到正、负离子的半径之和，$d = r_+ + r_-$，若知道了负离子的半径 r_-，就可以计算出正离子的半径 r_+。有一个离子半径作参比就显得很重要。

1926 年，戈尔德施米特(Goldschmidt)通过大量实验确定了 F^- 半径为 133 pm，O^{2-} 半径为 132 pm，以此为基础，用实验方法测定各种离子晶体的核间距，算出 80 多种离子的半径。1927 年鲍林(Pauling)提出一套推算离子半径的理论方法，最终将 F^- 半径定为 136 pm，O^{2-} 半径定为 140 pm，由此得出另一套离子半径数据，称为鲍林离子半径。目前人们使用的离子半径数值多数是鲍林离子半径(见表 6-5)。

表 6-5 常见的鲍林离子半径

离　子	半径/pm	离　子	半径/pm	离　子	半径/pm
H^-	208	Li^+	60	Cu^+	96
F^-	136	Na^+	95	Cu^{2+}	72
Cl^-	181	K^+	133	Fe^{2+}	75
Br^-	195	Rb^+	148	Fe^{3+}	60
I^-	216	Cs^+	169	Zn^{2+}	74
O^{2-}	140	Mg^{2+}	65	Al^{3+}	50
S^{2-}	184	Ca^{2+}	99	Pb^{2+}	84
N^{3-}	171	Sr^{2+}	113	Mn^{2+}	80
P^{3-}	212	Ba^{2+}	135	Ag^+	126
C^{4-}	260	Sn^{4+}	71	Hg^{2+}	110

根据表 6-5 中离子半径的数据，可以归纳出一些规律：

(1) 正离子的半径一般较小，负离子的半径一般较大。

(2) 周期表中，同一主族元素形成的电荷数相同的离子，自上而下半径依次增大。

(3) 周期表中，同一周期的主族元素电子层结构相同的正、负离子的半径，随离子核电荷数的增大而减小，如 $r(Na^+) > r(Mg^{2+}) > r(Al^{3+})$，$r(N^{3-}) > r(O^{2-}) > r(F^-)$。

(4) 同一元素，高价离子的半径小于低价离子的半径，如 $r(Fe^{3+}) < r(Fe^{2+})$；正离子的半径小于原子的半径，如 $r(Na^+) < r(Na)$；负离子的半径大于原子半径，如 $r(Cl)$

$<r(Cl^-)$。

(5) 周期表中相邻主族左上与右下对角线上的正离子半径近似相等,如:$r(Mg^{2+})=$ 65 pm$\approx r(Li^+)=60$ pm;$r(Ca^{2+})=99$ pm$\approx r(Na^+)=95$ pm。

离子键的牢固程度除与离子所带电荷的多少有关外,还与正、负离子核间的距离大小有关。形成离子晶体的正、负离子半径越小,正、负离子间的核间距离越近,离子键的强度越高,晶格能越大,形成的离子键越牢固。

3. 离子的电子构型

简单负离子的外层电子构型是 8 电子构型(除 H^- 是 2 电子构型外),并与其相邻稀有气体元素原子的外层电子构型相同。如 O^{2-}、F^- 与 Ne 的外层电子构型相同($2s^2 2p^6$),S^{2-}、Cl^- 与 Ar 的外层电子构型相同($3s^2 3p^6$)等。常见正离子的电子构型可分为以下六种情况。

(1) 0 电子构型:最外层没有电子的离子,如 H^+。

(2) 2 电子构型($1s^2$):最外层有 2 个电子的离子。包括第 2 周期正离子,如 Li^+、Be^{2+} 等。

(3) 8 电子构型($ns^2 np^6$):最外层有 8 个电子的离子。从第 3 周期开始的 I A、II A 族元素的族价正离子,如 Na^+、K^+、Mg^{2+}、Ba^{2+} 等,第 3 周期 III A 族的 Al^{3+},d 区 III B~VIIB 族元素的族价正离子,如 Sc^{3+}、Ti^{4+}、$V(V)$、$Cr(VI)$、$Mn(VII)$ 等。电荷数大于 $+4$ 的事实上不会以正离子的形式存在于晶体中。

(4) 9~17 电子构型($ns^2 np^6 nd^{1\sim9}$):d 区、ds 区 I B 族元素表现非族价时最外层有 9~17 个电子,具有不饱和电子结构,也称为不饱和电子构型,如 Cr^{3+}、Mn^{2+}、Fe^{2+}、Co^{2+}、Cu^{2+}、Au^{3+} 等,种类繁多。

(5) 18 电子构型($ns^2 np^6 nd^{10}$):ds 区、p 区金属表现族价时,最外层有 18 个电子,如 Cu^+、Ag^+、Zn^{2+}、Cd^{2+}、Hg^{2+}、Ga^{3+}、Tl^{3+}、Sn^{4+}、Pb^{4+} 等。

(6) (18+2)电子构型$[(n-1)s^2 (n-1)p^6 (n-1)d^{10} ns^2]$:次外层有 18 个电子、最外层有 2 个电子的离子。p 区金属元素常表现为低于族价的正离子,如 Tl^+、Sn^{2+}、Pb^{2+}、Bi^{3+} 等。

6.2.5　离子极化作用(选学内容)

大多数盐都是离子晶体,在研究它们的性质时发现,其溶解度、熔点等有很大的差异。例如,NaCl 与 CuCl 相比,Na^+ 和 Cu^+ 的离子电荷相同、离子半径($r(Na^+)=95$ pm、$r(Cu^+)=96$ pm)接近,但 NaCl 易溶于水,CuCl 难溶于水。究其原因,这与离子的极化有关。

1. 离子在电场中的极化

离子晶体是由正、负离子组成的,就其孤立的单个离子来说,离子的电荷分布基本上是球形对称的,它们核外电子的负电荷重心和核内正电荷的重心是重合的,不存在偶极,如图 6-20 所示。但将这些正、负离子置于外电场中时,它们的原子核和核外的电子分别会受到正、负电场的排斥或吸引,使离子的正、负电荷重心发生相对位移而产生诱导偶极,如图 6-21 所示,这种离子在外电场的作用下,导致正、负电荷重心发生相对位移,使离子变形的过程称为离子的极化。

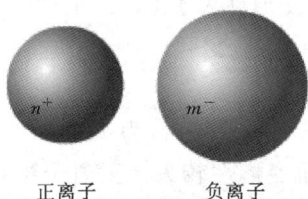

图 6-20　未极化的简单离子

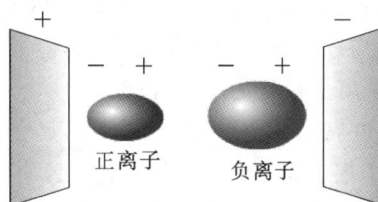

图 6-21　离子在电场中的极化

2. 离子间的相互极化

(1)离子间的极化和变形。离子晶体中,每个离子作为带电的粒子,就会在其周围产生相应的电场,对正、负离子来说互为外电场。当正、负离子相互靠近形成晶体时,正离子产生的电场吸引负离子的电子云,排斥负离子的原子核,使负离子正、负电荷重心发生位移而变形;同时负离子产生的电场排斥正离子的电子云,吸引正离子的原子核,使正离子正、负电荷重心发生位移而变形,如图 6-22 所示。因此,在离子晶体中,一个离子的极化作用和其被极化而变形是同时存在的,即离子极化现象普遍存在于离子晶体中。

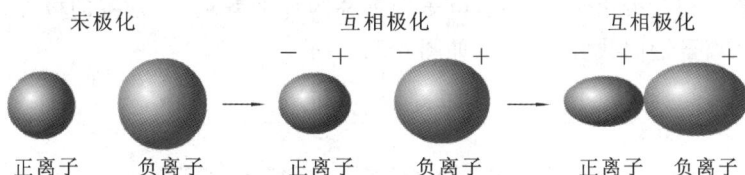

图 6-22　离子间的互相极化过程

(2)离子极化力的强弱。离子极化力的大小取决于离子的电荷、离子的外层电子构型和离子的半径等因素。

① 离子的电荷:电荷高的正离子极化力强,如 $Si^{4+}>Al^{3+}>Mg^{2+}>Na^+$。

② 离子的外层电子构型:对于不同外层电子构型的正离子,其极化力大小顺序为

(18+2)电子构型、18 电子构型、2 电子构型＞(9～17)电子构型＞8 电子构型

如　　　　　　　　　Ag^+、Pb^{2+}、$Li^+＞Mn^{2+}$、Fe^{2+}、$Cu^{2+}＞Na^+$、K^+、Ca^{2+}

③ 离子的半径:电荷相等、外层电子构型相似,则离子半径越小,极化力越强。如 $Mg^{2+}>Ca^{2+}$,$Na^+>K^+$。

(3)离子的变形性。离子被极化的程度可用变形性来描述。离子的变形性主要取决于离子半径的大小,也与离子的外层电子构型和离子的电荷有关。

① 离子的半径:若离子所带电荷相等、外层电子构型相似,则离子半径越大,变形性越大。这是由于离子的半径越大,其外层电子离核越远,核对其吸引越弱,在外电场作用下,外层电子与核越易发生相对位移而变形。如卤素离子的变形性大小顺序为 $F^-<Cl^-<Br^-<I^-$。

② 离子的外层电子构型:若离子的半径相近,电荷相同,则通常离子变形性的大小顺序为(18+2)电子构型＞18 电子构型＞(9～17)电子构型＞8 电子构型,如 $Ag^+>K^+$,

$Cu^+ > Na^+, Zn^{2+} > Ca^{2+}$。

③ 离子的电荷:若离子的外层电子构型相同、半径相近,则负离子的电荷数越高,其变形性越大。如 $r(S^{2-}) = 184$ pm、$r(Cl^-) = 181$ pm,S^{2-} 变形性大于 Cl^-。正离子所带电荷越少,电子云所受吸引力越小,越容易变形,如 Ag^+ 和 Cu^+ 易变形。

(4) 离子极化的一般规律。

① 负离子易变形,正离子不易变形。一般来说,负离子半径较大(为 130~260 pm),最外电子层上又多了电子,即电子云丰富,极化力较弱而变形性较大。正离子半径较小(为 10~170 pm),带有正电荷,最外电子层上又少了电子,因而,其极化力较强,变形性较小。通常,考虑离子间的相互极化作用时,以正离子对负离子的极化作用为主。

② 当正离子与负离子一样,也有较大变形性时(Ag^+、Cu^+、Pb^{2+}、Hg^{2+}),与负离子产生相互极化而发生变形,增强了离子间的相互吸引作用。

3. 离子极化对物质的结构和性质的影响

(1) 离子极化对键型的影响。当正、负离子相互结合形成离子晶体时,如果离子相互间无极化作用,则形成的化学键应是纯粹的离子键。但实际上正、负离子之间将发生程度不同的相互极化作用,这种相互极化作用将导致电子云发生变形,即负离子的电子云向正离子方向移动,同时正离子的电子云也会发生相应变形。极化作用导致正、负离子的电子云发生了重叠。相互极化作用越强,电子云重叠的程度就越大,则键的极性也越减弱,从而使化学键从离子键向共价键过渡,如图 6-23 所示。

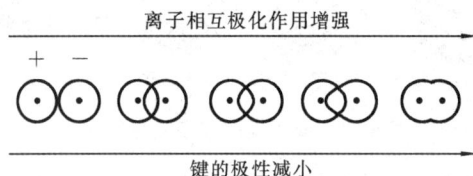

图 6-23 离子极化对键型的影响

(2) 离子极化对物质性质的影响。在离子晶体中,离子的极化导致化学键型从离子键向共价键过渡,因而造成其物理性质,如熔点、溶解度、颜色等发生变化。

① 离子极化使物质的熔点降低。离子极化使键型发生改变,化合物的晶体类型由离子型晶体向分子型晶体过渡,其熔点也随共价成分的增多而降低。如 NaCl 的熔点是 1074 K,$AlCl_3$ 却在 451 K 时就升华,这是因为在两种晶体中,正离子的半径和电荷不同($r(Na^+) = 95$ pm,$r(Al^{3+}) = 50$ pm)。根据离子极化规律,Al^{3+} 的极化能力大于 Na^+,NaCl 以离子键形成离子晶体为主,而 $AlCl_3$ 以共价键结合成层状的分子晶体为主,所以 NaCl 晶体的熔点高于 $AlCl_3$ 晶体。

② 离子极化使物质的溶解度减小。如 NaCl 晶体和 CuCl 晶体相比,尽管 Na^+ 和 Cu^+ 的电荷相同,半径相近,但 Na^+ 是 8 电子构型,Cu^+ 是 18 电子构型,18 电子构型的离子有较强的极化力和较大的变形性。因此,NaCl 的极化程度小,以离子键形成离子晶体为主,易溶于极性溶剂水;CuCl 的极化程度较大,以共价键为主结合成分子晶体,难溶于水。

③ 离子极化使物质的颜色加深。离子的极化作用使正、负外层电子云变形，最外层电子活动范围加大，与核结合松弛，使基态和激发态的能级差减小，有可能吸收部分波长可见光而使化合物变为有颜色或颜色变深。如银的卤化物 $AgCl$、$AgBr$、AgI 晶体的颜色是逐渐加深的，依次分别为白色、淡黄色和黄色。这是由于从 Cl^-、Br^- 到 I^- 半径逐渐加大，变形性逐渐增大所引起的。常见硫化物的颜色比氧化物的颜色深，以及主族金属硫化物一般无颜色，而副族金属硫化物一般有颜色，也都是极化作用强弱产生的结果。

综上所述，离子极化是影响离子化合物性质不可忽视的重要因素。

6.2.6 离子晶体

自然界的物质通常以固态、液态和气态三种状态存在。固体物质分为晶体和非晶体两大类，其区别主要表现在：①晶体有规则的几何外形，而非晶体没有一定的外形；②晶体有固定的熔点，而非晶体则没有；③晶体显各向异性，而非晶体则显各向同性。如食盐、明矾和金刚石等固体都属于晶体，而玻璃、松香、石蜡和塑料等属于非晶体。晶体的宏观特征是晶体内部微观结构的反映。用 X 射线研究晶体的结构得出：组成晶体的微粒在空间呈有规律的排列，而且每隔一定间距便重复出现，有明显的周期性。这种排列状态或点阵结构在结晶学上称结晶格子，简称晶格。晶格中最小的重复单位或者说能体现晶格一切特征的最小单元称为晶胞。微粒所占据的点称为晶格的节点，节点按照不同方式排列，即构成不同类型的晶格。晶体按晶格上节点间作用力不同可分为金属晶体、离子晶体、分子晶体和原子晶体。这里只介绍离子晶体，其他三类晶体在后续内容中讨论。

1. 离子晶体的特征

由正、负离子通过离子键按一定规则排列在晶格节点上所形成的晶体称为离子晶体。以离子键结合形成的化合物为离子化合物，离子化合物在常温下均为离子晶体，如 $NaCl$、$CsCl$、MgO、KF 等。

晶体的特性取决于晶格节点上微粒的种类及微粒之间的相互作用。离子晶体晶格节点上的微粒是正、负离子，其相互作用是静电引力即离子键。典型的 $NaCl$ 离子晶体如图 6-24 所示，Na^+ 和 Cl^- 有规则地在空间间隔排列，每个 Cl^- 周围包围着 6 个 Na^+，而每个 Na^+ 周围又被6 个 Cl^- 所包围，称其配位数为 6，因而在 $NaCl$ 晶体中，没有单个 $NaCl$ 小分子，整个分子是一个巨型分子，晶体中 Na^+ 和 Cl^- 数目之比为 $1:1$，习惯上用化学式 $NaCl$ 表示其组成，同时离子晶体晶格节点上的正、负离子间静电引力较大，所以离子晶体有较高的熔沸点和硬度。一般来

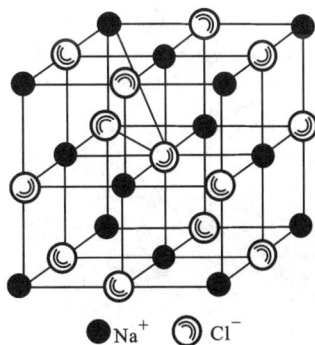

● Na^+ ◎ Cl^-

图 6-24 $NaCl$ 的晶格结构

说，离子的电荷越高，半径越小，库仑力越大，熔沸点和硬度越高（见表 6-6）；受机械力作用，晶格节点的离子发生位移，由原来的异性相吸变为同性相斥，决定了离子晶体质脆，延展性差；离子晶体绝大多数易溶于水，虽然离子晶体在固态时正、负离子被束缚在晶格节点的固定位置上，不能自由移动而导电，但其溶解于水形成溶液或在熔融状态易导电。

表 6-6　几种离子晶体的晶格能及物理常数

AB 型晶体	NaCl	NaF	BaO	CaO	MgO
离子电荷	1	1	2	2	2
核间距/pm	279	231	277	240	210
晶格能/($kJ \cdot mol^{-1}$)	786	891	3041	3476	3916
熔点/K	1074	1264	2196	2843	3073
硬度(相对于金刚石)	2.5	2.3	3.3	4.5	6.5

2. 离子晶体的类型

虽然离子键的特征是无方向性和无饱和性,但离子晶体晶格节点上正、负离子的排列主要取决于正、负离子半径的大小。正、负离子的半径不同,其空间排列是多种多样的。下面简单介绍只有一种正离子和一种负离子并且其正、负离子的电荷相同而组成的 AB 型离子晶体的类型。

(1) NaCl 型:根据理论计算得出,当正、负离子半径之比 $\left(\dfrac{r_+}{r_-}\right)$ 在 0.414~0.732 范围时,正、负离子交叉排布,构成面心立方晶格。NaCl 晶体的每个正、负离子均被 6 个带异电荷的离子所包围,正、负离子的配位数均为 6,如图 6-24 所示。NaCl 型是常见而又典型的 AB 型离子晶体。NaBr、MgO、KI 等离子晶体都属于该类型。

(2) CsCl 型:当正、负离子半径之比 $\left(\dfrac{r_+}{r_-}\right)$ 在 0.732~1 范围时,构成简单立方晶格,CsCl 晶体每个晶胞中含有 1 个负离子(Cl^-)和 $8 \times 1/8 = 1$ 个正离子(Cs^+),正、负离子的配位数都是 8,如图 6-25(a)所示。常见的 CsBr、CsI 等离子晶体属于 CsCl 型离子晶体。

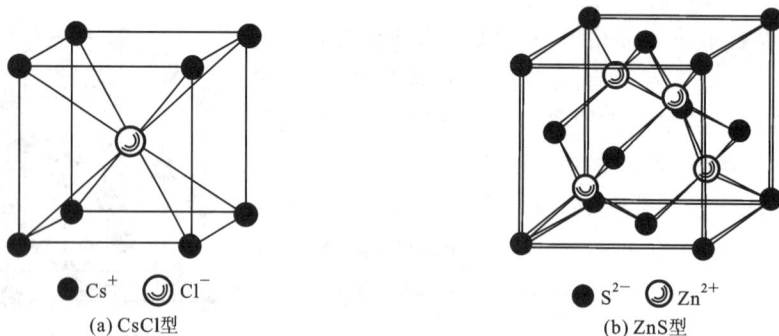

(a) CsCl型　　　　　(b) ZnS型

图 6-25　CsCl 和 ZnS 的晶体结构

(3) ZnS 型:当正、负离子半径之比 $\left(\dfrac{r_+}{r_-}\right)$ 在 0.225~0.414 范围时,正、负离子排布构成正立方体面心晶格。ZnS 晶体每个正、负离子均被 4 个带异电荷的离子所包围,正、负离子的配位数均为 4,配位比记作 4:4,如图 6-25(b)所示。常见的 BeO、BeS 等离子晶体属于 ZnS 型离子晶体。

离子晶体的构型除与正、负离子的半径有关外,还受外界条件的影响。当外界条件改变时,其晶体构型可能发生改变。

任务 6.3 金属键理论(选学内容)

周期表中 4/5 的元素是金属元素,除汞在室温是液态外,其他所有金属在室温都是晶体,其共同特征是:具有金属光泽、能导电传热、富有延展性。这些特性是由金属内部化学键的性质决定的。

大多数金属元素的价电子都少于 4 个(多数只有 1 或 2 个),而在金属晶格中,每个原子要被 8 或 12 个相邻原子包围,如钠在晶格中的配位数是 8,它只有 1 个价电子,这样少的价电子不足以使金属原子之间形成一般的共价键或离子键。对于金属键的本质,人们经历了两个认识阶段,首先是自由电子理论,后来发展成现代的能带理论,下面分别介绍这两种理论。

6.3.1 自由电子理论

金属原子的半径比较大,原子核对价电子的吸引力比较弱,电子容易脱离金属原子,这些从金属原子上"脱落"下来的电子不再属于某一个金属原子,而可以在整个金属晶体中自由流动,为整个金属所共有,被称为自由电子或离域电子。金属原子失去价电子后形成的正离子好似浸没在自由电子的"海洋"中。金属中这种自由电子与正离子间的作用力将金属原子胶合在一起而成为金属晶体,这种作用力称为金属键。

金属的许多特性与其中存在的自由电子有关。金属中自由电子可以吸收可见光,然后又把各种波长的光大部分反射出去,因而金属不透明而具有金属光泽;自由电子在外加电场的作用下可以定向流动而形成电流,金属具有良好的导电性;受热时通过自由电子的碰撞及其与金属离子之间的碰撞,传递能量,所以金属也是热的良导体;当金属受外力作用时,金属正离子移位滑动并不影响带负电的电子对金属正离子的维系,金属经机械加工可压成薄片和拉成细丝,表现出良好的延展性和可塑性。

6.3.2 金属键的能带理论

经典的自由电子理论虽能解释金属的某些特性,但关于金属键本质的更加确切的阐述则需借助近代物理的能带理论或分子轨道模型。

能带理论是分子轨道理论的扩展。根据分子轨道理论,两个原子轨道可以线性组合成两个分子轨道,即一个成键轨道和一个反键轨道,如 Li_2 分子轨道图(见图 6-26)。

在金属 Li 中有 n 个 Li 原子,它们的 1s 轨道将组成 n 个 σ_{1s} 分子轨道,这些分子轨道之间的能量差别很小,它们的能级连成一片,而成为一个能带。在此能带中,每个能级上都有 2 个电子,这样的能带称为满带(也叫价带)。而它们的 2s 轨道也将组成 n 个分子轨道,形成一个能带,在这个能带中,有一半分子轨道是 σ_{2s} 轨道,被电子对所填满,另一半分子轨道是 σ_{2s}^* 轨道,没有电子,是空的。图 6-27 为金属锂的能带模型,由 2s 电子组成的这种半充满的能带称为导带。在外电场的作用下,导带中的电子受激后可以从低能级跃迁到空的高能级,从而产生电流,故金属具有导电性。导带与满带之间的区域称为禁带。禁带宽度一般较大,即从满带顶到导带底的能量间隔较大,电子难以逾越,即金属锂中,电子不易从 1s 能带跃迁到 2s 能带,电子在 2s 能带(导带)内相邻能级中自由运动。

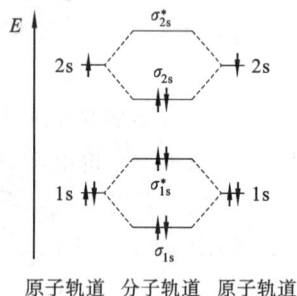

图 6-26 Li$_2$分子轨道图

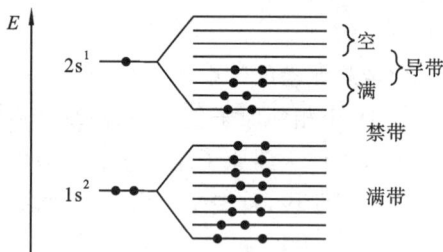

图 6-27 金属锂的能带模型

金属中相邻的能带有时可以互相重叠,如金属镁,它的最高能量的满带是 3s 能带,最低能量的空带是 3p 能带,3s 能带与 3p 能带能量相近,由于原子间的相互作用,3s 能带和 3p 能带发生部分重叠,它们之间没有禁带,同时,由于 3p 能带是空的,所以 3s 能带的电子很容易跃迁到空的 3p 能带上,因此,镁也是良好的导体。

一般金属导体的价电子能带是半满的能带或价电子能带虽是满带,但有空的能带,且空带与满带间的能量间隔很小,发生部分重叠,当外电场存在时,价电子可以跃迁到邻近的空轨道上,因此能导电。绝缘体中的价电子所处的能带都是满带,且禁带宽度大,电子不能越过禁带跃迁到上面的能带上,故不导电。半导体的价电子也处于满带,但与相邻空带间的禁带宽度较小,常温下不导电,高温时电子可以越过禁带而导电。

6.3.3 金属晶体的紧密堆积

紧密堆积指的是把金属原子看成直径相等的圆球,这些圆球在空间的排列形式是使在一定体积的晶体内含有最多数目的原子。金属晶体堆积模型有三种基本形式:体心立方堆积、六方紧密堆积和面心立方紧密堆积。其中,体心立方堆积不属于最紧密堆积,六方紧密堆积和面心立方紧密堆积属于最紧密堆积,是晶体的最紧密的结构形式,如图6-28所示。

1. 面心立方紧密堆积

面心立方紧密堆积的晶胞如图 6-28(a)所示,晶格中配位数为 12,属于这种堆积的金属有 Sr、Ca、Pb、Pt、Cu、Ag、Au 等,圆球占据全部体积的 74.05%,这种堆积方式属于最紧密堆积方式。

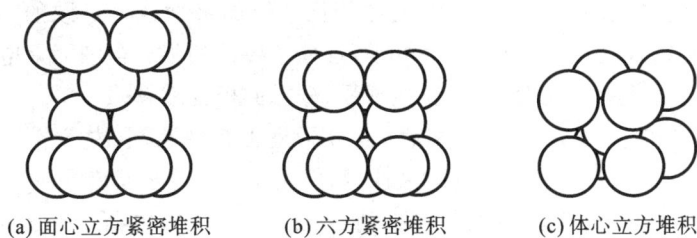

(a) 面心立方紧密堆积　　(b) 六方紧密堆积　　(c) 体心立方堆积

图 6-28　金属晶格示意图

2. 六方紧密堆积

六方紧密堆积的晶胞如图 6-28(b)所示,晶格中配位数为 12,属于这种堆积的金属有 Be、Mg、Ti、Y、Zr、La、Hf 等,六方紧密堆积的空间占有率与面心立方紧密堆积的相等,也是 74.05%。

3. 体心立方堆积

体心立方堆积的晶胞如图 6-28(c)所示,金属晶格中配位数为 8,属于这种堆积的金属有 Li、Na、K、Rb、Cs、Cr、Mo、W、Fe 等,圆球占据全部体积的 68.02%,因此它不属于最紧密堆积方式。

任务 6.4　分子间作用力和氢键

前面讨论了分子或晶体内原子之间强烈的相互作用——化学键的问题,化学键的键能为 $100\sim800$ kJ·mol^{-1}。分子间作用力和氢键比化学键弱得多,为 $2\sim40$ kJ·mol^{-1}。但它们对物质的性质确有很大的影响,如气体液化的难易,分子晶体的稳定性,有关物质的熔沸点、溶解度等。分子间作用力最早是由范德华研究实际气体对理想气体状态方程的偏差时提出来的,又称为范德华力。分子间作用力的大小与分子的结构有关,也与分子的极性有关。

6.4.1　分子的极性

以共价键结合的分子,虽然整个分子是电中性的,但可以设想其中带正电荷的原子核和带负电荷的电子分别集中于一点,称为正电荷中心和负电荷中心。如果正、负电荷中心不重合,而存在一定的距离,即形成偶极,这样的分子就有极性,称为极性分子。如果正、负电荷中心重合,分子就无极性,称为非极性分子。

前面介绍了极性共价键和非极性共价键的知识,共价型分子的极性与键的极性有何关系呢?

(1) 对于同核双原子或多原子分子,分子的极性与化学键的极性是一致的,键无极性,分子也无极性。例如,H_2、O_2、S_8、P_4 等都是由非极性共价键结合的,它们都是非极性分子。

（2）对于异核双原子分子,分子的极性与化学键的极性也是一致的,如 HF、HCl 等是由极性共价键结合的,它们都是极性分子,且分子极性的强弱与两元素电负性差值大小有关。两元素电负性差值越大,键的极性越强,分子的极性就越强。

（3）对于异核多原子分子,键有极性,而分子是否有极性,取决于分子的几何构型是否具有对称性,如 BF_3 分子,B—F 键为极性键,但由于 BF_3 分子具有平面三角形的空间构型,3 个极性键对称分布,键的极性相互抵消,整个分子正、负电荷中心相重合,为非极性分子,而 NH_3 分子的 3 个极性键呈三角锥形分布,负电荷中心靠近 N,而正电荷中心靠近 H,整个分子正、负电荷中心不重合,是极性分子。

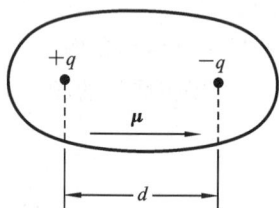

图 6-29 分子的偶极矩

分子极性大小通常用偶极矩 μ 来衡量。偶极矩 μ 的定义为:分子中正或负电荷中心的电量 q 乘以两中心的距离 d 所得的积,即 $\mu = q \cdot d$。它是一个矢量,规定方向是从正极到负极。

偶极矩的 SI 单位是 C·m,非 SI 单位是 D(德拜),1 D = 3.336×10^{-30} C·m。分子的偶极矩如图 6-29 所示。分子的偶极矩可由实验测定。表 6-7 是一些气态分子偶极矩的测定值。

表 6-7　一些气态分子的偶极矩与几何构型

分子式	$\mu/(10^{-30}$ C·m$)$	分子构型	分子式	$\mu/(10^{-30}$ C·m$)$	分子构型
H_2	0	直线	SO_2	5.33	V 形
N_2	0	直线	H_2O	6.17	V 形
CO_2	0	直线	NH_3	4.90	三角锥
CS_2	0	直线	HCN	9.85	直线
CH_4	0	正四面体	HF	6.37	直线
CO	0.40	直线	HCl	3.57	直线
$CHCl_3$	3.50	四面体	HBr	2.67	直线
H_2S	3.67	V 形	HI	1.40	直线

表中 μ 值为 0 的为非极性分子,μ 值不为 0 的为极性分子,μ 值越大,分子的极性越强。

由于极性分子的正、负电荷中心不重合,分子始终存在一个正极和一个负极,这种极性分子本身固有的偶极矩称为固有偶极或永久偶极。但是分子的极性并不是固定不变的,在外界电场的作用下,由于分子的变形,非极性分子出现正、负电荷中心不重合或极性分子的极性增大的现象,这种在外电场诱导下产生的偶极矩 $\Delta\mu$ 称为诱导偶极矩,如图 6-30所示。如果外电场消失,诱导偶极也随之消失,但固有偶极不变。

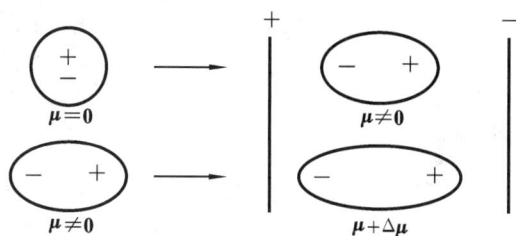

图 6-30 外电场对分子极性的影响

6.4.2 分子间作用力

分子间作用力包括色散力、诱导力和取向力。

1. 色 散 力

任何一个分子由于电子的运动和原子核的振动,在某一瞬间,正、负电荷中心发生相对位移,使分子产生瞬时偶极,这种瞬时偶极也会诱导邻近的分子产生瞬时偶极,于是两个分子可以靠瞬时偶极相互吸引在一起,这种由于瞬时偶极而产生的相互作用力称为色散力。从量子力学导出这种力的理论公式与光色散公式相似,故称为色散力。量子力学计算表明,色散力与分子的变形性有关,变形性越大,色散力越强,由于各种分子均可产生瞬时偶极,所以色散力普遍存在于极性分子之间、极性分子与非极性分子之间、非极性分子之间,而且在一般情况下,是主要的分子间力。

2. 诱 导 力

极性分子中存在固有偶极,可以作为一个微小的电场。当非极性分子与它靠近时,受到极性分子偶极电场的作用,非极性分子正、负电荷中心发生位移,从而产生诱导偶极,诱导偶极与极性分子固有偶极间的作用力,称为诱导力。极性分子与极性分子之间,由于固有偶极的相互诱导,也会产生诱导偶极,其结果是使极性分子的偶极矩增大,从而增强了分子之间的作用力。诱导力与诱导分子的极性和被诱导分子的变形性有关,极性和变形性越大,产生的诱导力也越大。图 6-31 为极性分子与非极性分子间产生诱导力的示意图。

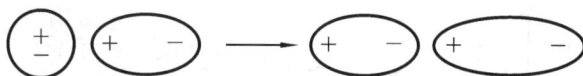

图 6-31 极性分子和非极性分子间的作用

3. 取 向 力

当两个极性分子充分靠近时,由于极性分子中存在固有偶极,就会发生同极相斥、异极相吸的取向排列,取向后,固有偶极之间产生的静电作用力,称为取向力(或定向力)。显然,分子偶极矩越大,定向力越大,且取向力只存在于极性分子间。当然,极性分子间也存在诱导力和色散力,图 6-32 描述了色散力、取向力、诱导力的作用机制。

综上所述,分子间力具有以下特性:作用能量比化学键小 1~2 个数量级;它是近距离

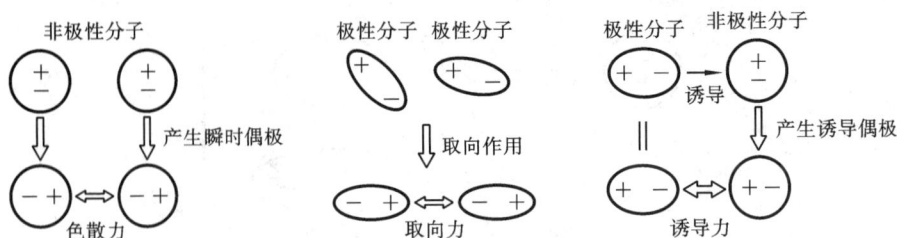

图 6-32　色散力、取向力和诱导力

的吸引力,没有饱和性和方向性;三种力中,色散力是主要存在于一切分子间的力,取向力只有在极性很大的分子中才占比较大的比重(见表 6-8)。

表 6-8　分子间作用力的分配

分　子	Ar	CO	HI	HBr	HCl	NH_3	H_2O
偶极矩/(10^{-30} C·m)	0	0.39	1.40	2.67	3.60	4.90	6.17
取向力/(kJ·mol^{-1})	0	0.0029	0.025	0.687	3.31	13.31	36.39
诱导力/(kJ·mol^{-1})	0	0.0084	0.113	0.502	1.01	1.55	1.93
色散力/(kJ·mol^{-1})	8.50	8.75	25.87	21.94	16.83	14.95	9.00
总计/(kJ·mol^{-1})	8.50	8.76	26.02	23.13	21.25	29.81	47.32

6.4.3　氢键

按照前面对分子间力的讨论,在卤化氢中,HF 的熔沸点应该最低,但事实并非如此。从图 6-33 可看出,HF、H_2O 和 NH_3 出现反常高的熔沸点,说明这些分子除了普遍存在的分子间力外,还存在着另一种作用力,这种作用力就是氢键。

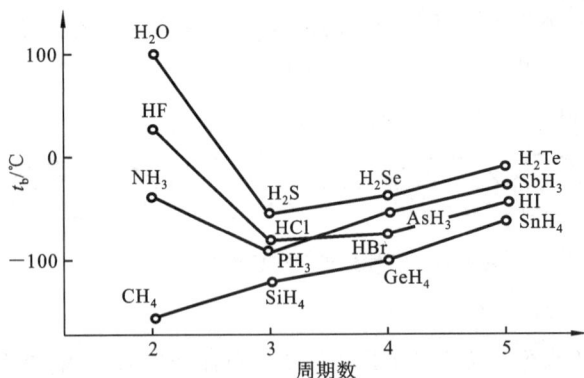

图 6-33　ⅣA～ⅦA 族各元素的氢化物的沸点递变情况

1. 氢键的形成

氢键是指与电负性大的元素原子 X 相结合的 H 原子(带有部分正电荷),与另一分子中电负性大的原子 Y 或 X 结合形成的一种弱键 X—H⋯Y 或 X—H⋯X 。X、Y 必须是电负性大、半径小、有孤对电子的 F、O、N 之一。

氢键的本质是静电作用,它比化学键弱,但比范德华力稍强。氢键的键能在 10～40 kJ·mol^{-1}。

氢键可分为分子间氢键和分子内氢键两种。要形成分子内氢键,除了具备形成氢键的必要条件外,还要具备形成平面环的特定条件,且以五元环、六元环最为稳定。

能形成氢键的物质相当广泛,在 HF、H_2O、NH_3、无机含氧酸、有机羧酸、醇、胺、蛋白质以及某些合成高分子化合物等物质的分子之间都有氢键。

下面以水为例说明氢键的形成。由于氧元素的电负性比氢的大得多,因此 O—H 键的共用电子对强烈地偏向氧原子一端,结果氧原子带部分负电荷,氢原子则几乎成为裸露的质子,当两个分子靠近时,带正电荷的氢原子与另一分子中含有孤对电子、带负电荷的氧原子产生相互吸引力,这种吸引力称为分子间的氢键作用。

2. 氢键的特点

氢键具有饱和性和方向性。

氢键与共价键的相似之处就是具有饱和性和方向性。氢键中 H 原子体积小,而 X、Y 原子体积较大。当 H 与 X、Y 形成氢键后,如果再有第三个电负性较大的原子靠近 H 原子,则要受到 X、Y 强烈排斥,所以 H 原子只能邻接两个电负性较大的原子,氢键中 H 的配位数一般为 2,这就是氢键的饱和性。

当 X、Y 与 H 原子处于一条直线时,X、Y 间的距离最远,斥力最小,同时 X—H 的偶极矩与 Y 原子的作用最强烈,因为 Y 原子一般有孤对电子,当孤对电子的方向与 HX 键轴的方向一致时,Y 与 X—H 之间的电子密度比较集中,所以氢键的键角一般接近 180°,这就是氢键的方向性。

3. 氢键对物质物理性质的影响

氢键的本质特征决定了含有氢键的物质在物理性质上将表现出不同的特性。

(1) 氢键对物质熔沸点的影响。H_2O、HF 等由于形成分子间氢键,发生分子缔合,其沸点显著高于同族的其他氢化物(见表 6-9)。凡是与熔沸点相关的性质,如熔化热、汽化热、蒸气压等的变化情况,与熔沸点的变化情况相似。而分子内氢键常使其熔沸点低于同类化合物的熔沸点,如邻硝基苯酚沸点是 45 ℃,间位和对位分别是 96 ℃ 和 114 ℃。因为邻位已形成分子内氢键,而物质在熔化或沸腾时并不破坏分子内氢键,故熔沸点较低,间位或邻位由于形成分子间氢键,熔沸点较高。

表 6-9 ⅥA、ⅦA 族元素的氢化物的沸点

氢 化 物	沸点/℃	氢 化 物	沸点/℃
HF	+20	H_2O	100.0
HCl	−84	H_2S	−60.75
HBr	−67	H_2Se	−41.5
HI	−35	H_2Te	−1.3

（2）氢键对物质溶解度的影响。若物质与溶剂分子间形成氢键,则其与溶剂间亲和力增强,溶解度增大。相对分子质量相近的戊烷、丁醇、乙醚、丁醛、丁酮、丙酸等物质在水中的溶解度比较见表 6-10。

表 6-10　相对分子质量相近的物质的溶解度比较

物　　质	相对分子质量	与水分子间氢键情况	溶解度/[g·(100 g(H_2O))^{-1}]
$CH_3(CH_2)_3CH_3$	72	无	0.036(16 ℃)
$CH_3CH_2CH_2CH_2OH$	74	有	8.0
$CH_3CH_2OCH_2CH_3$	74	有	8.0
$CH_3CH_2CH_2CHO$	72	有	4
$CH_3COCH_2CH_3$	72	有	7
CH_3CH_2COOH	74	有	∞

由表 6-10 可看出,能与水形成分子间氢键的物质在水中有一定的溶解度,而戊烷不能与水形成氢键,故在水中的溶解度很小。

形成分子内氢键的物质减少了与水分子形成分子间氢键的可能性,在水中的溶解度降低。如邻-硝基苯酚形成分子内氢键,在水中的溶解度较低,而间-硝基苯酚和对-硝基苯酚可与水形成分子间氢键,它们在水中的溶解度较高,其溶解度是邻-硝基苯酚的 7~8 倍（见表 6-11）。

表 6-11　各种硝基苯酚的性质比较

名　　称	溶解度(25 ℃)/[g·(100 g(H_2O))^{-1}]	熔点/℃	沸点/℃
邻-硝基苯酚	0.2	45	100
间-硝基苯酚	1.4	96	194
对-硝基苯酚	1.7	114	295

（3）氢键对物质黏度的影响。液体分子间形成氢键,则分子间亲和力增大,其黏度也相应增大。例如,甘油液体分子间可形成氢键,则其黏度很大,而甲苯液体分子间不能形成氢键,则其黏度很小。同理,H_2O_2 的黏度较大,也与其分子间氢键有关。

（4）氢键对物质硬度的影响。当分子晶体中有氢键存在时,分子间力增强,分子排列得更紧密,则硬度增大。如水的晶体硬度（冰的莫氏硬度为 1.5）较一般分子晶体大。

（5）氢键对物质其他物理性质的影响。在水中,水分子间存在氢键,在加热过程中必须额外消耗能量以破坏氢键,所以液态水的比热容较大（$4.184\ J·g^{-1}·℃^{-1}$）。在冰晶体中,每一个水分子通过氢键与周围的 4 个水分子缔合,形成四面体结构。这种结构相当空旷,水分子之间有较大的空隙,给冰加热时,破坏了一部分氢键,使分子缔合减少,水的密度增加。另一方面,由于水分子的热运动增强,分子间距离增加而使水的密度减小。在 0~4 ℃时,第一种情况占优势,而在 4 ℃以上时,第二种情况占优势,所以水在 4 ℃时密度最大。

此外,氢键的形成还会影响物质的酸性,分子内氢键往往使酸性增强,分子间氢键使酸性减弱。

综上所述,无论是理论上分析还是实验数据都说明分子形成氢键后,分子间、分子内氢键对物质性质的影响是不相同的。分子间氢键使熔沸点升高,熔化热、蒸发热增大,蒸气压减小,溶质与溶剂形成分子间氢键,可增大溶解度。分子内氢键使熔沸点降低,熔化热减小,蒸气压增大。溶质间形成分子内氢键将使其在极性溶剂中溶解度减小,在非极性溶剂中溶解度增大。

6.4.4 分子晶体与原子晶体

共价化合物和单质,就晶体的类型来说,可分为分子晶体和原子晶体。

1. 分子晶体

分子晶体的晶格节点上排列的微粒是分子,虽然分子内部以较强的共价键结合,但分子之间作用力主要是范德华力,在某些极性分子的晶体中(如 NH_3、HF、H_2O 等),除范德华力外,还有氢键存在。固态 CO_2(干冰)就是一种典型的分子晶体。此外,非金属单质(如 I_2、O_2、S_8 等)和非金属化合物(如 H_2O、NH_3 等)及大部分有机化合物,在固态时也都是分子晶体,由于分子间力是很弱的,因此,分子晶体的硬度小,熔沸点低。

2. 原子晶体(共价晶体)

原子晶体的晶格节点上排列的微粒是原子,原子间通过共价键结合在一起,故原子晶体又称为共价晶体。由于在各个方向上这种共价键是相同的,因此在这类晶体中,不存在独立的小分子,而是把整个晶体看成一个大分子,晶体有多大,分子就有多大。常见的原子晶体有金刚石(C)、石英(SiO_2,俗称水晶)、碳化硅(SiC,俗称金刚砂)等。由于原子间是以很强的共价键结合在一起的,破坏这种晶体,要打开晶体中共价键,需消耗很高的能量,故原子晶体的熔点高,硬度大,不溶于水,不导电。表 6-12 归纳了四种晶体的结构与性质。

表 6-12 四种晶体的结构与性质

晶体类型	晶格节点上的粒子	粒子间的作用力	晶体的一般性质	实　例
离子晶体	正、负离子	离子键	熔点较高,硬度大而脆,固态不导电,熔融态或水溶液导电	NaCl、MgO
原子晶体	原子	共价键	熔点高,硬度大,不导电	金刚石、SiC
分子晶体	分子	分子间力(有的有氢键)	熔点低,硬度小,不导电	CO_2、NH_3
金属晶体	原子、离子	金属键	熔点一般较高,硬度一般较大,能导电、导热,具延展性	W、Ag、Cu

目标检测题 6

一、单项选择题(将正确答案的标号填入括号内)

6.1 下列反应的焓变可代表 KCl 晶格能的是( )。

A. $K^+(g)+Cl^-(g)=KCl(s)$　　　　B. $K(g)+Cl(g)=KCl(s)$

C. $K(s)+Cl(s)=KCl(s)$　　　　　D. $K(s)+\frac{1}{2}Cl_2(g)=KCl(s)$

6.2 下列分子中相邻共价键的夹角最小的是( )。

A. BF_3　　　　B. CCl_4　　　　C. NH_3　　　　D. H_2O

6.3 OF_2 分子的中心原子采取的杂化轨道是( )。

A. sp^2　　　　B. sp^3　　　　C. sp　　　　D. dsp^2

6.4 NCl_3 分子中,N 原子与 3 个 Cl 原子成键所采用的轨道是( )。

A. 2 个 sp 轨道,1 个 p 轨道　　　　B. 3 个 sp^3 轨道

C. p_x、p_y、p_z 轨道　　　　　　　D. 3 个 sp^2 轨道

6.5 下列各分子或离子中,最稳定的是( )。

A. N_2　　　　B. N_2^+　　　　C. N_2^-　　　　D. N_2^{2-}

6.6 下列分子或离子中,呈抗磁性的是( )。

A. B_2　　　　B. O_2　　　　C. CO　　　　D. NO

6.7 根据价层电子对互斥理论,BrF_3 分子的几何构型为( )。

A. 平面三角形　　B. 三角锥　　C. 三角双锥　　D. T 形

6.8 BF_3 分子的偶极矩数值为( )。

A. 2　　　　B. 1　　　　C. 0.5　　　　D. 0

6.9 在单质碘的 CCl_4 溶液中,溶质和溶剂分子之间存在着( )。

A. 取向力　　B. 诱导力　　C. 色散力　　D. 诱导力和色散力

6.10 下列化合物中,不存在氢键的是( )。

A. HNO_3　　B. H_2S　　C. H_3BO_3　　D. H_3PO_3

6.11 在 NaCl 晶体中,Na^+(或 Cl^-)的最大配位数是( )。

A. 2　　　　B. 4　　　　C. 6　　　　D. 8

6.12 18 电子构型正离子相应元素在周期表中的位置是( )。

A. s 区和 p 区　　B. p 区和 d 区　　C. p 区和 ds 区　　D. p 区、d 区和 ds 区

6.13 下列化学键中,极性最弱的是( )。

A. H—F　　B. H—O　　C. O—F　　D. C—F

二、多项选择题(将正确答案的标号填入括号内)

6.14 下列物质中,既有离子键,又有共价键的是( )。

A. $AlCl_3$　　　　B. SiC　　　　C. CaC_2　　　　D. NH_4Cl

6.15 下列各分子中存在分子内氢键的是( )。

A. NH_3　　　　B. C_6H_8　　　　C. ⌬OH COOH　　　D. ⌬OH CHO

6.16 下列分子中,具有配位键的是( )。

A. CO   B. CO_2 C. NH_4^+ D. H_2O

6.17 下列分子中属极性分子的是( )。

A. $SiCl_4(g)$ B. $SnCl_2(g)$ C. CO_2 D. SO_2

6.18 以分子间作用力结合的晶体是( )。

A. $KBr(s)$ B. $CO_2(s)$ C. $H_2O(s)$ D. $SiC(s)$

6.19 NH_4^+ 形成后,关于四个 $N-H$ 键,下列说法正确的是( )。

A. 键长相等   B. 键长不相等

C. 键角相等   D. 键解离能相等

6.20 下列说法正确的是( )。

A. 极性分子间仅存在取向力

B. 氨易溶于水,是因为氨与水分子间可形成氢键

C. 取向力只存在于极性分子之间

D. HF、HCl、HBr、HI 熔沸点依次升高

三、是非题(对的在括号内填"√",错的在括号内填"×")

6.21 在相同原子间形成双键比形成单键的键长要短。 ( )

6.22 由非极性键形成的分子一定是非极性分子。 ( )

6.23 离子型固体的饱和水溶液都是导电性极其良好的。 ( )

6.24 第 2 周期同核双原子分子中,只有 Be_2 分子不能稳定存在。 ( )

6.25 分子轨道是由同一原子中能量近似、对称性匹配的原子轨道线性组合而成的。

( )

6.26 凡是中心原子采用 sp^3 杂化轨道成键的分子,其几何构型都是四面体。 ( )

6.27 在所有含氢化合物的分子间都存在氢键。 ( )

6.28 相同类型(分子式相似)的非极性物质的熔点和沸点随相对分子质量的增大而升高。 ( )

四、填空题

6.29 根据价层电子对互斥理论,判断下列分子的空间几何构型。

分子	PCl_3	XeF_2	$SnCl_2$	AsF_5	ClF_3
几何构型					

6.30 填充下表:

分子式	中心原子杂化轨道类型	中心原子孤电子对数	分子几何构型	键是否有极性	分子是否有极性	分子间作用力种类
CH_4						
H_2O						
CO_2						
BF_3						

6.31 主族元素 AB_3 型分子有三种几何构型,它们分别是_____、_____ 和_____,对应的中心原子 A 的价电子层孤电子对数分别是_____、_____ 和_____。

6.32 原子轨道线性组合成分子轨道的三条原则是:①_____;②_____;③_____。

6.33 O_2 的分子轨道式为_____,键级为_____。O_2^{2-} 的分子轨道式为_____,键级为_____。其中具有顺磁性的是_____。

6.34 根据电负性的概念,判断化合物 $AlCl_3$、Al_2O_3、Al_2S_3、AlF_3 中,键的极性大小顺序是_____。

6.35 在 CO、HBr、H_2O 的分子间作用力中,取向力最大的是_____,最小的是_____;诱导力最大的是_____;色散力最大的是_____。

6.36 冰融化要克服 H_2O 分子间的_____。S 粉溶于 CS_2 中要靠它们之间的_____力。

6.37 氢键一般具有_____性和_____性,相同类型的物质或同分异构体分子间氢键使物质的熔沸点_____,而分子内氢键使物质的熔沸点_____。

五、简答题

6.38 二甲醚(CH_3—O—CH_3) 和乙醇(CH_3CH_2OH)为同分异构体,它们的沸点分别是-23 ℃和 78.5 ℃,为什么差别这样大?

6.39 指出 OF_2 分子中氧原子的杂化轨道类型及分子几何构型。OF_2 与 H_2O 分子比较,哪个偶极矩大? 简述原因。

6.40 $SiCl_4$ 沸点较高(57.6 ℃),SiH_3Cl 沸点较低(-30.4 ℃),为什么?

项目 7

配位化合物

配位化合物(coordination compound)简称配合物,旧称络合物。

历史上有记载的人类发现的第一种配合物就是人们所熟悉的亚铁氰化铁 $Fe_4[Fe(CN)_6]_3$(普鲁士蓝),它是普鲁士人狄斯巴赫(Diesbach)于 1704 年在染坊中将兽皮、兽血同碳酸钠煮沸而得到的一种蓝色染料。近代,随着人们对配合物组成、结构、性质及应用研究的不断深入,配合物化学已经发展成为一门独立的分支学科。20 世纪 50 年代发展的配位催化、60 年代蓬勃发展的生物无机化学等都对配位化学的研究起到了促进作用,目前配位化学已经发展成为无机化学中最活跃的研究领域之一,新材料的制取与分析、半导体及火箭等尖端工业生产中金属的分离技术等都离不开配合物。随着人们对配位化学研究的进一步深入,配合物必将更广泛地应用于有机化学、生物化学、物理化学、量子化学等领域中。

任务 7.1 配合物的基本概念

7.1.1 配合物的定义

将过量的氨水加入硫酸铜溶液中,溶液逐渐变为深蓝色,用酒精处理后,还可以得到深蓝色的晶体,经分析可知该物质的化学式为 $[Cu(NH_3)_4]SO_4$。化学反应方程式为

$$CuSO_4 + 4NH_3 \Longrightarrow [Cu(NH_3)_4]SO_4$$

在纯的 $[Cu(NH_3)_4]SO_4$ 溶液中,除了水合硫酸根离子和深蓝色的 $[Cu(NH_3)_4]^{2+}$ 离子外,几乎检测不到 Cu^{2+} 和 NH_3 分子的存在,在晶体中也是如此。像这种在溶液和晶体中难解离的复杂离子称为配离子(亦称配位离子),配离子可以与带异种电荷的离子组成中性的化合物,如 $[Cu(NH_3)_4]SO_4$,称为配合物。配合物是由能够给出孤对电子的离子或分子与具有空轨道、能够接受孤对电子的原子或离子按一定的组成或空间构型形成的化合物。

配离子和中性的配合物在概念上有所不同,但在使用上通常不作严格区分,通称为配合物。

7.1.2 配合物的组成

配合物是一类复杂的化合物,可以分为两个组成部分,即内界和外界。在配合物中,提供电子对的分子或离子称为配位体;接受电子对的离子或原子称为配位中心离子(或原子),简称中心离子(或原子)。中心离子与配位体结合组成配合物的内界(也称为内配位层),这是配合物的特征部分,书写时通常用方括号括起来,配合物的其他离子构成配合物的外界(外层),写在方括号的外边。现以$[Cu(NH_3)_4]SO_4$和$K_4[Fe(CN)_6]$为例,说明配合物的组成。

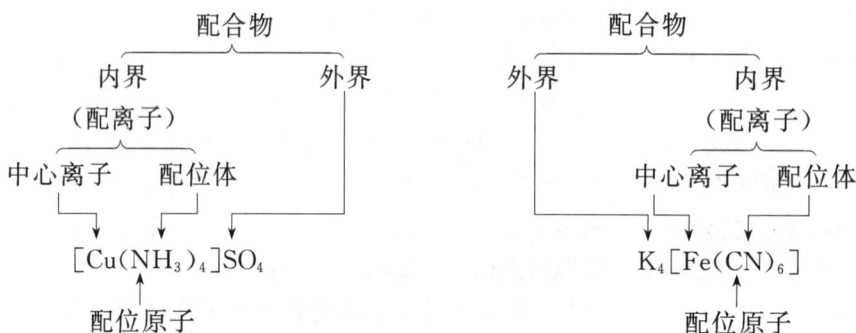

1. 中心离子(或原子)

中心离子(或原子)又称配合物的形成体,它位于配离子的中心,是配合物的核心部分。只有具有价层空轨道,能够接受配位体提供的孤对电子的离子或原子,才能成为配合物的形成体。如$[Cu(NH_3)_4]SO_4$中的Cu^{2+}、$K_4[Fe(CN)_6]$中的Fe^{2+}。配合物的形成体绝大多数是过渡金属离子或原子、高氧化数的非金属元素。如Fe^{2+}、Fe^{3+}、Cu^{2+}、Co^{2+}、Ni^{2+}、Zn^{2+}等金属离子,以及$[Fe(CO)_5]$、$[Ni(CO)_4]$中的 Fe 原子、Ni 原子和$[SiF_6]^{2-}$中的$Si(IV)$。

2. 配位体和配位原子

配合物中与中心离子(原子)以配位键结合的含有孤对电子的负离子或中性分子称为配位体,简称配体。配体既可以是中性分子,如NH_3、H_2O、CO、N_2、醇、胺、醚等,也可以是负离子,如X^-(卤素离子)、CN^-、OH^-、SCN^-、$C_2O_4^{2-}$(草酸根离子)、$RCOO^-$(羧酸根离子)等。配体中与中心离子(原子)配位成键的原子称为配位原子。配位原子必须含有孤对电子,才能与中心离子(原子)的价层空轨道形成配位键。如NH_3中的 N 原子、H_2O和OH^-中的 O 原子等,常见的配位原子主要是元素周期表中电负性较大的非金属原子,如 N、O、S、C、F、Cl、Br、I 等原子。

一个配体中只含有一个与中心离子(或原子)成键的配位原子,称为单齿配体(见表7-1)。其组成比较简单,如F^-、Br^-、CN^-、NH_3和H_2O等。一个配体中含有两个或两个以上配位原子,与中心离子(原子)形成多个配位键,这样的配体称为多齿配体。如乙二胺

$(H_2N-CH_2-CH_2-NH_2$,简称 en)和草酸根($C_2O_4^{2-}$)都有两个配位原子(前者是两个 N 原子,后者是两个 O 原子),是双齿配体;乙二胺四乙酸(简称 EDTA)则是六齿配体,这类多齿配体能和中心离子(原子)形成环状结构,有点像螃蟹的双螯钳住东西起螯合作用一样,因此称这类多齿配体为螯合剂,这种环状配合物为螯合物。

与螯合剂不同,有些配体虽然也具有两个或两个以上配位原子,但在一定条件下,只有一种配位原子与形成体配位,这种配体称为两可配体。如硝基($-NO_2$,以 N 原子配位)与亚硝酸根($-O-N=O$,以 O 原子配位),又如硫氰酸根(SCN^-,以 S 原子配位)与异硫氰酸根(NCS^-,以 N 原子配位)。

表 7-1　常见单齿配体及其名称

类别	中性分子配体		负离子配体			
配体	NH_3	氨	F^-	氟	NH_2^-	氨基
	H_2O	水	Cl^-	氯	NO_2^-	硝基
	CO	羰基	Br^-	溴	ONO^-	亚硝酸根
	NO	亚硝酰基	I^-	碘	SCN^-	硫氰酸根
	CH_3NH_2	甲胺	OH^-	羟基	NCS^-	异硫氰酸根
	C_5H_5N	吡啶	CN^-	氰	$S_2O_3^{2-}$	硫代硫酸根

3. 配位数和配体数

配合物中直接与中心离子(或原子)成键的配位原子的数目称为该中心离子(或原子)的配位数。注意不要将配位数与配体数混淆,二者不一定相等:如果配体是单齿配体,则中心离子(或原子)的配位数等于配体数;如果配体是多齿配体,则中心离子(或原子)的配位数不等于配体数。如在$[Cu(NH_3)_4]SO_4$中,配体数是 4,中心离子 Cu^{2+} 的配位数也是4;在$[Co(en)_3]Cl_3$中,因为 en 是双齿配体,所以 Co^{3+} 的配位数是 6 而不是 3。一般中心离子的配位数是偶数,最常见的配位数是 2、4、6。常见金属离子的配位数见表 7-2。

表 7-2　常见金属离子(M^{n+})的配位数

M^+	配 位 数	M^{2+}	配 位 数	M^{3+}	配 位 数
Cu^+	2、4	Ca^{2+}	6	Al^{3+}	4、6
Ag^+	2	Mg^{2+}	6	Cr^{3+}	6
Au^+	2、4	Fe^{2+}	6	Fe^{3+}	6
		Co^{2+}	4、6	Co^{3+}	6
		Cu^{2+}	4、6	Au^{3+}	6
		Zn^{2+}	4、6		

影响中心离子(或原子)配位数大小的因素是中心离子(或原子)与配体的性质:电荷、体积、电子层构型以及配合物形成时的条件(如温度、浓度)等。一般来说,配体相同,中心

离子的电荷越高（吸引配体的数目越多），半径越大，其配位数越大，如$[AgI_2]^-$和$[HgI_4]^{2-}$、$[AlF_6]^{3-}$和$[BF_4]^-$；中心离子相同，配体半径越大，负电荷越增加，配位数越小，如Al^{3+}与X^-形成的配离子$[AlF_6]^{3-}$、$[AlCl_4]^-$和$[AlBr_4]^-$，以及$[Zn(NH_3)_6]^{2+}$和$[Zn(CN)_4]^{2-}$。

一般来说，配体浓度增大，配位数增大；温度升高，配位数减小。影响配位数的因素很多，但在一定的外界条件下，某一中心离子（或原子）有其常见的配位数，称为特征配位数，如Cu^{2+}的特征配位数为4，Fe^{2+}的特征配位数为6。

4. 配离子的电荷数

配离子的电荷数等于形成体的电荷数和配体电荷总数的代数和。如配离子$[Ag(S_2O_3)_2]^x$的电荷数：$x=+1+(-2\times2)=-3$。由于配合物作为整体是电中性的，因此，外界离子的电荷总数和配离子的电荷总数相等，电性相反，故也可以由外界离子的电荷数推断配离子的电荷数。

7.1.3 配合物的命名

配合物种类繁多，有些配合物的组成相对比较复杂，因此配合物的命名也较为复杂，但配合物的命名基本上遵循无机化合物的命名原则。

（1）先命名负离子再命名正离子，负离子是简单离子的以"化"字与正离子连接，称为"某化某"；负离子是复杂离子的以"酸"字与正离子连接，称为"某酸某"；若外界为H^+，则用"酸"字结尾。

（2）配离子命名方法一般按照如下顺序：配体数（用一、二、三等数字表示，配体数为1时可省略）—配体名称—（不同配体之间用中圆点·隔开）—合—中心离子（原子）名称—中心离子（原子）氧化数（罗马数字加括号）。

（3）配体命名（或化学式书写）顺序遵循以下原则：①先列出无机配体，后列出有机配体，即"先无后有"；②先列出负离子配体，后列出中性分子配体，即"先阴后中"；③同类配体（无机或有机、负离子或中性分子）按配位原子元素符号的英文字母顺序排列，即"先A后B"；④同类配体，配位原子相同时，将含原子数较少的配体排在前面，即"先少后多"；⑤同类配体，配位原子相同、配体中所含的原子数目也相同时，按结构式中与配位原子相连的原子的元素符号的英文顺序排列；⑥配体化学式相同但配位原子不同（—SCN、—NCS）时，则按配位原子元素符号的字母顺序排列。

配合物命名实例如下：

① $[Ag(NH_3)_2]Cl$ 氯化二氨合银（Ⅰ）

② $[Cu(NH_3)_4]SO_4$ 硫酸四氨合铜（Ⅱ）

③ $K[PtCl_3(NH_3)]$ 三氯·一氨合铂（Ⅱ）酸钾

④ $H[PtCl_3(NH_3)]$ 三氯·一氨合铂（Ⅱ）酸

⑤ $[PtCl_2(Ph_3P)_2]$ 二氯·二(三苯基磷)合铂（Ⅱ）

⑥ $[Zn(OH)(H_2O)_3]^+$ 羟基·三水合锌（Ⅱ）离子

⑦ $[Co(NH_3)_5H_2O]Cl_3$ 氯化五氨·一水合钴（Ⅲ）

⑧ $[Pt(NO_2)(NH_3)(NH_2OH)(Py)]Cl$ 氯化硝基·氨·羟胺·吡啶合铂(Ⅱ)

⑨ $[Pt(NH_2)(NO_2)(NH_3)_2]$ 氨基·硝基·二氨合铂(Ⅱ)

⑩ $[Ni(CO)_4]$ 四羰基合镍(0)

有些配合物还常用习惯名称或俗名,如:

$K_4[Fe(CN)_6]$ 亚铁氰化钾(俗称黄血盐)

$K_3[Fe(CN)_6]$ 铁氰化钾(俗称赤血盐)

$Fe_4[Fe(CN)_6]_3$ 亚铁氰化铁(俗称普鲁士蓝)

$Fe_3[Fe(CN)_6]_2$ 铁氰化亚铁(俗称滕氏蓝)

$[Cu(NH_3)_4]^{2+}$ 铜氨离子

$[Ag(NH_3)_2]^+$ 银氨离子

任务 7.2 配合物的价键理论

由上述讨论可知,配合物的主体是内界,因此对配合物化学键的研究主要是讨论配离子中配体与中心离子(原子)之间的化学键,以及由此而造成的空间几何结构。自 20 世纪 20 年代配位键概念提出以来,对于配合物中化学键本质的研究不断深入,现已发展为价键理论、晶体场理论和配位键理论这三种主要理论。这里就价键理论进行简要介绍。

7.2.1 配合物中的化学键

价键理论认为:在配合物中,中心离子(原子)与配体之间的成键,既不像离子键那样成键原子间存在着电子的得失,也不像共价键那样由成键原子各自提供单个电子组成共用电子对而结合。在配合物中,中心离子(原子)与配体成键时,中心离子(原子)用其杂化了的空轨道来接受配体中配位原子提供的孤对电子,实际是中心离子空的杂化轨道与配位原子具有孤对电子的原子轨道相互重叠成键,这种键称为配位键,通常以 L→M 表示。其中配体 L 为电子对给予体,配合物中心离子 M 为电子对接受体。形成体杂化轨道的类型决定着配离子的几何构型和配位键型(内轨型或外轨型)。

配位键的形成中,作为配体必须具有可提供的成对电子,而中心离子(原子)必须具有空的价层轨道,以接受配体给出的成对电子。过渡元素的离子(原子)大多具有空的价层轨道,因此绝大多数配合物都以过渡元素离子(原子)作为中心离子。

7.2.2 中心价层轨道杂化与配合物的空间构型

鲍林首先将价键理论应用于配合物,他认为除了中心离子(原子)具有空的价层轨道和配体具有孤对电子这两个必要条件外,配合物形成时还必须有中心离子(原子)的轨道杂化。由于中心离子(原子)的杂化轨道具有一定的方向性,所以配合物具有一定的几何构型。典型的杂化方式有以下几种。

1. sp 杂化

以 $[Ag(NH_3)_2]^+$ 为例：

Ag^+ 的价层电子结构为

Ag^+ 价层的 5s 和 5p 轨道是空的，Ag^+ 与 2 个 NH_3 分子形成配离子时，Ag^+ 将提供 1 个 5s 空轨道和 1 个 5p 空轨道进行 sp 杂化，2 个 NH_3 分子中 N 原子上的具有孤对电子的轨道分别与 Ag^+ 的 2 个空的 sp 杂化轨道重叠成键。

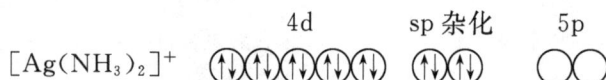

sp 杂化轨道的夹角是 180°，因此 $[Ag(NH_3)_2]^+$ 的空间构型为直线。

形成体经 sp 杂化形成的配合物，配位数为 2。

2. sp^3 杂化

以 $[Zn(NH_3)_4]^{2+}$ 为例：

Zn^{2+} 价层的 4s 和 4p 轨道是空的，Zn^{2+} 与 4 个 NH_3 分子形成配离子时，Zn^{2+} 提供 1 个 4s 空轨道和 3 个 4p 空轨道进行 sp^3 杂化，形成 4 个 sp^3 空杂化轨道，分别与 4 个 NH_3 分子中 N 原子上的具有孤对电子的轨道重叠成键。

sp^3 杂化轨道的夹角是 109°28′，指向正四面体的 4 个顶点，因此 $[Zn(NH_3)_4]^{2+}$ 的空间构型为正四面体。

形成体经 sp^3 杂化形成的配合物，配位数为 4。

3. dsp^2 杂化

以 $[Ni(CN)_4]^{2-}$ 为例：

Ni^{2+} 价层的 4s 和 4p 轨道是空的，在 CN^- 的作用下，Ni^{2+} 的 3d 电子进行重新排布，空出 1 个 3d 轨道与外层的 1 个 4s，2 个 4p 空轨道进行 dsp^2 杂化，形成 4 个新的 dsp^2 杂化轨道，分别与 4 个 CN^- 中由 C 原子提供的 4 个孤对电子所在的轨道重叠成键。

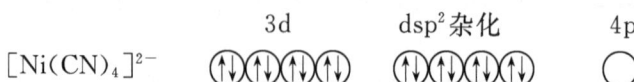

dsp^2 杂化轨道的夹角是 90°，指向平面正方形的 4 个顶点，因此 $[Ni(CN)_4]^{2-}$ 的空间构型为平面正方形。

形成体经 dsp^2 杂化形成的配合物,配位数为 4。

4. sp^3d^2 杂化

以 $[FeF_6]^{3-}$ 为例：

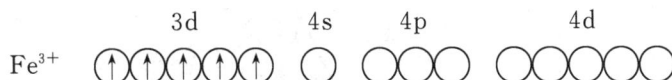

当 Fe^{3+} 与 F^- 成键时,Fe^{3+} 的 3d 轨道保持不变,外层的 1 个 4s 空轨道、3 个 4p 空轨道、2 个 4d 空轨道进行 sp^3d^2 轨道杂化,形成 6 个新的 sp^3d^2 杂化轨道,分别与 6 个 F^- 中的孤对电子所在的轨道重叠成键。

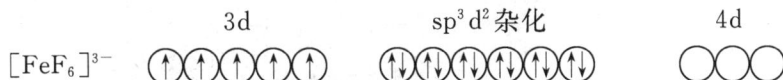

6 个杂化轨道在空间中分别指向正八面体的 6 个顶点,因此 $[FeF_6]^{3-}$ 的空间构型为正八面体。

形成体经 sp^3d^2 杂化形成的配合物,配位数为 6。

5. d^2sp^3 杂化

以 $[Fe(CN)_6]^{3-}$ 为例：

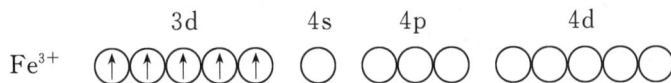

当 Fe^{3+} 与 CN^- 成键时,在 CN^- 的作用下,Fe^{3+} 的 3d 电子发生重排,空出的 2 个 3d 轨道跟 1 个 4s 轨道、3 个 4p 轨道进行杂化,生成 6 个新的 d^2sp^3 杂化轨道,分别与 6 个 CN^- 中的 C 原子提供的孤对电子所在的轨道重叠成键。

6 个杂化轨道在空间分别指向正八面体的 6 个顶点,因此 $[Fe(CN)_6]^{3-}$ 的空间构型也为正八面体。

形成体经 d^2sp^3 杂化形成的配合物,配位数为 6。

通过以上的例子可以看出,配离子的空间构型取决于中心离子空轨道杂化的方式。根据价键理论,配合物中的配位键属于共价键,因而具有一定的方向性和饱和性。现将常见的配离子中心离子轨道杂化方式及对应的空间构型列于表 7-3 中。

表 7-3　中心离子轨道杂化类型与配合物空间构型的关系

配位数	轨道杂化类型	空间构型	结构示意图	举　例	配离子类型
2	sp	直线	●—○—●	$[Ag(NH_3)_2]^+$、$[Cu(NH_3)_2]^{2+}$、$[Cu(CN)_2]^-$	外轨型

配位数	轨道杂化类型	空间构型	结构示意图	举例	配离子类型
3	sp^2	平面三角形		$[CuCl_3]^{2-}$、$[HgI_3]^-$	外轨型
4	sp^3	正四面体		$[ZnCl_4]^{2-}$、$[FeCl_4]^-$、$[BF_4]^-$、$[Ni(NH_3)_4]^{2+}$	外轨型
	dsp^2	平面正方形		$[Cu(NH_3)_4]^{2+}$、$[Ni(CN)_4]^{2-}$	内轨型
	sp^2d			$[PdCl_4]^{2-}$	外轨型
5	dsp^3	三角双锥		$[Fe(CO)_5]$、$[Ni(CN)_5]^{3-}$	内轨型
	d^2sp^2	正方锥		$[SbF_5]^{2-}$	内轨型
	d^4s			$[TiF_5]^{2-}$	内轨型
6	d^2sp^3	正八面体		$[Fe(CN)_6]^{4-}$、$[Fe(CN)_6]^{3-}$、$[Co(NH_3)_6]^{3+}$	内轨型
	sp^3d^2			$[AlF_6]^{3-}$、$[Co(NH_3)_6]^{2+}$、$[Ni(NH_3)_6]^{2+}$	外轨型
7	d^3sp^3	五角双锥		$[ZrF_7]^{3-}$、$[UO_2F_5]^{3-}$	内轨型
8	d^4sp^3	正十二面体		$[Mo(CN)_8]^{4-}$、$[W(CN)_8]^{4-}$	内轨型

7.2.3 内轨型配合物与外轨型配合物

在以上讨论的 sp 杂化、sp^3 杂化、sp^3d^2 杂化中,中心离子提供的空轨道都在外层,中心离子(原子)的电子层结构未发生变化,配位原子的孤对电子进入中心离子的外层杂化轨道,这种配位键称为外轨配位键,相应的配合物称为外轨型配合物。

而在 dsp^2 杂化、d^2sp^3 杂化中,由于配体的作用,中心离子次外层 d 轨道上的电子发生重排,腾出部分次外层上的 d 轨道参与杂化,这样形成的配位键称为内轨配位键,相应的配合物称为内轨型配合物。

中心离子采用何种方式成键,既与中心离子的价电子构型、所带电荷有关,也与配体有关。对于 Cu^+、Ag^+、Zn^{2+} 等具有 $(n-1)d^{10}$(全充满)电子构型的离子,只能用外层轨道杂化形成外轨型配合物。对于 Fe^{3+}、Ni^{2+}、Mn^{2+} 等具有未充满 d 轨道的中心离子,则既可形成外轨型配合物,也可形成内轨型配合物,这主要取决于配体中配位原子的电负性。电负性大的原子吸引电子的能力较强,不易给出孤对电子,对中心离子的电子排布影响较小,常采用外层的空轨道 ns、np、nd 杂化成键,形成外轨型配合物。电负性小的原子吸引电子的能力较弱,容易给出孤对电子,对中心离子的电子排布影响较大,可使电子层结构发生变化,常采用 $(n-1)d$、ns、np 轨道杂化成键,形成内轨型配合物。

内轨型配合物中参与杂化成键的是 $(n-1)d$、ns、np 轨道,而外轨型配合物中参与杂化成键的是 ns、np、nd 轨道,显然前者能量较低,稳定性较强。实验表明:外轨型配合物离子性强,共价性较弱,配离子较易解离;内轨型配合物共价性较强,配离子较难解离。

任务 7.3　配合物在水溶液中的状况

7.3.1 配位平衡

配合物的内界与外界之间是以离子键结合在一起的,因此在水溶液中配合物完全解离为配离子和外层离子。如 $[Cu(NH_3)_4]SO_4$ 溶于水时完全解离为 $[Cu(NH_3)_4]^{2+}$ 和 SO_4^{2-}。向该溶液中加入少量 Ba^{2+},可以观察到白色的 $BaSO_4$ 沉淀产生,而加入 NaOH 溶液并无 $Cu(OH)_2$ 沉淀产生。但若加入 Na_2S 溶液,则有黑色的 CuS 沉淀产生 $(K_{sp}^{\ominus}(Cu(OH)_2)=2.2\times10^{-20}$,$K_{sp}^{\ominus}(CuS)=6.3\times10^{-36})$。这说明 $[Cu(NH_3)_4]^{2+}$ 在水溶液中像弱电解质一样,能部分解离出极少量的 Cu^{2+}。在 $[Cu(NH_3)_4]SO_4$ 溶液中,存在着如下平衡:

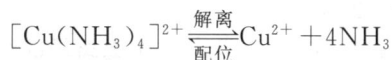

$$[Cu(NH_3)_4]^{2+} \underset{\text{配位}}{\overset{\text{解离}}{\rightleftharpoons}} Cu^{2+} + 4NH_3$$

该解离反应在一定条件下达平衡状态,称为配离子的解离平衡。该反应是配位反应的逆反应,因此也称配位平衡。

1. 配合物的稳定常数与不稳定常数

根据平衡移动原理,对于上述解离反应,其标准平衡常数表达式为

$$K^{\ominus}_{\text{不稳}} = \frac{[c(\text{Cu}^{2+})/c^{\ominus}][c(\text{NH}_3)/c^{\ominus}]^4}{c([\text{Cu}(\text{NH}_3)_4]^{2+})/c^{\ominus}} = 4.79 \times 10^{-14}$$

这个平衡常数称为配离子的不稳定常数,又称解离常数,通常用 $K^{\ominus}_{\text{不稳}}$(或 $K^{\ominus}_{\text{d}}$)来表示。$K^{\ominus}_{\text{不稳}}$ 越大,表示配离子越不稳定,在溶液中也越容易解离。

$K^{\ominus}_{\text{不稳}}$ 是表征配离子的解离平衡的,通常也以配离子形成反应的标准平衡常数来表征配离子的稳定性。其标准平衡常数称为配合物的稳定常数,又称形成常数,通常以 $K^{\ominus}_{\text{稳}}$(或 $K^{\ominus}_{\text{f}}$ 或 β)表示。

$$\text{Cu}^{2+} + 4\text{NH}_3 \Longrightarrow [\text{Cu}(\text{NH}_3)_4]^{2+}$$

$$K^{\ominus}_{\text{稳}} = \frac{c([\text{Cu}(\text{NH}_3)_4]^{2+})/c^{\ominus}}{[c(\text{Cu}^{2+})/c^{\ominus}][c(\text{NH}_3)/c^{\ominus}]^4}$$

$K^{\ominus}_{\text{稳}}$ 越大,表示配离子越容易形成,配离子越稳定。显然,不稳定常数和稳定常数表示的是同一事物的两个方面,它们互为倒数,即

$$K^{\ominus}_{\text{稳}} = 1/K^{\ominus}_{\text{不稳}}$$

在溶液中,配离子的生成和解离都是分级进行的,这类似于多元弱酸的逐级解离和生成反应。每一级反应都有一个相应的平衡常数,称为配离子的逐级稳定或解离常数。仍以 $[\text{Cu}(\text{NH}_3)_4]^{2+}$ 的解离为例,则有

$$[\text{Cu}(\text{NH}_3)_4]^{2+} \Longrightarrow [\text{Cu}(\text{NH}_3)_3]^{2+} + \text{NH}_3$$

$$K^{\ominus}_1 = \frac{[c([\text{Cu}(\text{NH}_3)_3]^{2+})/c^{\ominus}][c(\text{NH}_3)/c^{\ominus}]}{c([\text{Cu}(\text{NH}_3)_4]^{2+})/c^{\ominus}} = 5.01 \times 10^{-3}$$

$$[\text{Cu}(\text{NH}_3)_3]^{2+} \Longrightarrow [\text{Cu}(\text{NH}_3)_2]^{2+} + \text{NH}_3$$

$$K^{\ominus}_2 = \frac{[c([\text{Cu}(\text{NH}_3)_2]^{2+})/c^{\ominus}][c(\text{NH}_3)/c^{\ominus}]}{c([\text{Cu}(\text{NH}_3)_3]^{2+})/c^{\ominus}} = 9.12 \times 10^{-4}$$

$$[\text{Cu}(\text{NH}_3)_2]^{2+} \Longrightarrow [\text{Cu}(\text{NH}_3)]^{2+} + \text{NH}_3$$

$$K^{\ominus}_3 = \frac{[c([\text{Cu}(\text{NH}_3)]^{2+})/c^{\ominus}][c(\text{NH}_3)/c^{\ominus}]}{c([\text{Cu}(\text{NH}_3)_2]^{2+})/c^{\ominus}} = 2.14 \times 10^{-4}$$

$$[\text{Cu}(\text{NH}_3)]^{2+} \Longrightarrow \text{Cu}^{2+} + \text{NH}_3$$

$$K^{\ominus}_4 = \frac{[c(\text{Cu}^{2+})/c^{\ominus}][c(\text{NH}_3)/c^{\ominus}]}{c([\text{Cu}(\text{NH}_3)]^{2+})/c^{\ominus}} = 4.90 \times 10^{-5}$$

$K^{\ominus}_1$、$K^{\ominus}_2$、$K^{\ominus}_3$、$K^{\ominus}_4$ 称为配离子的逐级不稳定常数。

$$K^{\ominus}_{\text{不稳}} = K^{\ominus}_1 K^{\ominus}_2 K^{\ominus}_3 K^{\ominus}_4 = 4.79 \times 10^{-14}$$

同理可以推得总稳定常数与逐级稳定常数的关系。

不稳定常数(或稳定常数)是配合物的一个重要性质,配合物的不稳定常数大多是由实验测得的。离子强度、温度等条件的不同,以及所测方法精确度的不同,都会引起结果的差异,但基本上还是比较接近的。

计算配合物溶液中离子浓度时,应该考虑各级配离子的存在,但计算非常麻烦。由于在实际工作中,一般总是使用过量的配位剂,此时低配位数的各级配离子浓度很小,可忽

略不计。用总的 $K_稳^\ominus$（或 $K_{不稳}^\ominus$）计算，误差也不会很大。

2. 配合物稳定常数的应用

（1）比较同类型配合物的稳定性。对于同类型的配合物，即配体数目相同的配合物，$K_稳^\ominus$ 越大，配合物稳定性就越强。例如：$K_稳^\ominus([Ag(NH_3)_2]^+)=1.12\times10^7$，$K_稳^\ominus([Ag(CN)_2]^-)=1.26\times10^{21}$，很明显，$[Ag(CN)_2]^-$ 比 $[Ag(NH_3)_2]^+$ 稳定得多。

对于不同类型的配合物，不能通过简单比较 $K_稳^\ominus$ 大小的方法比较二者的稳定性，而只能通过计算求出中心离子的浓度，从而比较其稳定性。

（2）计算配合物溶液中各种组分的浓度。

【例 7-1】 室温下，将 $0.02\ mol \cdot L^{-1} CuSO_4$ 溶液与 $0.28\ mol \cdot L^{-1}$ 氨水等体积混合，当溶液达配位平衡时，求溶液中 Cu^{2+}、$NH_3 \cdot H_2O$、$[Cu(NH_3)_4]^{2+}$ 的浓度。

已知 $K_稳^\ominus([Cu(NH_3)_4]^{2+})=2.09\times10^{13}$。

解 两种溶液等体积混合后，浓度均变为原来的一半，即 $c(Cu^{2+})=0.01\ mol \cdot L^{-1}$，$c(NH_3 \cdot H_2O)=0.14\ mol \cdot L^{-1}$。因为 $K_稳^\ominus([Cu(NH_3)_4]^{2+})=2.09\times10^{13}$，数值较大且氨水过量较多，可假定 Cu^{2+} 全部转化为 $[Cu(NH_3)_4]^{2+}$，溶液中存在的少量 Cu^{2+} 由 $[Cu(NH_3)_4]^{2+}$ 解离而得。

设溶液达平衡后，Cu^{2+} 的浓度为 $x\ mol \cdot L^{-1}$，则

$$[Cu(NH_3)_4]^{2+} \rightleftharpoons Cu^{2+} + 4NH_3$$

平衡浓度/$(mol \cdot L^{-1})$ $\quad$ $0.01-x$ $\qquad x \qquad 0.10+4x$

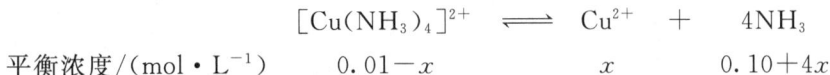

代入稳定常数表达式，即得

$$K_稳^\ominus=\frac{c([Cu(NH_3)_4]^{2+})/c^\ominus}{[c(Cu^{2+})/c^\ominus][c(NH_3)/c^\ominus]^4}=\frac{0.01-x}{x(0.10+4x)^4}=2.09\times10^{13}$$

由于稳定常数数值很大，且氨水过量，所以 $[Cu(NH_3)_4]^{2+}$ 解离度很小，可认为 $0.10+4x\approx0.10$，$0.01-x\approx0.01$。则近似地有

$$K_稳^\ominus=\frac{0.01}{x(0.10)^4}=2.09\times10^{13}$$

计算得 $\qquad\qquad\qquad\qquad\qquad x=4.8\times10^{-12}$

即溶液达配位平衡后，溶液中各组分的浓度：$c(Cu^{2+})=4.8\times10^{-12}\ mol \cdot L^{-1}$、$c(NH_3 \cdot H_2O)=0.10\ mol \cdot L^{-1}$、$c([Cu(NH_3)_4]^{2+})=0.01\ mol \cdot L^{-1}$。

【例 7-2】 取上述溶液两份各 1000 mL，在第一份中逐滴滴加 $0.01\ mol \cdot L^{-1}$ 的 NaOH 溶液 1 mL，是否有沉淀产生？在第二份中逐滴滴加 $0.01\ mol \cdot L^{-1}$ 的 Na_2S 溶液 10 mL，是否有沉淀产生？已知 $K_{sp}^\ominus(Cu(OH)_2)=2.2\times10^{-20}$，$K_{sp}^\ominus(CuS)=6.3\times10^{-36}$。

解 （1）滴加 1 mL $0.01\ mol \cdot L^{-1}$ 的 NaOH 溶液后，溶液中 OH^- 浓度为

$$c'(OH^-)=\frac{0.01\times1\times10^{-3}}{(1000+1)\times10^{-3}}\approx1\times10^{-5}$$

$$c'(Cu^{2+})[c'(OH^-)]^2=(4.8\times10^{-12})\times(1\times10^{-5})^2=4.8\times10^{-22}<K_{sp}^\ominus(Cu(OH)_2)$$

所以无 $Cu(OH)_2$ 沉淀产生。

（2）滴加 10 mL $0.01\ mol \cdot L^{-1}$ 的 Na_2S 溶液后，溶液中 S^{2-} 的浓度为

$$c'(S^{2-})=\frac{0.01\times10\times10^{-3}}{(1000+10)\times10^{-3}}\approx1\times10^{-4}$$

$$c'(Cu^{2+})c'(S^{2-}) = (4.8 \times 10^{-12}) \times (1 \times 10^{-4}) = 4.8 \times 10^{-16} > K_{sp}^{\ominus}(CuS)$$

所以有 CuS 沉淀生成。

如果 Na_2S 的量足够，可以使配离子 $[Cu(NH_3)_4]^{2+}$ 的配位平衡完全被破坏，$[Cu(NH_3)_4]^{2+}$ 完全转化为 CuS 沉淀。

7.3.2 配位平衡的移动及其应用

配合平衡与其他化学平衡一样，是在一定条件下建立的一个动态平衡。当外界条件改变时，平衡将发生移动。配位平衡的移动同样遵循化学平衡移动原理。

1. 配位平衡与酸碱平衡

当配合物的配体为 F^-、CN^-、SCN^- 和 NH_3 以及有机酸根离子时，加入强酸，易生成难解离的弱酸分子，从而使配位平衡向解离的方向移动，导致配合物的稳定性降低，这种现象称为酸效应。例如，将 AgCl 沉淀溶于氨水中所得的 $[Ag(NH_3)_2]^+$ 中，加入 HNO_3 时，会使 $[Ag(NH_3)_2]^+$ 被破坏，重新生成 AgCl 沉淀，这正是配位平衡与酸碱平衡竞争的结果：

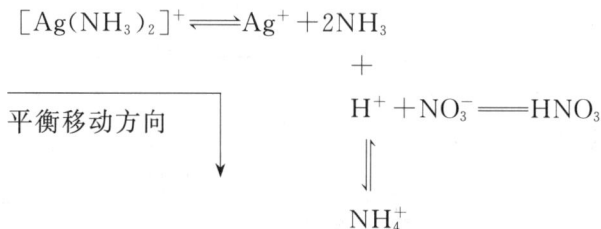

即 $\qquad [Ag(NH_3)_2]^+ + 2H^+ \rightleftharpoons Ag^+ + 2NH_4^+$

这里反应的实质是 H^+ 与 Ag^+ 争夺配体 NH_3。再如 $[FeF_6]^{3-}$ 中，加入 H^+，可以生成弱酸 HF，同样存在着配位平衡与酸碱平衡的竞争。

增大溶液的酸度（或降低溶液 pH），将使配位平衡向解离方向移动，能够降低配合物的稳定性。同样，降低溶液的酸度（或增大溶液 pH），可以使配位平衡向配位方向移动，增加配合物的稳定性。

在生成配合物溶液的过程中，为了避免酸效应的影响，常控制溶液的酸度（pH）在一定范围内。这是利用配合物进行定性鉴定或定量分析时必须注意的重要条件之一。

2. 配位平衡与沉淀-溶解平衡

配位平衡与沉淀-溶解平衡的关系，实质上是沉淀剂与配位剂对金属离子的争夺。利用配离子的生成反应可使某些难溶盐溶解，如在 AgCl 沉淀中加入配位剂氨水，由于生成了 $[Ag(NH_3)_2]^+$，降低了溶液中 Ag^+ 的浓度，促进了 AgCl 沉淀的溶解。只要加入的氨水足量，AgCl 沉淀可以完全溶解。相反，在配合物中加入沉淀剂，配合物因生成沉淀而解离，如例 7-2 中在 $[Cu(NH_3)_4]^{2+}$ 溶液中加入 Na_2S 可以生成沉淀 CuS 而使 $[Cu(NH_3)_4]^{2+}$ 解离。同样如果加入大量的浓 NaOH 溶液也会生成 $Cu(OH)_2$ 沉淀而使 $[Cu(NH_3)_4]^{2+}$ 的稳定性被破坏。

金属离子存在的状态，即配位平衡与沉淀-溶解平衡转化的方向取决于配离子的稳定

常数 $K_{稳}^{\ominus}$ 和难溶物溶度积 $K_{sp}^{\ominus}$ 的大小关系。

【例 7-3】 298.15 K 时，1.0 L 6.0 mol·L^{-1} 氨水中能溶解固体 AgCl 多少克？若要完全溶解 0.010 mol AgCl，求所需要的氨水的最低浓度。已知 $K_{sp}^{\ominus}(AgCl)=1.8\times10^{-10}$，$K_{稳}^{\ominus}([Ag(NH_3)_2]^+)=1.12\times10^7$。

解 AgCl 在氨水中的溶解反应为

$$AgCl+2NH_3 \Longleftrightarrow [Ag(NH_3)_2]^+ + Cl^-$$

该反应的标准平衡常数为

$$K^{\ominus} = \frac{[c([Ag(NH_3)_2]^+)/c^{\ominus}][c(Cl^-)/c^{\ominus}]}{[c(NH_3)/c^{\ominus}]^2}$$

$$= \frac{[c([Ag(NH_3)_2]^+)/c^{\ominus}][c(Cl^-)/c^{\ominus}][c(Ag^+)/c^{\ominus}]}{[c(NH_3)/c^{\ominus}]^2[c(Ag^+)/c^{\ominus}]}$$

$$= K_{稳}^{\ominus}([Ag(NH_3)_2]^+)K_{sp}^{\ominus}(AgCl)$$

$$= 1.12\times10^7 \times 1.8\times10^{-10} = 2.0\times10^{-3}$$

(1) 设 1.0 L 6.0 mol·L^{-1} 氨水中最多能溶解固体 AgCl 的物质的量为 x mol，则反应平衡时：$c(Cl^-)=x$ mol·L^{-1}、$c([Ag(NH_3)_2]^+)=x$ mol·L^{-1}、$c(NH_3)=(6.0-2x)$ mol·L^{-1}，代入反应的平衡常数表达式，得

$$\frac{[c([Ag(NH_3)_2]^+)/c^{\ominus}][c(Cl^-)/c^{\ominus}]}{[c(NH_3)/c^{\ominus}]^2} = \frac{x^2}{(6.0-2x)^2} = 2.0\times10^{-3}$$

解得 $$x = 0.25$$

$$m(AgCl) = 0.25\times143.5 \text{ g} = 35.9 \text{ g}$$

即能溶解 35.9 g 固体 AgCl。

(2) 完全溶解 0.010 mol AgCl 时，有

$$c(Cl^-)=0.010 \text{ mol·L}^{-1}, \quad c([Ag(NH_3)_2]^+)\approx0.010 \text{ mol·L}^{-1}$$

代入平衡常数表达式，近似地有

$$\frac{0.010\times0.010}{[c(NH_3)/c^{\ominus}]^2} = 2.0\times10^{-3}$$

$$c(NH_3) = 0.22 \text{ mol·L}^{-1}$$

生成 $[Ag(NH_3)_2]^+$ 所消耗的氨水浓度为

$$2\times0.010 \text{ mol·L}^{-1}=0.020 \text{ mol·L}^{-1}$$

所需要的氨水的最低浓度为

$$(0.020+0.22) \text{ mol·L}^{-1}=0.24 \text{ mol·L}^{-1}$$

3. 配位平衡与氧化还原平衡

配位平衡与氧化还原平衡也是相互影响的。若在配离子溶液中加入某种氧化剂或还原剂，能与配体或中心离子发生氧化还原反应，则会使配位平衡向着解离的方向移动，从而破坏配离子的存在。而金属离子在形成配合物后，溶液中金属离子的浓度降低，根据能斯特公式可知，金属配离子-金属电对的电极电势比该金属离子-金属电对的电极电势要低。如：

	$\lg K_{稳}^{\ominus}$	$\varphi^{\ominus}/V$
$Cu^+ + e^- \Longrightarrow Cu$	—	$+0.52$
$[CuCl_2]^- + e^- \Longrightarrow Cu + 2Cl^-$	5.50	$+0.20$
$[CuBr_2]^- + e^- \Longrightarrow Cu + 2Br^-$	5.89	$+0.17$
$[CuI_2]^- + e^- \Longrightarrow Cu + 2I^-$	8.85	0.00
$[Cu(CN)_2]^- + e^- \Longrightarrow Cu + 2CN^-$	24.0	-0.68

即当简单离子形成配合物后,其电极电势一般变小,因此简单离子得电子能力减弱,氧化性降低,不易被还原为金属,增强了金属离子的稳定性;而相应的金属单质的还原性增强,如不活泼金属金与铂,其电极电势非常高,不与硝酸反应,但可与王水反应,这与生成配离子的反应有关。

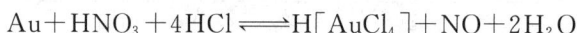

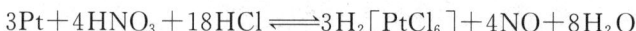

$$Au + HNO_3 + 4HCl \Longrightarrow H[AuCl_4] + NO + 2H_2O$$
$$3Pt + 4HNO_3 + 18HCl \Longrightarrow 3H_2[PtCl_6] + 4NO + 8H_2O$$

配离子$[AuCl_4]^-$和$[PtCl_6]^{2-}$的生成使 Au、Pt 的还原性增强,从而被硝酸氧化。

4. 配离子间的相互转化

当溶液中存在着两种能与同一金属离子形成配离子的配体时,或者存在着两种金属离子能与同一配体形成配离子时,都会发生相互间的争夺与平衡转化。转化主要取决于配离子稳定性的大小,平衡总是向着生成稳定性较强的配离子的方向转化。两个配离子的稳定常数相差越大,转化越完全。

【例 7-4】 试求下列配离子转换反应的平衡常数:

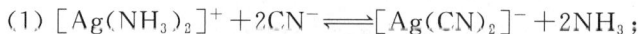

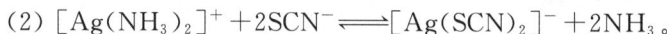

(1) $[Ag(NH_3)_2]^+ + 2CN^- \Longrightarrow [Ag(CN)_2]^- + 2NH_3$;

(2) $[Ag(NH_3)_2]^+ + 2SCN^- \Longrightarrow [Ag(SCN)_2]^- + 2NH_3$。

已知:$K_{稳}^{\ominus}([Ag(NH_3)_2]^+) = 1.12 \times 10^7$;$K_{稳}^{\ominus}([Ag(CN)_2]^-) = 1.26 \times 10^{21}$;$K_{稳}^{\ominus}([Ag(SCN)_2]^-) = 3.72 \times 10^7$。

解 (1) 反应平衡常数表达式:

$$K^{\ominus} = \frac{[c([Ag(CN)_2]^-)/c^{\ominus}][c(NH_3)/c^{\ominus}]^2}{[c([Ag(NH_3)_2]^+)/c^{\ominus}][c(CN^-)/c^{\ominus}]^2}$$

即

$$K^{\ominus} = \frac{[c([Ag(CN)_2]^-)/c^{\ominus}][c(NH_3)/c^{\ominus}]^2}{[c([Ag(NH_3)_2]^+)/c^{\ominus}][c(CN^-)/c^{\ominus}]^2}$$

$$= \frac{[c([Ag(CN)_2]^-)/c^{\ominus}][c(NH_3)/c^{\ominus}]^2[c(Ag^+)/c^{\ominus}]}{[c([Ag(NH_3)_2]^+)/c^{\ominus}][c(CN^-)/c^{\ominus}]^2[c(Ag^+)/c^{\ominus}]}$$

$$= \frac{K_{稳}^{\ominus}([Ag(CN)_2]^-)}{K_{稳}^{\ominus}([Ag(NH_3)_2]^+)} = \frac{1.26 \times 10^{21}}{1.12 \times 10^7} = 1.13 \times 10^{14}$$

(2) 反应平衡常数同样可求得:

$$K^{\ominus} = \frac{[c([Ag(SCN)_2]^-)/c^{\ominus}][c(NH_3)/c^{\ominus}]^2}{[c([Ag(NH_3)_2]^+)/c^{\ominus}][c(SCN^-)/c^{\ominus}]^2}$$

$$= \frac{K_{稳}^{\ominus}([Ag(SCN)_2]^-)}{K_{稳}^{\ominus}([Ag(NH_3)_2]^+)} = \frac{3.72 \times 10^7}{1.12 \times 10^7} = 3.32$$

由以上计算可知,配离子间转化反应的平衡常数等于产物配离子的稳定常数与反应物配离子的稳定常数之比。平衡常数较大,说明两种配离子的稳定常数相差较大,反应向右进行的倾向较大,转化较完全;平衡常数较小,说明两种配离子的稳定常数相差不大,反应向右进行的倾向不大。

任务 7.4 螯合物

在配合物中,除了由一个中心离子(或原子)和若干单齿配体形成的简单配合物之外,还有螯合物、多核配合物(含有两个或多个中心离子的配合物)、羰基配合物、烯烃配合物等。这里仅讨论由多齿配体所形成的螯合物。

7.4.1 螯合物的概念

当多齿配体中多个配位原子同时和一个中心离子键合时,可形成具有环状结构的配合物,这类具有环状结构的配合物称为螯合物。可将配体比作螃蟹的螯,牢牢地钳住中心离子,所以形象地称为螯合物(见图 7-1)。螯合物也称内配合物,既可以是带电荷的离子,也可以是中性分子,中性的螯合物也称内配盐。能形成螯合物的多齿配体称为螯合剂,它与中心离子的键合也称螯合。

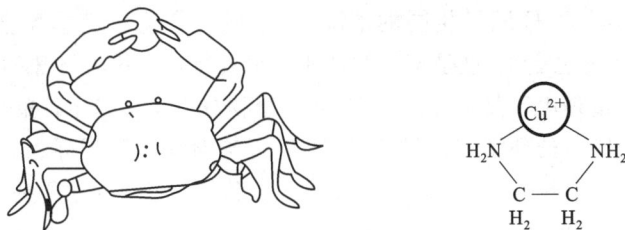

图 7-1 螯合物的螯合示意图

螯合物的每一环上有几个原子就称几元环。螯合物的稳定性和它的环状结构(环的大小及环的多少)有关,理论和实践都证明含五元环和六元环的螯合物最稳定,而其他类型的螯合物一般是不稳定的,而且很少见。螯合剂中两个配位原子之间一般相隔 2~3 个原子。

例如,Cu^{2+} 的配位数是 4,与双齿配体乙二胺(en)配位,化学式可写作 $[Cu(en)_2]^{2+}$(见图 7-2)。在这一螯合物中有 2 个五元环,每一个环都是由 2 个碳原子、2 个氮原子和中心离子组成的。

一个配体与中心离子形成的螯环的数目越多,螯合物越稳定。如乙二胺四乙酸中有 2 个氨基氮原子和 4 个羧基氧原子,因而是包含 6 个配位原子的六齿配体,其结构简式为

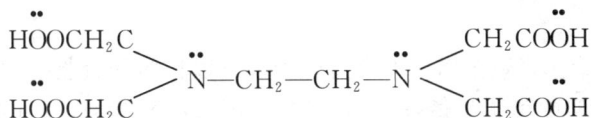

乙二胺四乙酸简称 EDTA,能与除了 Na^+、K^+、Rb^+、Cs^+ 等离子以外的大多数金属离子形成螯合物,其中许多具有非常好的稳定性。Ca^{2+} 一般不易形成配合物,但 EDTA 与 Ca^{2+} 可以形成非常稳定的螯合物,结构如图 7-3 所示,其中含有 5 个五元环,因此它具有很高的稳定性。

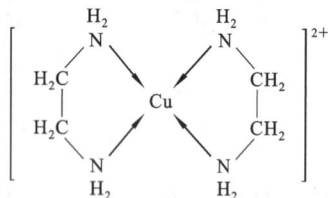

图 7-2 $[Cu(en)_2]^{2+}$ 配离子结构

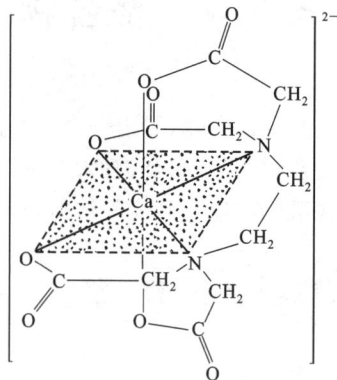

图 7-3 $[Ca(EDTA)]^{2+}$ 结构

7.4.2 螯合物的特性

在中心离子相同、配位原子相同的情况下,金属螯合物比简单配合物更稳定(见表 7-4),在水中解离程度也更小,这是螯合物性质的重要特点。这种特殊的稳定性跟螯合物的环状结构有关。这种由于螯合环的存在,使螯合物具有特殊稳定性的作用,通常称为螯合效应。螯合物中所含的环越多,其稳定性越高,螯合环中以五元环和六元环最为稳定。

很多螯合物还具有特征颜色,难溶于水而易溶于有机溶剂等性质特点,因而被广泛地用于沉淀分离、溶剂萃取、比色测定等分离分析工作。

表 7-4 具有相同配位原子的某些螯合物和简单配合物的 $K_{稳}^{\ominus}$

螯 合 物	$K_{稳}^{\ominus}$	简单配合物	$K_{稳}^{\ominus}$
$[Hg(en)_2]^{2+}$	2.00×10^{23}	$[Hg(NH_3)_4]^{2+}$	1.90×10^{19}
$[Co(en)_3]^{2+}$	8.69×10^{13}	$[Co(NH_3)_6]^{2+}$	1.29×10^5
$[Co(en)_3]^{3+}$	4.90×10^{48}	$[Co(NH_3)_6]^{3+}$	1.58×10^{35}
$[Ni(en)_3]^{2+}$	2.14×10^{18}	$[Ni(NH_3)_6]^{2+}$	5.49×10^8

任务 7.5 配合物形成体在周期表中的分布

元素周期表中绝大多数金属原子及其离子都可以作为配合物的形成体。一般来说,具有 9~18 电子构型的离子是最好的形成体,既可形成螯合物,也可形成稳定的非螯合物。具有 8 电子构型的离子是较差的形成体,仅能形成少数的螯合物。元素周期表中左侧的金属元素是较差的形成体,而位于中部的金属元素是较好的形成体。

作为配位原子,一般是电负性较大的非金属元素。尽管现在已合成了数量众多的螯合物,但配位原子多限于周期表中的 Ⅴ A 族和 Ⅵ A 族及附近的非金属元素,如 N、O、S、C 及 P 等。

配合物形成体在周期表中分布情况如表 7-5 所示。表 7-5 中实线框内的 V 等金属是最强的配合物形成体,它们既能形成简单的配合物,又能形成稳定的螯合物;实线以外、虚线以内的金属元素形成的简单配合物稳定性差,但可以形成相对稳定的螯合物;左边点线以内的金属元素一般不能生成简单配合物,仅能形成少量尚稳定的螯合物。

表 7-5　配合物形成体在周期表中的分布情况

H																	He
Li	Be											B	C	N	O	F	Ne
Na	Mg											Al	Si	P	S	Cl	Ar
K	Ca	Sc	Ti	V	Cr	Mn	Fe	Co	Ni	Cu	Zn	Ga	Ge	As	Se	Br	Kr
Rb	Sr	Y	Zr	Nb	Mo	Tc	Ru	Rh	Pd	Ag	Cd	In	Sn	Sb	Te	I	Xe
Cs	Ba	镧系	Hf	Ta	W	Re	Os	Ir	Pt	Au	Hg	Ti	Pb	Bi	Po	At	Rn
Fr	Ra	锕系															

▢ 能生成稳定配合物的元素区
⊏⊐ 能生成稳定螯合物的元素区
⋯⋯ 能生成少数螯合物的元素区

任务 7.6　配合物的应用

7.6.1　在无机化学方面的应用

在无机化学中,对于元素尤其是过渡元素及其化合物的研究,总是要涉及配合物。如在含有 Zn^{2+} 与 Al^{3+} 的溶液中加入氨水,开始时 Zn^{2+} 与 Al^{3+} 都与氨水形成氢氧化物沉淀:

$$Zn^{2+} + 2NH_3 + 2H_2O =\!=\!= Zn(OH)_2 \downarrow + 2NH_4^+$$

$$Al^{3+} + 3NH_3 + 3H_2O =\!=\!= Al(OH)_3 \downarrow + 3NH_4^+$$

但当加入更多氨水时,$Zn(OH)_2$ 可以与 NH_3 形成 $[Zn(NH_3)_4]^{2+}$ 而溶解:

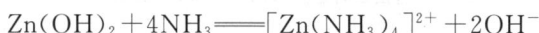

$$Zn(OH)_2 + 4NH_3 =\!=\!= [Zn(NH_3)_4]^{2+} + 2OH^-$$

而 $Al(OH)_3$ 不能与 NH_3 进一步反应,从而可以达到分离 Zn^{2+} 与 Al^{3+} 的目的。

7.6.2 在分析化学方面的应用

在分析化学中,常应用某些配合物具有特定的颜色这一特征来鉴定某些离子的存在。生成该配合物所用的配位剂称为特效试剂。如根据氨水与 Cu^{2+} 形成深蓝色的 $[Cu(NH_3)_4]^{2+}$ 这一性质,可鉴定 Cu^{2+} 的存在;根据 KSCN 易与水溶液中 Fe^{3+} 形成血红色的 $[Fe(SCN)_n]^{(3-n)+}$ 这一性质鉴定 Fe^{3+} 的存在。

在分析鉴定中,常会因某种离子的存在而发生干扰,影响鉴定工作的正常进行。例如,在含有 Co^{2+} 和 Fe^{3+} 的混合溶液中,加入配位剂 KSCN 鉴定 Co^{2+} 时,Co^{2+} 与 SCN^- 生成宝石蓝色的 $[Co(SCN)_4]^{2-}$,同时 Fe^{3+} 也与 SCN^- 反应生成血红色的 $[Fe(SCN)]^{2+}$[①],妨碍对 Co^{2+} 的鉴定。但只要在溶液中加入 NaF,F^- 与 Fe^{3+} 可以形成更稳定的无色配离子 $[FeF_6]^{3-}$,使 Fe^{3+} 不再与 SCN^- 配位,就可避免对 Co^{2+} 鉴定的干扰。为验证无水酒精是否含有水,可向其中加入白色的无水硫酸铜固体,若变成浅蓝色($[Cu(H_2O)_4]^{2+}$ 的颜色),则表明酒精中含有水。

还可以利用形成有色的难溶配合物来鉴定某些离子,如 Fe^{3+} 能与 $[Fe(CN)_6]^{4-}$ 反应生成深蓝色沉淀 $Fe_4[Fe(CN)_6]_3$(俗称普鲁士蓝),而 Fe^{2+} 能与 $[Fe(CN)_6]^{3-}$ 反应生成深蓝色沉淀 $Fe_3[Fe(CN)_6]_2$(俗称滕氏蓝)。

许多螯合物带有特定的颜色和较小的溶解度。如丁二酮肟(镍试剂)在弱碱性条件下能与 Ni^{2+} 形成鲜红色的、难溶于水而易溶于乙醚等有机溶剂的螯合物,这是鉴定溶液中是否有 Ni^{2+} 存在的灵敏反应。

定量分析中的配位滴定法,是测定金属含量的常用方法之一,依据的原理就是配合物的形成与相互转化,而最常用的分析试剂就是 EDTA。

7.6.3 在电镀工业中的应用

许多金属制件,常用电镀的方法在表层镀上一层既美观又防腐的 Zn、Cu、Ni、Cr 等金属。在电镀时必须控制电镀液中上述金属离子以很小的浓度存在,并能源源不断地在作为阴极的金属制件上放电沉积,才能得到致密、光滑、均匀的镀层。配合物能较好地达到此要求。CN^- 与镀层金属形成的氰配合物曾长期作为电镀液应用于电镀工业。但由于含氰电镀液有剧毒,容易污染环境,近年来已经逐步地被其他无毒配位剂取代,并已逐步建立无毒电镀新工艺。如在电镀铜工艺中,一般不直接用 $CuSO_4$ 溶液作电镀液,而常加

---

① a. 对于两可配体 SCN^- 和 NCS^-,与 Fe^{3+} 形成血红色配离子,逻辑上既可能是 $[Fe(SCN)]^{2+}$,也可能是 $[Fe(NCS)]^{2+}$,经红外光谱证实是 $[Fe(NCS)]^{2+}$,但通常仍简称硫氰酸铁;b. 在明确配位数的前提下,为简洁起见,水溶液中的配离子的配位水分子可略去不写,这是被普遍认可的表达式,不是配位数降低了,应记得另 5 个配体是 H_2O 分子,即 $[Fe(NCS)·(H_2O)_5]^{2+}$。

入配位剂焦磷酸钾 $K_4P_2O_7$,使其形成 $[Cu(P_2O_7)_2]^{6-}$。溶液中存在下列平衡:

$$[Cu(P_2O_7)_2]^{6-} \Longrightarrow Cu^{2+} + 2P_2O_7^{4-}$$

Cu^{2+} 的浓度降低,在镀件(阴极)上 Cu 的析出电势代数值减小,同时析出速率也可得到控制,从而有利于得到较均匀、较光滑、附着力较好的镀层。

7.6.4 环境保护

生产过程中排放出的氰化物废液会污染、毒化环境,造成公害,需要对含氰废液进行消毒处理。若用 $FeSO_4$ 溶液处理废液,可生成毒性很小的配合物 $Fe_2[Fe(CN)_6]$。

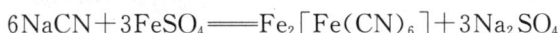

$$6NaCN + 3FeSO_4 \Longrightarrow Fe_2[Fe(CN)_6] + 3Na_2SO_4$$

7.6.5 配合催化

配合物的形成反应在化学反应中起到的催化作用称为配合催化,是一种先进的催化技术,已逐步应用于工业生产。如以二氯化钯 $PdCl_2$ 为催化剂,在常温常压条件下即可催化乙烯生成乙醛:

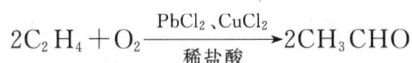

$$2C_2H_4 + O_2 \xrightarrow[\text{稀盐酸}]{PbCl_2、CuCl_2} 2CH_3CHO$$

这一反应就是利用 C_2H_4 与 Pd^{2+} 形成配合物,而后分解生成 CH_3CHO 和金属 Pd,Pd 与 $CuCl_2$ 反应又生成 $PdCl_2$。

配合催化具有活性高、反应条件容易达到、经济效益好等优点,在有机合成、高分子合成中已实现工业化应用。

7.6.6 生物体中的配合物

金属配合物在生物体内有着广泛而不可替代的作用。生物体内对各种生化反应起特殊催化作用的各种酶,许多是复杂的金属配合物。生物体内的各种代谢作用、能量的转换及氧气的输送,也跟金属配合物有着紧密的联系。如以 Mg^{2+} 为中心离子的配合物叶绿素,能够将太阳能转变为化学能供给生物体使用,同时能将 CO_2、H_2O 合成为复杂的糖类。以 Fe^{2+} 为中心离子的血红素能够结合有机大分子球蛋白成为血红蛋白,负责人体内氧气的输送。此外,人体生长和代谢必需的维生素 B_{12} 是钴的配合物,起免疫作用的血清蛋白是铜和锌的配合物;植物体能固定大气中氮的固氮酶是含铁、钼的配合物;等等。

此外,配合物在医药领域已成为药物治疗的一个重要方面。例如,EDTA 已用作 Pb^{2+}、Hg^{2+} 等重金属离子中毒的解毒剂,顺式 $[Pt(NH_3)_2Cl_2]$ 具有抗癌作用,酒石酸锑钾用于治疗血吸虫病,含锌螯合物用于治疗糖尿病,维生素 B_{12} 是含钴配合物,主要用于治疗恶性贫血等。总之,配合物的存在非常普遍,应用极为广泛,研究前景引人注目。

目标检测题 7

一、单项选择题（将正确答案的标号填入括号内）

7.1 下列离子不能成为中心离子的是( )。

A. Cu^{2+} B. Fe^{3+} C. Ag^+ D. NH_4^+

7.2 与中心离子通过配位键相结合的中性分子或负离子称为( )。

A. 配离子 B. 配体 C. 配合物 D. 反离子

7.3 配合物$[Pt(CN)_4(NO_2)I]^{2-}$中心离子Pt^{4+}的配位数为( )。

A. 4 B. 6 C. 7 D. 3

7.4 EDTA与金属离子形成的螯合物,配位数是( )。

A. 1 B. 2 C. 4 D. 6

7.5 AgCl在下列溶液中(浓度均为1 mol·L^{-1})溶解度最大的是( )。

A. 氨水 B. $Na_2S_2O_3$ C. KI D. NaCN

7.6 下列具有相同配位数的一组配合物是( )。

A. $[Co(en)_3]Cl_3$,$[Co(en)_2(NO_2)_2]$ B. $K_2[Co(NCS)_4]$,$K_3[Co(C_2O_4)_2Cl_2]$

C. $[Pt(NH_3)_2Cl_2]$,$[Pt(en)_2Cl_2]^{2+}$ D. $[Cu(H_2O)_2Cl_2]$,$[Ni(en)_2(NO_2)_2]$

7.7 向$[FeF_6]^{3-}$溶液中加入盐酸,溶液由无色变为黄色的变化称为( )。

A. 螯合效应 B. 同离子效应 C. 酸效应 D. 配位效应

7.8 鉴定溶液中的Fe^{3+},可选择的试剂是( )。

A. F^- B. $K_3[Fe(CN)_6]$ C. SCN^- D. NH_3

7.9 反应$AgCl(s)+2NH_3 \rightleftharpoons [Ag(NH_3)_2]^+ + Cl^-$的标准平衡常数是( )。

A. $K_稳^\ominus K_{sp}^\ominus$ B. $K_稳^\ominus / K_{sp}^\ominus$ C. $K_稳^\ominus + K_{sp}^\ominus$ D. $K_稳^\ominus - K_{sp}^\ominus$

7.10 已知 $K_稳^\ominus([Hg(CN)_4]^{2-})=2.5\times10^{41}$,$K_稳^\ominus([HgCl_4]^{2-})=1.17\times10^{15}$,
$K_稳^\ominus([HgI_4]^{2-})=6.76\times10^{29}$。下列电对标准电极电势代数值最小的是( )。

A. Hg^{2+}/Hg B. $[Hg(CN)_4]^{2-}/Hg$

C. $[HgCl_4]^{2-}/Hg$ D. $[HgI_4]^{2-}/Hg$

二、是非题(对的在括号内填"√",错的在括号内填"×")

7.11 配合物中,配体的总数就是中心离子的配位数。 ( )

7.12 中心离子都带正电荷。 ( )

7.13 螯合物的配体是多齿配体,与中心离子形成环状结构,故螯合物稳定性强。

( )

7.14 配离子在水溶液中的解离过程是逐级进行的。 ( )

7.15 $K_稳^\ominus$数值越大,表示配离子解离程度越小,配离子越稳定。 ( )

7.16 向Cu^{2+}溶液中加入氨水,能使Cu^{2+}的氧化性降低。 ( )

三、填空题

7.17 配合物$[Co(NH_3)_5(H_2O)]Cl_3$的中心离子是_____,配体有_____、

_____，配位原子是_____、_____，配位数是_____，配离子电荷为_____，命名为_____。

7.18 配合物 $PtCl_4 \cdot 2NH_3$ 的水溶液不能导电，加入 $AgNO_3$ 溶液不产生沉淀，所以其化学式为_____，命名为_____。

7.19 影响配位平衡的因素有_____和_____。

7.20 填写下表：

化 学 式	中心离子	配体	配位原子	配位数	命 名
$H_2[PtCl_4]$					
$K_2[Co(SCN)_4]$					
$[Fe(CN)_6]^{4-}$					
$K[PtCl_5(NH_3)]$					
$[Co(en)_3]Cl_3$					
$Na[Cr(SCN)_4(NH_3)_2]$					

四、简答题

7.21 简要说明下列名词的含义：

(1) 配离子和配位分子；　　　　　　(2) 单齿配体和多齿配体；

(3) 内轨型配合物和外轨型配合物；　(4) 配位原子与配体；

(5) 螯合物与螯合剂。

7.22 写出下列各物质的化学式：

(1) 二氯·四水合铁(Ⅲ)离子；　　　(2) 六氯合锰(Ⅲ)酸钾；

(3) 氯化二氯·三氨·水合钴(Ⅲ)；　(4) EDTA 合钙(Ⅱ)酸钠；

(5) 二硫代硫酸根合银(Ⅰ)离子；　　(6) 四硫氰酸根·二氨合铬(Ⅱ)酸铵。

7.23 根据下列配离子的空间构型，指出中心离子的价层电子构型与轨道杂化类型，并指明是内轨型还是外轨型配合物：

(1) $[Ag(CN)_2]^-$（直线形）；　　　　　(2) $[CuCl_3]^{2-}$（平面三角形）；

(3) $[Zn(NH_3)_4]^{2+}$（正四面体）；　　　(4) $[Cu(NH_3)_4]^{2+}$（平面正方形）；

(5) $[CrBr_2(NH_3)_2(H_2O)_2]^+$（正八面体，内轨型）；　　　(6) $[FeF_6]^{3-}$（正八面体）。

五、计算题

7.24 试根据各配合物的 $K_稳^\ominus$ 求出下列反应的 $K^\ominus$ 并判断反应进行的方向：

(1) $[Zn(NH_3)_4]^{2+} + Cu^{2+} \rightleftharpoons [Cu(NH_3)_4]^{2+} + Zn^{2+}$，　$K_1^\ominus$；

(2) $[Fe(NCS)_6]^{3-} + 6F^- \rightleftharpoons [FeF_6]^{3-} + 6NCS^-$，　$K_2^\ominus$。

7.25 $PtCl_4$ 和氨水反应，生成的化合物化学式为 $[Pt(NH_3)_4]Cl_4$。将 1 mol 此化合物用 $AgNO_3$ 处理，得到 2 mol $AgCl$。试推断配合物的结构式。

7.26 在 1.0 L 6.0 mol·L^{-1} 的氨水中溶解 0.10 mol $CuSO_4$，试求：

（1）溶液中各组分的浓度；

（2）若向混合溶液中加入 0.010 mol NaOH 固体，是否有 $Cu(OH)_2$ 沉淀生成？

（3）若将 0.010 mol Na_2S 代替 NaOH，是否有 CuS 沉淀生成？（设溶液体积不变）

7.27　25 ℃时，在含有 0.1 mol·L^{-1} 的 $[Ag(NH_3)_2]^+$ 和 0.1 mol·L^{-1} 的 NH_3 溶液中，Ag^+ 的浓度是多少？若溶液中 $c(NH_3) = 1.0$ mol·L^{-1}，Ag^+ 的浓度又为多少？（$K_{稳}^{\ominus}([Ag(NH_3)_2]^+) = 1.12 \times 10^7$）

7.28　将 0.1 mol AgCl 加入 1.0 L 氨水中，恰好完全溶解，问：氨水原来的浓度至少是多少？已知 $K_{稳}^{\ominus}([Ag(NH_3)_2]^+) = 1.12 \times 10^7$，$K_{sp}^{\ominus}(AgCl) = 1.8 \times 10^{-10}$。

模块三
重要元素及其化合物

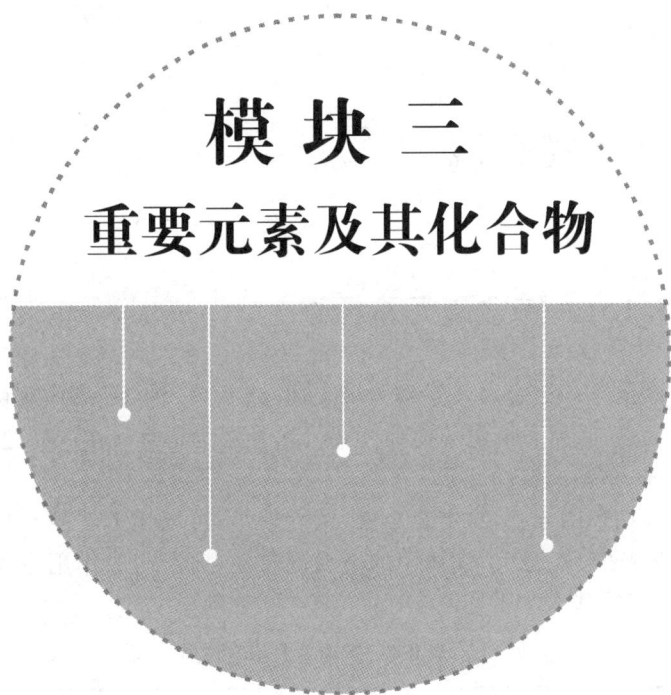

项目 8

主族金属元素

任务8.1 碱金属

8.1.1 碱金属元素概述

元素周期表的ⅠA族金属元素称为碱金属,包括锂、钠、钾、铷、铯和钫六种元素。碱金属属于 s 区元素,其原子价电子构型为 ns^1,次外层为稀有气体的稳定电子结构。锂、铷和铯是稀有金属,钫是放射性元素。

碱金属是银白色的柔软、易熔轻金属,密度较小,可以用刀切割。与同周期其他元素相比,碱金属的原子半径最大,固体中的金属键较弱,原子间的作用力较小,故密度、硬度小,熔点低。它们的基本性质见表8-1。

表 8-1　碱金属的基本性质

元 素 名 称	锂	钠	钾	铷	铯
元素符号	Li	Na	K	Rb	Cs
原子序数	3	11	19	37	55
价电子构型	$2s^1$	$3s^1$	$4s^1$	$5s^1$	$6s^1$
金属半径 r_{met}/pm	152	190	227.2	247.5	265.4
离子半径 r_{ion}/pm	60	95	133	148	169
氧化数	+1	+1	+1	+1	+1
电负性	1.0	0.9	0.8	0.8	0.7
电离能 I/(kJ·mol^{-1})	520.2	495.8	418.8	403.0	375.7
电子亲和能 E/(kJ·mol^{-1})	60	53	48	47	46
电极电势 $\varphi^{\ominus}$(M^+/M)/V	−3.040	−2.714	−2.924	−2.925	−2.923

续表

元素名称	锂	钠	钾	铷	铯
密度 $\rho/(g \cdot cm^{-3})$	0.53	0.97	0.86	1.53	1.90
熔点 $t_m/℃$	180.6	97.8	63.6	39.0	28.7
沸点 $t_b/℃$	1347	881.4	756.5	694	702
莫氏硬度(金刚石为 10)	0.6	0.4	0.5	0.3	0.2

碱金属元素的特点是:在同周期元素中,原子半径最大,核电荷最少,最外层的 ns^1 电子离核较远,很易失去,第一电离能最低,表现出强的金属性。它们与氧、硫、卤素以及其他非金属都能剧烈反应,并能从许多金属化合物中置换出金属。碱金属自上而下原子半径和离子半径依次增大,其活泼性有规律地增强。例如,钠和水剧烈反应,钾更为剧烈,而铷、铯遇水则有爆炸危险。锂的活泼性比其他碱金属大为逊色,与水的反应较缓慢。

锂的性质非常特殊。锂及其化合物的许多性质与同族其他元素不同,熔沸点远高于同族其他金属。$\varphi^{\ominus}(Li^+/Li) = -3.045\ V$ 在碱金属一族中是最低的,这与 Li 有较大的水合热有关,所以含有结晶水的锂盐多于其他碱金属盐。

碱金属易因价电子受光激发而电离,是制造光电管的优质材料。如铯光电管制成的自动报警装置,可以报告远处火警。碱金属元素在火焰中加热,具有特征的焰色:

锂　钠　钾　铷　铯
红色　黄色　紫色　红紫色　蓝色

根据焰色反应可以对碱金属进行定性鉴别。

锂是我国的丰产元素,存在于锂云母和锂辉石 $LiAl(SiO_3)_2$ 中。此外,盐湖和地下卤水中均含有锂的化合物。钾和钠在地球上分布很广,主要以氯化物的形式存在。

碱金属用途很广。锂用来制备有机锂化合物,是有机合成中的重要试剂,在有机合成的生产及研究中应用很广。因为锂的密度特别小,它与镁、铝制成的合金被称为超轻金属,具有质轻、强度大、塑性好等优点,被广泛用于航空、航天器的制造中。锂也是制造电池的一种重要原料,可制成锂电池和锂离子电池,它们均是前途广阔的高能电池。锂电池质量轻、体积小、寿命长,被用于心脏起搏器。金属钾和钠主要用作还原剂。钾和钠的合金在很宽的温度范围内为液态,此合金被用作原子能增殖反应堆的交换液,通过循环将反应堆核心的热能转移出来。钾和钠是动物生存的必需元素。铷和铯大多与锂共生,铯被广泛用于光电管、铯原子钟中等。钫是放射性元素,半衰期很短,目前仅具有科学研究价值。

碱金属元素的化合物大多为离子化合物。

8.1.2　金属钠和钾

钾和钠的性质十分相似,质软似蜡,可以用小刀进行切割。新切面呈银白色光泽,但暴露在空气中会因氧化而迅速变暗。钠遇到水会发生剧烈反应,生成 NaOH 和 H_2,因此需密闭储存在煤油或石蜡中。钾比钠更活泼,因此制备、储运和使用时应更加小心。

钠、钾常用作冶金业的重要还原剂，用以还原金属氯化物制取相应金属；在原子能工业中用作核反应堆的导热剂；钠、钾还用在制备过氧化物、氢化物及有机合成等方面。

钠、钾是英国化学家戴维(H. Davy)于1807年分别电解熔融的KOH和NaOH时获得并被发现的。现代工业制取钠多采用电解熔融NaCl的方法，金属锂的制备也可以采用电解熔盐的方法制得。而工业上制备钾多采用置换法，即在熔融状态下，用金属钠从KCl中置换出钾，经分级蒸馏(800~880 ℃)得到金属钾：

$$KCl + Na \xrightarrow{\text{熔融}} NaCl + K$$

之所以不用电解熔盐的方法制备金属钾，一方面是因为金属钾易溶于它的熔盐而不易完全分离；另一方面由于钾的沸点较低，操作温度下易汽化冲出，造成危险。碱金属中的铷和铯也可用类似方法制取。

8.1.3　碱金属的氢化物

碱金属与氢气在高温下化合，生成白色离子型氢化物，其中氢以 H^- 形式存在。LiH、NaH最常见，市售品常因含有痕量碱金属而呈灰色。

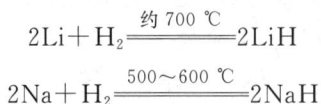

$$2Li + H_2 \xrightarrow{\text{约}700 \text{ ℃}} 2LiH$$

$$2Na + H_2 \xrightarrow{500 \sim 600 \text{ ℃}} 2NaH$$

碱金属氢化物极不稳定，受热易分解出氢气而游离出碱金属，其中只有LiH比较稳定，分解温度为850 ℃，高于其熔点(650 ℃)。碱金属氢化物遇水剧烈反应，放出氢气，在潮湿空气中能够自燃，H^- 和由 H_2O 电离出的 H^+ 结合成 H_2：

$$NaH + H_2O == NaOH + H_2 \uparrow$$

$\varphi^{\ominus}(H_2/H^-) = -2.23$ V，可见 H^- 比 H_2 的还原性强很多，碱金属氢化物是强还原剂。例如：

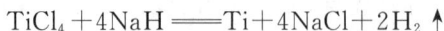

$$TiCl_4 + 4NaH == Ti + 4NaCl + 2H_2 \uparrow$$

LiH和 $AlCl_3$ 在乙醚中制得的氢化铝锂为多孔性轻质粉末，常用作有机合成中的还原剂。

$$4LiH + AlCl_3 \xrightarrow{\text{乙醚}} LiAlH_4 + 3LiCl$$

8.1.4　碱金属的氧化物和氢氧化物

1. 氧化物

碱金属在充足的空气中燃烧时，所得产物并不相同。通常，锂燃烧生成氧化锂 Li_2O，钠燃烧生成过氧化钠 Na_2O_2，而钾、铷和铯燃烧则生成超氧化物 KO_2、RbO_2、CsO_2。

（1）正常氧化物。碱金属中除锂外，其他碱金属的正常氧化物是用金属与它们的过氧化物或硝酸盐作用制得的。例如：

$$Na_2O_2 + 2Na == 2Na_2O$$

$$2KNO_3 + 10K \stackrel{}{=\!=\!=} 6K_2O + N_2 \uparrow$$

碱金属氧化物与水反应生成相应的氢氧化物。

（2）过氧化物。所有的碱金属都可以形成过氧化物，其中只有钠的过氧化物是由金属在空气中燃烧直接得到的。Na_2O_2 具有重要的现实意义。

将金属钠加热到 300 ℃，并通以不含二氧化碳的干燥空气流，可以制得淡黄色的 Na_2O_2 粉末。纯的 Na_2O_2 是白色粉末，工业品含有一定量杂质。在碱性介质中 Na_2O_2 是强氧化剂，常用作分解矿石的熔剂，使不溶于水和酸的矿石被氧化分解为可溶于水的化合物，例如：

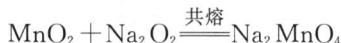

$$Cr_2O_3 + 3Na_2O_2 \stackrel{共熔}{=\!=\!=} 2Na_2CrO_4 + Na_2O$$

$$MnO_2 + Na_2O_2 \stackrel{共熔}{=\!=\!=} Na_2MnO_4$$

由于 Na_2O_2 呈强碱性，熔融时不可使用瓷质容器或石英容器，宜用铁、镍器皿。又由于 Na_2O_2 具有强氧化性，熔融时遇有铝粉、炭粉或棉花等还原性物质就会发生爆炸，使用时必须注意安全。Na_2O_2 与水或稀酸作用可以产生过氧化氢：

$$Na_2O_2 + 2H_2O \stackrel{}{=\!=\!=} 2NaOH + H_2O_2$$

$$Na_2O_2 + H_2SO_4 \stackrel{}{=\!=\!=} Na_2SO_4 + H_2O_2$$

Na_2O_2 与 CO_2 发生下列反应：

$$2Na_2O_2 + 2CO_2 \stackrel{}{=\!=\!=} 2Na_2CO_3 + O_2$$

基于这个反应，Na_2O_2 可用于高空飞行或水下工作时的 CO_2 吸收剂和供氧剂，以此来吸收人体呼出的 CO_2 和补充人体所需的 O_2。

（3）超氧化物。钾、铷、铯在过量的氧气中燃烧，可制得黄色至橙色的固体超氧化物 MO_2。实际上金属钾的生产主要用于制造超氧化钾 KO_2，它具有强氧化性，与水、二氧化碳反应生成氧气：

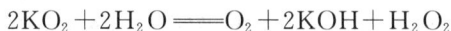

$$2KO_2 + 2H_2O \stackrel{}{=\!=\!=} O_2 + 2KOH + H_2O_2$$

$$4KO_2 + 2CO_2 \stackrel{}{=\!=\!=} 2K_2CO_3 + 3O_2$$

KO_2 和 Na_2O_2 一样，多用于宇航、水下、矿井、高山作业时的二氧化碳吸收剂和供氧剂。

2. 氢氧化物

碱金属的氢氧化物都是白色固体，容易潮解和吸收空气中的二氧化碳（须密封保存），易溶于水，溶解时放出大量的热，仅 $LiOH$ 的溶解度较小。

碱金属氢氧化物中除 $LiOH$ 是中强碱外，其余都是强碱，对于纤维、皮肤有强烈的腐蚀作用，因此称为苛性碱。碱性按以下顺序变化：

$$LiOH < NaOH < KOH < RbOH < CsOH$$

氢氧化钠 $NaOH$，又称火碱、烧碱、苛性钠，是国民经济中重要化工原料之一，广泛用于造纸、制革、制皂、纺织、玻璃、搪瓷、无机和有机合成等工业中。

$NaOH$ 的强碱性不仅表现在能与非金属及其化合物反应，还可以与一些两性金属及氧化物反应，生成钠盐：

$$4S + 6NaOH \stackrel{}{=\!=\!=} 2Na_2S + Na_2S_2O_3 + 3H_2O$$

$$Si + 2NaOH + H_2O \xrightarrow{\quad\quad} Na_2SiO_3 + 2H_2 \uparrow$$
$$SiO_2 + 2NaOH \xrightarrow{\quad\quad} Na_2SiO_3 + H_2O$$
$$2Al + 2NaOH + 2H_2O \xrightarrow{\quad\quad} 2NaAlO_2 + 3H_2 \uparrow$$
$$Al_2O_3 + 2NaOH \xrightarrow{\quad\quad} 2NaAlO_2 + H_2O$$

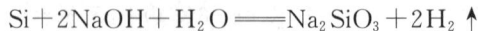

NaOH 能与 SiO_2 反应，因此在制备浓碱溶液或熔融烧碱时，不能用玻璃、陶瓷器皿盛装，而常采用铸铁、镍或银制器皿。实验室盛 NaOH 溶液的玻璃瓶需用橡胶塞，不能用玻璃塞。否则存放时间过长，NaOH 与瓶口玻璃中的 SiO_2 生成黏性的 Na_2SiO_3，把玻璃塞和瓶口黏结在一起而不易打开。

固体 NaOH 具有很强的吸水性，是常用的干燥剂。

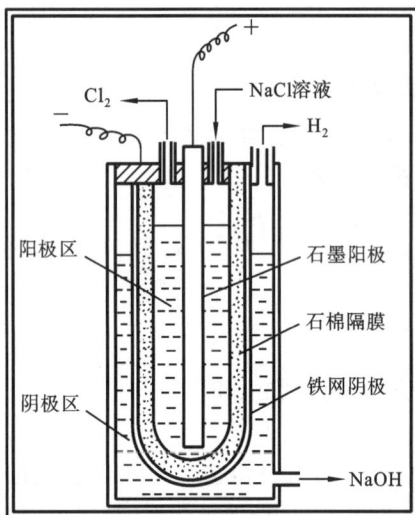

工业上生产 NaOH 有苛化法、水银电解法、隔膜电解法及新兴的离子膜法。除苛化法外，都是以食盐为原料，因为生产过程中同时副产氯气，所以通称为氯碱工业。

苛化法是最古老的方法，因其成本高、产品纯度低，已逐渐被淘汰。反应如下：

$$Ca(OH)_2 + Na_2CO_3 \xrightarrow{\quad\quad} 2NaOH + CaCO_3 \downarrow$$

水银电解法用石墨作阳极，汞作阴极，制得的 NaOH 浓度和纯度都较高，但因汞污染严重而很少使用。

我国约有 85% 的 NaOH 是用隔膜法生产的。隔膜法是以石墨作阳极，用衬有石棉隔膜的铁网作阴极（见图 8-1）。将除去 Ca^{2+}、Mg^{2+}、Fe^{3+}、SO_4^{2-} 等杂质的食盐水注入阳极区，使阳极

图 8-1 隔膜电解槽示意图

区内的液面高于外面的阴极区的液面。这样，阳极区内的 NaCl 能向外渗透，同时避免阴极区的 OH^- 进入阳极区。电极反应如下。

阳极： $2Cl^- - 2e^- \xrightarrow{\quad\quad} Cl_2$

阴极： $2H^+ + 2e^- \xrightarrow{\quad\quad} H_2$

总反应： $2NaCl + 2H_2O \xrightarrow{电解} 2NaOH + H_2 \uparrow + Cl_2 \uparrow$

阴极区得到的 NaOH 溶液只有 $10\% \sim 11\%$，还含有一定量的 NaCl。蒸发此溶液，在蒸发过程中，NaCl 结晶析出，NaOH 的浓度逐渐增大。当 NaOH 浓度达到 50% 时，NaCl 仅存 0.91%，这种浓碱液可直接供应市场。若进一步蒸发、浓缩到 95% 以上，冷却即得固体烧碱。

离子膜法是目前新兴的制碱方法，此法具有耗能低、产品质量好、对环境无汞污染和石棉污染等特点，现正在推广使用。

8.1.5 钠盐和钾盐

在无机盐中，钠盐和钾盐是最为常见的盐。常见负离子构成的盐如卤化物、硫化物、

硫酸盐、硝酸盐、碳酸盐、磷酸盐、硅酸盐等都包括钠盐和钾盐。这里主要介绍它们的一些共性,并简单介绍几种重要的盐。

1. 碱金属盐类的通性

(1) 晶体类型。绝大多数碱金属盐的晶体属于离子晶体,碱金属中由于 Li^+ 半径很小,极化力较强,它的某些盐如卤化物表现出不同程度的共价性。它们具有较高的熔点和沸点。常温下是固体,熔化时能导电,在水中完全解离。

(2) 颜色。碱金属离子都是无色的,只要负离子是无色的,它们的化合物一般是无色或白色的(少数氧化物除外);若负离子是有色的,则它们的化合物常显负离子的颜色。如 CrO_4^{2-} 是黄色的,K_2CrO_4 也为黄色;MnO_4^- 是紫红色的,$KMnO_4$ 也为紫红色。

(3) 热稳定性。碱金属盐一般具有较高的热稳定性。唯有其硝酸盐的热稳定性差,加热易分解。例如:

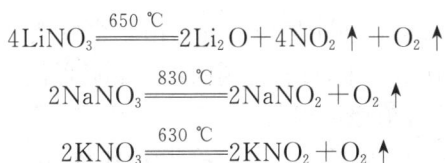

$$4LiNO_3 \xrightarrow{650\ ℃} 2Li_2O + 4NO_2\uparrow + O_2\uparrow$$

$$2NaNO_3 \xrightarrow{830\ ℃} 2NaNO_2 + O_2\uparrow$$

$$2KNO_3 \xrightarrow{630\ ℃} 2KNO_2 + O_2\uparrow$$

(4) 溶解度。碱金属的盐类一般易溶于水,仅有少数难溶。一类是部分锂盐如 LiF、Li_2CO_3、Li_3PO_4 等;另一类是 K^+、Rb^+、Cs^+(以及 NH_4^+)同某些较大负离子所形成的盐,如高氯酸钾 $KClO_4$、四苯硼酸钾 $K[B(C_6H_5)_4]$、六氯铂酸钾 $K_2[PtCl_6]$ 等;此外还有醋酸铀酰锌钠 $NaAc \cdot Zn(Ac)_2 \cdot 3UO_2(Ac)_2 \cdot 9H_2O$、锑酸二氢钠 NaH_2SbO_4 等。

2. 某些重要的盐

(1) 碳酸钠 Na_2CO_3。碳酸钠有无水和一水、七水、十水结晶水合物,常见工业品不含结晶水,为白色粉末,又称纯碱、碱面或苏打,是基本化工产品之一。纯碱是"三酸两碱"中的两碱之一,它的碱性来自水解作用,Na_2CO_3 溶于水并能强烈水解,其饱和状态(质量分数约为 20%)的 pH 达到 12。

工业上常用氨碱法或联合制碱法制取 Na_2CO_3。

① 氨碱法。氨碱法又称苏尔维(E. Solvay,比利时化学家)法,生产时先向饱和食盐水中通入氨气至饱和,再通入 CO_2,生成的 NH_4HCO_3 立即与 $NaCl$ 发生复分解反应,析出溶解度小的 $NaHCO_3$:

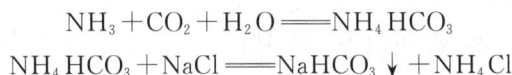

$$NH_3 + CO_2 + H_2O \Longrightarrow NH_4HCO_3$$

$$NH_4HCO_3 + NaCl \Longrightarrow NaHCO_3\downarrow + NH_4Cl$$

滤出 $NaHCO_3$,经焙烧分解即得 Na_2CO_3:

$$2NaHCO_3 \xrightarrow{200\ ℃} Na_2CO_3 + CO_2\uparrow + H_2O\uparrow$$

母液中含有大量 NH_4Cl,加入石灰水按下式置换出 NH_3,再返回循环使用:

$$2NH_4Cl + Ca(OH)_2 \Longrightarrow CaCl_2 + 2NH_3\uparrow + 2H_2O$$

此法的优点是原料经济,能连续生产,副产物 NH_3 和 CO_2 可循环使用。缺点是大量的 $CaCl_2$ 用途不大,致使 $NaCl$ 随之损耗,食盐利用率不高(仅 70%)。

② 联合制碱法(又称侯氏制碱法)。它是由我国著名化工专家侯德榜在苏尔维法的

基础上作了重大改进,于 20 世纪 40 年代研究成功的。此法将合成氨和制碱联合在一起,所以称为联合制碱法。该法利用 NH_4Cl 在低温时的溶解度比 $NaCl$ 小的特性,于 5~10 ℃下往母液中加入 $NaCl$ 粉末,产生同离子效应,使 NH_4Cl 结晶析出,剩余的 $NaCl$ 溶液返回使用。这样做不仅提高了 $NaCl$ 的利用率(达 91%),得到的 NH_4Cl 可作氮肥,同时可利用合成氨厂的废气 CO_2,且不生成无用的 $CaCl_2$ 废液,收到综合利用的效果。

工业 Na_2CO_3 中含有 SO_4^{2-}、Cl^-、Ca^{2+}、Mg^{2+}、Fe^{3+} 等杂质,可利用水解、沉淀和重结晶方法分离除去。向热的 Na_2CO_3 溶液中加入适量的 $NaOH$,正离子杂质转化为沉淀 $CaCO_3$、$Mg(OH)_2$、$Fe(OH)_3$ 而过滤除去,母液中的 SO_4^{2-}、Cl^- 在重结晶的过程中除去。母液经蒸发、浓缩、析出晶体 $Na_2CO_3 \cdot H_2O$,再经焙烧脱水,得到纯净的 Na_2CO_3。

(2)氯化钠 $NaCl$。$NaCl$ 是生命的物质基础,也是重要的化工原料,主要用于生产烧碱、氯气、盐酸和金属钠。

$NaCl$ 广泛存在于海洋、盐湖和盐岩中。发达国家多以盐水的形式直接供应化学工业。我国采用卤水曝晒或盐岩开采方法,得到固体食盐后再使用。纯净的 $NaCl$ 不潮解,粗盐中含有 $MgCl_2$ 和 $CaCl_2$ 而有吸潮现象。

$NaCl$ 的溶解度随温度的变化不大,因此不能用冷却结晶的方法提纯 $NaCl$,工业上采用重结晶法精制 $NaCl$。粗盐中常含有 SO_4^{2-}、Ca^{2+}、Mg^{2+}、Fe^{3+}、K^+ 等杂质,依次加入适量的 $BaCl_2$、Na_2CO_3 和 $NaOH$ 使其沉淀析出,得到精盐。

(3)碳酸氢钠 $NaHCO_3$。$NaHCO_3$ 又称小苏打、重碳酸钠或焙碱,加热至 65 ℃便分解失去 CO_2,是食品业常用的膨化剂。$NaHCO_3$ 溶液中存在着水解和解离的双重平衡,溶液显弱碱性。

任务8.2　碱土金属

8.2.1　碱土金属元素概述

碱土金属是周期表的 s 区、ⅡA 族元素,其原子的价电子构型为 ns^2。碱土金属包括铍、镁、钙、锶、钡和镭六种元素,由于钙、锶、钡的氧化物在性质上介于"碱性的"碱金属氧化物和"土性的"难溶的 Al_2O_3 之间,因此称为碱土金属。习惯上把铍、镁也包括在内,铍属于较稀有金属,镭是放射性元素。碱土金属元素的相关性质见表 8-2。

表 8-2　碱土金属的基本性质

元素名称	铍	镁	钙	锶	钡
元素符号	Be	Mg	Ca	Sr	Ba
原子序数	4	12	20	38	56
价电子构型	$2s^2$	$3s^2$	$4s^2$	$5s^2$	$6s^2$

续表

元素名称	铍	镁	钙	锶	钡
金属半径 r_{met}/pm	110	160	197	215	217
离子半径 r_{ion}/pm	31	65	99	113	135
氧化数	+2	+2	+2	+2	+2
电负性	1.5	1.2	1.0	1.0	0.9
电离能 I/(kJ·mol^{-1})	899.4	737.9	589.8	549.5	502.9
电极电势 $\varphi^{\ominus}(M^{2+}/M)$/V	−1.99	−2.356	−2.84	−2.89	−2.92
密度 ρ/(g·cm^{-3})	1.85	1.74	1.55	2.63	3.62
熔点 t_m/℃	1288	647	838	768	727
沸点 t_b/℃	2502	1105	1494	1381	1851
莫氏硬度(金刚石为10)	4	2.0	1.5	1.8	

碱土金属和碱金属的性质大致相似,但也有一些不同之处。

(1)碱土金属的价电子构型为 ns^2。和同周期的碱金属元素相比,多一个价电子,原子半径较小,金属键较强,单质的密度、硬度、熔点、沸点也相对较高。

(2)同周期碱土金属的活泼性低于碱金属。因为碱土金属的原子半径小于同周期碱金属的原子半径,核对电子的吸引力较强,金属的活泼性较低。在ⅡA族中,随着原子半径的增大,活泼性依次递增。

(3)碱土金属和碱金属一样,也能形成离子型氢化物,且热稳定性要高一些。碱土金属氢化物中 CaH_2 最稳定,分解温度约为 1000 ℃,是工业上重要的还原剂。

(4)碱土金属的盐类大多是难溶的,且热稳定性相对较低,受热易分解。

(5)金属钙、锶、钡及它们挥发性的盐在灼热时能发出特征的颜色:钙为砖红色,锶为艳红色,钡为绿色。

碱土金属在自然界的存在相当丰富,用途也很广泛。铍的主要矿物为绿柱石 $3BeO·Al_2O_3·6SiO_2$。镁在自然界的丰度居第八位,海水中含镁量达 0.13%,陆地上含镁矿石主要有白云石 $MgCO_3·CaCO_3$、菱镁矿 $MgCO_3$ 和光卤石 $2KCl·MgCl_2·6H_2O$。钙、锶、钡多以难溶的碳酸盐或硫酸盐存在,如方解石 $CaCO_3$、天青石 $SrSO_4$、重晶石 $BaSO_4$ 等。

8.2.2 碱土金属的氧化物和氢氧化物

碱土金属和碱金属不同,在空气中燃烧时,只能得到正常的氧化物,只有钡在高压氧中燃烧能够得到 BaO_2。与碱金属氧化物不同,碱土金属氧化物受热难于分解,它们都是难溶的白色粉末。MgO、BeO 由于熔点很高(MgO 为 2825 ℃,BeO 为 2508 ℃),因此常用于制作耐火砖、坩埚等耐火器材。

氧化钙 CaO 又名石灰、生石灰,由自然界的大理石、方解石、石灰石等矿石高温煅烧而得:

$$CaCO_3 \xlongequal{高温} CaO + CO_2 \uparrow$$

石灰广泛用于建筑、筑路和生产水泥,在冶金工业上,石灰用于去除钢中多余的 P、S 和 Si。此外,石灰还广泛用于造纸、食品工业和水处理等方面。

CaO 遇水剧烈反应,生成 $Ca(OH)_2$ 并放出大量的热,这一过程称为石灰的熟化或消化,所得 $Ca(OH)_2$ 俗称熟石灰或消石灰。

碱土金属的氢氧化物同碱金属一样,都是白色固体,容易潮解,在空气中易与 CO_2 反应生成碳酸盐。碱土金属氢氧化物的溶解度比碱金属氢氧化物小得多。其中 $Be(OH)_2$、$Mg(OH)_2$ 是难溶的氢氧化物。由 $Be(OH)_2$ 到 $Ba(OH)_2$ 溶解度依次增大。

碱土金属的氢氧化物中,以 $Ca(OH)_2$ 最为常见,$Ca(OH)_2$ 在水中溶解度不大,其饱和溶液即石灰水,通常使用的是 $Ca(OH)_2$ 在水中的悬浮液或浆状物(称为石灰乳),还大量用于建筑业中。

含氧酸、氢氧化物都可以用简化通式 R—O—H 表示。在水中有两种解离方式:

$$R—O—H \rightleftharpoons R^+ + OH^- \quad (碱式解离)$$
$$R—O—H \rightleftharpoons RO^- + H^+ \quad (酸式解离)$$

ROH 的酸碱性取决于它的解离方式,而这又与 R 离子的电荷数 Z 和半径 r 的比值 $\phi = Z/r$(称为"离子势")有关。若 R 离子的电荷少,离子半径大,即 ϕ 值较小,则 R 和氧原子之间的作用力小于氧原子与氢原子之间的作用力,ROH 倾向于碱式解离,ROH 溶液呈碱性;反之,若 R 离子的电荷数多,离子半径小,即 ϕ 值较大,则 R 和氧原子之间的作用力大于氧原子与氢原子之间的作用力,ROH 发生酸式解离,ROH 溶液呈酸性。

判断 $R(OH)_n$ 酸碱性的经验公式如下(R 的半径以 pm 为单位):

$$\sqrt{\phi} \leqslant 0.22, \quad R(OH)_n 显碱性$$
$$0.22 < \sqrt{\phi} < 0.32, \quad R(OH)_n 显两性$$
$$\sqrt{\phi} \geqslant 0.32, \quad R(OH)_n 显酸性$$

在周期表同一周期中,自左至右 R 离子的电荷依次增多,r 依次减小,故 ϕ 值趋于增大,氢氧化物碱性逐渐减弱,酸性逐渐增强。碱土金属与同周期碱金属相比,离子的电荷多,半径小,ϕ 值相对较大,它们的氢氧化物的碱性比相邻的碱金属弱。

在同一主族中,自上而下 R 离子的电荷不变,r 依次增大,故 ϕ 值趋于减小。氢氧化物碱性逐渐增大,酸性逐渐减弱。碱土金属族中,$Be(OH)_2$ 呈两性,$Mg(OH)_2$ 是中强碱,$Ca(OH)_2$、$Sr(OH)_2$、$Ba(OH)_2$ 都属于强碱,变化非常明显。

8.2.3　碱土金属的盐类

1. 碱土金属盐类的通性

(1) 晶体类型。多数碱土金属盐为离子晶体,具有较高的熔点。只有 Be^{2+} 半径小,电荷较多,极化力较强,当它与易变形的负离子如 Cl^-、Br^-、I^- 结合时,其化合物已过渡为共价化合物。

（2）热稳定性。与碱金属相比，碱土金属含氧酸盐的热稳定性较差。碱土金属的碳酸盐在常温下是稳定的（$BeCO_3$除外），在较高的温度下，分解为相应的 MO 和 CO_2。

（3）溶解度。与碱金属不同，碱土金属的盐大多难溶于水。除氯化物和硝酸盐外，多数碱土金属的盐溶解度较小。在试剂生产中，常利用 $BaSO_4$ 的难溶性除去物质中的杂质 SO_4^{2-}。

2. 重要的碱土金属盐

（1）氯化钙。氯化钙是常见的钙盐之一，大量的氯化钙来自苏尔维法制碱的副产物。实验室用石灰石和盐酸反应制得。氯化钙有无水物和二水、六水结晶水合物。无水 $CaCl_2$ 有强吸水性，是重要的干燥剂，可用于干燥 H_2、Cl_2、O_2、N_2、CO_2、H_2S、HCl 等气体及醛、酮、醚等有机试剂。由于能与氨、乙醇形成 $CaCl_2 \cdot 4NH_3$、$CaCl_2 \cdot 4C_2H_5OH$ 等加合物，因此不能用来干燥氨和乙醇。

$CaCl_2 \cdot 2H_2O$ 常用作制冷剂，把它与冰混合，可获得 $-55\ ℃$ 的低温，如果用来融化公路上的积雪，效果比 NaCl 好（食盐和冰的混合物只能达到 $-21\ ℃$）。

（2）钡盐。$BaCl_2$ 是最重要的可溶性钡盐。工业上通常将重晶石与炭一起焙烧，使之还原为 BaS，再与盐酸反应生成 $BaCl_2$：

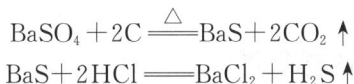

$$BaSO_4 + 2C \xrightarrow{\triangle} BaS + 2CO_2 \uparrow$$
$$BaS + 2HCl =\!=\!= BaCl_2 + H_2S \uparrow$$

$BaCl_2$ 和其他可溶性的钡盐都有毒。$BaSO_4$ 是唯一无毒的钡盐，在胃肠道内无吸收，能阻止 X 射线通过，医疗上用于"钡餐"造影，生产这种 $BaSO_4$ 时，一定要将可溶的 $BaCl_2$ 彻底洗掉。

（3）硫酸钙。硫酸钙的二水合物 $CaSO_4 \cdot 2H_2O$ 又名石膏，加热至 $120\ ℃$ 左右，部分失水成为 $CaSO_4 \cdot \dfrac{1}{2}H_2O$，称为烧石膏：

$$CaSO_4 \cdot 2H_2O =\!=\!= CaSO_4 \cdot \frac{1}{2}H_2O + \frac{3}{2}H_2O$$

烧石膏粉末与少量水混合，可逐渐膨胀硬化，因此可以用来铸造模型。

任务 8.3　锂、铍的特殊性和对角线规则

8.3.1　锂、铍的特殊性

锂和铍同属元素周期表第 2 周期的元素，它们分别是ⅠA 和ⅡA 主族元素的第一种元素（不考虑 H）。这两种元素的性质比较特殊，单质及化合物的性质与同族中其他元素的性质明显不同，却与周期表中各自右下方的元素在性质上非常相似。锂及其化合物与其他碱金属性质差异较大，与右下方镁元素非常相似。

（1）锂和镁在过量的氧气中燃烧，均不形成过氧化物，只生成正常氧化物 Li_2O 和 MgO。

（2）$LiOH$ 和 $Mg(OH)_2$ 都是中强碱，在水中溶解度不大，受热时分解为 Li_2O 和 MgO。而同族的 $NaOH$ 和 KOH 是强碱，对热稳定，易溶于水。

（3）锂、镁的氟化物、碳酸盐、磷酸盐等都难溶于水，而其他碱金属相应的盐都易溶于水。

（4）Li_2CO_3、$MgCO_3$ 受热分解并放出 CO_2，而 Na_2CO_3、K_2CO_3 对热稳定。

（5）硝酸锂热分解产物与硝酸镁相似：

$$4LiNO_3 = 2Li_2O + 4NO_2\uparrow + O_2\uparrow$$
$$2Mg(NO_3)_2 = 2MgO + 4NO_2\uparrow + O_2\uparrow$$

而硝酸钠等加热分解为相应的亚硝酸盐和氧气：

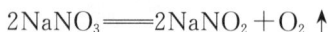

$$2NaNO_3 = 2NaNO_2 + O_2\uparrow$$

铍及其化合物与其他碱土金属性质差异较大，与ⅢA族的铝非常相似，即使赤热也不与水反应；它也是两性金属，既溶于酸，也溶于强碱；$Be(OH)_2$ 与 $Al(OH)_3$ 同样是两性氢氧化物；铍和铝的氧化物熔点高、硬度大；此外 $BeCl_2$ 和 $AlCl_3$ 都是共价卤化物，熔点低，易升华。

8.3.2 对角线规则

从锂和镁、铍和铝在周期表中的位置来看，它们是处于左上方和右下方的关系。这种在周期表中某一元素的性质和它右下方的另一元素相似的现象，称为对角线规则。除了锂和镁、铍和铝外，ⅢA族的硼与ⅣA族的硅，也存在着这种对角相似关系：

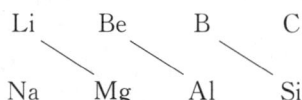

$$
\begin{array}{cccc}
Li & Be & B & C \\
Na & Mg & Al & Si
\end{array}
$$

对角线规则是经验的总结，可以用离子极化观点简单地进行解释。以 Be 为例：Be^{2+} 的离子半径小，并且具有 2 电子结构，极化力比 Mg^{2+} 大；Al^{3+} 的电荷比 Mg^{2+} 多而半径小，它的极化力和 Be^{2+} 相近，因此在某些性质上显示出相似性。

任务 8.4　铝

8.4.1 金属铝

铝是地壳中分布最广的金属元素，在所有元素中仅次于氧和硅。铝在自然界中以各种矿物存在，其中最重要的是铝土矿（矾土）$Al_2O_3 \cdot xH_2O$、冰晶石 Na_3AlF_6 和明矾石 $KAl(SO_4)_2 \cdot 2Al(OH)_3$。

1. 铝 的 性 质

铝是银白色的金属,最重要的性质是质轻,密度为 $2.7\ g\cdot cm^{-3}$,属轻金属,质软,硬度为 1.5,熔点为 660.37 ℃,沸点为 2467 ℃,无毒,富有延展性(延性仅次于 Au),具有很好的导电性、传热性(导电、传热能力仅次于 Ag 和 Cu),抗氧化、抗酸碱(表面生成一层致密、惰性的氧化膜,最厚达 10 nm),不发生火花放电,无磁性。

铝及其合金能被铸、辗、挤、锻、拉或用机床加工,易于制成各种形状的用材,如电线、包装用薄膜、炊具、建筑材料、航空航天材料等,它在国民经济中占有重要地位。铝表面有一层氧化物薄膜,经过阳极化处理,其具有更好的抗腐蚀性和抗磨损性。

铝的化学性质活泼,具有较强的还原性,$\varphi^{\ominus}(Al^{3+}/Al)=-1.676\ V$,在不同温度下能与 O_2、Cl_2、Br_2、I_2、N_2、P 等非金属直接化合。根据铝的原子结构特点,铝的典型化学性质有缺电子性、亲氧性和两性。

(1) 缺电子性。Al 原子的价电子构型是 $3s^2 3p^1$,价电子数少于价轨道数,为缺电子原子,其化合物具有缺电子性。如三氯化铝在气态存在双聚分子 Al_2Cl_6。在 Al_2Cl_6 中每个 Al 原子都是 sp^3 杂化,其相邻的四个 Cl—Al 键,三个是共价键,一个是配位键,其几何构型为共用一条棱边的双四面体,因此铝(Ⅲ)的化合物为缺电子化合物。

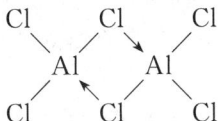

$$\begin{matrix} Cl & & Cl & & Cl \\ & \diagdown & & \diagup & \\ & Al & & Al & \\ & \diagup & & \diagdown & \\ Cl & & Cl & & Cl \end{matrix}$$

(2) 亲氧性。铝的最突出的化学性质就是亲氧性,这可从 Al_2O_3 的生成焓很高得到说明:

$$2Al(s)+\frac{3}{2}O_2(g)\!=\!\!=\!\!Al_2O_3;\quad \Delta_f H_m^{\ominus}=-1675.7\ kJ\cdot mol^{-1}$$

Al 与 O_2 反应的自发性程度很大,Al 一接触空气,表面立即被氧化,生成一层致密的氧化膜,此膜可阻止铝继续被氧化,此膜不溶于水和酸,使铝在空气及水中都很稳定,故铝被广泛用来制造日用器皿。一旦此膜被破坏,铝的化学活泼性就表现出来。例如,将一条铝片表面用砂纸擦净,放入热的稀 NaOH 溶液 1~2 min,取出后用水洗净,用滤纸擦干。在该铝片上滴入 2 滴 $HgCl_2$ 饱和溶液,待表面呈灰色时(约 3 min),用滤纸擦干,放置一段时间后,可观察到蓬松的胡须状"白毛"不断长出,同时放出大量的热。当放入试管内的热水中,可看到长"白毛"处不断冒出气泡,经验证是氢气。相关化学反应方程式为

$$3HgCl_2+2Al\!=\!\!=\!\!2AlCl_3+3Hg$$

$$Hg+Al\!=\!\!=\!\!Al(Hg)$$

$$4Al(Hg)+3O_2+2xH_2O\!=\!\!=\!\!2Al_2O_3\cdot xH_2O+Hg$$

$$(白毛)$$

$$2Al(Hg)+6H_2O\!=\!\!=\!\!2Al(OH)_3+3H_2\uparrow+Hg$$

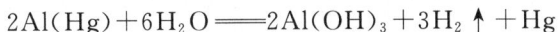

由于生成 Al-Hg 齐,其中的 Al 比较疏松,不再形成致密的氧化铝薄膜,所以 Al 将不断地与外界的氧和水发生反应。

Al_2O_3 的生成焓比一般金属氧化物及 SiO_2、B_2O_3 的大得多(见表 8-3)。

表 8-3　一些氧化物的标准摩尔生成焓

氧 化 物	CaO	MgO	Fe_2O_3	Cr_2O_3	NiO	SiO_2	B_2O_3	Al_2O_3
$\Delta_f H_m^{\ominus}/$ (kJ·mol^{-1})	−635.1	−601.8	−824.2	−1129	−240	−910.9	−1272.8	−1675.7

Al 的亲氧性还表现在 Al 能夺取许多金属氧化物中的氧,在冶金工业上常用作还原剂。例如,将铝粉和 Fe_2O_3 按一定比例混合,用引燃剂点燃,即剧烈反应,同时放出大量的热,温度能达到 3000 ℃,铁的熔点为 1535 ℃,此时被还原出来的铁呈熔化状态,常用于野外焊接铁轨。

$$Fe_2O_3 + 2Al \!=\!=\!= Al_2O_3 + 2Fe$$

在冶金工业中,此法被称为铝热冶金法或铝热法,用来冶炼一些难熔金属,如 Cr、Mn、V 等。

Al 的亲氧性还被广泛用作炼钢的脱氧剂,还用于制取耐高温陶瓷:将 Al 粉、石墨、TiO_2 等高熔点金属氧化物按一定比例混合均匀,涂在金属表面,在高温下煅烧:

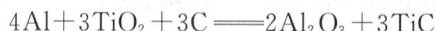

$$4Al + 3TiO_2 + 3C \!=\!=\!= 2Al_2O_3 + 3TiC$$

留在金属表面的涂层是耐高温的物质,它们广泛应用于火箭和导弹技术中。

(3)两性。铝是典型的两性金属,普通的铝既能溶于稀盐酸和稀硫酸,又能溶于强碱。如:

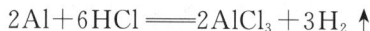

$$2Al + 6HCl \!=\!=\!= 2AlCl_3 + 3H_2\uparrow$$
$$2Al + 2NaOH + 6H_2O \!=\!=\!= 2Na[Al(OH)_4] + 3H_2\uparrow$$

铝还能溶于热的浓硫酸:

$$2Al + 6H_2SO_4(浓,热) \!=\!=\!= Al_2(SO_4)_3 + 3SO_2\uparrow + 6H_2O$$

铝在冷的浓硫酸或浓硝酸中被钝化,所以常用铝桶装运这些酸。

高纯度的铝(99.95%)不与一般的酸作用,只溶于王水。

2. 铝的冶炼

从铝土矿制取金属铝,一般要经过两步。

(1) Al_2O_3 的纯制。在加压下用碱液溶解铝土矿 $Al_2O_3 \cdot xH_2O$,经过滤除去杂质,往滤液中通入 CO_2,析出 $Al(OH)_3$,灼烧得 Al_2O_3,主要反应为

$$Al_2O_3 + 2NaOH + 3H_2O \!=\!=\!= 2Na[Al(OH)_4]$$
$$2Na[Al(OH)_4] + CO_2 \!=\!=\!= 2Al(OH)_3\downarrow + Na_2CO_3 + H_2O$$
$$2Al(OH)_3 \xrightarrow{\text{煅烧}} Al_2O_3 + 3H_2O$$

(2)电解熔融 Al_2O_3。电解 Al_2O_3 时,通常要添加冰晶石($NaAlF_6$,2%~8%)和 CaF_2(约 10%)作助熔剂,用石墨作阳极,电解槽(见图 8-2)的铁质槽壳作阴极,电解反应为

$$2Al_2O_3 \xrightarrow{\text{电解}} 4Al + 3O_2\uparrow$$
$$\quad\quad\quad (阴极)\ (阳极)$$

电解得到的铝为液态,其密度比氧化铝大而位于槽底,定时放出铸成铝锭,纯度可达 99%。

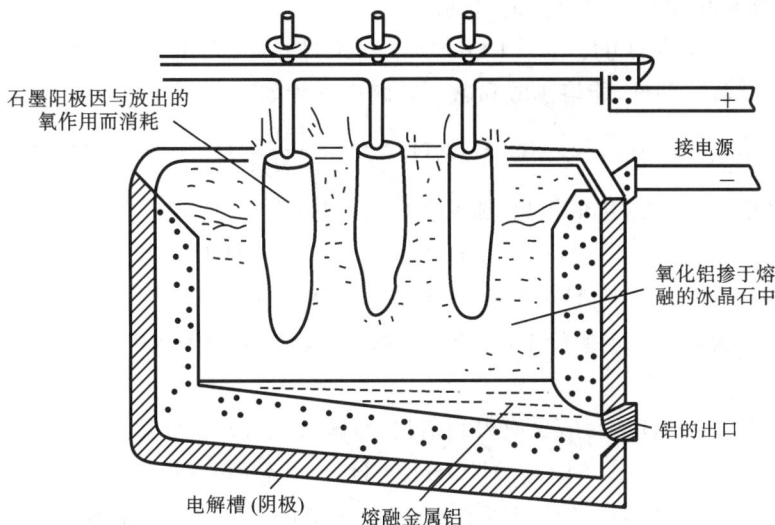

图 8-2 铝电解槽示意图

8.4.2 铝的化合物

1. 氧化铝

Al_2O_3 为难溶于水的白色无定形粉末,属于离子晶体,熔点高,硬度大。根据制备方法不同,有多种变体,其中人们最熟悉的是 α-Al_2O_3 和 γ-Al_2O_3。

自然界存在的刚玉为 α-Al_2O_3,其晶体属于六方紧密堆积结构,其中 Al^{3+} 和 O^{2-} 两种离子间的吸引力很强,晶格能很大,所以熔点高(2045 ℃),硬度大,挥发性小,绝缘性好,耐腐蚀,广泛用于生产高硬度的研磨材料、耐火材料和陶瓷制品。

天然的或人造刚玉由于含有不同的微量过渡金属离子而呈现特征的颜色,常称为宝石。红宝石中含有少量 $Cr(Ⅲ)$,蓝宝石中含有微量 $Fe(Ⅱ,Ⅲ)$ 和 $Ti(Ⅳ)$。将 $Al(OH)_3$、偏氢氧化铝 $AlO(OH)$ 或铝铵矾 $(NH_4)_2SO_4 \cdot Al_2(SO_4)_3 \cdot 24H_2O$ 加热到 723 K,就有 γ-Al_2O_3 生成,它属于面心立方紧密堆积结构,这种结构使 γ-Al_2O_3 硬度不高,颗粒小,具有较大的表面积,有较高的吸附能力和催化活性,性质比 α-Al_2O_3 活泼,可溶于酸或碱溶液中,所以又称活性氧化铝,常用作吸附剂和催化剂。

$$Al_2O_3 + 6H^+ === 2Al^{3+} + 3H_2O$$
$$Al_2O_3 + 2OH^- + 3H_2O === 2[Al(OH)_4]^-$$

透明的 Al_2O_3 陶瓷(玻璃)有优良的光学性能,且耐高温(2000 ℃),耐冲击,耐腐蚀,耐磨,可用作高压钠灯,防弹汽车窗、坦克观察窗和轰炸机的瞄准器等。

2. 氢氧化铝

Al_2O_3 难溶于水,故其氢氧化物只能通过其他方法制得。一般所谓的氢氧化铝实际上是指 Al_2O_3 的水合物,其化学组成有从 $AlO(OH)$ 到 $Al(OH)_3$ 几种形式。$AlO(OH)$ 称为偏氢氧化铝,它是将氨水加入沸腾的铝盐溶液中生成的,而 $Al(OH)_3$ 是将 CO_2 通入碱性铝酸盐溶液中生成白色沉淀而得到的。

$$2[Al(OH)_4]^- + CO_2 =\!=\!= 2Al(OH)_3 \downarrow + CO_3^{2-} + H_2O$$

Al(OH)₃ 具有两性,能溶于酸和碱。其解离平衡如下:

$$Al^{3+} + 3OH^- \rightleftharpoons Al(OH)_3(H_3AlO_3) \xrightleftharpoons[-H_2O]{+H_2O} H^+ + [Al(OH)_4]^-$$

所以在 Al(OH)₃ 中加酸生成铝盐,加碱生成铝酸盐:

$$Al(OH)_3 + 3H^+ =\!=\!= Al^{3+} + 3H_2O$$

$$Al(OH)_3 + OH^- =\!=\!= [Al(OH)_4]^-$$

Al(OH)₃ 为白色无定形粉末,广泛用于医药、玻璃、陶瓷工业中。

3. 铝盐

Al、Al₂O₃、Al(OH)₃ 与酸反应得到铝盐,与碱反应得到铝酸盐:

$$Al \ 或 \ Al_2O_3、Al(OH)_3 + H^+ \longrightarrow Al^{3+} \quad (铝盐)$$

$$Al \ 或 \ Al_2O_3、Al(OH)_3 + OH^- \longrightarrow [Al(OH)_4]^- \quad (铝酸盐)$$

铝盐都含有铝离子,在水溶液中铝离子以八面体水合配离子 $[Al(H_2O)_6]^{3+}$ 的形式存在。由于铝离子电荷高、半径小、具有较高的正电场,因此铝盐的共同特征是具有强烈的水解性,水解后使溶液显酸性:

$$[Al(H_2O)_6]^{3+} + H_2O =\!=\!= [Al(H_2O)_5(OH)]^{2+} + H_3O^+$$

$[Al(H_2O)_5(OH)]^{2+}$ 还将逐级水解。因为 Al(OH)₃ 是难溶于水的弱碱,一些弱酸(如碳酸、氢氰酸、氢硫酸等)的铝盐在水中几乎完全水解,因此 Al₂S₃、Al₂(CO₃)₃ 不能用湿法制得。在铝盐溶液中加入碳酸盐或硫化物会促使铝盐完全水解:

$$2Al^{3+} + 3CO_3^{2-} + 3H_2O =\!=\!= 2Al(OH)_3 \downarrow + 3CO_2 \uparrow$$

$$2Al^{3+} + 3S^{2-} + 6H_2O =\!=\!= 2Al(OH)_3 \downarrow + 3H_2S \uparrow$$

铝酸盐溶液中含 $[Al(OH)_4]^-$(或 $[Al(OH)_4(H_2O)_2]^-$、$[Al(OH)_6]^{3-}$)等配离子,拉曼光谱证实 pH>13 时,铝酸盐溶液中是以四面体形式配位的 $[Al(OH)_4]^-$ 存在的。

铝酸盐水解使溶液显弱碱性:

$$[Al(OH)_4]^- \rightleftharpoons Al(OH)_3 + OH^-$$

向溶液中通入 CO₂ 气体,可促进水解的进行,得到 Al(OH)₃ 沉淀:

$$2Na[Al(OH)_4] + CO_2 =\!=\!= 2Al(OH)_3 \downarrow + Na_2CO_3 + H_2O$$

工业上正是利用这个反应从铝土矿中制取 Al(OH)₃,而后制备 Al₂O₃ 的。

(1) 卤化铝。三卤化铝 AlX₃ 是铝的重要卤化物。AlF₃ 可由 Al₂O₃ 与氟化氢气体热至 700 ℃左右反应制得,其他 AlX₃ 可由单质直接化合而成。固态 AlX₃ 的某些性质见表 8-4。

表 8-4　固态 AlX₃ 的某些性质

性　　质	AlF₃	AlCl₃	AlBr₃	AlI₃
状态(常温)	无色晶体	白色晶体	无色晶体	棕色片状晶体(含微量 I₂)
熔点 t_m/℃	1040	193(加压)	97.5	191

续表

性 质	AlF$_3$	AlCl$_3$	AlBr$_3$	AlI$_3$
沸点 t_b/ ℃	1260	178(升华)	268	382
$\Delta_f H_m^{\ominus}$/(kJ $\cdot$ mol^{-1})	−1498	−707	−527	−310
键型	离子型	共价型	共价型	共价型

由于 Al^{3+} 电荷高,半径小,极化能力强,所以除 AlF$_3$ 是离子化合物,AlCl$_3$、AlBr$_3$ 和 AlI$_3$ 均为共价化合物。蒸气密度实验证明,AlCl$_3$、AlBr$_3$ 和 AlI$_3$ 均为双聚分子,这是由于它们都是由缺电子的铝原子和多电子的卤素原子组成的。温度高于 1100 K 时,氯化铝蒸气分子完全分解为单分子。三氯化铝溶于有机溶剂时均以双聚分子形式存在。但溶于水时,由于它的水合热很大,双聚分子即变为[Al(H$_2$O)$_6$]$^{3+}$ 和 Cl$^-$。

无水 AlCl$_3$ 在常温下是一种白色粉末或颗粒状晶体。工业级 AlCl$_3$ 因含有杂质铁等而呈淡黄或红棕色,大量用作有机合成反应中的催化剂,如用于催化石油裂解、合成橡胶、树脂及洗涤剂等的合成,还用于制备铝的有机化合物。

无水 AlCl$_3$ 的制备只能用干法,工业上常采用以下两种方法。

一是将熔融的金属铝与 Cl$_2$ 气反应:

$$2Al + 3Cl_2 \xrightarrow{\triangle} 2AlCl_3$$

二是在氧化铝和碳的混合物中通入 Cl$_2$ 气:

$$Al_2O_3 + 3C + 3Cl_2 \xrightarrow{1100\ K} 2AlCl_3 + 3CO$$

无水 AlCl$_3$ 遇水发生强烈水解并放热,甚至在潮湿的空气中也强烈地冒烟:

$$AlCl_3 + H_2O \longrightarrow Al(OH)Cl_2 + HCl\uparrow$$

$$Al(OH)Cl_2 + H_2O \longrightarrow Al(OH)_2Cl + HCl\uparrow$$

$$Al(OH)_2Cl + H_2O \longrightarrow Al(OH)_3\downarrow + HCl\uparrow$$

与 BF$_3$ 一样,AlCl$_3$ 容易与电子对给予体形成配离子或加合物:

$$AlCl_3 + Cl^- \longrightarrow [AlCl_4]^-$$

$$AlCl_3 + NH_3 \longrightarrow AlCl_3 \cdot NH_3$$

这一性质使 AlCl$_3$ 成为有机合成中常用的催化剂。

碱式氯化铝是一种高效净水剂。它是由介于 AlCl$_3$ 和 Al(OH)$_3$ 之间的一系列中间水解产物聚合而成的高分子化合物,组成是[Al$_2$(OH)$_n$Cl$_{6-n}$]$_m$($1 \leqslant n \leqslant 5, m \leqslant 10$),是一种多羟基多核配合物,通过羟基架桥而聚合。因其化学式量比一般絮凝剂 Al$_2$(SO$_4$)$_3$、明矾或 FeCl$_3$ 大得多,而且有桥式结构,所以它有较强的吸附能力,能除去水中的铁、锰、氟、放射性污染物、重金属、泥沙、油脂、木质素以及印染废水中的疏水性染料等。

用湿法只能得到 AlCl$_3 \cdot 6H_2O$。由金属铝或煤矸石(含 Al$_2$O$_3$ 35% 以上)与盐酸反应,所得溶液经除去杂质后,蒸发浓缩、冷却即析出 AlCl$_3 \cdot 6H_2O$ 晶体。反应式如下:

$$2Al + 6HCl \longrightarrow 2AlCl_3 + 3H_2\uparrow$$

$$Al_2O_3 + 6HCl \longrightarrow 2AlCl_3 + 3H_2O$$

AlCl$_3 \cdot 6H_2O$ 为无色晶体,工业级呈淡黄色,易潮解同时易水解,受热能被其结晶水水解,生成 $Al(OH)_3$,而不能脱水得到无水 $AlCl_3$ 固体。$AlCl_3 \cdot 6H_2O$ 主要用作精密铸造的硬化剂、净化水的凝聚剂以及用于木材防腐及医药等方面。

(2) 硫酸铝和矾。无水硫酸铝为白色粉末,易溶于水,水解呈酸性。从饱和溶液中析出的白色针状结晶为 $Al_2(SO_4)_3 \cdot 18H_2O$。受热时会逐渐失去结晶水,至 250 ℃失去全部结晶水。约 600 ℃时即分解成 Al_2O_3。用硫酸处理铝土矿可得 $Al_2(SO_4)_3$。

$$Al_2O_3 + 3H_2SO_4 = Al_2(SO_4)_3 + 3H_2O$$

显然这种产品是不纯的,欲制纯品,则用以下反应得到:

$$2Al(OH)_3 + 3H_2SO_4 = Al_2(SO_4)_3 + 6H_2O$$

$Al_2(SO_4)_3$ 与钾、钠、铵的硫酸盐可形成溶解度相对较小的复盐,称为矾。广义地说,组成为 $M_2(I)SO_4 \cdot M_2(III)(SO_4)_3 \cdot 24H_2O$ 的化合物均为矾,其中 $M(I)$ 可以是 K^+、Na^+ 或 NH_4^+,$M(III)$ 可以是 Al^{3+}、Cr^{3+} 或 Fe^{3+} 等。

铝钾矾是铝矾中最为常见的,组成为 $K_2SO_4 \cdot Al_2(SO_4)_3 \cdot 24H_2O$,俗称明矾,又称白矾、钾矾等。易溶于水,水解生成 $Al(OH)_3$ 或碱式盐的胶状沉淀。明矾被广泛用于水的净化,用作造纸业的上浆剂、印染业的媒染剂,以及医药上的防腐、收敛和止血剂等。

任务 8.5　锡、铅

8.5.1　锡、铅的单质

1. 锡、铅的存在和冶炼

锡在自然界常以氧化物(如锡石 SnO_2)的状态存在,我国云南省个旧市曾因蕴藏有丰富的锡矿,被称为"锡都"而闻名于世。铅则以各种形态的化合物形式存在,其中最重要的铅矿是方铅矿 PbS。锡和铅在地壳中的含量虽不多,但矿藏集中,且容易冶炼。

(1) 锡的冶炼。锡石中含有 S、As 和金属杂质,冶炼时,将矿石焙烧,使 S、As 变为挥发性物质除去,金属杂质转变为金属氧化物,用酸溶解分离得 SnO_2,最后用 C 还原为 Sn:

$$SnO_2 + 2C = Sn + 2CO\uparrow$$

(2) 铅的冶炼。矿石经浮选富集后焙烧转化为 PbO,然后用焦炭还原为 Pb:

$$2PbS + 3O_2 = 2PbO + 2SO_2$$
$$PbO + C = Pb + CO\uparrow$$
$$PbO + CO = Pb + CO_2\uparrow$$

最后再经过精炼,得到纯金属 Sn 和 Pb。

2. 锡、铅的性质和用途

锡有三种同素异形体,即灰锡(α-Sn)、白锡(β-Sn)及脆锡(γ-Sn)。它们在一定温度下可以互相转变:

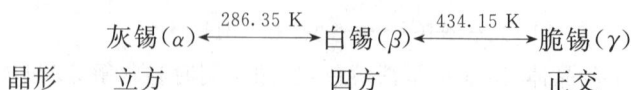

$$灰锡(\alpha) \xleftrightarrow{286.35\ K} 白锡(\beta) \xleftrightarrow{434.15\ K} 脆锡(\gamma)$$

| | 灰锡(α) | 白锡(β) | 脆锡(γ) |
|晶形| 立方 | 四方 | 正交 |

常见的为白锡，是银白带蓝色金属，质软，它有较好的延展性。白锡只在 $286 \sim 434$ K 温度范围内稳定，它在低于 286 K 时转变为粉末状的灰锡，高于 434 K 时转变为脆锡。

白锡表面光泽，曾经是优良的包装材料，现已被铝箔所替代。锡在空气中不易被氧化，能长期保持其光泽，故常用作电镀材料，如把锡镀在铁上（即马口铁），耐腐蚀，价格便宜，又无毒，故食品工业的罐头盒多用它制造。

室温下白锡最稳定。虽然白锡在 286.35 K 以下会转变为灰锡，但这种转变十分缓慢，温度达到 225.15 K 时，其转变速度急剧增大，白锡瞬间变成粉末状的灰锡。锡制品处在极端寒冷的地方会遭到毁坏就是这个缘故，这种现象称为"锡疫"。白锡是 $\Delta_f H_m^\ominus = 0$、$\Delta_f G_m^\ominus = 0$ 的单质，即稳定单质。灰锡呈灰色粉末状。

铅是很软的重金属，暗灰色，密度大。用手指甲就能在铅上刻痕。新切开的断面很亮，不久就变暗，生成一层碱式碳酸铅，可作为铅的保护层。铅主要用于制电缆、铅蓄电池、耐酸设备及 X 射线的防护材料。

利用锡、铅的低熔点，可制作各种有特殊用途的合金，如焊锡（锡铅合金）、保险丝（锡铅铋镉合金）、青铜（铜锡合金）、铅字（铅锑锡合金）、蓄电池的极板（铅锑合金）等。应注意的是：铅和铅的化合物都有毒，一旦进入人体，不易排出而导致积累性中毒，所以餐具和饮用水的水管不能用铅制品。

锡、铅原子的价电子构型分别为 $5s^2 5p^2$、$6s^2 6p^2$，能形成 +2、+4 两种氧化态。锡、铅属于中等活泼金属，与卤素、硫等非金属可以直接化合，与酸、碱反应的现象和产物列于表 8-5。

表 8-5　锡、铅和酸碱的反应

酸、碱	锡（Sn）	铅（Pb）
HCl	与稀盐酸作用缓慢： $Sn + 2HCl(浓) \xrightarrow{\triangle} SnCl_2 + H_2 \uparrow$	能反应，但因生成难溶的 $PbCl_2$ 覆盖在表面，致使反应不久即终止
H_2SO_4	与稀硫酸较难作用。 $Sn + 2H_2SO_4(浓) == SnSO_4 + SO_2 \uparrow + 2H_2O$ $Sn + 4H_2SO_4(浓) \xrightarrow{\triangle} Sn(SO_4)_2 + 2SO_2 \uparrow + 4H_2O$	与稀硫酸反应，因生成难溶的 $PbSO_4$ 覆盖层，反应终止。 $Pb + 3H_2SO_4(浓) \xrightarrow{\triangle} Pb(HSO_4)_2 + SO_2 \uparrow + 2H_2O$
HNO_3	$4Sn + 10HNO_3(稀) == 4Sn(NO_3)_2 + NH_4NO_3 + 3H_2O$ $3Sn + 4HNO_3(浓) == 3SnO_2 \cdot 2H_2O + 4NO \uparrow$	$3Pb + 8HNO_3(稀) == 3Pb(NO_3)_2 + 2NO \uparrow + 4H_2O$ $Pb + 4HNO_3(浓) == Pb(NO_3)_2 + 2NO_2 \uparrow + 2H_2O$
NaOH	$Sn + 2NaOH(浓) \xrightarrow{\triangle} Na_2SnO_2 + H_2 \uparrow$	$Pb + 2NaOH(浓) \xrightarrow{\triangle} Na_2PbO_2 + H_2 \uparrow$

8.5.2 锡、铅的化合物

1. 锡、铅的氧化物及其水合物

锡、铅都有两种氧化物 MO 和 MO_2，均不溶于水。MO 为两性偏碱性氧化物，离子性较强；MO_2 为两性偏酸性、共价型氧化物。其氧化物的水合物为 $xMO \cdot yH_2O$ 和 $xMO_2 \cdot yH_2O$，通常也将其写为 $M(OH)_2$ 和 $M(OH)_4$，都具有两性。

PbO，俗名黄丹或密陀僧，可由 $Pb(OH)_2$、$Pb(NO_3)_2$、$PbCO_3$ 热分解制得。有两种变体：室温下为 α-PbO，红色四方晶体；488 ℃ 以上为 β-PbO，黄色正交晶体。常温下红色的 α-PbO 比较稳定，将黄色的 β-PbO 在水中煮沸即得红色变体。PbO 溶于 HNO_3 或 HAc 中生成可溶性 Pb(Ⅱ)盐，难溶于碱。

PbO 可制铅玻璃、陶瓷、铅白粉，在油漆中作为催干剂。

Pb_3O_4，俗名红丹或铅丹，是混合价态氧化物，又写作 $2PbO \cdot PbO_2$，可以认为是铅酸铅 $Pb(Ⅱ)_2Pb(Ⅳ)O_4$。Pb_3O_4 与 HNO_3 的反应可证明其中含 $\frac{2}{3}$ 的 Pb(Ⅱ)和 $\frac{1}{3}$ 的 Pb(Ⅳ)：

$$Pb_3O_4 + 4HNO_3 \Longrightarrow PbO_2 \downarrow + 2Pb(NO_3)_2 + 2H_2O$$
$$\text{(棕黑)}$$

再进一步的实验可证实 Pb_3O_4 中含有 Pb(Ⅱ)和 Pb(Ⅳ)：将黑色不溶物与浓盐酸反应，产生的气体可使淀粉-KI 试纸变蓝，说明 Pb(Ⅳ)的存在；在分离后的液相中加入 K_2CrO_4，有黄色沉淀物($PbCrO_4$)产生，说明有 Pb(Ⅱ)存在。

将 Pb 在纯 O_2 中加热，或在 673~773 K 将 PbO 小心加热，均可得到红色的 Pb_3O_4 粉末。Pb_3O_4 用于制造铅玻璃和钢材上用的红色涂料。

$Sn(OH)_2$ 和 $Pb(OH)_2$ 均具有明显的两性，在酸性介质中以 Sn^{2+}、Pb^{2+} 存在，在碱性介质中以 $[Sn(OH)_3]^-$、$[Pb(OH)_3]^-$ 存在。

$xSnO_2 \cdot yH_2O$ 称为锡酸，有 α-锡酸和 β-锡酸两种变体，α-锡酸是无定形粉末，能溶于酸和碱，性质活泼；β-锡酸性质不活泼，不溶于酸，几乎不溶于碱，较稳定。两种锡酸在一定条件下可以相互转化：在室温下 α-锡酸放置一段时间可转化为 β-锡酸，β-锡酸放在浓盐酸中煮沸即可变成 α-锡酸。

2. Sn(Ⅱ)的还原性和 Pb(Ⅳ)的氧化性

锡、铅的元素标准电极电势图如下：

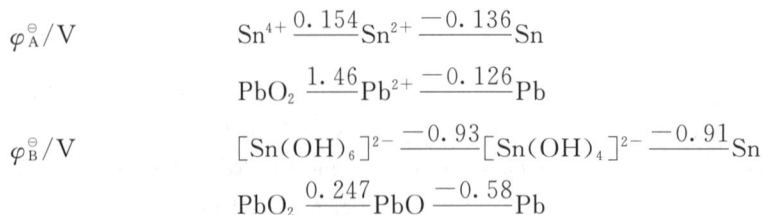

$$\varphi_A^\ominus / V \qquad Sn^{4+} \xrightarrow{0.154} Sn^{2+} \xrightarrow{-0.136} Sn$$

$$PbO_2 \xrightarrow{1.46} Pb^{2+} \xrightarrow{-0.126} Pb$$

$$\varphi_B^\ominus / V \qquad [Sn(OH)_6]^{2-} \xrightarrow{-0.93} [Sn(OH)_4]^{2-} \xrightarrow{-0.91} Sn$$

$$PbO_2 \xrightarrow{0.247} PbO \xrightarrow{-0.58} Pb$$

(1) Sn(Ⅱ)的还原性。由标准电极电势图可知，不论在酸性还是碱性介质中，Sn(Ⅱ)都具有还原性，在碱性介质中显得更为突出。在空气中可被氧化，因此，Sn(Ⅱ)的溶液中要加入单质 Sn 保护。

$$2Sn^{2+} + O_2 + 4H^+ \!=\!\!=\!\!= 2Sn^{4+} + 2H_2O$$

$$Sn^{4+} + Sn \!=\!\!=\!\!= 2Sn^{2+}$$

最典型的还原反应是还原 Hg^{2+}，Sn^{2+} 过量时进一步得单质 Hg。

$$2Hg^{2+} + Sn^{2+} + 2Cl^- \!=\!\!=\!\!= Hg_2Cl_2 \!\downarrow + Sn^{4+}$$
$$\text{（白色）}$$

$$Hg_2Cl_2 + Sn^{2+} \!=\!\!=\!\!= 2Hg \!\downarrow + Sn^{4+} + 2Cl^-$$
$$\text{（黑色）}$$

由生成的白色丝状 Hg_2Cl_2 沉淀和黑色高分散 Hg，可以检验 Hg^{2+} 和 Sn^{2+} 的存在。

在强碱性介质中，$Sn(Ⅱ)$ 可将 $Bi(Ⅲ)$ 还原成金属 Bi，可作为 $Bi(Ⅲ)$ 的鉴定反应。

$$3[Sn(OH)_3]^- + 2Bi^{3+} + 9OH^- \!=\!\!=\!\!= 3[Sn(OH)_6]^{2-} + 2Bi \!\downarrow$$
$$\text{（黑色）}$$

（2）$Pb(Ⅳ)$ 的氧化性。$Pb(Ⅳ)$ 化合物中 PbO_2 和 Pb_3O_4 均具有强的氧化性，在酸性介质中更明显。以 PbO_2 为例，与浓 H_2SO_4、HNO_3 作用皆放出 O_2，与盐酸反应放出 Cl_2：

$$2PbO_2 + 2H_2SO_4\text{（浓）} \!=\!\!=\!\!= 2PbSO_4 + O_2 \!\uparrow + 2H_2O$$

$$PbO_2 + 4HCl \!=\!\!=\!\!= PbCl_2 + Cl_2 \!\uparrow + 2H_2O$$

在酸性介质中 PbO_2 可将 Mn^{2+} 氧化为 MnO_4^-，该反应可用来检验 Mn^{2+}：

$$5PbO_2 + 2Mn^{2+} + 4H^+ \!=\!\!=\!\!= 5Pb^{2+} + 2MnO_4^- + 2H_2O$$

综上所述，锡和铅的氧化物、氢氧化物的酸碱性及其 $+2$、$+4$ 价化合物氧化还原性的递变规律可归纳如下：

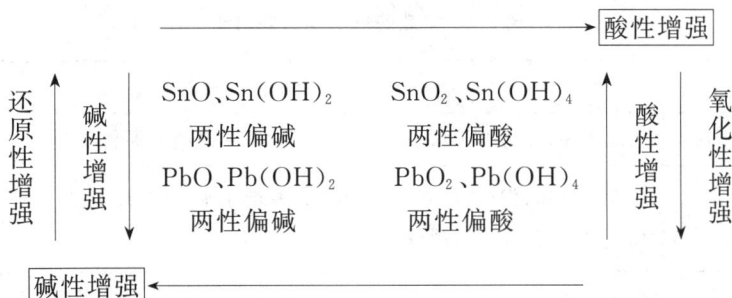

3. 锡、铅的卤化物

锡、铅可形成 MX_2 和 MX_4 两种类型卤化物，MX_2 一般属离子型，MX_4 属共价型。$Pb(Ⅳ)$ 氧化性强，与还原性 I^- 不易形成 PbI_4，$PbBr_4$ 也很难形成。

$SnCl_2$ 是路易斯酸，在浓盐酸中形成 $[SnCl_3]^-$。常温下与 NH_3 反应生成加合物。

$SnCl_2$ 具有还原性和水解性。由于 $SnCl_2$ 易于被氧化和发生水解（产物为碱式盐），在配制其溶液时，需将 $SnCl_2$ 固体溶解在稀盐酸中，并加入少量锡粒。

$$2Sn^{2+} + O_2 + 4H^+ \!=\!\!=\!\!= 2Sn^{4+} + 2H_2O$$

$$SnCl_2 + H_2O \!=\!\!=\!\!= Sn(OH)Cl \!\downarrow + HCl$$
$$\text{（白色）}$$

$$Sn^{4+} + Sn \!=\!\!=\!\!= 2Sn^{2+}$$

无水 $SnCl_4$ 是无色液体，在潮湿空气中就强烈水解而形成酸雾。

$$SnCl_4 + 3H_2O \!=\!\!=\!\!= SnO_2 \cdot H_2O + 4HCl \!\uparrow$$

无水 $SnCl_4$ 有毒并有腐蚀性。$SnCl_4$ 常由 Cl_2 和 Sn 直接合成。$SnCl_4$ 易挥发而与反应体系分离,再经过精馏除去少量的 $SnCl_2$ 和 Cl_2。$SnCl_4$ 极易水解,水解产物不是单一的,主要是 α-锡酸,所以配制 $SnCl_4$ 溶液时也应将其溶解在稀盐酸中。

4. 锡、铅的硫化物

Sn、Pb 的重要硫化物有 SnS、SnS_2 及 PbS,通常由它们的盐与 H_2S 反应来制备。Sn、Pb 的硫化物均有颜色(SnS 暗棕色、SnS_2 黄色、PbS 黑色)且难溶于水。低价态硫化物常偏碱性,高价态则显酸性或两性偏酸。

SnS 有较强的还原性,可与 Na_2S_2(具氧化性)反应:

$$SnS + S_2^{2-} = SnS_3^{2-}$$

SnS_2 是金黄色金粉涂料的主要成分,两性偏酸。

$$3SnS_2 + 6NaOH = Na_2SnO_3 + 2Na_2SnS_3 + 3H_2O$$

$$SnS_2 + Na_2S = Na_2SnS_3 \quad (\text{硫代锡酸钠})$$

PbS 还原性差,不与 Na_2S_2 反应,不能转变成 $Pb(Ⅳ)$。PbS 能溶于 HNO_3,与 H_2O_2 作用生成白色的 $PbSO_4$,用于古油画的修复。

5. $Pb(Ⅱ)$盐及其转化

铅盐除了前面讲到的无氧酸盐外,还有许多含氧酸盐。铅盐的共同特点是多数难溶于水,有毒、有颜色。铅($Ⅱ$)盐的性质和主要用途列于表 8-6。

表 8-6 铅盐的性质和主要用途

铅	盐	性质和主要用途
含氧酸盐	$Pb(NO)_3$	无色晶体,易溶于水,有毒,是制其他铅化合物的原料
	$Pb(Ac)_2$	无色晶体,俗名"铅糖"(甜),有毒,易溶于水,水溶液中以分子形式存在(共价化合物),用于医药,制备其他铅盐和作为媒染剂
	$PbSO_4$	白色晶体,难溶于水,用于制白色油漆
	$PbCO_3$	白色晶体,有毒,难溶于水。在水中煮沸或加 Na_2CO_3 则转化成"铅白"(碱式碳酸铅)。用于制防锈漆和陶瓷工业
	$PbCrO_4$	亮黄色晶体,俗称"铬黄",有毒,难溶于水,是黄色颜料。与 $NaOH$ 共煮,可得碱式铬酸铅 $Pb(OH)_2 \cdot PbCrO_4$,为红色颜料
无氧酸盐	$PbCl_2$	白色晶体,难溶于冷水,可溶于热水。在煮沸的 $PbCl_2$ 溶液中加入热石灰水可得 $Pb(OH)Cl$,此物是一种白色颜料
	PbS	黑色晶体,难溶于水,用于性质鉴定
	PbI_2	金黄色片状晶体,难溶于冷水,可溶于热水。水溶液无色,用于性质鉴定

由 $Pb(NO_3)_2$ 可制备其他难溶 $Pb(Ⅱ)$盐:

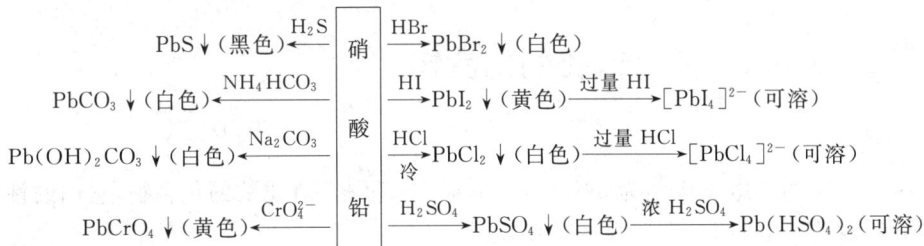

任务 8.6 砷、锑、铋

8.6.1 砷、锑、铋的存在和性质

VA 族元素砷 As、锑 Sb、铋 Bi 原子的次外层都有 18 个电子,与同族次外层为 8 个电子的 N、P 不同,在成键时有较大的极化力和变形性,它们在性质上很相似,通常称为砷分族元素。

As、Sb、Bi 都是亲硫元素,在自然界中主要以硫化物矿的形式存在,如雄黄 As_4S_4、雌黄 As_2S_3、辉锑矿 Sb_2S_3、辉铋矿 Bi_2S_3 等,也有少量以游离态存在。砷还有少量氧化物矿,如信石 As_2O_3。As、Sb、Bi 在地壳中的含量都很少,但我国的锑矿藏量居世界首位。

As、Sb、Bi 单质的制取方法主要是:先将硫化物燃烧生成氧化物,再用还原剂(如 C、CO 等)将其还原为单质。

As、Sb、Bi 都有金属外形,性脆,熔点低,易挥发。As、Sb 具有两性和准金属性质,Bi 呈金属性,锑和铋都是热和电的良导体。在气态时,砷、锑、铋都是多原子分子,如 As_2、As_4、Sb_2、Sb_4、Bi_2。

As、Sb、Bi 与 Ga、In 可生成金属互化物,如砷化镓 GaAs、锑化镓 GaSb、砷化铟 InAs 等,都是优良的半导体材料。As、Sb、Bi 和其他金属形成的合金也有较广泛应用。

As、Sb、Bi 的化学性质不太活泼,但与氯能直接反应。在常见无机酸中只有 HNO_3 和它们有显著的化学反应,但所得产物各不相同,砷得砷酸,锑得五氧化二锑,只有铋才得到硝酸铋:

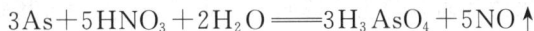
$$3As + 5HNO_3 + 2H_2O \Longrightarrow 3H_3AsO_4 + 5NO\uparrow$$

$$6Sb + 10HNO_3 + 3xH_2O \Longrightarrow 3Sb_2O_5 \cdot xH_2O + 10NO\uparrow + 5H_2O$$

$$Bi + 6HNO_3 \Longrightarrow Bi(NO_3)_3 + 3NO_2\uparrow + 3H_2O$$

As 可与热的浓 H_2SO_4 和熔融 NaOH 反应:

$$2As + 3H_2SO_4(浓) \Longrightarrow As_2O_3 + 3SO_2\uparrow + 3H_2O$$

$$2As + 6NaOH \xrightarrow{熔融} 2Na_3AsO_3 + 3H_2\uparrow$$

8.6.2 砷、锑、铋的化合物

1. 概述

As、Sb、Bi 的价电子构型为 ns^2np^3，能形成+3 和+5 氧化数的化合物，它们的性质既有相似性，又有差异性，且有明显的递变规律。

(1) As、Sb、Bi 的氧化物和氢氧化物的酸碱性。As、Sb、Bi 都具有+3 和+5 两种氧化数，并都有对应的氧化物和氢氧化物，其中 As(Ⅲ)和 Sb(Ⅲ) 的氧化物和氢氧化物都是两性物质，而 Bi(Ⅲ) 的却只表现出碱性。As(Ⅴ)和 Sb(Ⅴ)的氧化物和氢氧化物都是两性偏酸的化合物，Bi_2O_5 是否存在尚无定论。

(2) As、Sb、Bi 化合物的氧化还原性。As、Sb、Bi 元素标准电极电势图如下：

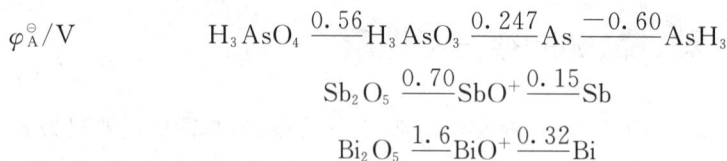

$\varphi_A^{\ominus}/V$ $$H_3AsO_4 \xrightarrow{0.56} H_3AsO_3 \xrightarrow{0.247} As \xrightarrow{-0.60} AsH_3$$

$$Sb_2O_5 \xrightarrow{0.70} SbO^+ \xrightarrow{0.15} Sb$$

$$Bi_2O_5 \xrightarrow{1.6} BiO^+ \xrightarrow{0.32} Bi$$

从元素标准电极电势图可以看出+5 氧化态的氧化性按 As、Sb、Bi 的顺序递增。如 $NaBiO_3$ 在酸性介质中能将 Mn^{2+} 氧化为 MnO_4^-：

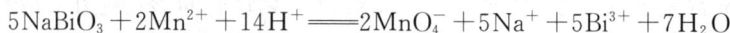

$$5NaBiO_3 + 2Mn^{2+} + 14H^+ = 2MnO_4^- + 5Na^+ + 5Bi^{3+} + 7H_2O$$

这体现了惰性电子对效应对化合物性质的影响。

As、Sb、Bi 氧化物和氢氧化物酸碱性有如下递变规律：

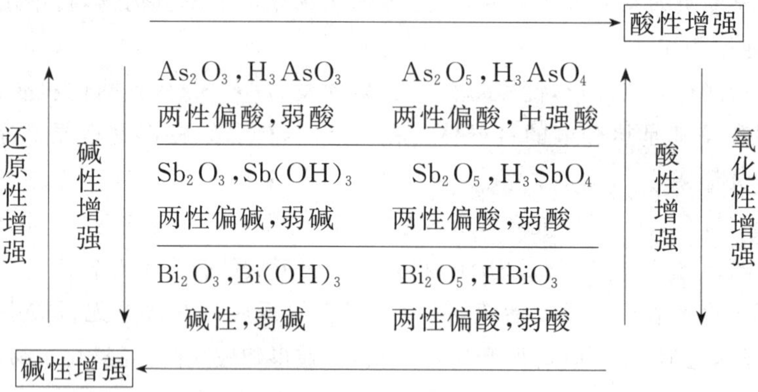

(3) As、Sb、Bi 硫化物和硫代酸盐。As、Sb、Bi 是亲硫元素，其硫化物比氧化物有更强的共价性，不溶于水。As、Sb、Bi 硫化物的主要性质见表 8-7。

表 8-7 As、Sb、Bi 硫化物的主要性质

性　　质	氧化数为+3 的硫化物			氧化数为+5 的硫化物	
	As_2S_3	Sb_2S_3	Bi_2S_3	As_2S_5	Sb_2S_5
颜　　色	黄色	橙色	黑色	黄色	橙色
$K_{sp}^{\ominus}$	2.1×10^{-22}	2.0×10^{-93}	1.0×10^{-97}		

性　　质		氧化数为 +3 的硫化物			氧化数为 +5 的硫化物	
		As_2S_3	Sb_2S_3	Bi_2S_3	As_2S_5	Sb_2S_5
酸碱性	浓盐酸中	不溶	溶	溶	不溶	溶，$Sb(V) \rightarrow Sb(III)$
	NaOH 溶液中	溶	溶	不溶	溶	溶
	Na_2S 或 $(NH_4)_2S$ 溶液中	溶	溶	不溶	溶	溶
与氧化剂 Na_2S_2 或 $(NH_4)_2S_2$ 作用		溶	溶	不溶		

As、Sb、Bi 硫化物有如下性质。

① 与非氧化性酸作用。

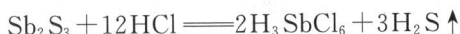

$$Sb_2S_3 + 12HCl =\!=\!= 2H_3SbCl_6 + 3H_2S\uparrow$$

$$Bi_2S_3 + 6HCl =\!=\!= 2BiCl_3 + 3H_2S\uparrow$$

② 与碱作用。As、Sb 的硫化物与碱作用生成含氧酸盐和硫代酸盐：

$$M_2S_3 + 6OH^- =\!=\!= MO_3^{3-} + MS_3^{3-} + 3H_2O \quad (M=As、Sb)$$

$$3M_2S_5 + 6OH^- =\!=\!= MO_3^- + 5MS_3^- + 3H_2O \quad (M=As、Sb)$$

③ 与碱金属硫化物和多硫化物作用。

$$M_2S_3 + 3Na_2S =\!=\!= 2Na_3MS_3 \quad (M=As、Sb)$$

$$M_2S_5 + 3Na_2S =\!=\!= 2Na_3MS_4 \quad (M=As、Sb)$$

$$M_2S_3 + 3Na_2S_2 =\!=\!= 2Na_3MS_4 + S \quad (M=As、Sb)$$

所有硫代酸盐遇酸即分解为硫化物和 H_2S，用此法可制得纯的 Sb_2S_5 和 As_2S_5。

2. 砷的主要化合物

砷的化合物多数有毒，故其应用逐渐减少。常见的 As(III) 化合物有 As_4O_6 和 Na_3AsO_3。

(1) 三氧化二砷。通常情况下，As(III) 氧化物以双聚分子 As_4O_6 存在于晶体和气态中，在 800 ℃ 以上部分气态的 As_4O_6 分子解离为 As_2O_3。As_2O_3 俗名砒霜，白色固体，剧毒(对人的致死量为 0.1～0.2 g)。As_2O_3 中毒时可服用新制的 $Fe(OH)_2$ 悬浮液来解毒。

As_4O_6 微溶于水(298 K，2.04 g · (100 g(H_2O))$^{-1}$)生成亚砷酸，As_4O_6 在水中的溶解度与溶液的 pH 有关。As_4O_6 除用作防腐剂、农药外，也用作玻璃、陶瓷工业的去氧剂和脱色剂。

As_4O_6 的特征性质是两性和还原性。

$$As_4O_6 + 12HCl =\!=\!= 4AsCl_3 + 6H_2O$$

$$As_4O_6 + 12NaOH =\!=\!= 4Na_3AsO_3 + 6H_2O$$

As_2O_5 显弱酸性，易溶于水(293 K，230 g · (100 g(H_2O))$^{-1}$)的砷酸 H_3AsO_4。

砷的元素标准电极电势图如下：

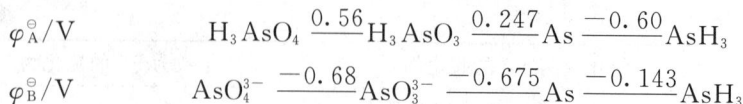

可见，在碱性介质中 AsO_3^{3-} 表现出较强的还原性，可将 I_2 还原为 I^-；在酸性介质中 H_3AsO_4 有一定的氧化性，又可将 I^- 氧化为 I_2（$\varphi^{\ominus}(I_2/I^-)=0.535$ V）。在分析化学中定量测定 AsO_3^{3-} 的方法是：控制 pH 为 5～8，用 I_2 氧化 AsO_3^{3-} 成 AsO_4^{3-}：

$$AsO_3^{3-}+I_2+2OH^- =\!=\!= AsO_4^{3-}+2I^-+H_2O$$

此反应可定量进行，在待测液中加淀粉溶液，溶液变蓝为滴定终点。若 pH<4，反应不完全，若 pH>9，I_2 发生歧化反应，所以反应可用 NaH_2PO_4-Na_2HPO_4 或硼砂-硼酸作缓冲溶液。

（2）亚砷酸钠 Na_3AsO_3。白色粉末，易溶于水，溶液呈碱性，剧毒。为警示其毒性，工业品常染上蓝色。它曾被用作除草剂、皮革防腐剂、有机合成的催化剂等。

3. 锑的主要化合物

（1）锑的氯化物。锑的氯化物有 $SbCl_3$ 和 $SbCl_5$，特点是都极易水解。其中 $SbCl_3$ 是白色固体，熔点为 79 ℃，沸点为 223.5 ℃，有毒，在有机合成中用作催化剂、织物阻燃剂、媒染剂等。$SbCl_5$ 是无色液体，熔点为 3.5 ℃，沸点为 79 ℃。在潮湿空气中发烟，在有机合成中用作氯化催化剂。

锑的氯化物都是由 Cl_2 和金属 Sb 直接合成的。

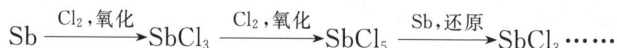

锑过量，最终产物主要是 $SbCl_3$，若要得到 $SbCl_3$ 纯品，可经分馏将杂质 $SbCl_5$ 除去；若要得到 $SbCl_5$ 纯品，则在 $SbCl_3$ 中通入计算量的 Cl_2 即可。

（2）锑的氧化物。锑的氧化物有 Sb_4O_6（在较高温度下解离为 Sb_2O_3）和 Sb_4O_{10}（或 Sb_2O_5）两种，可由其相应的氯化物水解制得。如 $SbCl_3$ 分三步水解，最后得到 Sb_2O_3：

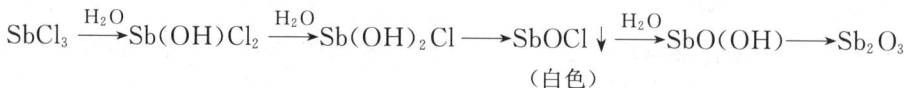

（白色）

注意：水量要大；反应后期加适量氨水，以中和反应过程中生成的 HCl。

Sb_4O_6 又称锑白，两性偏碱性，能溶于酸和碱，难溶于水，白色晶体，是优良的白色颜料，其遮盖力仅次于钛白，与锌钡白相近。它广泛用于搪瓷、颜料、油漆、防火织物等制造业。

Sb_4O_{10} 为淡黄色粉末，显酸性，易溶于碱。

4. 铋的主要化合物

（1）三氧化二铋及其水合物。Bi 或 Bi_2S_3 在空气中燃烧可以生成黄色的 Bi_2O_3：

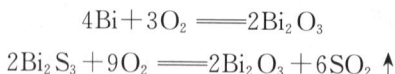

$$2Bi_2S_3+9O_2 =\!=\!= 2Bi_2O_3+6SO_2\uparrow$$

由于铋表现为明显的金属性，所以 Bi_2O_3 是离子型晶体、弱碱性氧化物，不溶于水，只溶于酸，在酸溶液中以 Bi^{3+} 或水解产物铋酰离子 BiO^+ 形式存在。

$$Bi_2O_3 + 6HNO_3 = 2Bi(NO_3)_3 + 3H_2O$$

Bi_2O_3 的水合物是 $Bi(OH)_3$,是弱碱。

(2)硝酸铋 $Bi(NO_3)_3 \cdot 5H_2O$。硝酸铋为无色晶体,75.5 ℃时溶于自身的结晶水中,同时水解为碱式盐。$Bi(NO_3)_3$ 是铋盐的基础,可由金属 Bi 与浓 HNO_3 反应制取。

$$Bi + 6HNO_3(浓) = Bi(NO_3)_3 + 3NO_2 \uparrow + 3H_2O$$

产品中常含有杂质 Fe^{3+},可控制溶液的 pH 在 1~2,使 Bi^{3+} 完全水解为 $BiONO_3$ 沉淀,此时 Fe^{3+} 不水解,仍留在溶液中,过滤分离,再用 HNO_3 溶液溶解 $BiONO_3$,又得到 HNO_3 溶液。

$$Bi(NO_3)_3 + H_2O = BiONO_3 \downarrow + 2HNO_3$$

(3)铋酸钠 $NaBiO_3$。铋酸钠亦称偏铋酸钠,是黄色或褐色无定形粉末,难溶于水,具有强氧化性。在碱性介质中用强氧化剂(如 Cl_2 或 $NaClO$)可把 Bi(Ⅲ)氧化成偏铋酸盐:

$$Bi(NO_3)_3 + Cl_2 + 6NaOH = NaBiO_3 \downarrow + 3NaNO_3 + 2NaCl + 3H_2O$$

在有 O_2 存在时,加热 Na_2O 和 Bi_2O_3 也可生成 $NaBiO_3$:

$$Na_2O + Bi_2O_3 + O_2 = 2NaBiO_3$$

$NaBiO_3$ 在酸性介质中是强氧化剂,能把 Mn^{2+} 氧化成 MnO_4^-:

$$5NaBiO_3 + 2Mn^{2+} + 14H^+ = 2MnO_4^- + 5Bi^{3+} + 5Na^+ + 7H_2O$$

在分析化学上,这是一个定性检验溶液中有无 Mn^{2+} 的重要反应。

目标检测题 8

一、单项选择题(将正确答案的标号填入括号内)

8.1 下列元素中最可能形成共价化合物的是( )。

A. Ca   B. Mg   C. Na   D. Li

8.2 与碱土金属相比,碱金属表现出( )。

A. 较大的硬度   B. 较高的熔点

C. 较小的离子半径   D. 较低的电离能

8.3 下列物质中溶解度最小的是( )。

A. $Ba(OH)_2$ B. $Be(OH)_2$ C. $Sr(OH)_2$ D. $Ca(OH)_2$

8.4 电解熔盐是制备活泼金属的一种重要方法。下列四种化合物中,不能用作熔盐电解原料的是( )。

A. NaOH   B. KCl   C. $CaSO_4$ D. Al_2O_3

8.5 下列四种碱金属氢氧化物中,碱性最强的是( )。

A. RbOH   B. KOH   C. NaOH   D. LiOH

8.6 常温下,下列金属中不与水反应的是( )。

A. Na   B. Rb   C. Ca   D. Mg

8.7 下列哪种物质难溶于水?( )

A. $MgSO_4$ B. CaC_2O_4 C. Rb_2SO_4 D. Cs_2SO_4

8.8 下列各组元素性质相似的是( )。

A. Li 和 Mg B. Cr 和 Mn C. Cu 和 Ag D. Ag 和 Hg

8.9 自然界中生产锶盐的主要原料是( )。

A. 光卤石 B. 天青石 C. 方解石 D. 重晶石

8.10 下列元素中,第一电离能最小的是( )。

A. Li B. Be C. Na D. Mg

8.11 不是隔膜法电解 NaCl 溶液所得产物的是( )。

A. Cl_2 B. H_2 C. NaOH D. HCl

8.12 下列有关铝的化学性质的说法,错误的是( )。

A. 铝是亲氧元素

B. 铝是两性元素

C. 铝有缺电子性

D. $\varphi_A^{\ominus}(Al^{3+}/Al) = -1.67\ V$,铝在自然界只能以化合态存在

8.13 下列有关三氯化铝的化学性质的说法,错误的是( )。

A. 无水 $AlCl_3$ 是以双聚分子形式存在 B. 无水 $AlCl_3$ 不能用湿法制备

C. $AlCl_3$ 是缺电子分子 D. $AlCl_3$ 是离子化合物

8.14 配制 $SnCl_2$ 溶液时,不正确的操作是( )。

A. 将 $SnCl_2$ 溶于盐酸中 B. 配好后加入少量的锡粒

C. 控制温度不过高 D. 将 $SnCl_2$ 直接溶于大量水中

8.15 下列说法中,错误的是( )。

A. 蒸气密度实验证明,$AlCl_3$、$AlBr_3$ 和 AlI_3 均为双聚分子

B. AlF_3、$AlCl_3$、$AlBr_3$ 和 AlI_3 都是共价化合物

C. $AlCl_3$ 溶于有机溶剂时,以双聚分子形式存在

D. $AlCl_3$ 溶于水时,双聚分子即变为 $[Al(H_2O)_6]^{3+}$ 和 Cl^-

8.16 电解氧化铝时,通常要添加冰晶石($NaAlF_6$)和 CaF_2(约 10%),原因是( )。

A. 降低氧化铝的熔化温度 B. 增大铝的产量

C. 降低氧化铝熔融物的密度 D. 升高氧化铝的熔化温度

8.17 下列说法中,错误的是( )。

A. 锡在空气中不易被氧化,能长期保持其光泽,常用作电镀材料和包装材料

B. 锡有三种同素异形体,白锡是 $\Delta_f H_m^{\ominus} = 0$ 的单质,即稳定单质

C. Bi^{3+}、Sb^{3+}、Sn^{2+}、Al^{3+} 均易水解

D. 不论在酸溶液中,还是在碱溶液中,Sn(Ⅱ)还原能力都比较强

8.18 下列说法中,错误的是( )。

A. 铅是很软的重金属,暗灰色,密度大,铅和铅的化合物都有毒

B. 铅在有氧存在的条件下,可溶于醋酸,生成易溶的醋酸铅

C. PbO_2 要在碱性条件下制备,用浓硝酸不能制得 Pb(Ⅳ)

D. Pb^{2+} 极易水解

8.19　下列现象中,不能说明铝的亲氧性的是( )。

A. 铝表面易生成一层致密的氧化铝薄膜

B. Al_2O_3 的标准摩尔生成焓(-1675.7 kJ·mol^{-1})很高

C. 铝能够从许多金属氧化物中夺取氧,在冶金工业上用作还原剂

D. 铝既能溶于酸,又能溶于碱

8.20　下列说法中,正确的是( )。

A. Pb_3O_4,又名铅丹,可以认为是铅酸铅 $Pb(II)_2Pb(IV)O_4$

B. $Pb(Ac)_2$,无色晶体,俗称铅糖(甜),有毒,易溶于水

C. $PbSO_4$,白色晶体,难溶于水,用于制白色油漆

D. $PbCrO_4$,亮黄色晶体,俗称铬黄,无毒,难溶于水,是黄色颜料

二、填空题

8.21　Na_2O_2 用作潜水密闭舱的供氧剂,它所依据的化学反应方程式是_____。

8.22　碱土金属中除_____外在氧气中燃烧都生成正常的氧化物。

8.23　碱土金属的氢氧化物的碱性,在同族中自上而下依次递_____。

8.24　工业 NaCl 的精制通常采用_____法,其中的 SO_4^{2-}、Ca^{2+}、Mg^{2+}、Fe^{3+} 等杂质离子通过依次加入_____、_____和_____借沉淀反应除去,历经蒸发、浓缩等操作,析出精盐。

8.25　不能用 $AlCl_3 \cdot 6H_2O$ 加热脱水制备无水 $AlCl_3$ 的原因是_____;反之,不能由无水 $AlCl_3$ 溶于水制备 $AlCl_3 \cdot 6H_2O$ 的原因是_____。

三、简答题

8.26　商品 NaOH 中常含有 Na_2CO_3 杂质,怎样用最简单的方法加以检验?如果用该 NaOH 配制溶液,如何将其中的 Na_2CO_3 除去?

8.27　现有五瓶失去标签的白色固体粉末,它们分别是 $MgCO_3$、$BaCO_3$、无水 Na_2CO_3、无水 $CaCl_2$、无水 Na_2SO_4,试加以鉴别,并写出相关化学反应方程式。

8.28　试以 NaCl 为原料制备 Na_2O_2 和 Na_2O,并用化学反应方程式表示。

8.29　下列各组物质能否共存?为什么?

(1) Na_2O_2 和 CO_2;　　　(2) $NaHCO_3$ 和 NaOH;　　　(3) CaH_2 和 H_2O。

8.30　金属钠可用电解熔融 NaCl 或 NaOH 的方法制取,能用电解 NaCl 水溶液的方法制取金属钠吗?写出各电解反应方程式。

8.31　现有两瓶固体试剂,分别为碳酸钠和碳酸氢钠,试至少用两种方法将它们区分出来。

8.32　有一瓶白色粉末试剂,可能是 $Be(OH)_2$、$Mg(OH)_2$ 或 $MgCO_3$,怎样鉴定?写出化学反应方程式。

8.33　工业级 NaCl 中常含有少量泥沙和 Ca^{2+}、Mg^{2+}、SO_4^{2-} 等杂质离子,请设计一个分离方案,写出分离的步骤、需要的试剂及相关的化学反应方程式。

8.34　铝为什么可用来冶炼高熔点金属?

8.35　试述明矾净水的原理。

8.36　铅的化合物以 $+2$ 价比较稳定,为什么?

8.37 PbO_2 是 Cl_2 和 PbO 在碱性条件下反应制得的,而 PbO_2 又能将盐酸氧化放出 Cl_2 。试解释这一现象。

四、完成并配平下列化学反应方程式

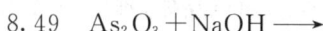

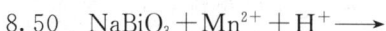

8.38 $Na_2O_2 + H_2O \longrightarrow$ 8.39 $Na_2O_2 + CO_2 \longrightarrow$

8.40 $Mg(OH)_2 + NH_4^+ \longrightarrow$ 8.41 $KO_2 + H_2O \longrightarrow$

8.42 $BaSO_4 + C \xrightarrow{\triangle}$ 8.43 $NaHCO_3 \xrightarrow{\triangle}$

8.44 $Al_2O_3 + NaOH + H_2O \longrightarrow$ 8.45 $Al_2O_3 + HCl \longrightarrow$

8.46 $Na[Al(OH)_4] + CO_2 \longrightarrow$ 8.47 $SnCl_2 + Hg^{2+} \longrightarrow$

8.48 $PbO_2 + Mn^{2+} + H^+ \longrightarrow$ 8.49 $As_2O_3 + NaOH \longrightarrow$

8.50 $NaBiO_3 + Mn^{2+} + H^+ \longrightarrow$ 8.51 $Bi(NO_3)_3 + H_2O \longrightarrow$

五、计算题

8.52 现有 $500\ g\ Na_2O_2$,试计算在标准状况下,可吸收 CO_2 多少升? 可提供氧气多少升?

8.53 现有含有 Ba^{2+} 和 Sr^{2+} 的溶液,已知其离子浓度均为 $0.10\ mol \cdot L^{-1}$,如果滴入稀硫酸(设加入后不改变原溶液的体积和浓度),试由计算说明:

(1) 从溶液中首先析出的沉淀是 $BaSO_4$ 还是 $SrSO_4$?

(2) 能否将这两种离子分离?

8.54 某厂的回收溶液中 SO_4^{2-} 的浓度为 $6.6 \times 10^{-4}\ mol \cdot L^{-1}$,在 $4.0\ L$ 这种回收液中:

(1) 加入 $1.0\ L\ 0.010\ mol \cdot L^{-1}$ 的 $BaCl_2$ 溶液,能否生成沉淀?

(2) 生成沉淀后,残留在溶液中的 SO_4^{2-} 浓度为多少?

六、推断题

8.55 有一红色粉末 X,加 HNO_3 得棕色沉淀物 A,沉淀分离后的溶液 B 中加入 K_2CrO_4 得黄色沉淀 C;往 A 中加入浓盐酸则有气体 D 放出;气体 D 通入加了适量 $NaOH$ 的溶液 B,可得到 A。试判断 X、A、B、C、D 各为何物,并写出相关的化学反应方程式。

8.56 某固体盐 A,加水溶解时生成白色沉淀 B;往其中加盐酸,沉淀 B 消失,得一无色溶液,再加入 $NaOH$ 溶液得白色沉淀 C;继续加入 $NaOH$ 使之过量,沉淀 C 溶解,得溶液 D;往 D 中加入 $BiCl_3$ 溶液,得黑色沉淀 E 和溶液 F。如果往沉淀 B 的盐酸溶液中逐滴加入 $HgCl_2$ 溶液,先得到一种白色丝光状沉淀 G,而后变为黑色的沉淀 H。试推断由 A 到 H 各为何物,写出相关的化学反应方程式。

项目 9

非金属元素

元素周期表中共有 24 种非金属元素,23 种位于周期表 p 区的右上方。除氢和氦外,其原子的价电子构型为 $ns^2np^{1\sim6}$。在这些非金属中,常温下以固态存在的有硼、碳、硅、磷、砷、硫、硒、碲、碘、砹和砌这 11 种,以液态存在的只有溴,其余均为气体。

任务 9.1　氢、稀有气体

9.1.1　氢

氢是周期表中的第一种元素,它在所有元素中具有最简单的原子结构,原子核外只有一个电子,基态时该电子处于其价电子轨道 1s 轨道上。氢位于周期表中的第 1 周期、ⅠA 族,是一种性质非常特别的元素,其原子结构、性质与碱金属、卤素既有相似性,又有区别。它与碱金属的性质有很大的差别,在多数化合物中氧化数为 +1,也可以形成 H^+,这与碱金属相似。H 也可以接受一个电子,形成负离子 H^-,这又与卤素相似。氢的电离能远大于碱金属的第一电离能,而电子亲和能又远小于卤素的,同时氢还可以和其他元素形成极性范围很宽的共价键,从 H 一端带部分正电荷到 H 一端带部分负电荷的情况都有,这是碱金属和卤素都不具有的性质。氢的独特性质是由其独特的原子结构、特别小的半径和低的电负性决定的。

氢是宇宙中最丰富的元素,在太阳和许多恒星的大气中含有大量的氢。据估计,氢占宇宙原子总数的 90%。在地球上,氢的含量也相当丰富,约占地壳质量的 1%。地球上的氢几乎全部以化合态存在于水和有机化合物中,天然气和水煤气中含有少量单质氢。氢有三种同位素:$_1^1H$(氕,符号为 H)占 99.98%,$_1^2H$(氘,符号为 D)占 0.016%,$_1^3H$(氚,符号为 T)的含量甚微。

1. 氢的性质

(1) 物理性质。

单质氢是由两个氢原子以共价单键的形式结合而成的双原子分子,其键长为 74 pm。常温下,H_2 是已知的最轻的气体,空气密度是其 14.38 倍,无色无臭,易燃。当空气中 H_2 的体积分数在 4%～74% 时,一经点燃,立即爆炸,这个浓度范围称为氢的爆炸极限。

氢几乎不溶于水(273 K 时 1 dm³ 水仅能溶解 0.02 dm³ 氢),具有很大的扩散速度和很高的导热性。H_2 是一种极难液化的气体,其临界温度为 −240 ℃。通常将氢气压缩在钢瓶中备用。液态氢可把除氦外的其他气体冷却转变成固体。同温同压下,氢气的密度最小,常用来填充气球。氢的一些性质列于表 9-1 中。

表 9-1 氢的一些性质

H(原子)的性质		H_2 的性质	
原子序数	1	键能/(kJ·mol⁻¹)	436
价电子构型	1s¹	键长/pm	74
原子半径/pm	32	熔点/K	13.95
H⁺半径/pm	10⁻³	沸点/K	20.38
H⁻半径/pm	208	临界温度/K	33.19
电离能/(kJ·mol⁻¹)	1312	临界压力/kPa	1297
电子亲和能/(kJ·mol⁻¹)	72.9	密度/(g·dm⁻³)	0.08988
电负性	2.1	溶解度/[cm³·(dm³(H₂O))⁻¹]	0.0182(20 ℃)

(2) 化学性质。

除稀有气体外,氢几乎能与所有的元素化合。在其化合物中主要有三种成键形式:与 p 区非金属通过共用电子对以共价键结合,如 HX、H_2O、NH_3 等;与 s 区元素(Be 和 Mg 除外)化合时,获得 1 个电子形成 H^-,以离子键相结合,如 NaH、CaH_2 等;过渡性键存在于非化学计量氢化物中,如 $LaH_{2.87}$,它是由氢原子填充在镧金属的晶格间隙中形成的非整比化合物。

此外,在化合物中氢原子还能形成一些特殊的键型,如氢键、氢桥键(B_2H_6)等。

① H_2 的键能比一般单键键能高很多,所以常温下 H_2 的化学性质并不活泼,除能与单质氟在暗处迅速反应生成 HF 外,与其他卤素或氧不发生反应。

$$H_2 + F_2 = 2HF$$

② 在加热、光照或其他合适的条件下,H_2 能同许多单质或化合物发生反应。H_2 是非常好的还原剂。

a. 同非金属单质反应,生成共价型氢化物。在空气中燃烧生成水,H_2 燃烧时火焰温度可达到 3273 K 左右,工业上常利用此反应切割和焊接金属。

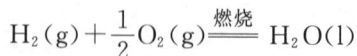

$$H_2(g) + \frac{1}{2}O_2(g) \xrightarrow{燃烧} H_2O(l)$$

工业上合成氨:

$$3H_2(g)+N_2(g) \underset{\text{催化剂}}{\overset{\text{高温、高压}}{\rightleftharpoons}} 2NH_3(g)$$

H_2 在 Cl_2 中燃烧：

$$H_2(g)+Cl_2(g) \overset{\text{燃烧}}{\rightleftharpoons} 2HCl(g)$$

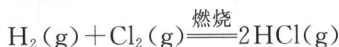

b. 能与活泼金属反应，生成金属氢化物。

$$H_2+2Na \overset{653\ K}{\rightleftharpoons} 2NaH$$

c. 能还原许多金属氧化物或金属卤化物为金属。

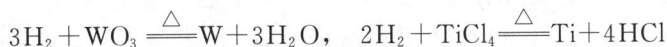

$$H_2+CuO \overset{\triangle}{\rightleftharpoons} Cu+H_2O, \quad 4H_2+Fe_3O_4 \overset{\triangle}{\rightleftharpoons} 3Fe+4H_2O$$

$$3H_2+WO_3 \overset{\triangle}{\rightleftharpoons} W+3H_2O, \quad 2H_2+TiCl_4 \overset{\triangle}{\rightleftharpoons} Ti+4HCl$$

③ 在有机化学中，氢可发生加氢反应（还原反应）。这类反应广泛应用于将植物油由液体变为固体，生产人造黄油；也用于把硝基苯还原成苯胺（印染工业），把苯还原成环己烷（生产尼龙-66 的原料）。

2. 氢的制法

实验室制备少量的氢气，常用中等活泼的金属 Zn 或 Fe 与稀硫酸作用，或用两性金属 Zn 或 Al 与 NaOH 溶液反应。工业上制氢的方法很多，下面将简要介绍。

(1) 实验室制法：常利用稀盐酸或稀硫酸与锌或铁等活泼金属作用制备氢气。需经纯化后才能得到纯净的氢气。

$$Zn+H_2SO_4 =\!=\!= ZnSO_4+H_2\uparrow$$

(2) 电解法：采用质量分数为 15%～25% 的 NaOH 或 KOH 溶液作为电解液，电解法制得的 H_2 比化学法制得的纯。

阴极： $\quad\quad\quad\quad 2H_2O+2e^- =\!=\!= H_2\uparrow+2OH^-$

阳极： $\quad\quad\quad\quad 4OH^- =\!=\!= O_2\uparrow+2H_2O+4e^-$

阴极产生的 H_2 其纯度可达 99.5%～99.9%。此法的原料虽然便宜，但耗电量大。此外，电解食盐水生产烧碱时，H_2 是重要的副产品。

(3) 工业制法。

① 碳还原水蒸气。用炽热的碳与水蒸气在高温下反应得 H_2 与 CO 的混合气体——水煤气。

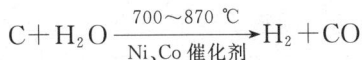

$$C+H_2O \underset{\text{Ni、Co 催化剂}}{\overset{700\sim870\ ℃}{\longrightarrow}} H_2+CO$$

水煤气再与水蒸气反应，其中的 CO 被氧化成 CO_2，同时还原出 H_2：

$$CO+H_2O \underset{\text{Fe、Cr 催化剂}}{\overset{500\ ℃}{\rightleftharpoons}} CO_2+H_2$$

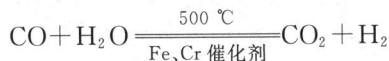

分离出混合气中的 CO_2，就得到比较纯的氢气。这是目前工业上氢气的主要来源。

② 烃类裂解。例如：

$$C_2H_6 \overset{\text{高温}}{\rightleftharpoons} CH_2=\!=CH_2+H_2$$

③ 盐型氢化物与水反应。例如：

$$NaH+H_2O =\!=\!= NaOH+H_2\uparrow$$

$$CaH_2 + 2H_2O \longrightarrow Ca(OH)_2 + 2H_2 \uparrow$$

④ 硅与碱反应(野外工作的简便制法)。例如:

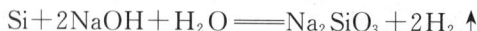

$$Si + 2NaOH + H_2O \longrightarrow Na_2SiO_3 + 2H_2 \uparrow$$

3. 氢的用途与氢能源开发

氢的许多性质决定了它的用途广泛。因为氢气能与非金属作用,可以直接合成氨、氯化氢等化工原料,还能将植物油(不饱和脂肪酸甘油三酯)加氢制得人造黄油。氢具有还原性,可将氧化物、氯化物还原得到金属或非金属,如还原 WO_3 制钨,还原 $SiHCl_3$ 制纯硅。

氢的同位素氘和氚也有其独特用处。在原子能工业中,重水 D_2O 在反应堆里用作中子减速剂。氘和氚进行热核反应时放出巨大的核能。氘和重水还是宝贵的示踪材料。

氢气是一种二级能源,燃烧时产生大量的热。每千克燃料燃烧放出的热量:

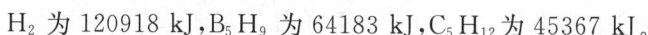

H_2 为 120918 kJ,B_5H_9 为 64183 kJ,C_5H_{12} 为 45367 kJ。

可见,氢气是一种高能燃料。但要制得氢气必须采用来自一级能源如煤炭、石油、太阳能或原子能的能量,并把这种能量转化为电能,再用电解或其他方法分解水而产生氢气。

氢气作为燃料的优点如下:氢气的唯一燃烧产物是水,不会对环境造成污染,是一种清洁能源;氢气本身也无毒,可以用管道把它输送到千家万户代替煤气或天然气作为民用和工业用的燃料气。

氢能源的开发涉及三大研究课题:氢气的产生、氢气的储存、氢气的利用。而如何生产出廉价的氢气及找到安全而方便的储存和运输方式是必须首先解决的两个问题。

(1) 氢气的产生。

利用太阳能来光解水产生氢气是一种最理想的制氢方法,太阳能取之不尽,而水用之不竭。如果能在工业装置中实现用太阳能直接光解水制氢的过程,将是氢能源开发的重大突破。研究和寻找光解水的高效催化剂是实现这一目标的关键,目前这一研究工作虽有一定的进展,但还远远达不到工业化生产的要求。

(2) 氢气的储存。

氢气是密度最低的气体。常温常压下,每升氢气的质量不到 0.09 g。作为燃料,装载和运输都不方便。另外,它同空气接触容易引起爆炸,不够安全。怎样把氢气储存起来备用和运输,就成为氢能源利用的一项很重要的课题。

关于氢气的储存问题,一种办法是在高压下使氢气连续冷冻和绝热膨胀,使之液化成为液态氢。由于液态氢的沸点很低,常温下它的蒸气压又很大,所以必须把它装在特制的高压容器里储存,这是利用液态氢的一个很大的障碍。

另一种方法是使氢气与某些金属生成金属型氢化物。将过渡金属同氢气在一定条件下作用,可以得到金属型氢化物;在另一条件下,这类氢化物分解成相应的金属和氢气。这是一种金属或合金吸收氢和放出氢的可逆过程,因此称为可逆储氢。这类金属或合金即称为储氢材料。

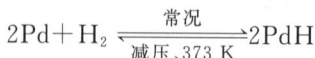

$$2Pd + H_2 \xrightarrow[\text{减压、373 K}]{\text{常况}} 2PdH$$

$$U + \frac{3}{2}H_2 \underset{573\ K}{\overset{523\ K}{\rightleftharpoons}} UH_3$$

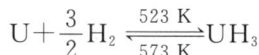

钯和铀都是价格昂贵的金属材料,用它们储氢不经济。我国稀土资源丰富,近年来研制的镧镍合金由于价格较便宜,在空气中稳定,储氢量大,因而被认为是一种很有希望的储氢材料。

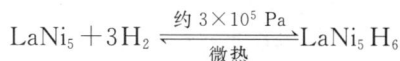

$$LaNi_5 + 3H_2 \underset{微热}{\overset{约\ 3 \times 10^5\ Pa}{\rightleftharpoons}} LaNi_5H_6$$

9.1.2　稀有气体

周期表中零族有氦、氖、氩、氪、氙、氡、氩七种元素,这些元素以气体状态存在,化学性质极不活泼,过去曾称其为惰性气体元素。自 20 世纪 60 年代起,陆续制备出了一些这类元素的化合物,现在改称它们为稀有气体元素。氩是第 7 周期最后一个元素,其原子序数和相对原子质量都是已发现元素中最高的。

1. 稀有气体的性质

稀有气体的熔沸点都很低,氦的沸点是所有单质中最低的。它们的蒸发热和在水中的溶解度都很小,这些性质随着原子序数的增加而逐渐升高。

氦是所有气体中最难液化的气体。当液化后的氦继续降温至约 2.2 K 时,氦会由一种液态转变为另一种液态,在 2.2 K 以上为 He(Ⅰ),具有通常液体的性质,而在 2.2 K 以下时为 He(Ⅱ),He(Ⅱ)有许多反常性质:它是一种超流体,其黏度非常小,可以流过普通液体无法流过的毛细管;He(Ⅱ)的导热性比 He(Ⅰ)大 10^6 倍,其导电性也极强,是一种超导体。

除氦($1s^2$)以外,稀有气体的外电子层都有相对饱和的结构,均为稳定的 8 电子构型:ns^2np^6。稀有气体的电子亲和能都接近于零,与其他元素相比较,它们都有很高的电离能。因此,稀有气体原子在一般条件下不容易得到或失去电子而形成化学键。表现出化学性质很不活泼,不仅很难与其他元素化合,而且自身也以单原子分子形式存在,分子之间仅存在着微弱的范德华力(主要是色散力)。稀有气体的基本性质见表 9-2。

表 9-2　稀有气体的基本性质

元素名称	氦	氖	氩	氪	氙	氡
元素符号	He	Ne	Ar	Kr	Xe	Rn
原子序数	2	10	18	36	54	86
相对原子质量	4.003	20.18	39.95	83.80	131.3	222.0
价电子构型	$1s^2$	$2s^2p^6$	$3s^2p^6$	$4s^2p^6$	$5s^2p^6$	$6s^2p^6$
原子半径/pm	93	112	154	169	160	220
第一电离能/(kJ·mol^{-1})	2372	2081	1521	1351	1170	1037

元素名称	氦	氖	氩	氪	氙	氡
蒸发热/$(kJ \cdot mol^{-1})$	0.09	1.8	6.3	9.7	13.7	18.0
熔点/K	0.95	24.48	83.95	116.55	161.15	202.15
沸点/K	4.25	27.25	87.45	120.25	166.05	208.15
临界温度/K	5.25	44.45	153.15	2010.65	289.75	377.65
临界压力/Pa	2.29×10^5	2.725×10^6	4.894×10^6	5.501×10^6	5.836×10^6	6.323×10^6
在水中的溶解度 /$[cm^3 \cdot (dm^3(H_2O))^{-1}]$	8.8	10.4	33.6	62.6	123	222
在大气中的丰度	5.2×10^{-6}	1.8×10^{-5}	9×10^{-3}	1.1×10^{-5}	8.7×10^{-8}	

稀有气体的原子半径都很大,在族中自上而下递增。应该注意的是,这些半径都是未成键的半径,应该仅把它们与其他元素的范德华半径进行对比,不能与共价或成键半径进行对比。稀有气体元素的第一电离能在族中自上而下依次降低,较重的元素有一定的化学反应活性。现已合成出的稀有气体元素的化合物多数是氙的化合物,也有氪和氡的化合物。有一定稳定性的氦、氖、氩的化合物至今尚未制得。

空气是稀有气体的主要来源,液态空气经过分级蒸馏,化学法除去氧气和氮气,即得以氩为主的稀有气体。氦的主要来源是天然气,有的含氦量高达 $7\% \sim 8\%$。

2. 稀有气体的用途

稀有气体的许多用途与这些元素不活泼及其某些物理特性有密切关系。目前,氦和氩已成为重要的工业用气。

氦的密度仅次于氢,无燃烧性,使用安全,常用来填充高空气球和汽艇。用氦代替氮来和氧混合制成"人造空气"供潜水员呼吸用。氦在血液里的溶解度比氮小,当潜水员出水时,不会像氮那样因压力骤减而使溶解在血液里的氮气逸出,并形成气泡阻塞血管,以至出现"潜水病"。液态氦的沸点是已知物质中最低的,可作为冷源用于超低温技术。氦气还可用于低温温度计。

稀有气体还广泛应用在光学、冶金和医学等领域中。例如,氦氖激光器、氩离子激光器等在国防和科研上有着广泛的用途。氖在放电管内放射出美丽的红光,加入一些汞蒸气后又发射出蓝光,所以氖被广泛用来制造霓虹灯。

氩在化学制备中常用作保护气体,防止氧化、氮化、氢化等,也用作电焊保护气氛(称氩弧焊)。氪可用作 X 射线的遮光材料(氪能吸收 X 射线)。

氙在电场的激发下能发出强烈的白光,高压长弧氙灯俗称"人造小太阳",用于电影摄影、舞台照明等,氙与 20% 氧气混合使用,可用作无副作用的麻醉剂。

氡在医疗上用于恶性肿瘤的放射性治疗,但在居室中长期接触微量氡(释自建筑石料或地基岩层等)会导致肺癌。

任务 9.2 卤素、拟卤素

9.2.1 卤素

元素周期表中ⅦA族的氟、氯、溴、碘、砹和鿬通称为卤素（通常以 X 表示），希腊原文的意思是"成盐元素"。砹的拉丁名称的原意是"不稳定"，半衰期很短，自然界的砹只短暂地存在于镭、钍的蜕变产物中，它具有其他卤素的一般特性。卤素的元素丰度从氟到碘递减。

自然界不存在游离态的氟和氯。氟主要以氟化物的形式（萤石 CaF_2、冰晶石 Na_3AlF_6、氟磷灰石 $Ca_5F(PO_4)_3$）存在于某些矿石中，在地壳中的质量分数约为 0.015%。氯主要以 NaCl 形式存在于海水、盐湖、盐井中，盐床中主要有钾石盐 KCl、光卤石 $KCl \cdot MgCl_2 \cdot 6H_2O$。海水中大约含氯 1.9%，在地壳中的质量分数约为 0.031%。溴主要存在于海水中，海水中溴的含量相当于氯的 1/300，盐湖和盐井中也存在少许的溴，地壳中的质量分数约为 1.6×10^{-4}%。碘则主要以有机含碘化合物的形式存在于某些能富集碘的海洋生物和以 $NaIO_3$ 的形式存在于智利硝石中。海水中碘的含量仅为 5×10^{-8}%，碘也存在于某些盐井、盐湖中。砹为放射性元素，鿬（Ts）是一种人工合成的超重元素，至今对它们的研究不多，这里不作讨论。

1. 卤素单质

卤素单质是同种卤素原子之间以共价键结合而成的双原子分子，即 F_2、Cl_2、Br_2、I_2。它们都是非极性分子，在固态时为分子晶体。随着 X_2 相对分子质量增大，分子间的色散力依次增强，它们的熔沸点等物理性质有规律地依次升高。表 9-3 列出了卤素的一些性质。

表 9-3 卤素的一些性质

元 素 名 称	氟	氯	溴	碘
原子序数	9	17	35	53
价电子构型	$2s^2 2p^5$	$3s^2 3p^5$	$4s^2 4p^5$	$5s^2 5p^5$
氧化数	-1、0	-1、0、$+1$、$+3$、$+5$、$+7$	-1、0、$+1$、$+3$、$+5$、$+7$	-1、0、$+1$、$+3$、$+5$、$+7$
共价半径 r_{cor}/pm	64	99	114	127
第一电离能 $I_1/(kJ \cdot mol^{-1})$	1681	1251	1140	1008
电子亲和能 $E_1/(kJ \cdot mol^{-1})$	327.9	348.8	324.6	295.3
电负性	4.0	3.0	2.8	2.5

续表

元素名称	氟	氯	溴	碘
$\varphi^{\ominus}(X_2/X^-)/V$	2.87	1.36	1.07	0.54
熔点 $t_m/℃$	−220	−101	−7.3	113
沸点 $t_b/℃$	−188	−34.5	59	183
物态	气体	气体	液体	固体
颜色	淡黄色	黄绿色	红棕色	紫黑色

常温下，F_2 和 Cl_2 是气体，Br_2 是液体，I_2 是固体。Cl_2 容易液化，在 293 K、压力超过 $6.69×10^5$ Pa 时，Cl_2 即由气态转化为液态。I_2 的蒸气压很高，加热时 I_2 可直接由固态转化为气态，这一过程称为升华，利用 I_2 升华的性质可纯化单质碘。

卤素单质的颜色也随着相对分子质量的增大，从 F_2 到 I_2 逐渐加深。这是由于聚集态不同，分子间的距离由大变小，使得色泽变深；同时，随着相对分子质量的增大，卤素单质分子的半径递增，核对外层电子的引力逐渐减弱，外层电子受光作用激发时需要的光子能量较低，故物质所显示的颜色较深。

卤素单质的溶解情况符合"相似相溶"原则。它们是非极性分子，故在极性大的水中溶解度较小，而易溶于非极性或极性较小的有机溶剂。其中 F_2 与水将发生剧烈的氧化还原反应。X_2 易溶于乙醇、乙醚、氯仿等有机溶剂中。Br_2 溶于以上溶剂时，溶液的颜色随 Br_2 浓度增大由黄色到棕红色逐渐加深。I_2 溶于以上溶剂时，因溶剂分了的极化作用，I_2 分子可发生变形，溶液呈棕红色或棕黄色。当 I_2 溶于 CCl_4 或 CS_2 等非极性有机溶剂中时，溶液呈紫色。I_2 易溶于碘化钾或其他可溶性碘化物溶液中，碘化物的浓度越大，I_2 的溶解度越大，溶液的颜色越深。这是由于 I_2 与 I^- 可生成易溶于水的 I_3^-：

$$I_2 + I^- \Longrightarrow I_3^- \quad （三碘离子）$$

因此，实验室或药房配制碘溶液时，都要加入一定量的 KI 固体。

X_2 具有强烈的刺激性，吸入较多卤素蒸气时会引起严重的毒性反应。氯中毒时应立即吸入少量乙醚和酒精的混合蒸气解毒。液溴能严重地灼伤皮肤，并造成难以治愈的创伤。溴蚀致伤时，应立即用苯或甘油洗涤，再用水洗，必要时去医院治疗。

卤素在其同周期的元素中非金属性最为突出，它们都显示出活泼的化学性质。X_2 最突出的化学性质是氧化性。X_2 作为氧化剂在化学反应中得到电子，本身被还原成为 X^-：

$$X_2 + 2e^- \Longrightarrow 2X^-$$

下列元素标准电极电势图有助于了解与氯、溴有关的氧化还原反应：

$$\varphi_A^{\ominus}/V \quad ClO_4^- \xrightarrow{1.19} ClO_3^- \xrightarrow{1.21} HClO_2 \xrightarrow{1.64} HClO \xrightarrow{1.63} Cl_2 \xrightarrow{1.36} Cl^-$$

（ClO_3^- 到 Cl_2：1.45；HClO 到 Cl^-：1.49；ClO_3^- 到 HClO：1.43；ClO_3^- 到 Cl_2：1.47）

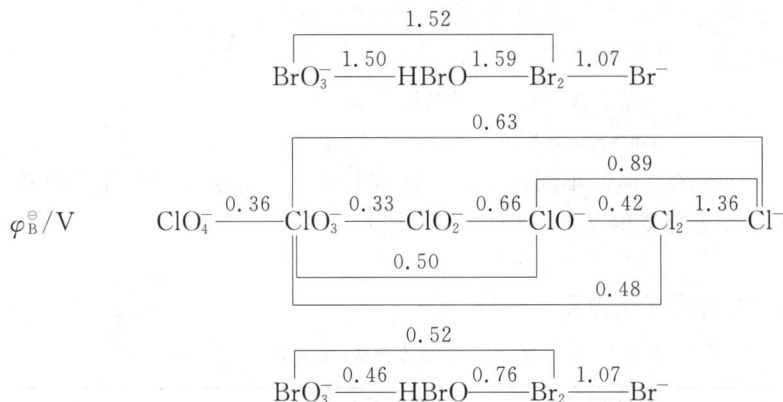

$$\overset{\displaystyle 1.52}{\overbrace{BrO_3^- \xrightarrow{1.50} HBrO \xrightarrow{1.59} Br_2 \xrightarrow{1.07} Br^-}}$$

$$\varphi_B^\ominus/V \quad ClO_4^- \xrightarrow{0.36} ClO_3^- \xrightarrow{0.33} ClO_2^- \xrightarrow{0.66} ClO^- \xrightarrow{0.42} Cl_2 \xrightarrow{1.36} Cl^-$$

（图中电势连线：0.63、0.89、0.50、0.48）

$$\overset{\displaystyle 0.52}{\overbrace{BrO_3^- \xrightarrow{0.46} HBrO \xrightarrow{0.76} Br_2 \xrightarrow{1.07} Br^-}}$$

X_2 的氧化性按 $F_2 \rightarrow Cl_2 \rightarrow Br_2 \rightarrow I_2$ 的顺序递减，X_2 的化学性质可概括为以下几个方面。

（1）与金属和非金属作用。F_2 能与所有的金属，以及除 O_2 和 N_2 以外的非金属直接化合，它与 H_2 在低温暗处也能发生爆炸。Cl_2 能与多数金属和非金属直接化合，但有些反应需要加热。Br_2 和 I_2 要在较高温度下才能与某些金属或非金属化合。X_2 与金属和非金属作用时，生成相应的卤化物。

（2）与水、碱的反应。卤素与水作用可发生两类反应：

一类是 X_2 氧化水放出 O_2 的反应：

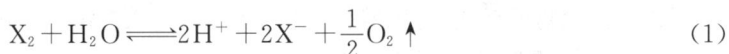

$$X_2 + H_2O \Longrightarrow 2H^+ + 2X^- + \frac{1}{2}O_2 \uparrow \tag{1}$$

另一类是 X_2 在水中的歧化反应：

$$X_2 + H_2O \Longrightarrow H^+ + X^- + HXO \tag{2}$$

F_2 与水的反应主要按反应（1）进行，能激烈地放出 O_2。Cl_2 与水主要按反应（2）进行，发生歧化反应，生成盐酸和次氯酸，后者在日光照射下可以分解出 O_2。

$$Cl_2 + H_2O \Longrightarrow HCl + HClO$$

$$2HClO \xrightarrow{光} 2HCl + O_2 \uparrow$$

Br_2 和 I_2 与纯水的反应极不明显，只是在碱性溶液中才能显著发生类似反应（2）的歧化反应：

$$Br_2 + 2KOH = KBr + KBrO + H_2O$$

$$3I_2 + 6NaOH = 5NaI + NaIO_3 + 3H_2O$$

X_2 在碱性溶液中迅速发生歧化反应，生成 XO^- 或 XO_3^-。例如：

冷碱溶液中 $\qquad Cl_2 + 2OH^- = ClO^- + Cl^- + H_2O$

热碱溶液中 $\qquad 3Cl_2 + 6OH^- = ClO_3^- + 5Cl^- + 3H_2O$

（3）卤素间的置换反应。X_2 与 X'^- 间的氧化还原反应称为卤素间置换反应。由 X_2 的标准电极电势可知，卤素单质从 F_2 到 I_2 氧化性逐渐减弱，前面的卤素可以从卤化物中将后面（非金属性较弱）的卤素置换出来。例如：

$$Cl_2 + 2KBr = 2KCl + Br_2$$

$$Cl_2 + 2KI = 2KCl + I_2$$

这就是从晒盐后的苦卤生产溴,或由海藻灰提取碘的反应。

此外,还可以发生另一类置换反应。例如:

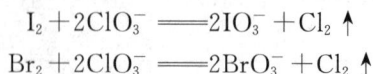

$$I_2 + 2ClO_3^- \rlap{=\!=} 2IO_3^- + Cl_2 \uparrow$$

$$Br_2 + 2ClO_3^- \rlap{=\!=} 2BrO_3^- + Cl_2 \uparrow$$

(4)生成卤素互化物的反应。不同的卤素单质彼此相互化合所生成的化合物称为卤素互化物。例如,Cl_2 和等物质的量碘作用生成氯化碘:

$$Cl_2 + I_2 \rlap{=\!=} 2ICl$$

表 9-4 列出了一些卤素互化物常温时的性状。

表 9-4 一些卤素互化物的性状(常温)

类型	XX' 型	XX'_3 型	XX'_5 型	XX'_7 型
物质及性状	ClF(无色气体)	ClF_3(无色气体)	BrF_5(无色液体)	IF_7(无色固体,278.5 K 升华)
	BrF(棕色气体)	BrF_3(黄绿色气体)	IF_5(无色液体)	
	BrCl(红色气体)	IF_3(黄色固体,易分解)		
	ICl(红色固体)	ICl_3(橙色固体)		
	IBr(黑色固体)	IBr_3(棕色气体)		

(5)生成多卤化物的反应。卤素单质或卤素互化物能与金属卤化物发生加成反应,生成多卤化物,多卤化物中所含卤素可以是一种,如 KI_3,也可以是多种,如 $KICl_2$。X_2 与 X^- 形成多卤化物的反应,可以看作极化了的 X_2 与 X^- 相互作用的结果。

卤素单质的重要化学反应见表 9-5。

表 9-5 卤素单质的重要化学反应

化学反应方程式	说　　明
$nX_2 + 2M \rlap{=\!=} 2MX_n$	与大多数金属 M 作用,$n = 1, 2, \cdots$
$3X_2 + 2P \rlap{=\!=} 2PX_3$	P 过量,与 As、Sb、Bi 也有此反应
$X_2 + PX_3 \rlap{=\!=} PX_5$	X_2 过量,碘无此反应,F_2、Cl_2 与 As、Sb 也有此反应
$X_2 + H_2 \rlap{=\!=} 2HX$	剧烈程度按 $F_2 \rightarrow Cl_2 \rightarrow Br_2 \rightarrow I_2$ 顺序递减
$2X_2 + 2H_2O \rlap{=\!=} 4H^+ + 4X^- + O_2$	剧烈程度按 $F_2 \rightarrow Cl_2 \rightarrow Br_2$ 顺序递减
$X_2 + H_2O \rlap{=\!=} H^+ + X^- + HOX$	F_2 无此反应
$X_2 + H_2S \rlap{=\!=} S + 2HX$	Cl_2、Br_2、I_2 可发生此反应
$X_2 + 2S \rlap{=\!=} S_2X_2$	Cl_2、Br_2 可发生此反应
$X_2 + 2X'^- \rlap{=\!=} X'_2 + 2X^-$	卤素单质与另一种卤离子的置换反应
$X_2 + X'_2 \rlap{=\!=} 2XX'$	卤素单质互相化合形成卤素互化物
$X_2 + X'^- \rlap{=\!=} X'X_2^-$	卤素单质与卤素离子形成多卤化物

卤素单质的制备与用途分述如下:

(1) 氟。由于氟是最活泼的非金属元素,且毒性很大,所以制备和保存其单质都极为困难,通常都是需要时才制备,制得产品后立即使用。

通常采用电解法制取氟,用 Cu-Ni 合金制成电解槽,兼作阴极;用石墨作阳极,电解液由 KHF_2 和无水 HF 组成。电解反应如下:

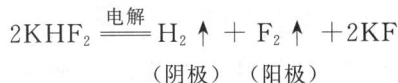

$$2KHF_2 \xrightarrow{\text{电解}} H_2\uparrow + F_2\uparrow + 2KF$$
$$\text{(阴极)} \quad \text{(阳极)}$$

为防止阳极产物 F_2 和阴极产物 H_2 混合发生爆炸,需用特制的合金隔膜将两极严格分开。由于 HF 的消耗,电解过程中电解质的熔点会升高,需要不断补充 HF。

1986 年,有人根据路易斯酸碱理论用化学法成功地制得 F_2,其反应为

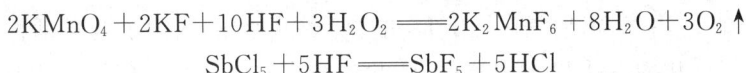

$$2KMnO_4 + 2KF + 10HF + 3H_2O_2 = 2K_2MnF_6 + 8H_2O + 3O_2\uparrow$$

$$SbCl_5 + 5HF = SbF_5 + 5HCl$$

$$2K_2MnF_6 + 4SbF_5 \xrightarrow{150\ ℃} 4KSbF_6 + 2MnF_3 + F_2\uparrow$$

氟是重要的工业化学药品,在高科技领域中的应用日益广泛,在原子能工业中用以分离铀的同位素;聚四氟乙烯具有高强度、耐热、抗腐蚀,俗称"塑料王";含 C-F 键的全氟烃,被广泛用于炒锅、铲雪车铲的防粘涂层和人造血液;由 ZrF_4、BaF_2 和 NaF 组成的氟化物光导纤维具有优良性能。

氟曾主要用于制备氟碳化合物,如氟利昂-12 是最受关注的氟化物之一,它的化学成分为 CCl_2F_2,沸点为 $-29.8\ ℃$,曾大量用作制冷剂。由于对大气臭氧层有破坏作用,基本被淘汰;氟碳化合物也用于润滑剂和氟塑料;氟用于制备核电力工业所需的 UF_6,制备绝缘材料 SF_6 和氟化剂 ClF_3、BrF_3 和 IF_5 等。氟是生命必需的微量元素,是体内骨骼正常发育、增加骨骼和牙齿强度不可缺少的成分。

氟对人体有伤害作用,长时间接触会引起皮炎,吸入体内会引起肺水肿。

(2) 氯。氯的氧化性很强,只能用电解氧化或用强氧化剂将 Cl^- 氧化为 Cl_2。

工业上通过电解 NaCl 饱和溶液制备氯,电解反应为

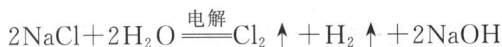

$$2NaCl + 2H_2O \xrightarrow{\text{电解}} Cl_2\uparrow + H_2\uparrow + 2NaOH$$

实验室常用强氧化剂如 $KMnO_4$、MnO_2 和 $K_2Cr_2O_7$ 等与浓盐酸反应制得少量的氯。

$$2KMnO_4 + 16HCl(浓) = 2MnCl_2 + 5Cl_2\uparrow + 2KCl + 8H_2O$$

$$MnO_2 + 4HCl(浓) = MnCl_2 + Cl_2\uparrow + 2H_2O$$

或 $$2NaCl + 3H_2SO_4(浓) + MnO_2 = 2NaHSO_4 + MnSO_4 + Cl_2\uparrow + 2H_2O$$

$$K_2Cr_2O_7 + 14HCl(浓) = 2CrCl_3 + 3Cl_2\uparrow + 2KCl + 7H_2O$$

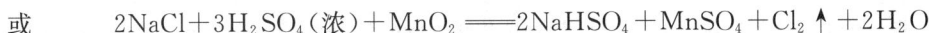

最后一个反应只有在加热时才能明显进行。

Cl_2 是廉价的强氧化剂及重要的化工原料,大约一半用来制备有机氯化物,其中最重要的是聚氯乙烯,一半用于制漂白剂、消毒剂和无机氯化物。氯用于合成盐酸,生产农药、医药和染料,以及纺织品和纸张的漂白、自来水的消毒等。

Cl_2 对眼睛、皮肤和呼吸道有刺激作用,严重时会引起肺水肿、慢性支气管炎等。

(3) 溴。溴主要以 Br^- 形式存在于海水中。通常是在 $pH=3.5$ 的条件下,用 Cl_2 氧化浓缩后的海水生成 Br_2,利用空气将生成的 Br_2 吹出。用 Na_2CO_3 溶液吸收,溶液浓缩

后用硫酸酸化，Br_2 又重新析出。

$$2Br^- + Cl_2 \Longrightarrow Br_2 + 2Cl^-$$

$$3CO_3^{2-} + 3Br_2 \Longrightarrow 5Br^- + BrO_3^- + 3CO_2 \uparrow$$

$$5Br^- + BrO_3^- + 6H^+ \Longrightarrow 3Br_2 + 3H_2O$$

溴是制备汽油抗爆剂、照相感光材料以及农药和药剂的原料。

溴对皮肤有损伤作用，会导致皮肤和指甲发黄，对眼睛、皮肤和呼吸道有强烈腐蚀作用。

(4) 碘。碘主要以碘化物的形式存在于海水中或以碘酸盐的形式存在于硝石中。

由海水制备碘时，将溶液过滤除去泥浆等机械杂质，然后加 H_2SO_4 煮沸以沉淀 SiO_2。溶液中的 I^- 用 $NaNO_2$ 氧化析出 I_2，并用活性炭吸附，吸附了 I_2 的活性炭用 $NaOH$ 溶液处理，使 I_2 歧化为 NaI 和 $NaIO_3$，经 H_2SO_4 酸化后析出 I_2。有关反应如下：

$$2NO_2^- + 2I^- + 4H^+ \Longrightarrow I_2 + 2NO \uparrow + 2H_2O$$

$$3I_2 + 6OH^- \Longrightarrow 5I^- + IO_3^- + 3H_2O$$

$$5I^- + IO_3^- + 6H^+ \Longrightarrow 3I_2 + 3H_2O$$

从硝石中结晶出 $NaNO_3$ 后，其母液中含有 $0.6\% \sim 1.2\%$ 的 $NaIO_3$，用 HSO_3^- 将 IO_3^- 还原析出 I_2。

$$2IO_3^- + 5HSO_3^- \Longrightarrow I_2 + 5SO_4^{2-} + 3H^+ + H_2O$$

由于 HSO_3^- 可将 I_2 还原为 I^-，反应中 HSO_3^- 不能过量，HSO_3^- 与 IO_3^- 的物质的量之比控制在 $5:6$。可用水蒸气蒸馏或升华的方法纯化碘，其纯度可达 99.5%。

I_2 是制备碘化物的原料，医药上常用于制备镇痛剂和消毒剂。"碘酒"一般是含碘 2% 的酒精溶液。碘加入食盐中成为碘盐，其中碘的质量分数为 0.02%。

碘是人体必需的微量元素，健康成年人体内含 $15 \sim 20\ mg$ 碘，主要存在于甲状腺中。缺碘症状主要表现为甲状腺肿大、发育迟缓、生殖系统异常等。

2. 卤化氢和氢卤酸

(1) 卤化氢和氢卤酸的物理性质。

卤素与氢的化合物 HF、HCl、HBr、HI 合称卤化氢，以通式 HX 表示。卤化氢 HX 是具有强烈刺激性气味的无色气体，极易溶于水，在潮湿的空气中与水蒸气结合形成细小的酸雾而"冒烟"。表 9-6 列举了卤化氢和氢卤酸的一些重要性质。从表中可知，HX 的物理性质按 $HCl \rightarrow HBr \rightarrow HI$ 的顺序有规律地变化着，HF 却在许多方面表现为突出的例外，如它的熔沸点反常地高，生成焓特别高等。这是由于 HF 分子间存在着其他 HX 所没有的强氢键缔合作用和 H—F 键强度较高。

表 9-6 卤化氢和氢卤酸的性质

	HF	HCl	HBr	HI
熔点/K	189.61	158.94	186.28	222.36
沸点/K	292.67	188.11	206.43	237.80

续表

	HF	HCl	HBr	HI
$\Delta_f H_m^{\ominus}/(kJ \cdot mol^{-1})$	−271.1	−92.31	−36.40	+26.48
$\Delta_f G_m^{\ominus}/(kJ \cdot mol^{-1})$	−273.22	−95.30	−53.45	1.72
$S_m^{\ominus}/(J \cdot mol^{-1} \cdot K^{-1})$	173.67	186.80	198.59	294.58
在 1273 K 时分解分数/(%)	—	0.014	0.5	33
偶极矩 μ/D	1.74	1.07	0.788	0.382
气态分子核间距/pm	92	127.6	141.0	162
H—X 键能/(kJ · mol^{-1})	569.0	431	369	297.1
恒沸溶液沸点/K	393	383	399	400
恒沸溶液(101325 Pa)密度/(g · cm^{-3})	1.138	1.096	1.482	1.708
恒沸溶液 HX 质量分数/(%)	35.35	20.24	47	57

卤化氢的水溶液称为氢卤酸。当加热氢卤酸的稀水溶液时,由于气相中 HX 的浓度小于液相中的浓度,随水溶液逐渐变浓,沸点逐渐升高至气、液两相有相同的组成,组成和沸点恒定不变时的溶液称为恒沸溶液。氢卤酸恒沸溶液的组成和沸点见表 9-6。

氢卤酸都有广泛的用途。人们习惯上称氢氯酸为盐酸,盐酸是最重要和最常用的无机三大强酸之一。表 9-7 列出了实验室常用的试剂级氢卤酸的主要规格。

表 9-7 试剂级氢卤酸的主要规格

	外　观	溶液浓度	密度 ρ/(g · cm^{-3})	包　装
氢氟酸(HF)	无色透明	>40%	>1.130	白色塑料瓶
盐酸(HCl)	无色透明	36%～38%	1.1789～1.885	无色玻璃瓶
氢溴酸(HBr)	无色透明	>40%	>1.3772	棕色玻璃瓶
氢碘酸(HI)	无色透明	>45%	1.50～1.55	棕色玻璃瓶

（2）卤化氢和氢卤酸的化学性质。

① 氢卤酸的酸性。除氢氟酸外,其他氢卤酸都是强酸,酸性按 HCl→HBr→HI 的顺序递增。氢氟酸是弱酸,表观解离度很小,在高浓度的 HF 溶液中,由于 F^- 能与 HF 以氢键缔合,生成稳定的 HF_2^-,使 HF 的解离度增大,酸性增强。18 ℃、0.1 mol · L^{-1} 氢卤酸的表观解离度见表 9-8。

表 9-8 18 ℃、0.1 mol · L^{-1} 氢卤酸的表观解离度

	HF	HCl	HBr	HI
表观解离度/(%)	10	93	93	95

② 氢卤酸的还原性。氢卤酸还原性的强弱可由其标准电极电势值来衡量,从表 9-3

可见,它是按 $\varphi^{\ominus}(F_2/F^-) \to \varphi^{\ominus}(I_2/I^-)$ 顺序递减的。故在水溶液中,X^- 还原能力大小顺序为

$$F^- < Cl^- < Br^- < I^-$$

F^- 的还原能力最弱,事实上 HF 不能被任何氧化剂氧化;HCl 只被一些强氧化剂(如 $KMnO_4$、PbO_2、$K_2Cr_2O_7$、MnO_2 等)所氧化。例如:

$$16HCl + 2KMnO_4 == 5Cl_2 \uparrow + 2MnCl_2 + 8H_2O + 2KCl$$

I^- 的还原能力最强,HI 溶液常温下即可被空气中的 O_2 所氧化:

$$4HI + O_2 == 2I_2 + 2H_2O$$

③ HX 的沉淀反应。HX 与某些金属离子作用时,能生成难溶于水的金属卤化物沉淀。例如:

$$HX + AgNO_3 == AgX \downarrow + HNO_3 \quad (HF 除外)$$

能与 HCl、HBr 和 HI 生成沉淀的金属离子主要有 Ag^+、Cu^+、Hg_2^{2+} 和 Pb^{2+}。此外,$HgBr_2$、HgI_2 和 BiI_3 也难溶于水。能与 HF 生成沉淀的金属离子主要有碱土金属离子(Be^{2+} 除外)、Mn^{2+}、Fe^{2+}、Cu^{2+}、Zn^{2+} 和 Pb^{2+}。

④ HF 的特殊性。氢氟酸的酸性和还原性都很弱,但它有另一种特殊的性质,能与 SiO_2 或硅酸盐作用,生成气态的 SiF_4。因此,不能用玻璃或陶瓷容器储存氢氟酸。这一反应在分析化学中可用于测定 SiO_2 的含量:

$$SiO_2 + 4HF == SiF_4 \uparrow + 2H_2O$$

氢氟酸是一元弱酸,但能形成形式上的酸式盐 $NaHF_2$ 或 KHF_2 等,这是因为 HF 解离出的 F^- 能与未解离的 HF 通过配位键结合为二氟氢离子 HF_2^-:

$$F^- + HF \rightleftharpoons HF_2^-$$

(3)氢卤酸的制备。

① 直接合成。盐酸的工业制法是由 Cl_2 和 H_2 直接反应生成 HCl,冷却后用水吸收制得盐酸,此法最经济。直接合成法不能用于 HF、HBr 和 HI 的制备,这是因为 F_2 与 H_2 反应激烈甚至发生爆炸,无法控制;Br_2、I_2 与 H_2 反应的平衡常数小,产率低,因而不宜采用。

工业盐酸因含有杂质 $FeCl_3$ 和游离 Cl_2 而呈黄色,可用蒸馏法提纯。由于 $FeCl_3$ 和 Cl_2 都有可能随 HCl 一起蒸出,不能达到分离的目的,故在蒸馏前加入某些还原剂,使 $FeCl_3$ 转变为不易挥发的 $FeCl_2$,并使 Cl_2 转变为氯化物,留在蒸馏瓶的底液中而除去。常用的还原剂有 $SnCl_2$,反应如下:

$$2FeCl_3 + SnCl_2 == 2FeCl_2 + SnCl_4$$

$$Cl_2 + SnCl_2 == SnCl_4$$

② 酸与金属卤化物作用。卤化氢具有挥发性,可用金属卤化物与高沸点的浓酸作用制取卤化氢,被水吸收即得氢卤酸。用 NaCl 与浓 H_2SO_4 在加热条件下反应制得盐酸,该法因与合成法相比不经济而逐渐被淘汰。

$$NaCl + H_2SO_4(浓) \xrightarrow{\triangle} NaHSO_4 + HCl \uparrow$$

$$NaCl + NaHSO_4 \xrightarrow{\triangle} Na_2SO_4 + HCl \uparrow$$

对于氢氟酸,复分解法最有实际意义。萤石矿粉碎后与浓 H_2SO_4 作用放出 HF,用水吸收得到氢氟酸:

$$CaF_2 + H_2SO_4(浓) \xrightarrow{\triangle} CaSO_4 + 2HF\uparrow$$

氢溴酸和氢碘酸不能用浓 H_2SO_4 来制取,因为 Br^- 和 I^- 会被浓 H_2SO_4 氧化,得不到 HBr 和 HI:

$$2NaBr + 3H_2SO_4(浓) = 2NaHSO_4 + SO_2\uparrow + Br_2 + 2H_2O$$

$$8NaI + 9H_2SO_4(浓) = 8NaHSO_4 + H_2S\uparrow + 4I_2 + 4H_2O$$

为此,可用高沸点的非氧化性酸——浓 H_3PO_4 代替浓 H_2SO_4:

$$NaX + H_3PO_4(浓) \xrightarrow{\triangle} NaH_2PO_4 + HX\uparrow \quad (X=Br、I)$$

此方法因 H_3PO_4 成本高而较少使用。

③ 非金属卤化物水解。此法经济且方便,尤其适用于制取 HBr 和 HI。先由单质溴和碘与磷作用生成卤化磷,然后将水滴到该卤化物上,卤化氢便立即生成:

$$PBr_3 + 3H_2O = H_3PO_3 + 3HBr\uparrow$$

$$PI_3 + 3H_2O = H_3PO_3 + 3HI\uparrow$$

实际工作中,不需要事先制备卤化磷,而是把溴滴加在红磷和少许水的混合物中,或把水滴加在红磷和碘的混合物中,卤化氢即可产生:

$$2P + 3Br_2 + 6H_2O = 2H_3PO_3 + 6HBr\uparrow$$

$$2P + 3I_2 + 6H_2O = 2H_3PO_3 + 6HI\uparrow$$

3. 卤化物

卤化物是指卤素与电负性较小的元素形成的化合物。卤化物是最主要和最普通的化合物,除 He、Ne、Ar 外,周期表中所有其他元素都可形成卤化物。除非金属离子显色,一般卤化物无论是在固态或溶液中都是无色的。但碘化物例外,如 AgI 为黄色,PbI_2 为鲜黄色,HgI_2 为红色。卤化物的主要性质是共价型卤化物的水解性和卤负离子 X^- 的配位作用。

(1) 键型与熔沸点。卤素与 IA、IIA 和 IIIB 族的绝大多数金属元素形成离子型卤化物,与非金属元素则形成共价型卤化物。前者一般具有较高的熔沸点,熔融体或水溶液能导电。后者的熔沸点较低,熔融后不导电,能溶于非极性溶剂。这两种类型的卤化物并没有严格的界限。

同一金属不同氧化态的卤化物,以高氧化态的共价性较为显著,熔沸点比较低,挥发性也比较强(见表 9-9)。

表 9-9　几种金属卤化物的熔沸点

	$SnCl_2$	$SnCl_4$	$PbCl_2$	$PbCl_4$	$SbCl_3$	$SbCl_5$
熔点 t_m/℃	246.8	−33	501	−15	73	3.5
沸点 t_b/℃	623	114.1	950	105	223.5	79

同一金属不同卤化物,由于卤素的电负性按 F→Cl→Br→I 的顺序依次减小,且变形性依次增大,所以键型由离子型过渡到共价型,晶体类型由离子晶体过渡到分子晶体,熔沸点也依次降低(见表 9-10)。

表 9-10　卤化铝的性质

	AlF_3	$AlCl_3$	$AlBr_3$	AlI_3
熔点 $t_m/℃$	1040	193(加压)	97.5	191
沸点 $t_b/℃$	1200	183(升华)	268	382
键型	离子型	过渡型	共价型	共价型
晶体类型	离子晶体	过渡型晶体	分子晶体	分子晶体

AlI_3 的熔沸点高于 $AlBr_3$,是因为 AlI_3 具有较大的相对分子质量和体积,分子间的色散力较强。

(2) 热稳定性。卤化物的热稳定性差别较大。一般来说,金属卤化物的热稳定性明显比非金属卤化物高;同一元素的卤化物,它们的热稳定性按 F→Cl→Br→I 的顺序依次降低。例如,PF_5 稳定而难分解,PCl_5 加热至 300 ℃可分解为 PCl_3 和 Cl_2,PBr_5 熔融时已开始分解,PI_5 尚未制得。卤化物的热稳定性一般可用其生成焓的大小来估计。

(3) 溶解性和水解性。多数金属卤化物易溶于水,常见的氯化物中难溶的只有 $AgCl$、Hg_2Cl_2、$PbCl_2$、$CuCl$ 和 CuI。除碱金属卤化物外,大多数金属卤化物在溶解于水的同时,都会发生不同程度的水解,金属离子的碱性越弱,其水解程度越大。

共价型卤化物,除 CCl_4 和 SF_6 等少数难溶于水外,大多遇水即强烈水解,生成相应的含氧酸、碱式盐或卤氧化物和氢卤酸。例如:

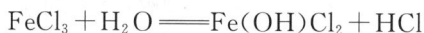

$$SiCl_4 + 3H_2O \rule{1cm}{0.4pt} H_2SiO_3 + 4HCl$$
$$FeCl_3 + H_2O \rule{1cm}{0.4pt} Fe(OH)Cl_2 + HCl$$
$$BiCl_3 + H_2O \rule{1cm}{0.4pt} BiOCl + 2HCl$$

(4) 卤负离子 X^- 的配位作用。X^- 可以与许多金属离子和共价型卤化物形成配合物,如 $[AlF_6]^{3-}$、$[FeF_6]^{3-}$、$[HgI_4]^{2-}$ 等。在化学中常用于难溶盐溶解和金属离子的分离、掩蔽或检出。例如:

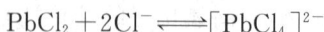

$$PbCl_2 + 2Cl^- \rightleftharpoons [PbCl_4]^{2-}$$
$$Fe^{3+} + 6F^- \rightleftharpoons [FeF_6]^{3-}$$

金溶于王水也与配离子的生成有关:

$$Au + HNO_3 + 4HCl \rule{1cm}{0.4pt} NO\uparrow + HAuCl_4 + 2H_2O$$

4. 氯的含氧酸及其盐

除氟外,氯、溴、碘都能形成氧化数为 +1、+3、+5 和 +7 四种类型的含盐酸及其盐,它们最突出的性质是氧化性。表 9-11 列出了卤素的几种含氧酸。

表 9-11　卤素的含氧酸

	卤素氧化数	氯	溴	碘
次卤酸	+1	HClO*	HBrO*	HIO*
亚卤酸	+3	HClO₂*	HBrO₂*	
卤酸	+5	HClO₃*	HBrO₃*	HIO₃
高卤酸	+7	HClO₄	HBrO₄*	H₅IO₆、HIO₄

* 表示仅存在于溶液中。

这些酸中,除了碘酸和高碘酸能得到比较稳定的固体结晶外,其余都不稳定,且大多只能存在于水溶液中。它们的盐则较稳定,并得到普遍应用。这里仅讨论氯的含氧酸及其盐。

（1）次氯酸及其盐。

HClO 是弱酸,$K_a^\ominus = 2.9 \times 10^{-8}$。

次氯酸盐为离子化合物,其可溶性盐溶于水时,因 ClO^- 水解使溶液呈碱性:

$$ClO^- + H_2O \Longrightarrow HClO + OH^-$$

次氯酸及其盐的结构对称性较差,因此不稳定,在溶液中常以两种方式分解:

$$2HClO \Longrightarrow 2HCl + O_2\uparrow \quad 或 \quad 2ClO^- \Longrightarrow 2Cl^- + O_2\uparrow$$

$$3HClO \Longrightarrow 2HCl + HClO_3 \quad 或 \quad 3ClO^- \Longrightarrow 2Cl^- + ClO_3^-（歧化反应）$$

光照、溶液中有催化剂或有能与 O_2 化合的物质存在时,次氯酸及其盐即分解放出 O_2,它们的杀菌作用和漂白作用就是基于这一反应;加热时次氯酸及其盐主要发生歧化反应。

次氯酸的稳定性小于次氯酸盐。常用的次氯酸盐主要有次氯酸钠 NaClO 和漂白粉。漂白粉是 $Ca(ClO)_2$、$CaCl_2$ 和 $Ca(OH)_2$ 的混合物。298 K 时,将 Cl_2 通入熟石灰中即得到漂白粉:

$$2Cl_2 + 3Ca(OH)_2 \Longrightarrow Ca(ClO)_2 \cdot CaCl_2 \cdot Ca(OH)_2 \cdot 2H_2O$$

$Ca(ClO)_2$ 是漂白粉的有效成分。分析化学中测定漂白粉有效成分含量的方法如下:用盐酸与一定质量的漂白粉作用,以生成 Cl_2（称为有效氯）的量确定 $Ca(ClO)_2$ 的含量:

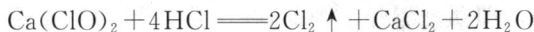

$$Ca(ClO)_2 + 4HCl \Longrightarrow 2Cl_2\uparrow + CaCl_2 + 2H_2O$$

有效氯是指具有消毒能力（强氧化剂）的氯的质量分数。工业上要求漂白粉含有效氯 $45\% \sim 70\%$。

次氯酸盐露置于空气中会逐渐失效,其分解反应的过程为

$$2ClO^- + CO_2 + H_2O \Longrightarrow 2HClO + CO_3^{2-}$$

$$2HClO \Longrightarrow 2HCl + O_2\uparrow$$

漂白粉广泛用于纺织漂染、造纸等工业中,也是常用的廉价消毒剂。因其易水解,且 CO_2 会使其分解,所以保存时不要暴露在空气中。使用时注意不要与易燃物（即还原剂）混合,否则可能引起爆炸。漂白粉有毒,吸入体内,会引起鼻喉疼痛,甚至全身中毒。

次氯酸及其盐都是强氧化剂,它们作为氧化剂时,本身被还原成 Cl^-:

$$HClO + H^+ + 2e^- \Longrightarrow Cl^- + H_2O$$

$$\mathrm{ClO^- + H_2O + 2e^- \rightleftharpoons Cl^- + 2OH^-}$$

（2）亚氯酸及其盐。

亚卤酸是最不稳定的卤素含氧酸。其中最稳定的 $\mathrm{HClO_2}$ 也只能以稀溶液的形式存在，而 $\mathrm{HBrO_2}$ 更不稳定，只能瞬间存在于溶液中。在亚氯酸钡悬浮液中加入稀硫酸，除去 $\mathrm{BaSO_4}$ 沉淀，即可得到 $\mathrm{HClO_2}$ 水溶液，它极不稳定，会迅速分解：

$$\mathrm{8HClO_2 =\!=\!= 6ClO_2 + Cl_2\uparrow + 4H_2O}$$

尽管 $\mathrm{HClO_2}$ 酸性比 HClO 稍强，是一种中强酸，但并无多大的实际用途。

亚氯酸盐比 $\mathrm{HClO_2}$ 稳定得多，如把亚氯酸盐的碱性溶液放置一年也不分解，但加热或敲击亚氯酸盐固体时立即爆炸，歧化为氯酸盐和氯化物：

$$\mathrm{3NaClO_2 =\!=\!= 2NaClO_3 + NaCl}$$

工业级 $\mathrm{NaClO_2}$ 为白色结晶，加热至 350 ℃ 仍不分解，但含有水分的 $\mathrm{NaClO_2}$ 在 130～140 ℃ 就开始分解。它也是一种高效漂白剂及氧化剂，与有机物混合能发生爆炸，应密闭保存在阴凉处。

（3）氯酸及其盐。

氯酸 $\mathrm{HClO_3}$ 是强酸，其强度与 HCl 和 $\mathrm{HNO_3}$ 接近。稀溶液在室温时较稳定，当遇热或溶液浓度超过 40% 时，迅速分解，甚至发生爆炸：

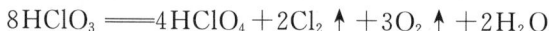

$$\mathrm{8HClO_3 =\!=\!= 4HClO_4 + 2Cl_2\uparrow + 3O_2\uparrow + 2H_2O}$$

氯酸盐为离子化合物，常用的可溶性氯酸盐有 $\mathrm{KClO_3}$ 和 $\mathrm{NaClO_3}$。氯酸盐的热分解反应比较复杂。例如，加热 $\mathrm{KClO_3}$ 至 668 K 时，即发生歧化反应：

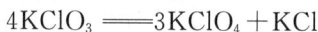

$$\mathrm{4KClO_3 =\!=\!= 3KClO_4 + KCl}$$

当有催化剂（如 $\mathrm{MnO_2}$）存在时，$\mathrm{KClO_3}$ 受热则分解放出 $\mathrm{O_2}$：

$$\mathrm{2KClO_3 =\!=\!= 2KCl + 3O_2\uparrow}$$

氯酸及其固体盐和盐的酸性溶液都是强氧化剂。例如，在酸性介质中，氯酸盐能将 $\mathrm{Cl^-}$ 氧化为 $\mathrm{Cl_2}$：

$$\mathrm{ClO_3^- + 5Cl^- + 6H^+ =\!=\!= 3Cl_2 + 3H_2O}$$

氯酸盐中比较重要的是 $\mathrm{NaClO_3}$ 和 $\mathrm{KClO_3}$。$\mathrm{NaClO_3}$ 主要用于制备 $\mathrm{ClO_2}$ 及其他氯酸盐、高氯酸盐，还可用作除草剂。$\mathrm{KClO_3}$ 为无色透明结晶，与易燃物（如硫、磷、碳等）或有机物相混合时，一经撞击即猛烈爆炸。因此，在工业上 $\mathrm{KClO_3}$ 常用于制造火柴、焰火、照明弹及炸药等。"安全火柴"头的组分为 $\mathrm{KClO_3}$、S、$\mathrm{Sb_2S_3}$、玻璃粉和糊精胶。$\mathrm{KClO_3}$ 有毒，内服 2～3 g 就会致命。

目前工业上制备 $\mathrm{KClO_3}$ 以电解法为主。如氯碱工业的电解，但电解反应是在无隔膜的电解槽中进行的，初级产物与电解法制烧碱相似，即阳极区产生 $\mathrm{Cl_2}$（不放出），阴极区产生 $\mathrm{H_2}$（放出）和 NaOH。这里由于阴、阳极间并无隔膜并且彼此靠近，$\mathrm{Cl_2}$ 进一步和 NaOH 作用而歧化分解成为 $\mathrm{NaClO_3}$ 和 NaCl，后者又作为原料进行电解，反应式为

$$\mathrm{2NaCl + 2H_2O =\!=\!= Cl_2\uparrow + H_2\uparrow + 2NaOH}$$

$$\mathrm{3Cl_2 + 6NaOH =\!=\!= NaClO_3 + 5NaCl + 3H_2O}$$

在制得的 $\mathrm{NaClO_3}$ 溶液中加入 KCl，降温时溶解度较小的 $\mathrm{KClO_3}$ 即结晶析出：

$$\mathrm{NaClO_3 + KCl =\!=\!= KClO_3\downarrow + NaCl}$$

（4）高氯酸及其盐。

高氯酸 $HClO_4$ 与水能以任意比例混合，是已知无机酸中的最强酸，它在冰醋酸、硫酸或硝酸溶液中仍然能给出质子。

常温下，无水 $HClO_4$ 是无色黏稠状液体，不稳定，储存时会发生分解爆炸，浓度低于 60% 的 $HClO_4$ 溶液是稳定的。工业级含量在 60% 以上，试剂级为 $70\% \sim 72\%$。$HClO_4$ 广泛用作分析试剂，还用于电镀、医药、人造金刚石的提纯等。

高氯酸盐多是无色晶体，大多易溶于水，仅钾、铷、铯和铵盐的溶解度很小。ClO_4^- 结构对称，在溶液中非常稳定，它与金属离子的结合倾向也很弱。

通常高氯酸及其盐的溶液没有明显的氧化性，但浓、热的高氯酸溶液和高温下的高氯酸盐固体是强氧化剂。

综上所述，氯的含氧酸及其盐的主要性质可归纳如下：

9.2.2 拟卤素

拟卤素也称为类卤素或类卤化合物，是指那些由两个或两个以上电负性较大元素的原子组成的与卤素相似的原子团。表 9-12 列出了几种重要的拟卤素，它们的性质在以下几个方面与卤素相似。

表 9-12 拟卤素

	卤素 X_2	氰 $(CN)_2$	硫氰 $(SCN)_2$	氧氰 $(OCN)_2$
存在状态		无色气体	易挥发的黄色液体	仅存在于溶液中
酸	氢卤酸 HX	氢氰酸 HCN $K_a^\ominus = 6.2 \times 10^{-10}$	硫氰酸 HSCN	氰酸 HOCN $K_a^\ominus = 3.5 \times 10^{-4}$
盐	$M^* X$	MCN	MSCN	MOCN
毒性		剧毒	无毒	无毒

* $M = K$、Na。

（1）游离态时都是双聚体，具有挥发性和特殊的刺激性气味。

（2）与金属元素化合生成氧化数为 -1 的盐，其中 $Ag(I)$、$Hg(I)$、$Pb(II)$ 的盐也难溶于水。

（3）与氢化合生成酸，除氢氰酸为弱酸外，其余均为强酸，但酸性较氢卤酸为弱。

（4）与碱溶液作用发生歧化反应。例如：

$$(CN)_2 + 2OH^- = CN^- + OCN^- + H_2O$$

（5）拟卤素离子具有还原性，能被氧化剂氧化。

（6）拟卤素离子都是强配体，能与许多中心原子形成配合物。

1. 氰的几种重要化合物

（1）氰$(CN)_2$、氢氰酸(HCN)和氰化物(CN^-)。

氰$(CN)_2$是无色、有苦杏仁味的可燃性气体，剧毒。分子的空间构型为直线（：N≡C—C≡N：），结构对称，分子无极性。

氰与水作用发生歧化反应，生成氰酸和氢氰酸：

$$(CN)_2 + H_2O = HOCN + HCN$$

氰与氢化合生成氰化氢 HCN。氰化氢是无色挥发性气体，极毒，易溶于水，其水溶液称为氢氰酸。氢氰酸是弱酸，298.15 K 时，$K_a^\ominus = 6.2 \times 10^{-10}$。

氢氰酸的盐称为氰化物。可溶性氰化物溶于水时，因 CN^- 水解而使溶液呈强碱性：

$$CN^- + H_2O = HCN + OH^-$$

重金属氰化物通常难溶于水，但由于 CN^- 具有极强的配位作用，能与绝大多数重金属离子形成稳定的配合物，故许多难溶性重金属氰化物都能溶于可溶性氰化物溶液中。例如：

$$Ag^+ + CN^- = AgCN\downarrow$$
$$（白色）$$
$$AgCN + CN^- = [Ag(CN)_2]^-$$

基于 CN^- 的强配位性，NaCN 和 KCN 在湿法冶金中被用于从矿物中提取金、银等贵金属，以及用于电镀工业。它们也是有机药物合成的重要原料和实验室的常用试剂。

所有的氰化物及其衍生物都是剧毒品，且中毒作用非常迅速。氰化物能使中枢神经系统瘫痪，使呼吸酶和血红蛋白中毒，机体组织细胞窒息。氰化物的中毒途径有多种，可经皮肤吸收、由伤口侵入、误食或经呼吸道进入体内，因此使用时要特别小心。氰化物溶液必须保持强碱性，氰化物固体必须密封保存，因空气中的 CO_2 能置换出 HCN。用过的氰化物废液必须经过处理才能倒掉，处理方法如下：用氧化剂（如 NaClO、H_2O_2 或 $KMnO_4$ 等）将 CN^- 氧化为无毒的 OCN^-，或加入 $FeSO_4$ 使之成为无毒的 $[Fe(CN)_6]^{4-}$。

$$CN^- + ClO^- = OCN^- + Cl^-$$
$$Fe^{2+} + 6CN^- = [Fe(CN)_6]^{4-}$$

（2）硫氰$(SCN)_2$、硫氰酸(HSCN)和硫氰化物(SCN^-)。

硫氰$(SCN)_2$常温下为黄色油状液体，不稳定，易聚合成不溶性的砖红色固体聚合物$(SCN)_x$。

硫氰化氢 HSCN 为挥发性液体，易溶于水形成硫氰酸。硫氰酸是强酸，有两种同分异构体：正硫氰酸 H—S—C≡N 和异硫氰酸 H—N=C=S。

硫氰酸盐即硫氰化物，大多数硫氰化物易溶于水，一些重金属硫氰化物（如 AgSCN、$Hg(SCN)_2$、CuSCN 等）难溶于水。

硫氰酸根离子 SCN^- 能与许多副族金属离子形成配合物,其中一个特殊而灵敏的反应是与 Fe^{3+} 生成血红色的配合物,随溶液中 SCN^- 的浓度不同,配位数可为 $1\sim6$,这是鉴定 Fe^{3+} 或 SCN^- 的特效反应:

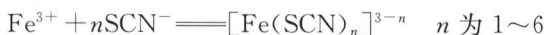

$$Fe^{3+} + nSCN^- \Longrightarrow [Fe(SCN)_n]^{3-n} \quad n \text{ 为 } 1\sim6$$

2. 含氰废水的处理

由于氰化物的毒性极大,我国对工业废水中氰化物的含量控制很严,要求排放标准为 0.05 mg·L^{-1} 以下。下面介绍几种处理方法。

(1) 化学氧化法。常用的氧化剂有漂白粉、Cl_2、H_2O_2 及 O_3 等,它们能破坏 CN^-。例如,在 $pH>8.5$ 的条件下用氯气氧化:

$$CN^- + 2OH^- + Cl_2 \Longrightarrow CNO^- + 2Cl^- + H_2O$$
$$2CNO^- + 4OH^- + 3Cl_2 \Longrightarrow 2CO_2 + N_2 + 6Cl^- + 2H_2O$$

(2) 配位法。在废水中加入 $FeSO_4$ 和消石灰,在 pH 为 $7.5\sim10.5$ 时,将氰化物转化为无毒的铁氰配合物:

$$Fe^{2+} + 6CN^- \Longrightarrow [Fe(CN)_6]^{4-}$$
$$2Ca^{2+} + [Fe(CN)_6]^{4-} \Longrightarrow Ca_2[Fe(CN)_6]$$
$$2Fe^{2+} + [Fe(CN)_6]^{4-} \Longrightarrow Fe_2[Fe(CN)_6]$$

(3) 活性炭法和生物化学法。活性炭法即在活性炭存在下,利用空气将 CN^- 氧化成 OCN^-,OCN^- 再水解成无毒的 NH_3、HCO_3^- 等。生物化学法即由活性污泥中的微生物将 CN^- 分解为无毒物。

任务 9.3 氧及其化合物

9.3.1 氧

1. 氧元素的存在

氧是地壳中含量最多的元素,质量分数约为 48.6%。氧以单质和化合物两种形式存在于自然界,游离态氧大量存在于大气中,在海洋及地球表面各种水中也溶解了相当多的氧,空气中 O_2 的体积分数约为 21%。这些氧几乎都来自绿色植物的光合作用。

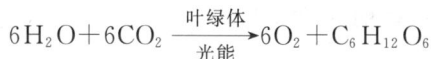

$$6H_2O + 6CO_2 \xrightarrow[\text{光能}]{\text{叶绿体}} 6O_2 + C_6H_{12}O_6$$

氧的化合物广泛分布于地壳岩石、矿物、土壤及水中。氧占大气质量的 23%、岩石质量的 46%、水质量的 85%。就目前所知,氧还是月球表面丰度最高的元素,占其质量的 44.6%。氧在自然界有 ^{16}O、^{17}O、^{18}O 三种稳定同位素,能形成氧 O_2 和臭氧 O_3 两种单质,它们互为同素异形体。

2. 氧的分子结构

O 原子的价电子构型为 $2s^2 2p^4$,2 个 O 原子结合成 1 个 O_2 分子,从价键理论的电子配对来看,O_2 分子中应存在 O ═ O 双键。但从氧的分子光谱得知,它应有 2 个自旋平行的未成对电子。故从新的价键理论可推断,O_2 分子的结构简式应为

$$\overset{\cdots\cdots}{\underset{\cdots\cdots}{:O—O:}}$$

式中:┌···┐表示由 3 个电子构成的 π 键,称为 3 电子 π 键,即 O_2 分子中存在着 1 个 σ 键和 2 个 3 电子 π 键,每个 3 电子 π 键中有 1 个未成对电子,2 个 3 电子 π 键则有 2 个未成对电子,并且自旋方向相同,从而使 O_2 表现出顺磁性。

3. 氧的性质

常温下,氧气为无色无味的气体,液态氧为淡蓝色,固态氧为蓝色。液态和固态氧有明显的顺磁性。O_2 是非极性分子,不易溶于极性溶剂——水中,在 273 K 时 O_2 在水中的溶解度为 49.1 mL·L^{-1},在 293 K 时为 30.8 mL·L^{-1}。氧在水中的溶解度虽小,却是水生动植物赖以生存的基础。氧能助燃,但不自燃。

氧的电负性(3.5)仅次于氟(4.0),比氯(3.0)、溴(2.8)、碘(2.5)都大,但事实上氧的化学性质不如卤素活泼。最主要的原因在于 O_2 分子中除存在 σ 键外,还存在着 2 个 3 电子 π 键。所以与氯不同,氧能以单质形态存在于大气中。

氧的化学性质主要表现在它具有强的氧化性,即在反应过程中能从别的单质或化合物中夺取电子。在常温下,氧的化学性质不活泼,仅能使一些还原性强的物质如 NO、$SnCl_2$、KI、H_2SO_3 等氧化。在加热条件下,除卤素、少数贵金属(如 Au 和 Pt)和稀有气体外,氧几乎能与所有元素直接化合生成相应的化合物。氧还可氧化一些具有还原性的化合物,如 H_2S、CH_4、CO、NH_3 等能在氧中燃烧。

$$2Mg+O_2 =\!\!= 2MgO$$
$$2H_2S+3O_2 =\!\!= 2SO_2+2H_2O$$
$$4NH_3+3O_2 =\!\!= 2N_2+6H_2O$$

4. 氧的用途

氧的用途广泛,主要用于助燃和呼吸,是人类赖以生存的最重要的一种元素。

在工业上,利用乙炔在氧气中燃烧产生的高温(2273 K 以上)熔化金属,达到焊接或切割金属的目的;可利用氧代替空气,不但可加速化学反应,还可以降低能耗。用氧冶炼钢铁、用富氧(空气中掺入一部分纯 O_2)生产氮肥,都能取得较好的效果。

另外,可利用液态氧、液态氢剧烈反应放出大量热的性质,制成火箭燃料使航天器飞向太空;可将木屑、煤粉浸泡在液氧中制成使用方便、成本低廉的"液态炸药";氧在医疗中还常用于抢救缺氧或呼吸困难的危重病人。

5. 氧的制备

实验室制备 O_2 常采用 $KClO_3$ 或 $KMnO_4$ 等含氧化合物的热分解法制备。

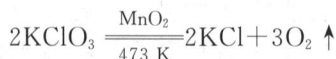

$$2KClO_3 \xrightarrow[473\text{ K}]{MnO_2} 2KCl+3O_2\uparrow$$

氧气的工业制法常采用分馏液态空气或电解水的方法。分馏液态空气是工业上制取氧气最重要的方法。氧的沸点(90 K)比氮的沸点(77.2 K)高,因此当液态空气蒸发时,液相中氧的含量将增加,而气相中氮的含量将增加。若使用工艺精密的分馏柱,可得到高

纯度的氮和氧。

电解法制氧一般是以 Fe 或 Ni 作为电极来电解质量分数为 20% 的 NaOH 溶液。在阳极得到氧气,阴极得到氢气:

阳极 $\qquad 4OH^- \Longleftrightarrow 2H_2O + O_2 \uparrow + 4e^-$

阴极 $\qquad 4H^+ + 4e^- \Longleftrightarrow 2H_2 \uparrow$

9.3.2 臭氧

臭氧 O_3 是 O_2 的同素异形体,因有一种特殊的鱼腥臭味而得名。

1. 臭氧的存在和分子结构

在地面附近的大气层中 O_3 含量极少,只有 $0.001 \text{ mg} \cdot \text{L}^{-1}$,在离地面 $20 \sim 40 \text{ km}$ 处有个臭氧层,O_3 浓度高达 $0.2 \text{ mg} \cdot \text{L}^{-1}$。臭氧层中的 O_3 主要是由太阳的紫外辐射引发 O_2 解离成 O,O 与 O_2 作用生成的:

$$O_2 \xrightarrow{h\nu} 2O$$
$$O_2 + O \longrightarrow O_3$$

生成的 O_3 在紫外辐射的作用下又能重新分解为 O 和 O_2:

$$O_3 \xrightarrow{h\nu} O_2 + O$$

可见,高层大气中同时存在着 O_3 形成和分解这两种光化学反应过程,并且达到动态平衡,形成了一个浓度相对稳定的臭氧层。正是这个臭氧层吸收了高空紫外线的强辐射,使地球上的生物免遭伤害。

已经发现南极和北极上空的臭氧层先后出现空洞。研究表明,能使臭氧层遭到破坏的污染物很多,主要是还原性气体污染物,如 NO、NO_2、CO、SO_2、H_2S、CCl_2F_2 等,其中 NO_2 和 CCl_2F_2 被公认为最大的臭氧消耗剂。NO_2 可引发 O_3 分解反应的发生,而本身只作为催化剂。氟利昂 CCl_2F_2 是含氟有机物,曾被广泛应用于制冷系统,以及作为发泡剂、洗净剂、杀虫剂等。由于对大气的臭氧层有破坏作用,逐步被淘汰。氟利昂进入大气层后受紫外线辐射而分解产生 Cl 原子,Cl 原子能反复起分解 O_3 的作用。

实验室利用臭氧发生器对 O_2 无声放电制取 O_3。从臭氧发生器出来的气体中含 3% ~ 10% 的 O_3,利用 O_2 和 O_3 沸点相差大(约 70 K)的特点,可通过分级液化的方法制取更纯净的 O_3。

雷击、高压或在电焊时,空气中的部分氧气会转化成臭氧。在电动机和复印机旁边也可闻到臭氧的特殊腥味。在有些物质如潮湿的磷、松节油、树脂等被空气氧化的过程中也伴生臭氧。

O_3 的分子结构如图 9-1 所示。在 O_3 分子中,中心 O 原子以不等性 sp^2 杂化与两旁的配位 O 原子键合,生成 2 个 σ 键,使 O_3 分子呈折线形,键角为 $117°$。在 3 个 O 原子之间还存在 1 个三中心四电子的离域大 Π 键。O_3 是唯一的极性单质。

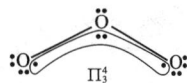

图 9-1 O_3 的分子结构

2. 臭氧的性质和用途

O_3 是有特殊鱼腥臭味的淡蓝色气体,在稀薄状态下并不臭,闻起来有清新爽快之感。雷雨过后或在松树林里散步,令人呼吸舒畅,沁人心脾,就是因为有少量 O_3 存在。

O_3 比 O_2 易液化,在 161 K 时凝聚成深蓝紫色液体,在 81 K 时凝聚成黑色晶体。由于 O_3 的色散力大于 O_2,所以其沸点高于 O_2。O_3 是极性分子,在水中的溶解度比 O_2 的大。273 K 时 O_3 在水中的溶解度为 494 mL·L^{-1}。

不稳定性和强氧化性是 O_3 的特征化学性质。液态和固态的 O_3 是极不稳定的,会发生爆炸性的分解。气态的 O_3 在常温下就可分解,其分解反应是放热反应。若无催化剂或紫外线照射,O_3 分解很慢。

$$2O_3(g) \Longrightarrow 3O_2(g); \quad \Delta_r H_m^{\ominus} = -285.4 \text{ kJ} \cdot \text{mol}^{-1}$$

O_3 具有很强的氧化性,其氧化能力比 O_2 强,仅次于氟。O_2 和 O_3 的标准电极电势如下:

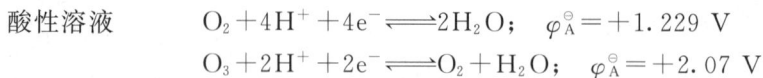

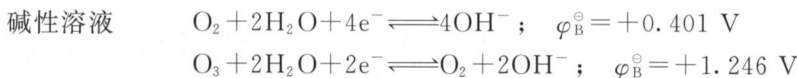

酸性溶液
$$O_2 + 4H^+ + 4e^- \Longrightarrow 2H_2O; \quad \varphi_A^{\ominus} = +1.229 \text{ V}$$
$$O_3 + 2H^+ + 2e^- \Longrightarrow O_2 + H_2O; \quad \varphi_A^{\ominus} = +2.07 \text{ V}$$

碱性溶液
$$O_2 + 2H_2O + 4e^- \Longrightarrow 4OH^-; \quad \varphi_B^{\ominus} = +0.401 \text{ V}$$
$$O_3 + 2H_2O + 2e^- \Longrightarrow O_2 + 2OH^-; \quad \varphi_B^{\ominus} = +1.246 \text{ V}$$

可见,无论在酸性还是碱性溶液中,O_3 都是比 O_2 强得多的氧化剂。O_3 能氧化一些只具有弱还原性的单质或化合物,并且有时可把某些元素氧化到不稳定的高价状态。例如:

$$S + 3O_3 + H_2O \Longrightarrow H_2SO_4 + 3O_2$$
$$PbS + 4O_3 \Longrightarrow PbSO_4 + 4O_2$$
$$O_3 + 2Co^{2+} + 2H^+ \Longrightarrow 2Co^{3+} + O_2 + H_2O$$

O_3 还能迅速且定量地氧化 I^- 成 I_2,此反应被用来鉴定 O_3 和测定 O_3 的含量:

$$O_3 + 2I^- + H_2O \Longrightarrow I_2 + O_2 + 2OH^-$$

O_3 还能将 CN^- 氧化成 CO_2 和 N_2,因此常被用来治理电镀工业中的含 CN^- 废水。煤气、松节油等在 O_3 中能自燃,许多有机色素能被 O_3 氧化,使发色基团遭到破坏而变为无色物质。

O_3 具有强氧化性,且具有其还原产物不导致二次污染的优点,广泛应用于杀菌、消毒、漂白、脱色、除臭、净化等。例如:用 O_3 代替 Cl_2 对饮用水进行消毒,杀菌效果好,还不会带入异味;O_3 还常用作棉麻、纸浆、面粉、油脂等的漂白剂;O_3 能使有毒的酚类、氰化物等变为无毒物质;O_3 也常用于对某些废水、废气的净化;在化工生产中,若用臭氧氧化代替催化氧化和高温氧化,能简化工艺流程,提高产率。

9.3.3 过氧化氢

过氧化氢(H_2O_2),俗称双氧水,在自然界很少见到,仅微量存在于雨雪和某些植物的汁液中。市售试剂有质量分数为 30% 和 3% H_2O_2 溶液两种规格。用于消毒的为 3% H_2O_2 溶液。

H_2O_2 的结构是 H—O—O—H，中间部分的"—O—O—"称为过氧链。VB 法认为每个 O 采取不等性的 sp^3 杂化，2 个 O 间借助 sp^3-sp^3 杂化轨道重叠形成 O—O σ 键，每个 O 与 H 借助 sp^3-s 轨道重叠形成 O—H σ 键，每个 O 还有 2 个孤电子对。2 个 H 和 O 并非在同一个平面上，过氧链在相当于书本的书脊位置上，而 2 个 H 在半展开的两页纸面位置上，如图 9-2 所示。H_2O_2 是极性分子，极性比 H_2O 大。

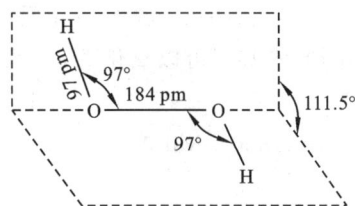

图 9-2 H_2O_2 的分子结构

纯净的 H_2O_2 为淡蓝色黏稠液体，熔点为 272 K，沸点为 423 K，能与 H_2O 以任意比例互溶。H_2O_2 分子间存在着氢键而有缔合作用，其缔合程度大于水，所以其介电常数和沸点都比水高。

H_2O_2 的化学性质主要表现在热稳定性差、呈弱酸性、具有氧化性和还原性三方面。

(1) 热稳定性差。由于过氧链—O—O—的键能较小，因而 H_2O_2 较不稳定，在一定条件下能发生分解：

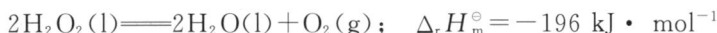
$$2H_2O_2(l) = 2H_2O(l) + O_2(g); \quad \Delta_r H_m^\ominus = -196 \text{ kJ} \cdot \text{mol}^{-1}$$

事实上，纯 H_2O_2 相当稳定，质量分数为 90% 的 H_2O_2 在 323 K 时每小时仅分解 0.001%。加热（426 K 以上）、光照（波长 320～380 nm）、碱性介质或在一些重金属离子（如 Fe^{2+}、Mn^{2+}、Cu^{2+}、Cr^{3+} 等）的作用下都能使 H_2O_2 的分解速度加快。为了防止 H_2O_2 的分解，除常将 H_2O_2 装入棕色瓶中并放于阴凉处外，还常常加入一些稳定剂，如微量的锡酸钠 Na_2SnO_3、焦磷酸钠 $Na_4P_2O_7$、8-羟基喹啉等。

H_2O_2 的不稳定性对储存和运输是不利的，但作为试剂特别是作为氧化剂时，多余的可分解，又不引进杂质，这又是有利的。

(2) 弱酸性。H_2O_2 是极弱的二元酸，存在以下解离平衡：

$$2H_2O_2 \rightleftharpoons H^+ + HO_2^-; \quad K_{a1}^\ominus = 2.3 \times 10^{-12}$$

$$HO_2^- \rightleftharpoons H^+ + O_2^{2-}; \quad K_{a2}^\ominus = 1.0 \times 10^{-25}$$

其酸强度比 HCN 弱，不能使石蕊溶液变红，可与碱发生中和反应生成特殊的盐：

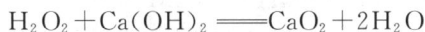
$$H_2O_2 + Ca(OH)_2 = CaO_2 + 2H_2O$$

$$H_2O_2 + Ba(OH)_2 = BaO_2 + 2H_2O$$

在工业上，常利用上述两个反应制取 CaO_2 和 BaO_2。

(3) 具有氧化性和还原性。H_2O_2 分子中，O 的氧化数为 -1，介于 0 和 -2 之间，因此 H_2O_2 既具有氧化性，又具有还原性，且其还原产物和氧化产物分别为 H_2O（或 OH^-）和 O_2，不会带入杂质，是一种理想的氧化剂或还原剂。氧元素标准电极电势图如下：

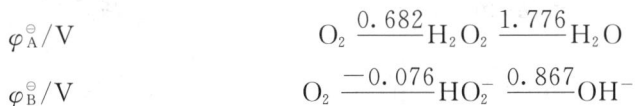

$$\varphi_A^\ominus / V \qquad O_2 \xrightarrow{0.682} H_2O_2 \xrightarrow{1.776} H_2O$$

$$\varphi_B^\ominus / V \qquad O_2 \xrightarrow{-0.076} HO_2^- \xrightarrow{0.867} OH^-$$

从氧元素标准电极电势图看，不管在酸性还是在碱性介质中，都是 $\varphi_右^\ominus > \varphi_左^\ominus$，故 H_2O_2 发生歧化反应的趋势很大。但由于歧化反应速率很小，事实上，温度不高时，浓度很大的 H_2O_2 甚至纯的 H_2O_2 都能稳定存在。

值得注意的是，在酸性介质中，$\varphi_A^{\ominus}(H_2O_2/H_2O) = +1.776\ V$，$H_2O_2$ 应该为很强的氧化剂，它甚至可以氧化 Mn^{2+} 为 MnO_2 或 MnO_4^-，但实际上不能。这是因为：

$$H_2O_2 + Mn^{2+} =\!=\!= MnO_2 + 2H^+$$

由于 $\varphi_A^{\ominus}(MnO_2/Mn^{2+}) = +1.23\ V$，$\varphi_A^{\ominus}(O_2/H_2O_2) = +0.682\ V$，生成的 MnO_2 又将 H_2O_2 氧化为 O_2：

$$MnO_2 + H_2O_2 + 2H^+ =\!=\!= Mn^{2+} + O_2 \uparrow + 2H_2O$$

反应中 Mn 元素先被氧化后又被还原，使其在 Mn^{2+} 和 MnO_2 两物质间交替变换，且保持反应前后形态不变，故反应中的 Mn^{2+} 或 MnO_2 实际上起着催化剂的作用，催化 H_2O_2 歧化反应：

$$2H_2O_2 \xrightarrow{MnO_2} 2H_2O + O_2 \uparrow$$

事实上，在酸性介质中，$\varphi_A^{\ominus}$ 介于 $+1.776\ V$ 和 $+0.682\ V$ 之间的电对，如 MnO_4^-/MnO_2、$Cr_2O_7^{2-}/Cr^{3+}$、PbO_2/Pb^{2+}、Hg^{2+}/Hg_2^{2+}、Fe^{3+}/Fe^{2+}、Cl_2/Cl^-、Br_2/Br^- 等的还原态大多数可以作为 H_2O_2 发生歧化反应的有效催化剂。因此，通常不把 H_2O_2 看作强氧化剂。

对于那些 $\varphi_A^{\ominus} < +0.682\ V$ 的电对的还原态，与 H_2O_2 发生的氧化还原反应还是容易进行的。例如：

$$H_2O_2 + 2I^- + 2H^+ =\!=\!= I_2 + 2H_2O$$

$$H_2O_2 + 2Fe^{2+} + 4OH^- =\!=\!= 2Fe(OH)_3 \downarrow$$

油画或壁画的染料中含 Pb，长期与空气中的 H_2S 作用生成黑色 PbS 而变暗，用 H_2O_2 涂刷能使黑色的 PbS 氧化成白色的 $PbSO_4$，因此 H_2O_2 常被用于修复早期的壁画和油画。

$$4H_2O_2 + PbS =\!=\!= PbSO_4 + 4H_2O$$

H_2O_2 的还原性相对较弱，只有遇到比它更强的氧化剂时才表现出来。例如：

$$H_2O_2 + Cl_2 =\!=\!= 2HCl + O_2 \uparrow \tag{1}$$

$$H_2O_2 + MnO_2 + 2H^+ =\!=\!= Mn^{2+} + O_2 \uparrow + 2H_2O \tag{2}$$

$$5H_2O_2 + 2MnO_4^- + 6H^+ =\!=\!= 2Mn^{2+} + 5O_2 \uparrow + 8H_2O \tag{3}$$

上述反应(1)常用于除去残留氯，反应(2)用于清洗黏附有 MnO_2 污迹的器皿，反应(3)可用于测定 H_2O_2 的含量。

实验室中制备少量 H_2O_2 常利用复分解法。例如：

$$Na_2O_2 + H_2SO_4 + 10H_2O \xrightarrow{低温} Na_2SO_4 \cdot 10H_2O + H_2O_2$$

$$BaO_2 + H_2SO_4 =\!=\!= BaSO_4 \downarrow + H_2O_2$$

工业上制备 H_2O_2，过去采用电解法，由于能耗大、成本高，现已被乙基蒽醌法逐渐取代。

(1) 电解-水解法。以石墨（或铅）为阴极，铂（或钽）为阳极，电解 NH_4HSO_4（或 $KHSO_4$）溶液，两极分别发生以下反应：

阳极　　　　　$$2HSO_4^- =\!=\!= S_2O_8^{2-} + 2H^+ + 2e^-$$

阴极　　　　　$$2H^+ + 2e^- =\!=\!= H_2$$

然后加入适量 H_2SO_4 以水解过二硫酸铵,即得到 H_2O_2 溶液。

$$(NH_4)_2S_2O_8 + 2H_2SO_4 \Longrightarrow H_2S_2O_8 + 2NH_4HSO_4$$

$$H_2S_2O_8 + 2H_2O \Longrightarrow 2H_2SO_4 + H_2O_2$$

相加得

$$(NH_4)_2S_2O_8 + 2H_2O \Longrightarrow 2NH_4HSO_4 + H_2O_2$$

生成的 NH_4HSO_4 可循环使用。

电解法制取 H_2O_2,因其原料易得、设备比较简单、投资较少,有些需要量不大的地区也仍在采用。

(2) 乙基蒽醌法。在钯或镍催化剂的作用下,将乙基蒽醌氢化,再经空气或纯 O_2 氧化即得,其反应过程为

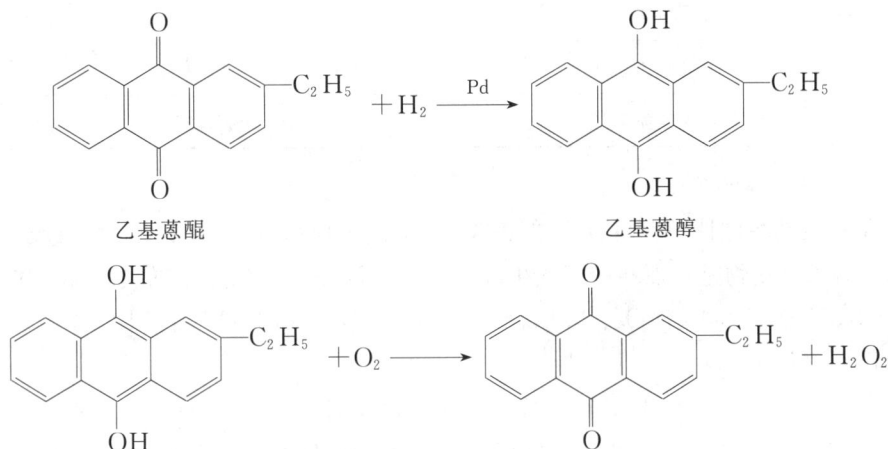

乙基蒽醌   乙基蒽醇

乙基蒽醌法与电解法相比,优点主要有:能耗低;蒸气和水的消耗量较少;可利用空气中的氧作为原料;乙基蒽醌可重复使用。所以这种方法在工业上已被广泛采用。

H_2O_2 是重要的化工原料和化学试剂,其主要用途是利用它的氧化性。在医疗上用 3% H_2O_2 溶液作为消毒剂;在纺织工业用于漂白不宜用 Cl_2 漂白的物质,还用作脱氯剂;用 H_2O_2 制备过碳酸盐或过硼酸盐用作消毒水;在精细化工生产中,H_2O_2 由于无论作为氧化剂还是还原剂都不会引入新杂质而被广泛应用;纯 H_2O_2 曾被用作火箭燃料。

H_2O_2 的浓溶液和蒸气对人体都有较强的刺激作用和烧蚀性。30% H_2O_2 溶液如与皮肤接触,有灼热刺痛感,且会使皮肤变白。人体若接触 H_2O_2 的浓溶液,应立即用大量的水冲洗。H_2O_2 蒸气对眼睛黏膜有强烈的刺激作用,使用时要特别小心。

9.3.4 氧化物

氧化物是指氧与其他元素(F 除外)形成的二元化合物。除了一些较轻的稀有气体 (He、Ne、Ar)外,其他所有元素都能直接或间接与氧生成二元氧化物,而且大多数元素可以形成多种氧化物。因此,氧化物的数量和种类较多。

1. 氧化物的键型与晶体类型

按化学键类型,氧化物可分为离子型、共价型和介于二者之间的过渡型氧化物。活泼

金属氧化物(如 Na_2O、CaO、Al_2O_3 等)属于离子化合物,非金属氧化物都属于共价化合物,准金属氧化物(如 Sb_2O_3 等)也具有共价性,Fe_2O_3 和 ZnO 属于过渡型氧化物。氧化物的键型和晶体类型的关系如表 9-13 所示。

表 9-13　氧化物的键型和晶体类型

键　　型	晶体类型	举　　例
离子键	离子晶体	Na_2O、K_2O、MgO、CaO、Al_2O_3
共价键	分子晶体	CO、CO_2、N_2O、N_2O_3、NO_2、N_2O_4、N_2O_5、P_4O_6、P_4O_{10}、SO_2、SO_3、$(SO_3)_3$、Cl_2O、Cl_2O_7、As_4O_6
	原子晶体	SiO_2
	链状晶体	SeO_2、Sb_2O_3、$(SO_3)_n$
	层状晶体	B_2O_3、As_2O_3

2. 氧化物的种类

氧化物按其酸碱性一般可分为酸性、碱性、两性、中性和其他复杂氧化物五类。

(1)酸性氧化物是指那些溶于水生成酸,或与碱反应生成盐和水的氧化物,如 B_2O_3、CO_2、SiO_2、N_2O_3、N_2O_5、P_4O_6、P_4O_{10}、SO_2、SO_3、CrO_3、MoO_3、WO_3、Cl_2O、Cl_2O_7、I_2O_5、I_2O_7、MnO_3、Mn_2O_7 等。

$$P_4O_{10} + 6H_2O \Longrightarrow 4H^+ + 4H_2PO_4^-$$

$$SiO_2 + 2OH^- \Longrightarrow SiO_3^{2-} + H_2O$$

(2)碱性氧化物是指那些溶于水生成碱,或与酸反应生成盐和水的氧化物,一般是活泼金属或氧化数较低的过渡金属氧化物。除碱金属、碱土金属(铍除外)氧化物外,其他常见的还有 Hg_2O、HgO、MnO、FeO、CoO、NiO、Fe_2O_3 等。

$$BaO + H_2O \Longrightarrow Ba^{2+} + 2OH^-$$

$$NiO + 2H^+ \Longrightarrow Ni^{2+} + H_2O$$

(3)两性氧化物是指既能与酸反应,又能与碱反应的氧化物。常见的两性氧化物有 BeO、ZnO、Al_2O_3、Cr_2O_3 等。

$$ZnO + 2H^+ \Longrightarrow Zn^{2+} + H_2O$$

$$ZnO + 2OH^- + H_2O \Longrightarrow [Zn(OH)_4]^{2-}$$

(4)中性氧化物是指那些既不与水反应,也不与酸或碱反应的氧化物。它们不会影响水的酸碱性。这类氧化物为数不多,如 H_2O、NO、CO、N_2O、NO_2、N_2O_4、TeO、ClO_2、I_2O_4、MnO_2 等。

CO 能与 $NaOH$ 反应生成甲酸钠,但在生成盐时没有生成水;锰和氮的含氧酸对应这两种元素的氧化数都不是 $+4$,所以 MnO_2、NO_2 和 CO 是中性氧化物。

(5)其他复杂氧化物是指不属于上述四种类型的氧化物,其结构比较复杂。如过氧化物(H_2O_2、Na_2O_2)和超氧化物(KO_2),金属钝化形成的氧化膜,Fe_3O_4 等。

3. 氧化物的酸碱性

氧化物的酸碱性呈现以下递变规律：

（1）同一周期元素，最高氧化数的氧化物从左到右，碱性依次减弱，酸性依次增强；

（2）同一主族元素，相同氧化数的氧化物从上到下，酸性依次减弱，碱性依次增强，这一规律在 d 区表现不明显；

（3）同一种元素，不同氧化数的氧化物，氧化数低的，碱性较强，氧化数高的，酸性较强。

任务9.4 硫及其化合物

硫在地壳中的质量分数仅为 0.052% 左右，含量少但在自然界中的分布很广。硫的矿物常以三种形态存在，即单质硫、硫化物和硫酸盐，其中以硫化物矿为主。游离态硫的矿床常蕴藏在火山附近，硫化物矿主要有闪锌矿 ZnS、黄铁矿 FeS_2、方铅矿 PbS、辉锑矿 Sb_2S_3 等几十种，硫酸盐矿主要有石膏 $CaSO_4$、重晶石 $BaSO_4$、天青石 $SrSO_4$ 等。我国游离态硫矿较少，却有大量的硫化物矿和硫酸盐矿。

9.4.1 单质硫

单质硫有多种同素异形体，其中主要的有斜方硫和单斜硫。

天然硫即为斜方硫，也称菱形硫，为柠檬黄色的固体，在室温下稳定，密度为 2.06 $g \cdot cm^{-3}$，熔点为 385.8 K；单斜硫在 368.6 K 以上稳定，密度为 1.99 $g \cdot cm^{-3}$，熔点为 392 K，颜色较深。单斜硫在室温时能逐渐转变为斜方硫：

$$斜方硫 \underset{室温}{\overset{368.6 \text{ K 以上}}{\rightleftharpoons}} 单斜硫$$

斜方硫和单斜硫都属于分子晶体，且每个硫分子都是由 8 个 S 原子组成的环状结构，其区别在于硫环的堆积方式不同。由于 S_8 分子间主要存在着微弱的范德华力，故这两种硫的熔点都比较低，都不溶于水，而易溶于 CS_2 和 CCl_4 等有机溶剂。

单质硫经加热熔融后，得到浅黄色易流动的透明液体，这时其分子结构仍为 S_8；继续加热至 443 K 时，S_8 环就会发生断裂而形成长链状巨型分子，黏度增大，颜色变深，473 K 时达最大值；继续加热，长链断裂，黏度降低；到 717.6 K 时沸腾，硫蒸气中含有 S_8、S_6、S_4、S_2 等分子，温度再升高，S_8 减少，S_2 增多，当温度达到 2273 K 时，S_2 开始解离为单原子 S。

把加热至约 473 K 的熔融硫迅速倒入冷水中骤冷，使缠绕在一起的链状硫来不及成环，可得到棕黄色玻璃状弹性硫。弹性硫不溶于任何溶剂，在空气中可以缓慢地转化为晶态硫，在室温下需要一年以上时间方能转化完全。

S 原子的价电子构型为 $3s^2 3p^4$，能形成 -2、$+2$、$+4$、$+6$ 等多种氧化数的化合物。

硫的化学性质不如氧活泼，但在一定条件下也能与许多金属或非金属作用，形成硫化物，表现出氧化性。例如：

$$H_2 + S \xrightarrow{\triangle} H_2S$$

$$C + 2S \xrightarrow{\triangle} CS_2$$

$$Fe + S \xrightarrow{\triangle} FeS$$

硫还能与强氧化性酸反应,表现出还原性。例如:

$$S + 2H_2SO_4(浓) \xrightarrow{\triangle} 3SO_2 \uparrow + 2H_2O$$

$$S + 2HNO_3 \xrightarrow{\triangle} H_2SO_4 + 2NO \uparrow$$

硫在碱性溶液中可发生歧化反应,表现出氧化性和还原性。例如:

$$3S + 6KOH \xrightarrow{\triangle} 2K_2S + K_2SO_3 + 3H_2O$$

单质硫主要用于生产硫酸、硫化橡胶、黑火药、杀虫剂、硫黄软膏等,在造纸、漂染等行业中也有广泛用途。

9.4.2 硫化氢和氢硫酸

硫化氢 H_2S 为无色、具有臭鸡蛋气味的有毒气体,是唯一能稳定存在的硫的氢化物,由于火山和细菌的作用而存在于自然界中,其熔点为 187 K,沸点为 202 K。在通常压力下,293 K 时 1 L 水能溶解 2.61 L 的 H_2S,298 K 时饱和溶液的浓度为 0.1 mol·L^{-1}。

H_2S 的毒性主要是麻醉人的中枢神经,伤害呼吸系统。空气中如果含 H_2S 达到 0.1%,就会迅速引起头痛、头晕和恶心。吸入大量 H_2S 后会造成昏迷而导致死亡。H_2S 的臭鸡蛋气味,嗅觉正常的人对其是很敏感的。但经常吸入 H_2S 后,就会使嗅觉失灵,这样的危害性更大。H_2S 的慢性中毒症状是使人消瘦和头痛。因此,在制取和使用 H_2S 时要注意通风。H_2S 在空气中的最大允许浓度为 0.01 mg·L^{-1}。

H_2S 分子是极性分子,其结构与 H_2O 相似,但因硫的电负性比氧小,因此 H_2S 分子的极性明显比 H_2O 分子弱。H_2S 的熔点和沸点比水低得多,不如水稳定,加热到 673 K 时就能开始分解。

完全干燥的 H_2S 气体是很稳定的,不易和空气中的 O_2 作用。但 H_2S 水溶液的稳定性较弱,将其在空气中放置一段时间会出现混浊:

$$2H_2S + O_2 \Longrightarrow 2S \downarrow + 2H_2O$$

H_2S 及硫化物中的硫,都处于硫的最低氧化态(-2),因此都具有还原性。它们的标准电极电势如下:

$$S + 2H^+ + 2e^- \Longrightarrow H_2S; \quad \varphi_A^{\ominus} = +0.144 \text{ V}$$

$$S + 2e^- \Longrightarrow S^{2-}; \quad \varphi_B^{\ominus} = -0.508 \text{ V}$$

从以上数据可以看出,H_2S 及硫化物在碱性溶液中的还原性较酸性溶液更强一些。

在酸性溶液中,H_2S 能使 Fe^{3+}、MnO_4^-、I_2 等还原,而它本身一般被氧化为单质硫。例如:

$$5H_2S + 2KMnO_4 + 3H_2SO_4 \Longrightarrow K_2SO_4 + 2MnSO_4 + 5S \downarrow + 8H_2O$$

$$H_2S + I_2 \Longrightarrow S \downarrow + 2HI$$

当氧化剂较强并且过量时,H_2S 可被氧化为硫酸。例如:

$$H_2S + 4Br_2 + 4H_2O \Longrightarrow H_2SO_4 + 8HBr$$

$$3H_2S + 8HNO_3 \xrightarrow{\triangle} 8NO\uparrow + 3H_2SO_4 + 4H_2O$$

实验室中需要少量硫化氢时,常在启普发生器中用 FeS 与非氧化性酸(如 HCl 或稀 H_2SO_4 等)反应制取:

$$FeS + 2HCl \Longrightarrow FeCl_2 + H_2S\uparrow$$

工业上需要较大量的 H_2S 时,一般也是用金属硫化物(多用 Na_2S)与非氧化性酸作用来制取的。大量的 H_2S 则主要来源于石油炼制工业中在加工高含硫原油过程中的副产品。

H_2S 的水溶液称为氢硫酸,它是二元弱酸:

$$H_2S \Longrightarrow H^+ + HS^- ; \quad K_{a1}^\ominus = 1.1 \times 10^{-7}$$

$$HS^- \Longrightarrow H^+ + S^{2-} ; \quad K_{a2}^\ominus = 1.3 \times 10^{-13}$$

从上述平衡关系可以得出:

$$K^\ominus = K_{a1}^\ominus K_{a2}^\ominus = \frac{[c'(H^+)]^2 c'(S^{2-})}{c'(H_2S)} = 1.4 \times 10^{-20}$$

饱和溶液 $c(H_2S) = 0.1 \text{ mol} \cdot \text{L}^{-1}$,则

$$c'(S^{2-}) = \frac{1.4 \times 10^{-20} \times 0.1}{[c'(H^+)]^2} = \frac{1.4 \times 10^{-21}}{[c'(H^+)]^2}$$

从上式可看出,H_2S 溶液中的 S^{2-} 浓度的大小取决于溶液中的 H^+ 浓度。在碱性溶液中通入 H_2S,它可供给较高浓度的 S^{2-}。而在酸性溶液中通入 H_2S,它只能供给极低浓度的 S^{2-}。

金属硫化物在水中的溶解度差异很大,可通过改变溶液中的 H^+ 浓度来控制溶液中 S^{2-} 的浓度,这样就可以使溶液中各种金属硫化物发生分级沉淀,从而实现分离。

9.4.3 金属硫化物

硫与电负性比它小的元素所形成的化合物称为硫化物。硫化物可看作氢硫酸所生成的正盐。硫化物经燃烧后易转化为更稳定的氧化物。氧化物比硫化物易呈现高氧化态,如银有 $Ag(\text{II})O$,但不存在 $Ag(\text{II})S$。

(1)水解性。金属硫化物无论是易溶还是难溶,遇水都会发生不同程度的水解。例如:

$$Na_2S + H_2O \Longrightarrow NaOH + NaHS \quad (水解程度很大)$$

$$2PbS + 2H_2O \Longrightarrow Pb(OH)_2 + Pb(HS)_2 \quad (微弱水解)$$

$$Al_2S_3 + 6H_2O \Longrightarrow 2Al(OH)_3\downarrow + 3H_2S\uparrow \quad (完全水解)$$

在常温下,$0.1 \text{ mol} \cdot \text{L}^{-1} Na_2S$ 溶液中的水解度可高达 95%,这是 Na_2S 常作为碱使用的原因。多价金属硫化物(如 Al_2S_3、Cr_2S_3 等)遇水几乎完全水解,这类硫化物只能用干法制备。

(2)溶解性。金属硫化物在水中的溶解度差别很大,根据溶解度的大小,大致可分为

五类(见表 9-14)。

金属硫化物在酸中的溶解情况与其溶度积的大小有关。这里以 MS 型硫化物为例加以讨论。若要使 MS 溶解，必须使 $c'(M^{2+})c'(S^{2-})<K_{sp}^{\ominus}$，这势必要求降低溶液中的 M^{2+} 或 S^{2-} 浓度。要降低 M^{2+} 浓度，可加入配位剂与 M^{2+} 配位。要使 S^{2-} 浓度降低，一般有两种方法：一是可采用氧化剂，将 S^{2-} 氧化；二是可提高溶液的 H^+ 浓度，从而抑制 H_2S 的解离。

一般来说，对于 $K_{sp}^{\ominus}>10^{-24}$ 的金属硫化物 MS，可使用提高溶液的 H^+ 浓度的办法来降低 S^{2-} 浓度，从而使其溶解。例如：

$$FeS+2HCl \Longrightarrow H_2S\uparrow+FeCl_2$$

对于 $K_{sp}^{\ominus}$ 在 $10^{-32}\sim10^{-25}$ 的金属硫化物 MS，可使用加入浓 HCl 方法来显著降低 S^{2-} 的浓度。高浓度的 Cl^- 又往往能与 M^{2+} 配位而降低了 M^{2+} 的浓度，从而共同促使硫化物溶解。例如：

$$PbS+2H^++4Cl^- \Longrightarrow H_2S\uparrow+[PbCl_4]^{2-}$$

对于 CuS、Ag_2S 等 $K_{sp}^{\ominus}$ 更小的金属硫化物 MS，需用 HNO_3 使 S^{2-} 氧化，从而使其溶解。例如：

$$3CuS+8HNO_3 \Longrightarrow 3Cu(NO_3)_2+3S\downarrow+2NO\uparrow+4H_2O$$

对于 HgS 等 $K_{sp}^{\ominus}$ 极小的金属硫化物 MS，只能溶于王水。例如：

$$3HgS+2HNO_3+12HCl \Longrightarrow 3H_2[HgCl_4]+3S\downarrow+2NO\uparrow+4H_2O$$

另外，有些金属硫化物还能与 Na_2S 形成配合物而溶解。例如：

$$HgS+Na_2S \Longrightarrow Na_2[HgS_2]$$

(3) 颜色。大多数金属硫化物都有特征的颜色。利用金属硫化物的溶解性和颜色，可以初步分离和鉴别出各种金属离子。部分金属硫化物的颜色和溶解性见表 9-14。

表 9-14　金属硫化物的颜色和溶解性

溶解性	溶于水	溶于稀盐酸	溶于浓盐酸	溶于浓硝酸	溶于王水
化学式及颜色	Na_2S(白色)	MnS(肉红色)	SnS(褐色)	CuS(黑色)	HgS(黑色)
	K_2S(白色)	ZnS(白色)	SnS_2(黄色)	Cu_2S(黑色)	Hg_2S(黑色)
	MgS(白色)	Fe_2S_3(黑色)	PbS(黑色)	Ag_2S(黑色)	
	CaS(白色)	FeS(黑色)	Sb_2S_3(橙色)	As_2S_3(浅黄色)	
	SrS(白色)	CoS(黑色)	Sb_2S_5(橙色)	As_2S_5(浅黄色)	
	BaS(白色)	NiS(黑色)	CdS(黄色)	Bi_2S_3(暗棕色)	

常见的金属硫化物有 20 种左右，它们有着广泛的用途。

Na_2S 在工业上称为硫化碱，价格较低，常代替 NaOH 作为碱使用，用于制造硫化染料、皮革脱毛剂，金属冶炼，照相，人造丝脱硝等。广泛用于制革、造纸、选矿、染料生产、有机中间体、印染、制药、味精、人造纤维、特种工程塑料等。还用于制备硫氢化钠、多硫化钠、硫代硫酸钠等。CdS 可用于制焰火、玻璃釉、瓷釉、发光材料，并用作油漆、纸、橡胶和玻璃等的颜料(镉黄和镉红)。高纯度 CdS 是良好的半导体材料。ZnS 可用于制荧光粉、涂料、油漆、白色或不透明玻璃,充填橡胶、塑料等;CaS 可用于制发光漆,还用于医药工业、重金属处理等;SrS 可用作发光涂料的原料、生皮的脱毛剂等;HgS 用作油画颜料、印泥及朱红雕刻漆器等;BaS 可用于制造钡盐、立德粉和发光油漆,也可作为橡胶硫化剂及皮革脱毛剂等;Sb_2S_3 可用于制造火柴、烟火、各种锑盐和有色玻璃等。

9.4.4 硫的氧化物

硫的氧化物主要有 SO_2 和 SO_3 两种。

1. 二氧化硫

工业上 SO_2 一般由硫或黄铁矿在空气中焙烧生成:

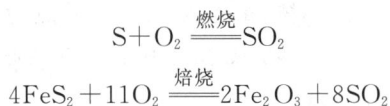

$$S + O_2 \xrightarrow{\text{燃烧}} SO_2$$

$$4FeS_2 + 11O_2 \xrightarrow{\text{焙烧}} 2Fe_2O_3 + 8SO_2$$

实验室可用固体 Na_2SO_3 与质量分数为 75% 左右的 H_2SO_4 反应制得:

$$Na_2SO_3 + H_2SO_4 \Longrightarrow Na_2SO_4 + SO_2\uparrow + H_2O$$

制取少量纯度要求不高的 SO_2 时,也可用铜与浓 H_2SO_4 共热或直接用燃烧硫粉的方法制得。

SO_2 分子结构与 O_3 相似,呈 V 形,S 采用 2 个 sp^2 杂化轨道与 2 个 O 的 p 轨道重叠形成 2 个 σ 键,还形成 1 个三中心四电子的大 Π 键,如图 9-3 所示。

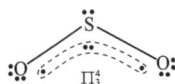

图 9-3 SO_2 分子结构

SO_2 是有强烈刺激性气味的无色气体,熔点为 197 K,沸点为 263 K,易溶于水,常温下 1 体积水可溶解 40 体积的 SO_2。SO_2 容易被液化,在 273 K 时 SO_2 的液化压力仅为 193 kPa。液态 SO_2 是一种良好的溶剂,它能溶解 CCl_4、$SnCl_4$、$SiCl_4$、醇、醛、酯类等物质。液态 SO_2 也可作为制冷剂,它可以使冷冻体系的温度降至 223 K。

SO_2 中的 S 的氧化数为 +4,处于 S 的中间氧化态,因此它既具有氧化性,又具有还原性,但以还原性为主。

SO_2 是有毒气体,其毒性主要表现在对人的呼吸系统和消化系统的伤害作用。如果停留在 SO_2 体积分数大于 0.2% 的空气中,就会使人嗓子变哑、食欲减退、大便不通和引起气管炎等,严重时会导致窒息甚至死亡。

在工业上 SO_2 主要用于生产 H_2SO_3 及 H_2SO_4,也是制取亚硫酸盐的基本原料,在造纸、食品加工等行业中可作为漂白剂、防腐剂。在制冷等领域也有广泛应用。

SO_2 是造成大气污染的重要因素。目前,硫化矿冶炼厂、火力发电厂等是产生 SO_2 污染物的主要污染源。

在大气中的 SO_2 可以通过气相或液相的氧化反应生成 H_2SO_4。

气相反应: $2SO_2 + O_2 \xrightarrow{\text{催化剂}} 2SO_3$, $SO_3 + H_2O \Longrightarrow H_2SO_4$

液相反应：$SO_2 + H_2O \xlongequal{\quad} H_2SO_3$, $\quad 2H_2SO_3 + O_2 \xlongequal{催化剂} 2H_2SO_4$

大气中的烟尘、臭氧等都是上述反应的催化剂,臭氧同时还是氧化剂。因此,SO_2 是对农业、林业、建筑物、机械设备等造成危害极大的"酸雨"(pH<5.6 的雨水)的罪魁祸首。

含 SO_2 废气的处理方法有很多。当废气中 SO_2 含量较高时,可将 SO_2 氧化为 SO_3 再制成 H_2SO_4;也可用碱性物质吸收而生成亚硫酸盐。若 SO_2 的含量较少,可用 $Ca(OH)_2$ 或 Na_2CO_3 水溶液吸收而除去：

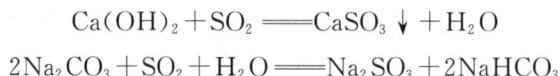

$$Ca(OH)_2 + SO_2 \xlongequal{\quad} CaSO_3 \downarrow + H_2O$$

$$2Na_2CO_3 + SO_2 + H_2O \xlongequal{\quad} Na_2SO_3 + 2NaHCO_3$$

2. 三氧化硫

纯净的 SO_3 是无色易挥发的固体,熔点为 290 K,沸点为 318 K,有强吸水性,在空气中易形成酸雾。SO_3 加热到 740 K 分解为 SO_2 和 O_2;溶于水生成 H_2SO_4,同时放出大量的热;与金属氧化物作用生成硫酸盐。

SO_3 是强氧化剂,它可以使单质磷燃烧：

$$5SO_3 + 2P \xlongequal{\quad} P_2O_5 + 5SO_2$$

工业上,一般是在加热及催化作用下 SO_2 被氧化为 SO_3：

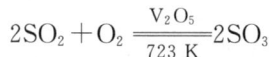

$$2SO_2 + O_2 \xlongequal[723\ K]{V_2O_5} 2SO_3$$

实验室里,一般是由发烟硫酸与 P_2O_5 反应制得：

$$3H_2SO_4 \cdot xSO_3 + P_2O_5 \xlongequal{\quad} 2H_3PO_4 + (3x+3)SO_3 \uparrow$$

9.4.5 硫的含氧酸

硫的各种含氧酸汇总于表 9-15 中。由于硫的含氧酸的组成和结构不同,有"焦"、"代"、"过"、"连"等类型,其他无机含氧酸也类似。

焦酸是指 2 个含氧酸分子失去 1 分子 H_2O 所得的产物,如焦硫酸 $H_2S_2O_7$ 是由 2 个 H_2SO_4 分子脱去 1 分子 H_2O 而形成的。代酸是 O 原子被其他原子所代替的含氧酸,如硫代硫酸 $H_2S_2O_3$ 就是 H_2SO_4 中的 1 个 O 原子被 1 个 S 原子所代替的结果。过酸是指含有过氧基—O—O—的含氧酸,如过二硫酸 $H_2S_2O_8$。连酸是指中心原子互相连在一起的含氧酸,如 2 个 S 原子相连的连二亚硫酸 $H_2S_2O_4$。

表 9-15 硫的各种含氧酸

名 称	化 学 式	结 构 简 式	存 在 形 式
次硫酸	H_2SO_2	HO—S—OH	盐
亚硫酸	H_2SO_3	$\underset{HO—S—OH}{\overset{O}{\uparrow}}$	盐、酸式盐

名　称	化学式	结构简式	存在形式
连二亚硫酸	$H_2S_2O_4$	$\begin{array}{c} O \\ \uparrow \\ HO-S-S-OH \\ \downarrow \\ O \end{array}$	盐
硫酸	H_2SO_4	$\begin{array}{c} O \\ \uparrow \\ HO-S-OH \\ \downarrow \\ O \end{array}$	纯酸、盐和水溶液
焦硫酸	$H_2S_2O_7$	$\begin{array}{c} O \quad\quad O \\ \uparrow \quad\quad \uparrow \\ HO-S-O-S-OH \\ \downarrow \quad\quad \downarrow \\ O \quad\quad O \end{array}$	纯酸、盐
硫代硫酸	$H_2S_2O_3$	$\begin{array}{c} O \\ \uparrow \\ HO-S-OH \\ \downarrow \\ S \end{array}$	盐
过二硫酸	$H_2S_2O_8$	$\begin{array}{c} O \quad\quad O \\ \uparrow \quad\quad \uparrow \\ HO-S-O-O-S-OH \\ \downarrow \quad\quad \downarrow \\ O \quad\quad O \end{array}$	酸、盐
连多硫酸	$H_2S_xO_6$（x 为 2~6）	$\begin{array}{c} O \quad\quad O \\ \uparrow \quad\quad \uparrow \\ HO-S-S\cdots S-OH \\ \downarrow \quad\quad \downarrow \\ O \quad\quad O \end{array}$	盐和水溶液

1. 亚硫酸

SO_2 溶于水生成亚硫酸 H_2SO_3。H_2SO_3 只存在于水溶液中,至今还未能制得纯的 H_2SO_3。H_2SO_3 是二元中强酸,在水中存在以下解离平衡:

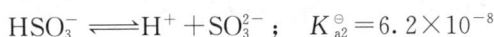

$$H_2SO_3 \Longrightarrow H^+ + HSO_3^-；\quad K_{a1}^\ominus = 1.3 \times 10^{-2}$$

$$HSO_3^- \Longrightarrow H^+ + SO_3^{2-}；\quad K_{a2}^\ominus = 6.2 \times 10^{-8}$$

H_2SO_3 既有氧化性,又有还原性,但以还原性为主。例如:

$$SO_3^{2-} + Cl_2 + H_2O \Longrightarrow 2Cl^- + SO_4^{2-} + 2H^+$$

$$5SO_3^{2-} + 2MnO_4^- + 6H^+ \Longrightarrow 2Mn^{2+} + 5SO_4^{2-} + 3H_2O$$

H_2SO_3 只有遇到较强的还原剂时,才表现出氧化性。例如:

$$H_2SO_3 + 2H_2S \Longrightarrow 3S\downarrow + 3H_2O$$

2. 硫酸

纯 H_2SO_4 是一种无色油状液体,熔点为 283 K,沸点为 593 K(573 K 以上即分解),挥发性小,这些性质与 H_2SO_4 分子间能形成氢键有关。浓硫酸的密度为 $1.827\ g \cdot mL^{-1}$,浓度为 $18\ mol \cdot L^{-1}$,能与水以任意比互溶,浓硫酸溶于水产生大量的热,又因其密度大于水,所以稀释浓硫酸时,只能将浓硫酸慢慢倾入水中,并不断搅拌,绝不能将水倾入浓硫酸中,否则会产生大量的热使酸液溅出,甚至爆炸。工业品硫酸因含有杂质而呈淡黄色或稍微混浊。

硫酸的化学性质主要表现在强酸性、浓硫酸的吸水性及氧化性。

(1)强酸性。H_2SO_4 为二元强酸,其第一步解离可认为是完全的,即:

$$H_2SO_4 \Longrightarrow H^+ + HSO_4^-$$

而第二步解离则不完全,HSO_4^- 只相当于中强酸:

$$HSO_4^- \Longrightarrow H^+ + SO_4^{2-}; \quad K_{a2}^{\ominus} = 1.0 \times 10^{-2}$$

在实际工作中,有时利用浓硫酸的强酸性、难挥发性、高沸点等特性来制备具有挥发性的 HCl 和 HNO_3。

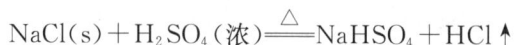

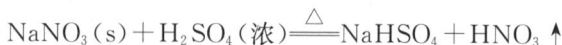

$$NaCl(s) + H_2SO_4(浓) \xrightarrow{\triangle} NaHSO_4 + HCl\uparrow$$

$$NaNO_3(s) + H_2SO_4(浓) \xrightarrow{\triangle} NaHSO_4 + HNO_3\uparrow$$

(2)浓硫酸的脱水性。由于浓硫酸的水合热大,因此具有强的脱水性,不仅可以吸收化合物中的游离水(用作干燥剂),而且能使有机物脱水碳化。例如,浓硫酸能从碳水化合物或其他有机物质中按 H_2O 的组成比把 H 和 O 脱出来:

$$C_mH_{2n}O_n + H_2SO_4(浓) \Longrightarrow mC + H_2SO_4 \cdot nH_2O$$

(3)浓硫酸的氧化性。虽然 $\varphi^{\ominus}(SO_4^{2-}/SO_2)$ 仅为 0.17 V,但热的浓硫酸是强的氧化剂,几乎能氧化所有的金属及某些非金属,其还原产物视还原剂和反应条件的不同而异,可以是 SO_2、S,甚至 H_2S,一般为 SO_2。例如:

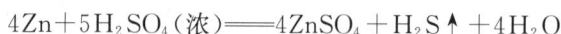

$$4Zn + 5H_2SO_4(浓) \Longrightarrow 4ZnSO_4 + H_2S\uparrow + 4H_2O$$

$$Cu + 2H_2SO_4(浓) \Longrightarrow CuSO_4 + SO_2\uparrow + 2H_2O$$

$$C + 2H_2SO_4(浓) \xrightarrow{\triangle} CO_2\uparrow + 2SO_2\uparrow + 2H_2O$$

冷的浓硫酸可以使铁、铝等金属的表面生成一层致密的氧化膜,使之不再进一步被腐蚀,这种现象称为金属的钝化。因此,可用铁罐或铝罐储存或运输浓硫酸。

由于浓硫酸具有强的吸水性和氧化性,它能严重地破坏动植物的组织,如烧伤皮肤等,因此使用时要特别注意安全。如果不小心将硫酸滴落在皮肤上,应立即用大量水冲洗,然后用稀氨水湿润受伤处,最后再用水冲洗,以避免严重灼伤。

生产硫酸一般采用接触法。此法主要分为三个阶段:①燃烧硫或焙烧黄铁矿制得 SO_2;②在 V_2O_5 的催化作用下将 SO_2 氧化成 SO_3;③用 98.3% 的浓硫酸吸收 SO_3 制得发烟硫酸。

值得注意的是:在第三阶段中,吸收 SO_3 不能直接用水,否则会形成大量难溶于水的硫酸酸雾,并随尾气排出,既降低了产率,又污染了环境。实际上是用 98.3% 的浓硫酸吸收 SO_3 成为发烟硫酸,再用 92.5% 的硫酸稀释成 98.3% 的硫酸,即得市售品浓硫酸。

硫酸是最重要的化工原料之一,世界上往往用硫酸的年产量来衡量一个国家的工业生产水平。硫酸大量用于生产磷肥,同时也广泛应用于无机化工、有机化工、轻工、纺织、石油、医药、冶金及国防等领域。

3. 发烟硫酸和焦硫酸

通常把含有过量 SO_3 的浓硫酸称为发烟硫酸($H_2SO_4 \cdot xSO_3$)。当 H_2SO_4 与 SO_3 的物质的量之比为 $1:1$ 时，这种发烟硫酸称为焦硫酸($H_2SO_4 \cdot SO_3$ 或 $H_2S_2O_7$)。

发烟硫酸比浓硫酸具有更强的氧化性。它主要是用作硝化反应中的脱水剂以及有机合成的磺化剂等。焦硫酸在常温下是一种无色晶体，熔点为 308 K。冷却发烟硫酸时，可以析出焦硫酸晶体。焦硫酸的氧化性比浓硫酸强，它主要用于制造染料、炸药和其他有机磺酸类化合物。

9.4.6　硫的含氧酸盐

1. 硫酸盐

硫酸能生成正盐和酸式盐，通常所说的硫酸盐指的是其正盐。除 $CaSO_4$、$SrSO_4$、$BaSO_4$、$PbSO_4$、Ag_2SO_4、Hg_2SO_4 等微溶或难溶于水外，大多数硫酸盐都可溶于水。

硫酸盐受热分解所需的温度差别很大。一般来说，ⅠA、ⅡA 族的硫酸盐对热稳定，加热到 1273 K 也不分解；过渡元素硫酸盐在高温下可以分解；$(NH_4)_2SO_4$ 只需加热至 373 K 便可分解。

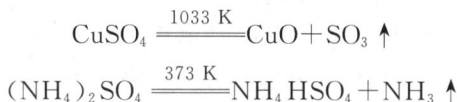

$$CuSO_4 \xrightarrow{1033\ K} CuO + SO_3 \uparrow$$

$$(NH_4)_2SO_4 \xrightarrow{373\ K} NH_4HSO_4 + NH_3 \uparrow$$

含有结晶水的硫酸盐称为矾，如胆矾 $CuSO_4 \cdot 5H_2O$、绿矾 $FeSO_4 \cdot 7H_2O$ 等。它们在受热时会逐步失去其结晶水。许多硫酸盐从溶液中析出时会带结晶水，制备这些水合硫酸盐通常是在室温下晾干，以免使结晶水脱去。带结晶水的硫酸盐还往往能以复盐的形成存在，如 $(NH_4)_2SO_4 \cdot FeSO_4 \cdot 6H_2O$、$K_2SO_4 \cdot Al_2(SO_4)_3 \cdot 24H_2O$ 等。在一般情况下，将两种硫酸盐按某一比例混合，可制得相应的硫酸复盐。

酸式硫酸盐一般溶于水，其水溶液呈酸性。

$$NaHSO_4 = Na^+ + H^+ + SO_4^{2-}$$

酸式硫酸盐受热可以生成焦硫酸盐：

$$2KHSO_4 \xrightarrow{\triangle} K_2S_2O_7 + H_2O$$

焦硫酸盐极易吸潮，遇水又会发生水解反应生成酸式硫酸盐，故须密闭保存。

$$K_2S_2O_7 + H_2O \rightleftharpoons 2KHSO_4$$

$K_2S_2O_7$ 可与一些难溶的碱性或两性金属氧化物共熔生成可溶性的硫酸盐。例如：

$$Fe_2O_3 + 3K_2S_2O_7 \xrightarrow{\triangle} Fe_2(SO_4)_3 + 3K_2SO_4$$

$$Al_2O_3 + 3K_2S_2O_7 \xrightarrow{\triangle} Al_2(SO_4)_3 + 3K_2SO_4$$

分析化学上常用焦硫酸盐处理难溶性的金属矿样。

2. 过硫酸盐

过硫酸的分子可以看成过氧化氢 $H-O-O-H$ 分子中的 H 被 $-SO_3H$ 所取代的衍生物。$H-O-O-SO_3H$ 称为过一硫酸，$HO_3S-O-O-SO_3H$ 称为过二硫酸。纯的过一硫酸和过二硫酸都是无色晶体,也有强的吸水性和脱水性,都不稳定,在实际工作中常用的是它们的盐。过硫酸盐中较为重要的是过二硫酸钾 $K_2S_2O_8$ 和过二硫酸铵 $(NH_4)_2S_2O_8$。常温下,$(NH_4)_2S_2O_8$ 为白色结晶状固体,干燥制品较为稳定,潮湿状态或在水溶液中易发生水解,工业上常利用此反应制备 H_2O_2。

$$(NH_4)_2S_2O_8 + 2H_2O \Longrightarrow 2NH_4HSO_4 + H_2O_2$$

过硫酸盐的分子中都含有过氧链,它们都具有强的氧化性。与苯、酚等有机物混合时会发生爆炸。在 Ag^+ 的催化下,它能将 Mn^{2+} 迅速氧化成紫色的 MnO_4^-:

$$2Mn^{2+} + 5S_2O_8^{2-} + 8H_2O \xrightarrow{Ag^+} 2MnO_4^- + 10SO_4^{2-} + 16H^+$$

此反应在钢铁分析中用于锰含量的测定。

3. 亚硫酸钠

亚硫酸钠 Na_2SO_3 为白色晶体或粉末,易溶于水,其水溶液呈碱性。亚硫酸钠晶体 $Na_2SO_3 \cdot 7H_2O$ 在空气中风化并易被氧化为 Na_2SO_4。向 Na_2CO_3 溶液中通入 SO_2,可制得 Na_2SO_3:

$$Na_2CO_3 + SO_2 \Longrightarrow Na_2SO_3 + CO_2 \uparrow$$

比较下列电极电势:

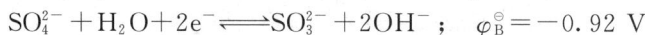

$$SO_4^{2-} + 4H^+ + 2e^- \Longrightarrow H_2SO_3 + H_2O; \quad \varphi_A^\ominus = +0.158\ \text{V}$$
$$SO_4^{2-} + H_2O + 2e^- \Longrightarrow SO_3^{2-} + 2OH^-; \quad \varphi_B^\ominus = -0.92\ \text{V}$$

可知,在碱性介质中 SO_3^{2-} 的还原性比在酸性介质中强得多。这正是 Na_2SO_3 水溶液易被氧化的原因:

$$2Na_2SO_3 + O_2 \Longrightarrow 2Na_2SO_4$$

Na_2SO_3 有着广泛用途:医药工业中用于生产氯仿和苯甲醛等;橡胶工业中用作凝固剂;常作为织物漂白和脱氯剂;照相业中用作显影剂;食品工业中用作漂白剂、防腐剂、疏松剂、抗氧化剂、护色剂及保鲜剂。

4. 硫代硫酸钠

五水硫代硫酸钠 $Na_2S_2O_3 \cdot 5H_2O$,俗称大苏打或"海波",为无色透明晶体,易溶于水,水溶液呈弱碱性,373 K 时会失去全部结晶水,温度更高则分解成硫化钠与硫酸钠。

在沸腾的 Na_2SO_3 碱性溶液中加入硫黄粉,可制得 $Na_2S_2O_3$:

$$2Na_2SO_3 + S \xrightarrow{\triangle} 2Na_2S_2O_3$$

$Na_2S_2O_3$ 遇强酸易分解:

$$S_2O_3^{2-} + 2H^+ \Longrightarrow S \downarrow + SO_2 \uparrow + H_2O$$

$Na_2S_2O_3$ 为中等强度的还原剂,它与 I_2 的反应快速而又定量进行,是定量分析中碘量法测定物质含量的基础:

$$I_2 + 2Na_2S_2O_3 \Longrightarrow 2NaI + Na_2S_4O_6$$

若遇到强氧化剂,则 $S_2O_3^{2-}$ 可被氧化为 SO_4^{2-}。例如:

$$4Cl_2 + Na_2S_2O_3 + 5H_2O \Longrightarrow 2NaCl + 2H_2SO_4 + 6HCl$$

$Na_2S_2O_3$ 为常用分析试剂,也常作为织物漂白后的脱氯剂、照相业中的定影剂,还应用于鞣革、电镀、医药等行业。

任务 9.5　氮及其化合物

9.5.1　氮气

氮气 N_2 为无色无味的气体,密度为 $1.25\ g \cdot L^{-1}$(标准状况),熔点为 63 K,沸点为 77 K,难溶于水,在 283 K 时 1 体积水约可溶解 0.02 体积的 N_2。

N_2 的化学性质很不活泼,在高温、高压及催化剂存在下才能和 H_2 化合生成 NH_3;在放电的情况下才能和 O_2 化合生成 NO;即使 Ca、Mg、Sr 和 Ba 等活泼金属也只有在加热的情形下才能与其反应。

N_2 的这种高度化学稳定性与其分子结构有关。N 原子的价电子构型是 $2s^2 2p^3$,2 个 N 原子以三键结合成为 N_2 分子,其中包含 1 个 σ 键和 2 个 π 键,如图 9-4 所示。因为在化学反应中首先受到攻击的是 π 键,而在 N_2 分子中 π 键的能级比 σ 键低,打开 π 键困难,因而 N_2 难以参与化学反应。

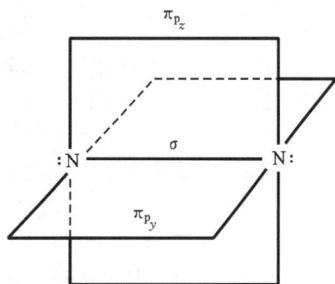

图 9-4　N_2 的分子结构

氮主要是从大气中分离或含氮化合物的分解制得的。工业上通过分馏液态空气得到 N_2。实验室最常用的是 NH_4NO_2 的分解,实际上是将 $NaNO_2$ 饱和溶液慢慢加到热的 NH_4Cl 饱和溶液中:

$$NaNO_2 + NH_4Cl =\!\!= N_2 \uparrow + NaCl + 2H_2O$$

在室温下将 Cl_2 或 Br_2 和 NH_3 反应,将 NH_3 通过红热的 CuO,$(NH_4)_2Cr_2O_7$ 热分解都可制取 N_2:

$$8NH_3 + 3Br_2 =\!\!= N_2 \uparrow + 6NH_4Br$$

$$3CuO + 2NH_3 \xrightarrow{\triangle} N_2 \uparrow + 3Cu + 3H_2O$$

N_2 在工业上最大的用途是用于合成氨,氨不但是制造一系列铵盐及尿素的原料,还大量用于生产硝酸。利用其具有高度的化学稳定性,N_2 作为保护气广泛应用于电子、机械、钢铁、食品等工业生产或科学研究中。液氮可作为低温制冷剂。

9.5.2　氨和铵盐

1. 氨

氨 NH_3 在常温下是一种无色有刺激性臭味的气体。由于 NH_3 分子间存在氢键,所以其沸点(240 K)比同族其他元素的氢化物都高。常温下加压即可液化,液氨汽化时要吸收大量的热,故 NH_3 常作为制冷剂。

NH_3为三角锥形分子,NH_3分子中的正、负电荷重心不重合,是强极性分子,易溶于极性溶剂(如水或酒精)。常温下 1 体积 H_2O 能溶解约 700 体积的 NH_3。NH_3 溶于水后溶液体积显著增大,故氨水越浓,密度越小。市售氨水 NH_3 的质量分数为 $25\% \sim 28\%$,其密度约为 $0.9\ g \cdot cm^{-3}$。

液氨和水一样也能发生微弱的解离:

$$NH_3 + NH_3 \Longleftrightarrow NH_4^+ + NH_2^-$$

液氨是一种良好的非水极性溶剂。Li、Na、K、Rb、Ca、Sr、Ba 等金属均能溶于液氨成为蓝色溶液,该溶液也同样具有导电性。

NH_3 的化学性质主要表现在三个方面。

(1) 具有还原性。NH_3 中 N 的氧化数为 -3,为其最低氧化态,因此 NH_3 只具有还原性。

NH_3 经催化氧化可得到 NO,这是制硝酸的基础反应:

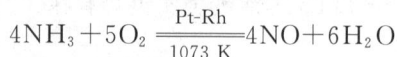
$$4NH_3 + 5O_2 \xrightarrow[1073\ K]{Pt\text{-}Rh} 4NO + 6H_2O$$

NH_3 很难在空气中燃烧,但能在纯氧中燃烧:

$$4NH_3 + 3O_2 \xrightarrow{\text{点燃}} 2N_2 + 6H_2O$$

NH_3 在空气中的爆炸极限(体积分数)为 $16\% \sim 27\%$,因此在使用 NH_3 时要注意防止明火。NH_3 和 H_2 一样,能从某些金属氧化物中夺取氧生成水。NH_3 能与氯、溴等发生强烈反应,因此,可用浓氨水检查氯气或液溴管道是否漏气,若漏气,则有白色烟雾生成。

(2) 能发生取代反应。NH_3 中的 N—H 键能较小,遇到活泼金属时,其中的 H 可被取代,生成氨基—NH_2、亚氨基=NH 和氮≡N 的衍生物。例如:

$$2NH_3(l) + 2Na \Longrightarrow 2NaNH_2 + H_2 \uparrow$$

$$2NH_3(l) + 2Al \Longrightarrow 2AlN + 3H_2 \uparrow$$

(3) 能发生加合反应。NH_3 中的 N 原子有孤对电子,因此倾向于与其他分子或离子加合形成配位键。例如:

$$Ag^+ + 2NH_3 \Longleftrightarrow [Ag(NH_3)_2]^+$$

NH_3 易溶于水,这和 NH_3 与水通过氢键形成氨的水合物有关。NH_3 溶于水生成水合物的同时,能发生部分解离而使氨水显碱性:

$$NH_3 + H_2O \Longleftrightarrow NH_3 \cdot H_2O \Longleftrightarrow NH_4^+ + OH^-$$

NH_3 能与固体无水 $CaCl_2$ 发生加合反应,因此不能用其干燥 NH_3:

$$8NH_3 + CaCl_2 \Longrightarrow CaCl_2 \cdot 8NH_3$$

氨的实验室制法中,常用碱分解铵盐制得:

$$2NH_4Cl + Ca(OH)_2 \xrightarrow{\triangle} CaCl_2 + 2NH_3 \uparrow + 2H_2O$$

也可采用加热浓氨水的方法制得:

$$NH_3 \cdot H_2O(浓) \xrightarrow{\triangle} NH_3 \uparrow + H_2O$$

工业上 NH_3 是在高温、高压和催化剂条件下由 N_2 和 H_2 直接合成:

$$N_2(g) + 3H_2(g) \xrightarrow[Al_2O_3,Fe_2O_3]{20 \sim 30\ MPa,723\ K} 2NH_3(g); \quad \Delta_r H_m^\ominus = -92.38\ kJ \cdot mol^{-1}$$

NH_3 的合成是一个体积缩小的放热反应。增大体系压力和降低体系温度对合成反应有利。但是,如果增大体系压力,需要具有足够的机械强度的设备,而且这种材质要不被 H_2 所穿透。另一方面,降低体系温度,不仅达不到所要求的反应速率,并且催化剂往往需要在一定的温度下才具有较高的催化活性。

工业上氨主要用于生产化肥,如 NH_4HCO_3、NH_4NO_3、$(NH_4)_2SO_4$、$CO(NH_2)_2$ 等,NH_3 本身也是化肥;大量的 NH_3 还用于生产 HNO_3;氨可用作冷冻机和制冰机中的循环制冷剂;液氨是一种良好的极性溶剂。

2. 铵盐

铵盐是含有 NH_4^+ 化合物的总称。铵盐大多为无色晶体,一般易溶于水。铵盐的晶型及溶解度和钾盐或铷盐相似,如 $KClO_4$ 及 NH_4ClO_4 都难溶于水。

铵盐具有热稳定性低、易水解的特点。

(1) 热稳定性低。铵盐受热极易分解,其分解情况与酸根的性质有关。

① 若对应的酸为非氧化性的挥发性酸,则加热铵盐时,它完全分解而没有固态的残留物。例如:

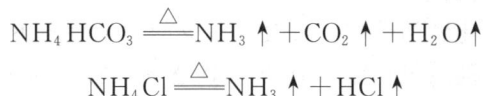

$$NH_4HCO_3 \xrightarrow{\triangle} NH_3\uparrow + CO_2\uparrow + H_2O\uparrow$$

$$NH_4Cl \xrightarrow{\triangle} NH_3\uparrow + HCl\uparrow$$

② 若对应的酸为非氧化性的不挥发性酸,则加热铵盐时,除分解放出 NH_3 外,还有游离酸或酸式盐留下。例如:

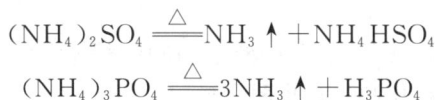

$$(NH_4)_2SO_4 \xrightarrow{\triangle} NH_3\uparrow + NH_4HSO_4$$

$$(NH_4)_3PO_4 \xrightarrow{\triangle} 3NH_3\uparrow + H_3PO_4$$

③ 若对应的酸为氧化性酸,则分解生成的 NH_3 会被氧化。例如:

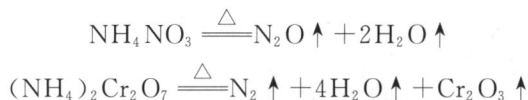

$$NH_4NO_3 \xrightarrow{\triangle} N_2O\uparrow + 2H_2O\uparrow$$

$$(NH_4)_2Cr_2O_7 \xrightarrow{\triangle} N_2\uparrow + 4H_2O\uparrow + Cr_2O_3\uparrow$$

(2) 易水解。铵盐水解程度的大小及溶液的酸碱性取决于铵盐的酸根离子。

① 由强酸组成的铵盐,其水溶液显酸性。如 NH_4Cl、$(NH_4)_2SO_4$、NH_4NO_3 等的水解:

$$NH_4^+ + H_2O \Longrightarrow NH_3 + H_3O^+$$

若在铵盐水溶液中加入强碱并稍微加热,则上述平衡会向右移动,有氨气逸出。这一反应常用来鉴定水溶液中是否含有 NH_4^+。

② 由弱酸生成的铵盐,其水解作用更大,因为 NH_4^+、酸根离子都能起水解作用,且相互促进。这类盐的水溶液的酸碱性取决于酸和碱的酸碱性的相对强弱。

铵盐在工农业生产上有重要用途。大量的铵盐用作氮肥,如 NH_4NO_3、$(NH_4)_2SO_4$、NH_4Cl、NH_4HCO_3 等。NH_4NO_3 还是某些炸药的成分,NH_4Cl 广泛用于制备干电池和染料工业,它也常用在金属的焊接上,以除去金属表面的氧化物薄层。

9.5.3 氮的氧化物

氮的氧化物有 N_2O、NO、N_2O_3、NO_2、N_2O_4、N_2O_5 等多种,其中 N 的氧化数从 +1 到

+5。除了 N_2O 毒性较小外,其他毒性都很强。

N_2O 为无色有甜味的气体,又称笑气,有生理作用,可用作麻醉剂,稍溶于水,溶于乙醇、乙醚及浓硫酸,N_2O 是一种温室气体,其效果是 CO_2 的 296 倍;NO 为无色无味气体,稍溶于水、乙醇,溶于 CS_2;N_2O_3 为红棕色、有刺激性气味的气体,液态时为深蓝色,有挥发性,固态时为蓝色。

NO_2 又称为过氧化氮,在常温下为红棕色、有刺激性气味的气体,溶于碱、CS_2 和氯仿,易溶于水,由于其结构的不稳定性,通常情况下以其双聚体形式——N_2O_4 混合存在,NO_2 在降温或加压等条件下会向生成 N_2O_4 的方向转化。

N_2O_4 气态时为无色,液态时为黄色,固态时为无色。通常见到的 N_2O_4 制成品是黄褐色高密度液体,这是由于其中混有 NO_2。N_2O_5 在通常状态下为无色柱状晶体,熔点为 306 K,易升华并发生分解;微溶于水,水溶液呈酸性,溶于热水时生成硝酸。

低氧化态的氮的氧化物如 N_2O 和 NO,属中性氧化物,它们不与水也不与碱作用。当氧化物中 N 的氧化数增大后,则过渡为酸性氧化物,如 N_2O_3、NO_2、N_2O_5,它们与水作用生成酸,与碱作用生成盐。

氮的不同氧化物,其化学活性相差较大。N_2O 的化学性质不活泼,既难氧化,也难还原。从 NO 开始,表现出随着氧化数增加,还原性逐渐减弱,氧化性逐渐增强的趋势。

氮氧化物是造成大气污染的一个重要原因,其危害仅次于硫氧化物。在工业制备 HNO_3、硝酸盐、硝基化合物等过程中,都会排出含有大量 NO 和 NO_2(通常用 NO_x 表示)的废气。

工业上一般用碱液吸收法处理 NO_x 废气。所用碱液通常为含 NaOH 或 Na_2CO_3 的废碱液。吸收反应包含着歧化和逆歧化两个过程。

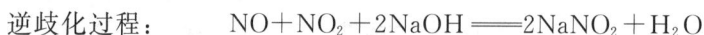

歧化过程: $2NO_2 + 2NaOH \!=\!=\! NaNO_3 + NaNO_2 + H_2O$

逆歧化过程: $NO + NO_2 + 2NaOH \!=\!=\! 2NaNO_2 + H_2O$

9.5.4 硝酸和硝酸盐

1. 硝酸

纯硝酸为无色透明的油状液体,易挥发,有刺激性气味,231 K 时可凝结为无色晶体,沸点为 356 K,可与水以任意比例互溶。市售硝酸按浓度一般可分为硝酸、发烟硝酸、红色发烟硝酸三种。

通常所说的硝酸是指质量分数为 65%～68% 的硝酸,密度为 1.39～1.42 g·cm^{-3},为无色透明液体。在受热或光照时,硝酸会分解出少量的 NO_2 而使酸液显浅黄色。

发烟硝酸是指质量分数约为 98% 的硝酸,密度在 1.5 g·cm^{-3} 以上,因含有 NO_2 而呈黄色,具有挥发性,逸出的 HNO_3 蒸气与空气中的水分形成的酸雾看似发烟,故称发烟硝酸。

红色发烟硝酸是指质量分数为 100% 的硝酸。因溶有过量的 NO_2,故呈红棕色。当敞开容器盖时,会不断逸出红棕色的 NO_2 气体。它比普通硝酸具有更强的氧化性,可用作火箭燃料的氧化剂。

实验室一般使用质量分数为 65% 左右的硝酸,工业上常使用发烟硝酸。发烟硝酸具有以下优点:

(1) 氧化能力强。制备无机盐时发烟硝酸能直接溶解许多金属。有机合成如硝化反应等更需要发烟硝酸。此外,发烟硝酸与金属作用时,所含的 NO_2 还具有催化加速反应的作用。

(2) 可用铝罐储运。冷的发烟硝酸对铝、铁、铬等金属有钝化作用。金属铝质轻价廉,加工容易,是理想的 HNO_3 储运材料。

HNO_3 为强酸,主要体现在它能与碱、碱性及两性氧化物发生反应,能从弱酸盐中置换出弱酸等。

$$Fe_2O_3 + 6HNO_3 = 2Fe(NO_3)_3 + 3H_2O$$

在常见的无机酸中,以 HNO_3 的氧化性最为突出。

(1) 能氧化 C、S、P、I_2 等非金属,例如:

$$P + 5HNO_3(\text{浓}) \xrightarrow{\triangle} H_3PO_4 + 5NO_2\uparrow + H_2O$$

$$3I_2 + 10HNO_3(\text{发烟}) \xrightarrow{\triangle} 6HIO_3 + 10NO\uparrow + 2H_2O$$

(2) 能氧化除金、铂、铱、钌、铑、钛、铌、钽等外的金属。

HNO_3 与金属之间的反应,可以有多种氧化数的还原产物:

$$\overset{+4}{N}O_2、\overset{+3}{H}NO_2、\overset{+2}{N}O、\overset{+1}{N_2}O、\overset{0}{N_2}、\overset{-3}{N}H_4^+$$

HNO_3 的还原产物究竟是哪一种,主要取决于金属的活泼性和 HNO_3 的浓度。一般来说,浓 HNO_3 的还原产物是 NO_2,稀 HNO_3 的还原产物是 NO。当稀 HNO_3 与活泼金属(如 Mg、Zn 等)反应时,也有可能进一步还原成 N_2O、N_2,甚至 NH_4^+:

$$Cu + 4HNO_3(\text{浓}) = Cu(NO_3)_2 + 2NO_2\uparrow + 2H_2O$$

$$3Cu + 8HNO_3(\text{稀}) = 3Cu(NO_3)_2 + 2NO\uparrow + 4H_2O$$

$$4Zn + 10HNO_3(\text{稀}) = 4Zn(NO_3)_2 + N_2O\uparrow + 5H_2O$$

$$4Zn + 10HNO_3(\text{很稀}) = 4Zn(NO_3)_2 + NH_4NO_3 + 3H_2O$$

从氮元素标准电极电势图来看,因为 $\varphi_A^\ominus(NO_3^-/N_2) = +1.25$ V 为最大,所以 HNO_3 被还原成 N_2 的趋势最大,但事实并非如此,HNO_3 还原为 N_2 的速率太慢。

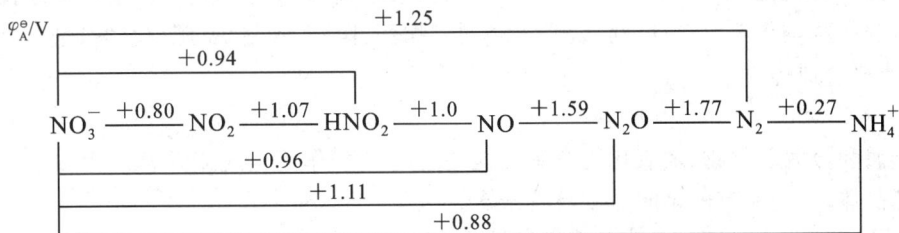

多数金属的氧化产物为硝酸盐,只有氧化物难溶于 HNO_3 的金属(如 Sn、Sb、W、Mo 等)才生成氧化物。例如:

$$Sn + 4HNO_3 = SnO_2 + 4NO_2\uparrow + 2H_2O$$

当金属有多种氧化态时,要确定产物的形式比较困难。金属在硝酸盐中的氧化数,与

其相应电对的电极电势值有关。例如,已知下列电对的电极电势:

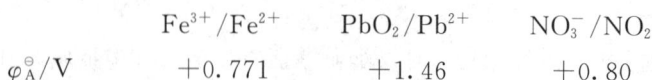

$$Fe^{3+}/Fe^{2+} \qquad PbO_2/Pb^{2+} \qquad NO_3^-/NO_2$$
$$\varphi_A^\ominus/V \qquad +0.771 \qquad +1.46 \qquad +0.80$$

由此可推知 HNO_3 还可将 Fe^{2+} 氧化为 Fe^{3+},而不能将 Pb^{2+} 氧化为 PbO_2。所以过量的 HNO_3 与铁反应时能生成 $Fe(NO_3)_3$,而与铅反应则只能生成 $Pb(NO_3)_2$。

Au、Pt 等金属不能被 HNO_3 溶解,只能溶于王水。王水是由 1 体积浓硝酸和 3 体积浓盐酸混合而成的溶液,有更强的氧化性。

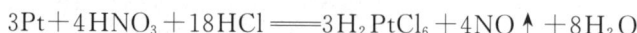

$$Au + HNO_3 + 4HCl \longrightarrow HAuCl_4 + NO\uparrow + 2H_2O$$
$$3Pt + 4HNO_3 + 18HCl \longrightarrow 3H_2PtCl_6 + 4NO\uparrow + 8H_2O$$

(3) 能氧化某些有机化合物及具有还原性的无机化合物。例如:松节油与浓硝酸接触会发生燃烧;HNO_3 能将 Fe^{2+} 氧化为 Fe^{3+} 等。

$$3FeO + 10HNO_3 \longrightarrow 3Fe(NO_3)_3 + NO\uparrow + 5H_2O$$

浓硝酸与苯等有机物能发生硝化反应:

$$\underset{}{\bigcirc} + HO\!-\!NO_2 \xrightarrow[\triangle]{浓硫酸} \underset{}{\bigcirc}\!-\!NO_2 + H_2O$$

目前,工业上主要采用氨的催化氧化法制取 HNO_3。将氨和空气的混合气体通过加热的铂铑合金网可生成 NO,NO 进一步与空气中的 O_2 反应生成 NO_2,NO_2 遇水发生歧化反应生成 HNO_3:

$$4NH_3 + 5O_2 \xrightarrow[1073\ K]{Pt\text{-}Rh} 4NO + 6H_2O$$
$$2NO + O_2 \longrightarrow 2NO_2$$
$$3NO_2 + H_2O \longrightarrow 2HNO_3 + NO\uparrow$$

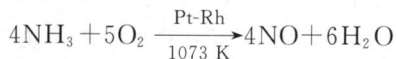

此法一般只能制得质量分数为 $50\%\sim55\%$ 的硝酸。因浓硫酸具有强的脱水性,将制得的硝酸与浓硫酸混合加热,将挥发出来的硝酸蒸气冷凝,即可制得浓硝酸。

实验室制备硝酸不常进行。若要制备,可由浓硫酸与硝酸钠共热制得:

$$NaNO_3 + H_2SO_4 \xrightarrow{\triangle} NaHSO_4 + HNO_3$$

硝酸是无机化学工业中三大强酸之一,在国民经济及国防工业中占据重要地位。硝酸是重要的基本化工原料,广泛应用于制染料、炸药、医药、塑料、氮肥、化学试剂以及用于冶金、有机合成等。

2. 硝酸盐

金属和金属氧化物、氢氧化物及碳酸盐均可与硝酸作用生成硝酸盐。大多数硝酸盐为无色晶体,几乎所有的硝酸盐都易溶于水。

固体硝酸盐在常温下一般比较稳定,但受热则能分解放出 O_2,并表现出其强的氧化性,其热分解产物取决于硝酸盐中正离子的性质。无水硝酸盐的热分解一般有四种形式。

(1) 碱金属和碱土金属的硝酸盐受热分解时放出 O_2,并生成亚硝酸盐。例如:

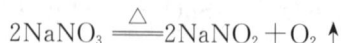

$$2NaNO_3 \xrightarrow{\triangle} 2NaNO_2 + O_2\uparrow$$

(2) 电势序在 $Mg\sim Cu$ 之间的金属硝酸盐,分解时得到相应的金属氧化物、NO_2 和

O_2。例如：

$$2Pb(NO_3)_2 \xrightarrow{\triangle} 2PbO + 4NO_2 \uparrow + O_2 \uparrow$$

（3）电势序在 Cu 以后的金属硝酸盐,分解时得到相应金属单质、NO_2 和 O_2。例如：

$$2AgNO_3 \xrightarrow{\triangle} 2Ag + 2NO_2 \uparrow + O_2 \uparrow$$

（4）硝酸铵的分解产物与温度有关：

$$NH_4NO_3 \xrightarrow{200\sim260\ ℃} N_2O + 2H_2O$$

$$2NH_4NO_3 \xrightarrow{>300\ ℃} 2N_2 + O_2 + 4H_2O$$

带结晶水的硝酸盐受热时会先失去结晶水,同时熔化或水解,最后才分解。例如：$Al(NO_3)_3 \cdot 9H_2O$ 晶体在 343 K 能熔化并失去 3 分子水,在 413 K 时能生成碱式盐 $2Al_4(OH)_9(NO_3)_3 \cdot 5H_2O$,473 K 时能分解生成 Al_2O_3。

硝酸盐有着广泛用途。硝酸钠、硝酸钾和硝酸钙是很好的化肥,硝酸钾可用来制造黑火药及焰火等,硝酸铵可作为肥料,也可制炸药。

几乎所有的硝酸盐受热分解都有氧气放出,所以硝酸盐在高温下大都是供氧剂。它与可燃物混合在一起时,受热会迅猛燃烧甚至爆炸。因此,储存、使用时需特别注意安全。

9.5.5 亚硝酸和亚硝酸盐

亚硝酸 HNO_2 为一元弱酸,$K_a^{\ominus} = 7.2 \times 10^{-4}$,极不稳定,只能存在于稀的冷溶液中,浓度稍大或加热时会立即分解：

$$2HNO_2 \xlongequal{} H_2O + NO \uparrow + NO_2 \uparrow$$

将 NO_2 和 NO 的混合物溶解在接近 273 K 的水中,可生成 HNO_2 水溶液：

$$NO_2 + NO + H_2O \xlongequal{} 2HNO_2$$

在亚硝酸盐溶液中加入稀 H_2SO_4,也可得到 HNO_2 溶液：

$$NaNO_2 + H_2SO_4 \xlongequal{} HNO_2 + NaHSO_4$$

亚硝酸不稳定,其盐却相当稳定。$NaNO_2$ 和 KNO_2 是两种最主要的亚硝酸盐,都是白色或微黄色晶体,吸湿性强,易溶于水,其水溶液呈碱性。

亚硝酸及其盐中 N 的氧化数是 +3,处在 N 的中间氧化态,因此,它们具有氧化、还原性,而氧化性比还原性突出。例如,HNO_2 在水溶液中能将 I^- 氧化为单质碘：

$$2HNO_2 + 2I^- + 2H^+ \xlongequal{} I_2 + 2NO \uparrow + 2H_2O$$

当亚硝酸盐遇到了强氧化剂时,可被氧化成硝酸盐。例如：

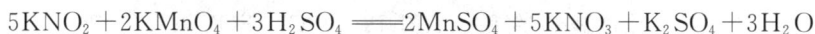

$$5KNO_2 + 2KMnO_4 + 3H_2SO_4 \xlongequal{} 2MnSO_4 + 5KNO_3 + K_2SO_4 + 3H_2O$$

亚硝酸在工业上用于有机合成,使胺类转变成重氮化合物,制备偶氮染料等。

$NaNO_2$ 和 KNO_2 广泛应用于硝基化合物、偶氮染料的制备,还常用作漂白剂、媒染剂、电镀缓蚀剂、金属热处理剂等;在肉类制品加工中 $NaNO_2$ 虽能用作发色剂、防微生物剂、防腐剂,但它是有毒的,食用 0.3 g 可使人急性中毒,3 g 可致人死亡,长期食用会导致细胞变异,产生癌变。蔬菜中含有较多的硝酸盐,若在较高温度下存放时间过长,在细菌和酶的作用下,硝酸盐易被还原成为亚硝酸盐,因此隔夜的剩菜应尽可能不吃。同样,各种肉类罐头、腌制时间不够长的咸菜等都不宜吃得过多。

任务 9.6 磷及其化合物

9.6.1 单质磷

磷有多种同素异形体,常见的是白磷、红磷和黑磷,它们熔化为液体或汽化为气体时皆为四面体 P_4 分子,只是白磷加热到 1073 K 以上时可产生 P_2 分子。

纯的白磷为无色透明晶体,见光逐渐变为黄色,故又称黄磷。白磷是由 P_4 分子构成的非极性分子,属分子晶体。白磷质软,熔点 317 K,沸点 554 K,着火点 323 K,不溶于水,易溶于 CS_2。白磷剧毒,对眼睛、皮肤和呼吸道有破坏作用,人的致死量为 0.1 g。皮肤接触白磷受伤后,可用 $0.2\ mol \cdot L^{-1} CuSO_4$ 溶液浸洗,它也是白磷中毒的解毒剂。

$$2P + 5CuSO_4 + 8H_2O =\!=\!= 5Cu + 2H_3PO_4 + 5H_2SO_4$$

白磷化学性质活泼,是一种强的还原剂。在空气中会发生自燃,在暗处可看到发光现象。白磷储存时需与空气隔绝,常保存于水中。白磷在隔绝空气的条件下加热到 533 K,则逐渐转变为红磷。若将红磷在隔绝空气的条件下加热到 737 K,则升华变为蒸气,迅速冷却后又得到白磷。

红磷又称赤磷,是暗红色粉末,473 K 以下不会着火,不溶于水和有机溶剂,无毒。红磷的结构较复杂,属巨分子结构。有观点认为红磷是由 P_4 分子断裂一个键后互相结合起来的长链分子。红磷化学性质虽不如白磷活泼,但仍属于比较活泼的。它在室温下能与空气中的氧缓慢反应生成吸水性很强的氧化物而变潮发黏,所以红磷需密闭保存。

黑磷是一种有金属光泽的晶体或无定形固体,熔点 861 K,不溶于水和有机溶剂,无毒,有导电性。黑磷也属巨分子,具有类似石墨的层状结构。黑磷在干燥空气及室温下化学性质稳定,不易着火。黑磷可由红磷在压力 1.2×10^9 Pa、温度 773 K 的条件下制得。

工业上制备单质磷是以磷矿石为原料,通常是将磷酸钙矿石、石英砂 SiO_2 和煤按一定的比例混合后在电弧炉中熔烧而制得,反应中 SiO_2 先将 P_4O_{10} 从磷酸钙矿石中置换出来,随即被还原:

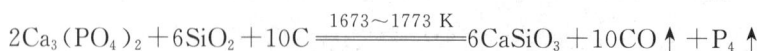

$$2Ca_3(PO_4)_2 + 6SiO_2 + 10C \xrightarrow{1673\sim1773\ K} 6CaSiO_3 + 10CO\uparrow + P_4\uparrow$$

将生成的磷蒸气 P_4 导入水中迅速冷却,即凝结成白磷。

白磷主要用于制备纯度较高的 P_4O_{10}、H_3PO_4、PCl_3、$POCl_3$、P_4S_{10} 等,少量用于生产红磷,军事上用它制作磷燃烧弹、烟幕弹等。红磷则主要用于制造农药及安全火柴等。

9.6.2 磷的氧化物

常见磷的氧化物有六氧化四磷 P_4O_6(简写为 P_2O_3)和十氧化四磷 P_4O_{10}(简写为

P_2O_5），分别是磷在空气不足和空气充足情况下燃烧的产物，其结构都与 P_4 的四面体结构有关（见图9-5）。

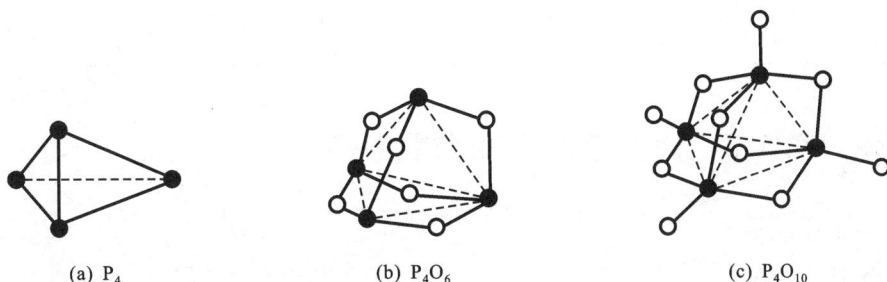

(a) P_4 (b) P_4O_6 (c) P_4O_{10}

图9-5 P_4、P_4O_6、P_4O_{10} 的分子结构

1. 六氧化四磷

P_4O_6 又称亚磷酸酐，气味似蒜，熔点297 K，沸点447 K，溶于苯、乙醚和 CS_2 等有机溶剂，有毒。固态时为有滑腻感的白色晶体，在297 K时能熔融为易流动的无色透明液体。

P_4O_6 能缓缓溶解于冷水而生成亚磷酸：

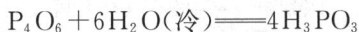

$$P_4O_6 + 6H_2O(冷) \Longrightarrow 4H_3PO_3$$

P_4O_6 在热水中能激烈地发生歧化反应，生成磷酸和膦：

$$P_4O_6 + 6H_2O(热) \Longrightarrow 3H_3PO_4 + PH_3\uparrow$$

2. 十氧化四磷

P_4O_{10} 又称磷酸酐，工业上常称为无水磷酸，为难挥发、有强吸湿性的白色雪花状固体，熔点853~858 K，573 K升华。它能侵蚀皮肤和黏膜，人体切勿与其接触。

P_4O_{10} 极易与水反应，放出大量的热（-284.5 kJ·mol^{-1}），生成 $P(V)$ 的各种含氧酸，首先生成偏磷酸，然后转化为焦磷酸，最后生成正磷酸：

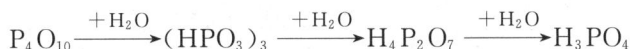

$$P_4O_{10} \xrightarrow{+H_2O} (HPO_3)_3 \xrightarrow{+H_2O} H_4P_2O_7 \xrightarrow{+H_2O} H_3PO_4$$

为了加快转化，反应必须在有 HNO_3 的条件下煮沸进行：

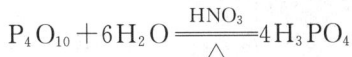

$$P_4O_{10} + 6H_2O \xrightarrow[\triangle]{HNO_3} 4H_3PO_4$$

P_4O_{10} 具有强的亲水性，不但能有效地吸收气体或液体中的水，而且还能从许多化合物中夺取水。例如：

$$P_4O_{10} + 12HNO_3 \Longrightarrow 4H_3PO_4 + 6N_2O_5\uparrow$$

$$P_4O_{10} + 6H_2SO_4 \Longrightarrow 4H_3PO_4 + 6SO_3\uparrow$$

P_4O_{10} 是化学工业中常见的原料和试剂，广泛用于医药、涂料、印染、有机合成等行业，还常用于制造高纯磷酸以及有机磷酸酯等。P_4O_{10} 还常用作气体或液体的干燥剂。从表9-16中可以看出它的干燥性能优于其他常用的干燥剂。

表 9-16　几种常用干燥剂的干燥能力

干　燥　剂	P_4O_{10}	KOH	H_2SO_4	NaOH	$CaCl_2$	$ZnCl_2$	$CuSO_4$
278 K 经干燥后气体中水蒸气含量/$(g \cdot m^{-3})$	1.0×10^{-5}	2.0×10^{-3}	3.0×10^{-3}	0.16	0.34	0.8	1.4

9.6.3　磷的含氧酸和含氧酸盐

1. 磷的含氧酸

磷的主要含氧酸汇总于表 9-17 中。

磷的含氧酸中的 P 的氧化数有 +1、+3、+5 三种,氧化数为 +5 的含氧酸还有正、焦、偏之分,它们都能由 P_4O_{10} 与水直接反应而得到:

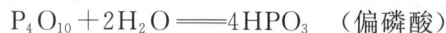

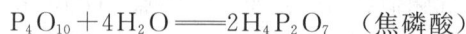

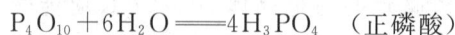

$$P_4O_{10} + 2H_2O = 4HPO_3 \quad （偏磷酸）$$
$$P_4O_{10} + 4H_2O = 2H_4P_2O_7 \quad （焦磷酸）$$
$$P_4O_{10} + 6H_2O = 4H_3PO_4 \quad （正磷酸）$$

从上可知,H_3PO_4 的含水量最大。加热 H_3PO_4 使其脱水,可制得其他两种酸:

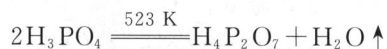

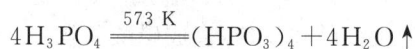

$$2H_3PO_4 \xrightarrow{523 \text{ K}} H_4P_2O_7 + H_2O \uparrow$$
$$4H_3PO_4 \xrightarrow{573 \text{ K}} (HPO_3)_4 + 4H_2O \uparrow$$

表 9-17　磷的各种含氧酸

名　　称	分子式	P 的氧化数	结　构　式	酸性强弱
正磷酸	H_3PO_4	+5		三元酸,$K_{a1}^{\ominus} = 7.1 \times 10^{-3}$
焦磷酸	$H_4P_2O_7$	+5		四元酸,$K_{a1}^{\ominus} = 1.2 \times 10^{-1}$
偏磷酸	HPO_3	+5		一元酸,$K_a^{\ominus} = 1.0 \times 10^{-1}$
亚磷酸	H_3PO_3	+3		二元酸,$K_{a1}^{\ominus} = 3.7 \times 10^{-2}$
次磷酸	H_3PO_2	+1		一元酸,$K_a^{\ominus} = 1.0 \times 10^{-2}$

（1）正磷酸。正磷酸 H_3PO_4，简称磷酸，是无色透明晶体，熔点 315 K，可与水按任意比例互溶。市售磷酸的质量分数约为 83%，为无色透明的黏稠液体，密度约为 1.6 $g \cdot cm^{-3}$。当磷酸的质量分数达到 88% 以上时，在常温下就会凝结为固体。

磷酸为无氧化性、无挥发性的三元中强酸。磷酸、亚磷酸及次磷酸分子中都只含有一个非羟基的 P—O 键，它们都是酸性相近的中强酸。

磷酸对许多金属离子有较强的配位能力，能形成可溶性的配合物。例如，含有 Fe^{3+} 的溶液一般呈黄色，但加入 H_3PO_4 后黄色立即消失，这是由于溶液中的 Fe^{3+} 转化为 $[Fe(HPO_4)]^+$、$[Fe(HPO_4)_2]^-$ 等无色配离子。浓磷酸可以溶解 W、Zr 等金属，也能够形成稳定的配合物。

工业上常使用质量分数为 76% 左右的硫酸分解磷矿石制备磷酸：
$$Ca_3(PO_4)_2 + 3H_2SO_4 =\!=\!= 3CaSO_4 + 2H_3PO_4$$

试剂级磷酸可用白磷在充足的空气中燃烧得到 P_4O_{10}，然后溶于水制取。

磷酸是重要的无机酸，大量用于生产 KH_2PO_4、$Ca(H_2PO_4)_2$ 等磷肥。它也是制备某些磷酸盐及医药的重要原料。此外，它在塑料、金属表面处理、有机合成催化、食品加工等方面也有广泛的应用。

（2）焦磷酸。焦磷酸 $H_4P_2O_7$，为无色针状晶体，熔点 334 K。焦磷酸为四元酸，其酸性比磷酸强，易溶于水，用水稀释后即变为磷酸。焦磷酸可由磷酸加热至 523 K 失水而制得。纯焦磷酸可由磷酸氢钠加热得焦磷酸钠，将其溶解，转化成焦磷酸铅沉淀，再通入硫化氢，过滤将滤液真空低温浓缩即得。焦磷酸在化学化工中常用作催化剂、有机过氧化物稳定剂，并用于制造有机磷酸酯等。

（3）偏磷酸。偏磷酸 HPO_3，是硬而透明的玻璃固体，熔点 347 K，易潮解，易溶于水，有剧毒。常见的偏磷酸是三聚偏磷酸 $(HPO_3)_3$ 和四聚偏磷酸 $(HPO_3)_4$，其化学式均可简写为 HPO_3。偏磷酸为一元中强酸，易溶于水并生成正磷酸。偏磷酸可由磷酸加热脱水或由五氧化二磷跟适量冷水反应制得。偏磷酸在化学化工中常用作化学试剂、脱水剂、催化剂等。

（4）亚磷酸。亚磷酸 H_3PO_3，为无色晶体，熔点 334 K，易溶于水和醇，易吸湿，易潮解，有腐蚀性。亚磷酸是中强酸，其酸性比磷酸稍强。因为 H_3PO_3 分子中有 1 个 H 原子直接与 P 原子相连，在水溶液中此 H 原子不会解离，所以亚磷酸属于二元酸。亚磷酸受热易发生歧化反应，生成 H_3PO_4 和 PH_3：
$$4H_3PO_3 \xrightarrow{\triangle} 3H_3PO_4 + PH_3 \uparrow$$

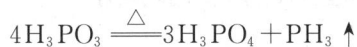

亚磷酸具有相当强的还原性，在保存过程中容易被逐渐氧化成 H_3PO_4；在溶液中也能将不活泼金属离子还原为相应的金属单质。例如：
$$CuSO_4 + H_3PO_3 + H_2O =\!=\!= Cu \downarrow + H_3PO_4 + H_2SO_4$$
$$HgCl_2 + H_3PO_3 + H_2O =\!=\!= Hg \downarrow + H_3PO_4 + 2HCl$$

亚磷酸在化学化工中常用作还原剂、尼龙增白剂等，也用作亚磷酸盐原料、农药中间体等。

（5）次磷酸。次磷酸 H_3PO_2，为无色油状液体或吸湿性晶体，熔点 300 K，能与水或

乙醇以任意比例混溶。次磷酸的酸性比磷酸稍强。由于 H_3PO_2 分子中有 2 个 H 直接与 P 相连,在水溶液中这 2 个 H 不会解离,所以次磷酸属于一元酸。次磷酸受热易发生歧化反应,生成 H_3PO_4 和 PH_3:

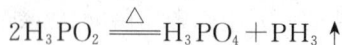

$$2H_3PO_2 \xrightarrow{\triangle} H_3PO_4 + PH_3 \uparrow$$

次磷酸还原性能力很强,易分解,须保存于棕色瓶并放置于阴暗的地方。次磷酸在化学化工中常用作还原剂;在制药工业中常用来制次磷酸盐,其钠盐、锰盐、铁盐等通常用作滋补药品。

2. 磷酸盐

H_3PO_4 是一种三元酸,除生成正盐外,还可生成磷酸一氢盐、磷酸二氢盐两种酸式盐。磷酸的三种盐在水中的溶解度差别较大。所有的磷酸二氢盐都易溶于水,而磷酸一氢盐和磷酸盐除了 K^+、Na^+、NH_4^+ 盐外一般难溶于水。

可溶性磷酸盐在溶液中有不同程度的水解作用,其中第一步水解是主要的。例如, Na_3PO_4 水溶液存在以下解离:

$$PO_4^{3-} + H_2O \Longleftrightarrow HPO_4^{2-} + OH^-$$

因此,Na_3PO_4 溶液显强碱性。

HPO_4^{2-} 在水中有解离和水解的双重作用:

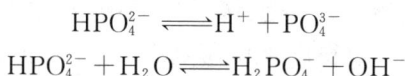

$$HPO_4^{2-} \Longleftrightarrow H^+ + PO_4^{3-}$$

$$HPO_4^{2-} + H_2O \Longleftrightarrow H_2PO_4^- + OH^-$$

由于解离常数值较小,因此 Na_2HPO_4 溶液中以水解作用为主,溶液呈弱碱性。

$H_2PO_4^-$ 在水中也有解离和水解的双重作用:

$$H_2PO_4^- \Longleftrightarrow H^+ + HPO_4^{2-}$$

$$H_2PO_4^- + H_2O \Longleftrightarrow H_3PO_4 + OH^-$$

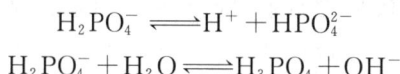

由于解离作用比水解作用占优势,因此 NaH_2PO_4 溶液呈弱酸性。

磷酸盐有着十分广泛的用途。KH_2PO_4 是重要的磷钾肥,Na_3PO_4 为锅炉除垢剂、橡胶乳汁凝固剂、金属防护剂、发酵剂、洗涤剂、织物丝光增强剂、耐火材料结合剂等。

造成江河湖泊水质富营养化的磷污染的主要根源,是流失的磷肥和生活污水中的含磷洗涤剂。因此,推广使用无磷洗涤剂是减少磷污染的有效措施。

9.6.4　磷的氢化物和氯化物

1. 磷的氢化物

磷有多种氢化物 P_nH_{n+2}(n 为 1～6),主要有膦 PH_3 和联膦 P_2H_4,膦较稳定。PH_3 是无色、有类似大蒜臭味的剧毒气体。PH_3 的极性比 NH_3 小,分子间不存在氢键,因此, PH_3 的熔点(140 K)、沸点(186 K)比 NH_3 低,在水中的溶解度比 NH_3 小,在 290 K 时 1 体积水仅能溶解 0.26 体积的 PH_3。

PH_3 的化学性质与 NH_3 相似,具有还原性、加合性、碱性。PH_3 的还原性比 NH_3 强,它能将 $CuSO_4$ 还原为 Cu_3P 和 Cu;纯 PH_3 在 423 K 时能在空气中着火燃烧,生成磷酸;若 PH_3 中混有更易自燃的 P_2H_4,则在室温下就能自燃。PH_3 的碱性比 NH_3 弱,在水溶液中不能形成鏻盐。例如,碘化鏻 PH_4I 溶于水后完全水解:

$$PH_4I + H_2O = PH_3\uparrow + I^- + H_3O^+$$

PH_3 的衍生物 PR_3(R 为烷基或苯基)有较强的加合性。

制备 PH_3 一般可采用下述几种方法。

(1) 活泼金属磷化物的水解。此法可制得纯度很高的 PH_3,且反应几乎是定量进行:

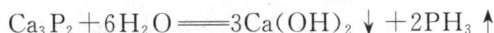

$$Ca_3P_2 + 6H_2O = 3Ca(OH)_2\downarrow + 2PH_3\uparrow$$

(2) 碘化鏻和强碱反应。此法可制纯度很高的 PH_3:

$$PH_4I + NaOH = NaI + PH_3\uparrow + H_2O$$

(3) 白磷在热碱溶液中发生歧化反应:

$$P_4 + 3KOH + 3H_2O = PH_3\uparrow + 3KH_2PO_2$$

2. 磷的氯化物

磷和氟、氯、溴、碘都能生成相应的化合物,并且大都有重要用途,这里只讨论几种氯化物。

(1) 三氯化磷 PCl_3,无色透明液体,在空气中发烟,有刺激性气味,溶于苯、乙醚、CS_2、CCl_4 等有机溶剂。PCl_3 可作为配体与金属离子形成配合物,能与 Cl_2、O_2、S 反应分别生成五氯化磷 PCl_5、三氯氧磷 $POCl_3$ 及三氯硫磷 $PSCl_3$。

PCl_3 易水解生成亚磷酸及氯化氢,因此,PCl_3 遇到潮湿空气会冒烟:

$$PCl_3 + 3H_2O = H_3PO_3 + 3HCl$$

PCl_3 可由干燥的氯气和过量的磷反应制得:

$$2P + 3Cl_2 = 2PCl_3$$
$$2P + 5Cl_2 = 2PCl_5$$
$$3PCl_5 + 2P = 5PCl_3$$

为了避免发生水解,在制备 PCl_3 的整个过程中,一切原料、设备、容器都必须经过严格的干燥。

PCl_3 有广泛用途,用于制 $PSCl_3$、$POCl_3$、H_3PO_3、亚磷酸酯等制剂,用于制农药敌百虫等,也用作氯化剂、催化剂、溶剂等。

(2) 五氯化磷 PCl_5,白色或淡黄色结晶,易潮解,有刺激性气味,溶于 CS_2、CCl_4 等有机溶剂,熔点 421 K,加热到 433 K 时升华,并能可逆地分解为 PCl_3 和 Cl_2,超过 573 K 时完全分解。

PCl_5 易水解生成 HCl 等物质,因此遇到潮湿空气会冒烟。若水不足,生成 $POCl_3$ 和 HCl;若水过量,则生成 H_3PO_4 和 HCl:

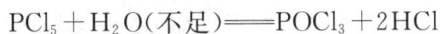

$$PCl_5 + H_2O(不足) = POCl_3 + 2HCl$$

$$POCl_3 + 3H_2O(过量) = H_3PO_4 + 3HCl$$

PCl_5 可由 PCl_3 和过量的 Cl_2 作用而制得:

$$PCl_3 + Cl_2(过量) = PCl_5$$

PCl_5 常用作氯化剂、催化剂、脱水剂和分析试剂等,应用于医药、染料、化纤等行业中。

(3) 三氯氧磷 $POCl_3$,也称氯氧化磷,为无色透明液体,有刺激性臭味和强烈的腐蚀性,$POCl_3$ 在潮湿空气中剧烈发烟,水解成 H_3PO_4 和 HCl。

工业上常用氯化水解法制备 $POCl_3$,它是将 Cl_2 通入 PCl_3 中,滴加水,同时进行氯化和水解两种反应:

$$PCl_3 + Cl_2 + H_2O \Longrightarrow POCl_3 + 2HCl \uparrow$$

最后进行分馏,挥发出的 HCl 气体常用 H_2O 吸收而得到盐酸,若用 $NH_3 \cdot H_2O$ 吸收则得 NH_4Cl。

$POCl_3$ 用于制取磷酸酯、塑料增塑剂、有机膦农药、长效磺胺药物等,还可用作染料中间体、有机合成的氯化剂和催化剂、阻燃剂。在太阳能行业、集成电路、分离器件等领域也有应用。

任务 9.7 碳、硅、硼及其化合物

碳 C、硅 Si 属ⅣA 族元素,硼 B 属ⅢA 族元素。硼和硅在周期表中处于对角线位置,有相似性。因此,将碳、硅、硼三元素列在本节一起讨论。

9.7.1 碳及其化合物

1. 碳

碳在地壳中的质量分数仅约为 0.03%,但分布极为广泛。碳是地球上一切生物有机体的骨架元素,可以说没有碳就没有生命。煤、石油、天然气、石灰石、CO_2 等是天然的重要含碳化合物。在自然界中还有以碳单质存在的石墨和金刚石等。

金刚石和石墨是人们熟知的碳的两种同素异形体。过去人们认为无定形碳是碳的另一种同素异形体,但现已确认它是一种微晶形石墨。碳纤维是一种力学性能优异的新材料,对其研制及应用已取得了长足进展。1985 年才发现的碳家族中的新成员——C_{60} 等富勒烯以及 1991 年发现的碳纳米管具有优异的性能,其应用前景更是不可估量。

(1) 石墨,灰黑色的不透明固体,熔点 3925 K,密度 2.258 g·cm^{-3},硬度(莫氏 1)小,质软而有滑腻感,能传热、导电。石墨质软滑腻,能导电等特点与石墨呈层状结构(见图 9-6(a))有关。石墨在工业上有广泛用途,可用来制造电极、润滑剂、铅笔芯、冶金用的坩埚、原子反应堆中的中子减速剂等。

(2) 金刚石。纯金刚石是无色透明晶体,熔点 3823 K,沸点 5100 K,密度 3.5 g·cm^{-3},硬度(莫氏 10)大(它是所有单质中熔点最高、硬度最大的物质),不导电,化学性质不活泼,室温时不与酸(强氧化性酸除外)、碱和其他化学物质反应。金刚石熔点高、硬度大、不导电以及化学性质不活泼等特点与其晶体结构(见图 9-6(b))直接有关。

透明的金刚石制品折射率很大,对光的色散作用特别强,在有光处常显出五颜六色,其价格昂贵,一般只作为装饰品。工业中用的全是价格便宜的黑色和不透明的金刚石制品,利用其硬度大、熔点高的优良性能,常用来制造钻探矿床的钻头,切割玻璃,作为研磨

(a) 石墨　　　　　　　　　(b) 金刚石　　　　　　　　　(c) C_{60}

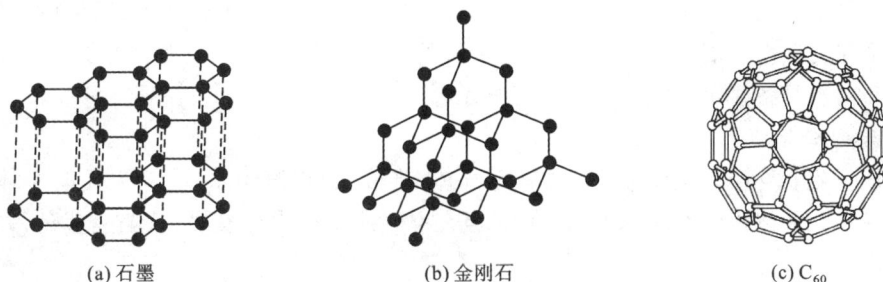

图 9-6　石墨、金刚石、C_{60} 的结构

材料及制造精密切削工具等。

金刚石存在于自然界,也可以人工合成。人工合成的基本条件为

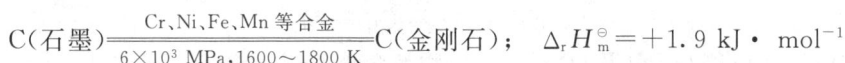

$$C(石墨) \xrightarrow[6 \times 10^3 \text{ MPa}, 1600 \sim 1800 \text{ K}]{Cr、Ni、Fe、Mn 等合金} C(金刚石); \quad \Delta_r H_m^{\ominus} = +1.9 \text{ kJ} \cdot \text{mol}^{-1}$$

(3) 无定形碳。木炭、焦炭、骨炭等具有石墨的精致结构,但其晶粒较小且排列不规则。木材干馏制得的木炭,可用于冶金及作为吸附剂;煤干馏制得的焦炭,可用于冶金及作为化工原料;骨头脱脂后干馏制得的骨炭,可用作吸附(脱色)剂等。

活性炭是用特殊方法制备的具有石墨精致结构的碳单质,因其表面积很大,有很强的吸附能力,可用作化工、制糖工业的脱色剂,也可作为气体或水的净化剂等。

(4) 碳纤维。以一些含碳的有机纤维如聚丙烯腈纤维、黏胶丝或酚醛纤维等为原料,在施加一定张力及隔绝氧气的条件下,加热到 $1273 \sim 2273$ K,使纤维中的氢、氮、氧等元素挥发而去,即得到黑色纤维状的碳纤维。

碳纤维是一种新型材料,它具有许多优良性能,其抗拉强度比钢铁大 4 倍多,密度比铝小,比不锈钢还耐腐蚀,导电性可与铜媲美。碳纤维在人造卫星、航天飞船、火箭导弹及原子能工业中有重要用途。

碳纤维除用作绝热保温材料外,一般不单独使用,多作为增强材料加入树脂、金属、陶瓷、混凝土等材料中,构成复合材料。碳纤维增强的复合材料可用作飞机结构材料、电磁屏蔽除电材料、人工韧带等身体代用材料,也用于制造火箭外壳、工业机器人、汽车板簧和驱动轴等。

(5) C_{60}。20 世纪 80 年代中期发现 C_n 原子簇($40 < n < 200$),其中 C_{60} 具有最大的丰度和很高的稳定性,它是由 60 个碳原子构成的近似于足球的 32 面体,即由 12 个正五边形和 20 个正六边形组成,如图 9-6(c)所示。这类球形 C_n 分子因为具有烯烃的一些特点,所以被称为球烯,又称为富勒烯。

20 世纪 90 年代以来,富勒烯化学得到蓬勃发展,对 C_n 的结构、合成、性质和应用等方面的研究不断深入,富勒烯在超导、储存气体、新型催化剂、高分子材料、光学材料、生物学及医学应用等方面不断展现出其潜在的应用价值。

(6) 碳纳米管。碳纳米管为管状的纳米级石墨晶体,它是由单层或多层石墨片围绕中心轴按一定的螺旋角卷曲而成的无缝纳米级管,是 1991 年日本科学家发现的,它具有一些特异的性能,如会随着管壁卷曲结构不同而呈现出半导体或良导体的奇特导电性能等。

我国科学家在碳纳米管的制备、性能和应用等方面开展了比较深入、系统的研究,取得了一系列突破性进展,合成出了世界上最长的碳纳米管,研制出具备良好储氢性能的碳纳米管和初步具备显示功能的碳纳米管显示器等。

2. 碳的氧化物

(1) 一氧化碳 CO 是无色无味的有毒气体,难液化,难溶于水,在 293 K 时 1 体积水仅能溶解 0.023 体积的 CO。CO 不助燃,但在空气或氧气中能燃烧,火焰呈蓝色,并放出大量的热:

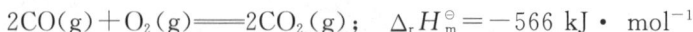

$$2CO(g) + O_2(g) = 2CO_2(g); \quad \Delta_r H_m^{\ominus} = -566 \text{ kJ} \cdot \text{mol}^{-1}$$

CO 具有还原性,是冶炼金属的重要还原剂。例如:

$$Fe_2O_3 + 3CO \xrightarrow{\triangle} 2Fe + 3CO_2$$

$$CuO + CO \xrightarrow{\triangle} Cu + CO_2$$

在室温下,CO 能与 Pd(Ⅱ)盐反应生成颗粒微小的灰色钯,这一性质可用来检验 CO 的存在:

$$PdCl_2 + CO + H_2O = Pd\downarrow + 2HCl + CO_2\uparrow$$

在加热情况下,CO 能与白色的 I_2O_5 固体反应生成 I_2,常用这一反应来测定 CO 的含量:

$$I_2O_5 + 5CO \xrightarrow{\triangle} I_2 + 5CO_2$$

CO 具有加合性。CO 分子中的 C 和 O 各有一对孤对电子,由于配位键的形成,C 原子上有较大的电子密度,增强了 C 原子上孤对电子的配位能力。因此 CO 作为配体时,C 是配位原子。CO 易与过渡金属原子或离子形成羰基化合物,如 $Fe(CO)_5$、$Ni(CO)_4$、$Cr(CO)_6$。

当碳或碳的化合物在氧气不足的情况下燃烧时,可得到 CO:

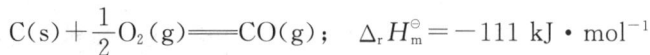

$$C(s) + \frac{1}{2}O_2(g) = CO(g); \quad \Delta_r H_m^{\ominus} = -111 \text{ kJ} \cdot \text{mol}^{-1}$$

工业上一般是将水蒸气通入灼热(1273 K)的碳层制得:

$$C(s) + H_2O(g) \xrightarrow{\triangle} H_2(g) + CO(g); \quad \Delta_r H_m^{\ominus} = 131.3 \text{ kJ} \cdot \text{mol}^{-1}$$

实验室常将甲酸滴加到热的浓 H_2SO_4 或将草酸晶体与浓 H_2SO_4 一起加热制取:

$$HCOOH \xrightarrow[\triangle]{\text{浓 } H_2SO_4} CO\uparrow + H_2O$$

$$H_2C_2O_4 \xrightarrow[\triangle]{\text{浓 } H_2SO_4} CO\uparrow + CO_2\uparrow + H_2O$$

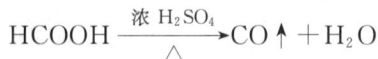

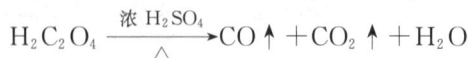

CO 有毒,人吸入一定量后,会引起中毒。这是由于 CO 与血红蛋白中的 Fe^{3+} 的配位能力比 O_2 大 230~270 倍,因此,一旦人吸入 CO 后,血红蛋白就先与 CO 配位而失去了再与 O_2 结合的能力,这样就破坏了血液的输氧功能,会导致缺氧症。如果血液中有 50% 血红蛋白与 CO 结合,即可引起心肌坏死。在空气中只要有 1/800 体积的 CO,就能使人在半小时内死亡。因此,在使用或制取 CO 时要特别小心。

CO 有着广泛用途。它是一种良好的燃料,生活中常用的发生炉煤气、水煤气、干馏煤气等都含有很高比例的 CO;CO 是冶金工业中常用的还原剂;CO 还用于有机合成中。

（2）二氧化碳 CO_2 是无色无味的气体,溶于水,在 293 K 时 1 体积水能溶解 0.88 体积的 CO_2。CO_2 易液化,在常温下加压即可使之液化,液态 CO_2 汽化时能吸收大量的热,可使部分液态 CO_2 凝固成雪花状固体,常称作"干冰"。干冰是分子晶体,194.6 K 升华,升华热大,因此可作为低温制冷剂。

CO_2 的化学性质不活泼,在高温下才能与一些活泼金属反应:

$$CO_2 + 2Mg \xrightarrow{\text{点燃}} 2MgO + C$$

$$3CO_2 + 4Al \xrightarrow{\triangle} 2Al_2O_3 + 3C$$

CO_2 是酸性氧化物,能与碱作用生成碳酸盐和酸式碳酸盐。例如:

$$2KOH + CO_2 \Longrightarrow K_2CO_3 + H_2O$$

$$KOH + CO_2 \Longrightarrow KHCO_3$$

碳或碳的化合物在空气或氧气中完全燃烧产物为 CO_2:

$$C(s) + O_2(g) \Longrightarrow CO_2(g); \quad \Delta_f H_m^{\ominus} = -394 \text{ kJ} \cdot \text{mol}^{-1}$$

实验室常用稀 HCl 和 $CaCO_3$ 反应制备 CO_2:

$$CaCO_3 + 2HCl \Longrightarrow CaCl_2 + CO_2 \uparrow + H_2O$$

工业上,CO_2 主要来自煅烧石灰石或酿酒工业的副产品:

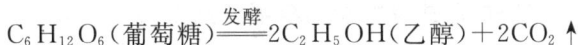

$$CaCO_3 \xrightarrow{\text{高温}} CaO + CO_2 \uparrow$$

$$C_6H_{12}O_6(\text{葡萄糖}) \xrightarrow{\text{发酵}} 2C_2H_5OH(\text{乙醇}) + 2CO_2 \uparrow$$

CO_2 大量用于制造 Na_2CO_3、$NaHCO_3$、$CO(NH_2)_2$ 及饮料等,在灭火、冷冻等方面也都有广泛应用。用"干冰"冷冻水果、蔬菜、肉类等食品,不但温度低,而且干净卫生,因为在 CO_2 气氛中,绝大多数细菌不能生存。

大气中 CO_2 的质量分数仅约为 0.03%,海洋中约为 0.014%。CO_2 主要来自含碳物质的燃烧、碳酸盐矿石的热分解以及人与动物的呼吸等。但地面植物、海洋中的浮游生物通过光合作用以及碳酸盐的生成等都会将 CO_2 转化为 O_2。这样就可以保持 CO_2 在大气及海洋中的平衡。CO_2 有吸收太阳光中红外线的功能,如同给地球罩上一层硕大无比的塑料薄膜,留下温暖的红外线使地球成为昼夜温差不大的温室,为生命提供了合适的生存环境。近几十年来,由于人口快速增多,工业及交通业等迅速发展,煤、石油、天然气等的用量增加,使释放出来的 CO_2 越来越多。同时,由于森林被大片砍伐,水污染使海洋的浮游生物日渐减少,从而将 CO_2 转化为 O_2 的量越来越少,造成大气中的 CO_2 含量越来越高。这就是造成地球"温室效应"的主要原因。

3. 碳酸和碳酸盐

（1）碳酸。CO_2 溶于水中只有部分生成碳酸 H_2CO_3,在常温下,H_2CO_3 饱和溶液的 pH 为 4 左右。H_2CO_3 很不稳定,只能在水溶液中存在。H_2CO_3 是二元弱酸,分两步解离:

$$H_2CO_3 \Longrightarrow H^+ + HCO_3^-; \quad K_1^{\ominus} = 4.4 \times 10^{-7}$$

$$HCO_3^- \rightleftharpoons H^+ + CO_3^{2-}; \quad K_2^\ominus = 4.7 \times 10^{-11}$$

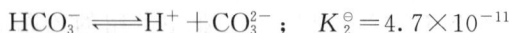

(2) 碳酸盐。碳酸能形成正盐和酸式盐,通常所说的碳酸盐是正盐。碳酸盐的性质主要表现在水解性、溶解性和热稳定性三方面。

① 水解性。由于 H_2CO_3 为弱酸,因此碳酸盐都能发生水解作用。

由可溶性强碱形成的碳酸盐,水解后溶液呈碱性。如 Na_2CO_3 的水解:

$$CO_3^{2-} + H_2O \rightleftharpoons HCO_3^- + OH^- \tag{1}$$

$$HCO_3^- + H_2O \rightleftharpoons H_2CO_3 + OH^- \tag{2}$$

一级水解是主要的,如 $0.1\ mol \cdot L^{-1}\ Na_2CO_3$ 溶液的 pH 为 11 左右,而 $0.1\ mol \cdot L^{-1}\ NaHCO_3$ 溶液的 pH 为 8 左右。

$(NH_4)_2CO_3$ 的水解作用比 Na_2CO_3 大,但其溶液的碱性低于 Na_2CO_3。原因在于由 CO_3^{2-} 水解产生的 OH^- 与 NH_4^+ 结合形成 $NH_3 \cdot H_2O$,使得溶液碱性减弱。

溶解度极小的弱碱,在水溶液中不能生成碳酸盐,它们会完全水解生成氢氧化物沉淀并放出 CO_2。例如:

$$2Al^{3+} + 3CO_3^{2-} + 3H_2O \longrightarrow 2Al(OH)_3 \downarrow + 3CO_2 \uparrow$$

若金属离子的氢氧化物及碳酸盐的溶解度都较小且接近,则能生成碱式碳酸盐沉淀。例如:

$$2Cu^{2+} + 2CO_3^{2-} + H_2O \longrightarrow Cu_2(OH)_2CO_3 \downarrow + CO_2 \uparrow$$

② 溶解性。碳酸盐在水中的溶解性有以下特点:

a. 碱金属(除 Li 外)及铵的碳酸盐能溶于水,其他碳酸盐都难溶于水。

b. 难溶碳酸盐,其对应的酸式碳酸盐的溶解度比碳酸盐略大。例如,$CaCO_3$ 难溶于水,而 $Ca(HCO_3)_2$ 可溶于水。

c. 易溶碳酸盐,其对应的酸式碳酸盐的溶解度比碳酸盐小。例如,$NaHCO_3$ 的溶解度比 Na_2CO_3 小。

③ 热稳定性。大多数碳酸盐的热稳定性都较差,且它们的热稳定性有下列的规律:

a. 酸式碳酸盐 < 碳酸盐。例如:

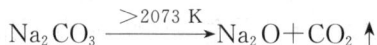

$$2NaHCO_3 \xrightarrow{423\ K} Na_2CO_3 + H_2O + CO_2 \uparrow$$

$$Na_2CO_3 \xrightarrow{>2073\ K} Na_2O + CO_2 \uparrow$$

b. 铵盐 < 过渡金属盐 < 碱土金属盐 < 碱金属盐。例如:

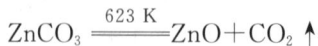

$$(NH_4)_2CO_3 \xrightarrow{323\ K} 2NH_3 \uparrow + CO_2 \uparrow + H_2O$$

$$ZnCO_3 \xrightarrow{623\ K} ZnO + CO_2 \uparrow$$

$$CaCO_3 \xrightarrow{1183\ K} CaO + CO_2 \uparrow$$

9.7.2 硅及其化合物

硅在地壳中的含量极其丰富,质量分数约为 27%,仅次于氧。在自然界中不存在游离态硅,主要以 SiO_2 和硅酸盐的形式存在。泥土、沙砾、岩石、砖瓦、水泥、玻璃等都是硅的化合物,可以说,硅是无机世界的骨干。

1. 单质硅

硅有晶形硅和无定形硅两种同素异形体。晶形硅为有金属光泽的银灰色晶体,具有硬度(莫氏 7.0)大、熔点(1683 K)高的特点。晶形硅具有和金刚石一样的结构,属原子晶体。因 Si—Si 键能比 C—C 键能小,Si 的原子半径比 C 的大,所以晶形硅的硬度和熔点比金刚石小。无定形硅则为灰黑色粉末,是由许多排列不规则的细小的晶体硅组成的。

硅的化学性质不活泼,室温时不与氧、水、氢卤酸反应,但能与强碱溶液或硝酸和氢氟酸的混合溶液反应。

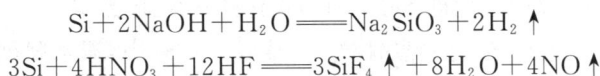

$$Si+2NaOH+H_2O =\!=\!= Na_2SiO_3+2H_2\uparrow$$

$$3Si+4HNO_3+12HF =\!=\!= 3SiF_4\uparrow+8H_2O+4NO\uparrow$$

晶形硅的导电性介于非金属和金属之间,是重要的半导体材料。但是,只有高纯单晶硅才能作为半导体材料,其纯度要求在 99.99999% 以上。所谓单晶硅,是指整块硅是一个完整的大晶体。当高纯单晶硅掺入少量磷后,由于磷原子比硅原子多一个电子,与硅成键时余下一个电子,这种硅就是 n 型半导体;当高纯单晶硅掺入少量硼后,由于硼原子比硅原子少一个电子,与硅成键时尚缺一个电子,这种硅就是 p 型半导体。

高纯单晶硅的制取方法如下。

首先由石英砂和焦炭在电弧炉中反应制得粗硅:

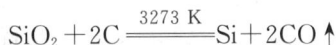

$$SiO_2+2C \xrightarrow{3273\ K} Si+2CO\uparrow$$

然后将粗硅制成具有挥发性并易提纯的 $SiCl_4$:

$$Si+2Cl_2 \xrightarrow{723\sim773\ K} SiCl_4$$

经精馏法提纯 $SiCl_4$,在电炉中用氢气还原,可得到纯度较高的硅:

$$SiCl_4+2H_2 \xrightarrow{电炉} Si+4HCl$$

最后再用区域熔炼法进一步提纯并制成单晶硅。

迄今为止,单晶硅和掺杂单晶硅仍是单质半导体中性能最好的,也是应用最广的半导体材料。

2. 硅的氢化物

Si 和 H 也能形成一系列硅氢化合物,称为硅烷,如甲硅烷 SiH_4、乙硅烷 Si_2H_6 等,它们的通式为 Si_nH_{2n+2}($1\leqslant n<7$)。

(1)硅烷的特点。与烷烃相比,硅烷有以下特点。

① 硅烷种类少。迄今为止,只有甲硅烷 SiH_4 到己硅烷 Si_6H_{14} 等六种,原因在于 Si—Si 键能小,不牢固。

② 热稳定性低。所有硅烷的热稳定性都很低,且随相对分子质量增大,热稳定性降低。例如:

$$SiH_4 \xrightarrow{>773\ K} Si+2H_2$$

③ 还原性强。硅烷在空气中能发生自燃,也能使 $AgNO_3$ 还原析出 Ag 等。

④ 易水解。硅烷在酸性或中性水溶液中尚稳定,但当水中存在微量碱时,由于碱的

催化作用,会发生强烈的水解作用。例如:

$$SiH_4 + (n+2)H_2O \xrightarrow{\text{碱}} SiO_2 \cdot nH_2O + 4H_2 \uparrow$$

(2)硅烷的制取。可将 SiO_2 与 Mg 混合后灼烧反应,然后加入 HCl 制得:

$$SiO_2 + 4Mg \xrightarrow{\text{灼烧}} Mg_2Si + 2MgO$$

$$Mg_2Si + 4HCl == SiH_4 \uparrow + 2MgCl_2$$

$$4Mg_2Si + 16HCl == Si_4H_{10} \uparrow + 8MgCl_2 + 3H_2 \uparrow$$

3. 硅的卤化物

在硅的卤化物中,以四氯化硅 $SiCl_4$ 和四氟化硅 SiF_4 最为重要。

(1)四氯化硅,无色液体,有窒息性气味,易溶于 CS_2 中,遇水强烈水解,产生冒浓烟现象,在军事上常用于制烟幕弹:

$$SiCl_4 + 3H_2O == H_2SiO_3 \downarrow + 4HCl$$

(2)四氟化硅,无色气体,有窒息性气味,溶于无水乙醇等,遇水强烈水解:

$$SiF_4 + 3H_2O == H_2SiO_3 \downarrow + 4HF$$

HF 与 SiF_4 作用生成氟硅酸 H_2SiF_6,它是一种强酸,其酸性与 H_2SO_4 相当。

$$SiF_4 + 2HF == H_2SiF_6$$

HF 及 SiF_4 对人畜及农作物都有很大的危害作用,可用 Na_2CO_3 溶液吸收制成白色、难溶于水的 Na_2SiF_6:

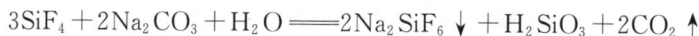

$$3SiF_4 + 2Na_2CO_3 + H_2O == 2Na_2SiF_6 \downarrow + H_2SiO_3 + 2CO_2 \uparrow$$

$$H_2SiO_3 + Na_2CO_3 + 6HF == Na_2SiF_6 \downarrow + 4H_2O + CO_2 \uparrow$$

4. 二氧化硅

二氧化硅 SiO_2 又称硅石,分为晶形和无定形两大类。天然的晶态二氧化硅有石英、鳞石英和方石英三种变体。无色透明的纯石英称为水晶。水晶被染成有色的透明晶体,紫色的称为紫水晶,淡褐色的称为茶晶,黑色的称为墨晶。沙子是混有杂质的石英细粒,纯沙是白色的,但常被铁的化合物染成黄色或淡红色。硅藻土是天然的无定形二氧化硅。

纯净的二氧化硅为无色透明晶体,密度 $2.17 \sim 2.65 \text{ g} \cdot \text{cm}^{-3}$,熔点 $1873 \sim 1996 \text{ K}$(随不同晶体结构而异),沸点 2503 K,硬度大,不溶于水。

二氧化硅的化学性质很不活泼,室温下仅与氟、氟化氢(氢氟酸)反应:

$$SiO_2 + 2F_2 == SiF_4 + O_2$$

$$SiO_2 + 4HF == SiF_4 \uparrow + 2H_2O$$

在加热条件下能与浓 $NaOH$ 反应:

$$SiO_2 + 2NaOH \xrightarrow{\triangle} Na_2SiO_3 + H_2O$$

在熔融条件下能与 $CaCO_3$ 等反应:

$$SiO_2 + CaCO_3 \xrightarrow{\text{熔融}} CaSiO_3 + CO_2 \uparrow$$

高温时能跟活泼金属镁、铝反应:

$$3SiO_2 + 4Al \xrightarrow{\text{高温}} 2Al_2O_3 + 3Si$$

SiO_2 与 CO_2 的化学组成相似,但结构和物理性质迥然不同,CO_2 是分子晶体,SiO_2

是 Si 与 O 按 1∶4 比例形成的四面体结构(见图 9-7)的原子晶体,整个晶体又可以看作一个巨大分子,SiO_2 是最简式,并不表示单个分子。

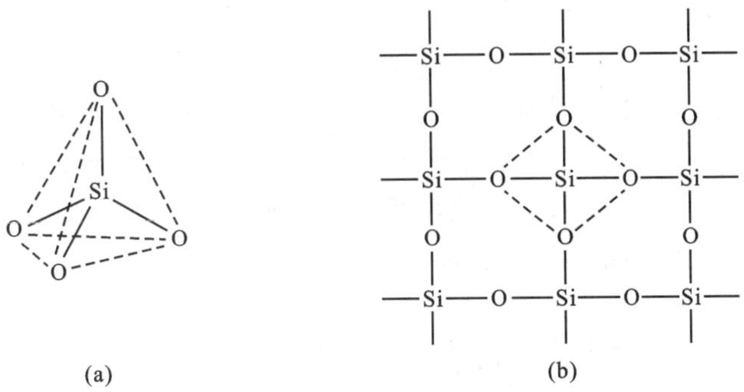

(a)　　　　　　　　(b)

图 9-7　二氧化硅的晶体结构示意图

二氧化硅在日常生活、生产和科研等方面有着重要的用途。它用于制造普通玻璃、石英玻璃、水玻璃、玻璃钢、光学仪器、化学器皿、陶瓷、耐火材料和光导纤维等。硅藻土是多孔性物质,工业上常用作吸附剂、催化剂的载体及作为绝热隔音的建筑材料等。

5. 硅酸

硅酸是 SiO_2 的水合物(但不能由 SiO_2 与 H_2O 作用制得,因 SiO_2 不溶于水),由可溶性硅酸盐与酸反应制得。其反应过程比较复杂,反应产物随反应条件而变。先生成正硅酸 H_4SiO_4,然后脱水生成偏硅酸 H_2SiO_3、焦硅酸 $H_6Si_2O_7$ 及其他多种酸,可用通式 $xSiO_2 \cdot yH_2O$ 表示。因为偏硅酸的组成最简单,所以常以 H_2SiO_3 表示硅酸。

硅酸是比 H_2CO_3 还弱的二元酸,其溶解度很小,很容易被其他酸从硅酸盐中析出:

$$SiO_3^{2-} + 2H^+ \Longrightarrow H_2SiO_3 \downarrow$$

起初生成的硅酸是单分子的,可溶于水而不能立即沉淀出来。随着反应的进行,这些单分子硅酸逐渐缩聚成多硅酸,开始发生絮状作用,生成硅酸凝胶,再经老化、洗涤、干燥便成为硅胶。硅胶是一种白色、稍透明的固体物质,比表面积很大,每克硅胶的内表面积可达到 $800\sim900\ m^2$,因此吸附能力很强,是优良的干燥剂和吸附剂。如果在制备硅胶时加入 $CoCl_2$,可制得变色硅胶。因无水 Co^{2+} 呈蓝色,水合钴离子 $[Co(H_2O)_6]^{2+}$ 呈粉红色,所以干燥硅胶为蓝色,吸足了水分后则变为粉红色。吸水后的硅胶再经加热脱水后又能变为蓝色,从而恢复吸湿能力。

6. 硅酸盐

天然硅酸盐种类繁多、数量大、结构复杂,均难溶于水。例如:长石 $K_2O \cdot Al_2O_3 \cdot 6SiO_2$、高岭土 $Al_2O_3 \cdot 2SiO_2 \cdot 2H_2O$、云母 $K_2O \cdot 3Al_2O_3 \cdot 6SiO_2 \cdot 2H_2O$、泡沸石 $Na_2O \cdot Al_2O_3 \cdot 3SiO_2 \cdot nH_2O$、石棉 $CaO \cdot 3MgO \cdot 4SiO_2$、滑石 $3MgO \cdot 4SiO_2 \cdot H_2O$ 等。

硅酸盐矿石长期受到空气中的 CO_2 和水的侵蚀后,会逐渐风化水解,生成的可溶性物质随雨水带到江河湖海,留下大量的黏土(主要成分是高岭土)和沙子(石英)。例如:

$$K_2O \cdot Al_2O_3 \cdot 6SiO_2 + CO_2 + 2H_2O \longrightarrow Al_2O_3 \cdot 2SiO_2 \cdot 2H_2O + K_2CO_3 + 4SiO_2$$

　　　(长石)　　　　　　　　　　　　　　　　(高岭土)

高岭土是黏土的基本成分,纯高岭土是制造瓷器的原料。正长石、云母和石英是构成花岗岩的主要成分。

硅酸盐中只有碱金属的硅酸盐可溶于水，其中以硅酸钠 Na_2SiO_3 最有实用价值。

制备硅酸钠时，可将石英砂、纯碱按一定比例混合放入反射炉内，用煤加热至 $1373\sim1623$ K 熔融即得硅酸钠熔融体。这种熔融体呈玻璃状态，能溶于水，故有"水玻璃"之称，工业上称为泡花碱。水玻璃因常含有铁一类的少量杂质而呈浅绿色。将玻璃状固体 Na_2SiO_3 破碎后，在一定压力下用水蒸气溶解成黏稠液体，即得商品水玻璃。

水玻璃在工业上有广泛用途，如建筑及造纸工业的黏合剂、木材及纤维织物的防腐剂及防火剂、洗涤剂的填充剂和发泡剂、调制耐酸砂浆及耐酸混凝土等。

9.7.3 硼及其化合物

1. 硼

硼 B 在地壳中的质量分数约为 0.001%。在自然界主要以含氧化合物的形式存在，如硼酸 H_3BO_3 和硼砂 $Na_2B_4O_7 \cdot 10H_2O$ 等。硼在地壳中含量虽少，却有富集的矿床，我国西藏及青海地区有丰富的硼砂矿。

单质硼有晶体硼和无定形硼两类。晶体硼有多种同素异形体，其中较普通的是 α-菱形硼。晶体硼呈黑灰色，密度约为 2.3 g $\cdot$ cm^{-3}，熔点约 2573 K，沸点约 2820 K，硬度（莫氏 9.5）很大，在单质中仅次于金刚石，属原子晶体。无定形硼为棕色至黑色粉末。单质硼对人体无毒。

晶体硼的化学性质不活泼，在常温下几乎不与其他物质反应。无定形硼的化学性质比晶体硼活泼，在常温时能与氟反应，加热时能和氧、氯、溴及硫反应。在更高温度时能与碳、氮或氨反应生成碳化硼 B_4C 和氮化硼 BN。

化学上通常把由价电子数少于价层轨道数的缺电子原子形成的化合物称为缺电子化合物。B 的价电子构型为 $2s^2 2p^1$，价电子层有 4 个轨道只有 3 个电子，属缺电子原子，所以 BF_3、BCl_3 等为缺电子化合物，它们容易和其他分子或离子的孤对电子形成配合物。例如：

$$BF_3 + NH_3 = [F_3B : NH_3]$$
$$BF_3 + :F^- = [BF_4]^-$$

硼的用途广泛，大量用于生产硼钢、锰硼合金以及钕铁硼合金等，可作为火箭使用的冲压式喷气发动机燃料，这使得硼粉在军事工业中有重要应用，硼粉在汽车安全气囊中常用作引发叠氮化钠的引发剂。硼在电子工业中作为掺杂源使用。

2. 三氧化二硼

三氧化二硼 B_2O_3，又称氧化硼、硼酸酐或硼酐，为白色固体，熔点 723 K，沸点 2523 K，微溶于冷水，易溶于热水中。B_2O_3 性质比较稳定，灼烧时才能被镁、铝等活泼金属还原，不能用碳还原 B_2O_3，因为在高温时硼与碳能生成碳化硼。熔融的 B_2O_3 可溶解金属氧化物，得到有色的硼玻璃。

三氧化二硼具有强烈吸水性而转变为硼酸：

$$B_2O_3 + 3H_2O = 2H_3BO_3$$

所以 B_2O_3 应放在干燥环境下密闭保存。

B_2O_3 用途广泛,可用作硅酸盐分解时的助熔剂、半导体材料的掺杂剂、油漆的耐火添加剂,用于制取硼及多种硼化物等,也用作有机合成的催化剂,油漆、高温润滑剂、陶瓷、特种玻璃及焊料的添加剂等。

3. 硼酸

硼酸 H_3BO_3,为白色、鳞片状、有光泽的三斜晶体或白色粉末,无臭,有滑腻手感,288 K 时密度为 1.435 g·cm^{-3},溶于水、乙醇、甘油等,在水中的溶解度随温度升高而增大,并能随水蒸气挥发。

把硼酸加热至 373 K 时逐渐脱水生成偏硼酸 HBO_2,加热至 413 K 时生成焦硼酸 $H_2B_4O_7$,加热至 573 K 时生成硼酸酐 B_2O_3。反之,将 B_2O_3、$H_2B_4O_7$、HBO_2 溶于 H_2O,又可重新生成 H_3BO_3。

在硼酸分子中,B 原子以 sp^2 杂化轨道与 3 个羟基—OH 中的 O 原子分别形成 σ 键。在硼酸晶体中,H_3BO_3 分子中的每一个 O 原子同其他 H_3BO_3 分子的 H 原子又通过氢键形成片状结构,层与层之间则通过微弱的范德华力相结合,如图 9-8 所示。因此,硼酸晶体呈片状,有解离性,可作为润滑剂。

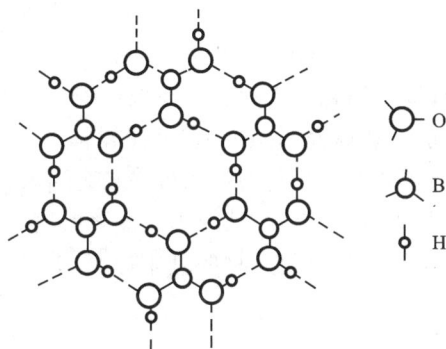

图 9-8 硼酸的晶体结构(片层)

H_3BO_3 是一元弱酸,$K_a^\ominus = 5.8 \times 10^{-10}$,其酸性比碳酸还弱,它在水中所表现出来的酸性并非硼酸本身解离出来的 H^+,而是由 B 原子接受 H_2O 所解离出来的 OH^- 形成配离子 $[B(OH)_4]^-$,从而使溶液中 H^+ 浓度增大:

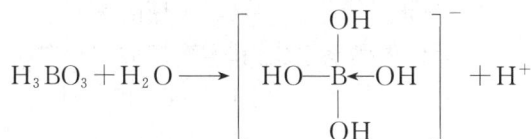

$$H_3BO_3 + H_2O \longrightarrow \left[\begin{array}{c} OH \\ | \\ HO{-}B{\leftarrow}OH \\ | \\ OH \end{array} \right]^- + H^+$$

这种解离方式正好表现出了硼化合物的缺电子特点。

在工业上,常用 H_2SO_4 分解硼砂矿或硼镁矿制备 H_3BO_3:

$$Na_2B_4O_7 \cdot 10H_2O + H_2SO_4 == 4H_3BO_3 + Na_2SO_4 + 5H_2O$$

$$Mg_2B_2O_5 \cdot H_2O + 2H_2SO_4 == 2H_3BO_3 + 2MgSO_4$$

硼酸大量用于玻璃、陶瓷和搪瓷工业中。在医药上常作为防腐消毒剂。在金属焊接、皮革、照相等行业以及染料、耐热防火织物、人造宝石、化妆品的制造等方面都有应用。

4. 硼砂

硼砂 $Na_2B_4O_5(OH)_4 \cdot 8H_2O$，常写成 $Na_2B_4O_7 \cdot 10H_2O$，又称十水四硼酸钠或焦硼酸钠。硼砂为无色半透明晶体或白色结晶粉末，密度 $1.73\ g \cdot cm^{-3}$，无臭，味咸，易溶于水、甘油等。硼砂在水中的溶解度随温度的升高而明显增大，水溶液呈弱碱性。

硼砂容易失去结晶水而风化。加热至 593 K 时会失去全部结晶水，继续加热到 1151 K 时熔融为玻璃状物质。熔融的 $Na_2B_4O_7$ 和 B_2O_3 一样，能熔解金属氧化物而显示出不同的颜色。分析化学上利用这一性质可初步检验出某些金属离子。

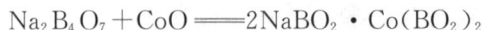
$$Na_2B_4O_7 + CoO = 2NaBO_2 \cdot Co(BO_2)_2$$
（蓝宝石色）

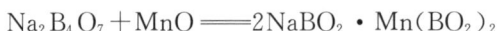
$$Na_2B_4O_7 + MnO = 2NaBO_2 \cdot Mn(BO_2)_2$$
（绿色）

硼砂虽在自然界中存在，但矿藏资源比较少。工业上大量硼砂是由硼锰矿制取的。将硼锰矿与加热的 NaOH 溶液反应，生成偏硼酸钠 $NaBO_2$，过滤除去 $Mg(OH)_2$ 等不溶物后，通入 CO_2 气体以降低溶液的 pH，蒸发结晶便得硼砂：

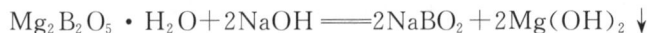
$$Mg_2B_2O_5 \cdot H_2O + 2NaOH = 2NaBO_2 + 2Mg(OH)_2\downarrow$$

$$4NaBO_2 + CO_2 + 10H_2O = Na_2B_4O_7 \cdot 10H_2O + Na_2CO_3$$

硼砂大量用于玻璃、陶瓷和搪瓷等工业。它在玻璃中可增加紫外线的透射率，从而提高玻璃的透明度和耐热性能。在搪瓷制品中，它可使瓷釉不易脱落并使其具有光泽。在焊接金属时，利用硼砂能溶解金属氧化物的性质可除去金属表面的氧化物。在农业上，常用硼砂作为植物微量元素的肥料，对小麦、棉花等有显著的增产效果。在医药上硼砂常作为防腐剂和消毒剂。硼砂是制取含硼化合物的基本原料，几乎所有的含硼化物都可经硼砂来制得。

目标检测题 9

一、单项选择题（将正确答案的标号填入括号内）

9.1 下列物质中具有漂白作用的是（　　　）。

A. 液氯 　　　　B. 氯水 　　　　C. 干燥的氯气 　　　D. 氯酸钙

9.2 氟与水猛烈反应，并伴随燃烧现象，其主要反应产物有（　　　）。

A. HF 和 O_2 　　　　　　　　　B. HF 和 FOH

C. HF、O_2 和 FOH 　　　　　　D. HF 和 O_3

9.3 氯气中毒时，可以吸入何种物质作解毒剂？（　　　）

A. 乙醚蒸气 　　　　　　　　　B. 氧气和乙醚的混合气体

C. 水蒸气和酒精蒸气的混合气体 　D. 酒精和乙醚的混合蒸气

9.4 氟表现出最强的非金属性，具有很大的化学反应活性，是由于（　　　）。

A. 氟元素电负性最大，原子半径小 　B. 单质熔、沸点高

C. 氟分子中 F—F 键解离能高 　　　D. 分子间的作用力小

9.5 实验室中常用浓盐酸与下列哪些氧化剂反应,均可制取 Cl_2?（　　）

A. MnO_2、$KMnO_4$ 和 CuO　　　　　B. $K_2Cr_2O_7$ 和 CuO

C. MnO_2 和 CuO　　　　　D. MnO_2、$K_2Cr_2O_7$ 和 $KMnO_4$

9.6 从海水中提取溴时,海水的酸碱性必须控制在（　　）。

A. 酸性　　　B. 碱性　　　C. 中性　　　D. 微碱性

9.7 液态氟化氢不能用来电解制备氟,是因为（　　）。

A. 液态氟化氢是电的不良导体　　　　B. 液态氟化氢具有腐蚀性

C. 液态氟化氢是弱酸　　　　D. HF 分子间存在氢键

9.8 下列物质中,还原能力最强的是（　　）。

A. $NaCl$　　　B. $NaBr$　　　C. NaI　　　D. NaF

9.9 $NaBr$ 与下列哪种酸作用可制取相当纯的 HBr?（　　）

A. 浓盐酸　　　B. 纯 HAc　　　C. 浓 H_2SO_4　　　D. 浓 H_3PO_4

9.10 由单质直接合成 HX 的方法,对于下列哪种 HX 的制备有实用价值?（　　）

A. HBr　　　B. HF　　　C. HCl　　　D. HI

9.11 实验室不宜用浓 H_2SO_4 与金属卤化物制备的 HX 气体有（　　）。

A. HF 和 HI　　　　　B. HBr 和 HI

C. HF、HBr 和 HI　　　　　D. HF 和 HBr

9.12 工业盐酸常显黄色,是因为含（　　）。

A. $FeCl_3$　　　B. Cl_2　　　C. $FeCl_2$　　　D. $HClO$

9.13 H_2O_2 与用 H_2SO_4 酸化的 $KMnO_4$ 溶液反应放出 O_2,H_2O_2 的作用是（　　）。

A. 氧化 $KMnO_4$　　　B. 氧化 H_2SO_4　　　C. 还原 $KMnO_4$　　　D. 还原 H_2SO_4

9.14 向某溶液中加入 $BaCl_2$ 溶液产生白色沉淀,再加稀硝酸沉淀不消失,则溶液中（　　）。

A. 一定含有 Ag^+　　　　　B. 一定含有 SO_4^{2-}

C. 一定含有 SO_4^{2-} 或 Ag^+　　　　　D. 一定同时含有 SO_4^{2-} 和 Ag^+

9.15 酸性溶液中,$FeCl_3$ 与 H_2S 反应的产物为（　　）。

A. Fe_2S_3　　　B. FeS_2 与 S　　　C. FeS 与 S　　　D. $FeCl_2$ 与 S

9.16 下列硫化物中,难溶于水而易溶于稀盐酸的是（　　）。

A. HgS　　　B. Ag_2S　　　C. Na_2S　　　D. ZnS

9.17 固态铵盐加热分解,其产物（　　）。

A. 一定含 NH_3　　　B. 一定含 N_2　　　C. 一定含 N_2O　　　D. 不能确定

9.18 下列物质中沸点最低的是（　　）。

A. NH_3　　　B. PH_3　　　C. AsH_3　　　D. SbH_3

9.19 下列元素在性质上最相近的是（　　）。

A. B 和 Si　　　B. B 和 Al　　　C. B 和 Mg　　　D. B 和 C

9.20 下列无机酸中,能溶解酸性氧化物 SiO_2 的是（　　）。

A. 浓 H_2SO_4　　　B. 浓 HNO_3　　　C. HCl　　　D. HF

二、多项选择题(将正确答案的标号填入括号内)

9.21 在 H_2O_2 水溶液中加入少量 MnO_2 发生剧烈反应,下列说法正确的是（　　）。

A. H_2O_2 既被氧化,又被还原　　　　B. H_2O_2 仅被还原

C. MnO_2 作为催化剂　　　　　　　　D. MnO_2 仅被氧化

9.22 下列关于 PCl_3 的说法,正确的是（　　）。

A. 分子空间构型为三角锥形　　　　　B. 在潮湿的空气中能稳定存在

C. 遇干燥氯气生成 PCl_5　　　　　　D. 遇干燥氧气生成 $POCl_3$

9.23 下列化合物中,属于多元酸的是（　　）。

A. H_2SiO_3　　　　B. H_3PO_4　　　　C. H_3AsO_4　　　　D. H_3BO_3

9.24 下述对三氧化二磷(P_4O_6)的叙述,正确的是（　　）。

A. 溶解于冷水中有 H_3PO_3 生成　　　B. 溶解于冷水中有 H_3PO_4 生成

C. 溶解于热水中有 H_3PO_3 生成　　　D. 溶解于热水中有 PH_3 生成

9.25 下列酸中,属于一元酸的是（　　）。

A. HPO_3　　　　B. H_3PO_2　　　　C. H_3PO_4　　　　D. H_3BO_3

三、是非题(对的在括号内填"√",错的在括号内填"×")

9.26 分馏液态空气制备单一气体时,首先汽化的是 O_2。　　　　　　　　（　　）

9.27 H_2O_2 的分解属于歧化反应,在碱性介质中分解速度较快。　　　　（　　）

9.28 水溶液中 Na_2S 和铝盐相互作用生成 $Al(OH)_3$ 而不是 Al_2S_3。　　（　　）

9.29 HNO_2 既具有氧化性,又具有还原性,但在酸性溶液中以氧化性为主。

　　　　　　　　　　　　　　　　　　　　　　　　　　　　　　　（　　）

9.30 处理含 SO_2 或 NO_x 的工业废气,都可用碱液吸收。　　　　　　（　　）

9.31 次磷酸(H_3PO_2)是二元酸,亚磷酸(H_3PO_3)是一元酸。　　　　　（　　）

9.32 H_3PO_4 是一个 P_4O_{10} 分子结合 4 个水分子的产物。　　　　　　（　　）

9.33 $SiCl_4$ 极易发生水解而 CCl_4 不能水解。　　　　　　　　　　　　（　　）

9.34 SiO_2 是 H_4SiO_4 的酸酐,可以用 SiO_2 与 H_2O 反应制得硅酸。　（　　）

9.35 硼酸是一元酸,因为在水溶液中它只能解离出一个 H^+。　　　　　（　　）

四、完成并配平下列化学反应方程式

9.36 $P + Br_2 + H_2O \longrightarrow$ 　　　　　　9.37 $NaBr + H_3PO_4$(浓) $\xrightarrow{\triangle}$

9.38 $Ca(ClO)_2 + HCl \longrightarrow$ 　　　　　9.39 $Cl_2 + NaOH \longrightarrow$

9.40 $H_2O_2 + KMnO_4 + H_2SO_4 \longrightarrow$ 　　9.41 $S + KOH \xrightarrow{\triangle}$

9.42 $Cr_2S_3 + H_2O \longrightarrow$ 　　　　　　9.43 $I_2 + Na_2S_2O_3 \longrightarrow$

9.44 $Cl_2 + Na_2S_2O_3 + H_2O \longrightarrow$ 　　9.45 $CaCO_3 + HCl \longrightarrow$

9.46 $P_4O_{10} + HNO_3 \longrightarrow$ 　　　　　9.47 $PdCl_2 + CO + H_2O \longrightarrow$

9.48 $SiCl_4 + H_2O \longrightarrow$ 　　　　　　9.49 $SiF_4 + HF \longrightarrow$

9.50 $SiF_4 + Na_2CO_3 + H_2O \longrightarrow$

五、计算题

9.51 HCl 与 MnO_2 反应制取 Cl_2 时,所需 HCl 的最低浓度是多少?

$$MnO_2+4H^++2e^-\!\!\Longrightarrow\!\!Mn^{2+}+2H_2O; \quad \varphi_A^\ominus=1.23\ V$$
$$Cl_2+2e^-\!\!\Longrightarrow\!\!2Cl^-; \quad \varphi_A^\ominus=1.36\ V, \quad p(Cl_2)=100\ kPa$$

9.52 已知下列元素标准电极电势图：

$$IO_3^-\!\!\!\underline{\quad\quad}\!\!\!HIO\!\!\overset{1.45}{\underline{\quad\quad}}\!\!I_2\!\!\overset{0.54}{\underline{\quad\quad}}\!\!I^-$$
$$\underline{\quad\quad\quad1.20\quad\quad\quad}$$

(1) 计算 $\varphi_A^\ominus(IO_3^-/I^-)$、$\varphi_A^\ominus(IO_3^-/HIO)$。

(2) 标准电极电势图中哪种物质能发生歧化反应？并写出化学反应方程式，计算反应的 $K^\ominus$。

9.53 某溶液中含有 Zn^{2+} 和 Fe^{2+}，起始浓度均为 $0.10\ mol\cdot L^{-1}$，往溶液中通入 H_2S 至饱和，并维持溶液的 $c(H^+)=0.10\ mol\cdot L^{-1}$，试通过计算判断是否都能析出硫化物沉淀。

9.54 在 $0.30\ mol\cdot L^{-1}$ 盐酸，Cd^{2+} 浓度为 $0.010\ mol\cdot L^{-1}$，向其中持续通入 H_2S，则 Cd^{2+} 是否能沉淀完全？

六、推断题

9.55 今有白色的钠盐晶体 A 和 B。A 和 B 都溶于水，A 的水溶液呈中性，B 的水溶液呈碱性。A 溶液与 $FeCl_3$ 溶液作用，溶液呈棕色。A 溶液与 $AgNO_3$ 溶液作用有黄色沉淀析出。晶体 B 与浓盐酸反应有黄绿色气体生成，此气体同冷 NaOH 溶液作用可得含 B 的溶液。向 A 溶液中滴加 B 溶液时，溶液呈红棕色，若继续加过量 B 溶液，则溶液的红棕色消失。试问：A、B 为何物？写出有关化学反应方程式。

9.56 有一种可溶性的白色晶体 A（钠盐），加入无色油状液体 B 的浓溶液，可得一种紫黑色固体 C。C 在水中溶解度较小，但可溶于 A 的溶液得棕黄色溶液 D。将 D 分成两份，一份中加入一种无色（钠盐）溶液 E，另一份中通入过量气体 F，都变成无色透明溶液。E 溶液中加入盐酸时，出现乳白色混浊，并有刺激性气体逸出。E 溶液中通入过量气体 F 后再加入 $BaCl_2$ 溶液，白色沉淀产生，该沉淀不溶于 HNO_3。

(1) 试问：A、B、C、D、E、F 各是何物？

(2) 写出下列化学反应方程式：

A+B $\longrightarrow$ C   E+HCl $\longrightarrow$

D+F $\longrightarrow$ E+F $\longrightarrow$

9.57 现有一种无色的钠晶体 A，易溶于水，若向所得的水溶液中加入稀盐酸，有淡黄色沉淀 B 析出，同时放出刺激性气体 C。C 通入 $KMnO_4$ 酸性溶液，可使其褪色。C 通入 H_2S 溶液又生成 B。若通氯气于 A 溶液中，再加入 Ba^{2+}，则产生不溶于酸的白色沉淀 D。试推断 A、B、C、D 各是什么物质，并写出相关的化学反应方程式。

9.58 在标准状况下，14 g 某黑色固体 A，与浓 NaOH 溶液共热时能放出 22.4 L 无色气体 B。A 燃烧后会生成白色固体 C。C 与 HF 作用时，能产生一种无色气体 D。D 通入水中时会产生白色沉淀 E 及溶液 F。E 用适量的 NaOH 溶液处理可得溶液 G，若再向 G 中加入 NH_4Cl 溶液则会有 E 析出。当向溶液 F 中加入过量的 NaCl 时，会生成一种无色晶体 H。试推断 A、B、C、D、E、F、G、H 各是什么物质，并写出相关的化学反应方程式。

项目 10

副族金属元素

任务 10.1　铜族元素

10.1.1　铜族元素的通性和单质

1. 铜族元素的通性

铜族元素价电子构型为$(n-1)d^{10}ns^1$，其原子不仅可以失去 ns 电子，也可失去部分 d 电子，因此铜族元素有＋1、＋2、＋3 三种氧化数。铜常见的氧化数为＋2，银为＋1，金为＋3。由于铜族元素次外层具有 18 个电子，它对核的屏蔽作用小于次外层为 8 个电子的碱金属，使得铜族元素的有效核电荷较大，因此铜族元素具有较小的原子半径和较大的电离能，活泼性较低。因为离子属于 18 电子构型，有很强的极化力和明显的变形性，所以除少数氟化物、硝酸盐、硫酸盐等是离子化合物外，一般容易形成共价化合物。铜族元素形成配合物的倾向比较显著。氧化数为＋1 的以形成二配位的直线形配合物为主，如$[Ag(NH_3)_2]^+$、$[Au(CN)_2]^-$ 等。氧化数为＋2、＋3 的主要形成四配位的平面正方形配合物，如$[Au(CN)_4]^-$、$[Cu(CN)_4]^{2-}$ 等。铜族元素的一些基本性质列于表 10-1。

表 10-1　铜族元素的一些基本性质

元素名称	铜	银	金
元素符号	Cu	Ag	Au
原子序数	29	47	79
相对原子质量	63.55	107.87	196.97
价电子构型	$3d^{10}4s^1$	$4d^{10}5s^1$	$5d^{10}6s^1$
常见氧化数	＋1、＋2	＋1	＋1、＋3
第一电离能 I_1/(kJ・mol^{-1})	745	804	890

续表

元素名称	铜	银	金
原子半径/pm	117	134	134
电负性	1.9	1.9	2.4
熔点/℃	1083	962	1064
沸点/℃	2570	2155	2808
密度/(g·cm^{-3}),20 ℃	8.95	10.49	19.32
$\varphi^{\ominus}(M^+/M)/V$	0.52	0.799	1.68
$\varphi^{\ominus}(M^{2+}/M)/V$	0.340		$\varphi^{\ominus}(M^{3+}/M)=1.50$ V

2. 铜族元素的单质

铜、银、金是人类发现和使用最早的金属。由于它们有悦目的外观和能长期保持其美丽色泽等特点,很早就用作钱币和饰物,所以被称为"钱币金属"。黄金、白银和紫铜属于"五金"(金、银、铜、铁、锡),并称"唯金三品"。

铜、银、金都可以以单质状态存在于自然界中。铜在自然界分布很广,属丰产元素。自然铜(游离铜)的矿床很少,铜多以硫化物矿和氧化物矿存在,还分散于铅、锌、镍等金属的硫化物矿中,主要铜矿有辉铜矿 Cu_2S、黄铜矿 $CuFeS_2$、斑铜矿 Cu_3FeS_4、赤铜矿 Cu_2O、蓝铜矿 $2CuCO_3 \cdot Cu(OH)_2$ 和孔雀石 $CuCO_3 \cdot Cu(OH)_2$ 等。银除较少的闪银矿 Ag_2S 外,常以硫化银与方铅矿 PbS 共生。我国含银的铅锌矿非常丰富。

金因其化学性质不活泼,以游离态单质存在于自然界。金的分布很广,但通常含量很低。金矿主要是自然金,存在于岩石(岩脉金)和沙砾(冲积金)中。我国金矿资源丰富,现在已成为世界主要产金国家之一。

铜族元素的熔点、沸点、密度和硬度均比相应的碱金属高。铜族元素具有很好的导电性、导热性和延展性,在所有的金属中,银的导电性最好,其次是铜,金的延展性最好,可以碾压成厚度仅 0.01 μm 的金箔,拉成线密度只有 0.1 mg·m^{-1} 的金丝。

铜族元素的化学活泼性远较碱金属低,并按铜、银、金的顺序递减,这主要表现在与空气中氧的反应及与酸的反应上,常温下它们不与非氧化性酸反应。铜、银、金都不能与稀盐酸或稀硫酸作用放出氢气,但有空气存在时铜可以缓慢溶解于稀酸中,铜还可溶于热的浓盐酸中;铜和银溶于硝酸或热的浓硫酸,而金只能溶于王水(硝酸作为氧化剂,盐酸作为配位剂)。

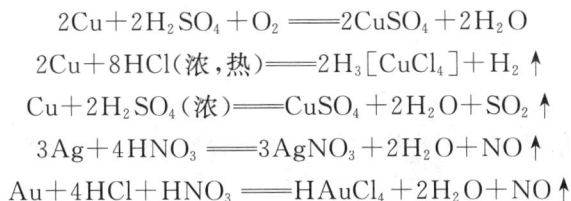

$$2Cu+2H_2SO_4+O_2 =\!=\!= 2CuSO_4+2H_2O$$
$$2Cu+8HCl(浓,热) =\!=\!= 2H_3[CuCl_4]+H_2\uparrow$$
$$Cu+2H_2SO_4(浓) =\!=\!= CuSO_4+2H_2O+SO_2\uparrow$$
$$3Ag+4HNO_3 =\!=\!= 3AgNO_3+2H_2O+NO\uparrow$$
$$Au+4HCl+HNO_3 =\!=\!= HAuCl_4+2H_2O+NO\uparrow$$

铜在干燥空气中稳定。在潮湿空气中它先变成棕色,形成一层很薄而牢固黏附于铜表面的氧化物或硫化物膜;长期放置能缓慢地被腐蚀而生成一层碱式碳酸铜的绿色膜层,称为"铜绿"。反应如下:

$$2Cu+O_2+H_2O+CO_2 =\!=\!= Cu_2(OH)_2CO_3$$

与非金属反应:铜、银、金都能与卤素反应。铜在常温下便能与卤素反应,加热的铜在氯气中燃烧生成 $CuCl$。银与卤素作用缓慢,金必须在加热时才能与干燥的卤素作用。铜与氟反应时,在铜表面生成一层氟化物薄膜,能防止铜进一步被腐蚀,所以铜可以作为电解法制备氟的电极材料。

铜、银在加热时能与硫直接化合生成 CuS 和 Ag_2S,金不能直接生成硫化物。

空气中若含有 H_2S 气体,与银接触后,银的表面很快会生成一层 Ag_2S 黑色薄膜而使银失去银白色光泽。反应如下:

$$4Ag+2H_2S+O_2 =\!=\!= 2Ag_2S+2H_2O \quad (银为亲硫元素)$$

铜在空气中加热时可与氧发生反应生成黑色氧化铜,而金、银加热时也不与氧作用。反应如下:

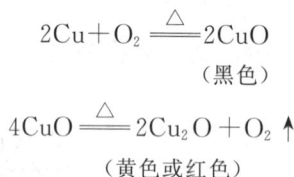

$$2Cu+O_2 \xrightarrow{\triangle} 2CuO$$
$$(黑色)$$

$$4CuO \xrightarrow{\triangle} 2Cu_2O+O_2\uparrow$$
$$(黄色或红色)$$

10.1.2　铜的化合物

铜的常见氧化数为 +1 和 +2。$Cu(Ⅰ)$ 为 d^{10} 构型,没有 d-d 跃迁,其化合物一般是白色或无色的。$Cu(Ⅱ)$ 为 d^9 构型,其化合物常因 Cu^{2+} 发生 d-d 跃迁而呈现颜色。一般来说,在高温、固态时,$Cu(Ⅰ)$ 的化合物比 $Cu(Ⅱ)$ 的化合物稳定。在水溶液中,$Cu(Ⅰ)$ 易被氧化为 $Cu(Ⅱ)$,水溶液中 $Cu(Ⅱ)$ 的化合物较稳定。

1. 氧化亚铜 Cu_2O

含有酒石酸钾钠的硫酸钠碱性溶液或碱性铜酸盐 $Na_2[Cu(OH)_4]$ 溶液用葡萄糖还原,可以得到棕红色 Cu_2O 沉淀。反应如下:

$$2[Cu(OH)_4]^{2-}+C_6H_{12}O_6 =\!=\!= Cu_2O\downarrow + \ C_6H_{11}O_7^- \ +3OH^-+3H_2O$$
$$(葡萄糖) \qquad (棕红色) \quad (葡萄糖酸根)$$

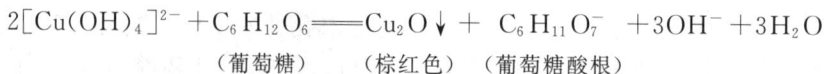

分析化学上利用这个反应测定醛,由于制备方法和条件的不同,Cu_2O 晶粒大小各异,而呈现多种颜色,如黄色、橘黄色、鲜红色或深棕色。Cu_2O 溶于稀硫酸,立即发生歧化反应,反应如下:

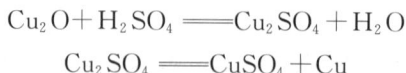

$$Cu_2O+H_2SO_4 =\!=\!= Cu_2SO_4+H_2O$$
$$Cu_2SO_4 =\!=\!= CuSO_4+Cu$$

Cu_2O 对热十分稳定,在 1508 K 时熔化而不分解。Cu_2O 不溶于水,具有半导体性质,常用它和铜装成亚铜整流器。

Cu_2O 溶于氨水和氢卤酸,分别形成稳定的无色配合物 $[Cu(NH_3)_2]^+$ 和 $[CuX_2]^-$,$[Cu(NH_3)_2]^+$ 很快被空气中的 O_2 氧化成蓝色的 $[Cu(NH_3)_4]^{2+}$,利用这个反应可以除去气体中的 O_2,反应如下:

$$Cu_2O+2NH_3 \cdot H_2O \Longrightarrow 2[Cu(NH_3)_2]^+ +2OH^- +H_2O$$

$$4[Cu(NH_3)_2]^+ +8NH_3 \cdot H_2O+O_2 \Longrightarrow 4[Cu(NH_3)_4]^{2+} +4OH^- +6H_2O$$

合成氨工业常用醋酸二氨合铜（Ⅰ）$[Cu(NH_3)_2]Ac$ 溶液吸收原料气中对催化剂有毒害的 CO 气体：

$$[Cu(NH_3)_2]Ac+CO \Longrightarrow [Cu(NH_3)_2]Ac \cdot CO$$

这是一个放热和体积减小的反应，降温、加压有利于吸收 CO。吸收 CO 以后的醋酸铜氨溶液经减压和加热，又能将气体放出而再生，继续循环使用：

$$[Cu(NH_3)_2]Ac \cdot CO \Longrightarrow [Cu(NH_3)_2]Ac+CO\uparrow$$

2. 卤化亚铜 CuX

往硫酸铜溶液中逐滴加入 KI 溶液，可以看到生成白色的碘化亚铜沉淀和棕色的碘：

$$2Cu^{2+} +4I^- \Longrightarrow 2CuI\downarrow +I_2\downarrow$$

由于 CuI 是沉淀，所以在碘离子存在时，Cu^{2+} 的氧化性大大增强，这时半电池反应式如下：

$$Cu^{2+} +I^- +e^- \Longrightarrow CuI; \quad \varphi^\ominus = +0.86 \text{ V}$$

$$I_2 +2e^- \Longrightarrow 2I^-; \quad \varphi^\ominus = +0.535 \text{ V}$$

所以 Cu^{2+} 能氧化 I^-。由于这个反应能迅速定量进行，反应析出的碘能用 $Na_2S_2O_3$ 标准溶液滴定：

$$2Na_2S_2O_3 +I_2 \Longrightarrow Na_2S_4O_6 +2NaI$$

所以分析化学常用此反应定量测定铜。

在含有 $CuSO_4$ 及 KI 的热溶液中通入 SO_2，由于溶液中棕色的碘与 SO_2 反应而褪色，白色 CuI 沉淀就看得更清楚，其反应为

$$2Cu^{2+} +4I^- \Longrightarrow 2CuI+I_2$$

$$I_2 +SO_2 +2H_2O \Longrightarrow H_2SO_4 +2HI$$

$CuCl_2$ 或 $CuBr_2$ 的热溶液与各种还原剂如 SO_2、$SnCl_2$ 等反应，可以得到白色 CuCl 或 CuBr 沉淀：

$$2CuCl_2 +SO_2 +2H_2O \Longrightarrow 2CuCl\downarrow +H_2SO_4 +2HCl$$

在热的浓盐酸中，用 Cu 将 $CuCl_2$ 还原，也可以制得 CuCl：

$$Cu+CuCl_2 \Longrightarrow 2CuCl$$

氯化亚铜在不同浓度的 KCl 溶液中，可以形成 $[CuCl_2]^-$、$[CuCl_3]^{2-}$ 及 $[CuCl_4]^{3-}$ 等配离子。

3. 硫化亚铜 Cu_2S

硫化亚铜是难溶的黑色物质，它可由过量的铜和硫加热制得：

$$2Cu+S \Longrightarrow Cu_2S$$

在 $CuSO_4$ 溶液中，加入 $Na_2S_2O_3$ 溶液，加热，也能生成 Cu_2S 沉淀，分析化学中常用此反应除去铜：

$$2Cu^{2+} +2S_2O_3^{2-} +2H_2O \Longrightarrow Cu_2S\downarrow +S\downarrow +2SO_4^{2-} +4H^+$$

4. 氧化铜 CuO 和氢氧化铜 $Cu(OH)_2$

在 $CuSO_4$ 溶液中加入强碱，生成淡蓝色的 $Cu(OH)_2$ 沉淀，$Cu(OH)_2$ 的热稳定性比

碱金属氢氧化物差得多,受热易分解,溶液加热至 353 K,脱水变为黑褐色的 CuO,CuO 对热是稳定的,加热到 1273 K 时才开始分解为 Cu_2O 和 O_2。CuO 是碱性氧化物,加热时易被 H_2、C、CO、NH_3 等还原为铜。反应如下:

$$CuO+H_2 =\!=\!= Cu+H_2O$$

$$3CuO+2NH_3 =\!=\!= 3Cu+3H_2O+N_2$$

$Cu(OH)_2$ 微显两性,既溶于酸,又溶于过量的浓碱溶液中:

$$Cu(OH)_2+H_2SO_4 =\!=\!= CuSO_4+2H_2O$$

$$Cu(OH)_2+2NaOH =\!=\!= Na_2[Cu(OH)_4]$$

向 $CuSO_4$ 溶液中加入少量氨水,得到的不是氢氧化铜,而是浅蓝色的碱式硫酸铜沉淀:

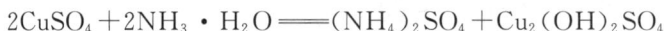

$$2CuSO_4+2NH_3 \cdot H_2O =\!=\!= (NH_4)_2SO_4+Cu_2(OH)_2SO_4$$

若继续加入氨水,碱式硫酸铜沉淀就溶解,得到深蓝色的四氨合铜配离子:

$$Cu_2(OH)_2SO_4+8NH_3 =\!=\!= 2[Cu(NH_3)_4]^{2+}+SO_4^{2-}+2OH^-$$

5. 卤化铜 CuX_2

除碘化铜不存在外,其他卤化铜都可用 CuO 和氢卤酸反应来制备:

$$CuO+2HCl =\!=\!= CuCl_2+H_2O$$

$CuCl_2$ 在很浓的溶液中显黄绿色,在浓溶液中显绿色,在稀溶液中显蓝色。黄色是由于 $[CuCl_4]^{2-}$ 的存在,而蓝色是由于 $[Cu(H_2O)_4]^{2+}$ 的存在,二者并存时显绿色。$CuCl_2$ 在空气中易潮解,它不但易溶于水,而且易溶于乙醇和丙酮。$CuCl_2$ 与碱金属氯化物反应,生成 $M[CuCl_3]$ 或 $M_2[CuCl_4]$ 型配盐,与盐酸反应生成 $H_2[CuCl_4]$ 配酸,由于 Cu^{2+} 卤配离子不够稳定,因此只有存在过量卤离子时才能形成。

$CuCl_2$ 吸收水分后变为含水盐 $CuCl_2 \cdot 2H_2O$,它受热时分解形成碱式盐:

$$2CuCl_2 \cdot 2H_2O =\!=\!= Cu(OH)_2 \cdot CuCl_2+2HCl+2H_2O$$

所以制备无水 $CuCl_2$ 时,要将 $CuCl_2 \cdot 2H_2O$ 在 HCl 气流中,加热到 413～423 K 条件下进行。如果无水 $CuCl_2$ 进一步受热,加热到 773 K,则按下式进行分解:

$$2CuCl_2 =\!=\!= 2CuCl+Cl_2 \uparrow$$

6. 硫酸铜 $CuSO_4$

五水硫酸铜俗名胆矾或蓝矾,是蓝色斜方晶体。它是用热的浓硫酸溶解铜屑,或在氧气存在下,用热的稀硫酸与铜屑作用而制得的:

$$Cu+2H_2SO_4(浓) =\!=\!= CuSO_4+SO_2 \uparrow +2H_2O$$

$$2Cu+2H_2SO_4(稀)+O_2 =\!=\!= 2CuSO_4+2H_2O$$

实验室中常用 CuO 与稀硫酸反应来制取硫酸铜,生成的粗硫酸铜经蒸发浓缩可得到五水硫酸铜。硫酸铜在不同温度下,可以逐步脱水发生下列变化:

$$CuSO_4 \cdot 5H_2O \xrightarrow{375\ K} CuSO_4 \cdot 3H_2O \xrightarrow{386\ K} CuSO_4 \cdot H_2O \xrightarrow{531\ K} CuSO_4 \xrightarrow{923\ K} CuO$$

无水硫酸铜为白色粉末,不溶于乙醇和乙醚,其吸水性很强,吸水后显出特征的蓝色,可利用这一性质来检验乙醇、乙醚等有机溶剂中的微量水分,也可以用作这些溶剂的脱水剂。无水硫酸铜加热到 923 K 时,即分解为 CuO:

$$2CuSO_4 \xrightarrow{\quad} 2CuO + 2SO_2\uparrow + O_2\uparrow$$

硫酸铜是制备其他铜化合物的重要原料。硫酸铜与石灰乳混合制成的波尔多液,可以用作果树的杀虫剂及杀菌剂,通常配方是:$CuSO_4 \cdot 5H_2O$,CaO,H_2O 的比例为 $1:1:100$。在储水池或游泳池中加入少量 $CuSO_4 \cdot 5H_2O$,可以阻止藻类生长。

7. 硝酸铜 $Cu(NO_3)_2$

硝酸铜的水合物 $Cu(NO_3)_2 \cdot nH_2O$,$n=1,6,9$。将 $Cu(NO_3)_2 \cdot 3H_2O$ 加热到 443 K 时,得到碱式盐 $Cu(NO_3)_2 \cdot Cu(OH)_2$,进一步加热到 473 K 则分解为 CuO。

制备 $Cu(NO_3)_2$ 是将铜溶于醋酸乙酯的 N_2O_4 溶液中,从溶液中结晶出 $Cu(NO_3)_2N_2O_4$。将它加热到 363 K,得到蓝色的 $Cu(NO_3)_2$,$Cu(NO_3)_2$ 在真空中加热到 473 K,升华但不分解。

8. 硫化铜 CuS

向硫酸铜溶液中通入 H_2S,即有黑色 CuS 沉淀析出。CuS 不溶于水($K_{sp}^{\ominus}=6.3\times10^{-36}$),也不溶于稀盐酸,但溶于热的稀硝酸中:

$$3CuS + 8HNO_3 \xrightarrow{\triangle} 3Cu(NO_3)_2 + 2NO\uparrow + 3S\downarrow + 4H_2O$$

CuS 溶于 KCN 溶液中,生成 $[Cu(CN)_4]^{3-}$。在这一反应中,CN^- 既是配位剂,又是还原剂。反应如下:

$$2CuS + 10CN^- \xrightarrow{\quad} 2[Cu(CN)_4]^{3-} + (CN)_2\uparrow + 2S^{2-}$$

9. 配合物

Cu^{2+} 的外层电子构型为 $3s^2 3p^6 3d^9$。Cu^{2+} 带有两个正电荷,因此比 Cu^+ 更容易形成配位数为 2、4、6 的配合物,配位数为 2 的很少。

当 Cu^{2+} 盐溶解在过量的水中时,形成蓝色的水合离子 $[Cu(H_2O)_4]^{2+}$。在 $[Cu(H_2O)_4]^{2+}$ 中加入氨水,易生成深蓝色的 $[Cu(NH_3)_4]^{2+}$。

Cu^{2+} 还能与卤素、羟基、焦磷酸根离子形成稳定程度不同的配离子。Cu^{2+} 与卤素离子都能形成 $[MX_4]^{2-}$ 型配合物,但它们在水溶液中稳定性较差。

Cu^{2+} 与 CN^- 形成的配合物在常温下是不稳定的。室温时,在铜盐溶液中加入 CN^-,得到棕黄色的氰化铜沉淀。此物分解生成白色 CuCN,并放出氰气。

$$2Cu^{2+} + 4CN^- \xrightarrow{\quad} 2CuCN + (CN)_2\uparrow$$

继续加入过量的 CN^-,CuCN 溶解:

$$CuCN + 3CN^- \xrightarrow{\quad} [Cu(CN)_4]^{3-}$$

Cu^+ 也能形成许多配合物,其配位数可以为 2、3、4。

10. Cu^{2+} 和 Cu^+ 的相互转化

铜有氧化数为 +1 和 +2 的化合物。从离子结构来说,Cu^+ 的结构是 $3d^{10}$,应该比 $Cu^{2+}(3d^9)$ 稳定。铜的第二电离能($1970 \text{ kJ} \cdot \text{mol}^{-1}$)较高,故在气态或固态时 Cu^+ 的化合物是稳定的。从反应:

$$2Cu^+(g) \xrightarrow{\quad} Cu^{2+}(g) + Cu(s); \quad \Delta_r H_m^{\ominus} = 866.5 \text{ kJ} \cdot \text{mol}^{-1}$$

来看,亦是 $Cu^+(g)$ 的化合物比较稳定。但在水溶液中,Cu^{2+}(电荷高、半径小)的水合热($2121 \text{ kJ} \cdot \text{mol}^{-1}$)比 Cu^+ 的($582 \text{ kJ} \cdot \text{mol}^{-1}$)大得多,因此可以说明 Cu^+ 在溶液中是不

稳定的,它会歧化为 Cu^{2+} 和 Cu:

$$2Cu^+ \Longrightarrow Cu + Cu^{2+}$$

$\varphi_A^\ominus/V$ $\qquad\qquad Cu^{2+} \xrightarrow{+0.159} Cu^+ \xrightarrow{+0.52} Cu$

从铜元素标准电极电势图可知,$\varphi^\ominus(Cu^+/Cu) > \varphi^\ominus(Cu^{2+}/Cu^+)$,$Cu^+$ 歧化为 Cu 和 Cu^{2+} 的趋势大,在 293 K 时,歧化反应的平衡常数 $K = [Cu^{2+}]/[Cu^+]^2 = 1.4 \times 10^6$。由于 K 很大,溶液中只要有微量的 Cu^+ 存在,就几乎全部转化为 Cu^{2+} 和 Cu。所以在水溶液中,Cu^{2+} 化合物是稳定的。Cu^+ 只有当形成沉淀或配合物,使溶液中 Cu^+ 浓度降低到非常小,逆歧化的电动势升高到 $E^\ominus > 0$,反应才能向反方向进行。例如,铜与氯化铜在热的浓盐酸中形成一价铜的配合物:

$$Cu + CuCl_2 \Longrightarrow 2CuCl$$
$$CuCl + HCl \Longrightarrow H[CuCl_2]$$

由于生成了配离子 $[CuCl_2]^-$,溶液中 Cu^+ 浓度降低到非常小,反应可继续向右进行到完全程度。前面讲到的 Cu^{2+} 与 I^- 反应,由于生成 CuI 沉淀,也使反应能向生成 CuI 的方向进行。可见在水溶液中,Cu^+ 的化合物除不溶解的或以配离子的形式存在外,都是不稳定的。

由于 Cu^{2+} 的极化作用比 Cu^+ 强,在高温下,Cu^{2+} 化合物变得不稳定,易受热变成稳定的 Cu^+ 化合物。例如,氧化铜加热到 1273 K 以上,就分解为 O_2 和 Cu_2O。其他如 CuS、$CuCl_2$、$CuBr_2$ 加热至高温都有分解为相应的 Cu^+ 化合物的现象。甚至有些化合物如 CuI_2、$Cu(CN)_2$ 在常温下就不能存在,要分解为 Cu^+ 化合物。可见两种氧化态铜的化合物各以一定条件而存在,当条件变化时,又相互转化。

10.1.3 银的化合物

银的化合物主要是氧化数为 +1 的化合物。氧化数为 +2 的很少,如 AgO、AgF_2,一般不稳定,是极强的氧化剂。氧化数为 +3 的极少,如 Ag_2O_3。除少数 Ag(Ⅰ)化合物(如 Ag_2O 为棕色、AgI 为黄色)有颜色外,多数是无色的。大多数银盐难溶于水,能溶的只有 $AgNO_3$、AgF、$AgClO_4$ 等少数几种。而 Ag_2SO_4、$AgAc$ 仅微溶于水。

1. 氧化银 Ag_2O

在银盐溶液中加入 NaOH 溶液,先析出白色 AgOH 沉淀,AgOH 立即脱水生成暗棕色的 Ag_2O。

$$AgNO_3 + NaOH \Longrightarrow AgOH \downarrow + NaNO_3$$
$$2AgOH \Longrightarrow Ag_2O + H_2O$$

Ag_2O 微溶于水,溶液显微碱性。Ag_2O 生成焓很小,不稳定,加热到 573 K 时,就完全分解。Ag_2O 是强氧化剂,与有机物摩擦可引起燃烧,容易被 CO 或 H_2O_2 还原:

$$Ag_2O + CO \Longrightarrow 2Ag + CO_2 \uparrow$$
$$Ag_2O + H_2O_2 \Longrightarrow 2Ag + H_2O + O_2 \uparrow$$

2. 硝酸银 $AgNO_3$

硝酸银为无色透明晶体,是一种很重要的可溶性银盐,不仅因为它在感光材料、制镜、保温瓶、电镀、医药、电子等工业中用途广泛,还因为它容易制得,且是制备其他银化合物的原料。硝酸银有一定毒性,用作消毒剂和腐蚀剂。

$AgNO_3$ 在干燥空气中比较稳定,潮湿状态下见光容易分解,并因析出单质银而变黑:

$$2AgNO_3 \xrightarrow{\text{光}} 2Ag + 2NO_2\uparrow + O_2\uparrow$$

因此,其水溶液常保存在棕色瓶中。若遇到 Cl^-、Br^-、I^- 等,会发生反应生成不溶于水、不溶于硝酸的 $AgCl$ 白色沉淀、$AgBr$ 淡黄色沉淀、AgI 黄色沉淀等。因此,常被用于检验 X^- 的存在。

$AgNO_3$ 是中强氧化剂,可被肼还原为金属银:

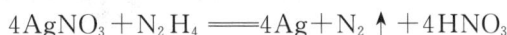

$$4AgNO_3 + N_2H_4 = 4Ag + N_2\uparrow + 4HNO_3$$

$AgNO_3$ 的氨溶液能被醛和糖还原,用于制备银镜:

$$Ag^+ + NH_3 \cdot H_2O = AgOH\downarrow + NH_4^+$$

$$AgOH + 2NH_3 \cdot H_2O = Ag(NH_3)_2OH + 2H_2O$$

$$CH_3CHO + 2Ag(NH_3)_2OH = CH_3COONH_4 + 2Ag\downarrow + 3NH_3 + H_2O$$

将银溶于硝酸中,可制得 $AgNO_3$:

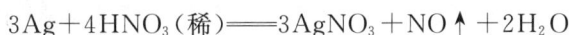

$$Ag + 2HNO_3(\text{浓}) = AgNO_3 + NO_2\uparrow + H_2O$$

$$3Ag + 4HNO_3(\text{稀}) = 3AgNO_3 + NO\uparrow + 2H_2O$$

原料银常从精炼铜的阳极泥得到,其中含有杂质铜,因此产品中含有硝酸铜,可将粗产品加热至 473～573 K,根据硝酸盐的热分解温度不同而提纯:

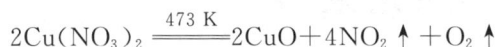

$$2AgNO_3 \xrightarrow{713\ \text{K}} 2Ag + 2NO_2\uparrow + O_2\uparrow$$

$$2Cu(NO_3)_2 \xrightarrow{473\ \text{K}} 2CuO + 4NO_2\uparrow + O_2\uparrow$$

这时硝酸铜分解为难溶于水的 CuO,而 $AgNO_3$ 则安然无恙。将混合物中的硝酸银溶解后,过滤除去 CuO 并重结晶,便得到纯的硝酸银。

3. 卤化银 AgX

在 $AgNO_3$ 溶液中加入卤化物,可以生成卤化银 AgX。AgX 中只有 AgF 易溶于水,在湿空气中潮解,其余均微溶于水,其溶解度依 AgCl、AgBr、AgI 的顺序降低,颜色也依此顺序而加深。表 10-2 列出了卤化银的若干性质。

表 10-2 卤化银的性质

卤 化 银	AgF	AgCl	AgBr	AgI
颜色	白色	白色	淡黄色	黄色
溶解度/$(g \cdot L^{-1})$	180.0	0.03	0.0055	5.6×10^{-5}
溶度积(298.15 K)		1.8×10^{-10}	5.0×10^{-13}	8.52×10^{-17}
熔点/K	708	723	692	825
晶格类型	NaCl	NaCl	NaCl	ZnS
键的类型	离子键	过渡	过渡	共价键

4. 配合物

Ag^+ 的重要特征是容易形成配离子,如与 NH_3、$S_2O_3^{2-}$、CN^- 等形成稳定程度不同的配离子。例如：

$$Ag^+ + 2Cl^- \rightleftharpoons [AgCl_2]^- ; \quad K_{稳}^\ominus = 1.1 \times 10^5$$

$$Ag^+ + 2NH_3 \rightleftharpoons [Ag(NH_3)_2]^+ ; \quad K_{稳}^\ominus = 1.12 \times 10^7$$

$$Ag^+ + 2S_2O_3^{2-} \rightleftharpoons [Ag(S_2O_3)_2]^{3-} ; \quad K_{稳}^\ominus = 2.9 \times 10^{13}$$

$$Ag^+ + 2CN^- \rightleftharpoons [Ag(CN)_2]^- ; \quad K_{稳}^\ominus = 1.26 \times 10^{21}$$

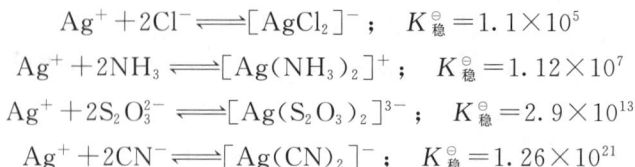

将下列反应式相加：

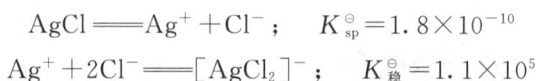

$$AgCl \rightleftharpoons Ag^+ + Cl^- ; \quad K_{sp}^\ominus = 1.8 \times 10^{-10}$$

$$Ag^+ + 2Cl^- \rightleftharpoons [AgCl_2]^- ; \quad K_{稳}^\ominus = 1.1 \times 10^5$$

得到下列反应式：

$$AgCl + Cl^- \rightleftharpoons [AgCl_2]^- ; \quad K^\ominus = K_{sp}^\ominus K_{稳}^\ominus = 2.0 \times 10^{-5}$$

银氨配离子与 AgX 按相同方法处理，得到下列反应的平衡常数 $K^\ominus$：

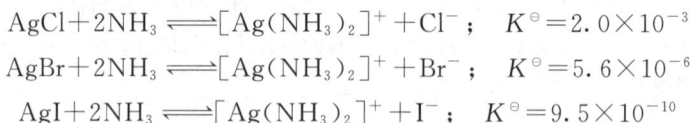

$$AgCl + 2NH_3 \rightleftharpoons [Ag(NH_3)_2]^+ + Cl^- ; \quad K^\ominus = 2.0 \times 10^{-3}$$

$$AgBr + 2NH_3 \rightleftharpoons [Ag(NH_3)_2]^+ + Br^- ; \quad K^\ominus = 5.6 \times 10^{-6}$$

$$AgI + 2NH_3 \rightleftharpoons [Ag(NH_3)_2]^+ + I^- ; \quad K^\ominus = 9.5 \times 10^{-10}$$

从上述平衡常数的大小可以看出：AgCl 能较好地溶于浓氨水，而 AgBr 和 AgI 难溶于氨水中。同理可说明 AgBr 易溶于 $Na_2S_2O_3$ 溶液中，而 AgI 易溶于 KCN 溶液中。

任务 10.2　锌族元素

10.2.1　锌族元素的通性和单质

1. 锌族元素的通性

锌族元素包括锌、镉、汞三种元素，是周期系 ⅡB 族元素，价电子构型为 $(n-1)d^{10}ns^2$，最外层和碱土金属一样，只有 2 个电子。次外层碱土金属为 8 个电子(铍只有 2 个电子)，而锌族元素有 18 个电子，它对核的屏蔽作用小，有效核电荷较大，对最外层电子的吸引力较强，其第一、第二电离能之和以及电负性都比碱土金属大，因此锌族元素没有碱土金属那么活泼。锌族元素的特征氧化数为 +2，汞还能形成氧化数为 +1(Hg_2^{2+})的化合物。

锌族元素离子是 18 电子构型，具有很强的极化力和明显的变形性。除少数如氟化物、硝酸盐、硫酸盐等是离子化合物外，它们与变形性大的负离子易形成共价化合物。另外，锌族元素离子与铜族元素离子一样，既有能级低的空轨道，又有较多的 d 电子，有利于形成 σ 键和反馈 π 键。因此，锌族元素形成配位键的倾向较大，易形成配位数为 4 的配合物，如 $[Zn(NH_3)_4]^{2+}$、$[HgCl_4]^{2-}$、$[HgI_4]^{2-}$ 等。

锌族元素的一些基本性质列于表 10-3 中。

表 10-3　锌族元素的一些基本性质

元素名称	锌	镉	汞
元素符号	Zn	Cd	Hg
原子序数	30	48	80
相对原子质量	65.38	112.41	200.59
价电子构型	$3d^{10}4s^2$	$4d^{10}5s^2$	$5d^{10}6s^2$
金属半径/pm	134	151	151
M^{2+} 半径/pm	74	95	102
第一电离能 I_1/(kJ·mol^{-1})	915	873	1013
第二电离能 I_2/(kJ·mol^{-1})	1743	1641	1820
第三电离能 I_3/(kJ·mol^{-1})	3837	3616	3299
M^{2+}(g)水合热/(kJ·mol^{-1})	−2054	−1816	−1833
升华热/(kJ·mol^{-1})	131	112	62
汽化热/(kJ·mol^{-1})	115	100	59
电负性	1.65	1.69	2.00
熔点/℃	419.58	320.9	−38.87
沸点/℃	907	765	356.58
密度/(g·cm^{-3})	7.14	8.642	13.59
常见氧化数	+2	+2	+2、+1
$\varphi^{\ominus}(M^{2+}/M)$/V	−0.763	−0.403	0.854
$\varphi^{\ominus}(M_2^{2+}/M)$/V			0.796

2. 锌族元素的单质

锌的主要矿石是闪锌矿 ZnS、红锌矿 ZnO、菱锌矿 $ZnCO_3$ 等,锌矿常与铅、铜、镉等共存,成为多金属矿。镉是较稀有的元素,天然的镉矿有硫镉矿 CdS 和菱镉矿 $CdCO_3$ 等。汞的主要矿物是辰砂(又名朱砂)HgS,常以微量存在于闪锌矿中。

游离状态的锌、镉、汞都是银白色金属。锌表面因有一层 $ZnCO_3 \cdot 3Zn(OH)_2$ 而略显蓝灰色。锌族金属的特点主要表现为熔沸点低,它们不仅低于铜族金属,还低于碱土金属,并依 Zn、Cd、Hg 的顺序下降。它们与周期表 p 区元素中的 Sn、Pb、Sb、Bi 等合称低熔点金属。Hg 是常温下唯一的液体金属。

锌、镉、汞之间以及与其他金属容易形成合金。锌的最重要的合金是黄铜,制造黄铜是锌的主要用途之一。锌是活泼金属,能与许多非金属直接化合。它易溶于酸,也能溶于碱,是一种典型的两性金属。新制得的锌粉能与水作用,反应相当激烈,甚至能自燃。锌在潮湿空气中会氧化并在表面形成一层致密的碱式碳酸锌薄膜,像铝一样,也能保护内层不再被氧化。

$$4Zn+2O_2+3H_2O+CO_2 =\!=\!= ZnCO_3 \cdot 3Zn(OH)_2$$

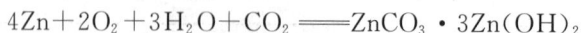

通常说的"铅丝"、"铅管",实际上都是镀锌的铁丝和铁管。据统计,全世界生产的锌有40%用于制造镀锌钢板和白铁皮等,将干净的铁片浸在熔化的锌里即可制得,这可以防止铁的腐蚀。锌也是制造干电池的重要材料。

镉的活泼性比锌差,镀镉材料比镀锌材料更耐腐蚀和耐高温,故镉也是常用的电镀材料。镉的金属粉末常被用来制作镉镍蓄电池,它具有体积小、质量轻、寿命长等优点。

汞,又名水银,剧毒,是常温下唯一的液态金属,有许多宝贵性质得到应用。它的流动性好,不润湿玻璃,且在0～200 ℃体积膨胀系数很均匀,可用来制造温度计及其他控制仪表。汞的密度很大(13.6 g·cm^{-3},是常温下液体中最大的),蒸气压低,用于制造压力计(血压计、气压计)及真空封口,还可用于高压汞灯和日光灯。此外,液态汞的导电性可用于电化学分析仪器、自动控制电路等。汞能溶解许多金属(如钠、钾、银、金、锌、镉、锡、铅和铊等)而形成汞齐。Na-Hg齐反应平稳,是有机合成的常用还原剂,银、锡、铜汞齐用作牙齿的填充材料。铊汞齐在213 K才凝固,可用来制造低温温度计。

锌、镉、汞的活泼性依Zn、Cd、Hg的顺序递减。锌和镉都能溶于稀酸,与非氧化性稀酸反应放出H$_2$。但纯锌与稀硫酸反应很慢,不纯的锌或在酸中含有少量CuSO$_4$时反应速率大大加快。汞不与非氧化性酸作用,汞只能在热的浓硫酸或硝酸中溶解:

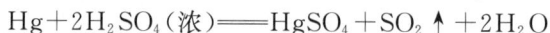

$$Hg+2H_2SO_4(浓) =\!=\!= HgSO_4+SO_2\uparrow+2H_2O$$

$$3Hg+8HNO_3 =\!=\!= 3Hg(NO_3)_2+2NO\uparrow+4H_2O$$

用过量的汞与冷的稀硝酸反应,得到的则是硝酸亚汞:

$$6Hg+8HNO_3 =\!=\!= 3Hg_2(NO_3)_2+2NO\uparrow+4H_2O$$

锌是两性元素,既能溶于酸,也能与强碱反应生成[Zn(OH)$_4$]$^{2-}$,并放出H$_2$:

$$Zn+2NaOH+2H_2O =\!=\!= Na_2[Zn(OH)_4]+H_2\uparrow$$

在干燥的空气中,它们都很稳定,当加热到足够温度时,锌和镉可以在空气中燃烧,生成氧化物,而汞须加热至沸腾(630 K)时才能与氧缓慢反应生成氧化汞。氧化汞加热至773 K时又分解为汞和氧气。

它们都具有形成各种配合物的能力。锌能溶于氨水。

$$Zn+4NH_3+2H_2O =\!=\!= [Zn(NH_3)_4]^{2+}+H_2+2OH^-$$

锌和镉在加热时能与卤素、硫反应生成卤化物、硫化物。汞与卤素、硫的反应比锌和镉更容易,在常温下即可进行。如将硫粉与汞放入研钵中研磨,很快就生成HgS;当碘蒸气与汞蒸气相遇,即可生成HgI$_2$。当室内空气受到汞污染时,可以把碘升华为气体以除去汞蒸气。

汞蒸气吸入人体会产生慢性中毒,因此使用汞时必须非常小心,如不慎将汞洒落在实验桌或地面上,必须尽量收集起来,对于遗留在缝隙处的汞,可撒盖硫黄粉使之生成难溶的HgS。可用涂有CuI的纸条检测空气中Hg的含量:

$$4CuI+Hg =\!=\!= Cu_2HgI_4+2Cu$$

一定时间内,白色CuI变为黄色或红色。

10.2.2 锌的化合物

1. 氧化锌 ZnO 和氢氧化锌 $Zn(OH)_2$

氧化锌 ZnO 是最重要,也是生产量最大的锌的化合物,它是冶炼锌的中间产物,也是制备其他锌化合物的原料。大量的 ZnO 是通过在空气中熔炼锌矿石产生的锌蒸气燃烧制得的。在 400 ℃下,煅烧经纯化的碱式碳酸锌可得到分散性好,具有优良补强性能的活性氧化锌:

$$ZnCO_3 \cdot 2Zn(OH)_2 \cdot 2H_2O \stackrel{}{=\!=\!=} 3ZnO + CO_2\uparrow + 4H_2O\uparrow$$

ZnO 为白色粉末,不溶于水,是两性氧化物,既溶于酸生成锌盐,又溶于碱生成锌酸盐:

$$ZnO + 2HCl \stackrel{}{=\!=\!=} ZnCl_2 + H_2O$$

$$ZnO + 2NaOH \stackrel{}{=\!=\!=} Na_2ZnO_2 + H_2O$$

商品氧化锌又称锌氧粉或锌白,是优良的白色颜料,它遇 H_2S 不变黑(因为 ZnS 也是白色)而优于铅白。ZnO 生成焓较大,较稳定,加热升华而不分解。ZnO 无毒,具有收敛性和一定的杀菌能力,在医药上常调制成软膏使用。ZnO 是橡胶制品的增强剂,是制备各种锌化合物的基本原料。

在锌盐溶液中加入适量强碱,可以得到氢氧化锌。例如:

$$ZnCl_2 + 2NaOH \stackrel{}{=\!=\!=} Zn(OH)_2 + 2NaCl$$

$Zn(OH)_2$ 是两性氢氧化物,既溶于强酸生成锌盐,又溶于强碱生成四羟基合物,有的称为锌酸盐:

$$Zn(OH)_2 + 2H^+ \stackrel{}{=\!=\!=} Zn^{2+} + 2H_2O$$

$$Zn(OH)_2 + 2OH^- \stackrel{}{=\!=\!=} [Zn(OH)_4]^{2-}$$

$Zn(OH)_2$ 还溶于氨水,这一点与 $Al(OH)_3$ 不同,是由于生成了氨配离子:

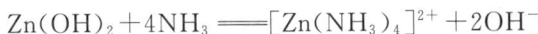

$$Zn(OH)_2 + 4NH_3 \stackrel{}{=\!=\!=} [Zn(NH_3)_4]^{2+} + 2OH^-$$

$Zn(OH)_2$ 加热时容易脱水变为 ZnO。ZnO 和 $Zn(OH)_2$ 都是共价化合物。

2. 硫化锌 ZnS

在锌盐溶液中通入 H_2S,即可产生 ZnS 沉淀。由于 ZnS 能溶于 $0.1\ mol \cdot L^{-1}$ 盐酸,所以往酸性锌盐溶液中通入 H_2S,ZnS 沉淀不完全,因在沉淀过程中,H^+ 浓度的增加,阻碍了 ZnS 进一步沉淀。ZnS 不溶于醋酸。

ZnS 可用作白色颜料,它同 $BaSO_4$ 共沉淀所形成的混合晶体 $ZnS \cdot BaSO_4$ 称为锌钡白(立德粉),是一种优良的白色颜料,其遮盖力强,无毒,大量用于油漆工业。制备立德粉的反应简单,用等物质的量的 $ZnSO_4$ 和 BaS 溶液混合即可发生共沉淀反应:

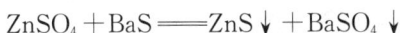

$$ZnSO_4 + BaS \stackrel{}{=\!=\!=} ZnS\downarrow + BaSO_4\downarrow$$

ZnS 在 H_2S 气氛中灼烧,即转变为晶体。若在 ZnS 晶体中加入微量的 Cu、Mn、Ag 作活化剂,经光照后能发出不同颜色的荧光,这种材料称为荧光粉,可制作荧光屏、夜光表、发光油漆等。

3. 硫酸锌 $ZnSO_4$

七水硫酸锌 $ZnSO_4 \cdot 7H_2O$ 是常见的锌盐,俗称锌矾、皓矾,主要用于电镀工业,也用来制备锌钡白及其他锌盐,还用作媒染剂、木材防腐剂、医药用催吐剂、收敛剂等。工业上常用氧化锌和硫酸反应制备硫酸锌。

4. 氯化锌 $ZnCl_2$

无水氯化锌是白色、容易潮解的固体,易溶于水、醇和醚。它在水中的溶解度很大,吸水性很强,有机化学中常用它作去水剂和催化剂:

$$ZnCl_2 + H_2O =\!=\!= Zn(OH)Cl + HCl$$

一般要在干燥 HCl 气氛中加热脱水制得无水氯化锌。

在 $ZnCl_2$ 浓溶液中,由于生成配合酸,有显著的酸性,能溶解金属氧化物:

$$ZnCl_2 + H_2O =\!=\!= H[ZnCl_2(OH)]$$

$$FeO + 2H[ZnCl_2(OH)] =\!=\!= Fe[ZnCl_2(OH)]_2 + H_2O$$

所以 $ZnCl_2$ 浓溶液常被用作焊药,清除金属表面的氧化物,而又不致损害金属表面,便于焊接。

10.2.3　镉的化合物和含镉废水的处理

1. 氧化镉 CdO 和氢氧化镉 $Cd(OH)_2$

氧化镉 CdO 为棕色粉末,易溶于酸而难溶于碱。工业上用镉在空气中燃烧直接合成,也用碳酸镉或硝酸镉热分解制得 CdO。

$$CdCO_3 =\!=\!= CdO + CO_2 \uparrow$$

CdO 的生成焓较大,较稳定,加热升华而不分解。CdO 常用作催化剂、陶瓷釉彩。

在镉盐溶液中加入适量强碱,可以得到氢氧化镉:

$$CdCl_2 + 2NaOH =\!=\!= Cd(OH)_2 \downarrow + 2NaCl$$

$Cd(OH)_2$ 的酸性特别弱,不易溶解于强碱,当碱的浓度很大时,也可溶解生成无色的 $[Cd(OH)_4]^{2-}$。$Cd(OH)_2$ 可溶于氨水或 NaCN,生成 $[Cd(NH_3)_4]^{2+}$、$[Cd(CN)_4]^{2-}$ 配合物。

$$Cd(OH)_2 + 4NH_3 =\!=\!= [Cd(NH_3)_4]^{2+} + 2OH^-$$

$Cd(OH)_2$ 加热时容易脱水变为 CdO。镉的氧化物和氢氧化物都是共价化合物。

2. 硫化镉 CdS

在镉盐溶液中通入 H_2S,便会产生 CdS 沉淀。CdS 具有鲜艳的黄色,是重要的黄色颜料,称为镉黄。CdS 的溶度积比 ZnS 的小,它不溶于稀酸,可溶于较浓的盐酸或硫酸中,所以控制溶液的酸度,可以使锌、镉分离。CdS 也可溶于稀硝酸(发生氧化还原反应)。纯净的 CdS 用于制造半导体材料和发光材料。

3. 含镉废水的处理

镉的化合物毒性很大,国家标准规定含镉废水的排放标准不大于 $0.1\ mg \cdot L^{-1}$。常用的含镉废水处理方法有中和沉淀法、漂白粉氧化法和离子交换法。

(1) 中和沉淀法。Cd^{2+} 在碱性状态下水解生成难溶、稳定的 $Cd(OH)_2$ 沉淀，CN^-、NH_3 与镉离子配位将影响 Cd^{2+} 的水解沉淀，故废水的处理首先必须去除 CN^- 和 NH_3。Cd^{2+} 在碱性状态下发生水解的反应式如下：

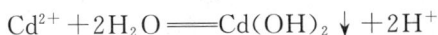

$$Cd^{2+} + 2H_2O \Longrightarrow Cd(OH)_2 \downarrow + 2H^+$$

随着碱度升高，平衡向右移动，从而有利于 $Cd(OH)_2$ 的沉淀。但随着碱度增加，易生成 $HCdO_2^-$，导致水溶液中总镉升高，故 pH 应严格控制在 $11 \sim 12$，才能使镉离子完全沉淀。

(2) 漂白粉氧化法。此法常用来处理电镀厂的含氰、镉废水，镉以 $[Cd(CN)_4]^{2-}$ 形式存在。加漂白粉处理时，将 CN^- 氧化，Cd^{2+} 则形成 $Cd(OH)_2$ 沉淀析出，反应式如下：

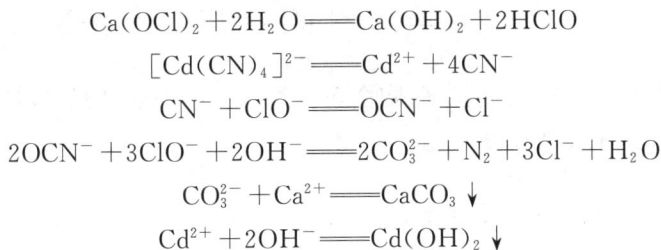

$$Ca(OCl)_2 + 2H_2O \Longrightarrow Ca(OH)_2 + 2HClO$$
$$[Cd(CN)_4]^{2-} \Longrightarrow Cd^{2+} + 4CN^-$$
$$CN^- + ClO^- \Longrightarrow OCN^- + Cl^-$$
$$2OCN^- + 3ClO^- + 2OH^- \Longrightarrow 2CO_3^{2-} + N_2 + 3Cl^- + H_2O$$
$$CO_3^{2-} + Ca^{2+} \Longrightarrow CaCO_3 \downarrow$$
$$Cd^{2+} + 2OH^- \Longrightarrow Cd(OH)_2 \downarrow$$

(3) 离子交换法。此法利用 Cd^{2+} 与阳离子交换树脂有较强的结合力，优先与树脂中的 Na^+ 发生交换反应，可从含镉废水中除去 Cd^{2+}。当树脂被 Cd^{2+} 饱和后，可用 NaCl 饱和溶液进行再生。这种方法处理含镉废水，净化程度高，可以回收镉，无二次污染，但成本较高。

10.2.4　汞的化合物

汞和锌、镉不同，有氧化数为 +1 和 +2 的两类化合物，Hg(Ⅰ) 的化合物通常称为亚汞化合物，如氯化亚汞、硝酸亚汞等。经 X 衍射实验证实，氯化亚汞的分子结构是 Cl—Hg—Hg—Cl，故其分子式是 Hg_2Cl_2 而不是 $HgCl$，亚汞离子是 Hg_2^{2+} 而不是 Hg^+。

汞元素标准电极电势图如下：

$$\varphi_A^{\ominus}/V \qquad Hg^{2+} \xrightarrow{0.911} Hg_2^{2+} \xrightarrow{0.796} Hg$$

由于 $\varphi_{左}^{\ominus} > \varphi_{右}^{\ominus}$，$Hg^{2+}$ 与 Hg 发生逆歧化反应而生成 Hg_2^{2+} 的趋势较大：

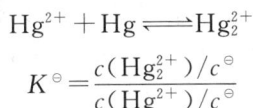

$$Hg^{2+} + Hg \Longrightarrow Hg_2^{2+}$$
$$K^{\ominus} = \frac{c(Hg_2^{2+})/c^{\ominus}}{c(Hg^{2+})/c^{\ominus}}$$

在汞(Ⅱ)盐溶液中只要有 Hg 存在，就会将 Hg^{2+} 还原成 Hg_2^{2+}，这就是由金属汞和汞(Ⅱ)盐制备汞(Ⅰ)盐的基础。

1. 氧化汞 HgO

根据制备方法不同，氧化汞有两种不同颜色的变体：一种是红色氧化汞，鲜红色粉末；另一种是黄色氧化汞，橘黄色粉末。二者的晶体结构相同，只是晶粒大小不同，黄色细小，受热即变成红色。它们都不溶于水，也不溶于碱(即使是浓碱)中，有毒，773 K 时分解为金属汞和氧气。

红色 HgO 由干法制得。通常由 $Hg(NO_3)_2$ 加热分解：

$$2Hg(NO_3)_2 \xrightarrow{300\sim330\ ℃} 2HgO + 4NO_2 \uparrow + O_2 \uparrow$$
$$（红色）$$

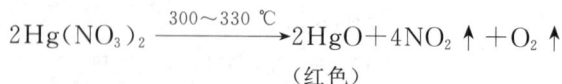

操作时必须严格控制温度,否则氧化汞会进一步分解成金属汞。

黄色 HgO 可由湿法(反应在溶液中进行)制得,在汞盐溶液中加入 NaOH 或 Na_2CO_3 即得黄色 HgO：

$$HgCl_2 + 2NaOH =\!=\!= HgO \downarrow + 2NaCl + H_2O$$
$$（黄色）$$

$$Hg(NO_3)_2 + Na_2CO_3 =\!=\!= HgO \downarrow + CO_2 \uparrow + 2NaNO_3$$
$$（黄色）$$

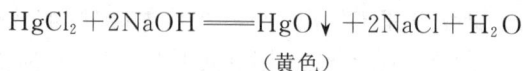

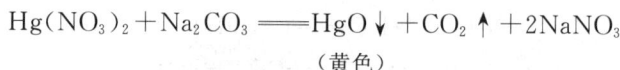

HgO 常用作医药制剂、分析试剂、陶瓷颜料等。黄色 HgO 的反应性能较好,需要量较大,由它能制得多种其他汞盐。

2. 硫化汞 HgS

硫化汞的天然矿物称为辰砂或朱砂,呈朱红色,中药用作安神镇静药。人工合成的朱砂由汞与硫直接反应,加热升华而成：

$$Hg + S =\!=\!= HgS$$

实验室中,在汞盐溶液中通入 H_2S,便会产生 HgS 沉淀：

$$Hg^{2+} + H_2S =\!=\!= HgS \downarrow + 2H^+$$

黑色 HgS 变体加热到 659 K 转变为比较稳定的红色变体。

黑色 HgS 是溶解度最小的金属硫化物,$K_{sp}^{\ominus}(HgS) = 1.6 \times 10^{-52}$,即使在浓硝酸中也不易溶解,但可溶于硫化钠和王水中,也可溶于 HCl 和 KI 的混合物中：

$$HgS + Na_2S =\!=\!= Na_2[HgS_2]$$

$$3HgS + 12HCl + 2HNO_3 =\!=\!= 3H_2[HgCl_4] + 3S \downarrow + 2NO \uparrow + 4H_2O$$

$$HgS + 2H^+ + 4I^- =\!=\!= [HgI_4]^{2-} + H_2S$$

3. 氯化汞 $HgCl_2$

加热 $HgSO_4$ 和 NaCl 的混合物,收集升华产物得到 $HgCl_2$：

$$HgSO_4 + 2NaCl \xrightarrow{\triangle} HgCl_2 \uparrow + Na_2SO_4$$

$HgCl_2$ 为白色针状晶体,微溶于水,容易升华,所以俗称升汞,剧毒,内服 0.2～0.4 g 可致死,其稀溶液具有杀菌和防腐作用,医院里用 $HgCl_2$ 的稀溶液作手术刀、剪等的消毒剂。

$HgCl_2$ 熔融时不导电,是共价型分子,其水溶液导电能力很差,说明它在水溶液中很少解离,主要以 $HgCl_2$ 分子存在。其水溶液显酸性,说明它有一定程度的水解：

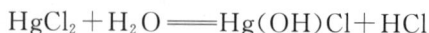

$$HgCl_2 + H_2O =\!=\!= Hg(OH)Cl + HCl$$

$HgCl_2$ 与氨水作用即析出白色氨基氯化汞沉淀：

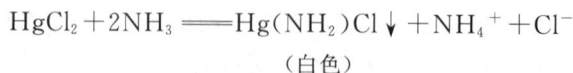

$$HgCl_2 + 2NH_3 =\!=\!= Hg(NH_2)Cl \downarrow + NH_4^+ + Cl^-$$
$$（白色）$$

在酸性溶液中 $HgCl_2$ 是较强的氧化剂,与适量 $SnCl_2$ 作用时,生成白色丝状的 Hg_2Cl_2 沉淀;$SnCl_2$ 过量时,Hg_2Cl_2 会进一步被还原为金属汞,沉淀变黑:

$$2HgCl_2 + Sn^{2+} + 4Cl^- \Longrightarrow Hg_2Cl_2 \downarrow + [SnCl_6]^{2-}$$
$$\text{(白色)}$$

$$Hg_2Cl_2 + Sn^{2+} + 4Cl^- \Longrightarrow 2Hg \downarrow + [SnCl_6]^{2-}$$
$$\text{(黑色)}$$

分析化学常用上述反应鉴定 Hg^{2+} 或 Sn^{2+}。

$HgCl_2$ 主要用作有机合成的催化剂(如氯乙烯的合成),其他如干电池、染料、农药等也有应用。医药上用它作防腐、杀菌剂。

4. 氯化亚汞 Hg_2Cl_2

Hg_2Cl_2 为微溶于水的白色粉末,无毒,味略甜,所以俗称甘汞。Hg_2Cl_2 可由固体 $HgCl_2$ 和汞混合在一起研磨而得(逆歧化反应):

$$HgCl_2 + Hg \Longrightarrow Hg_2Cl_2$$

在硝酸亚汞溶液中加入盐酸,也可生成 Hg_2Cl_2 沉淀:

$$Hg_2(NO_3)_2 + 2HCl \Longrightarrow Hg_2Cl_2 \downarrow + 2HNO_3$$

Hg_2Cl_2 不如 $HgCl_2$ 稳定,见光易分解,故应保存在棕色瓶中。

Hg_2Cl_2 在医药上用作轻泻剂,化学上用以制造甘汞电极。

5. 硝酸汞 $Hg(NO_3)_2$ 和硝酸亚汞 $Hg_2(NO_3)_2$

$Hg(NO_3)_2$ 和 $Hg_2(NO_3)_2$ 都可由金属汞和 HNO_3 作用制得,区别在于两种原料的比例不同:使用 65% 的浓 HNO_3 且过量,在加热条件下反应得到 $Hg(NO_3)_2$:

$$Hg + 4HNO_3(浓) \xrightarrow{\triangle} Hg(NO_3)_2 + 2NO_2 \uparrow + 2H_2O$$

用冷的稀 HNO_3 与过量 Hg 作用则得 $Hg_2(NO_3)_2$:

$$6Hg + 8HNO_3(稀) \Longrightarrow 3Hg_2(NO_3)_2 + 2NO \uparrow + 4H_2O$$

$Hg(NO_3)_2$ 也可由 HgO 溶于 HNO_3 制得:

$$HgO + 2HNO_3 \Longrightarrow Hg(NO_3)_2 + H_2O$$

将 $Hg(NO_3)_2$ 溶液与 Hg 一起振荡也可得 $Hg_2(NO_3)_2$:

$$Hg(NO_3)_2 + Hg \Longrightarrow Hg_2(NO_3)_2$$

$Hg(NO_3)_2$ 和 $Hg_2(NO_3)_2$ 都易溶于水,且易水解,配制溶液时需加入稀 HNO_3 以抑制其水解:

$$Hg(NO_3)_2 + H_2O \Longrightarrow Hg(OH)NO_3 + HNO_3$$

$Hg(NO_3)_2$ 是常用的化学试剂,也是制备其他含汞化合物的主要原料。

6. Hg_2^{2+} 与 Hg^{2+} 的相互转化

$Hg^{2+} + Hg \Longrightarrow Hg_2^{2+}$ 可逆反应的方向,在不同条件下是可以改变的。如果加入一种试剂与 Hg^{2+} 形成沉淀或配合物,从而大大降低 Hg^{2+} 的浓度,就会显著加速 Hg_2^{2+} 歧化反应的进行。例如,在 Hg_2^{2+} 溶液中加入强碱或硫化氢时,就发生下列反应:

$$Hg_2^{2+} + 2OH^- \Longrightarrow Hg_2(OH)_2 \Longrightarrow Hg + HgO + H_2O$$

$$Hg_2^{2+} + H_2S \Longrightarrow Hg_2S + 2H^+$$

$$Hg_2S \xlongequal{\quad} HgS + Hg$$

用氨水与 Hg_2Cl_2 反应,由于 Hg^{2+} 同 NH_3 生成了比 Hg_2Cl_2 溶解度更小的氨基化合物 $Hg(NH_2)Cl$,使 Hg_2Cl_2 发生歧化反应:

$$Hg_2Cl_2 + 2NH_3 \xlongequal{\quad} Hg(NH_2)Cl\downarrow + Hg\downarrow + NH_4Cl$$
$$\qquad\qquad\qquad\quad (白色)\qquad (黑色)$$

氨基氯化汞是白色沉淀,金属汞为黑色分散的细珠,因此沉淀呈黑灰色。

同样,加氨水于 $Hg_2(NO_3)_2$ 溶液中,也会生成黑色沉淀:

$$Hg_2(NO_3)_2 + 2NH_3 \xlongequal{\quad} Hg(NH_2)NO_3\downarrow + Hg\downarrow + NH_4NO_3$$

应用亚汞盐同氨水反应生成黑色沉淀的性质可以鉴定 Hg_2^{2+}。但在 NH_4^+ 存在下,Hg_2Cl_2 与氨水反应得 $[Hg(NH_3)_4]^{2+}$ 和 Hg。

7. 锌、镉、汞的配合物

由于 Zn^{2+}、Cd^{2+}、Hg^{2+} 均为 18 电子构型离子,具有很强的极化力与明显的变形性,因此,它们比 ⅡA 族元素有更强的形成配合物的倾向。

Zn^{2+}、Cd^{2+} 与过量氨水作用,均生成配位数为 4 的氨配合物:

$$Zn^{2+} + 4NH_3 \xlongequal{\quad} [Zn(NH_3)_4]^{2+}; \quad K_{稳}^{\ominus} = 2.9 \times 10^9$$
$$Cd^{2+} + 4NH_3 \xlongequal{\quad} [Cd(NH_3)_4]^{2+}; \quad K_{稳}^{\ominus} = 1.3 \times 10^7$$

在含有过量 NH_4Cl 的氨水中,$HgCl_2$ 可与 NH_3 形成氨配合物:

$$HgCl_2 + 2NH_3 \xrightarrow{NH_4Cl} [Hg(NH_3)_2]Cl_2$$

$$[Hg(NH_3)_2]Cl_2 + 2NH_3 \xrightarrow{NH_4Cl} [Hg(NH_3)_4]Cl_2$$

Zn^{2+}、Cd^{2+}、Hg^{2+} 都能与 CN^- 作用生成稳定的配位数为 4 的氰配合物:

$$Zn^{2+} + 4CN^- \xlongequal{\quad} [Zn(CN)_4]^{2-}; \quad K_{稳}^{\ominus} = 5.0 \times 10^{16}$$
$$Cd^{2+} + 4CN^- \xlongequal{\quad} [Cd(CN)_4]^{2-}; \quad K_{稳}^{\ominus} = 6.0 \times 10^{18}$$
$$Hg^{2+} + 4CN^- \xlongequal{\quad} [Hg(CN)_4]^{2-}; \quad K_{稳}^{\ominus} = 2.5 \times 10^{41}$$

Hg^{2+} 可以与 X^-、SCN^- 形成一系列配位数为 4 的配离子。配离子的组成同配体的浓度有密切关系。在 $0.1\ mol\cdot L^{-1}\ Cl^-$ 溶液中,$HgCl_2$、$[HgCl_3]^-$、$[HgCl_4]^{2-}$ 的浓度大致相等,在 $1\ mol\cdot L^{-1}\ Cl^-$ 溶液中主要为 $[HgCl_4]^{2-}$。Hg^{2+} 与 X^- 形成配合物的倾向依 Cl、Br、I 的顺序增强。

Hg^{2+} 与过量 KI 反应,首先生成红色 HgI_2 沉淀,该沉淀溶于过量的 KI 中,生成无色的 $[HgI_4]^{2-}$:

$$Hg^{2+} + 2I^- \xlongequal{\quad} HgI_2\downarrow$$
$$(红色)$$

$$HgI_2 + 2I^- \xlongequal{\quad} [HgI_4]^{2-}$$
$$(无色)$$

$K_2[HgI_4]$ 和 KOH 的混合溶液,称为奈斯勒试剂,可用于鉴定 NH_4^+。

$$NH_4^+ + 2[HgI_4]^{2-} + 4OH^- \xlongequal{\quad} Hg_2NI\downarrow + 7I^- + 4H_2O$$
$$(棕色)$$

任务 10.3　铬及其化合物

10.3.1　铬

铬(chromium)的原意是颜色,因为它的化合物都有美丽的颜色。铬 Cr 的原子序数为 24,是周期系ⅥB族第一种元素。铬在地壳中的含量为 0.01%,丰度居 21 位,主要矿物是铬铁矿,组成为 $FeO \cdot Cr_2O_3$ 或 $FeCr_2O_4$,在我国主要分布在西北地区的青海、甘肃和宁夏等地。炼合金钢用的铬常由铬铁提供,铬铁是用铬铁矿与碳在电炉中反应制得的:

$$FeO \cdot Cr_2O_3 + 4C =\!=\!= Fe + 2Cr + 4CO$$

铬为钢灰色、有光泽的金属。由于 Cr 原子可以提供 6 个价电子,形成较强的金属键,故铬硬度及熔沸点均高(熔点 1857 ℃,沸点 2672 ℃),是最硬的金属。铬主要用于电镀和冶炼合金钢。在汽车、自行车和精密仪器等器件表面镀铬,可使器件表面光亮、耐磨、耐腐蚀。铬与铁、镍能组成各种性能的、抗腐蚀的不锈钢,其中铬含量最高,为 $12\% \sim 20\%$。不锈钢的耐磨性、耐热性、硬度和弹性比钢好,具有很好的韧性和机械强度,对空气、海水、有机酸等具有良好的耐腐蚀性,是制造化工设备的重要防腐材料。

铬表面易钝化,未钝化的铬可以与盐酸、硫酸等作用,先生成蓝色的 Cr^{2+} 溶液,然后被空气中的氧氧化成绿色的 Cr^{3+} 溶液:

$$Cr + 2HCl =\!=\!= CrCl_2 + H_2 \uparrow$$

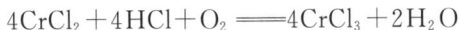

$$4CrCl_2 + 4HCl + O_2 =\!=\!= 4CrCl_3 + 2H_2O$$

未钝化的铬还可从锡、镍、铜的盐溶液中将它们置换出来;有钝化膜的铬在冷的硝酸、浓硫酸,甚至王水中皆不溶解。

含氧、氢、碳、氮杂质的铬硬而脆。高纯度的铬稍软,有延展性。高温时铬与卤素、硫、氮等直接反应,生成相应的化合物。

铬原子的价电子构型为 $3d^5 4s^1$,其氧化数为 $+1$、$+2$、$+3$、$+4$、$+5$、$+6$,可形成多种氧化态的化合物,其中以 $+3$、$+6$ 两类化合物最为常见和重要。

铬(Ⅲ)是人体必需的微量元素,对维持人体正常的生理功能有重要作用。它是胰岛素不可缺少的辅助成分,参与糖代谢过程。必须注意,铬(Ⅵ)具有很强的毒性,特别是铬酸盐及重铬酸盐的毒性最为突出。

工业上主要是将铬铁矿与固体 Na_2CO_3 在高温下煅烧,生成可溶性的铬酸盐:

$$4FeCr_2O_4 + 7O_2 + 8Na_2CO_3 =\!=\!= 2Fe_2O_3 + 8Na_2CrO_4 + 8CO_2$$

然后用水浸取 Na_2CrO_4,过滤除去 Fe_2O_3 等杂质,再加酸酸化并浓缩得 $Na_2Cr_2O_7$ 结晶:

$$2Na_2CrO_4 + H_2SO_4 =\!=\!= Na_2Cr_2O_7 + Na_2SO_4 + H_2O$$

用碳还原 $Na_2Cr_2O_7$ 得 Cr_2O_3:

$$Na_2Cr_2O_7 + 2C =\!=\!= Cr_2O_3 + Na_2CO_3 + CO \uparrow$$

最后可用铝热法由 Cr_2O_3 得到金属铬：

$$Cr_2O_3 + 2Al \xrightarrow{\triangle} 2Cr + Al_2O_3$$

10.3.2 铬的氧化物和氢氧化物

三氧化二铬 Cr_2O_3 为绿色晶体，熔点很高（2263 K），是冶炼铬的原料。由于它呈绿色，是常用的绿色颜料，俗称铬绿。Cr_2O_3 微溶于水，与 Al_2O_3 同晶，具有两性，溶于硫酸生成紫色的硫酸铬 $Cr_2(SO_4)_3$，溶于浓 NaOH 溶液生成深绿色的亚铬酸钠 $Na[Cr(OH)_4]$：

$$Cr_2O_3 + 3H_2SO_4 = Cr_2(SO_4)_3 + 3H_2O$$
$$Cr_2O_3 + 2NaOH + 3H_2O = 2Na[Cr(OH)_4]$$

Cr_2O_3 可由 $(NH_4)_2Cr_2O_7$ 加热分解制得，也可用硫还原 $Na_2Cr_2O_7$ 制得：

$$(NH_4)_2Cr_2O_7 \xrightarrow{\triangle} Cr_2O_3 + N_2\uparrow + 4H_2O$$
$$Na_2Cr_2O_7 + S = Cr_2O_3 + Na_2SO_4$$

三氧化铬 CrO_3 为暗红色的针状晶体，易潮解，有毒，超过熔点（195 ℃）即分解，释放出 O_2。

在工业上或实验室中，CrO_3 可由 $Na_2Cr_2O_7$ 或 $K_2Cr_2O_7$ 的浓溶液与浓硫酸作用而制得：

$$Na_2Cr_2O_7 + 2H_2SO_4（浓） = 2NaHSO_4 + 2CrO_3\downarrow + H_2O$$

在 CrO_3 晶体中含有 CrO_4 四面体的基本结构单元，CrO_4 四面体通过共用一个角顶 O 原子彼此相连而构成长链。这种结构不但使 CrO_3 的熔点较低，而且使其热稳定性较差，超过熔点后逐步分解放出氧气，最后产物是 Cr_2O_3。

$$CrO_3 \longrightarrow Cr_3O_8 \longrightarrow Cr_2O_5 \longrightarrow CrO_2 \longrightarrow Cr_2O_3$$
$$4CrO_3 \xrightarrow{\triangle} 2Cr_2O_3 + 3O_2\uparrow$$

因此，CrO_3 为强氧化剂，遇有机物易引起燃烧或爆炸。CrO_3 大量用于电镀工业，还常用于织品媒染、鞣革和清洁金属。

CrO_3 易溶于水（在 288 K，每 100 g 水能溶解 166 g CrO_3），溶于水生成铬酸 H_2CrO_4，因此称 CrO_3 为铬酸的酸酐。

$$CrO_3 + H_2O = H_2CrO_4$$

H_2CrO_4 是中强酸（酸度接近于硫酸），只存在于水溶液中，溶液呈黄色。在酸性溶液中能生成简单的多酸根离子——重铬酸根离子：

$$2CrO_4^{2-} + 2H^+ \rightleftharpoons Cr_2O_7^{2-} + H_2O$$

向 Cr(Ⅲ) 盐溶液中加碱，或将亚铬酸钠溶液加热水解，都可以得到灰蓝色氢氧化铬 $Cr(OH)_3$ 胶状沉淀，或称为水合三氧化二铬 $Cr_2O_3 \cdot nH_2O$ 沉淀。

$$Cr_2(SO_4)_3 + 6NaOH = 2Cr(OH)_3\downarrow + 3Na_2SO_4$$

$Cr(OH)_3$ 具有两性，在溶液中存在两种平衡：

$$Cr^{3+} + 3OH^- \rightleftharpoons Cr(OH)_3\downarrow \rightleftharpoons H^+ + [Cr(OH)_4]^-（或写成 CrO_2^-）$$
$$\text{（紫色）} \qquad\qquad \text{（乌绿色）} \qquad\qquad \text{（绿色）}$$

Cr(OH)₃ 既溶于酸,又溶于碱:

$$Cr(OH)_3 + 3HCl = CrCl_3 + 3H_2O$$
$$Cr(OH)_3 + NaOH = NaCr(OH)_4$$

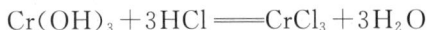

10.3.3　铬(Ⅲ)盐

常见的铬(Ⅲ)盐有三氯化铬 $CrCl_3 \cdot 6H_2O$(绿色或紫色)、硫酸铬 $Cr_2(SO_4)_3 \cdot 18H_2O$(紫色)、铬钾矾 $KCr(SO_4)_2 \cdot 12H_2O$(蓝紫色)等,它们与铝(Ⅲ)盐 $AlCl_3 \cdot 6H_2O$、$Al_2(SO_4)_3 \cdot 18H_2O$、$KAl(SO_4)_2 \cdot 12H_2O$ 类似。铬(Ⅲ)盐都易溶于水,水合离子 $[Cr(H_2O)_6]^{3+}$ 不仅存在于溶液中,也存在于铬(Ⅲ)盐的晶体中。

硫酸盐加热脱水时不水解,因为 H_2SO_4 不挥发。含水氯化物可脱水水解:

$$CrCl_3 \cdot 6H_2O = Cr(OH)Cl_2 + 5H_2O + HCl\uparrow$$

Cr^{3+} 电荷高,易与 OH^- 结合,铬(Ⅲ)盐容易水解。

$$2Cr^{3+} + 3S^{2-} + 6H_2O = 2Cr(OH)_3\downarrow + 3H_2S$$

$$2Cr^{3+} + 3CO_3^{2-} + 6H_2O = 2Cr(OH)_3\downarrow + 3CO_2\uparrow + 3H_2O$$

Cr(Ⅲ)在碱中易被氧化成 Cr(Ⅵ):

$$2CrO_2^- + 3H_2O_2 + 2OH^- = 2CrO_4^{2-} + 4H_2O$$
(绿色)　　　　　　　　　　(黄色)

Cr(Ⅲ)在酸中需强氧化剂方可被氧化成 Cr(Ⅵ):

$$10Cr^{3+} + 6MnO_4^- + 11H_2O = 6Mn^{2+} + 5Cr_2O_7^{2-} + 22H^+$$
(橙色)

三氯化铬 $CrCl_3 \cdot 6H_2O$ 是常见的铬(Ⅲ)盐,易潮解,在工业上用作催化剂、媒染剂和防腐剂等。制备时,在铬酐的水溶液中慢慢加入浓盐酸进行还原:

$$2CrO_3 + H_2O = H_2Cr_2O_7$$
$$H_2Cr_2O_7 + 12HCl \rightleftharpoons 2CrCl_3 + 3Cl_2\uparrow + 7H_2O$$

10.3.4　铬酸盐和重铬酸盐

Cr^{6+} 比同周期的 Ti^{4+}、V^{5+} 具有更高的正电荷和更小的半径(52 pm),因此,不论在晶体还是在溶液中都不存在简单的 Cr^{6+}。Cr(Ⅵ)总是以氧化物 CrO_3、含氧酸根 CrO_4^{2-}、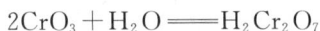 $Cr_2O_7^{2-}$、CrO_2^{2+} 等形式存在。

常见的铬酸盐是铬酸钾 K_2CrO_4 和铬酸钠 Na_2CrO_4,它们都是易溶于水的黄色晶体,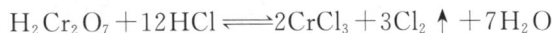其水溶液都显碱性。前者和许多钠盐相似,易潮解。

最重要的 Cr(Ⅵ)的化合物是重铬酸钾 $K_2Cr_2O_7$ 和重铬酸钠 $Na_2Cr_2O_7$。前者俗称红矾钾,后者俗称红矾钠,它们都是大粒的橙红色晶体,都是强氧化剂。

工业上,$Na_2Cr_2O_7$ 是从铬铁矿制得的,$K_2Cr_2O_7$ 则是由 KCl 和 $Na_2Cr_2O_7$ 的复分解来制取的。

$$Na_2Cr_2O_7 + 2KCl = K_2Cr_2O_7 + 2NaCl$$

利用 $K_2Cr_2O_7$ 在低温时溶解度较小(273 K 时为 4.6 g·$(100\ g(H_2O))^{-1}$),高温时溶解度较大(373 K 时为 94.1 g·$(100\ g(H_2O))^{-1}$),而温度对 NaCl 的溶解度影响不大,可将 $K_2Cr_2O_7$ 与 NaCl 分离。

在酸性溶液中,$Cr_2O_7^{2-}$ 是强氧化剂。例如,在冷溶液中,$Cr_2O_7^{2-}$ 可以氧化 H_2S、H_2SO_3、HI 等。

$$Cr_2O_7^{2-}+14H^++6e^-\rightleftharpoons 2Cr^{3+}+7H_2O$$

$$Cr_2O_7^{2-}+3H_2S+8H^+=\!=\!=2Cr^{3+}+3S\downarrow+7H_2O$$

$$Cr_2O_7^{2-}+3SO_3^{2-}+8H^+=\!=\!=2Cr^{3+}+3SO_4^{2-}+4H_2O$$

$$Cr_2O_7^{2-}+6I^-+14H^+=\!=\!=2Cr^{3+}+3I_2+7H_2O$$

加热时,$Cr_2O_7^{2-}$ 可以氧化浓盐酸和氢溴酸:

$$K_2Cr_2O_7+14HCl\xrightarrow{\triangle}2CrCl_3+2KCl+3Cl_2\uparrow+7H_2O$$

$$Cr_2O_7^{2-}+6Br^-+14H^+\xrightarrow{\triangle}2Cr^{3+}+3Br_2+7H_2O$$

在这些反应中,$Cr_2O_7^{2-}$ 被还原的产物都是 Cr^{3+},在酸性溶液中,Cr^{3+} 是铬的最稳定的状态。在分析化学中,常用 $K_2Cr_2O_7$ 来测定 Fe 的含量;利用 $K_2Cr_2O_7$ 将乙醇还原成醋酸的反应,可以检测司机酒后开车的情况。

在工业上,$K_2Cr_2O_7$ 大量用于鞣革、印染、颜料、电镀等方面。实验室中使用的重铬酸盐氧化剂是 $K_2Cr_2O_7$,而不是 $Na_2Cr_2O_7·2H_2O$,$K_2Cr_2O_7$ 不含结晶水,容易纯化,定量分析中用 $K_2Cr_2O_7$ 作基准物质。$K_2Cr_2O_7$ 还被用来配制实验室常用的铬酸洗液。

在溶液中两种酸根离子存在下列平衡:

$$2CrO_4^{2-}+2H^+\rightleftharpoons Cr_2O_7^{2-}+H_2O$$

$$K^{\ominus}=\frac{c'(Cr_2O_7^{2-})}{[c'(CrO_4^{2-})]^2[c'(H^+)]^2}=10^{14}$$

由上式可知,加酸可使平衡右移,$c(Cr_2O_7^{2-})$ 增大,$c(CrO_4^{2-})$ 减小,溶液为橙红色;加碱可使平衡左移,$c(CrO_4^{2-})$ 增大,$c(Cr_2O_7^{2-})$ 减小,溶液为黄色;中性溶液中,$c(Cr_2O_7^{2-})/c(CrO_4^{2-})=1$,二者浓度相等,溶液为橙色。可见,$Cr_2O_4^{2-}$ 和 $Cr_2O_7^{2-}$ 的相互转化,取决于溶液的 pH。

除了加酸、加碱可使这个平衡发生移动外,向溶液中加入 Ba^{2+}、Pb^{2+} 或 Ag^+,也能使平衡向左移动。因为这些正离子的铬酸盐有较小的溶度积,所以不论是向 CrO_4^{2-} 盐还是向 $Cr_2O_7^{2-}$ 盐溶液中加入这些离子,生成的都是相应的铬酸盐沉淀而不是重铬酸盐沉淀。

$$Cr_2O_7^{2-}+2Ba^{2+}+H_2O=\!=\!=2BaCrO_4\downarrow+2H^+;\quad K_{sp}^{\ominus}=1.2\times10^{-10}$$
$$\text{(黄色)}$$

$$Cr_2O_7^{2-}+2Pb^{2+}+H_2O=\!=\!=2PbCrO_4\downarrow+2H^+;\quad K_{sp}^{\ominus}=2.8\times10^{-13}$$
$$\text{(黄色)}$$

$$Cr_2O_7^{2-}+4Ag^++H_2O=\!=\!=2Ag_2CrO_4\downarrow+2H^+;\quad K_{sp}^{\ominus}=1.1\times10^{-12}$$
$$\text{(砖红色)}$$

任务 10.4 锰及其化合物

10.4.1 金属锰

锰是第 25 号元素,在周期表中位于第 4 周期、ⅦB 族,在地壳中的含量约为 0.085%,丰度排第 14 位。锰主要以氧化物形式存在,如软锰矿 $MnO_2 \cdot xH_2O$、黑锰矿 Mn_3O_4 和水锰矿 $Mn_2O_3 \cdot H_2O$ 等,中国锰矿资源较多,分布广泛,已探明储量的矿区有 213 处,矿石总储量为 5.66 亿吨,居世界第三位。

纯锰的用途不多,但它的合金非常重要。含锰 $12\% \sim 15\%$ 的锰铜既坚硬,又强韧,耐磨损。锰铜还有一个优异的特性——不会被磁化,用在船舰需要防磁的部位正合适。

锰在自然界的储量尽管比较丰富,但因锰钢需要量迅速增长,锰资源日益紧缺。1973年,美国深海调查船"挑战者"号发现海底矿石,含锰 25%、铁 20%,还含有钴、钼、钛、铜等稀缺金属,人们把这种矿石称为"锰结核"。它是一种层层铁锰氧化物被黏土重重包围着的一个个同心圆状的团块,据估计,仅太平洋中锰结核内所含的 Mn、Cu、Co、Ni,就相当于陆地总储量的几十到几百倍。

锰为钢灰色、有光泽的硬脆性金属。密度 $7.20\ g \cdot cm^{-3}$,熔点 1244 ℃,沸点 2097℃。锰的氧化数有 +2、+3、+4、+5、+6 和 +7,其中 +2、+4、+6、+7 为常见氧化数。

锰是活泼金属,它在空气中燃烧生成 Mn_3O_4(类似 Fe_3O_4,是 MnO 和 Mn_2O_3 的混合氧化物):

$$3Mn + 2O_2 \xrightarrow{\triangle} Mn_3O_4$$

锰能分解水,易溶于稀的非氧化性酸生成 Mn(Ⅱ)盐和放出氢气:

$$Mn + 2H_2O \xrightarrow{\quad} Mn(OH)_2 + H_2 \uparrow$$

$$Mn + 2H^+ \xrightarrow{\quad} Mn^{2+} + H_2 \uparrow$$

锰与冷的浓硫酸作用缓慢。有氧化剂存在时,锰与熔融碱作用生成锰酸盐:

$$2Mn + 4KOH + 3O_2 \xrightarrow{\triangle} 2K_2MnO_4 + 2H_2O$$

高温时,Mn 和 X_2、O_2、S、B、C、Si、P 等非金属直接化合,更高温度时可与 N_2 化合。

$$Mn + X_2 \xrightarrow{\triangle} MnX_2$$

$$3Mn + N_2 \xrightarrow{\triangle} Mn_3N_2$$

锰对植物体的光合作用以及一些酶的活动、维生素的转化起着十分重要的作用,小麦、玉米缺锰时,叶子会出现红和褐色斑点,果树叶子也会因缺锰变黄。

锰是人体必需的微量元素,它在体内一部分作为金属酶的成分,一部分作为酶的激活剂。锰缺乏可引起神经衰弱综合征,影响智力发育,还可导致胰岛素合成和分泌量的降低,影响糖代谢。

10.4.2 锰(Ⅱ)化合物

Mn^{2+} 的价电子构型为较稳定的半充满 d^5 结构,因此 Mn^{2+} 是 Mn 的最稳定状态。在酸性溶液中 Mn^{2+} 的还原性很弱,$\varphi_A^\ominus(MnO_4^-/Mn^{2+})=1.51\ V$,要想将溶液中的 Mn^{2+} 氧化成 MnO_4^- 是很困难的,只有在高酸度的热溶液中,与过二硫酸铵、铋酸钠等强氧化剂($\varphi_A^\ominus>1.51\ V$)作用,才能将 Mn^{2+} 氧化成 MnO_4^-。

$$2Mn^{2+}+5S_2O_8^{2-}+8H_2O \xrightarrow{\triangle} 2MnO_4^-+10SO_4^{2-}+16H^+$$

$$2Mn^{2+}+5NaBiO_3+14H^+ \xrightarrow{\triangle} 2MnO_4^-+5Na^++5Bi^{3+}+7H_2O$$

$$2Mn^{2+}+5PbO_2+4H^+ \xrightarrow{\triangle} 2MnO_4^-+5Pb^{2+}+2H_2O$$

由于 MnO_4^- 是紫色的,故这些反应常用于定性检验 Mn^{2+}。

由于 $\varphi_B^\ominus(MnO_2/Mn(OH)_2)=-0.05\ V$,$\varphi_B^\ominus(O_2/OH^-)=0.401\ V$,所以在碱性溶液中,$Mn(Ⅱ)$ 的稳定性比酸性溶液中差得多,还原性较强,很容易被氧化成 $Mn(Ⅳ)$ 化合物。例如,向可溶性锰(Ⅱ)盐中加入强碱或氨水时,可生成白色的 $Mn(OH)_2$ 沉淀,它在碱性介质中很不稳定,溶解在水中的氧也能将其氧化成棕褐色的 $MnO(OH)_2$ 沉淀:

$$Mn^{2+}+2OH^- = Mn(OH)_2\downarrow$$
$$（白色）$$

$$Mn^{2+}+2NH_3\cdot H_2O = Mn(OH)_2\downarrow+2NH_4^+$$
$$（白色）$$

$$2Mn(OH)_2+O_2 = 2MnO(OH)_2\downarrow$$
$$（棕褐色）$$

最后这个反应在水质分析中用于测定水中的溶氧量。

多数锰(Ⅱ)盐如 MnX_2、$Mn(NO_3)_2$、$MnSO_4$ 等皆溶于水。在水溶液中,Mn^{2+} 以粉红色的 $[Mn(H_2O)_6]^{2+}$ 水合离子存在。从溶液中结晶出的锰(Ⅱ)盐是带有结晶水的淡红色晶体,如 $Mn(NO_3)_2\cdot 6H_2O$、$MnSO_4\cdot 7H_2O$、$Mn(ClO_4)_2\cdot 6H_2O$ 等。无水 $MnSO_4$ 是白色晶体,加热到红热亦不分解,所以硫酸盐是最稳定的锰(Ⅱ)盐。若锰(Ⅱ)盐的酸根有氧化性,$Mn(Ⅱ)$ 盐分解时被氧化:

$$Mn(NO_3)_2 \xrightarrow{\triangle} MnO_2+2NO_2\uparrow$$

$$Mn(ClO_4)_2 \xrightarrow{\triangle} MnO_2+Cl_2\uparrow+3O_2\uparrow$$

MnO_2 与浓硫酸和 C 作用可制得硫酸锰:

$$2MnO_2+C+2H_2SO_4(浓) = 2MnSO_4+CO_2\uparrow+2H_2O$$

锰(Ⅱ)的弱酸盐和氢氧化物难溶于水,如 MnS、$MnCO_3$、MnC_2O_4、$Mn(OH)_2$ 等。$MnCO_3$ 是白色粉末,可用作白色颜料(锰白)。Mn^{2+} 可与 S^{2-}、CO_3^{2-} 发生下列沉淀反应:

$$Mn^{2+}+S^{2-} = MnS\downarrow$$
$$（肉色）$$

$$Mn^{2+}+CO_3^{2-} = MnCO_3\downarrow$$
$$（白色）$$

MnS 或 $MnCO_3$ 沉淀在空气中放置或加热,都会被空气中的 O_2 氧化成棕褐色的 $MnO(OH)_2$:

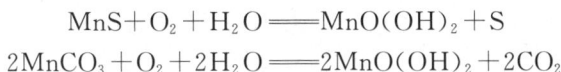

$$MnS+O_2+H_2O \longrightarrow MnO(OH)_2+S$$

$$2MnCO_3+O_2+2H_2O \longrightarrow 2MnO(OH)_2+2CO_2$$

10.4.3　锰(Ⅳ)化合物

锰(Ⅳ)化合物中最重要的是二氧化锰 MnO_2,它在通常情况下很稳定,但锰(Ⅳ)的盐不稳定。MnO_2 是一种黑色粉末状物质,不溶于水、稀酸和稀碱,在酸碱中均不歧化。

锰(Ⅳ)氧化数居中,MnO_2 既可作为氧化剂,又可作为还原剂。在酸性介质中,MnO_2 是一种强氧化剂。

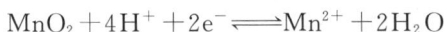

$$MnO_2+4H^++2e^- \rightleftharpoons Mn^{2+}+2H_2O$$

它与浓盐酸反应产生 Cl_2,在实验室中常用此反应制备氯气:

$$MnO_2+4HCl(浓) \longrightarrow MnCl_2+Cl_2 \uparrow +2H_2O$$

它与浓硫酸作用,可得硫酸锰并放出 O_2:

$$2MnO_2+2H_2SO_4(浓) \longrightarrow 2MnSO_4+O_2 \uparrow +2H_2O$$

MnO_2 还能氧化 H_2O_2 和 Fe^{2+} 等:

$$MnO_2+H_2O_2+H_2SO_4 \longrightarrow MnSO_4+O_2 \uparrow +2H_2O$$

$$MnO_2+2FeSO_4+2H_2SO_4 \longrightarrow MnSO_4+Fe_2(SO_4)_3+2H_2O$$

在碱性条件下($\varphi_B^\ominus(MnO_4^-/MnO_2)=0.60\ V$),有氧化剂存在时,$MnO_2$ 可被氧化至 Mn(Ⅵ)酸盐。例如,在空气中 MnO_2 与 KOH 的混合物,或者与硝酸钾、氯酸钾等氧化剂一起加热熔融,可产生锰酸钾。这是由软锰矿制备高锰酸钾的第一步反应。

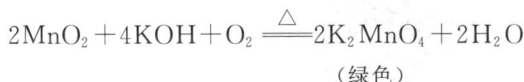

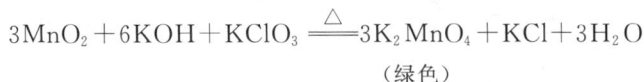

$$2MnO_2+4KOH+O_2 \xrightarrow{\triangle} 2K_2MnO_4+2H_2O$$
$$\text{(绿色)}$$

$$3MnO_2+6KOH+KClO_3 \xrightarrow{\triangle} 3K_2MnO_4+KCl+3H_2O$$
$$\text{(绿色)}$$

MnO_2 的制备有干法和湿法两种。干法由灼烧 $Mn(NO_3)_2$ 制取:

$$Mn(NO_3)_2 \xrightarrow{\triangle} MnO_2+2NO_2 \uparrow$$

湿法是利用 Mn(Ⅶ)和 Mn(Ⅱ)的逆歧化反应制得:

因为　　　　　　　$\varphi_A^\ominus(MnO_4^-/MnO_2) > \varphi_A^\ominus(MnO_2/Mn^{2+})$

所以　　　$2KMnO_4+3MnSO_4+2H_2O \longrightarrow 5MnO_2 \downarrow +K_2SO_4+2H_2SO_4$

MnO_2 用途很大,大量用于制造干电池以及玻璃、陶瓷、火柴、油漆等工业,也是制备其他锰化合物的主要原料。基于 MnO_2 的氧化还原性,特别是氧化性,它在工业上有很重要的用途,是一种广泛采用的氧化剂。例如,将它加入熔态的玻璃中,可以除去带色的杂质(硫化物和亚铁盐),称其为普通玻璃的"漂白剂"。

10.4.4　锰(Ⅶ)化合物

锰(Ⅶ)的化合物中最重要的是高锰酸钾 $KMnO_4$(俗名灰锰氧)。

$KMnO_4$ 是一种深紫色的晶体,有光泽,其水溶液呈紫红色。将固体 $KMnO_4$ 加热到 473 K 以上时,会分解放出氧气,这是实验室制备氧气的简便方法。

$$2KMnO_4 \xrightarrow{\triangle} K_2MnO_4 + MnO_2 + O_2 \uparrow$$

$KMnO_4$ 的溶液不十分稳定,在酸性溶液中明显分解,在中性或微碱性溶液中分解速度减慢。为了避免光对 $KMnO_4$ 溶液的分解起催化作用,$KMnO_4$ 溶液必须保存在棕色的试剂瓶中。

$$4MnO_4^- + 4H^+ =\!=\!= 4MnO_2 \downarrow + 3O_2 \uparrow + 2H_2O$$

$KMnO_4$ 是最重要和最常用的氧化剂之一,它的氧化能力和还原产物因介质的酸碱度不同而不同,在酸性溶液中,它是很强的氧化剂,可以氧化 Cl^-、I^-、SO_3^{2-}、$C_2O_4^{2-}$、Fe^{2+} 等,本身被还原为 Mn^{2+}。

$$MnO_4^- + 8H^+ + 5e^- =\!=\!= Mn^{2+} + 4H_2O; \quad \varphi_A^\ominus(MnO_4^-/Mn^{2+}) = 1.51 \text{ V}$$

$$2MnO_4^- + 10Cl^- + 16H^+ =\!=\!= 2Mn^{2+} + 5Cl_2 \uparrow + 8H_2O$$

此反应用于实验室制备氯气。

$$2MnO_4^- + 5H_2C_2O_4 + 6H^+ =\!=\!= 2Mn^{2+} + 10CO_2 \uparrow + 8H_2O$$

此反应用于标定 $KMnO_4$ 溶液的浓度。

$$MnO_4^- + 5Fe^{2+} + 8H^+ =\!=\!= Mn^{2+} + 5Fe^{3+} + 4H_2O$$

此反应用于 Fe 含量的测定。

$$2MnO_4^- + 5SO_3^{2-} + 6H^+ =\!=\!= 2Mn^{2+} + 5SO_4^{2-} + 3H_2O$$

$KMnO_4$ 在中性或弱碱性溶液中,与还原剂作用被还原成 MnO_2:

$$2MnO_4^- + 3SO_3^{2-} + H_2O =\!=\!= 2MnO_2 \downarrow + 3SO_4^{2-} + 2OH^-$$

$KMnO_4$ 在强碱性溶液中,被还原成 MnO_4^{2-}:

$$2MnO_4^- + SO_3^{2-} + 2OH^- =\!=\!= 2MnO_4^{2-} + SO_4^{2-} + H_2O$$

如果 MnO_4^- 的量不足,还原剂过量,则生成的 MnO_4^{2-} 继续氧化 SO_3^{2-},其还原产物仍是 MnO_2:

$$MnO_4^{2-} + SO_3^{2-} + H_2O =\!=\!= MnO_2 \downarrow + SO_4^{2-} + 2OH^-$$

$KMnO_4$ 是一种大规模生产的无机盐,是一种良好的氧化剂,除常用来漂白毛、棉、丝,以及使油类脱色外,还广泛用于容量分析中,测定一些过渡金属离子,如 Ti^{3+}、VO^{2+}、Fe^{2+} 以及 H_2O_2、草酸盐和亚硝酸盐等。它的稀溶液(0.1%)可用于浸洗水果,碗、杯等用具的消毒和杀菌,5% 的 $KMnO_4$ 溶液可治疗轻度烫伤。

工业上制取 $KMnO_4$ 时常以软锰矿 MnO_2 为原料,分两步氧化。

第一步,将 Mn(Ⅳ)氧化为 Mn(Ⅵ)。将软锰矿和苛性钾混合,在 200～300 ℃ 加热熔融状态下通入空气,将 MnO_2 氧化成绿色的锰酸钾 K_2MnO_4。如加入氧化剂 $KClO_3$,共熔,氧化反应进行得更快:

$$2MnO_2 + 4KOH + O_2 =\!=\!= 2K_2MnO_4 + 2H_2O$$

$$3MnO_2 + 6KOH + KClO_3 =\!=\!= 3K_2MnO_4 + KCl + 3H_2O$$

第二步,将 Mn(Ⅵ)氧化为 Mn(Ⅶ)。将 K_2MnO_4 氧化为 $KMnO_4$ 的最好方法是电解氧化法。

以镍板为阳极,铁板为阴极,将含有约 $80\ g\cdot L^{-1}$ 的 K_2MnO_4 溶液进行电解,得到 $KMnO_4$,这种方法不但产率高、产品质量好,而且副产品 KOH 可以得到充分利用,比较经济。

阳极反应: $$2MnO_4^{2-}-2e^-\!=\!=\!=2MnO_4^-$$

阴极反应: $$2H_2O+2e^-\!=\!=\!=H_2\uparrow+2OH^-$$

总反应: $$2MnO_4^{2-}+2H_2O\!=\!=\!=2MnO_4^-+2OH^-+H_2\uparrow$$

以氯气、次氯酸盐等为氧化剂,可把 MnO_4^{2-} 氧化成 MnO_4^-:

$$2K_2MnO_4+Cl_2\!=\!=\!=2KMnO_4+2KCl$$

该法的缺点是产物难以分离。

任务 10.5　铁、钴、镍及其化合物

10.5.1　铁系元素概述

铁在地壳中的含量约为 5%,居第四位,次于铝。在常用金属中,铁是最丰富、最重要和最廉价的了。铁矿有赤铁矿 Fe_2O_3、磁铁矿 Fe_3O_4、褐铁矿 $Fe_2O_3\cdot3H_2O$、菱铁矿 $FeCO_3$、黄铁矿 FeS_2、钛铁矿 $FeTiO_3$ 和铬铁矿 $Fe(CrO_2)_2$ 等,我国东北的鞍山、本溪,华北的包头、宣化,华中的大冶等地都有较好的铁矿。

钴相对来说是一种不常见的金属,在地壳中的含量为 0.0023%,但它分布很广,它通常和硫或砷结合,如辉钴矿 CoAsS。它还存在于维生素 B_{12}(一种钴(Ⅲ)的配合物)中。

镍比钴更丰富地存在于自然界中,在地壳中的含量为 0.018%,它主要与砷、锑和硫结合为针镍矿、镍黄铁矿等,陨石中含有铁镍合金。

铁、钴、镍位于周期表第 4 周期Ⅷ族,其物理、化学性质都比较相似,合称铁系元素。其单质都是具有金属光泽的银白色金属,铁、钴略带灰色。铁和镍有很好的延展性,钴比较硬而脆。它们都表现有铁磁性,其合金是很好的磁性材料,主要用于制造合金。它们属于中等活泼的金属,活泼性依 Fe、Co、Ni 的顺序递减。它们的密度都比较大,熔点也都比较高。依 Fe、Co、Ni 的顺序,密度略有增大,而熔点降低,金属键减弱。

铁是用途最广的金属。其物理性质取决于它的纯度,高纯度的铁有很好的延展性,纯度较低的铸铁是脆性的。钴主要用于制造特种钢和磁性材料,其化合物广泛用作颜料和催化剂。镍主要用作其他金属的保护层,用来生产耐腐蚀的合金钢、硬币及耐热元件,镍还是一些有机化学反应的良好催化剂。

含有杂质的铁在潮湿的空气中可缓慢锈蚀,形成结构疏松的棕色铁锈 $Fe_2O_3\cdot nH_2O$,全世界每年将近 25% 的钢铁制品由于锈蚀而报废。经过强氧化性物质(如浓硝酸)处理过的铁表面可形成一层致密的氧化物保护膜,可以保护铁表面,使其不因潮湿空气而锈蚀。钴和镍被空气氧化可生成薄而致密的膜,从而起到保护作用。

10.5.2 铁系元素的氧化物和氢氧化物

铁系元素的氧化物有以下几种,颜色各异:

$$FeO \quad CoO \quad NiO$$
（黑色）（灰绿色）（暗绿色）

$$Fe_2O_3 \quad Co_2O_3 \quad Ni_2O_3$$
（红色）（黑色）（黑色）

铁系（Ⅱ）氧化物显碱性,能溶于酸性溶液中,铁系（Ⅲ）氧化物是难溶于水的两性氧化物,Fe_2O_3 以碱性为主,Co_2O_3、Ni_2O_3 偏碱性。

Fe_2O_3 与酸作用时,生成铁（Ⅲ）盐,与 NaOH、Na_2CO_3 或 Na_2O 这类碱物质共熔,生成铁（Ⅲ）酸盐。

$$Fe_2O_3 + 6HCl = 2FeCl_3 + 3H_2O$$

$$Fe_2O_3 + Na_2CO_3 = 2NaFeO_2 + CO_2\uparrow$$

工业上常用草酸亚铁焙烧制取 Fe_2O_3,反应过程如下:

$$FeC_2O_4 \xrightarrow{\triangle} FeO + CO_2\uparrow + CO\uparrow$$

$$6FeO + O_2 = 2Fe_3O_4$$

$$4Fe_3O_4 + O_2 = 6Fe_2O_3$$

铁系（Ⅲ）氧化物具有较强的氧化性,其氧化能力按 Fe、Co、Ni 的顺序增强,稳定性依次降低。

$$Co_2O_3 + 6HCl = 2CoCl_2 + Cl_2\uparrow + 3H_2O$$

$$Ni_2O_3 + 6HCl = 2NiCl_2 + Cl_2\uparrow + 3H_2O$$

四氧化三铁 Fe_3O_4,又称磁性氧化铁（俗名吸铁石）,为 Fe（Ⅱ）和 Fe（Ⅲ）混合价态的氧化物（$FeO \cdot Fe_2O_3$）。磁性氧化铁用于医药、冶金、电子和纺织等工业,以及用作催化剂、抛光剂、油漆和陶瓷等的颜料、玻璃着色剂等。

铁系元素可溶性盐与碱作用可制取氢氧化物（M＝Fe、Co、Ni）:

$$M^{2+} + 2OH^- = M(OH)_2\downarrow$$

白色的 $Fe(OH)_2$ 很容易被空气氧化成红棕色的 $Fe(OH)_3$,粉红色的 $Co(OH)_2$ 也可被空气缓慢地氧化成棕褐色的 $Co(OH)_3$:

$$4Fe(OH)_2 + O_2 + 2H_2O = 4Fe(OH)_3\downarrow$$
（红棕色）

$$4Co(OH)_2 + O_2 + 2H_2O = 4Co(OH)_3\downarrow$$
（棕褐色）

绿色的 $Ni(OH)_2$ 不被空气氧化,欲使其氧化为黑色高价氢氧化物,必须使用强氧化剂。例如:

$$2Ni(OH)_2 + Cl_2 + 2NaOH = 2Ni(OH)_3\downarrow + 2NaCl$$
（黑色）

$$2Ni(OH)_2 + NaClO + H_2O === 2Ni(OH)_3 \downarrow + NaCl$$
$$\text{（黑色）}$$

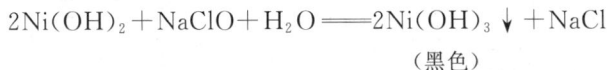

由于铁系元素的氧化还原性不同,它们与盐酸作用时产物也不同,氢氧化铁和盐酸进行中和反应,$Fe(Ⅲ)$ 不能氧化 Cl^-,而后两种($M=Co、Ni$)都可氧化 Cl^-:

$$2M(OH)_3 + 6HCl === 2MCl_2 + Cl_2 \uparrow + 6H_2O$$

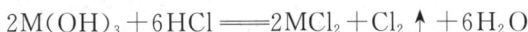

铁系元素氢氧化物的氧化还原性呈现规律性变化:

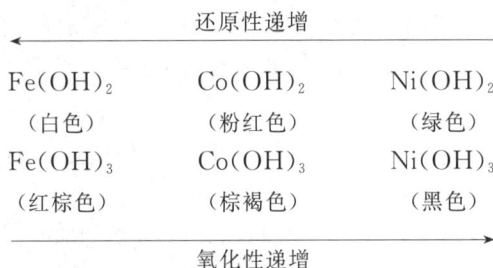

还原性递增

$\xleftarrow{\hspace{6cm}}$

$Fe(OH)_2$	$Co(OH)_2$	$Ni(OH)_2$
（白色）	（粉红色）	（绿色）
$Fe(OH)_3$	$Co(OH)_3$	$Ni(OH)_3$
（红棕色）	（棕褐色）	（黑色）

$\xrightarrow{\hspace{6cm}}$

氧化性递增

三价氢氧化物既可与酸反应,又可与碱反应:

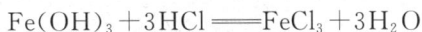

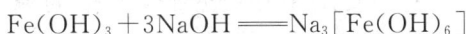

$$Fe(OH)_3 + 3HCl === FeCl_3 + 3H_2O$$
$$Fe(OH)_3 + 3NaOH === Na_3[Fe(OH)_6]$$
$$Co(OH)_3 + NaOH === NaCoO_2 + 2H_2O$$

10.5.3 铁盐

铁(Ⅱ)盐中,最重要的是硫酸亚铁 $FeSO_4 \cdot 7H_2O$,俗称绿矾。它由铁和硫酸反应制得,易溶于水,加热时它首先生成白色的无水盐 $FeSO_4$,然后分解:

$$2FeSO_4 \xrightarrow{\triangle} Fe_2O_3 + SO_2 \uparrow + SO_3 \uparrow$$

绿矾在空气中可逐渐失去一部分水,并且表面容易氧化为黄褐色的碱式硫酸铁(Ⅲ) $Fe(OH)SO_4$:

$$4FeSO_4 + 2H_2O + O_2 === 4Fe(OH)SO_4$$

亚铁盐转化为复盐后会稳定得多。将 $FeSO_4$ 与等物质的量的 $(NH_4)_2SO_4$ 作用,生成复盐硫酸亚铁铵 $FeSO_4 \cdot (NH_4)_2SO_4 \cdot H_2O$,俗称摩尔盐。复盐仍具有亚铁盐的还原性,却很稳定,在分析化学中经常用作还原剂。

绿矾与鞣酸反应可生成易溶的鞣酸亚铁,由于它在空气中被氧化成黑色的鞣酸铁,可用于制蓝黑墨水。$FeSO_4$ 还用作照相显影剂、纺织染色剂、除臭剂、木材防腐剂、农药等。最近日本研究用 $FeSO_4$ 作食物防腐剂、鲜度保持剂,有较好的效果。

铁(Ⅲ)盐中,最重要的是 $FeCl_3$。将铁屑和氯气在高温下直接作用可得到无水三氯化铁,为红褐色六方晶系晶体:

$$2Fe + 3Cl_2 \xrightarrow{\triangle} 2FeCl_3$$

无水 $FeCl_3$ 的熔点为 555 K,沸点为 588 K,易溶于有机溶剂,它基本上属共价化合物,可以升华,常用升华法提纯 $FeCl_3$。在 673 K $FeCl_3$ 蒸气中有双聚分子 Fe_2Cl_6 存在,其结构和 Al_2Cl_6 相似,1023 K 以上分解为单分子。无水 $FeCl_3$ 在空气中易潮解,常见的三氯化铁为棕黄色水合晶体 $FeCl_3 \cdot 6H_2O$，它易潮解、易水解。

铁（Ⅲ）盐有较强的氧化性：

$$2FeCl_3 + H_2S = 2FeCl_2 + S + 2HCl$$

$$2FeCl_3 + Cu = 2FeCl_2 + CuCl_2$$

$FeCl_3$ 能腐蚀铜板，被广泛用于印刷行业中。

Fe（Ⅲ）盐的水溶液为黄色，这是由 Fe（Ⅲ）在水溶液中的水解所造成的。Fe（Ⅲ）在水溶液中的水解状况是很复杂的，与溶液的 pH 有关。当 pH<1 时，完全以浅紫色的 $[Fe(H_2O)_6]^{3+}$ 存在；当 pH>1 时，发生逐级水解，溶液为黄色（水合羟基铁离子），显酸性。

$$[Fe(H_2O)_6]^{3+} \rightleftharpoons [Fe(OH)(H_2O)_5]^{2+} + H^+$$

水解过程中第二步发生缩合：

$$2[Fe(OH)(H_2O)_5]^{2+} \rightleftharpoons [(H_2O)_5FeOFe(H_2O)_5]^{4+} + H_2O$$

随着溶液酸度降低，pH>2，缩合度增大，溶液由黄棕色逐渐变为红棕色，最后生成红棕色凝胶状水合氧化铁 $Fe_2O_3 \cdot nH_2O$ 沉淀。

铁是多种物质中普遍含有的成分，利用加热促进水解，可使 Fe^{3+} 生成水合氧化铁沉淀而除去，去除铁是制备多类无机试剂的中间步骤。

10.5.4　钴盐和镍盐

Co 能形成 Co（Ⅱ）、Co（Ⅲ）两种氧化态的化合物。Co（Ⅱ）盐在某些方面与 Fe（Ⅱ）盐相似。例如，可溶盐有相同结晶水 $CoSO_4 \cdot 7H_2O$、$FeSO_4 \cdot 7H_2O$，水合离子有颜色，$[Co(H_2O)_6]^{2+}$ 为桃红色，$[Fe(H_2O)_6]^{2+}$ 为浅绿色。然而 Co（Ⅱ）水合离子还原性比 Fe（Ⅱ）弱，在水溶液中可稳定存在，在碱性介质中能被空气氧化。

常见的 Co（Ⅱ）盐是 $CoCl_2 \cdot 6H_2O$，由于所含结晶水的数目不同而呈现不同颜色：

$$CoCl_2 \cdot 6H_2O \xrightarrow{-4H_2O} CoCl_2 \cdot 2H_2O \xrightarrow{-H_2O} CoCl_2 \cdot H_2O \xrightarrow{-H_2O} CoCl_2$$
$$\text{（粉红色）} \qquad\qquad \text{（紫红色）} \qquad\qquad \text{（蓝紫色）} \qquad\qquad \text{（蓝色）}$$

此性质用于指示硅胶干燥剂的吸水情况。当干燥硅胶吸水后，逐渐由蓝色变为粉红色。在烘箱中受热可再生，失水由粉红色变为蓝色，可重复使用。

Co^{3+} 是强氧化剂：

$$Co^{3+} + e^- \rightleftharpoons Co^{2+} ; \quad \varphi^{\ominus} = 1.92 \text{ V}$$

Co^{3+} 在水溶液中极不稳定，易转变为 Co^{2+}，所以 Co（Ⅲ）只存在于固态和配合物中。固态 Co（Ⅲ）化合物有 CoF_3、Co_2O_3、$Co_2(SO_4)_3 \cdot 18H_2O$ 等。重要的 Co（Ⅲ）配合物有 $[Co(NH_3)_6]Cl_3$、$K_3[Co(CN)_6]$、$Na_3[Co(NO_2)_6]$。

常见的 Ni（Ⅱ）盐有黄绿色的 $NiCl_2 \cdot 7H_2O$ 和绿色的 $Ni(NO_3)_2 \cdot 6H_2O$，以及复盐 $(NH_4)_2SO_4 \cdot NiSO_4 \cdot 6H_2O$。

将金属镍溶于 H_2SO_4 或 HNO_3，可制得相应的盐。制备 $NiSO_4$ 时，为了加快反应速率，常加入一些氧化剂（HNO_3 或 H_2O_2）：

$$Ni + H_2SO_4 + 2HNO_3 = NiSO_4 + 2NO_2 \uparrow + 2H_2O$$

10.5.5　铁系元素的配合物

1. 铁的配合物

Fe(Ⅱ)、Fe(Ⅲ)的价电子构型 $3d^6$、$3d^5$ 都有未充满的 d 轨道,因此能与许多离子如 CN^-、F^-、SCN^-、$C_2O_4^{2-}$ 等形成配合物,Fe(Ⅲ)不能与氨形成配合物:

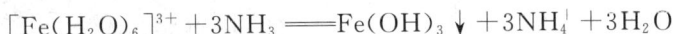

$$[Fe(H_2O)_6]^{3+} + 3NH_3 \Longrightarrow Fe(OH)_3\downarrow + 3NH_4^+ + 3H_2O$$

Fe(Ⅱ)和 Fe(Ⅲ)都能形成稳定的铁氰配合物,使亚铁盐与 KCN 溶液反应得 $Fe(CN)_2$ 沉淀,KCN 过量时沉淀溶解:

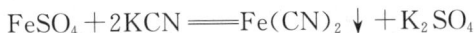

$$FeSO_4 + 2KCN \Longrightarrow Fe(CN)_2\downarrow + K_2SO_4$$

$$Fe(CN)_2 + 4KCN \Longrightarrow K_4[Fe(CN)_6]$$

从溶液中析出的黄色晶体 $K_4[Fe(CN)_6]\cdot 3H_2O$ 称为六氰合铁(Ⅱ)酸钾或亚铁氰化钾,俗称黄血盐。

在黄血盐溶液中通入氯气(或用其他氧化剂),可把 Fe^{2+} 氧化成 Fe^{3+},得到六氰合铁(Ⅲ)酸钾(或铁氰化钾)$K_3[Fe(CN)_6]$,其晶体为深红色,俗称赤血盐。

$$2K_4[Fe(CN)_6] + Cl_2 \Longrightarrow 2KCl + 2K_3[Fe(CN)_6]$$

$[Fe(CN)_6]^{3-}$ 和 $[Fe(CN)_6]^{4-}$ 在热力学上都是比较稳定的,$[Fe(CN)_6]^{3-}$ 虽比 $[Fe(CN)_6]^{4-}$ 稳定,但由于动力学上前者是活性的,后者是惰性的(即配体 CN^- 很难与其他配体交换),前者在溶液中的解离反应远比后者迅速。例如,在中性溶液里 $[Fe(CN)_6]^{3-}$ 可微弱地水解:

$$[Fe(CN)_6]^{3-} + 3H_2O \Longrightarrow Fe(OH)_3 + 3CN^- + 3HCN$$

$[Fe(CN)_6]^{4-}$ 不易水解,因此赤血盐的毒性比黄血盐大。基于这个原因,在处理含 CN^- 废水时,常用 Fe^{2+} 使之形成相当稳定的 $[Fe(CN)_6]^{4-}$,才能达到排放要求。

Fe^{3+} 和 $[Fe(CN)_6]^{4-}$ 生成蓝色沉淀,称普鲁士蓝,Fe^{2+} 和 $[Fe(CN)_6]^{3-}$ 生成滕氏蓝沉淀。经实验证明二者是同一种物质 $Fe_4(Ⅲ)[Fe(Ⅱ)(CN)_6]_3\cdot xH_2O$ 六氰合亚铁酸铁(Ⅲ)。该配合物的颜色特别深而重,这是由于这个物质中的同一元素 Fe 存在两种不同氧化态 Fe(Ⅱ)、Fe(Ⅲ)。这种对光强烈吸收的现象与电子从存在着两种氧化态元素中的一个原子转移到另一个原子的价间吸收有关。

普鲁士蓝主要用于颜料、油漆和油墨工业,在分析化学上用于检定 Fe^{2+}、Fe^{3+}。

在 Fe^{3+} 溶液中,加入 KSCN 或 NH_4SCN,溶液即出现血红色硫氰铁配离子:

$$Fe^{3+} + nSCN^- \Longrightarrow [Fe(SCN)_n]^{3-n}$$

(血红色)

n 为 1～6,随 SCN^- 的浓度而异。这一反应非常灵敏,常用来检验 Fe^{3+} 和比色测定 Fe^{3+}。

Fe^{3+} 与 F^- 有较强的亲和力,易形成系列配离子:$[FeF]^{2+}$、$[FeF_2]^+$、$[FeF_3]$、$[FeF_4]^-$、$[FeF_5]^{2-}$、$[FeF_6]^{3-}$。它们的 $K_稳$ 较大。

铁还能与 CO 作用形成羰基化合物,如五羰基合铁 $Fe(CO)_5$。

2. 钴的配合物

Co(Ⅱ)的简单盐很稳定,但其配合物不如 Co(Ⅲ)的稳定。例如,$[Co(NH_3)_6]^{2+}$ 溶液很容易被空气中的氧氧化为$[Co(NH_3)_6]^{3+}$:

$$4[Co(NH_3)_6]^{2+}+O_2+2H_2O =\!\!=\!\!= 4[Co(NH_3)_6]^{3+}+4OH^-$$

亚硝酸根 NO_2^- 作为配体存在时,Co(Ⅱ)容易被氧化。例如,在醋酸存在下,加 $NaNO_2$ 到 Co(Ⅱ)溶液中,Co^{2+} 被 NO_2^- 氧化,当 NO_2^- 过量时,生成六硝基合钴(Ⅲ)配离子:

$$Co^{2+}+7NO_2^-+2H^+ =\!\!=\!\!= NO+H_2O+[Co(NO_2)_6]^{3-}$$

可见,Co(Ⅲ)配合物的稳定性大于 Co(Ⅱ)配合物,一般配体配位能力越强,Co(Ⅲ)配合物越稳定,由于 CN^- 的配位能力强,因此$[Co(CN)_6]^{3-}$ 的稳定性大于$[Co(NH_3)_6]^{3+}$。

Co(Ⅱ)能与 SCN^- 生成蓝色的$[Co(SCN)_4]^{2-}$,它在水溶液中易解离:

$$[Co(SCN)_4]^{2-} =\!\!=\!\!= Co^{2+}+4SCN^-\ ; \quad K_{不稳}^{\ominus}=10^{-3}$$

$[Co(SCN)_4]^{2-}$溶于丙酮或戊醇,在有机溶剂中比较稳定,可用于比色分析。

3. 镍的配合物

Ni(Ⅱ)能形成许多配合物,简单的水合离子$[Ni(H_2O)_6]^{2+}$是八面体,把过量浓氨水加入 Ni(Ⅱ)盐溶液中,由于配体的取代得到蓝紫色的八面体形配合物$[Ni(NH_3)_6]^{2+}$,它与一些负离子如 Br^- 生成微溶性盐。当将丁二酮肟加入 Ni^{2+} 溶液中时,立即生成一种鲜红色的二丁二酮肟合镍(Ⅱ)螯合物,这是定性分析中鉴定 Ni^{2+} 的特征反应。

如果将氰化镍(Ⅱ)$Ni(CN)_2$ 溶于过量的氰化钾中,能结晶出橙红色配合物 $K_2[Ni(CN)_4]\cdot H_2O$,其构型为平面四方形。

任务 10.6　钛与钒

10.6.1　钛

钛在地壳中的丰度为 0.45%,在所有元素中排第十位,在过渡元素中占第二位,仅次于铁。钛的主要矿物有钛铁矿 $FeTiO_3$ 和金红石 TiO_2。

从钛铁矿中提取钛,首先用磁选法富集得到钛精矿。通常用硫酸法或氯化法处理钛铁矿。例如,用浓硫酸和磨细的矿石反应:

$$FeTiO_3+2H_2SO_4 =\!\!=\!\!= TiOSO_4+FeSO_4+2H_2O$$

将所得的固体产物加水,并加铁屑避免 $FeSO_4$ 被氧化,使其在低温下结晶出 $FeSO_4\cdot 7H_2O$。过滤后稀释加热使 $TiOSO_4$ 水解,得到 H_2TiO_3,H_2TiO_3 加热分解得 TiO_2:

$$TiOSO_4+2H_2O \xrightarrow{\triangle} H_2TiO_3\downarrow +H_2SO_4$$

$$H_2TiO_3 \xrightarrow{\triangle} TiO_2+H_2O$$

此法制得的 TiO_2 的纯度达到 97% 以上,可直接用作钛白颜料和其他原料。

目前采用氯化法大规模生产钛,即将钛铁矿或金红石与焦炭混合,通入氯气加热,制得 $TiCl_4$:

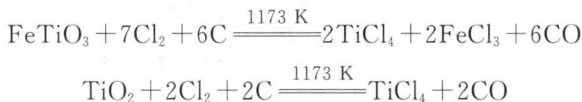

$$FeTiO_3 + 7Cl_2 + 6C \xrightarrow{1173\ K} 2TiCl_4 + 2FeCl_3 + 6CO$$

$$TiO_2 + 2Cl_2 + 2C \xrightarrow{1173\ K} TiCl_4 + 2CO$$

将 $TiCl_4$ 蒸馏出来并提纯后,在氩气保护下与镁共热,制得钛:

$$TiCl_4 + 2Mg \xrightarrow{1220 \sim 1420\ K} Ti + 2MgCl_2$$

$MgCl_2$ 和过量 Mg 用稀盐酸溶解得到海绵状钛,再用真空熔化铸成钛锭。

钛是银白色金属,因为它坚硬、强度大、耐热(熔点 1940 K)、密度小($4.54\ g \cdot cm^{-3}$),被称为一种高技术金属,是非常好的结构材料。钛的强度和钢一样大,但比钢轻 45%;钛的强度是铝的两倍,但仅为铝质量的 60%。因此,钛在宇航工业、火箭、喷气式发动机、导弹制造等领域中占有重要地位。由于钛的还原能力很强(与铝接近),其表面极易形成一层致密的、有附着力的钝化氧化物保护膜,因此它有很好的化学稳定性,王水对它也无可奈何。钛制品在海水、硝酸、热 NaOH 溶液,甚至在氯水中都是惰性的,所以钛也是制造海船、军舰的极好材料。钛还用于医疗器械、脱盐设备以及其他许多需要惰性、耐腐蚀的工业品生产中。钛是唯一对人类植物神经和味觉没有任何影响的金属,即使和人体长期接触也不产生任何影响。钛容易与肌肉和骨骼生长在一起,故又有"亲生物金属"之称,可用于制造人造关节和接骨。

钛是活泼金属,在高温时能直接与氢、卤素、氧、氮、碳、硼、硅、硫等反应。钛与氢反应生成一类非整比的氢化物($TiH_{1.7 \sim 2.0}$),与 C、N、B 反应生成硬、难溶、很稳定的填隙式化合物 TiC、TiN、TiB。由于钛能与氧、氮、氢、硫形成稳定的化合物,因此,钛能以钛铁的形式在炼钢工业中用作脱氧、除氮、去硫剂,以改善钢的性能。钛还能与一些金属(如 Al、Sb、Be、Cr、Fe 等)生成金属间化合物。

在室温下,钛不与无机酸反应,但能溶于热的浓盐酸和浓硫酸中:

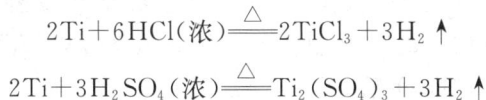

$$2Ti + 6HCl(浓) \xrightarrow{\triangle} 2TiCl_3 + 3H_2 \uparrow$$

$$2Ti + 3H_2SO_4(浓) \xrightarrow{\triangle} Ti_2(SO_4)_3 + 3H_2 \uparrow$$

钛易溶于氢氟酸或含有氟离子的酸(将氟化物加入酸中):

$$Ti + 6HF === TiF_6^{2-} + 2H^+ + 2H_2 \uparrow$$

这是因为钛的配合物的形成破坏了表面氧化物薄膜,改变了标准电极电势,促进了钛的溶解。

钛的价电子构型为 $3d^2 4s^2$,氧化数有 +2、+3、+4,以 +4 较为稳定和常见,低价氧化态不稳定。钛的化合物主要有 TiO_2、$TiCl_4$、$TiCl_3$、H_2TiO_3 等。

TiO_2 为白色粉末,俗称钛白或钛白粉,由于它在耐化学腐蚀性、热稳定性、抗紫外线粉化及折射率高等方面所表现的良好性能,因而得到广泛应用。自然界中 TiO_2 有三种晶型,即金红石型、锐钛矿型和板钛矿型,其中最重要的是金红石型。TiO_2 不溶于水、稀酸和稀碱中,在一定的条件下可溶于热的浓硫酸中。

$$TiO_2 + H_2SO_4(浓) \xrightarrow{\triangle} TiOSO_4 + H_2O$$

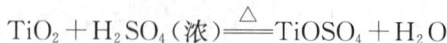

TiO_2 可与碱性化合物作用：

$$TiO_2 + MgO \xrightarrow{熔融} MgTiO_3$$

$$TiO_2 + BaCO_3 \xrightarrow{熔融} BaTiO_3 + CO_2 \uparrow$$

偏钛酸钡 $BaTiO_3$ 是一种压电材料，受压时两端产生电位差。

TiO_2 与 $KHSO_4$ 共熔，得可溶性盐类：

$$TiO_2 + 2KHSO_4 \xrightarrow{熔融} TiOSO_4 + K_2SO_4 + H_2O$$

$TiCl_3$ 可由单质钛在加热情况下与盐酸反应制得（紫色溶液），此外也可以由 $TiCl_4$ 还原制得：

$$2TiCl_4 + H_2 == 2TiCl_3 + 2HCl$$

$$2TiCl_4 + Zn == 2TiCl_3 + ZnCl_2$$

从水溶液中可以析出 $TiCl_3 \cdot 6H_2O$ 的紫色晶体，配合物的构成是 $[Ti(H_2O)_6]Cl_3$。$TiCl_3 \cdot 6H_2O$ 绿色晶体的配合物的构成是 $[Ti(H_2O)_5Cl]Cl_2 \cdot H_2O$。二者互为水合异构体。

$TiCl_4$ 溶液无色，TiO_4 有刺激性气味，极易水解，在空气中冒白烟：

$$TiCl_4 + 3H_2O == H_2TiO_3 + 4HCl$$

制备 $TiCl_4$ 时，用到反应的耦合，为了防止 $TiCl_4$ 的水解，反应物 Cl_2 要严格除水，反应前装置要通 CO_2 气体排除 H_2O，反应停止后还要通 CO_2 保护。尾气 Cl_2 的吸收装置上也要有干燥管，防止外界水的侵入。

10.6.2　钒

钒在地壳中的含量大约为 0.009%，占第 19 位，在过渡元素中低于 Fe、Ti、Mn、Zn，排第五位。在自然界中分布得很分散，但很广泛。现已发现 60 多种钒矿石，主要有绿硫钒矿 VS_2 或 V_2S_5、铅钒矿（或褐铅矿）$Pb_5(VO_4)_3Cl$、钒云母 $KV_2(AlSi_3O_{10})(OH)_2$、钒酸钾铀矿 $K_2(UO_2)_2(VO_4)_2 \cdot 3H_2O$ 等。

钒是一种银灰色金属，具有典型的体心立方金属结构。纯钒较软，具有延展性，含有杂质时硬而脆。由于原子外层 d 电子存在较强的金属键，钒具有较高的熔沸点。在第一过渡系中，从钒以后，用于成键的 d 电子数逐渐减少，导致钒成为第一过渡系中熔点最高的金属。

钒的主要用途在于冶炼特种钢，在钢中加钒的好处是钒可和钢中的碳结合成 V_4C_3，它在钢中呈小颗粒分散，从而提高了钢的抗磨能力和高温时的强度，以及抗冲击的性能。故广泛用于制造结构钢、弹簧钢、工具钢、装甲钢和钢轨，特别对汽车和飞机制造业有重要意义。

钒的价电子构型为 $3d^3 4s^2$，5 个电子都可参加成键，稳定价态为 +5，此外，还能形成 +4、+3、+2 等低氧化数的化合物。钒亦为极活泼的金属，但由于表面钝化，常温下不活泼，块状的钒可以抵抗空气的氧化和海水的腐蚀，钒与非氧化性酸及碱不起作用。

V 可以溶于浓硫酸和硝酸中：

$$V+8HNO_3 =\!=\!= V(NO_3)_4+4NO_2\uparrow+4H_2O$$

高温下活性很高：

$$4V+5O_2 =\!=\!= 2V_2O_5$$

（砖红色）

$$V+2Cl_2 =\!=\!= VCl_4$$

（红色）

钒的重要化合物有五氧化二钒 V_2O_5、钒酸盐等。V_2O_5 为砖红色固体，无臭、无味、有毒，是钒酸 H_3VO_4 及偏钒酸 HVO_3 的酸酐。加热偏钒酸铵或水解三氯氧钒可得 V_2O_5：

$$2NH_4VO_3 \stackrel{\triangle}{=\!=\!=} V_2O_5+2NH_3+H_2O$$

$$2VOCl_3+3H_2O =\!=\!= V_2O_5+6HCl$$

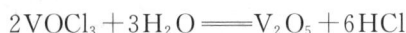

V_2O_5 在水中溶解度很小，但能溶于酸与碱中，是两性氧化物。

$$V_2O_5+6NaOH =\!=\!= 2Na_3VO_4+3H_2O$$

$$V_2O_5+H_2SO_4 =\!=\!= (VO_2)_2SO_4+H_2O$$

V_2O_5 有氧化性，和盐酸反应，放出 Cl_2：

$$V_2O_5+6HCl =\!=\!= 2VOCl_2+Cl_2\uparrow+3H_2O$$

V_2O_5 是一种重要的工业催化剂。例如，它能催化许多有机物被空气或过氧化氢氧化的反应，催化烯烃和芳烃被氢还原的反应，其中最重要的是在接触法制硫酸的过程中催化 SO_2 氧化为 SO_3。在这项应用中，V_2O_5 代替了价格昂贵而且易被砷等杂质"中毒"的金属铂，从而降低了硫酸的生产成本。V_2O_5 之所以成为多种用途的催化剂，可能是加热时可逆地失去氧的缘故。

在强酸中，$V(V)$ 以 VO^{3+}、VO_2^+，$V(\text{IV})$ 以 VO^{2+} 形式存在。

钒酸盐包括偏钒酸盐（VO_3^-）、正钒酸盐（VO_4^{3-}）、二聚钒酸盐（$V_2O_7^{4-}$）。多聚酸（$H_{n+2}V_nO_{3n+1}$）的存在形式与体系的 pH 有关，pH 越大，聚合度越低，pH 越小，聚合度越高。

当 pH＞13 时，以 VO_4^{3-} 形式存在，pH 降低，经二聚、四聚、五聚等逐渐升高；

当 pH＝2 时，以 V_2O_5 形式析出；

当 pH≤1 时，以黄色的 VO_2^+ 形式存在（V_2O_5 与强酸的反应产物）。

任务 10.7 镧系元素和锕系元素（选学内容）

10.7.1 镧系元素

周期表中ⅢB族中原子序数为 57～71 的 15 种化学元素统称镧系元素，以 Ln 作为通用符号。它们的外层和次外层的电子构型基本相同，电子逐一填充到 4f 轨道上。镧系元素也属于过渡元素,只是镧系元素新增电子大都填入了外数第三层 4f 轨道中,所以镧系元素又称为 4f 系元素。为了区别于元素周期表中的 d 区过渡元素,将镧系及锕系元素称为内过渡元素。镧系元素原子基态的价电子构型是 $4f^{0\sim14}5d^{0\sim1}6s^2$。

与同族的钪、钇、镧原子半径逐渐增大的规律恰恰相反,镧系元素从铈到镥则是逐渐减小的。这种镧系元素的原子半径和离子半径随原子序数的增加而逐渐减小的现象称为镧系收缩。镧系元素结构和性质见表 10-4。

表 10-4 镧系元素结构和性质

原子序数	元素名称	元素符号	价电子构型	金属半径 r_{met}/pm	氧 化 数
57	镧	La	$4f^0 5d^1 6s^2$	187.7	+3
58	铈	Ce	$4f^1 5d^1 6s^2$	182.5	+2、+3、+4
59	镨	Pr	$4f^3\ \ \ 6s^2$	182.8	+3、+4
60	钕	Nd	$4f^4\ \ \ 6s^2$	182.1	+2、+3、+4
61	钷	Pm	$4f^5\ \ \ 6s^2$	181.0	+3
62	钐	Sm	$4f^6\ \ \ 6s^2$	180.2	+2、+3
63	铕	Eu	$4f^7\ \ \ 6s^2$	204.2	+2、+3
64	钆	Gd	$4f^7 5d^1 6s^2$	180.2	+3
65	铽	Tb	$4f^9\ \ \ 6s^2$	178.2	+3、+4
66	镝	Dy	$4f^{10}\ \ \ 6s^2$	177.3	+3、+4
67	钬	Ho	$4f^{11}\ \ \ 6s^2$	176.6	+3
68	铒	Er	$4f^{12}\ \ \ 6s^2$	175.7	+3
69	铥	Tm	$4f^{13}\ \ \ 6s^2$	174.6	+2、+3
70	镱	Yb	$4f^{14}\ \ \ 6s^2$	194.0	+2、+3
71	镥	Lu	$4f^{14} 5d^1 6s^2$	173.4	+3

需要注意的是 Eu、Yb 的 4f 电子能量低,不参与成键,只有两个电子成键,而其余的有三个电子成键。因此,Eu、Yb 的金属键较弱、金属半径较大、熔沸点较低。

镧系的稳定氧化数为 +3,这是因为它们失去两个 6s 电子和一个 5d 电子或失去两个 6s 电子和一个 4f 电子($5d^1 6s^2$ 和 $4f^1 6s^2$)所需的电离能比较低。从 4f 电子层结构来看,其接近或保持全空、半满及全满时的状态较稳定(也存在热力学及动力学因素)。Ln^{3+} 在水溶液中的颜色如表 10-5 所示。

表 10-5 Ln^{3+} 在水溶液中的颜色

Ln^{3+}	颜 色	Ln^{3+}	颜 色	Ln^{3+}	颜 色
La^{3+}	无色	Sm^{3+}	黄色	Ho^{3+}	淡黄色
Ce^{3+}	无色	Eu^{3+}	粉红色	Er^{3+}	粉红色

续表

Ln^{3+}	颜　色	Ln^{3+}	颜　色	Ln^{3+}	颜　色
Pr^{3+}	绿色	Gd^{3+}	无色	Tm^{3+}	浅绿色
Nd^{3+}	紫色	Tb^{3+}	粉红色	Yb^{3+}	无色
Pm^{3+}	粉红色	Dy^{3+}	黄色	Lu^{3+}	无色

镧系的有些元素虽然能形成＋2或＋4氧化数，但都不稳定。镧系元素通常是银白色、有光泽的金属，比较软，有延展性，顺磁性强，有很高的磁化率，钐、钆、镝具有铁磁性。熔点在920～1663 ℃，随原子序数增大而升高，但铕（Eu：$4f^76s^2$）、镱（Yb：$4f^{14}6s^2$）例外，4f电子不参与金属键，金属键弱。

镧系元素的化学性质比较活泼。新切开的有光泽的金属在空气中迅速变暗，表面形成一层氧化膜，它并不紧密，会被进一步氧化，金属加热至200～400 ℃生成氧化物。金属与冷水缓慢作用，与热水反应剧烈，产生氢气，溶于酸，不溶于碱，200 ℃以上在卤素中剧烈燃烧，1000 ℃以上生成氮化物，在室温时缓慢吸收氢，300 ℃时迅速生成氢化物。镧系元素是比铝还要活泼的强还原剂，在150～180 ℃时着火。由于镧系收缩，这15种元素的化合物的性质很相似，Ln_2O_3与碱土金属氧化物相似，可以吸收空气中的 CO_2 形成碳酸盐，易溶于水生成 $Ln(OH)_3$。

$Ln(OH)_3$ 除 $Yb(OH)_3$ 和 $Lu(OH)_3$ 外，都不溶于过量的强碱。$Ln(OH)_3$ 在水中微溶，碱性随原子序数增加而减弱，溶解度随温度的升高而降低。

把57～63号元素称为铈组，64～71号重稀土元素称为钇组。它们的相同点：LnF_3、$Ln(OH)_3$、$LnPO_4$、$Ln_2(C_2O_4)_3$、$Ln_2(CO_3)_3$ 都难溶于水，卤化物（Cl、Br、I）、氰化物都溶于水。不同点：铈组的硫酸盐、碳酸盐、草酸盐不溶于 M_2SO_4 溶液、CO_3^{2-} 溶液和 $C_2O_4^{2-}$ 溶液，而钇组的硫酸盐、碳酸盐、草酸盐则可溶于上述溶液。

10.7.2　稀土元素的应用

稀土家族是来自镧系的15种元素，加上与镧系关系密切的钪和钇，共17种元素。稀土元素是从比较稀少的矿物中发现的，"土"原指不溶于水的物质，故称稀土。现已查明，它们并不稀少，现已发现的稀土矿物有250种以上，最重要的有氟碳铈镧矿（Ce、La）FCO_3、独居石 $CePO_4$，$Th_3(PO_4)_4$，磷钇石 YPO_4，黑稀金矿（Y、Ce、Ca）（Nb、Ta、Ti）$_2O_6$，硅铍钇矿 $Y_2FeBe_2Si_2O_{20}$、褐帘石（Ca、Ce）$_2$（Al、Fe）$_3Si_3O_{12}$、铈硅石（Ce、Y、Pr）$_2Si_2O_7 \cdot H_2O$。

由于其特殊的原子结构，稀土家族的成员非常活泼。无论是航天、航空、军事等高科技领域，还是人们的日常生活用品，无论工业、农牧业，还是化学、生物学、医药，稀土几乎无所不在，无所不能。

钢中加入稀土后，制成的薄料横向冲击韧性提高50％以上，耐腐蚀性能提高60％，而每吨钢只要加稀土300 g左右，作用十分显著，可谓"四两拨千斤"；用于石油裂化工业中的稀土分子筛裂化催化剂，具有活性高、选择性好、汽油的生产率高等特点；在玻璃工业中有三个应用，即玻璃着色、玻璃脱色和制备特种性能的玻璃；由于稀土元素有未充满的4f

电子,可以吸收或发射从紫外、可见到红外光区不同波长的光,发射每种光区的范围小,如果把稀土元素添加在陶瓷和瓷釉中,可使陶瓷的颜色更柔和、纯正,色调新颖,光洁度好;将稀土作为荧光灯的发光材料,光效好、光色好、寿命长,比白炽灯节电75%～80%。

在高新技术产业方面,稀土元素亦有着广泛的应用。稀土元素中的钇、铕是红色荧光粉的主要原料,广泛应用于彩色电视机、计算机及各种显示器。

钕、钐、镨、镝等是制造现代超级永磁材料的主要原料,其磁性高出普通永磁材料4～10倍,广泛应用于电视机、电声、医疗设备、磁悬浮列车及军事工业等高新技术领域;稀土与过渡元素的金属间化合物 $MMNi_5$（MM 为混合稀土金属）和 $LaNi_5$ 是优良的吸氢材料,被称为"氢海绵"。其最为成功的应用是制造镍氢电池。用稀土钷作热源,可为真空探测和人造卫星提供辅助能量。钷电池可作为导弹制导仪器及钟表的电源,此种电池体积小,能连续使用数年之久。

10.7.3 锕系元素

锕系元素是周期表中ⅢB族原子序数为 89～103 的 15 种化学元素的统称。它们都是放射性元素,在铀以后的 11 种元素（原子序数 93～103）均是在 1940—1962 年用人工核反应制得的,通常又称铀后元素。

由于锕系元素原子核的不稳定性,确定其基态价电子遇到了很大困难。当锕系理论提出后,确认锕系元素的电子填充在 5f 轨道上,但是 5f 和 6d 的能量比 4f 和 5d 能量更为接近,所以很难确定准确构型。通常锕系元素有两种构型,即 $[Rn]5f^n7s^2$ 和 $[Rn]5f^{n-1}6d^17s^2$（锕和钍无 5f 电子）。这两种电子构型究竟取哪一种,取决于二者的能量。锕系元素的前一半元素中,Pu 和 Am 的 $5f^{n-1}6d^17s^2$ 的能量高于 $5f^n7s^2$,故它们的电子构型为 $5f^n7s^2$;锕系元素中的后一半与镧系元素中的后一半非常相似,其电子构型为 $[Rn]5f^n7s^2$。

锕系元素中前一部分元素（Th～Am）存在多种氧化数,Am 以后的元素在水溶液中氧化数是+3。由于 5f 电子与 4f 电子一样,屏蔽能力较差,所以从锕到铹,有效核电荷逐渐增加,相应地,原子半径和离子半径逐渐减小,这就是类似于镧系收缩的锕系收缩现象。但锕系收缩一般比镧系收缩得大一些,尤其是前几种元素（Ac、Th、Pa、U）更为显著。锕系元素的结构和性质见表 10-6。

表 10-6 锕系元素的结构和性质

原子序数	元素名称	元素符号	价电子构型	原子半径 r_{met}/pm	氧 化 数
89	锕	Ac	$5f^06d^17s^2$	189.8	+3
90	钍	Th	$5f^06d^27s^2$	179.7	+3、+4
91	镤	Pa	$5f^26d^17s^2$	164.2	+3、+4、+5
92	铀	U	$5f^36d^17s^2$	154.2	+3、+4、+5、+6

原子序数	元素名称	元素符号	价电子构型	原子半径 r_{met}/pm	氧 化 数
93	镎	Np	$5f^4 6d^1 7s^2$	150.3	$+3、+4、+5、+6、+7$
94	钚	Pu	$5f^6\ \ \ \ 7s^2$	152.3	$+3、+4、+5、+6、+7$
95	镅	Am	$5f^7\ \ \ \ 7s^2$	173.0	$+2、+3、+4、+5、+6$
96	锔	Cm	$5f^7 6d^1 7s^2$	174.0	$+3、+4$
97	锫	Bk	$5f^9\ \ \ \ 7s^2$	170.4	$+3、+4$
98	锎	Cf	$5f^{10}\ \ \ 7s^2$	169.4	$+2、+3$
99	锿	Es	$5f^{11}\ \ \ 7s^2$	(169)	$+2、+3$
100	镄	Fm	$5f^{12}\ \ \ 7s^2$	(194)	$+2、+3$
101	钔	Md	$5f^{13}\ \ \ 7s^2$	(194)	$+2、+3$
102	锘	No	$5f^{14}\ \ \ 7s^2$	(194)	$+2、+3$
103	铹	Lr	$5f^{14} 6d^1 7s^2$		$+3$

锕系金属具有银白色光泽,是放射性金属,在暗处遇到荧光物质能发光。锕系像镧系一样是活泼金属。

锕系重要的化合物有钍的化合物和铀的化合物。钍在自然界主要存在于独居石中,从独居石中提取稀土元素时,可分离出 $Th(OH)_4$,这是钍的重要来源之一。

钍的特征氧化数为 $+3、+4$,在水溶液中,$Th^{4+}(aq)$ 能稳定存在,Th^{4+} 较其他离子难水解,其重要化合物有二氧化钍 ThO_2、硝酸钍 $Th(NO_3)_4 \cdot 5H_2O$。

铀是致密而有延展性的银白色放射性金属,密度为 $19.05\ g \cdot cm^{-3}$。熔点 $1132\ ℃$,沸点 $3818\ ℃$。铀在接近绝对零度时有超导性,有延展性。其化学性质活泼,易与绝大多数非金属反应,能与多种金属形成合金。铀最初只用作玻璃着色或陶瓷釉料,1938 年发现铀核裂变后,开始成为主要的核原料。

铀能形成多种氧化数($+3、+4、+5、+6$)的化合物,其中以 $+6$ 氧化数的化合物最为重要。其主要化合物有以下几种。

1. 氧化物

其氧化物较复杂,铀有四种稳定性高的氧化物 UO_2、U_4O_9、U_3O_8、UO_3,有两种不稳定的氧化物 U_3O_7、U_2O_3,其中以 UO_2、U_3O_8、UO_3 较为重要。

$$2UO_3 \xrightarrow{\triangle} 2UO_2 + O_2$$

$$2UO_2(NO_3)_2 \xrightarrow{\triangle} 2UO_3 + 4NO_2 + O_2$$

$$3U(C_2O_4)_2 \xrightarrow{\triangle} U_3O_8 + 8CO + 4CO_2$$

$$3U + 4O_2 \xlongequal{\quad\quad} U_3O_8$$

U_3O_8 不溶于水,但溶于酸,生成 UO_2^{2+}。

2. 硝酸铀酰(或硝酸铀氧基)

将铀的氧化物溶于 HNO_3,即析出柠檬黄色的硝酸铀酰晶体:

$$UO_3 + 2HNO_3 =\!=\!= UO_2(NO_3)_2 + H_2O$$

$UO_2(NO_3)_2$ 带绿色荧光,在潮湿空气中变潮,易溶于水,水解生成 $[UO_2(OH)]^+$、$[(UO_2)_2(OH)_2]^{2+}$、$[(UO_2)_3(OH)_5]^+$;在硝酸铀酰中加碱,即析出黄色重铀酸盐,常用此性质使铀转入沉淀。

$$2UO_2(NO_3)_2 + 6NaOH =\!=\!= Na_2U_2O_7 \cdot 6H_2O \downarrow + 4NaNO_3 + 3H_2O$$

$Na_2U_2O_7 \cdot 6H_2O$ 加热脱水得无水盐,称铀黄。

3. 六氟化铀 UF_6(八面体)

铀的氟化物很多,如 UF_3、UF_4、UF_5、UF_6,以 UF_6 最为重要。UF_6 是挥发性铀化合物,利用 $^{238}UF_6$ 和 $^{235}UF_6$ 蒸气扩散速度的差别,使其分离可得到纯 ^{235}U 核燃料。

$$UO_3 + 3SF_4 \xrightarrow{\triangle} UF_6 + 3SOF_2$$

$$UF_6 + 2H_2O =\!=\!= UO_2F_2 + 4HF$$

^{238}U 的半衰期为 45 亿年,经历 14 步衰变,最终成为没有放射性的 $^{206}_{82}Pb$,它最初的两步衰变为:

$$^{238}_{92}U \longrightarrow ^{234}_{90}Th + ^4_2He \quad (\alpha \text{衰变})$$

$$^{234}_{90}Th \longrightarrow ^{234}_{91}Pa + ^0_{-1}e \quad (\beta \text{衰变})$$

·目·标·检·测·题· 10

一、单项选择题(将正确答案的标号填入括号内)

10.1 为除去铜粉中的少量 CuO 杂质,采用下列哪种方法合适?(　　)

A. 用热水洗　　　　B. 用浓盐酸洗　　　　C. 用氨水洗　　　　D. 用稀盐酸洗

10.2 在加热条件下与铜反应能生成氢气的是(　　)。

A. 浓硝酸　　　　B. 浓硫酸　　　　C. 浓盐酸　　　　D. 稀硫酸

10.3 下列物质中,只溶于王水的是(　　)。

A. CuS　　　　B. Ag_2S　　　　C. CdS　　　　D. HgS

10.4 下列标准电极电势代数值最小的是(　　)。

A. $\varphi^\ominus(CuS/Cu)$　　　　　　　　B. $\varphi^\ominus([Cu(NH_3)_4]^{2+}/Cu)$

C. $\varphi^\ominus(Cu^{2+}/Cu)$　　　　　　　　D. $\varphi^\ominus(Cu(OH)_2/Cu)$

10.5 下列化合物中,不存在的是(　　)。

A. CuF_2　　　　B. $CuCl_2$　　　　C. $CuBr_2$　　　　D. CuI_2

10.6 Cu^{2+} 能氧化(　　)。

A. I^-　　　　B. S^{2-}　　　　C. Cl^-　　　　D. Cu

10.7 导电性最好的金属是(　　)。

A. Au　　　　B. Cu　　　　C. Al　　　　D. Ag

10.8 Cu_2O 在下列哪种溶液中发生歧化反应?(　　)

A. 稀硝酸　　　　　B. 稀硫酸　　　　　C. $FeCl_3$ 溶液　　　D. 浓盐酸

10.9 向 $Hg_2(NO_3)_2$ 溶液中加入 NaOH 溶液生成的沉淀是(　　)。

A. HgO 与 Hg　　　　　　　　B. HgOH

C. $Hg(OH)_2$ 与 Hg　　　　　　D. Hg_2O

10.10 与过量氨水反应后仍然有沉淀存在的是(　　)。

A. AgCl　　　　　B. Hg_2Cl_2　　　　C. $Cd(OH)_2$　　　D. $Cu_2(OH)_2SO_4$

10.11 Fe^{2+}、Fe^{3+} 与 SCN^- 在溶液中作用时的现象是(　　)。

A. 都产生蓝色沉淀

B. 都产生黑色沉淀

C. 仅 Fe^{3+} 与 SCN^- 生成血红色的 $[Fe(SCN)_6]^{3-}$ 配离子

D. 都不对

10.12 Fe^{2+} 与赤血盐作用时的现象是(　　)。

A. 产生滕氏蓝沉淀　　　　　　　　B. 产生可溶性的普鲁士蓝

C. 产生暗绿色沉淀　　　　　　　　D. 无作用

10.13 Fe^{3+} 与氨水作用的现象是(　　)。

A. 生成 $[Fe(NH_3)_6]^{3+}$ 溶液　　　　B. 生成 $[Fe(NH_3)_6](OH)_3$ 沉淀

C. 生成 $Fe(OH)_3$ 红棕色沉淀　　　　D. 无反应发生

10.14 用以检验 Fe^{2+} 的试剂是(　　)。

A. NH_4SCN　　　B. $K_3[Fe(CN)_6]$　C. $K_4[Fe(CN)_6]$　D. H_2SO_4

10.15 用以检验 Fe^{3+} 的试剂是(　　)。

A. NH_4SCN　　　B. $K_3[Fe(CN)_6]$　C. KI　　　　　D. NH_3

10.16 下列离子作为中心体不形成氨合配离子的是(　　)。

A. Cr^{3+}　　　　　B. Fe^{3+}　　　　　C. Co^{3+}　　　　D. Ni^{2+}

10.17 在碱性溶液中,氧化能力最强的是(　　)。

A. MnO_4^-　　　　B. $Cr_2O_7^{2-}$　　　C. PbO_2　　　　D. Co_2O_3

10.18 用氢氧化钠熔融法分解某矿石,应该选用(　　)。

A. 铂坩埚　　　　B. 石英坩埚　　　　C. 镍坩埚　　　　D. 瓷坩埚

10.19 下列氢氧化物中,既能溶于过量的 NaOH 溶液,又能溶于氨水的是(　　)。

A. $Al(OH)_3$　　　B. $Fe(OH)_3$　　　C. $Cr(OH)_3$　　　D. $Ni(OH)_2$

10.20 $Fe(OH)_3$、$Co(OH)_3$、$Ni(OH)_3$ 都能与盐酸反应,其中属于酸碱中和反应的是(　　)。

A. $Fe(OH)_3$ 与盐酸反应　　　　　　B. $Co(OH)_3$ 与盐酸反应

C. $Ni(OH)_3$ 与盐酸反应　　　　　　D. 都发生酸碱中和反应

二、多项选择题(将正确答案的标号填入括号内)

10.21 下列关于汞的化合物的说法,正确的是(　　)。

A. Hg_2Cl_2 的俗名为甘汞　　　　　　B. $HgCl_2$ 的俗名为升汞

C. $HgCl_2$ 溶液具有良好的导电性　　　D. HgI_2 很容易溶于 KI 溶液中

10.22 关于 Cu_2O 和 Ag_2O 的性质,不正确的是(　　)。

A. Cu_2O 是离子化合物 　　　　　　　B. Ag_2O 是共价化合物

C. Cu_2O 是弱酸性化合物 　　　　　　D. 潮湿的 Ag_2O 是中强碱

10.23 下列硫化物中,可溶于非氧化性浓酸的是(　　)。

A. CuS 　　　　　B. Ag_2S 　　　　　C. ZnS 　　　　　D. CdS

10.24 关于过渡元素,下列说法中正确的是(　　)。

A. 所有过渡元素都有显著的金属性

B. 大多数过渡元素仅有一种价态

C. 水溶液中它们的简单离子大都有颜色

D. 绝大多数过渡元素的 d 轨道未充满电子

10.25 关于反应 $2Cu^{2+}+4I^-\!\!=\!\!=\!\!2CuI\!\downarrow+I_2$,下列说法中正确的是(　　)。

A. 可用于制备 CuI

B. 进行得很完全是因为 I^- 既是还原剂,又是沉淀剂

C. 能有效地防止一价铜歧化是由于生成了难溶的 CuI

D. 不可用于碘量法测定 Cu^{2+} 含量

三、是非题(对的在括号内填"√",错的在括号内填"×")

10.26 铜、银、金均可以单质状态存在于自然界。　　　　　　　　　　　(　　)

10.27 铜族元素的化学性质均不活泼,并按 Cu、Ag、Au 的顺序递减。　(　　)

10.28 锌族元素的熔点由高到低的顺序是 Zn、Cd、Hg。　　　　　　　(　　)

10.29 锌族元素的盐在溶液中都有一定程度的水解,而钙、锶和钡的盐则不水解。

　　　　　　　　　　　　　　　　　　　　　　　　　　　　　　(　　)

10.30 ds 区元素正离子具有强极化力和较大变形性,因此它们的卤化物都具有明显的共价性,在有机溶剂中有较大的溶解度。　　　　　　　　　　　　(　　)

10.31 从元素钪开始,原子轨道上填 3d 电子,因此第一过渡系列元素原子序数的个位数等于 3d 上的电子数。　　　　　　　　　　　　　　　　　　　　(　　)

10.32 除ⅢB外,所有过渡元素在化合物中的氧化数都是可变的,这个结论也适用于ⅠB族元素。　　　　　　　　　　　　　　　　　　　　　　　　(　　)

10.33 ⅢB族是副族元素中最活泼的元素,它们的氧化物碱性最强,接近于对应的碱土金属氧化物。　　　　　　　　　　　　　　　　　　　　　　　(　　)

10.34 第一过渡系列元素的稳定氧化态,自左向右,先是逐渐升高,而后又有所下降,这是由于 d 轨道半充满以后倾向于稳定而产生的现象。　　　　　　(　　)

10.35 第Ⅷ族在周期系中位置的特殊性,是与它们之间性质的类似和递变关系相联系的,除了存在通常的垂直相似性外,还存在更为突出的水平相似性。　　(　　)

四、填空题

10.36 锌能溶于 NaOH 溶液,生成_____和_____。

10.37 向甘汞溶液中加入稀氨水,得到的不是 $Hg(OH)_2$、HgO 或 $[Hg(NH_3)_4]^{2+}$,而是_____色的_____沉淀。

10.38 在 $HgCl_2$ 溶液中通入适量 SO_2,生成_____色_____沉淀。

10.39　$Cu(OH)_2$ 呈微弱的_____，它能溶于过量的强碱溶液，生成_____。

10.40　$Zn(OH)_2$ 受热会分解生成_____，能溶于碱生成_____。

10.41　在 $Hg(NO_3)_2$ 溶液中逐滴加入 KI 溶液，开始有_____色_____沉淀生成。

10.42　所有金属中导电导热性最好的是_____，居第二位的是_____。

10.43　ⅠB 和ⅡB 族元素从上到下活泼性依次_____，只有_____能与盐酸反应产生 H_2。

10.44　ⅠB 族三种金属中，在有空气存在时能缓慢溶于稀酸的是_____，而只能溶于王水的是_____。

10.45　写出下列物质的化学式：铬黄_____，铬绿_____，灰锰氧_____，铬铁矿_____，黄血盐_____，赤血盐_____，绿矾_____，红矾钾_____，软锰矿_____。

10.46　实验室中用作干燥剂的硅胶常浸有_____，吸水后成为_____色水合物，分子式是_____，在_____K 下干燥后呈_____色。

10.47　在 Ni^{2+} 和 Co^{2+} 溶液中分别加入过量的氨水，将分别生成_____和_____配离子，后者放置后逐渐转化成_____；在 Ni^{2+} 和 Co^{2+} 溶液中分别加入过量的 KCN 溶液，将分别生成_____和_____配离子，后者放置后逐渐转化成_____。

五、完成并配平下列化学反应方程式

10.48　$Hg_2^{2+} + NaOH \longrightarrow$

10.49　$Zn^{2+} + NaOH(浓) \longrightarrow$

10.50　$Hg^{2+} + NaOH \longrightarrow$

10.51　$Cu^{2+} + NaOH(浓) \longrightarrow$

10.52　$Cu^+ + NaOH \longrightarrow$

10.53　$Ag^+ + NaOH \longrightarrow$

10.54　$MnO_2 + 4HCl \longrightarrow$

10.55　$MnO_4^- + Fe^{2+} + H^+ \longrightarrow$

10.56　$Co(OH)_3 + HCl \longrightarrow$

10.57　$CuS + HNO_3 \longrightarrow$

六、推断题

10.58　将某金属的氨配合物无色溶液暴露于空气中，则迅速变成蓝色溶液 A。向 A 中加入 NaCN 时，蓝色消失并生成溶液 B。向 B 中加入锌粉则生成红棕色沉淀 C，C 不溶于碱和非氧化性酸，可溶于热硝酸生成蓝色溶液 D。当逐滴加入 NaOH 溶液于 D 时，则生成蓝色胶状沉淀 E，过滤、强热，得黑色金属氧化物。判断 A、B、C、D、E 各为何物。（用化学式表示）

10.59　在 $HgCl_2$ 溶液中，通入气体 A，产生白色沉淀 B。过滤，在滤液中加入 $BaCl_2$ 溶液，产生白色沉淀 C，其不溶于硝酸。将白色沉淀 B 转入 NaCl 溶液产生黑色沉淀 D。将 D 在空气中加热则转化为红色固体物质 E。判断 A、B、C、D、E 各为何物。

10.60　今有一种白色混合物，加水部分溶解为氯化物溶液 A，不溶部分 B 仍为白色。往 A 中滴加 $SnCl_2$ 溶液，先产生白色沉淀 C，而后产生灰黑色沉淀 D。往 A 溶液中加入氨水，生成白色沉淀 E，而向不溶物 B 中加入氨水，则 B 溶解为无色溶液 F，再加入硝酸而 B 重现。判断 A、B、C、D、E、F 各为何物。

10.61　铬的某化合物 A 是橙红色、可溶于水的固体，将 A 用浓盐酸处理，产生黄绿色、刺激性气体 B 并生成暗绿色溶液 C。在 C 中加入 KOH 溶液,先生成灰蓝色沉淀 D,继续加入过量的 KOH 溶液则沉淀消失,变为绿色溶液 E。在 E 中加入 H_2O_2 并加热,则生成黄色溶液 F,F 用稀酸酸化,又变为原来的化合物 A 的溶液。问:A 至 F 各是什么?写出有关化学反应式。

10.62　现有一种含结晶水的淡绿色晶体,将其配成溶液。若加入 $BaCl_2$ 溶液,则产生不溶于酸的白色沉淀;若加入 NaOH 溶液,则生成白色胶状沉淀并很快变成红棕色。再加入盐酸,此红棕色沉淀又溶解,滴入硫氰化钾溶液显深红色。问:该晶体是什么物质?写出有关的化学反应式。

附 录

附录A 本书常用量符号和单位

符 号	物 理 量	单 位
A	指前因子或频率因子	与反应速率常数的单位相同
A_r	相对原子质量	
a	活度	
a_0	波尔半径	$a_0 = 52.918$ nm
c_B	溶质B的物质的量浓度	$mol \cdot L^{-1}$
$c^{\ominus}$	标准浓度	$mol \cdot L^{-1}$
E	电子亲和能	$kJ \cdot mol^{-1}$
$E^{\ominus}$	标准电动势	V
E_a	活化能	$kJ \cdot mol^{-1}$
F	法拉第常数	$9.6485309 \times 10^4 C \cdot mol^{-1}$
G	吉布斯自由能(函数)	kJ
$\Delta_f G_m^{\ominus}$	标准摩尔生成吉布斯自由能	$kJ \cdot mol^{-1}$
$\Delta_r G_m^{\ominus}$	标准摩尔反应吉布斯自由能变	$kJ \cdot mol^{-1}$
H	焓	kJ
$\Delta_f H_m^{\ominus}$	标准摩尔生成焓	$kJ \cdot mol^{-1}$
$\Delta_r H_m^{\ominus}$	标准摩尔反应焓变	$kJ \cdot mol^{-1}$
I	电离能	$kJ \cdot mol^{-1}$
k	反应速率常数	$(mol \cdot L^{-1})^{1-n} \cdot s^{-1}$($n$为反应级数)
K_a	酸的解离常数	
K_b	碱的解离常数	
	沸点升高常数	$K \cdot kg \cdot mol^{-1}$或$℃ \cdot kg \cdot mol^{-1}$
K_c	浓度平衡常数	$(mol \cdot L^{-1})^{\Delta \nu}$
K_f	凝固点降低常数	$K \cdot kg \cdot mol^{-1}$或$℃ \cdot kg \cdot mol^{-1}$
K_p	压力平衡常数	$Pa^{\Delta \nu}$、$kPa^{\Delta \nu}$
$K_{sp}^{\ominus}$	溶度积	
$K_w^{\ominus}$	水的离子积	
$K^{\ominus}$	标准平衡常数	
l	角量子数	
m	质量	kg、g
	质量摩尔浓度	$mol \cdot kg^{-1}$
	磁量子数	
m_s	自旋量子数	
M	摩尔质量	$kg \cdot mol^{-1}$、$g \cdot mol^{-1}$
M_r	相对分子质量	
n	物质的量	mol

符　　号	物　理　量	单　　位
	主量子数	
n_B	物质 B 的物质的量	mol
p	压力、压强	Pa、kPa
p_B	气体 B 的分压	Pa、kPa
$p^{\ominus}$	标准压力	100 kPa
Q	反应商	
	离子积	
	热	kJ
Q_p	恒压热效应	kJ
Q_V	恒容热效应	kJ
R	摩尔气体常数	8.314 J・mol^{-1}・K^{-1}或 8.314 kPa・L・mol^{-1}・K^{-1}
r	反应速率	mol・L^{-1}・s^{-1}
	原(离)子半径	pm
s	溶解度	mol・L^{-1}
S	熵	J・K^{-1}
$S_m^{\ominus}$	标准摩尔熵	J・mol^{-1}・K^{-1}
$\Delta_r S_m^{\ominus}$	标准摩尔反应熵变	J・mol^{-1}・K^{-1}
t	摄氏温度	℃
T	热力学温度、绝对温度	K
ΔT_b	溶液沸点升高	K
ΔT_f	溶液凝固点降低	K
U	热力学能	kJ
	内能	kJ
ΔU	热力学能变	kJ
V	体积	m^3、L、mL
V_B	气体 B 的分体积	m^3、L、mL
V_m	摩尔体积	
W	功	kJ
x_B	溶质 B 的摩尔分数	
χ	电负性	
Z	核电荷;原子序数	
Z^*	有效核电荷	
ξ	反应进度	mol
ν_B	物质 B 的化学计量系数	
α	解离度(平衡转化率)	
φ	电极电势	V
	体积分数	
$\varphi^{\ominus}$	标准电极电势	V
$\varphi_A^{\ominus}$	酸性介质标准电极电势	V
$\varphi_B^{\ominus}$	碱性介质标准电极电势	V
Π	渗透压	kPa
ρ	密度	kg・m^{-3}、g・cm^{-3}
σ	屏蔽常数	
$\boldsymbol{\mu}$	偶极矩;磁矩	
λ	波长	
Ψ	波函数	

附录 B 我国法定计量单位

我国法定计量单位主要包括以下五部分。

表 B-1 国际单位制(简称 SI)的基本单位

量 的 名 称	量 的 符 号	单 位 名 称	英 文 名 称	单 位 符 号
长度	l	米	metre	m
质量	m	千克或公斤	kilogram	kg
时间	t	秒	second	s
电流	I	安[培]	Ampere	A
热力学温度	T	开[尔文]	Kelvin	K
物质的量	n	摩[尔]	mole	mol
发光强度	I	坎[德拉]	candela	cd

表 B-2 SI 辅助单位

量 的 名 称	单 位 名 称	单 位 符 号
[平面]角	弧度	rad
立体角	球面度	sr

表 B-3 SI 中具有专门名称的导出单位(摘录)

量 的 名 称	单 位 名 称	单 位 符 号	其他表示式
频率	赫[兹]	Hz	s^{-1}
力	牛[顿]	N	$kg \cdot m \cdot s^{-2}$
压力,压强,应力	帕[斯卡]	Pa	$N \cdot m^{-2}$
能[量],功,热	焦[耳]	J	$N \cdot m$
功率,辐[射能]通量	瓦[特]	W	$J \cdot s^{-1}$
电荷[量]	库[仑]	C	$A \cdot s$
电位,电压,电动势(电势)	伏[特]	V	$W \cdot A^{-1}$
电容	法[拉]	F	$C \cdot V^{-1}$
电阻	欧[姆]	Ω	$V \cdot A^{-1}$
电导	西[门子]	S	Ω^{-1}
磁通[量]	韦[伯]	Wb	$V \cdot s$
磁通[量]密度,磁感应强度	特[斯拉]	T	$Wb \cdot m^{-2}$
摄氏温度	摄氏度	℃	

续表

量 的 名 称	单 位 名 称	单 位 符 号	其他表示式
光通量	流[明]	lm	cd · sr
[光]照度	勒[克斯]	lx	lm · m^{-2}
[放射性]活度	贝可[勒尔]	Bq	s^{-1}

表 B-4　与 SI 单位并用的我国法定计量单位

量 的 名 称	单 位 名 称	单 位 符 号	换算关系和说明
时间	分	min	1 min＝60 s
	[小]时	h	1 h＝60 min＝3600 s
	日（天）	d	1 d＝24 h＝86400 s
[平面]角	[角]秒	(″)	1″＝(π/648000)rad(π 为圆周率)
	[角]分	(′)	1′＝60″＝(π/10800)rad
	度	(°)	1°＝60′＝(π/180)rad
旋转速度	转每分	r · min^{-1}	1 r · min^{-1}＝(1/60)s^{-1}
长度	海里	n mile	1 n mile＝1852 m(只用于航行)
速度	节	kn	1 kn＝1 n mile · h^{-1}＝(1852/3600)m · s^{-1} (只用于航行)
质量	吨	t	1 t＝10^3 kg
	原子质量单位	u	1 u≈1.660540×10^{-27} kg
体积	升	L(l)	1 L＝1 dm^3＝10^{-3} m^3
能	电子伏	eV	1 eV≈1.602177×10^{-19} J
级差	分贝	dB	
线密度	特[克斯]	tex	1 tex＝1 g · km^{-1}
面积	公顷	hm^2	1 hm^2＝10^4 m^2

注：[]内的字是在不致混淆的情况下可以省略的字(下同)；单位名称( )内的字为前者的同义词；角度单位度、分、秒的符号不处于数字后时，用括号。

表 B-5　SI 用于构成十进倍数和分数单位的词头(摘录)

所表示的因数	词 头 名 称	词 头 符 号
10^{24}	尧[它]	Y
10^{21}	泽[它]	Z
10^{18}	艾[可萨]	E
10^{15}	拍[它]	P
10^{12}	太[拉]	T
10^9	吉[咖]	G
10^6	兆	M
10^3	千	k
10^2	百	h

所表示的因数	词头名称	词头符号
10^1	十	da
10^{-1}	分	d
10^{-2}	厘	c
10^{-3}	毫	m
10^{-6}	微	μ
10^{-9}	纳[诺]	n
10^{-12}	皮[可]	p
10^{-15}	飞[母托]	f
10^{-18}	阿[托]	a
10^{-21}	仄[普托]	z
10^{-24}	幺[科托]	y

附录 C　一些常用的物理化学常数

量的名称	量的符号	数值和单位
摩尔气体常数	R	$8.314510\ \mathrm{J \cdot mol^{-1} \cdot K^{-1}}$
真空中的光速	c	$2.99792458 \times 10^8\ \mathrm{m \cdot s^{-1}}$
电子的电荷(元电荷)	e	$1.60217733 \times 10^{-19}\ \mathrm{C}$
原子质量单位	u	$1.6605402 \times 10^{-27}\ \mathrm{kg}$
电子静质量	m_e	$9.1093897 \times 10^{-31}\ \mathrm{kg}$
质子静质量	m_p	$1.6726231 \times 10^{-27}\ \mathrm{kg}$
中子静质量	m_n	$1.6749543 \times 10^{-27}\ \mathrm{kg}$
理想气体摩尔体积	V_m	$2.241410 \times 10^{-2}\ \mathrm{m^3 \cdot mol^{-1}}$
阿伏伽德罗(Avogadro)常数	N_A	$6.0221367 \times 10^{23}\ \mathrm{mol^{-1}}$
法拉第(Faraday)常数	F	$9.6485309 \times 10^4\ \mathrm{C \cdot mol^{-1}}$
普朗克(Planck)常量	h	$6.6260755 \times 10^{-34}\ \mathrm{J \cdot s}$
玻耳兹曼(Boltzmann)常数	k	$1.380658 \times 10^{-23}\ \mathrm{J \cdot K^{-1}}$
真空介电常数(真空电容率)	ε_0	$8.854188 \times 10^{-12}\ \mathrm{F \cdot m^{-1}}$
里德堡(Rydberg)常量	R_∞	$1.0973731534 \times 10^7\ \mathrm{m^{-1}}$
电子伏	eV	$1.60217733 \times 10^{-19}\ \mathrm{J}$
波尔(Bohr)半径	a_0	$5.291772083 \times 10^{-11}\ \mathrm{m}$
标准大气压(绝对大气压)	atm	$101325\ \mathrm{Pa}$
标准压力	$p^{\ominus}$	$1 \times 10^5\ \mathrm{Pa}$
标准温度	T_0	$273.15\ \mathrm{K}$
水的三相点	$T_{tp}(H_2O)$	$273.16\ \mathrm{K}$
水的沸点	$T_b(H_2O)$	$99.975\ ℃$

附录 D　一些单质和化合物的热力学数据(298.15 K,100 kPa)

物质(状态)	$\dfrac{\Delta_f H_m^{\ominus}}{kJ \cdot mol^{-1}}$	$\dfrac{\Delta_f G_m^{\ominus}}{kJ \cdot mol^{-1}}$	$\dfrac{S_m^{\ominus}}{J \cdot mol^{-1} \cdot K^{-1}}$
Ag(s)	0	0	42.55
AgCl(s)	−127.068	−109.789	96.2
AgBr(s)	−100.37	−96.90	107.1
AgI(s)	−61.84	−66.19	115.5
Ag₂O(s)	−31.0	−11.2	121.3
Al(s)	0	0	28.33
Al₂O₃(α,刚玉)	−1675.7	−1582.3	50.92
Br₂(l)	0	0	152.231
Br₂(g)	30.907	3.110	245.463
HBr(g)	−36.4	−53.45	198.695
CaF₂(s)	−1219.6	−1167.3	68.87
CaCl₂(s)	−795.8	−748.1	104.6
CaO(s)	−635.09	−604.03	39.75
CaCO₃(方解石)	−1206.92	−1128.79	92.9
Ca(OH)₂(s)	−986.09	−898.49	83.39
C(石墨)	0	0	5.740
C(金刚石)	1.895	2.900	2.377
CO(g)	−110.525	−137.168	197.674
CO₂(g)	−393.51	−394.359	213.74
Cl₂(g)	0	0	223.066
HCl(g)	−92.307	−95.299	186.908
Cu(s)	0	0	33.150
CuO(s)	−157.3	−129.7	42.63
Cu₂O(s)	−168.6	−146.0	93.14
CuS(s)	−53.1	−53.6	66.5
Cu₂S(s)	−79.5	−86.2	120.9
F₂(g)	0	0	202.78
HF(g)	−271.1	−273.2	173.779
Fe(s)	0	0	27.28
FeCl₂(s)	−341.79	−302.30	117.95
FeCl₃(s)	−399.49	−334.00	142.3
Fe₂O₃(赤铁矿)	−824.2	−742.2	87.40
Fe₃O₄(磁铁矿)	−1118.4	−1015.4	146.4
FeS(s)	−100.0	−100.4	60.29

物质（状态）	$\dfrac{\Delta_f H_m^{\ominus}}{kJ \cdot mol^{-1}}$	$\dfrac{\Delta_f G_m^{\ominus}}{kJ \cdot mol^{-1}}$	$\dfrac{S_m^{\ominus}}{J \cdot mol^{-1} \cdot K^{-1}}$
$FeSO_4(s)$	−928.4	−820.8	107.5
$H_2(g)$	0	0	130.684
$H_2O(l)$	−285.830	−237.129	69.91
$H_2O(g)$	−241.818	−228.572	188.825
$H_2O_2(l)$	−187.78	−120.35	109.6
HgO(红,斜方晶形)	−90.83	−58.539	70.29
$I_2(s)$	0	0	116.135
$I_2(g)$	62.438	19.327	260.69
$HI(g)$	26.48	1.70	206.594
$MnO_2(s)$	−520.03	−465.14	53.05
$NaOH(s)$	−425.609	−379.494	64.455
$Na_2SO_4(s)$	−1387.08	−1270.16	149.58
$Na_2CO_3(s)$	−1130.68	−1044.44	134.98
$NaHCO_3(s)$	−950.81	−851.0	101.7
$N_2(g)$	0	0	191.61
$N_2O(g)$	82.05	104.20	219.85
$NO(g)$	90.25	86.55	210.761
$NH_3(g)$	−46.11	−16.45	192.45
$N_2H_4(l)$	50.63	149.34	121.21
$NO_2(g)$	33.18	51.31	240.06
$HNO_3(l)$	−174.10	−80.71	155.60
$NH_4NO_3(s)$	−365.56	−183.87	151.08
$NH_4Cl(s)$	−314.43	−202.87	94.6
$NH_4HS(s)$	−156.9	−50.5	97.5
$O_2(g)$	0	0	205.138
$O_3(g)$	142.7	163.2	238.93
P(白磷)	0	0	41.09
P(红磷)	−17.6	−121	22.80
$PCl_3(g)$	−287.0	−267.8	311.78
$PCl_5(g)$	−374.9	−305.0	364.58
$H_2S(g)$	−20.63	−33.56	205.79
$SO_2(g)$	−296.830	−300.194	248.22
$SO_3(g)$	−395.72	−371.06	256.76
$Si(s)$	0	0	18.83
$SiCl_4(l)$	−687.0	−619.84	239.7
$SiCl_4(g)$	−657.01	−616.98	330.73
$SiF_4(g)$	−1614.94	−1572.65	282.49

物质(状态)	$\dfrac{\Delta_f H_m^\ominus}{kJ \cdot mol^{-1}}$	$\dfrac{\Delta_f G_m^\ominus}{kJ \cdot mol^{-1}}$	$\dfrac{S_m^\ominus}{J \cdot mol^{-1} \cdot K^{-1}}$
SiO_2(石英)	-910.94	-856.64	41.84
SiO_2(无定形)	-903.49	-850.70	46.9
$Sn(s,白)$	0	0	51.55
$Sn(s,灰)$	-2.09	0.13	44.14
$SnO_2(s)$	-580.7	-519.6	52.3
$Zn(s)$	0	0	41.63
$ZnCl_2(s)$	-415.05	-369.398	111.46
$ZnO(s)$	-348.28	-318.30	43.64
$Zn(OH)_2(s,\beta)$	-641.91	-553.52	81.2
$CH_4(g)$	-74.81	-50.72	186.264
$C_2H_6(g)$	-84.68	-32.82	229.60
$C_2H_2(g)$	226.73	209.20	200.94
$CH_3COOH(l)$	-484.5	-389.9	159.8
$C_2H_5OH(l)$	-277.69	-174.78	160.7

附录 E 一些弱酸、弱碱的解离常数(298.15 K)

物　　质	$pK_{ai}^\ominus$	$K_{ai}^\ominus$
H_3AsO_4	2.223	$K_{a1}^\ominus = 6.0 \times 10^{-3}$
	6.770	$K_{a2}^\ominus = 1.7 \times 10^{-7}$
	(11.29)	$(K_{a3}^\ominus = 5.1 \times 10^{-12})$
$HAsO_2$	9.28	5.2×10^{-10}
H_3BO_3	9.237	$K_{a1}^\ominus = 5.8 \times 10^{-10}$
H_2CO_3	6.357	$K_{a1}^\ominus = 4.4 \times 10^{-7}$
	10.328	$K_{a2}^\ominus = 4.7 \times 10^{-11}$
HCN	9.21	6.2×10^{-10}
HF	3.20	6.3×10^{-4}
$HClO_4$	-1.6	39.8
$HClO_2$	1.96	1.1×10^{-2}
$HClO$	7.538	2.9×10^{-8}
$HBrO$	8.55	2.8×10^{-9}
HIO	10.5	3.2×10^{-11}
HIO_3	0.796	1.6×10^{-1}
HIO_4	1.64	2.3×10^{-2}
H_2O_2	11.64	$K_{a1}^\ominus = 2.3 \times 10^{-12}$

物　质	$pK_{ai}^{\ominus}$	$K_{ai}^{\ominus}$
H_2SO_4	2	$K_{a2}^{\ominus}=1.0\times10^{-2}$
H_2SO_3	1.89	$K_{a1}^{\ominus}=1.3\times10^{-2}$
	7.207	$K_{a2}^{\ominus}=6.2\times10^{-8}$
H_2SeO_4	1.66	$K_{a2}^{\ominus}=2.2\times10^{-2}$
H_2CrO_4	0.74	$K_{a1}^{\ominus}=1.8\times10^{-1}$
	6.481	$K_{a2}^{\ominus}=3.3\times10^{-7}$
HNO_2	3.14	7.2×10^{-4}
H_2S	6.96	$K_{a1}^{\ominus}=1.1\times10^{-7}$
	12.89	$K_{a2}^{\ominus}=1.3\times10^{-13}$
H_3PO_4	2.149	$K_{a1}^{\ominus}=7.1\times10^{-3}$
	7.20	$K_{a2}^{\ominus}=6.3\times10^{-8}$
	12.32	$K_{a3}^{\ominus}=4.8\times10^{-13}$
H_3PO_3	1.43	$K_{a1}^{\ominus}=3.7\times10^{-2}$
	6.68	$K_{a2}^{\ominus}=2.1\times10^{-7}$
$H_4P_2O_7$	0.92	$K_{a1}^{\ominus}=1.2\times10^{-1}$
	2.10	$K_{a2}^{\ominus}=7.9\times10^{-3}$
	6.70	$K_{a3}^{\ominus}=2.0\times10^{-7}$
	9.35	$K_{a4}^{\ominus}=4.5\times10^{-10}$
H_4SiO_4	9.60	$K_{a1}^{\ominus}=2.5\times10^{-10}$
	11.8	$K_{a2}^{\ominus}=1.6\times10^{-12}$
	(12)	$(K_{a3}^{\ominus}=1.0\times10^{-12})$
HAc	4.76	1.75×10^{-5}
HCOOH	3.75	1.77×10^{-4}
HSCN	−1.8	63
$NH_3\cdot H_2O$	$(pK_b^{\ominus}=4.75)$	$(K_b^{\ominus}=1.8\times10^{-5})$

附录 F　常见难溶电解质的溶度积(298.15 K)

难溶电解质	$K_{sp}^{\ominus}$	难溶电解质	$K_{sp}^{\ominus}$
AgCl	1.8×10^{-10}	Cu_2S	2.5×10^{-48}
AgBr	5.0×10^{-13}	CuS	6.3×10^{-36}
AgI	8.52×10^{-17}	$CuCO_3$	1.4×10^{-10}
AgOH	2.0×10^{-8}	$Fe(OH)_2$	4.87×10^{-17}
Ag_2SO_4	1.20×10^{-5}	$Fe(OH)_3$	4.0×10^{-38}
Ag_2SO_3	1.50×10^{-14}	$FeCO_3$	3.13×10^{-11}
Ag_2S	6.3×10^{-50}	FeS	6.3×10^{-18}

难溶电解质	$K_{sp}^{\ominus}$	难溶电解质	$K_{sp}^{\ominus}$
Ag_2CO_3	8.46×10^{-12}	$Hg(OH)_2$	3.0×10^{-26}
$Ag_2C_2O_4$	3.4×10^{-11}	Hg_2Cl_2	1.43×10^{-18}
Ag_2CrO_4	1.1×10^{-12}	Hg_2Br_2	6.4×10^{-23}
$Ag_2Cr_2O_7$	2.0×10^{-7}	Hg_2I_2	5.2×10^{-29}
Ag_3PO_4	8.89×10^{-17}	Hg_2CO_3	3.6×10^{-17}
$Al(OH)_3$	1.3×10^{-33}	$HgBr_2$	6.2×10^{-20}
As_2S_3	2.1×10^{-22}	HgI_2	2.8×10^{-29}
$Au(OH)_3$	5.5×10^{-46}	Hg_2S	1.0×10^{-47}
BaF_2	1.84×10^{-7}	$HgS(红)$	4.0×10^{-53}
$Ba(OH)_2 \cdot 8H_2O$	2.55×10^{-4}	$HgS(黑)$	1.6×10^{-52}
$BaSO_4$	1.1×10^{-10}	$K_2[PtCl_6]$	7.4×10^{-6}
$BaSO_3$	5.0×10^{-10}	$La(OH)_3$	2.0×10^{-19}
$BaCO_3$	2.6×10^{-9}	LiF	1.84×10^{-3}
BaC_2O_4	1.6×10^{-7}	$Mg(OH)_2$	1.8×10^{-11}
$BaCrO_4$	1.17×10^{-10}	$MgCO_3$	6.82×10^{-6}
$Ba_3(PO_4)_2$	3.4×10^{-23}	MgF_2	6.5×10^{-9}
$Be(OH)_2$	6.92×10^{-22}	$Mn(OH)_2$	1.9×10^{-13}
$Bi(OH)_3$	6.0×10^{-31}	$MnS(无定形)$	2.5×10^{-10}
$BiOCl$	1.8×10^{-31}	$MnS(结晶)$	2.5×10^{-13}
$BiO(NO_3)$	2.82×10^{-3}	$MnCO_3$	6.82×10^{-6}
Bi_2S_3	1.0×10^{-97}	$Ni(OH)_2$	2.0×10^{-15}
$CaSO_4$	4.93×10^{-5}	$NiCO_3$	1.42×10^{-7}
$CaSO_3 \cdot \frac{1}{2}H_2O$	3.1×10^{-7}	$\alpha\text{-}NiS$	3.2×10^{-19}
$CaCO_3$	6.7×10^{-9}	$Pb(OH)_2$	1.43×10^{-15}
$Ca(OH)_2$	5.5×10^{-6}	$Pb(OH)_4$	3.2×10^{-66}
CaF_2	2.7×10^{-11}	PbF_2	3.3×10^{-8}
$CaC_2O_4 \cdot H_2O$	2.32×10^{-9}	$PbCl_2$	1.6×10^{-5}
$Ca_3(PO_4)_2$	2.07×10^{-29}	$PbBr_2$	6.6×10^{-6}
$Cd(OH)_2$	7.2×10^{-15}	PbI_2	9.8×10^{-9}
CdS	8.2×10^{-27}	$PbSO_4$	1.6×10^{-8}
$Cr(OH)_3$	6.3×10^{-31}	$PbCO_3$	7.4×10^{-14}
$Co(OH)_2$	5.92×10^{-15}	$PbCrO_4$	2.8×10^{-13}
$Co(OH)_3$	1.6×10^{-44}	PbS	8.0×10^{-28}
$CoCO_3$	1.4×10^{-13}	$Sn(OH)_2$	5.45×10^{-28}
$\alpha\text{-}CoS$	4.0×10^{-21}	$Sn(OH)_4$	1.0×10^{-56}
$\beta\text{-}CoS$	2.0×10^{-25}	SnS	1.0×10^{-25}
$CsClO_4$	3.95×10^{-3}	$SrCO_3$	5.6×10^{-10}

难溶电解质	$K_{sp}^{\ominus}$	难溶电解质	$K_{sp}^{\ominus}$
CuOH	1.0×10^{-14}	SrCrO$_4$	2.2×10^{-5}
Cu(OH)$_2$	2.2×10^{-20}	SrSO$_4$	3.4×10^{-7}
CuCl	1.72×10^{-7}	Zn(OH)$_2$	3.0×10^{-17}
CuBr	6.27×10^{-9}	ZnCO$_3$	1.46×10^{-10}
CuI	1.27×10^{-12}	ZnS	2.93×10^{-25}

附录 G 标准电极电势(298.15 K)

表 G-1 在酸性溶液中标准电极电势(298.15 K)

电 对	电 极 反 应	$\varphi_A^{\ominus}/V$
Li$^+$/Li	Li$^+ + e^- \Longrightarrow$ Li	-3.045
K$^+$/K	K$^+ + e^- \Longrightarrow$ K	-2.924
Ba^{2+}/Ba	Ba$^{2+} + 2e^- \Longrightarrow$ Ba	-2.92
Ca^{2+}/Ca	Ca$^{2+} + 2e^- \Longrightarrow$ Ca	-2.84
Na$^+$/Na	Na$^+ + e^- \Longrightarrow$ Na	-2.714
Mg^{2+}/Mg	Mg$^{2+} + 2e^- \Longrightarrow$ Mg	-2.356
Be^{2+}/Be	Be$^{2+} + 2e^- \Longrightarrow$ Be	-1.99
Al^{3+}/Al	Al$^{3+} + 3e^- \Longrightarrow$ Al	-1.676
Mn^{2+}/Mn	Mn$^{2+} + 2e^- \Longrightarrow$ Mn	-1.18
Zn^{2+}/Zn	Zn$^{2+} + 2e^- \Longrightarrow$ Zn	-0.763
Cr^{2+}/Cr	Cr$^{2+} + 2e^- \Longrightarrow$ Cr	-0.74
Fe^{2+}/Fe	Fe$^{2+} + 2e^- \Longrightarrow$ Fe	-0.44
Cd^{2+}/Cd	Cd$^{2+} + 2e^- \Longrightarrow$ Cd	-0.403
PbSO$_4$/Pb	PbSO$_4 + 2e^- \Longrightarrow$ Pb $+$ SO$_4^{2-}$	-0.356
Co^{2+}/Co	Co$^{2+} + 2e^- \Longrightarrow$ Co	-0.277
Ni^{2+}/Ni	Ni$^{2+} + 2e^- \Longrightarrow$ Ni	-0.257
AgI/Ag	AgI $+ e^- \Longrightarrow$ Ag $+$ I$^-$	-0.152
Sn^{2+}/Sn	Sn$^{2+} + 2e^- \Longrightarrow$ Sn	-0.136
Pb^{2+}/Pb	Pb$^{2+} + 2e^- \Longrightarrow$ Pb	-0.126
H$^+$/H$_2$	2H$^+ + 2e^- \Longrightarrow$ H$_2$	0
AgBr/Ag	AgBr $+ e^- \Longrightarrow$ Ag $+$ Br$^-$	0.071
S$_4$O$_6^{2-}$/S$_2$O$_3^{2-}$	S$_4$O$_6^{2-} + 2e^- \Longrightarrow$ 2S$_2$O$_3^{2-}$	0.08
S/H$_2$S(aq)	S $+ 2$H$^+ + 2e^- \Longrightarrow$ H$_2$S(aq)	0.144
Sn^{4+}/Sn^{2+}	Sn$^{4+} + 2e^- \Longrightarrow$ Sn^{2+}	0.151
SO$_4^{2-}$/H$_2$SO$_3$	SO$_4^{2-} + 4$H$^+ + 2e^- \Longrightarrow$ H$_2$SO$_3 +$ H$_2$O	0.158

续表

电　对	电　极　反　应	$\varphi_A^{\ominus}/V$
Cu^{2+}/Cu^+	$Cu^{2+}+e^-\Longrightarrow Cu^+$	0.159
$AgCl/Ag$	$AgCl+e^-\Longrightarrow Ag+Cl^-$	0.222
Hg_2Cl_2/Hg	$Hg_2Cl_2+2e^-\Longrightarrow 2Hg+2Cl^-$	0.2682
Cu^{2+}/Cu	$Cu^{2+}+2e^-\Longrightarrow Cu$	0.337
$[Fe(CN)_6]^{3-}/[Fe(CN)_6]^{4-}$	$[Fe(CN)_6]^{3-}+e^-\Longrightarrow [Fe(CN)_6]^{4-}$	0.361
$H_2SO_3/S_2O_3^{2-}$	$2H_2SO_3+2H^++4e^-\Longrightarrow S_2O_3^{2-}+3H_2O$	0.400
Cu^+/Cu	$Cu^++e^-\Longrightarrow Cu$	0.52
I_2/I^-	$I_2+2e^-\Longrightarrow 2I^-$	0.535
$Cu^{2+}/CuCl$	$Cu^{2+}+Cl^-+e^-\Longrightarrow CuCl$	0.559
H_3AsO_4/H_3AsO_3	$H_3AsO_4+2H^++2e^-\Longrightarrow H_3AsO_3+H_2O$	0.560
$HgCl_2/Hg_2Cl_2$	$2HgCl_2+2e^-\Longrightarrow Hg_2Cl_2+2Cl^-$	0.63
O_2/H_2O_2	$O_2+2H^++2e^-\Longrightarrow H_2O_2$	0.682
Fe^{3+}/Fe^{2+}	$Fe^{3+}+e^-\Longrightarrow Fe^{2+}$	0.771
Hg_2^{2+}/Hg	$Hg_2^{2+}+2e^-\Longrightarrow 2Hg$	0.7960
Ag^+/Ag	$Ag^++e^-\Longrightarrow Ag$	0.799
Hg^{2+}/Hg	$Hg^{2+}+2e^-\Longrightarrow Hg$	0.8535
Cu^{2+}/CuI	$Cu^{2+}+I^-+e^-\Longrightarrow CuI$	0.86
Hg^{2+}/Hg_2^{2+}	$2Hg^{2+}+2e^-\Longrightarrow Hg_2^{2+}$	0.911
NO_3^-/HNO_2	$NO_3^-+3H^++2e^-\Longrightarrow H_2O+HNO_2$	0.94
NO_3^-/NO	$NO_3^-+4H^++3e^-\Longrightarrow 2H_2O+NO$	0.957
HIO/I^-	$HIO+H^++2e^-\Longrightarrow H_2O+I^-$	0.985
HNO_2/NO	$HNO_2+H^++e^-\Longrightarrow H_2O+NO$	0.996
Br_2/Br^-	$Br_2+2e^-\Longrightarrow 2Br^-$	1.065
IO_3^-/HIO	$IO_3^-+5H^++4e^-\Longrightarrow 2H_2O+HIO$	1.14
IO_3^-/I_2	$2IO_3^-+12H^++10e^-\Longrightarrow 6H_2O+I_2$	1.195
ClO_4^-/ClO_3^-	$ClO_4^-+2H^++2e^-\Longrightarrow H_2O+ClO_3^-$	1.19
O_2/H_2O	$O_2+4H^++4e^-\Longrightarrow 2H_2O$	1.229
MnO_2/Mn^{2+}	$MnO_2+4H^++2e^-\Longrightarrow 2H_2O+Mn^{2+}$	1.23
HNO_2/N_2O	$2HNO_2+4H^++4e^-\Longrightarrow 3H_2O+N_2O$	1.297
Cl_2/Cl^-	$Cl_2+2e^-\Longrightarrow 2Cl^-$	1.36
$Cr_2O_7^{2-}/Cr^{3+}$	$Cr_2O_7^{2-}+14H^++6e^-\Longrightarrow 7H_2O+2Cr^{3+}$	1.36
ClO_4^-/Cl^-	$ClO_4^-+8H^++8e^-\Longrightarrow 4H_2O+Cl^-$	1.389
ClO_4^-/Cl_2	$2ClO_4^-+16H^++14e^-\Longrightarrow 8H_2O+Cl_2$	1.392
ClO_3^-/Cl^-	$ClO_3^-+6H^++6e^-\Longrightarrow 3H_2O+Cl^-$	1.45
PbO_2/Pb^{2+}	$PbO_2+4H^++2e^-\Longrightarrow 2H_2O+Pb^{2+}$	1.46
ClO_3^-/Cl_2	$2ClO_3^-+12H^++10e^-\Longrightarrow 6H_2O+Cl_2$	1.468
BrO_3^-/Br^-	$BrO_3^-+6H^++6e^-\Longrightarrow 3H_2O+Br^-$	1.478

电 对	电极反应	$\varphi_A^{\ominus}/V$
$BrO_3^-/Br_2(l)$	$2BrO_3^-+12H^++10e^-\rightleftharpoons 6H_2O+Br_2(l)$	1.5
MnO_4^-/Mn^{2+}	$MnO_4^-+8H^++5e^-\rightleftharpoons 4H_2O+Mn^{2+}$	1.51
$HClO/Cl_2$	$2HClO+2H^++2e^-\rightleftharpoons 2H_2O+Cl_2$	1.630
MnO_4^-/MnO_2	$MnO_4^-+4H^++3e^-\rightleftharpoons 2H_2O+MnO_2$	1.70
H_2O_2/H_2O	$H_2O_2+2H^++2e^-\rightleftharpoons 2H_2O$	1.776
$S_2O_8^{2-}/SO_4^{2-}$	$S_2O_8^{2-}+2e^-\rightleftharpoons 2SO_4^{2-}$	1.96
FeO_4^{2-}/Fe^{3+}	$FeO_4^{2-}+8H^++3e^-\rightleftharpoons 4H_2O+Fe^{3+}$	2.20
BaO_2/Ba^{2+}	$BaO_2+4H^++2e^-\rightleftharpoons 2H_2O+Ba^{2+}$	2.365
$XeF_2/Xe(g)$	$XeF_2+2H^++2e^-\rightleftharpoons 2HF+Xe(g)$	2.64
F_2/F^-	$F_2+2e^-\rightleftharpoons 2F^-$	2.87
$F_2/HF(aq)$	$F_2+2H^++2e^-\rightleftharpoons 2HF(aq)$	3.053
$XeF/Xe(g)$	$XeF+e^-\rightleftharpoons Xe(g)+F^-$	3.4

表 G-2　在碱性溶液中标准电极电势(298.15 K)

电 对	电极反应	$\varphi_B^{\ominus}/V$
$Ca(OH)_2/Ca$	$Ca(OH)_2+2e^-\rightleftharpoons Ca+2OH^-$	−3.02
$Mg(OH)_2/Mg$	$Mg(OH)_2+2e^-\rightleftharpoons Mg+2OH^-$	−2.68
$[Al(OH)_4]^-/Al$	$[Al(OH)_4]^-+3e^-\rightleftharpoons Al+4OH^-$	−2.310
SiO_3^{2-}/Si	$SiO_3^{2-}+3H_2O+4e^-\rightleftharpoons Si+6OH^-$	−1.73
$Cr(OH)_3/Cr$	$Cr(OH)_3+3e^-\rightleftharpoons Cr+3OH^-$	−1.48
$[Zn(OH)_4]^{2-}/Zn$	$[Zn(OH)_4]^{2-}+2e^-\rightleftharpoons Zn+4OH^-$	−1.285
$HSnO_2^-/Sn$	$HSnO_2^-+H_2O+2e^-\rightleftharpoons Sn+3OH^-$	−0.91
H_2O/OH^-	$2H_2O+2e^-\rightleftharpoons H_2+2OH^-$	−0.828
$[Fe(OH)_4]^-/[Fe(OH)_4]^{2-}$	$[Fe(OH)_4]^-+e^-\rightleftharpoons [Fe(OH)_4]^{2-}$	−0.73
$Ni(OH)_2/Ni$	$Ni(OH)_2+2e^-\rightleftharpoons Ni+2OH^-$	−0.72
AsO_3^{3-}/As	$AsO_3^{3-}+3H_2O+3e^-\rightleftharpoons As+6OH^-$	−0.675
AsO_4^{3-}/AsO_3^{3-}	$AsO_4^{3-}+H_2O+2e^-\rightleftharpoons AsO_3^{3-}+2OH^-$	−0.68
SO_3^{2-}/S^{2-}	$SO_3^{2-}+3H_2O+6e^-\rightleftharpoons S^{2-}+6OH^-$	−0.61
$SO_3^{2-}/S_2O_3^{2-}$	$2SO_3^{2-}+3H_2O+4e^-\rightleftharpoons S_2O_3^{2-}+6OH^-$	−0.576
NO_2^-/NO	$NO_2^-+H_2O+e^-\rightleftharpoons NO+2OH^-$	−0.46
S/S^{2-}	$S+2e^-\rightleftharpoons S^{2-}$	−0.407
$CrO_4^{2-}/[Cr(OH)_4]^-$	$CrO_4^{2-}+4H_2O+3e^-\rightleftharpoons [Cr(OH)_4]^-+4OH^-$	−0.13
O_2/HO_2^-	$O_2+H_2O+2e^-\rightleftharpoons HO_2^-+OH^-$	−0.076
$Co(OH)_3/Co(OH)_2$	$Co(OH)_3+e^-\rightleftharpoons Co(OH)_2+OH^-$	0.17
O_2/OH^-	$O_2+2H_2O+4e^-\rightleftharpoons 4OH^-$	0.401
ClO^-/Cl_2	$2ClO^-+2H_2O+2e^-\rightleftharpoons 4OH^-+Cl_2$	0.421
MnO_4^-/MnO_4^{2-}	$MnO_4^-+e^-\rightleftharpoons MnO_4^{2-}$	0.56

续表

电　对	电极反应	$\varphi_B^{\ominus}/V$
MnO_4^-/MnO_2	$MnO_4^- + 2H_2O + 3e^- \rightleftharpoons 4OH^- + MnO_2$	0.60
MnO_4^{2-}/MnO_2	$MnO_4^{2-} + 2H_2O + 2e^- \rightleftharpoons 4OH^- + MnO_2$	0.62
HO_2^-/OH^-	$HO_2^- + H_2O + 2e^- \rightleftharpoons 3OH^-$	0.867
ClO^-/Cl^-	$ClO^- + H_2O + 2e^- \rightleftharpoons 2OH^- + Cl^-$	0.890
O_3/OH^-	$O_3 + H_2O + 2e^- \rightleftharpoons O_2 + 2OH^-$	1.246

附录 H　一些常见配离子的稳定常数

配　离　子	稳定常数 $K_稳$	配　离　子	稳定常数 $K_稳$
$[AgCl_2]^-$	1.1×10^5	$[CuI_2]^-$	7.09×10^8
$[AgBr_2]^-$	2.14×10^7	$[Cu(CN)_2]^-$	1.00×10^{24}
$[AgI_2]^-$	5.5×10^{11}	$[Cu(CN)_4]^{3-}$	2.0×10^{30}
$[Ag(CN)_2]^-$	1.26×10^{21}	$[Cu(en)_2]^+$	6.33×10^{10}
$[Ag(NH_3)_2]^+$	1.12×10^7	$[Cu(en)_3]^{2+}$	1.0×10^{21}
$[Ag(SCN)_2]^-$	3.72×10^7	$[Cu(NH_3)_2]^+$	7.25×10^{10}
$[Ag(S_2O_3)_2]^{3-}$	2.88×10^{13}	$[Cu(NH_3)_4]^{2+}$	2.09×10^{13}
$[Ag(en)_2]^+$	5.00×10^7	$[Cu(SCN)_2]^-$	1.51×10^5
$[AgEDTA]^{3-}$	2.09×10^7	$[CuEDTA]^{2-}$	5.00×10^{18}
$[AlF_6]^{3-}$	6.94×10^{19}	$[Cu(S_2O_3)_2]^{3-}$	1.66×10^{12}
$[AlEDTA]^-$	1.29×10^{16}	$[Fe(C_2O_4)_3]^{3-}$	1.0×10^{20}
$[Al(OH)_4]^-$	1.07×10^{33}	$[FeF_6]^{3-}$	2.04×10^{14}
$[AuCl_2]^+$	6.30×10^9	$[Fe(CN)_6]^{4-}$	1.00×10^{35}
$[AuCl_4]^-$	2.0×10^{21}	$[Fe(CN)_6]^{3-}$	1.00×10^{42}
$[Au(CN)_2]^-$	2.0×10^{38}	$[Fe(NCS)_6]^{3-}$	1.3×10^9
$[CdCl_4]^{2-}$	6.3×10^2	$[Fe(en)_3]^{2+}$	5.00×10^9
$[CdI_4]^{2-}$	2.57×10^5	$[FeEDTA]^{2-}$	2.14×10^{14}
$[Cd(CN)_4]^{2-}$	6.02×10^{18}	$[FeEDTA]^-$	1.70×10^{24}
$[Cd(NH_3)_4]^{2+}$	1.32×10^7	$[HgCl_4]^{2-}$	1.17×10^{15}
$[Cd(OH)_4]^{2-}$	4.17×10^8	$[HgI_4]^{2-}$	6.76×10^{29}
$[Cd(S_2O_3)_2]^{2-}$	2.75×10^6	$[Hg(CN)_4]^{2-}$	2.50×10^{41}
$[Cd(en)_2]^{2+}$	1.23×10^{10}	$[Hg(NH_3)_4]^{2+}$	1.90×10^{19}
$[Cd(en)_3]^{2+}$	1.20×10^{12}	$[Hg(SCN)_4]^{2-}$	1.70×10^{21}
$[CdEDTA]^{2-}$	2.50×10^{16}	$[Hg(en)_2]^{2+}$	2.00×10^{23}

配　离　子	稳定常数 $K_{稳}$	配　离　子	稳定常数 $K_{稳}$
$[Co(NH_3)_6]^{2+}$	1.29×10^5	$[HgEDTA]^{2-}$	6.33×10^{21}
$[Co(NH_3)_6]^{3+}$	1.58×10^{35}	$[Hg(S_2O_3)_4]^{6-}$	1.74×10^{33}
$[Co(SCN)_4]^{2-}$	1.0×10^3	$[Ni(CN)_4]^{2-}$	2.00×10^{31}
$[Co(en)_3]^{2+}$	8.69×10^{13}	$[Ni(en)_3]^{2+}$	2.14×10^{18}
$[Co(en)_3]^{3+}$	4.90×10^{48}	$[Ni(NH_3)_4]^{2+}$	9.09×10^7
$[CoEDTA]^{2-}$	2.04×10^{16}	$[Ni(NH_3)_6]^{2+}$	5.49×10^8
$[CoEDTA]^{-}$	1.00×10^{36}	$[NiEDTA]^{2-}$	3.64×10^{18}
$[CuCl_2]^{-}$	3.2×10^5	$[Zn(CN)_4]^{2-}$	5.0×10^{16}
$[CuCl_3]^{2-}$	5.01×10^5	$[Zn(en)_2]^{2+}$	6.8×10^{10}
$[CuBr_2]^{-}$	7.8×10^5	$[Zn(en)_3]^{2+}$	2.14×10^{18}
$[CuI_2]^{-}$	7.1×10^8	$[Zn(NH_3)_4]^{2+}$	2.88×10^9
$[Cu(CN)_2]^{-}$	1.0×10^{24}		

附录 I　一些物质的商品名或俗名

商品名或俗名	学　名	化学式(或主要成分)
钢精,铝粉	铝	Al
刚玉	三氧化二铝	Al_2O_3
矾土	三氧化二铝	Al_2O_3
砒霜,白砒	三氧化二砷	As_2O_3
重土	氧化钡	BaO
重晶石	硫酸钡	$BaSO_4$
电石	碳化钙	CaC_2
方解石,大理石	碳酸钙	$CaCO_3$
生石灰,石灰	氧化钙	CaO
萤石,氟石	氟化钙	CaF_2
干冰	二氧化碳(固体)	CO_2
熟石灰,消石灰	氢氧化钙	$Ca(OH)_2$
漂白粉	—	$Ca(ClO)_2 + CaCl_2 \cdot Ca(OH)_2 \cdot H_2O$

商品名或俗名	学　名	化学式(或主要成分)
生石膏	硫酸钙	$CaSO_4 \cdot 2H_2O$
熟石膏	硫酸钙	$CaSO_4 \cdot 1/2H_2O$
胆矾,蓝矾	硫酸铜	$CuSO_4 \cdot 5H_2O$
绿矾,青矾	硫酸亚铁	$FeSO_4 \cdot 7H_2O$
双氧水	过氧化氢	H_2O_2
水银	汞	Hg
升汞	氯化汞	$HgCl_2$
甘汞	氯化亚汞	Hg_2Cl_2
三仙丹	氧化汞	HgO
朱砂,辰砂	硫化汞	HgS
钾碱	碳酸钾	K_2CO_3
红矾钾	重铬酸钾	$K_2Cr_2O_7$
赤血盐	(高)铁氰化钾	$K_3[Fe(CN)_6]$
黄血盐	亚铁氰化钾	$K_4[Fe(CN)_6]$
灰锰氧	高锰酸钾	$KMnO_4$
火硝,土硝	硝酸钾	KNO_3
苛性钾	氢氧化钾	KOH
明矾,钾明矾	硫酸铝钾	$K_2SO_4 \cdot Al_2(SO_4)_3 \cdot 24H_2O$
苦土	氧化镁	MgO
泻盐	硫酸镁	$MgSO_4$
硼砂	四硼酸钠	$Na_2B_4O_7 \cdot 10H_2O$
苏打,纯碱	碳酸钠	Na_2CO_3
小苏打	碳酸氢钠	$NaHCO_3$
红矾钠	重铬酸钠	$Na_2Cr_2O_7$
烧碱,火碱,苛性钠	氢氧化钠	$NaOH$
水玻璃,泡花碱	硅酸钠	$xNa_2O \cdot ySiO_2$
硫化碱	硫化钠	$Na_2S \cdot 9H_2O$
海波,大苏打	硫代硫酸钠	$Na_2S_2O_3 \cdot 5H_2O$
保险粉	连二亚硫酸钠	$Na_2S_2O_4 \cdot 2H_2O$
芒硝,皮硝,元明粉	硫酸钠	$Na_2SO_4 \cdot 10H_2O$
铬钠矾	硫酸铬钠	$Na_2SO_4 \cdot Cr_2(SO_4)_3 \cdot 24H_2O$
硫铵	硫酸铵	$(NH_4)_2SO_4$

续表

商品名或俗名	学　名	化学式(或主要成分)
硇砂	氯化铵	NH_4Cl
铁铵矾	硫酸铁铵	$(NH_4)_2SO_4 \cdot Fe_2(SO_4)_3 \cdot 24H_2O$
铬铵矾	硫酸铬铵	$(NH_4)_2SO_4 \cdot Cr_2(SO_4)_3 \cdot 24H_2O$
铝铵矾	硫酸铝铵	$(NH_4)_2SO_4 \cdot Al_2(SO_4)_3 \cdot 24H_2O$
铅丹,红丹	四氧化三铅	Pb_3O_4
铬黄,铅铬黄	铬酸铅	$PbCrO_4$
铅白,白铅粉	碱式碳酸铅	$2PbCO_3 \cdot Pb(OH)_2$
锑白	三氧化二锑	Sb_2O_3
天青石	硫酸锶	$SrSO_4$
石英,水晶,打火石	二氧化硅	SiO_2
金刚砂	碳化硅	SiC
钛白	二氧化钛	TiO_2
锌白,锌氧粉	氧化锌	ZnO
皓矾	硫酸锌	$ZnSO_4 \cdot 7H_2O$

参考文献

[1] 高职高专化学教材编写组. 无机化学[M]. 2版. 北京:高等教育出版社,2000.

[2] 华彤文,陈景祖. 普通化学原理[M]. 3版. 北京:北京大学出版社,2005.

[3] 周德凤,袁亚莉. 无机化学[M]. 2版. 武汉:华中科技大学出版社,2014.

[4] 胡忠鲠. 现代化学基础[M]. 2版. 北京:高等教育出版社,2005.

[5] 武汉大学,吉林大学. 无机化学[M]. 3版. 北京:高等教育出版社,1994.

[6] 蔡少华,龚孟濂,史华红. 无机化学基本原理[M]. 广州:中山大学出版社,1999.

[7] 邵学俊,董平安,魏益海. 无机化学[M]. 2版. 武汉:武汉大学出版社,2002.

[8] 傅献彩. 大学化学[M]. 北京:高等教育出版社,1999.

[9] 宋天佑. 无机化学[M]. 北京:高等教育出版社,2004.

[10] 北京师范大学. 无机化学[M]. 4版. 北京:高等教育出版社,2002.

[11] 蔡少华,黄坤耀,张玉容. 元素无机化学[M]. 广州:中山大学出版社,1998.

[12] 刘新锦,朱亚先,高飞. 无机元素化学[M]. 北京:科学出版社,2005.

[13] 许善锦. 无机化学[M]. 4版. 北京:人民卫生出版社,2003.

[14] 叶芬霞. 无机及分析化学[M]. 北京:高等教育出版社,2004.

[15] 夏太国,杨绍斌,于继甫,等. 普通化学[M]. 沈阳:东北大学出版社,2006.

[16] 王秀芳. 无机化学[M]. 2版. 北京:化学工业出版社,2005.

[17] 古国榜,李朴. 无机化学[M]. 2版. 北京:化学工业出版社,2006.

[18] 胡伟光. 无机化学[M]. 北京:化学工业出版社,2003.

[19] 庞锡涛.无机化学[M].2版.北京:高等教育出版社,1998.

[20] 大连理工大学无机化学教研室.无机化学[M].5版.北京:高等教育出版社,2006.

[21] 靳学远.无机化学[M].2版.上海:上海交通大学出版社,2009.

[22] 胡少文.无机化学习题精解(下册)[M].北京:科学出版社,1999.

[23] 胡常讳,刘娅.基础化学[M].成都:四川大学出版社,2003.

元素

族 周期	I A 1
1	1 **H** 氢 $\frac{1}{2}$ $3^β$ $1s^1$ 1.00794(7)
2	3 **Li** $\frac{6}{7}$ 锂 $2s^1$ 6.941(2)
3	11 **Na** 23 钠 $3s^1$ 22.989770(2)

图例说明：

- 原子序数 → 19
- 元素符号 → **K** 钾
- 元素名称 注＊的是人造元素
- 相对原子质量 → 39.0983
- 稳定同位素的质量数，底线指丰度最大的同位素 → 39
- 放射性同位素的质量数 → $40^{β,ε}$ / 41
- α—α 衰变
- β—β 衰变
- ε—轨道电子俘获
- φ—自发裂变
- 外围电子的构型 括号指可能的构型 → $4s^1$

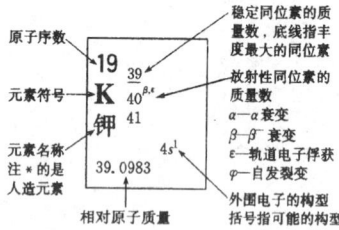

注：
1. 相对原子质量以 $^{12}C=12$ 为基准，相对原子质量末位数的准确度加注在其后括号内。
2. 商品 Li 的相对原子质量范围为 6.94～6.99。
3. 稳定元素列有天然丰度的同位素；天然放射性元素选列较重要的同位素；人造元素只列半衰期最长的同位素。

	II A 2	III B 3	IV B 4	V B 5	VI B 6	VII B 7	VIII 8 9		
	4 **Be** 9 铍 $2s^2$ 9.012182(3)								
	12 **Mg** $\frac{24}{25}$ 26 镁 $3s^2$ 24.3050(6)								
4	20 **Ca** $\frac{40\ 44}{42\ 46}$ 43 48 钙 $4s^2$ 40.078(4)	21 **Sc** 45 钪 $3d^1 4s^2$ 44.955910(8)	22 **Ti** 46 49 47 50 $\underline{48}$ 钛 $3d^2 4s^2$ 47.867(1)	23 **V** $50^{β,ε}$ $\underline{51}$ 钒 $3d^3 4s^2$ 50.9415(1)	24 **Cr** 50 $\frac{52}{53}$ 54 铬 $3d^5 4s^1$ 51.9961(6)	25 **Mn** 55 锰 $3d^5 4s^2$ 54.938049(9)	26 **Fe** 54 $\frac{56}{57}$ 58 铁 $3d^6 4s^2$ 55.845(2)	27 **Co** 59 钴 $3d^7 4s^2$ 58.933200(9)	
5	38 **Sr** 84 86 87 $\underline{88}$ 锶 $5s^2$ 87.62(1)	39 **Y** 89 钇 $4d^1 5s^2$ 88.90585(2)	40 **Zr** 90 92 94 98 91 94 96 锆 $4d^2 5s^2$ 91.224(2)	41 **Nb** 93 $94^φ$ 铌 $4d^4 5s^1$ 92.90638(2)	42 **Mo** 92 97 94 98 95 100 96 钼 $4d^5 5s^1$ 95.94(1)	43 **Tc** $97^ε$ $99^β$ 锝 $4d^5 5s^2$	44 **Ru** 96 101 98 102 99 104 100 钌 $4d^7 5s^1$ 101.01(2)	45 **Rh** 103 铑 $4d^8 5s^1$ 102.90550(2)	
6	56 **Ba** 130 136 132 137 134 $\underline{138}$ 135 钡 $6s^2$ 137.327(7)	57—71 **La—Lu** 镧系	72 **Hf** 174 178 176 179 177 $\underline{180}$ 铪 $5d^2 6s^2$ 178.49(2)	73 **Ta** 180 $\underline{181}$ 钽 $5d^3 6s^2$ 180.9479(1)	74 **W** 180 $\underline{184}$ 182 186 183 钨 $5d^4 6s^2$ 183.84(1)	75 **Re** 185 $187^β$ 铼 $5d^5 6s^2$ 186.207(1)	76 **Os** 184 189 186 190 187 192 188 锇 $5d^6 6s^2$ 190.23(3)	77 **Ir** 191 193 铱 $5d^7 6s^2$ 192.217(3)	
7	88 **Ra** 226＊ 镭 $7s^2$	89—103 **Ac—Lr** 锕系	104 **Rf** 261＊ 𬬻＊ $(6d^2 7s^2)$	105 **Db** 262＊ 𬭊＊ $(6d^3 7s^2)$	106 **Sg** 263＊ 𬭳＊	107 **Bh** 264＊ 𬭛＊	108 **Hs** 265＊ 𬭶＊	109 **Mt** 268＊ 䥑＊	

一、I A 3 周期：Fr 87 223^β 钫 $7s^1$

镧系

57 **La** $138^{ε,β}$ $\underline{139}$ 镧 $5d^1 6s^2$ 138.9055(2)	58 **Ce** 136 138 $\underline{140}$ 142 铈 $4f^1 5d^1 6s^2$ 140.116(1)	59 **Pr** 141 镨 $4f^3 6s^2$ 140.90765(2)	60 **Nd** $\frac{142\ 146}{143\ 148}$ 144＊ 150 145 钕 $4f^4 6s^2$ 144.24(3)	61 **Pm** $147^β$ 钷＊ $4f^5 6s^2$	62 **Sm** 144 150 147＊ $\underline{152}$ 148＊154 149＊ 钐 $4f^6 6s^2$ 150.36(3)	63 **Eu** 151 $\underline{153}$ 铕 $4f^7 6s^2$ 151.964(1)

锕系

89 **Ac** $227^{β,α}$ 锕 $6d^1 7s^2$	90 **Th** 232＊ 钍 $6d^2 7s^2$ 232.0381(1)	91 **Pa** 231＊ 镤 $5f^2 6d^1 7s^2$ 231.03588(2)	92 **U** $234^α$ $235^α$ $\underline{238}^α$ 铀 $5f^3 6d^1 7s^2$ 238.0289(1)	93 **Np** $237^α$ 镎 $5f^4 6d^1 7s^2$	94 **Pu** $239^α$ $244^{α,φ}$ 钚 $5f^6 7s^2$	95 **Am** $243^α$ 镅＊ $5f^7 7s^2$

周期表

			0	电子层	0族电子数
			18		

					2 **He** 氦 $\frac{3}{4}$ $1s^2$ 4.002602(2)	K	2
		ⅢA 13	ⅣA 14	ⅤA 15	ⅥA 16	ⅦA 17	

ⅢA 13	ⅣA 14	ⅤA 15	ⅥA 16	ⅦA 17	0 18	电子层	0族电子数
5 **B** 硼 $\frac{10}{11}$ 14^{β} $2s^2 2p^1$ 10.811(7)	6 **C** 碳 $\frac{12}{13}$ 14^{β} $2s^2 2p^2$ 12.0107(8)	7 **N** 氮 $\frac{14}{15}$ $2s^2 2p^3$ 14.00674(7)	8 **O** 氧 $\frac{16}{17}$ 18 $2s^2 2p^4$ 15.9994(3)	9 **F** 氟 19 $2s^2 2p^5$ 18.9984032(5)	10 **Ne** 氖 $\frac{20}{21}$ 22 $2s^2 2p^6$ 20.1797(6)	L K	8 2
13 **Al** 铝 27 $3s^2 3p^1$ 26.981538(2)	14 **Si** 硅 $\frac{28}{29}$ 30 $3s^2 3p^2$ 28.0855(3)	15 **P** 磷 31 $3s^2 3p^3$ 30.973761(2)	16 **S** 硫 $\frac{32}{33}$ $\frac{34}{36}$ $3s^2 3p^4$ 32.066(6)	17 **Cl** 氯 $\frac{35}{37}$ $3s^2 3p^5$ 35.4527(9)	18 **Ar** 氩 $\frac{36}{38}$ 40 $3s^2 3p^6$ 39.948(1)	M L K	8 8 2

	ⅠB 11	ⅡB 12						
10								

| 28 **Ni** 镍 $\frac{58\ 61}{60\ 62}$ 64 $3d^8 4s^2$ 58.6934(2) | 29 **Cu** 铜 $\frac{63}{65}$ $3d^{10} 4s^1$ 63.546(3) | 30 **Zn** 锌 $\frac{64\ 68}{66\ 70}$ 67 $3d^{10} 4s^2$ 65.39(2) | 31 **Ga** 镓 $\frac{69}{71}$ $4s^2 4p^1$ 69.723(1) | 32 **Ge** 锗 $\frac{70\ 74}{72\ 76}$ 73 $4s^2 4p^2$ 72.61(2) | 33 **As** 砷 75 $4s^2 4p^3$ 74.92160(2) | 34 **Se** 硒 $\frac{74\ 78}{76\ 80}$ $\frac{77\ 82}{}$ $4s^2 4p^4$ 78.96(3) | 35 **Br** 溴 $\frac{79}{81}$ $4s^2 4p^5$ 79.904(1) | 36 **Kr** 氪 $\frac{78\ 83}{80\ 84}$ $82\ 86$ $4s^2 4p^6$ 83.80(1) |
| 46 **Pd** 钯 $\frac{102\ 106}{104\ 108}$ $105\ 110$ $4d^{10}$ 106.42(1) | 47 **Ag** 银 $\frac{107}{109}$ $4d^{10} 5s^1$ 107.8682(2) | 48 **Cd** 镉 $\frac{106\ 112}{108\ 113}$ $\frac{110\ 114}{111\ 116}$ $4d^{10} 5s^2$ 112.411(8) | 49 **In** 铟 $\frac{113}{115}$ $5s^2 5p^1$ 114.818(3) | 50 **Sn** 锡 $\frac{112\ 118}{114\ 119}$ $\frac{115\ 120}{116\ 122}$ $117\ 124$ $5s^2 5p^2$ 118.710(7) | 51 **Sb** 锑 $\frac{121}{123}$ $5s^2 5p^3$ 121.760(1) | 52 **Te** 碲 $\frac{120\ 125}{122\ 126}$ $\frac{123^{\beta} 128}{124\ 130}$ $5s^2 5p^4$ 127.60(3) | 53 **I** 碘 $\frac{127}{129^{\beta}}$ $5s^2 5p^5$ 126.90447(3) | 54 **Xe** 氙 $\frac{124\ 131}{126\ 132}$ $\frac{128\ 134}{129\ 136}$ 130 $5s^2 5p^6$ 131.29(2) |

N M L K	O N M L K	P O N M L K

| 78 **Pt** 铂 $\frac{190^{\star}\ 195}{192^{\star} 196}$ $194\ 198$ $5d^9 6s^1$ 195.078(2) | 79 **Au** 金 197 $5d^{10} 6s^1$ 196.96655(2) | 80 **Hg** 汞 $\frac{196\ 201}{198\ 202}$ $\frac{199\ 204}{200}$ $5d^{10} 6s^2$ 200.59(2) | 81 **Tl** 铊 $\frac{203}{205}$ $6s^2 6p^1$ 204.3833(2) | 82 **Pb** 铅 $\frac{204}{206}$ $\frac{207}{208}$ $6s^2 6p^2$ 207.2(1) | 83 **Bi** 铋 209 $6s^2 6p^3$ 208.98038(2) | 84 **Po** 钋 $\frac{209^{\star+}}{210^{\star}}$ $6s^2 6p^4$ | 85 **At** 砹 $210^{\star+}$ $6s^2 6p^5$ | 86 **Rn** 氡 $222^{\star}$ $6s^2 6p^6$ |
| 110 **Uun** $269^{\star}$ $\star$ | 111 **Uuu** $272^{\star}$ $\star$ | 112 **Uub** $277^{\star}$ $\star$ | 113 **Nh** 鉨(nǐ) | 114 **Fl** | 115 **Mc** 镆(mò) | 116 **Lv** | 117 **Ts** 鿬(tián) | 118 **Og** 鿫(ào) |

P O N M L K	Q P O N M L K
8 18 32 18 8 2	8 18 32 32 18 8 2

| 64 **Gd** 钆 $\frac{152^{\star}\ 157}{158}$ $\frac{158}{155\ 160}$ 156 $4f^7 5d^1 6s^2$ 157.25(3) | 65 **Tb** 铽 159 $4f^9 6s^2$ 158.92534(2) | 66 **Dy** 镝 $\frac{156\ 162}{158\ 163}$ $\frac{160\ 164}{161}$ $4f^{10} 6s^2$ 162.50(3) | 67 **Ho** 钬 165 $4f^{11} 6s^2$ 164.93032(2) | 68 **Er** 铒 $\frac{162\ 167}{164\ 168}$ $\frac{166\ 170}{}$ $4f^{12} 6s^2$ 167.26(3) | 69 **Tm** 铥 169 $4f^{13} 6s^2$ 168.93421(2) | 70 **Yb** 镱 $\frac{168\ 173}{170\ 174}$ $\frac{171\ 176}{172}$ $4f^{14} 6s^2$ 173.04(3) | 71 **Lu** 镥 $\frac{175}{176^{\beta}}$ $4f^{14} 5d^1 6s^2$ 174.967(1) |
| 96 **Cm** 锔 $247^{\star}$ $5f^7 6d^1 7s^2$ | 97 **Bk** 锫 $247^{\star}$ $5f^9 7s^2$ | 98 **Cf** 锎 $251^{\star}$ $5f^{10} 7s^2$ | 99 **Es** 锿 $252^{\star}$ $5f^{11} 7s^2$ | 100 **Fm** 镄 $257^{\star+}$ $5f^{12} 7s^2$ | 101 **Md** 钔 $258^{\star}$ $(5f^{13} 7s^2)$ | 102 **No** 锘 $259^{\star}$ $(5f^{14} 7s^2)$ | 103 **Lr** 铹 $260^{\star}$ $(5f^{14} 6d^1 7s^2)$ |